U0162509

计算方法丛书·典藏版　19

区域分解算法
——偏微分方程数值解新技术

吕　涛　石济民　林振宝　著

科学出版社

北　京

内 容 简 介

本书为系统地阐述近年崛起的解偏微分方程新技术——区域分解算法的第一本书. 全书分基础篇与专门理论篇两部分. 基础篇除介绍必备的 Sobolev 空间、弱解及有限元理论基础外, 还着重讲述关于网格方程的预处理迭代法及偏微分方程的快速算法；专门理论篇则分章讲述不重叠型、重叠型、虚拟型及多水平型区域分解算法.

本书属当前偏微分方程数值解的前沿领域, 有广泛应用前景, 适合从事科学与工程计算的理论与应用工作的科研人员和工程人员、博士生、硕士生与大学高年级学生阅读.

图书在版编目(CIP)数据

区域分解算法：偏微分方程数值解新技术/吕涛, 石济民, 林振宝著. — 北京 : 科学出版社, 1992.5(2023.9 重印)
（计算方法丛书）
ISBN 978-7-03-002815-0

Ⅰ. ①区… Ⅱ. ①吕… ②石… ③林… Ⅲ. ①偏微分方程－数值解 Ⅳ. ①O241.82

中国版本图书馆 CIP 数据核字(2016)第 012794 号

责任编辑：赵彦超　胡庆家/责任校对：鲁　素
责任印制：吴兆东/封面设计：陈　敬

科学出版社 出版
北京东黄城根北街 16 号
邮政编码：100717
http://www.sciencep.com
北京厚诚则铭印刷科技有限公司 印刷
科学出版社发行　各地新华书店经销

*

1992 年 5 月第　一　版　开本：850×1168　1/32
2023 年 9 月印　刷　印张：14 1/8
字数：363 000
定价：98.00 元
(如有印装质量问题, 我社负责调换)

序

当今计算机的发展已将计算方法的研究推向科学研究的前沿. 事实上, 科学计算已经成为继伽里略与牛顿开创的实验与理论两大方法后的第三种科研方法, 并以前所未有之势推动技术革命. 在这场变革中, 计算机与计算方法相互依存、相互配合, 计算能力的提高依赖于这两方面的发展.

在实践中提出的科学与工程问题, 如油、气藏的勘探与开发、航天飞行器的设计、大型水利设施的建筑、反应堆的设计等等, 其数学模型皆属高维、大范围的偏微分方程. 所以科学计算的核心就是如何计算偏微分方程. 实践中的问题规模如此之大, 单靠计算机硬件的发展是远为不够的, 因此, 研究高效率的计算方法在过去、现在和将来都是提高计算能力的重要途径. 回忆六十年代有限元素法的出现、七十年代多重网格法的出现, 无不如此.

区域分解算法是八十年代崛起的新方向. 由于该方法能将大型问题分解为小型问题、复杂边值问题分解为简单边值问题、串行问题分解为并行问题, 因此 1985 年以后研究渐趋活跃. 1987 年之后, 每年召开一次国际会议. 美、苏、法、意、中国等数值分析学家竞相参加此项研究. 进入九十年代, 区域分解算法已成为当今计算数学的热门领域, 其趋势方兴未艾.

由于区域分解算法是新兴领域, 集并行算法、预处理技术、多网格多水平技术、快速算法之大成. 迄今尚未有全面阐述各流派工作之专著问世, 大量结果散存于浩如烟海的文献中, 为研究者带来不便. 本书作者 (中国科学院成都计算机应用研究所研究员吕涛与香港理工学院高级讲师石济民、林振宝) 长期合作从事偏微分方程数值解的研究, 并从 1985 年开始研究区域分解算法, 在诸如覆盖型区域分解算法的加速收敛估计、变分不等式的区域分解算法、对称区域分解法等多项领域中取得瞩目成果. 现在他们在浩瀚的文献中选择有代表性的各家学说介绍于读者, 其中不乏他们个人创见. 相信本书的出版将有助于我国数值分析学家从事这一领域的研究，有利于为从事数值计算的工程人员提供最新型的算法．全书分基础篇与专门理论篇．在基础篇中，作者以简炼的笔触，阐述现代数值分析中的若干重要领域，不少简洁的证明属作者创造；专门理论篇则分类阐述美、苏、法、意及我国各流派的工作．无疑这些内容对从事理论与应用的读者皆大有裨益，故特为作序．

林群

1991 年于北京中关村

前言

数学物理及工程问题，如油、气藏的勘探与开发、大型结构工程、航天器的设计、天气预报、反应堆计算等，无不归结于求解大型偏微分方程．计算区域往往是高维的、大范围的，其形态可能很不规则，给计算带来很大困难．过去十年中，随着并行计算机和并行算法的发展，一类被称为区域分解算法 (Domain Decomposition Method) 的偏微分方程数值解的新技术骤然崛起，并愈来愈受到人们重视．1985 年以前，国际核心杂志仅有少量文献，以后获得普遍关注，大批有影响的数学家加入研究行列．1987 年至今，每年召开一次国际会议，有关文献在数值分析核心杂志中逐年增多．到了九十年代，这一方法无疑已成为计算数学的热门领域．

简而言之，区域分解算法是把计算区域 Ω 分解为若干子域：$\bar{\Omega} = \bigcup\limits_{i=1}^{m} \bar{\Omega}_i$，子域 Ω_i 的形状尽可能规则，于是原问题的求解转化为在子域上求解．区域分解算法特别受关注是因为它具有其它方法无以比拟的优越性：

1. 它把大问题化为若干小问题，缩小计算规模．

2. 子区域形状如果规则 (如长方形)，其上或者允许使用熟知的快速算法，如快速 Fourier 变换 (FFT)、谱方法、τ 方法等；或者已经有解这类规则问题的高效率软件备用．

3. 允许使用局部拟一致网格，无需用整体拟一致网格．甚至各子域可以用不同离散方法进行计算．这对于形态极不规则的问题，如锅炉燃烧问题：炉体部分与烟筒部分几何尺寸相差很大，整体计算为了对付烟筒部分，不得不把网格加得很密，而区域分解算法可以把这两部分分别处理，具有很大的灵活性．其它如建筑结构中的板、梁组合结构，轧辊设计等也有类似情况．

4. 允许在不同子域选取不同的数学模型，以便整体模型更适合于工程物理实际情况．例如，油、气藏模拟中，靠近井管部分流速快，应服从非 Darcy 流规律，而远离井管处则服从 Darcy 流规律，分解区域时应考虑在不同子域选用不同数学模型；又如气体绕飞行体流动，在边界层附近为粘性流，在边界层外为无粘流，二者有不同的数学模型，使用区域分解算法易于在不同子域选用更合于实际的模型；再如对数学中颇为棘手的混合型方程，如果我们把区域的椭圆型部分与双曲型部分作为两个子域考虑，在子域内进行计算，就简单多了.

5. 算法是高度并行的，即计算的主要步骤是在各子域内独立进行的.

6. 其它. 对对称区域问题有更简单的区域分解算法.

上述各点，以缩小规模及并行计算尤为根本.

区域分解算法的发展史，最原始的思想可追溯到 1870 年德国数学家 H.A.Schwarz 提出的著名的 Schwarz 交替法，但 Schwarz 本意是借用交替法论证非规则椭圆型方程解的存在性与唯一性，直到本世纪五十年代，才有人把 Schwarz 方法用于计算，但未能引起计算数学家的特别注意. 近十年来，由于并行计算机问世并且日益普及，经典的串行计算格局不适应于并行计算机，传统的算法受到挑战. 如何构造高度并行的算法是提高计算速度的关键. 我们面临的科学与工程问题是如此之浩大，计算能力的提高有赖于计算机与计算方法两方面的发展，而区域分解算法正是在这种背景下应运而生.

由于区域分解算法目前仍处于发展阶段，美国、苏联、法国、意大利皆形成了自己的流派，我国康立山教授在八十年代初就提出以 Schwarz 交替法为基础的异步并行算法，并出版专著. 但是据作者所知，迄今大量工作尚散见于文献中，为了便于学习与应用，作者不量孤陋寡闻编著本书奉献于读者. 无疑，既囿于作者知识面，也囿于篇幅限制，本书不可能全面反映各方面结果，材料选择上不免有重要遗漏，甚至有错，凡此皆仰赖有识之士不吝指正.

鉴于区域分解算法要涉及到当代计算数学的许多新成果，为了方便读者，本书在基础篇中对现代计算数学主要领域作了简略的回顾，内容有 Sobolev 空间、椭圆型方程弱解、有限元基础、预处理迭代法、快速算法等. 对于已掌握偏微分方程和有限元素法的读者，可从第四章读起. 在专门理论篇中分别按非覆盖型、覆盖型、虚拟型、多头型介绍区域分解算法. 各章评注、参考文献、索引、中英词汇对照放在书末，以方便读者.

　　作者能编写此书实有赖于中国科学院系统所研究员林群先生的鼓励，若干内容曾应邀在系统所举办的讨论班上作了报告，部分内容曾作为教材在中科院成都数理室为硕士生讲授，林群先生百忙中审阅本书并作序介绍，作者借此深表谢忱.

　　　　　　　　　　　　吕涛，石济民，林振宝

　　　　　　　　　　　　　　　1991 年 2 月于北京中关村

Domain Decomposition Methods — New Numerical Techniques for Solving PDE

Lü Tao   T.M. Shih   C.B. Liem

Abstract

Domain Decomposition Methods (DDM) are new techniques for solving partial differential equations. This book is probably one of the earliest which introduces the DDM systematically. It consists of nine chapters arranged into two parts:

Part I Fundamental theory of partial differential equations and their numerical solutions

Chapter 1   Sobolev spaces

Chapter 2   Weak solution theory of elliptic equations

Chapter 3   Finite element methods

Chapter 4   Preconditioned iterative methods of grid equations

Chapter 5   Fast solvers of partial differential equations

Part II Domain decomposition methods

Chapter 6   Domain decomposition methods for nonoverlapping subdomains

Chapter 7   Domain decomposition methods for overlapping subdomains

Chapter 8   Ficticious domain methods

Chapter 9   Multilevel methods

The book touches the frontier of numerical solutions of partial differential equations. It would be useful for researchers and engineers working in theoretical and applied sciences. Advanced undergraduates and graduate students should also find this book beneficial.

目录

符号便览

第一篇　偏微分方程及其数值解现代理论基础

第一章　Sobolev 空间 .... (3)
　　§1. 研究动机——偏微分方程经典理论的局限性 ... (3)
　　§2. $L_p(\Omega)$ 空间 .... (5)
　　§3. 广义导数 .... (9)
　　§4. 空间 $W_p^k(\Omega)$ .... (11)
　　§5. 空间 $\overset{\circ}{W}_p^k(\Omega)$ 及其嵌入定理 .... (13)
　　§6. 空间 $W_p^k(\Omega)$ 及其嵌入定理 .... (19)
　　§7. 实指标空间 $H^s(I\!R^n)$ .... (24)
　　§8. $H^m(I\!R^n_+)$ 中的迹定理 .... (27)
　　§9. $H^m(\Omega)$ 的迹 .... (32)
　　§10. 内插空间及其应用 .... (34)

第二章　椭圆型方程弱解理论 .... (39)
　　§1. 弱解的定义与弱极值原理 .... (39)
　　§2. 弱解的存在性与唯一性 .... (43)
　　§3. 弱解的光滑性 — 内估计 .... (46)
　　§4. 弱解的全局光滑性 — 光滑域情形 ...... (50)
　　§5. 混合边值问题 .... (52)
　　§6. 非光滑区域的椭圆型方程 .... (53)
　　§7. 四阶椭圆型方程 .... (57)
　　§8. 弹性理论问题 .... (58)

第三章　有限元素法基础 .... (62)
　　§1. Ritz-Galerkin 方法 .... (62)
　　§2. 有限元空间 .... (66)
　　§3. Sobolev 空间的插值估计 .... (71)
　　§4. 有限元反估计 .... (76)
　　§5. 线性元近似解的 H^s 误差估计 .... (79)
　　§6. 线性元近似解的 L_p 与 L_∞ 误差估计 .... (83)

§ 7. 等参变换与高次元 ……………………… (88)

§ 8. 混合有限元方法 ……………………… (89)

第四章　网格方程的预处理迭代方法 ……………… (102)

§ 1. 扰动理论与条件数 ……………………… (102)

§ 2. 简单迭代 …………………………… (104)

§ 3. 一般迭代法的 Samarskii 定理 ………… (105)

§ 4. 逐步超松驰迭代 ……………………… (107)

§ 5. 对称逐步超松驰迭代 ………………… (111)

§ 6. Chebyshev 迭代 ……………………… (112)

§ 7. Chebyshev 半迭代加速 ……………… (115)

§ 8. 最速下降法 …………………………… (118)

§ 9. 共轭梯度法 …………………………… (120)

§ 10. 预处理共轭梯度法 …………………… (124)

§ 11. 并行有限元计算与 EBE 技术 ………… (144)

§ 12. 混合有限元的一类迭代方法 ………… (146)

第五章　偏微分方程的快速算法 ………………… (161)

§ 1. 直接解 ………………………………… (161)

§ 2. 快速 Fourier 变换与差分方程快速解 …… (170)

§ 3. 循环约化法 …………………………… (180)

§ 4. 谱方法大意 …………………………… (183)

§ 5. τ 方法大意 …………………………… (189)

第二篇　区域分解算法

第六章　不重叠区域分解法 …………………… (199)

§ 1. Steklov-Poincare 算子及应用 ………… (200)

§ 2. D-N 交替法 …………………………… (205)

§ 3. M-Q 算法 ……………………………… (208)

§ 4. 有限元模拟与离散 D-N 交替法 ………… (212)

§ 5. M-Q 方法的有限元模拟 ……………… (218)

§ 6. Bramble 的子结构分解法 …………… (223)

§ 7. 不重叠型 Schwarz 交替法 …………… (227)

§ 8. 有内交点的区域分解法 (I) …………… (231)

§ 9. 有内交点的区域分解法 (II) …………… (248)

§ 10. 对称区域分解算法 …………………… (257)

第七章　重叠型区域分解算法 ………………………… (269)

　　§1. 经典 Schwarz 交替法 …………………… (270)

　　§2. Schwarz 算法的投影解释 ……………… (273)

　　§3. 异步并行算法 …………………………… (281)

　　§4. Schwarz 算法的收敛速度分析 ………… (284)

　　§5. 并行 Schwarz 算法 ……………………… (288)

　　§6. 变分不等式的并行 Schwarz 算法 ……… (299)

第八章　虚拟区域法 …………………………………… (312)

　　§1. 虚拟区域法原理 ………………………… (312)

　　§2. 虚拟区域法的迭代算法 (I) …………… (316)

　　§3. 虚拟区域法的迭代算法 (II) …………… (321)

　　§4. 子区域交替法与虚拟方法新解释 ……… (327)

　　§5. 基于子空间迭代法的虚拟区域法 ……… (333)

第九章　多水平方法 …………………………………… (347)

　　§1. 有限元空间的多水平分裂 ……………… (347)

　　§2. 并行多水平预处理 ……………………… (363)

　　§3. 多水平结点基区域分解方法 ………… (372)

　　§4. 快速自适应组合网格方法 …………… (378)

评注 …………………………………………………… (394)

后记 …………………………………………………… (402)

参考文献 ……………………………………………… (403)

索引 …………………………………………………… (422)

中英词汇对照 ………………………………………… (429)

符号便览

向量与矩阵

$\mathbf{Z}$	整数集合
$I\!R$	实数集合
$I\!R^n$	n 维欧氏空间
$x = [x_1, \cdots, x_n]^T$	$I\!R^n$ 的列向量
$\langle x, y \rangle = \sum\limits_{i=1}^{n} x_i y_i$	向量 x 与 y 的欧氏内积
$\|x\| = \langle x, x \rangle^{1/2}$	向量 x 的欧氏范
$A = [a_{ij}]$	n 阶实方阵
A^T	A 的转置
$\lambda(A)$	A 的本征值
$\rho(A) = \max\limits_i |\lambda_i|$	A 的谱半径
$\|A\| = \sqrt{\rho(A^T A)}$	A 的谱范（欧氏范），若 $A = A^T$，则 $\|A\| = \rho(A)$
A^{-1}	A 的逆矩阵
$\langle x, y \rangle_A = \langle Ax, y \rangle$	向量 x 和 y 的能量内积，其中 A 是对称正定矩阵
$\kappa(A) = \|A\|\|A^{-1}\|$	A 的条件数
$A \otimes B$	$m \times n$ 阶矩阵 A 与 $p \times q$ 阶矩阵 B 的直积也称张量积
$\vec{A}$	矩阵 A 的拉直
$\operatorname{diag}(a_{11}, \cdots, a_{nn})$	以 $a_{11}, \cdots, a_{nn}$ 为对角元的对角阵
$\operatorname{blockdiag}(A_{11}, \cdots, A_{nn})$	以阵 $A_{11}, \cdots, A_{nn}$ 为块对角元的块对角阵
$\operatorname{tridiag}(b_{ii}, a_{ii}, C_{ii})$	三对角矩阵
$\operatorname{Schur}(A)$	块结构矩阵 A 的 Schur 分解后的容度矩阵

函数空间

X	抽象 Banach 空间
X^*	X 的共轭空间

$\langle \cdot, \cdot \rangle$	X 和 X^* 的配对
H	抽象 Hilbert 空间
Ω	$\mathbb{R}^n (n = 2, 3)$ 的有界开集
$\bar{\Omega}$	Ω 的闭包
$\partial\Omega$	Ω 的边界
$\boldsymbol{\nu}$	$\partial\Omega$ 的单位外法向向量
$\Omega_1 \subset\subset \Omega$	指 $\Omega_1 \subset \Omega$, 且 $\text{dist}\,(\partial\Omega_1, \partial\Omega) > 0$
$L_p(\Omega)$	Ω 上 $p(1 < p < \infty)$ 次乘方可积函数空间
$L_\infty(\Omega)$	Ω 上真性有界函数空间
$W_p^m(\Omega)$	Sobolev 空间, m 阶广义导数属于 $L_p(\Omega)$
$C^k(\Omega)$	Ω 上 k 次连续可微函数空间
$C^{k,\alpha}(\Omega)$	Hölder 空间, $0 < \alpha \leq 1$
$C_0^\infty(\Omega)$	支集属于 Ω 的无穷可微函数空间
$\mathring{W}_p^m(\Omega)$	$C_0^\infty(\Omega)$ 函数在 $W_p^m(\Omega)$ 意义下构成的闭子空间
$H^m(\Omega)$	$W_2^m(\Omega)$ 的简记
$H_0^m(\Omega)$	$\mathring{W}_2^m(\Omega)$ 的简记
$\|\cdot\|_{m,p,\Omega}$	$W_p^m(\Omega)$ 的范, 在不至混淆处简记为 $\|\cdot\|_{m,p}$
$|\cdot|_{m,p,\Omega}$	$W_p^m(\Omega)$ 的半范, 在不至混淆处简记为 $|\cdot|_{m,p}$
$\|\cdot\|_{m,\Omega}$	$H^m(\Omega)$ 的范, 在不至混淆处简记为 $\|\cdot\|_m$
$|\cdot|_{m,\Omega}$	$H^m(\Omega)$ 的半范, 在不至混淆处简记为 $|\cdot|_m$
$X \hookrightarrow Y$	空间 X 连续嵌入到 Y
$(X_0, X_1)_{\theta,q}$	Banach 空间 X_0 和 X_1 的内插空间
$B_p^{\theta,q}(\Omega)$	Besov 空间
$W_p^s(\Omega)$	实指标 Sobolev 空间
$H^s(\Omega)$	$W_2^s(\Omega)$ 的简记
$H_0^s(\Omega)$	$C_0^\infty(\Omega)$ 函数关于 $H^s(\Omega)$ 的闭子空间
Γ	边界 $\partial\Omega$ 的开子集
$H^s(\Gamma)$	Γ 上 Sobolev 空间
$H_0^s(\Gamma)$	$C_0^\infty(\Gamma)$ 关于 $H^s(\Gamma)$ 的闭包
$H_{00}^{1/2}(\Gamma)$	$H_0^1(\Gamma)$ 与 $L_2(\Gamma)$ 的内插空间, 即 $(L_2(\Gamma), H_0^1(\Gamma))_{1/2,2}$
$\|\cdot\|_X$	一般 Banach 空间 X 的范
$x_n \to x$	序列 $\{x_n\}$ 收敛于 x
$x_n \rightharpoonup x$	序列 $\{x_n\}$ 弱收敛于 x

有限元

(e, P, Σ)	抽象有限元三元集
$(\hat{e}, \hat{P}, \hat{\Sigma})$	标准（参考）有限元
$\mathcal{J}^h$	Ω 的三角剖分，h 是剖分参数
S^h	试探函数空间
S_0^h	$S^h \cap H_0^1(\Omega)$
φ_i	与结点 i 对应的基函数
$a(\cdot, \cdot)$	Ω 上函数空间的双线性泛函. 如 $a(\cdot, \cdot)$ 对称正定，则确定为能量内积
$a_{\Omega_i}(\cdot, \cdot)$	在子域 Ω_i 上定义的双线性泛函，也简记为 $a_i(\cdot, \cdot)$
$\|\cdots\|_a$	由 $a(\cdot, \cdot)$ 定义的能量范，即 $\|u\|_a^2 = a(u, u)$

算子

$K: X_1 \to X_2$	线性算子 K 映 Banach 空间 X_1 到 Banach 空间 X_2
K^*	K 的共轭算子
$\mathcal{D}(K)$	K 的定义域
$\mathcal{R}(K)$	K 的值域
$\mathrm{Ker}(K)$	K 的核，即 K 的化零子空间，也记为 $\mathcal{N}(K)$
D_i	微分算子 $\frac{\partial}{\partial x_i}$ 的缩写
D^α	$\alpha = (\alpha_1, \cdots, \alpha_n)$ 为多重指标，$D^\alpha = D_1^{\alpha_1} \cdots D_n^{\alpha_n}$，并且 $|\alpha| = \alpha_1 + \cdots + \alpha_n$
∇	梯度算子
L	常指一般椭圆型微分算子
Δ	Laplace 算子

第一篇 偏微分方程及其数值解现代理论基础

第一章 Sobolev 空间

§1. 研究动机——偏微分方程经典理论的
局限性

作为独立学科而言，偏微分方程理论早在十八世纪初就开始，经过两个世纪探索，经典研究无论理论和应用皆取得了丰硕成果. 但是到了二十世纪随着诸如泛函分析等新学科发展，人们逐渐认识到经典的偏微分方程理论有很大局限性. 举例说，考虑平面有界开集 Ω 上 Dirichlet 问题：

$$\begin{cases} \Delta u = f, & (\Omega), \\ u = 0, & (\partial\Omega). \end{cases} \tag{1.1.1}$$

经典理论要求解 $u \in C^2(\Omega)$，且满足 (1.1.1). 换句话说在经典理论下微分算子 Δ 的定义域是 $\mathcal{D}(\Delta) = \{v \in C^2(\Omega) \cap C(\bar{\Omega}) : v|_{\partial\Omega} = 0\}$，它显然是 $C(\bar{\Omega})$ 的稠密子集，且值域 $\mathcal{R}(\Delta) \subset C(\bar{\Omega})$. 经典理论的缺陷来自映射 $\Delta : \mathcal{D}(\Delta) \to \mathcal{R}(\Delta) \subset C(\bar{\Omega})$ 不是满射，即不是每个连续函数 $f \in C(\bar{\Omega})$ 都存在解 u 属于 $C^2(\Omega)$. 为此构造反例，假定 Ω 是单位圆，如果对 $\forall f \in C(\bar{\Omega})$，皆有经典解 $u \in \mathcal{D}(\Delta)$，则 $f \to D_x D_y u$ 是 $C(\bar{\Omega})$ 到自身的线性映射. 特别 $D_x D_y u(0,0)$ 可以视为 $C(\bar{\Omega})$ 上的线性泛函，由泛函分析 [100] 知，必有 $\bar{\Omega}$ 上的测度 $d\mu$ 存在，使得

$$D_x D_y u(0,0) = \int_\Omega f d\mu, \tag{1.1.2}$$

但是由 Green 函数理论，解 u 可以表示为

$$u(x,y) = \int_\Omega G(x,y;\xi,\eta) f(\xi,\eta) d\xi d\eta \tag{1.1.3}$$

其中 $G(x,y,\xi,\eta)$ 是单位圆上 Laplace 算子的 Green 函数，其表达式为

$$G(x,y;\xi,\eta) = \frac{1}{2\pi}\log\frac{r_1}{r_2} - \frac{1}{2\pi}\log\rho,$$

其中

$$r_1 = [(x-\xi)^2 + (y-\eta)^2]^{\frac{1}{2}}, \quad \rho = (\xi^2+\eta^2)^{\frac{1}{2}},$$

$$r_2 = [(x-\xi/\rho^2)^2 + (y-\eta/\rho^2)^2]^{\frac{1}{2}},$$

故 $D_x D_y G(0,0;\xi,\eta) = \frac{1}{\pi}\xi\eta\frac{1-\rho^4}{\rho^4}$，代入 (1.1.3) 得到奇异积分

$$D_x D_y u(0,0) = \lim_{\varepsilon\to 0}\iint_{\varepsilon<\rho<1}\frac{1}{\pi}\xi\eta\frac{(1-\rho^4)}{\rho^4}f(\xi,\eta)d\xi d\eta, \qquad (1.1.4)$$

这与 (1.1.2) 矛盾.

由泛函分析理论知道，矛盾来自建立在经典意义下的微分算子不是闭算子. 但是由于 $\mathcal{D}(\Delta)$ 是 $C(\bar{\Omega})$ 的稠密子集，故总存在 Δ 的闭扩张. 经过闭扩张之后经典微分已被广义微分取代，经典解的概念也由广义解的概念所代替.

引入 Sobolev 空间和广义解的第二个动机，来自泛函的极值，试考虑 $\mathcal{D}(\Delta)$ 上二次泛函

$$J(u) = \frac{1}{2}\int_\Omega [|D_x u|^2 + |D_y u|^2]dxdy + \int_\Omega fudxdy. \qquad (1.1.5)$$

显然 $J(u)$ 的临界点的 Euler 方程就是 Poisson 方程 (1.1.1), 特别如果临界点 $u\in\mathcal{D}(\Delta)$, 它就是经典解. 事实上，二次泛函 J 在 u 的 Frechet 导算子满足

$$\langle J'(u),v\rangle = \int_\Omega [D_x u D_x v + D_y u D_y v]dxdy + \int_\Omega fvdxdy$$
$$= \int_\Omega [-D_x^2 u - D_y^2 u + f]vdx\,dy = 0, \quad \forall v\in C_0^1(\Omega),$$
$$(1.1.6)$$

即知 u 满足 (1.1.1).

但是值得注意的是 (1.1.5) 并不含 u 的二阶微商. 设 $u_n\in\mathcal{D}(\Delta)$ 是 (1.1.5) 的极小化序列：即 $J(u_n)\to m\ (n\to\infty)$ 且

$$m = \inf_{u\in\mathcal{D}(\Delta)}J(u). \qquad (1.1.7)$$

按此定义， $D_x u_n$, $D_y u_n$ 及 u_n 皆是 $L_2(\Omega)$ 中的有界序列，依照 $L_2(\Omega)$ 的弱紧性，它们皆有弱收敛子序列存在，不妨设自身就是弱收敛的. 于是我们应当在 $L_2(\Omega)$ 中找到 u, v_1, v_2 使

$$\begin{cases} u_n \rightharpoonup u, \\ D_x u_n \rightharpoonup v_1, \\ D_y u_n \rightharpoonup v_2. \end{cases}$$

按照 Sobolev 空间理论，在广义导数意义下， $u \in H_0^1(\Omega)$ 且 $D_x u = v_1$, $D_y u = v_2$. 这个事实说明，如果仅局限在 $\mathcal{D}(\Delta)$ 上讨论，则泛函极小值有可能不在 $\mathcal{D}(\Delta)$ 上达到. 如果引进 Sobolev 空间，例如本问题中引进 $H_0^1(\Omega)$，这样经典解的"洞"就被弥补. 这样总可以找到达到 (1.1.7) 的极值函数 $u \in H_0^1(\Omega)$，称它为 (1.1.1) 的广义解或弱解.

引入 Sobolev 空间与弱解的第三个动机还来自数值方法，事实上，后面我们将见到有限元的理论基础就是弱解（弱形式）与剖分（区域分解），可以说没有偏微分方程的 Sobolev 空间理论，也就没有多姿多采的现代数值方法.

§ 2. $L_p(\Omega)$ 空间

设 Ω 是 $I\!R^n$ 的有界开集，用 $x = (x_1, \cdots, x_n)$ 表示 $I\!R^n$ 中的点， $E(\Omega)$ 表示 Ω 上由可测函数构成的等价类，即视几乎处处相等的可测函数为同类函数. 对 $1 \le p < \infty$, 定义函数空间

$$L_p(\Omega) \stackrel{\triangle}{=} \left\{ u \in E(\Omega) : \int_\Omega |u|^p dx < \infty \right\}, \qquad (1.2.1)$$

并用 $\|u\|_{L_p(\Omega)} = \left(\int_\Omega |u|^p dx \right)^{1/p}$ 规定范数. 对于 $p = \infty$, 按常例用 $L_\infty(\Omega)$ 表 Ω 上真性有界函数空间，其范定义为

$$\|u\|_{L_\infty(\Omega)} = \operatorname*{ess\,sup}_{x \in \Omega} |u(x)|. \qquad (1.2.2)$$

以下在不致引起混淆的地方，用 $\|u\|_p$ 及 $\|u\|_\infty$ 表示 u 关于 $L_p(\Omega)$ 及 $L_\infty(\Omega)$ 的范.

$L_p(\Omega)$ 是 Banach 空间，且当 $1 < p < \infty$ 时 $L_p(\Omega)$ 还是可分自反的，事实上 $L_p(\Omega)$ 的共轭空间是 $L_q(\Omega)$，其中 $q = \dfrac{p}{p-1}$，满

足 $\dfrac{1}{p} + \dfrac{1}{q} = 1$. 当 $p = 2$ 时，它是重要的特殊情形，因为这时 $p = q = 2$，而 $L_2(\Omega)$ 是 Hilbert 空间，内积由

$$(u, v) = \int_\Omega uv\,dx, \quad \forall u, v \in L_2(\Omega)$$

规定.

以下几个不等式是熟知的：

1) Hölder 不等式：$\forall\, u \in L_p(\Omega)$, $v \in L_q(\Omega)$, 且 $p, q > 0$, $\dfrac{1}{p} + \dfrac{1}{q} = 1$, 有

$$\left| \int_\Omega uv\,dx \right| \le \|u\|_p \|v\|_q. \tag{1.2.3}$$

2) 推广 Hölder 不等式：$\forall\, u_i \in L_{p_i}(\Omega)$, $p_i > 0$, $i = 1, \cdots, m$, $\displaystyle\sum_{i=1}^m \dfrac{1}{p_i} = 1$, 则

$$\left| \int_\Omega u_1 \cdots u_m\,dx \right| \le \|u_1\|_{p_1} \cdots \|u_m\|_{p_m}. \tag{1.2.4}$$

3) 内插不等式：设 $u \in L_r(\Omega)$，且 $p < q < r$，从而有 $0 < \alpha < 1$ 适合 $q = p\alpha + (1 - \alpha)r$，则

$$\|u\|_q \le \|u\|_p^\lambda \|u\|_r^{1-\lambda}, \quad \lambda = \frac{p}{q}\alpha. \tag{1.2.5}$$

局部 L_p 空间是有用的概念，定义为 [1]

$$L_p^{\mathrm{loc}}(\Omega) \triangleq \bigcap \{ L_p(\Omega') : \Omega' \subset\subset \Omega \}. \tag{1.2.6}$$

考虑 Ω 上具有支集含于 Ω 的无穷可微函数空间

$$C_0^\infty(\Omega) \triangleq \{ u \in C^\infty(\Omega) : \mathrm{Supp}\ u \subseteq \Omega \}. \tag{1.2.7}$$

我们证明以下重要定理.

定理 2.1. $C_0^\infty(\Omega)$ 是 $L_p(\Omega)(1 < p < \infty)$ 的稠密子集.

为了证明定理 2.1, 需要引入软化函数

$$\rho(x) = \begin{cases} C \exp\left(\dfrac{1}{|x|^2 - 1} \right), & \text{当 } |x| < 1, \\ 0, & \text{当 } |x| \ge 1, \end{cases} \tag{1.2.8}$$

---

[1] $\Omega' \subset\subset \Omega$ 意味 $\Omega' \subseteq \Omega$, 且 $d(\partial\Omega', \partial\Omega) > 0$.

这里 $|x| = \left(\sum_{i=1}^n x_i^2\right)^{\frac{1}{2}}$. 选择常数 C 使 $\int_{I\!R^n} \rho(x)dx = 1$. 显然 $\rho(x) \in C_0^\infty(I\!R^n)$. 利用 $\rho(x)$, 对于任意 $u \in L_p^{loc}(\Omega)$, 可以构造 u 的正则化函数

$$u_h(x) = h^{-n} \int_\Omega \rho\left(\frac{x-y}{h}\right)u(y)dy, \qquad (1.2.9)$$

其中 $h < d(x, \partial\Omega)$. 显然 $u_h(x) \in C_0^\infty(\Omega')$, $\Omega' \subseteq \Omega$, 且 $d(\partial\Omega, \partial\Omega') > h$. 首先证明如下引理.

引理 2.1. 如 $u \in L_p(\Omega)$, 则

$$\|u_h\|_p \le \|u\|_p. \qquad (1.2.10)$$

证明. 据 (1.2.9), 令 $\rho_1(x) = h^{-n}\rho(x)$, 有

$$\|u_h\|_p^p = \int_\Omega dx \left|\int_{|x-y|<h} \rho_1\left(\frac{x-y}{h}\right)u(y)dy\right|^p. \qquad (1.2.11)$$

但用 (1.2.3), 有

$$\left|\int_{|x-y|<h} \rho_1\left(\frac{x-y}{h}\right)u(y)dy\right|^p$$

$$\le \int_{|x-y|<h} \rho_1\left(\frac{x-y}{h}\right)|u(y)|^p dy \left(\int_{|x-y|<h} \rho_1\left(\frac{x-y}{h}\right)dy\right)^{\frac{p}{q}}$$

$$\le \int_{|x-y|<h} \rho_1\left(\frac{x-y}{h}\right)|u(y)|^p dy.$$

这里用到 $\int_{I\!R^n} \rho(x)dx = 1$ 的性质. 代入 (1.2.11), 得

$$\|u_h\|_p^p \le \int_\Omega |u(y)|^p dy \int_{|x-y|<h} \rho_1\left(\frac{x-y}{h}\right)dx \le \int_\Omega |u(y)|^p dy,$$

即 (1.2.10) 成立. 证毕. □

引理 2.2. 设 $u \in C(\Omega)$, 则 u_h 在 Ω 的任何内子域 $\Omega' \subset\subset \Omega$ 上一致收敛于 u.

证明. 取 $h < d(\partial\Omega', \partial\Omega)$, 则 $\forall x \in \Omega'$,

$$u_h(x) - u(x) = \int_{|x-y|<h} [u(y) - u(x)]\rho_1\left(\frac{x-y}{h}\right)dy. \qquad (1.2.12)$$

既然 $u \in C(\Omega)$, u 必在 $\bar{\Omega}'$ 上一致连续. 故对任意 $\varepsilon > 0$, 总可选择 h 充分小, 使

$$|u(y) - u(x)| \leq \varepsilon, \quad 当 |x - y| < h. \tag{1.2.13}$$

代入 (1.2.12), 即得

$$|u_h(x) - u(x)| \leq \varepsilon, \quad \forall x \in \Omega'. \tag{1.2.14}$$

引理证毕.   □

引理 2.3. 如果 $u \in L_p(\Omega)$, 则

$$\lim_{h \to 0} \|u_h - u\|_p = 0. \tag{1.2.15}$$

证明.   由实分析理论知, $C(\Omega)$ 是 $L_p(\Omega)$ 的稠密子集. 故对任意 $\varepsilon > 0$, 可找到 $f \in C(\Omega)$, 使

$$\|f - u\|_p \leq \frac{\varepsilon}{4}. \tag{1.2.16}$$

其次

$$\|u_h - u\|_p \leq \|u_h - f_h\|_p + \|f_h - f\|_p + \|f - u\|_p. \tag{1.2.17}$$

据引理 2.1 有 $\|u_h - f_h\|_p \leq \|u - f\|_p$, 据引理 2.2 又总可选择 h 充分小, 使 $\|f_h - f\|_p \leq \dfrac{\varepsilon}{2}$. 代入 (1.2.17), 对任意 $\varepsilon > 0$, 只要 h 充分小,

$$\|u_h - u\|_p \leq \varepsilon$$

成立. 这就证明了引理 2.3.   □

定理 2.1 的证明.   设 $u \in L_p(\Omega)$, 构造具有支集为 Ω_h 的函数 $w(x)$, 这里 $\Omega_h \subset\subset \Omega$, 且 $d(\partial \Omega_h, \partial \Omega) < h$, 定义

$$w(x) = \begin{cases} u(x), & x \in \Omega_h, \\ 0, & x \in \Omega \setminus \Omega_h. \end{cases} \tag{1.2.18}$$

显然 $w \in L_p(\Omega)$, 并且

$$\|w - u\|_{L_p(\Omega)} = \|u\|_{L_p(\Omega \setminus \Omega_h)},$$

故对任意 $\varepsilon > 0$, 总存在 h 充分小, 使

$$\|w - u\|_p \leq \varepsilon/2. \tag{1.2.19}$$

今取 $\delta < h$, 构造

$$w_\delta(x) = \delta^{-n} \int_\Omega \rho\left(\frac{x-y}{\delta}\right) w(y) dy.$$

由于 supp $w_\delta = \Omega_h \subset\subset \Omega$, 故 w_δ 是无穷可微, 且支集 supp $w_\delta \subset \Omega_{h-\delta}$. 故由引理 2.3, 选 δ 充分小, 使 $\|w - w_\delta\|_p \leq \frac{\varepsilon}{2}$. 结合 (1.2.19) 得 $\|u - w_\delta\|_p \leq \varepsilon$, 由 ε 可以任意小且 $w_\delta \in C_0^\infty(\Omega)$, 定理得证. $\square$

§3. 广义导数

首先引进记号:

$$D^\alpha = D_1^{\alpha_1} \cdots D_n^{\alpha_n}, \quad D_i = \frac{\partial}{\partial x_i}, \quad \alpha = (\alpha_1, \cdots, \alpha_n),$$

而 $|\alpha| = \sum_{i=1}^n \alpha_i$.

设 u, v 为 Ω 上局部可积函数, 若

$$\int_\Omega u D^\alpha \varphi dx = (-1)^{|\alpha|} \int_\Omega v\varphi dx, \quad \forall \varphi \in C_0^\infty(\Omega) \tag{1.3.1}$$

成立, 则称 v 为 u 的 α 次弱导数.

设 $\{u_m\}$ 是 $C^\infty(\Omega)$ 中的函数列, 若 u_m 按 $L_1^{\mathrm{loc}}(\Omega)$ 度量收敛到 u, 而 $D^\alpha u_m$ 收敛到 v(当 $m \to \infty$), 则称 v 为 u 的 α 次强导数.

引理 3.1. 强导数与弱导数一致.

证明. 首先, 强导数是弱导数. 为此, 设 v 为 u 的 α 次强导数, 显然

$$\int_\Omega u_m D^\alpha \varphi dx = (-1)^\alpha \int_\Omega D^\alpha u_m \varphi dx, \quad \forall \varphi \in C_0^\infty(\Omega).$$

令 $m \to \infty$, 则获 u, v 满足弱导数定义 (1.3.1). 其次, 若 u, v 满足弱导数关系 (1.3.1). 按 (1.2.9) 构造正则化函数 $u_h(x)$ 与 $v_h(x)$, 今证

$$D^\alpha u_h(x) = v_h(x). \tag{1.3.2}$$

事实上

$$D^\alpha u_h(x) = h^{-n} \int_\Omega D_x^\alpha \rho\left(\frac{x-y}{h}\right) u(y) dy$$

$$= (-1)^\alpha h^{-n} \int_\Omega D_y^\alpha \rho\left(\frac{x-y}{h}\right) u(y) dy$$

$$= h^{-n} \int_\Omega \rho\left(\frac{x-y}{h}\right) v(y) dy$$

$$= v_h(x).$$

由引理 2.3, u_h 与 v_h 在 $L_1^{\mathrm{loc}}(\Omega)$ 意义下分别收敛到 u 与 v, 而 (1.3.2) 表明, v 是 u 的 α 次强导数.   □

今后称弱（强）导数为广义导数. 按照强导数定义，可以看出，广义导算子就是经典导算子在 $L_1^{\mathrm{loc}}(\Omega)$ 的闭扩张. 故若函数有经典 α 阶导数存在，则它与广义 α 阶导数一致. 但是二者也有区别：经典导数由低阶定义高阶，故高阶导数存在蕴含低阶导数存在；而广义 α 阶导数是直接由 (1.3.1) 定义，即高阶广义导数存在不能推出低阶导数亦存在.

把所有在 Ω 内存在 $|\alpha| \le k$ 阶广义导数的全体函数构成的线性空间记为 $W^k(\Omega)$. 显然 $C^k(\Omega) \subset W^k(\Omega)$. 还易证明局部一致 Lipschitz 函数类 $C^{0,1}(\Omega) \subset W^1(\Omega)$. 今后导算子 D^α 或 D 皆视为广义的.

现在论证弱微商性质. 如 u, v 弱可导，那么 uv 是否弱可导？特别，

$$D(uv) = uDv + vDu \tag{1.3.3}$$

能否成立？还有复合函数 $f(u(x))$ 的链式法能否成立？前者的回答是肯定的，后者要求对 f 补充条件.

定理 3.1. 设 $f \in C^1(\mathbb{R})$, 导函数 $f' \in L_\infty(\mathbb{R})$, $u \in W^1(\Omega)$. 则复合函数 $f \circ u \in W^1(\mathbb{R})$, 且

$$D(f \circ u) = f'(u)Du. \tag{1.3.4}$$

证明.   由于 $u \in W^1(\Omega)$, 故按强微商定义，存在序列 $u_m \in C^\infty(\Omega)$, $m = 1, 2, \cdots$, 使 u_m 与 Du_m 在 $L_1^{\mathrm{loc}}(\Omega)$ 意义下收敛

于 u 及 Du, 考虑 $\Omega' \subset\subset \Omega$, 则当 $m \to \infty$ 时, 有

$$\int_{\Omega'} |f(u_m) - f(u)|dx \leq \sup_{\mathbb{R}} |f'| \int_{\Omega'} |u_m - u|dx \to 0.$$

$$\int_{\Omega'} |f'(u_m)Du_m - f'(u)Du|dx$$

$$\leq \sup_{\mathbb{R}} |f'| \int_{\Omega'} |Du_m - Du|dx + \int_{\Omega'} |f'(u_m) - f'(u)||Du|dx$$

$$= I_m + J_m. \tag{1.3.5}$$

因 $Du_m \to Du($ 在 $L_1^{\mathrm{loc}}(\Omega))$, 故 $I_m \to 0(m \to \infty)$. 其次, 由 $u_m \to u($ 在 $L_1^{\mathrm{loc}}(\Omega))$ 知, Ω' 上有几乎处处收敛到 u 的子序列, 设 $\{u_m\}$ 为此序列; 由 f' 连续推知 $f'(u_m)$ 在 Ω' 几乎处处收敛到 $f'(u)$, 故 $J_m \to 0(m \to \infty)$. 于是 (1.3.5) 右端趋于 0, 按强微商定义得到 $Df(u) = f'(u)Du$. 证毕. $\square$

定理 3.1 的条件还可以减弱到仅要求 $f \in C(\mathbb{R})$, 而 f 为分段一阶可微, 且 $f' \in L_\infty(\mathbb{R})$. 此时若 $u \in W^1(\Omega)$, 仍有 $Df(u) = f'(u)Du$. 举例如下: $u_+ = \max\{u, 0\}$, $u_- = \min\{u, 0\}$, 则

$$Du_+ = \begin{cases} Du, & \text{当 } u > 0, \\ 0, & \text{当 } u \leq 0. \end{cases} \quad \text{及} \quad Du_- = \begin{cases} 0, & \text{当 } u > 0, \\ Du, & \text{当 } u \leq 0. \end{cases}$$

§ 4. 空间 $W_p^k(\Omega)$

取 $p \geq 1$, k 为非负整数, 定义 Sobolev 空间如下:

$$W_p^k(\Omega) \triangleq \{u \in W^k(\Omega): \quad \forall |\alpha| \leq k, \quad D^\alpha u \in L_p(\Omega)\}.$$

$W_p^k(\Omega)$ 中的范数定义为

$$\|u\|_{k,p,\Omega} = \left(\sum_{|\alpha| \leq k} \|D^\alpha u\|_p^p \right)^{\frac{1}{p}}. \tag{1.4.1}$$

易证, 在赋予范 (1.4.1) 后, $W_p^k(\Omega)$ 是完备的 Banach 空间. 如果 $k = 0$, 显然 $W_p^0(\Omega) = L_p(\Omega)$; 如果 $p = 2$, $W_2^k(\Omega)$ 是 Hilbert 空

间，简记为 $H^k(\Omega)$. 这是由于在 $H^k(\Omega)$ 中可定义内积

$$(u,v)_k = \int_\Omega \sum_{|\alpha| \leq k} D^\alpha u D^\alpha v dx. \qquad (1.4.2)$$

定理 4.1. 对于 $1 < p < \infty$, 空间 $W_p^k(\Omega)$ 是自反可分的 Banach 空间.

证明. 视 $W_p^k(\Omega)$ 为乘积空间 $\underset{|\alpha| \leq k}{\otimes} L_p(\Omega)$ 的子空间. 由 $L_p(\Omega)$ 自反、可分能够推出积空间亦自反、可分，而 $W_p^k(\Omega)$ 作为积空间的子空间也必自反可分. 证毕. □

定理 4.2. $C^\infty(\Omega)$ 是 $W_p^k(\Omega)$ 的稠密集.

证明. 首先构造一列开子集 $\Omega_j (j = 1, 2, \cdots)$ 适合关系 $\Omega_j \subset\subset \Omega_{j+1}$, 且 $\bigcup_{j=1}^\infty \Omega_j = \Omega$. 今证由此可构造函数列 $\varphi_j \in C^\infty(\Omega)$ 满足 $0 \leq \varphi_j(x) \leq 1$, $\forall x \in \Omega$, 且有性质

$$\varphi_j(x) = \begin{cases} 1, & \text{当 } x \in \bar{\Omega}_j, \\ 0, & \text{当 } x \in \Omega \setminus \Omega_{j+1}. \end{cases} \qquad (1.4.3)$$

为此令 $h_j = \frac{1}{4} d(\partial\Omega_j, \partial\Omega_{j+1}) > 0$, 构造函数

$$\Phi_j(x) = \begin{cases} 1, & \text{当 } d(x, \bar{\Omega}_j) \leq h_j, \\ 0, & \text{当 } d(x, \bar{\Omega}_j) \geq 3h_j. \end{cases}$$

再按 (1.2.9) 正则化，置 $\varphi_j(x) = (\Phi_j)_{h_j}$ 即为所求.

用 $\{\varphi_j\}$ 构造函数列 $\{\psi_j\}$ 如下：

$$\psi_1 = \varphi_1, \quad \psi_j = (1 - \varphi_{j-1})\varphi_j, \quad j = 2, 3, \cdots.$$

今证 $\psi_1(x) = \varphi_1(x) = 1$, 当 $x \in \bar{\Omega}_1$, 且当 $j > 1$ 有

$$\psi_j(x) = \delta_{ij}, \quad \text{当 } x \in B_i \overset{\triangle}{=} \bar{\Omega}_i \setminus \Omega_{i-1}. \qquad (1.4.4)$$

事实上，若 $x \in B_j = \bar{\Omega}_j \setminus \Omega_{j-1}$, 则蕴含 $x \in \bar{\Omega}_j$, 但 $x \bar{\in} \Omega_{j-1}$, 这表示函数 $\varphi_j(x) = 1$ 而 $\varphi_{j-1}(x) = 0$, 故 $\psi_j(x) = (1 - \varphi_{j-1}(x)) \times \varphi_j(x) = 1$. 另一方面，若 $x \in B_i = \bar{\Omega}_i \setminus \Omega_{i-1}$ 但 $i \neq j$, 先考虑 $i > j$ 情形. 由 $x \in B_i$ 推出 $x \bar{\in} \Omega_{i-1}$, 但由 $\Omega_j \subseteq \Omega_{i-1}$ 知 $\varphi_j(x) = 0$, 从而 $\psi_j(x) = 0$；其次，若 $i < j$, 又由 $x \in B_i$ 知 $x \in \bar{\Omega}_i \subset \bar{\Omega}_{j-1} \subset\subset \Omega_j$,

故 $\varphi_{j-1}(x) = 1$. 同样推出 $\psi_j(x) = 0$, 故 (1.4.4) 成立. 显然 $\{B_i\}$ 构成 Ω 的闭复盖, 其中 $B_1 \overset{\triangle}{=} \bar{\Omega}_1$, 且

$$\sum_{i=1}^{\infty} \psi_i(x) = 1, \quad \psi_i \in C^{\infty}(\Omega), \ x \in \Omega. \tag{1.4.5}$$

考虑函数 $u \in W_p^k(\Omega)$, 显然 $\psi_i u \in W_p^k(\Omega)(i = 1, 2, \cdots)$, 由于 $\mathrm{supp}(\psi_i u) \subset \Omega_{i+1} \subset\subset \Omega$, 故总可选 $\bar{h}_j$ 充分小, 使对任意 $\varepsilon > 0$, 有

$$\|\psi_j u - (\psi_j u)_{\bar{h}_j}\|_{k,p,\Omega} \le \frac{\varepsilon}{2^j}, \tag{1.4.6}$$

这里 $(\psi_j u)_{\bar{h}_j}$ 是 $\psi_j u$ 按 (1.2.9) 正则化的函数. 构造函数

$$v = \sum_{j=1}^{\infty} (\psi_j u)_{\bar{h}_j}, \quad \forall x \in \Omega, \tag{1.4.7}$$

因为无穷和中至多有限项非 $0(\forall x \in \Omega)$, 故级数收敛且 $v \in C^{\infty}(\Omega)$. 但由 (1.4.5) 有

$$\|v - u\|_{k,p,\Omega} \le \sum_{j=1}^{\infty} \|\psi_j u - (\psi_j u)_{\bar{h}_j}\|_{k,p,\Omega} \le \sum_{j=1}^{\infty} \frac{\varepsilon}{2^j} = \varepsilon. \tag{1.4.8}$$

根据 ε 的任意性, 知 $C^{\infty}(\Omega)$ 在 $W_p^k(\Omega)$ 中稠密. □

对于 $p = \infty$ 的情形, 定理 4.2 不成立. 此外, 定理 4.2 也不能改善为 $C^{\infty}(\bar{\Omega})$ 在 $W_p^k(\Omega)$ 中稠密, 除非 $\partial\Omega$ 满足某些光滑性条件, 例如 Lipschitz 连续, 以保证函数 $u \in W_p^k(\Omega)$ 能向外延拓.

§ 5. 空间 $\overset{\circ}{W}{}_p^k(\Omega)$ 及其嵌入定理

定义 5.1. 用 $\overset{\circ}{W}{}_p^k(\Omega)$ 表示 $C_0^{\infty}(\Omega)$ 函数在 $W_p^k(\Omega)$ 度量下的闭包.

按照定理 2.1, $\overset{\circ}{W}{}_p^0(\Omega) = L_p(\Omega) = W_p^0(\Omega)$. 但是, 若 $k > 0$, 则当 $\Omega \ne I\!R^n$ 时 $\overset{\circ}{W}{}_p^k(\Omega)$ 是 $W_p^k(\Omega)$ 的真子空间.

定义 5.2. 用 $W_q^{-k}(\Omega)$ 表示 $\overset{\circ}{W}{}_p^k(\Omega)$ 的共轭空间, 其中 $\frac{1}{p} + \frac{1}{q} = 1$.

研究 $\overset{\circ}{W}{}_p^k(\Omega)$ 的方便之处是 $\overset{\circ}{W}{}_p^k(\Omega)$ 中任何函数 v 皆可连续延拓到 $W_p^k(\mathbb{R}^n)$. 为此，只要置

$$\bar{v}(x) = \begin{cases} v(x), & \text{当 } x \in \Omega, \\ 0, & \text{当 } x \bar{\in} \Omega. \end{cases} \tag{1.5.1}$$

$v \to \bar{v}$ 构成 $W_p^k(\Omega) \to W_p^k(\mathbb{R}^n)$ 的连续延拓.

$\overset{\circ}{W}{}_2^k(\Omega)$ 是 Hilbert 空间，用记号 $H_0^k(\Omega)$ 表示.

Sobolev 空间的嵌入定理是非常重要的，它是联系偏微分方程现代理论与经典理论的桥梁.

叙述 $\overset{\circ}{W}{}_p^k(\Omega)$ 的嵌入定理前，先研究位势型积分算子. 设 $f \in L(\Omega)$, $0 < \lambda < n$, 定义

$$T_\lambda f = \int_\Omega |x - y|^{-\lambda} f(y) dy. \tag{1.5.2}$$

易知 $T_\lambda : L(\Omega) \to L(\Omega)$ 是有界算子.

引理 5.1. 设 $f \in L_p(\Omega)$, 则当 $\dfrac{1}{p} + \dfrac{\lambda}{n} < 1$ 时有常数使

$$\|T_\lambda f\|_\infty \leq C(n, \lambda, p) |\Omega|^{1 - \frac{1}{p} - \frac{\lambda}{n}} \|f\|_p, \tag{1.5.3}$$

这里 $|\Omega|$ 为 Ω 的测度；当 $\dfrac{1}{p} + \dfrac{\lambda}{n} \geq 1$ 时，若 q 满足 $1 \leq q < \infty$ 及 $\dfrac{1}{q} > \dfrac{1}{p} + \dfrac{\lambda}{n} - 1$, 则

$$\|T_\lambda f\|_q \leq C(n, \lambda, p, q) |\Omega|^{1 + \frac{1}{q} - \frac{1}{p} - \frac{\lambda}{n}} \|f\|_p. \tag{1.5.4}$$

证明. 如 $R > 0$ 的选择恰当，使 $|\Omega| = |B(x, R)| = \dfrac{w_n}{n} R^n$, $B(x, R)$ 是以 x 为心、R 为半径的球，w_n 是单位球面面积，则

$$\int_\Omega |x - y|^{-\lambda} dy \leq \int_{B(x, R)} |x - y|^{-\lambda} dy = \dfrac{n^{-\frac{\lambda}{n}}}{n - \lambda} w_n^{\frac{\lambda}{n}} |\Omega|^{1 - \frac{\lambda}{n}}. \tag{1.5.5}$$

(1.5.5) 右端易直接算出. 不等式部分的证明：可不失一般性，

设 $x = 0$ 及 $R = 1$, 再令 $B = B(0,1)$, 由

$$\int_\Omega |y|^{-\lambda} dy = \int_{\Omega \cap B} |y|^{-\lambda} dy + \int_{\Omega \setminus B} |y|^{-\lambda} dy$$

$$\leq \int_{\Omega \cap B} |y|^{-\lambda} dy + \text{meas}(\Omega \setminus B)$$

$$= \int_{\Omega \cap B} |y|^{-\lambda} dy + \text{meas}(B \setminus \Omega)$$

$$\leq \int_B |y|^{-\lambda} dy$$

知其成立.

现在考虑 $\dfrac{1}{p} + \dfrac{\lambda}{n} < 1$ 的情形. 由 Hölder 不等式有

$$\|T_\lambda f\|_\infty \leq \left(\int_\Omega |x - y|^{-\lambda p'} dx \right)^{\frac{1}{p'}} \|f\|_p$$

$$\leq C(n, \lambda, p) |\Omega|^{1 - \frac{1}{p} - \frac{\lambda}{n}} \|f\|_p, \tag{1.5.6}$$

这里 p' 满足 $\dfrac{1}{p'} + \dfrac{1}{p} = 1$. (1.5.3) 获证.

考虑 $\dfrac{1}{p} + \dfrac{\lambda}{n} \geq 1$ 且 $1 \leq q < \infty$, 使 $\dfrac{1}{q} > \dfrac{1}{p} + \dfrac{\lambda}{n} - 1$. 此时由 Hölder 不等式有

$$|T_\lambda f| \leq \int_\Omega [|x - y|^{-\frac{\lambda}{1 + 1/q - 1/p}}]^{1 - \frac{1}{p}} [|f(y)|^p]^{1/p - 1/q}$$

$$\times \left[|x - y|^{-\frac{\lambda}{1 + 1/q - 1/p}} |f(y)|^p \right]^{1/q} dy$$

$$\leq \left[\int_\Omega |x - y|^{-\frac{\lambda}{1 + 1/q - 1/p}} dy \right]^{1 - \frac{1}{p}} \left[\int_\Omega |f(y)|^p dy \right]^{1/p - 1/q}$$

$$\times \left[\int_\Omega |x - y|^{-\frac{\lambda}{1 + 1/q - 1/p}} |f(y)|^p dy \right]^{1/q}$$

$$\leq C(n, \lambda, p, q) |\Omega|^{(1 - \lambda/(n(1 + 1/q - 1/p)))(1 - 1/p)} \|f\|_p^{1 - p/q}.$$

$$\times \left[\int_\Omega |x - y|^{-\frac{\lambda}{1 + 1/q - 1/p}} |f(y)|^p dy \right]^{1/q}, \tag{1.5.7}$$

这里用到 (1.5.3). 现在估计 $\displaystyle\int_\Omega |T_\lambda f|^q dx$. 应用 (1.5.7) 并交换积分

次序，得

$$\|T_\lambda f\|_q \le C(n,\lambda,p,q)|\Omega|^{1+\frac{1}{q}-\frac{1}{p}-\frac{\lambda}{n}}\|f\|_p,$$

即 (1.5.4) 获证. □

定理 5.1. 成立

$$\overset{\circ}{W}{}_p^1(\Omega) \hookrightarrow \begin{cases} C^0(\bar{\Omega}), & \text{当 } p>n, \\ L^q(\Omega), & \text{当 } p=n, \quad 1\le q<\infty, \\ L^{np/(n-p)}(\Omega), & \text{当 } p<n, \end{cases} \qquad (1.5.8)$$

其中记号 $\hookrightarrow$ 除表示包含之外，还表示嵌入算子是连续的. 此外，对 $\forall u \in \overset{\circ}{W}{}_p^1(\Omega)$ 有不等式

$$\sup_\Omega |u| \le C(n,p)|\Omega|^{\frac{1}{n}-\frac{1}{p}}\|Du\|_p, \quad p>n, \qquad (1.5.9)$$

$$\|u\|_q \le C(n,q)|\Omega|^{\frac{1}{q}}\|Du\|_n, p=n, \quad 1\le q<\infty, \qquad (1.5.10)$$

$$\|u\|_{np/(n-p)} \le C\|Du\|_p, \quad p<n, \qquad (1.5.11)$$

这里 $\|Du\|_p = \sum\limits_{|\alpha|=1}\|D^\alpha u\|_p$.

证明. 任何 $u \in C_0^1(\Omega)$ 皆可取零值延拓至 Ω 外，故对任何单位向量 ω, 有

$$u(x) = -\int_0^\infty D_r u(x+r\omega)dr.$$

对 ω 取单位球面积分，在球面坐标意义下

$$u(x) = -\frac{1}{\omega_n}\int_0^\infty \int_{|\omega|=1} D_r u(x+r\omega)drd\omega$$

$$= -\frac{1}{\omega_n}\int_\Omega \sum_{i=1}^n \frac{x_i-y_i}{|x-y|^n}D_i u(y)dy, \qquad (1.5.12)$$

这里用到 $dy = r^{n-1}drd\omega$ 及 $D_r = \sum_{i=1}^n \cos\theta_i \frac{\partial}{\partial y_i}$, 而 $\cos\theta_i = \frac{x_i-y_i}{|x-y|}$, ω_n 表示单位球面积. 若用位势积分算子表示，得

$$|u| \le \frac{n}{\omega_n}T_{n-1}|Du|.$$

在引理 5.1 中取 $\lambda = n - 1$, 由 $p > n$ 推出 $\dfrac{1}{p} + \dfrac{\lambda}{n} < 1$, 则得

$$\sup_{\Omega} |u| \leq C(n,p) |\Omega|^{\frac{1}{n} - \frac{1}{p}} \|Du\|_p.$$

由 $p = n$ 得 $\dfrac{1}{p} + \dfrac{\lambda}{n} - 1 = 0$, 故当 $1 \leq q < \infty$ 时有

$$\|u\|_q \leq C(n,q) |\Omega|^{\frac{1}{q}} \|Du\|_n. \tag{1.5.13}$$

由 $p < n$ 及 q 满足 $\dfrac{1}{q} > \dfrac{1}{p} + \dfrac{\lambda}{n} - 1 = \dfrac{n-p}{pn}$, 存在 $\varepsilon > 0$, 使得由 $q = \dfrac{pn}{n-p} - \varepsilon$ 推出

$$\|u\|_{np/(n-p)-\varepsilon} \leq C(n,p,\varepsilon) |\Omega|^{1 + \frac{1}{q} - \frac{1}{p} - \frac{n-1}{n}} \|Du\|_p. \tag{1.5.14}$$

为了改进估计 (1.5.14), 使之与 ε 无关, 需要更精密地估计 (1.5.11). 为此, 设 $u \in C_0^1(\Omega)$, 由 $u(x) = \displaystyle\int_{-\infty}^{x_i} D_i u\, dx$ 知

$$u(x) \leq \int_{-\infty}^{x_i} |D_i u|\, dx_i, \quad i = 1, \cdots, n.$$

相乘后得到

$$|u(x)|^{\frac{n}{n-1}} \leq \Big(\prod_{i=1}^{n} \int_{-\infty}^{\infty} |D_i u|\, dx_i \Big)^{\frac{1}{n-1}},$$

故

$$\int_{-\infty}^{\infty} |u(x)|^{\frac{n}{n-1}}\, dx_1 \leq \int_{-\infty}^{\infty} \Big(\prod_{i=1}^{n} \int_{-\infty}^{\infty} |D_i u|\, dx_i \Big)^{\frac{1}{n-1}}\, dx_1$$

$$\leq \Big(\int_{-\infty}^{\infty} |D_1 u|\, dx_1 \Big)^{\frac{1}{n-1}} \int_{-\infty}^{\infty} \Big(\prod_{i=2}^{n} \int_{-\infty}^{\infty} |D_i u|\, dx_i \Big)^{\frac{1}{n-1}}\, dx_1$$

$$\leq \Big(\int_{-\infty}^{\infty} |D_1 u|\, dx_1 \Big)^{\frac{1}{n-1}} \Big(\prod_{i=2}^{n-1} \iint_{-\infty}^{\infty} |D_i u|\, dx_i dx_1 \Big)^{\frac{1}{n-1}}.$$

$$\tag{1.5.15}$$

这里用到了 $\int_{-\infty}^{\infty}|D_1u|dx_1$ 是与 x_1 无关的函数及 Hölder 不等式.
对 (1.5.15) 关于 x_2 积分, 应用同样技巧, 得

$$\iint_{-\infty}^{\infty}|u|^{\frac{n}{n-1}}dx_1dx_2 \le \Big(\prod_{i=1}^{2}\iint_{-\infty}^{\infty}|D_iu|dx_1dx_2\Big)^{\frac{1}{n-1}}$$

$$\times\Big(\prod_{i=3}^{n}\iiint_{-\infty}^{\infty}|D_iu|dx_1dx_2dx_i\Big)^{\frac{1}{n-1}}.$$

把积分过程继续下去, 得

$$\int_{\mathbb{R}^n}|u|^{\frac{n}{n-1}}dx = \int_{\Omega}|u|^{\frac{n}{n-1}}dx \le \Big(\prod_{i=1}^{n}\int_{\Omega}|D_iu|dx\Big)^{\frac{1}{n-1}}.$$

由几何平均小于算术平均不等式, 得

$$\|u\|_{n/(n-1)} \le \Big(\prod_{i=1}^{n}\int_{\Omega}|D_iu|dx\Big)^{\frac{1}{n}} \le \frac{1}{n}\int_{\Omega}\sum_{i=1}^{n}|D_iu|dx. \qquad (1.5.16)$$

在 (1.5.16) 中用 $|u|^r(r>1)$ 代替 u, 则

$$\||u|^r\|_{n/(n-1)} \le \frac{r}{n}\int_{\Omega}\sum_{i=1}^{n}|u|^{r-1}|D_iu|dx$$

$$\le \frac{r}{n}\Big(\int_{\Omega}|u|^{(r-1)\frac{p}{p-1}}dx\Big)^{\frac{p-1}{p}}\Big(\sum_{i=1}^{n}\int_{\Omega}|D_iu|^pdx\Big)^{\frac{1}{p}}. \qquad (1.5.17)$$

选 r 使 $\dfrac{rn}{n-1} = \dfrac{(r-1)p}{p-1}$ 或 $r = \dfrac{(n-1)p}{n-p}$, 由 $1<p<n$ 得 $r>1$ 成立. 于是由 (1.5.17) 推出 (1.5.11).　□

推论 1. 关于 $\overset{\circ}{W}_p^k(\Omega)(k>1)$ 的情形, 有嵌入

$$\overset{\circ}{W}_p^k(\Omega) \hookrightarrow \begin{cases} \overset{\circ}{W}_s^l(\Omega), & s = \dfrac{np}{n-(k-l)p}, & (k-l)p<n, \\[2mm] \overset{\circ}{W}_q^l(\Omega), & (k-l)p=n, & 1\le q<\infty, \\[2mm] C^l(\bar{\Omega}), & 0\le l\le k-\dfrac{n}{p}. \end{cases}$$

$$(1.5.18)$$

证明. 重复应用定理 5.1, 以 $p < n$ 为例, 由 $\left(\dfrac{1}{p} - \dfrac{1}{n}\right)^{-1} = \dfrac{np}{n-p}$ 及 (1.5.11) 有

$$
\begin{aligned}
\|D^k u\|_p &\geq C_1 \|D^{k-1} u\|_{(p^{-1}-n^{-1})^{-1}} \\
&\geq C_2 \|D^{k-2} u\|_{(p^{-1}-n^{-1}-n^{-1})^{-1}} \\
&\geq \cdots \geq C_0 \|D^l u\|_{(p^{-1}-(k-l)/n)^{-1}}.
\end{aligned} \tag{1.5.19}
$$

即证明了 (1.5.18) 的第一个嵌入. 其余可类似得到. □

推论 2. $\mathring{W}_p^k(\Omega)$ 中可以定义等价范如下:

$$
\|u\|_{\mathring{W}_p^k(\Omega)} = \sum_{|\alpha|=k} \|D^\alpha u\|_p. \tag{1.5.20}
$$

证明. 只需证明存在与 u 无关的常数 C, 满足

$$
\|D^l u\|_p \leq C \|D^k u\|_p, \quad l < k, \quad u \in \mathring{W}_p^k(\Omega).
$$

对于 $p < n$, 不难由 (1.5.19), $L_q \hookrightarrow L_p$ 及 $q > p$ 得出. 在 $p \geq n$ 的情形, 由 (1.5.10) 与 (1.5.9) 得出. □

§ 6. 空间 $W_p^k(\Omega)$ 及其嵌入定理

由于 $W_p^k(\Omega)$ 的函数不一定能连续延拓到 Ω 外, 为此需要对 Ω 作某些限制.

定义 6.1. 称 $\partial\Omega$ 满足内部锥条件, 是指存在一个固定锥 K_Ω, 使每个点 $x \in \partial\Omega$ 皆有以 x 为顶点与 K_Ω 全等的锥 $K_\Omega(x) \subset \Omega$.

内部锥条件是轻微几何限制, 不满足内部锥条件的例子, 如 Ω 是有内角为零的曲边角域.

定理 6.1. 如 $\partial\Omega$ 满足内部锥条件, 则

$$
W_p^k(\Omega) \hookrightarrow \begin{cases} L^{\frac{np}{n-kp}}(\Omega), & kp < n, \\ C^l(\Omega), & 0 \leq l < k - \dfrac{n}{p}, \end{cases} \tag{1.6.1}
$$

$$
W_p^k(\Omega) \hookrightarrow W_s^l(\Omega),
$$
$$
s = \frac{np}{n-(k-l)p}, \quad 0 < (k-l)p < n. \tag{1.6.2}
$$

上述定理的证明依赖于 Sobolev 恒等式. 为此, 先定义比内部锥条件更多限制的星形条件:

定义 6.2. 称 Ω 为星形域, 如 Ω 内存在固定的球 B, 使对 $\forall x \in \Omega$,

$$V_x = \{z | z \in \overline{x,y}, \quad y \in B\} \subset \Omega, \tag{1.6.3}$$

这里 $\overline{x,y}$ 为连接 x, y 两点的线段.

如果 $x \in B$, 则 V_x 是以 x 为顶点关于 B 的锥.

定理 6.2 (Sobolev 恒等式). 设 Ω 满足星形条件, 则对任意 $u \in W^k(\Omega)$, 皆有函数 $\xi_\alpha(y) \in C_0^\infty(B)$, $|\alpha| \leq k-1$ 及 x, y 的有界函数 $\omega_\alpha(x,y)$, $|\alpha| = k$ 存在, 使

$$u(x) = \sum_{|\alpha| \leq k-1} \prod_{i=1}^{n} x_i^{\alpha_i} \int_B \xi_\alpha(y) u(y) dy$$

$$+ \sum_{|\alpha|=k} \int_{V_x} \frac{\omega_\alpha(x,y)}{|x-y|^{n-k}} D^\alpha u(y) dy. \tag{1.6.4}$$

证明. 由于 $C^k(\Omega)$ 在 $W^k(\Omega)$ 中稠密, 故仅需在 $u \in C^k(\Omega)$ 假定下证明恒等式 (1.6.4).

首先, 不难用归纳法证明恒等式

$$u(x) = \sum_{l \leq k-1} (-1)^l \frac{r^l}{l!} \frac{\partial^l u(x+r\omega)}{\partial r^l}$$

$$+ \frac{(-1)^k}{(k-1)!} \int_0^r \left[\frac{\partial^k}{\partial \rho^k} u(x+\rho\omega) \right] \rho^{k-1} d\rho$$

$$= I(x,y) + J(x,y), \tag{1.6.5}$$

其中 $r = |y-x|$, $\omega = \dfrac{y-x}{|y-x|}$.

其次, 取 $\psi \in C_0^\infty(B)$ 适合 $\int_B \psi(x) dx = 1$, 利用恒等式 (1.6.5) 得出

$$u(x) = \int_B u(x)\psi(y) dy = \int_B I(x,y)\psi(y) dy$$

$$+ \int_B J(x,y)\psi(y) dy = K_1 + K_2, \tag{1.6.6}$$

其中

$$K_1 = \int_B \psi(y) \sum_{l \le k-1} (-1)^l \frac{r^l}{l!} \frac{\partial^l}{\partial r^l} u(x+r\omega) dy. \qquad (1.6.7)$$

由于 $y = x + r\omega$, 故有

$$\frac{\partial v}{\partial r} = \sum_{j=1}^n \frac{\partial v}{\partial y_j} \cos\theta_j = \sum_{j=1}^n \frac{\partial v}{\partial y_j} \frac{y_j - x_j}{r}$$

及

$$\sum_{l \le k-1} (-1)^l \frac{r^l}{l!} \frac{\partial^l u(y)}{\partial r^l} = \sum_{|\alpha| \le k-1} C_\alpha (y-x)^\alpha D^\alpha u(y),$$

其中 $(y-x)^\alpha = \prod_{i=1}^n (y_i - x_i)^{\alpha_i}$, $D^\alpha u = D_1^{\alpha_1} \cdots D_n^{\alpha_n} u$, C_α 是常数.

代入 (1.6.7) 得

$$\begin{aligned}
K_1 &= \sum_{|\alpha| \le k-1} C_\alpha \int_B \psi(y)(y-x)^\alpha D^\alpha u(y) dy \\
&= \sum_{|\alpha| \le k-1} (-1)^\alpha C_\alpha \int_B u(y) D^\alpha [\psi(y)(y-x)^\alpha] dy \\
&= \sum_{|\alpha| \le k-1} x^\alpha \int_B \xi_\alpha(y) u(y) dy, \qquad (1.6.8)
\end{aligned}$$

这里 $\xi_\alpha(y)$ 由诸如 $D^\alpha(\psi(y)y^\alpha)$ 项的和构成, 故 $\xi_\alpha(y) \in C_0^\infty(B)$.

考虑 (1.6.6) 中 K_2 项的计算. 令 d 为 Ω 的直径, 使 $\{y : |x-y| \le d\} \supseteq \Omega$. 由 $\psi \in C_0^\infty(B)$, 换用球坐标后, 得

$$\begin{aligned}
K_2 &= (-1)^k \int_{|x-y|=1} d\omega \int_0^d \psi(x+r\omega) r^{n-1} dr \frac{1}{(k-1)!} \\
&\quad \times \int_0^r \left(\frac{\partial^k}{\partial\rho^k} u(x+\rho\omega) \right) \rho^{k-1} d\rho \\
&= \frac{1}{(k-1)!} \int_{|x-y|=1} d\omega \int_0^d \frac{\partial^k u(x+\rho\omega)}{\partial\rho^k} \rho^{k-1} d\rho \\
&\quad \times \int_\rho^d \psi(x+r\omega) r^{n-1} dr.
\end{aligned}$$

注意 $\dfrac{\partial^k u(x+\rho\omega)}{\partial\rho^k} = \displaystyle\sum_{|\alpha|=k} \dfrac{k!}{\alpha!}\dfrac{(x-y)^\alpha}{\rho^k}D^\alpha u(y)$, 并重新换为直角坐标, 得

$$
\begin{aligned}
K_2 &= (-1)^k \sum_{|\alpha|=k}\int_\Omega D^\alpha u(y)\rho^{k-n}\Big[\dfrac{k!}{\alpha!}\dfrac{(x-y)^\alpha}{\rho^k}\\
&\qquad\times \int_\rho^d \psi(x+r\omega)r^{n-1}dr\Big]dy\\
&= \sum_{|\alpha|=k}\int_{V_x}\dfrac{\omega_\alpha(x,y)}{|x-y|^{n-k}}D^\alpha u(y)dy, \qquad (1.6.9)
\end{aligned}
$$

其中 $\rho=|x-y|$,

$$
\omega_\alpha(x,y) = (-1)^k \dfrac{k!}{\alpha!}\dfrac{(x-y)^\alpha}{\rho^k}\int_\rho^d \psi(x+r\omega)r^{n-1}dr.
$$

而从 Ω 上积分转到 V_x 是因为 $y\in V_x$ 必有 $\psi(y)=0$, 从而导出 $\omega_\alpha(x,y)=0$, $\forall y\in V_x$. 易见 $\omega_\alpha(x,y)$ 是有界函数, 且对任意 $\varepsilon>0$, $|x-y|>\varepsilon$ 还是 C^∞ 类函数. 这就证明了恒等式 (1.6.4). □

定理 6.1 的证明. 设 Ω 是星形域, 则 Sobolev 恒等式 (1.6.4) 把 $u(x)$ 分解成 k 阶多项式与位势积分 K_1 和 K_2 两部分. 由位势积分引理 5.1 知 (1.6.1) 成立. 至于 (1.6.2), 若相差任意小 的 ε, 类似证 (1.5.14) 亦可证其成立. 借助于定理 5.1 的更精密估计, 此 ε 当可去掉.

如果 Ω 是非星形域但满足内部锥条件, 则可证 Ω 可以分割成有限个 $\Omega_i(i=1,\cdots,m)$ 的和集, 而每个 Ω_i 皆为星形域, 故嵌入定理对满足内部锥条件也成立. 证毕. □

嵌入定理还可在 Hölder 空间得到更精密的描述. 定义 Hölder 空间 $C^{k,\alpha}(\bar{\Omega})(C^{k,\alpha}(\Omega))$ 是 $C^k(\bar{\Omega})(C^k(\Omega))$ 的子空间, 其 k 阶导数具有指标 $\alpha(0<\alpha\le 1)$ 的 Hölder 连续性. 所谓函数 f 具有指数 α 的 Hölder 连续性, 意指

$$
[f]_{\alpha,\Omega} = \sup_{\substack{x,y\in\Omega\\ x\ne y}}\dfrac{|f(x)-f(y)|}{|x-y|^\alpha} < \infty, \qquad 0<\alpha\le 1. \qquad (1.6.10)
$$

对 $C^{k,\alpha}(\Omega)$ 上函数, 可以装备范

$$
\|f\|_{C^{k,\alpha}(\Omega)} \overset{\triangle}{=} \|f\|_{k,\infty,\Omega} + \max_{0\le|\beta|\le k}[D^\beta f]_{\alpha,\Omega} \qquad (1.6.11)
$$

而构成 Banach 空间.

定理 6.3. 如 $kp > n$, 则有 Hölder 空间嵌入

$$W_p^k(\Omega) \hookrightarrow \begin{cases} C^{k-1,\frac{n}{p}}(\Omega), & \text{当 } k - \dfrac{n}{p} \text{ 非整数}, \\ C^{k-\frac{n}{p}-1,1}(\Omega), & \text{当 } k - \dfrac{n}{p} - 1 \text{ 是整数}. \end{cases} \qquad (1.6.12)$$

定理 6.4. 满足以下条件的嵌入映射是紧映射:

$$W_p^k(\Omega) \hookrightarrow \begin{cases} C^l(\Omega), & \text{当 } kp > n, l < k - \dfrac{n}{p}, \\ L_s(\Omega), s = \dfrac{np}{n-kp} - \varepsilon, kp < n, \varepsilon < \dfrac{n\rho}{n-kp}. \end{cases}$$

$$(1.6.13)$$

无论是定理 6.3 或 6.4, 都要求 $\partial\Omega$ 满足内部锥条件, 但是对于 $\mathring{W}_p^k(\Omega)$, 此条件则不必要. 这就是 $W_p^k(\Omega)$ 和 $\mathring{W}_p^k(\Omega)$ 的重要区别. 定理 6.3 与 6.4 的证明类似于定理 6.1, 只要注意位势型积分算子作为弱奇异积分算子具有紧性质.

由 Sobolev 恒等式还可以推出重要的延拓定理.

定理 6.5. 如 $\partial\Omega$ 满足内部锥条件, 则存在延拓算子 $P: W_p^k(\Omega) \to W_p^k(\mathbb{R}^n)$, 使 $Pu|_\Omega = u$, $\forall u \in W_p^k(\Omega)$. 且有与 u 无关的常数 C, 使

$$\|Pu\|_{m,p,\mathbb{R}^n} \le C\|u\|_{m,p,\Omega}. \qquad (1.6.14)$$

延拓定理保证: $W_p^k(\Omega)$ 空间保存了 $W_p^k(\mathbb{R}^n)$ 中某些性质. 后者可以通过 Fourier 变换简化之.

Sobolev 恒等式 (1.6.4) 表明, $W_p^k(\Omega)$ (当 Ω 满足内部锥条件) 有直和分解 [176]

$$W_p^k(\Omega) = P_{k-1} \oplus M_p^k(\Omega), \qquad (1.6.15)$$

其中 P_{k-1} 是 $k-1$ 阶多项式构成的有限维子空间, 直和意义是明显的, 因 $P_{k-1} \cap M_p^k = \{0\}$, 这蕴含存在两个投影算子

$$\Pi_1: W_p^k(\Omega) \to P_{k-1}, \qquad (1.6.16)$$

$$\Pi_2: W_p^k(\Omega) \to M_p^k(\Omega). \qquad (1.6.17)$$

因为 P_{k-1} 是有限维的, 故 Π_1 与 Π_2 是有界投影算子. 令 $N = \dim(P_{k-1})$, $f_i(1 \le i \le N)$ 是 P_{k-1} 上的 N 个线性泛函, 满足:

$\forall p \in P_{k-1}$, 如

$$f_i(p) = 0, \quad 1 \le i \le N,$$

蕴含 $p \equiv 0$, 于是在 P_{k-1} 上可以定义范

$$\|p\| \overset{\triangle}{=} \sum_{i=1}^{N} |f_i(p)|, \quad \forall p \in P_{k-1}, \tag{1.6.18}$$

而在 $M_p^k(\Omega)$ 上用 (1.6.4) 可证半范与范等价, 这说明 $W_p^k(\Omega)$ 空间可以定义等价范数

$$\sum_{i=1}^{N} |f_i(u)| + \sum_{|\alpha|=k} \|D^\alpha u\|_p, \quad \forall u \in W_p^k(\Omega). \tag{1.6.19}$$

这是非常有用的结论. 有限元分析中著名的 Bramble-Hilbert 引理可以看做是 (1.6.19) 的特例. 另外, 还可推出许多重要不等式, 如以下 Poincare 不等式.

定理 6.6. 如 $u \in W_2^1(\Omega)$, 则存在常数 $M > 0$, 使

$$\left(\int_\Omega |u|^2 dx\right)^{1/2} \le M\left[\int_\Omega \sum_{i=1}^{n} \left(\frac{\partial u}{\partial x_i}\right)^2 dx + \left|\int_{\partial\Omega} u ds\right|^2\right]^{\frac{1}{2}}. \tag{1.6.20}$$

证明.   因为 $\dim P_0 = 1$, 定义泛函

$$f(v) = \int_{\partial\Omega} v ds, \quad \forall v \in W_2^1(\Omega). \tag{1.6.21}$$

显然 $f(1) \ne 0$, 于是 (1.6.19) 定义了等价范. 故 (1.6.20) 必成立.
□

§7. 实指标空间 $H^s(I\!\!R^n)$

对整数 $m > 0$ 的情形, $H^m(I\!\!R^n)$ 中范数曾定义为

$$\|u\|_m^2 \overset{\triangle}{=} \sum_{|\alpha|\le m} \|D^\alpha u\|_0^2, \quad \|\cdot\|_0 = \|\cdot\|_{L_2(I\!\!R^n)}. \tag{1.7.1}$$

应用 Fourier 变换 Parseval 等式，有

$$\|u\|_m^2 = \sum_{|\alpha|\le m} \|D^\alpha u\|_0^2 = \sum_{|\alpha|\le m} \|\xi^\alpha \hat{u}\|_0^2$$

$$= \int_{I\!\!R^n} \sum_{|\alpha|\le m} |\xi^\alpha|^2 |\hat{u}(\xi)|^2 d\xi, \tag{1.7.2}$$

这里 $\hat{u}(\xi)$ 是 $u(x)$ 的 Fourier 变换，定义为

$$\hat{u}(\xi) = (2\pi)^{-n/2} \int_{I\!\!R^n} u(x)e^{-ix\xi}dx, \quad i = \sqrt{-1}. \tag{1.7.3}$$

由此，具有 $(D^\alpha u)^\wedge(\xi) = i^{|\alpha|}\xi^\alpha \hat{u}(\xi), \xi^\alpha = \xi_1^{\alpha_1}\cdots\xi_n^{\alpha_n}$.

应用不等式

$$\sum_{|\alpha|\le m} |\xi^\alpha|^2 \le (1+|\xi|^2)^m \le C \sum_{|\alpha|\le m} |\xi^\alpha|^2, \tag{1.7.4}$$

其中 C 是与 ξ 无关的常数，可以定义等价范：$\|u\|_m \triangleq \int_{I\!\!R^n} (1+|\xi|^2)^m |\hat{u}(\xi)|^2 d\xi$. 这就得到了推广 $H^m(I\!\!R^n)$ 定义到 $H^s(I\!\!R^n)(s\ge 0)$ 的方式.

定义 7.1. $H^s(I\!\!R^n) \triangleq \{u \in L^2(I\!\!R^n) : (1+|\xi|^2)^{\frac{s}{2}}\hat{u} \in L^2(I\!\!R^n)\}$. 其上赋予内积，构成 Hilbert 空间

$$(u,v)_s = \int_{I\!\!R^n} (1+|\xi|^2)^s \hat{u}\bar{\hat{v}} d\xi. \tag{1.7.5}$$

定义 7.2. 如实数 $s < 0$, 定义 $H^s(I\!\!R^n) = (H^{-s}(I\!\!R^n))^*$.

关于 $H^s(I\!\!R^n)$, 嵌入定理成立.

定理 7.1. 设 $s = m + \dfrac{n}{2} + \lambda, m \in Z\!\!\!Z_+$(正整数集), $\lambda \in (0,1)$, 则

$$H^s(I\!\!R^n) \hookrightarrow C^{m,\lambda}(I\!\!R^n), \tag{1.7.6}$$

且

$$|D^\alpha u(x)| \to 0, \quad \text{当 } |x| \to \infty, \quad |\alpha| \le m. \tag{1.7.7}$$

证明. 由 $u \in H^s(I\!\!R^n)$ 知 $\hat{u}(\xi)(1+|\xi|^2)^{s/2} \in L_2(I\!\!R^n)$. 据 Fourier 反演公式

$$u(x) = (2\pi)^{-n/2} \int_{I\!\!R^n} \hat{u}(\xi)e^{ix\xi}d\xi, \tag{1.7.8}$$

证明当 $|\alpha| \leq m$ 时,

$$D^\alpha u(x) = (2\pi)^{-\frac{n}{2}} \int_{\mathbb{R}^n} \hat{u}(\xi) i^{|\alpha|} \xi^\alpha e^{ix\xi} d\xi$$

$$= (2\pi)^{-\frac{n}{2}} \int_{\mathbb{R}^n} \hat{u}(\xi)(1+|\xi|^2)^{s/2}(1+|\xi|^2)^{-s/2} i^{|\alpha|} \xi^\alpha d\xi \quad (1.7.9)$$

成立, 这里 $i = \sqrt{-1}$. 但是 $\hat{u}\xi^\alpha \in L_1(\mathbb{R}^n)$, 为此注意

$$\hat{u}\xi^\alpha = \hat{u}(1+|\xi|^2)^{s/2} \cdot \xi^\alpha(1+|\xi|^2)^{-s/2}. \quad (1.7.10)$$

(1.7.10) 右端前一因子属于 $L_2(\mathbb{R}^n)$, 故只需证明后一因子亦属于 $L_2(\mathbb{R}^n)$. 这不难由 $|\alpha| \leq m = s - \dfrac{n}{2} - \lambda$ 证得, 故 (1.7.9) 右端收敛.

最后证明 $D^\alpha u$ 具有 Hölder 连续性. 令 $|\alpha| = m$, 对

$$D^\alpha u(x+y) - D^\alpha u(x)$$

$$= (2\pi)^{-n/2} \int_{\mathbb{R}^n} \hat{u}(\xi)\xi^\alpha i^{|\alpha|}(e^{i(x+y)\xi} - e^{ix\xi}) d\xi$$

取绝对值, 得

$$|D^\alpha u(x+y) - D^\alpha u(x)| \leq (2\pi)^{-n/2} \int_{\mathbb{R}^n} |\hat{u}\xi^\alpha||e^{iy\xi} - 1| d\xi$$

$$\leq (2\pi)^{-n/2} \int_{\mathbb{R}^n} \hat{u}|\xi|^{m+\frac{n}{2}+\lambda}|e^{iy\xi} - 1||\xi|^{-\frac{n}{2}-\lambda} d\xi$$

$$\leq C\|u\|_s \left(\int_{\mathbb{R}^n} |e^{iy\xi} - 1|^2 |\xi|^{-n-2\lambda} d\xi \right)^{\frac{1}{2}}. \quad (1.7.11)$$

估计 (1.7.11) 右端后一因子. 令

$$I(y) \stackrel{\triangle}{=} I(y, n+2\lambda) = \int_{\mathbb{R}^n} |e^{iy\xi} - 1|^2 |\xi|^{-n-2\lambda} d\xi,$$

使用坐标旋转变换 $R: y \to |y|e$, $e = (1, 0, \cdots, 0)$, 因积分及 $\mathbb{R}^n$ 中内积 $y\xi = \sum\limits_{i=1}^{n} y_i\xi_i$ 在正交变换下不变, 故

$$I(y) = I(|y|e) = \int_{\mathbb{R}^n} |e^{i|y|e\xi} - 1|^2 |\xi|^{-n-2\lambda} d\xi$$

$$= |y|^{2\lambda} \int_{\mathbb{R}^n} |e^{ie\xi} - 1|^2 |\xi|^{-n-2\lambda} d\xi = |y|^{2\lambda} I(e).$$

现在只要验证 $I(e) < \infty$. 为此，只要估计被积函数 $I(e)$ 在 $\pm\infty$ 与 0 点的阶，易知

$$|e^{ie\xi} - 1||\xi|^{-n-2\lambda} = \begin{cases} O(|\xi|^{-n-2\lambda}), & \text{当 } |\xi| \to \infty, \\ O(|\xi|^{2-n-2\lambda}), & \text{当 } |\xi| \to 0, \end{cases}$$

故 $I(e) < \infty$. 代入 (1.7.11)，$u \in C^{m,\lambda}(\mathbb{R}^n)$. □

下述内插不等式在有限元估计中很有用.

定理 7.2 (内插不等式). 设实数 $0 \le s_1 < s_2$, $s = \theta s_1 + (1 - \theta)s_2$ 且 $\theta \in (0, 1)$，则对 $u \in H^{s_2}(\mathbb{R}^n)$ 有

$$\|u\|_s \le \|u\|_{s_1}^{\theta} \|u\|_{s_2}^{1-\theta}. \tag{1.7.12}$$

证明. 由 Hölder 不等式有

$$\begin{aligned}
\|u\|_s &= \left(\int_{\mathbb{R}^n} |\hat{u}|^2 (1 + |\xi|^2)^s d\xi \right)^{\frac{1}{2}} \\
&= \left(\int_{\mathbb{R}^n} (|\hat{u}|^2 (1 + |\xi|^2)^{s_1})^{\theta} (|\hat{u}|^2 (1 + |\xi|^2)^{s_2})^{1-\theta} d\xi \right)^{\frac{1}{2}} \\
&\le \left[\left(\int_{\mathbb{R}^n} |\hat{u}|^2 (1 + |\xi|^2)^{s_1} d\xi \right)^{\theta} \right]^{\frac{1}{2}} \\
&\quad \times \left[\left(\int_{\mathbb{R}^n} |\hat{u}|^2 (1 + |\xi|^2)^{s_2} d\xi \right)^{1-\theta} \right]^{\frac{1}{2}} \\
&= \|u\|_{s_1}^{\theta} \|u\|_{s_2}^{1-\theta}. \quad \square
\end{aligned}$$

用 Yang 不等式，由 (1.7.12) 得到:

推论. 设 $0 \le s_1 < s < s_2$, $u \in H^{s_2}(\mathbb{R}^n)$，则对任意 $\varepsilon > 0$，必存在正数 $C(\varepsilon)$，适合

$$\|u\|_s \le \varepsilon \|u\|_{s_2} + C(\varepsilon) \|u\|_{s_1}. \tag{1.7.13}$$

§ 8. $H^m(\mathbb{R}^n_+)$ 中的迹定理

半空间 $\mathbb{R}^n_+ \overset{\triangle}{=} \{x \in \mathbb{R}^n : x_n > 0\}$ 具有边界 $\partial \mathbb{R}^n_+ = \mathbb{R}^{n-1}$, $\mathbb{R}^n = \mathbb{R}^{n-1} \bigotimes \mathbb{R}$. 今后记 $x = (x', x_n)$，其中 $x' = (x_1, \cdots, x_{n-1})$.

定义 8.1. 算子 $\gamma_j : C_0^\infty(\mathbb{R}^n) \to C_0^\infty(\mathbb{R}^{n-1})$ 称为 j 阶迹算子, 如果

$$\gamma_j u(x) = D_n^j u(x', 0), \quad \forall u \in C_0^\infty(\mathbb{R}^n), \ j > 0, \qquad (1.8.1)$$

$$\gamma_0 u(x) = u(x', 0), \quad \forall u \in C_0^\infty(\mathbb{R}^n), \ j = 0. \qquad (1.8.2)$$

今证上述定义可以保范扩展到 $H^m(\mathbb{R}_+^n)$ 上.

引理 8.1. 设 $u \in C_0^\infty(\mathbb{R}^n)$, 必存在常数 $C = C(m, n)$ 使

$$\|\gamma_0 u\|_{m-\frac{1}{2}, \mathbb{R}^{n-1}} \leq C\|u\|_{m, \mathbb{R}^n}. \qquad (1.8.3)$$

证明. 记 $\hat{u}(\xi', x_n)$ 为 $u(x) = u(x', x_n)$ 关于变元 x' 的 Fourier 变换, 则有

$$
\begin{aligned}
|\hat{u}(\xi', 0)|^2 &= -\int_0^\infty \frac{d}{dx_n} |\hat{u}(\xi', x_n)|^2 dx_n \\
&= -\int_0^\infty \frac{d}{dx_n} [\hat{u}(\xi', x_n) \overline{\hat{u}(\xi', x_n)}] dx_n \\
&= -2\mathrm{Re} \int_0^\infty \left(\frac{d}{dx_n} \hat{u}(\xi', x_n)\right) \overline{\hat{u}(\xi', x_n)} dx_n. \qquad (1.8.4)
\end{aligned}
$$

代入下式得

$$
\begin{aligned}
\|\gamma_0 u\|_{m-\frac{1}{2}, \mathbb{R}^{n-}}^2 &= \int_{\mathbb{R}^{n-1}} (1 + |\xi'|^2)^{m-\frac{1}{2}} |\hat{u}(\xi', 0)|^2 d\xi' \\
&= -2\mathrm{Re} \int_{\mathbb{R}^{n-1}} (1 + |\xi'|^2)^{m-\frac{1}{2}} \int_0^\infty \frac{d}{dx_n} \hat{u}(\xi', x_n) \overline{\hat{u}(\xi', x_n)} d\xi' \\
&\leq 2 \int_{\mathbb{R}^{n-1}} (1 + |\xi'|^2)^{m-\frac{1}{2}} \left\|\frac{d}{dx_n} \hat{u}(\xi', \cdot)\right\|_{L_2(\mathbb{R}_n)} \\
&\quad \times \|\hat{u}(\xi', \cdot)\|_{L_2(\mathbb{R}_n)} d\xi',
\end{aligned}
$$

这里 $\|\cdot\|_{L_2(\mathbb{R}_n)}$ 表示对单变元 x_n 或 ξ_n 取 $L_2(\mathbb{R})$ 范. 以下使用

Parseval 恒等式及 Hölder 不等式有

$$上式 \leq 2\int_{IR^{n-1}}(1+|\xi'|^2)^{m-\frac{1}{2}}\|\xi_n\hat{u}(\xi)\|_{L_2(IR_n)}\|\hat{u}(\xi)\|_{L_2(IR_n)}d\xi'$$

$$\leq 2\Big(\int_{IR^{n-1}}(1+|\xi'|^2)^{m-1}\|\xi_n\hat{u}(\xi)\|^2_{L_2(IR_n)}d\xi'\Big)^{\frac{1}{2}}$$

$$\times\Big(\int_{IR^{n-1}}(1+|\xi'|^2)^m\|\hat{u}(\xi)\|^2_{L_2(IR_n)}d\xi\Big)^{\frac{1}{2}}$$

$$\leq 2\int_{IR^n}(1+|\xi'|^2)^m|\hat{u}(\xi)|^2d\xi = 2\|u\|^2_{m,IR^n}.$$

证毕.   □

引理 8.2. 存在 $H^m(IR^n_+)$ 到 $H^m(IR^n)$ 的连续延拓算子.

证明.   对任意 $u\in H^m(IR^n_+)$, 构造延拓算子

$$Pu(x',x_n) = \begin{cases} u(x',x_n),\ x_n\geq 0, \\ \sum_{j=1}^m \alpha_j u(x',-jx_n),\ x_n<0, \end{cases} \qquad (1.8.5)$$

其中 $\alpha_j(j=1,\cdots,m)$ 选择满足线性方程组

$$\sum_{j=1}^m(-j)^k\alpha_j = 1, \quad k=0,\cdots,m-1. \qquad (1.8.6)$$

容易证明, 由 (1.8.5) 定义的 P 是 $H^m(IR^n_+)$ 到 $H^m(IR^n)$ 的连续延拓算子.   □

定理 8.1. 定义在 $C_0^\infty(IR^n)$ 上的迹算子 $\gamma=(\gamma_0,\cdots,\gamma_{m-1})$, 可以扩张为 $H^m(IR^n)$ 到 $\bigotimes_{j=0}^{m-1}H^{m-j-\frac{1}{2}}(IR^{n-1})$ 上满值有界的线性映射.

证明.   由引理 8.2 知, $C_0^\infty(IR^n)$ 函数在 $H^m(IR^n_+)$ 中稠密, 故依保范扩张定理, γ_j 的有界性蕴含扩张性. 但对任意

$u \in C_0^\infty(\mathbb{R}^n)$, 由引理 8.1 有

$$\|\gamma_j u\|_{m-j-\frac{1}{2}, \mathbb{R}^{n-1}} = \left\|\gamma_0 \frac{\partial^j u}{\partial x_n^j}\right\|_{m-j-\frac{1}{2}, \mathbb{R}^{n-1}}$$

$$\leq C \left\|\frac{\partial^j u}{\partial x_n^j}\right\|_{m-j, \mathbb{R}^n} \leq C\|u\|_{m, \mathbb{R}^n},$$

$$j = 0, \cdots, m-1. \tag{1.8.7}$$

于是证得 $\gamma: u \to (\gamma_0 u, \cdots, \gamma_{m-1}u)$ 能扩张为由 $H^m(\mathbb{R}_+^n)$ 到 $\bigotimes\limits_{j=0}^{m-1} H^{m-j-\frac{1}{2}}(\mathbb{R}^{n-1})$ 的有界映射.

以下证明 γ 是满射, 即 γ 值在全空间上. 鉴于 $\bigotimes\limits_{j=0}^{m-1} C_0^\infty(\mathbb{R}^{n-1})$ 是 $\bigotimes\limits_{j=0}^{m-1} H^{m-j-\frac{1}{2}}(\mathbb{R}^{n-1})$ 的稠密集, 故只需证明 $\bigotimes\limits_{j=0}^{m-1} C_0^\infty(\mathbb{R}^{n-1})$ 属于 γ 的值域. 为此构造有界线性算子 R 使任意 $(v_0, \cdots, v_{m-1}) \in \bigotimes\limits_{j=0}^{m-1} C_0^\infty(\mathbb{R}^{n-1})$ 适合

$$\gamma R(v_0, \cdots, v_{m-1}) = (v_0, \cdots, v_{m-1}). \tag{1.8.8}$$

先构造 $R_j: H^{m-j}(\mathbb{R}^{n-1}) \to H^m(\mathbb{R}_+^n)$. 对任意 $v_j \in C_0^\infty(\mathbb{R}^{n-1})$, 置

$$R_j v_j = u_j(x) = (2\pi)^{-\frac{n-1}{2}} \int_{\mathbb{R}^{n-1}} \hat{v}_j(\xi')\exp\Big(ix'\xi'$$

$$-(1+|\xi'|^2)^{\frac{1}{2}}x_n\Big)(1+|\xi'|^2)^{-\frac{j}{2}}d\xi'. \tag{1.8.9}$$

积分号下求导数, $u_j(x)$ 满足

$$\frac{\partial^j u_j(x', 0)}{\partial x_n^j} = (-1)^j (2\pi)^{-\frac{n-1}{2}} \int_{\mathbb{R}^{n-1}} \hat{v}_j(\xi')e^{ix'\xi'}d\xi' = v_j(x').$$
$$\tag{1.8.10}$$

现在证明 R_j 是有界算子. 由 (1.8.9) 有

$$\|R_j v_j\|^2_{m,\mathbb{R}^n_+} = \|u_j\|^2_{m,\mathbb{R}^n_+} = \sum_{i=0}^{m-1} \int_0^\infty \left\| \frac{\partial^i u_j}{\partial x_n^i}(\cdot, x_n) \right\|^2_{m-i,\mathbb{R}^{n-1}} dx_n$$

$$= \sum_{i=0}^{m-1} \int_0^\infty \int_{\mathbb{R}^{n-1}} \left| \left(\frac{\partial^i u_j}{\partial x_n^i} \right)^\wedge (\xi', x_n) \right|^2 (1+|\xi'|^2)^{m-i} d\xi' dx_n$$

$$= \sum_{i=0}^{m-1} \int_0^\infty \int_{\mathbb{R}^{n-1}} |\hat{v}_j(\xi')|^2 (1+|\xi'|^2)^{m-j}$$

$$\times \exp(-2(1+|\xi'|^2)^{\frac{1}{2}} x_n) d\xi' dx_n$$

$$= \sum_{i=0}^{m-1} \int_{\mathbb{R}^{n-1}} |\hat{v}_j(\xi')|^2 (1+|\xi'|^2)^{m-j}$$

$$\times \int_0^\infty \exp(-2(1+|\xi'|^2)^{\frac{1}{2}} x_n) dx_n d\xi'$$

$$= \sum_{i=0}^{m-1} \frac{1}{2} \int_{\mathbb{R}^{n-1}} |\hat{v}_j(\xi')|^2 (1+|\xi'|^2)^{m-j-\frac{1}{2}} d\xi'$$

$$= \frac{m}{2} \|v_j\|^2_{m-j-\frac{1}{2},\mathbb{R}^{n-1}}, \qquad \forall v_j \in C_0^\infty(\mathbb{R}^{n-1}).$$

$$(1.8.11)$$

由于 $C_0^\infty(\mathbb{R}^{n-1})$ 在 $H^{m-j}(\mathbb{R}^{n-1})$ 的稠密性, R_j 可以保范扩张为 $H^{m-j-\frac{1}{2}}(\mathbb{R}^{n-1}) \to H^m(R\mathbb{R}^n_+)$ 的有界映射.

应用引理 8.2, 存在延拓 $P: H^m(\mathbb{R}^n_+) \to H^m(\mathbb{R}^n)$. 不妨设 u_j 已被延拓到 $H^m(\mathbb{R}^n)$, 构造函数

$$\tilde{u}_j(x) = \sum_{k=1}^m C_k u_j(x', kx_n), \quad j = 0, \cdots, m-1, \qquad (1.8.12)$$

这里 C_k 满足线方程组

$$\sum_{k=1}^m C_k k^i = \delta_{ij}, \quad j = 0, \cdots, m-1. \qquad (1.8.13)$$

如此构造的 $\tilde{u}_j(x)$, 显然满足

$$\frac{\partial^i \tilde{u}_j}{\partial x_n^i}(x', 0) = \delta_{ij} \frac{\partial^j u_j(x', 0)}{\partial x_n^j} = \delta_{ij} v_j(x'0). \qquad (1.8.14)$$

定义 $R : \overset{m-1}{\underset{i=0}{\bigotimes}} H^m(I\!\!R^{n-1}) \to H^m(I\!\!R^n)$, 为 $R(v_0, \cdots, v_{m-1}) = u = \sum_{j=0}^{m-1} \tilde{u}_j$, 则由 (1.8.14) 知,

$$\gamma u = \gamma R(v_0, \cdots, v_{m-1}) = (v_0, \cdots, v_{m-1}). \qquad (1.8.15)$$

这就证明了 γ 是满射且有右逆 R 存在；由 (1.8.14) 知 R 是有界映射.   □

§ 9. $H^m(\Omega)$ 的迹

本节考虑 Ω 是有界开集且 $\partial\Omega$ 为光滑边界（即有连续变化单位外法向量）或者是由光滑边界构成的多角形区域两种情形.

首先定义空间 $H^s(\partial\Omega)$. 设 $s > 0$, 称边界 $\partial\Omega$ 属类 $C^{[s]+1}$, $[s]$ 为 s 的整数部分, 如果 $\partial\Omega$ 的任何开复盖 $\{O_i\}_{i=1}^N$ 皆对应变换 $\{\varphi_i\}_{i=1}^N$, 使 $\varphi_i : O_i \to B$, B 是中心在原点的单位球, 且 $\varphi_i(\Omega \cap O_i) = B^+ = B \cap I\!\!R_+^n$, $\varphi_i(\partial\Omega \cap O_i) = \Sigma = B \cap I\!\!R^{n-1}$, φ_i 还是 $C^{[s]+1}$ 类同胚, 即 $\varphi_i, \varphi_i^{-1}$ 皆是 $C^{[s]+1}$ 类函数. 仿定理 4.2 的证明, 知对应于开复盖 $\{O_i\}_{i=1}^N$ 有单位分解函数 $\{\alpha_i\}_{i=1}^N$, 其中 $\alpha_i \in C_0^\infty(O_i)$, 且

$$\sum_{i=1}^N \alpha_i(x) = 1, \quad \forall x \in \partial\Omega. \qquad (1.9.1)$$

定义 9.1. $\partial\Omega$ 上函数 $u \in H^s(\partial\Omega)$, 如果函数 $\alpha_i u \circ \varphi_i^{-1} \in H^s(I\!\!R^{n-1})(i = 1, \cdots, N)$ 并在其上定义范

$$\|u\|_{s,\partial\Omega}^2 = \sum_{i=1}^N \|(\alpha_i u) \circ \varphi_i^{-1}\|_{s,I\!\!R^{n-1}}^2. \qquad (1.9.2)$$

显然, 欲使 (1.9.2) 合理, 尚需证明不同的覆盖对应相互等价的范. 证明见 [176].

定理 9.1. 设 $\partial\Omega \in C^m$, 则定义在 $C^m(\bar\Omega)$ 上的迹映射

$$\gamma u = \left(u, \frac{\partial u}{\partial \nu}, \cdots, \frac{\partial^{m-1} u}{\partial \nu^{m-1}}\right), \quad x \in \partial\Omega \qquad (1.9.3)$$

可以扩张为 $H^m(\Omega)$ 到 $\overset{m-1}{\underset{j=0}{\bigotimes}} H^{m-j-\frac{1}{2}}(\partial\Omega)$ 的有界线性满值映射.

证明提要. 由 $\partial\Omega \in C^m$ 有延拓算子 $P : H^m(\Omega) \to H^m(\mathbb{R}^n)$ 及常数 $C > 0$ 存在，使

$$\|Pu\|_{m,\mathbb{R}^n} \le C\|u\|_{m,\Omega}. \tag{1.9.4}$$

设 $\{O_i\}_{i=1}^N$ 是 $\partial\Omega$ 的开覆盖，$\{\alpha_i\}_{i=1}^N$ 是相应的单位分解，则对任何 $u \in C^m(\bar{\Omega})$ 有

$$u = \sum_{i=1}^N u\alpha_i, \qquad \forall x \in \partial\Omega. \tag{1.9.5}$$

设 $\{\varphi_i\}_{i=1}^N$ 是相应于 C^m 的同胚映射：$\varphi_i : O_i \to B$. 由于 $\alpha_i \in C_0^\infty(O_i)$，故 $\mathrm{supp}(u\alpha_i) \circ \varphi_i^{-1} \subset B$. 以零值延拓 $u\alpha_i \circ \varphi_i^{-1}$ 到 B 外，显然 $u\alpha_i \circ \varphi_i^{-1} \in C_0^\infty(\mathbb{R}^n)$. 令 $\tilde{u} = Pu$，则

$$\|\tilde{u}\alpha_i \circ \varphi_i^{-1}(y', 0)\|_{m-\frac{1}{2},\mathbb{R}^{n-1}} \le C\|\tilde{u}\alpha_i \circ \varphi_i^{-1}\|_{m,\mathbb{R}^n}$$

$$\le C\|\tilde{u}\alpha_i\|_{m,\mathbb{R}^n} \le C_1\|u\|_{m,\Omega}.$$

由定义 9.1，得

$$\|u\|_{m-\frac{1}{2},\partial\Omega} \le \Big(\sum_{i=1}^N \|u\alpha_i \circ \varphi_i^{-1}\|_{m-\frac{1}{2},\mathbb{R}^{n-1}}^2\Big)^{\frac{1}{2}} \le C\|u\|_{m,\Omega}. \tag{1.9.6}$$

此即零次迹估计，高次迹要用局部平展法证明，从略. □

如果 Ω 是多角形，迹定理的证明比较复杂，这里仅叙述结果：设 Ω 是 $\mathbb{R}^2$ 中的开集，边界由 J 条 C^∞ 类曲线 $\Gamma_j(j = 1, \cdots, J)$ 构成曲边多角形.

定理 9.2. 设 Ω 是上述假定下的多角形，则对任意 $u \in H^m(\Omega)$，令

$$f_j^k = \frac{\partial^k u}{\partial \nu_j^k}, \quad (\Gamma_j), \quad 0 \le k \le m-1, \quad 1 \le j \le J, \tag{1.9.7}$$

这里 $\frac{\partial}{\partial \nu_j}$ 是 Γ_j 内法向导数，于是映射 $u \to (f_j^k)_{j=1,\cdots,J\ k=0,\cdots,m-1}$ 是 $H^m(\Omega)$ 到积空间 $T = \bigotimes_{j=1}^J \bigotimes_{k=0}^{m-1} H^{m-k-\frac{1}{2}}(\Gamma_j)$ 的子空间的线性连续映射. 该子空间被以下条件定义：对任何系数无穷可微的 $m-1$ 阶微分算子 L，如果它在 Γ_j 上被表示为 $L = \sum_{k=0}^{m-1} P_{jk} \frac{\partial^k}{\partial \nu_j^k}$,

其中 P_{jk} 是沿切向 $m-k$ 阶微分算子，令 s_j 表示 Γ_j 与 Γ_{j+1} 相交角点，$x_j(\sigma)$ 表示由 s_j 为起点，以弧长 σ 为参数，并且当 $|\sigma|$ 充分小，如 $|\sigma| \le \delta_j$，则 $x_j(\sigma) \in \Gamma_j$，如 $\sigma < 0$；或 $x_j(\sigma) \in \Gamma_{j+1}$ 如 $\sigma > 0$，那么

$$\int_0^{\delta_j} \Big| \sum_{k=0}^{m-1} [P_{jk}f_{jk}(x_j(-\sigma)) - P_{j+1,k}f_{j+1,k}(x_j(\sigma))] \Big|^2 \frac{d\sigma}{\sigma} < \infty,$$
$$j = 1, \cdots, J. \qquad (1.9.8)$$

推论.   设 $u \in H^1(\Omega)$，$f_j = u|_{\Gamma_j}$ 则 $u \to (f_i)_{j=1}^J$ 是 $H^1(\Omega)$ 到 $\bigotimes\limits_{j=1}^J H^{\frac{1}{2}}(\Gamma_j)$ 子空间的连续映射，该子空间定义为适合

$$\int_0^{\delta_j} |f_{j+1}(x_j(\sigma)) - f_j(x_j(-\sigma))| \frac{d\sigma}{\sigma} < \infty, \quad 1 \le j \le J \qquad (1.9.9)$$

的函数集合.

§10. 内插空间及其应用

本节我们通过内插空间方法定义实指标的 Sobolev 空间和更为广泛的 Besov 空间，以及介绍 Sobolev 空间更深入的结果. 这些内容比较专门但又为往后应用所必需，这里仅限于不加证明地介绍结果.

令 X_0 和 X_1 是两个 Banach 空间，其上分别定义了范 $\|\cdot\|_{X_0}$ 和 $\|\cdot\|_{X_1}$，此外 X_0 和 X_1 皆包含于同一线性 Hausdorff 空间 $\mathcal{X}$ 内，且相应的嵌入映射是连续的. 定义空间

$$X_0 + X_1 \overset{\triangle}{=} \{f \in \mathcal{X} : f = f_0 + f_1, f_i \in X_i \text{ 且 } i = 0, 1\}. \qquad (1.10.1)$$

$X_0 + X_1$ 是 Banach 空间，其上定义范

$$\|f\|_{X_0+X_1} = \inf \{\|f_0\|_{X_0} + \|f_1\|_{X_1} : f = f_0 + f_1,$$
$$f_i \in X_i, i = 0, 1\}. \qquad (1.10.2)$$

空间 $X_0 \cap X_1$ 也是 Banach 空间，范定义为

$$\|f\|_{X_0 \cap X_1} = \max\{\|f\|_{X_0}, \|f\|_{X_1}\}. \qquad (1.10.3)$$

显然 $X_0 \cap X_1 \subset X_i \subset X_0 + X_1, \quad i = 0, 1.$

定义 10.1. Banach 空间 X 称为 X_0 和 X_1 的内插空间，如果 $X \subset \mathcal{X}$ 且嵌入映射连续，并满足

$$X_0 \cap X_1 \subset X \subset X_0 + X_1 \subset \mathcal{X}. \tag{1.10.4}$$

下面给出构造内插空间的方法，为此对正数 t 及 $f \in X_0 + X_1$ 定义函数

$$K(t, f) = \inf\{\|f_0\|_{X_0} + t\|f_1\|_{X_1} : f = f_0 + f_1, f_i \in X_i, i = 0, 1\}, \tag{1.10.5}$$

然后对任何 $\theta, 0 < \theta < 1$, 及实数 q, $1 \leq q \leq \infty$ 定义其内插空间 $(X_0, X_1)_{\theta,q}$, 它是所有 $f \in X_0 + X_1$ 使范

$$\|f\|_{(X_0,X_1)_{\theta,q}} = \begin{cases} \left\{\displaystyle\int_0^\infty [t^{-\theta}K(t,f)]^q \frac{dt}{t}\right\}^{1/q}, & \text{当 } 1 \leq q < \infty, \\ \displaystyle\sup_{t>0} t^{-\theta}K(t,f), & \text{当 } q = \infty \end{cases} \tag{1.10.6}$$

取有穷值的全体，可以证明以下定理：

定理 10.1. 对任何 $0 < \theta < 1$ 及 $1 \leq q \leq \infty$, $(X_0, X_1)_{\theta,q}$ 是 X_0 和 X_1 的内插空间，满足 (1.10.4) 并且在范 (1.10.6) 意义下是 Banach 空间. 特别有

$$(X, X)_{\theta,q} = X.$$

现在给出内插空间的重要定理. 首先设 Y_0 和 Y_1 是连续包含在线性 Hausdorff 空间 $\mathcal{Y}$ 内的两个 Banach 空间, $T : X_0 + X_1 \to Y_0 + Y_1$ 线性算子，满足

$$\|Tf\|_{Y_i} \leq M_i\|f\|_{X_i}, \quad \forall f \in X_i, \quad i = 0, 1, \tag{1.10.7}$$

即 T 可以视为映 X_i 到 Y_i 的有界映射，具有范数等于 $M_i, i = 0, 1$. 以下定理是内插空间的重要结果. (参见 [138])

定理 10.2. 令 T 是 $X_0 + X_1$ 到 $Y_0 + Y_1$ 线性算子，满足 (1.10.7). 那么，对任何 $0 < \theta < 1$ 及 $1 \leq q \leq \infty$, T 也是映 $(X_0, X_1)_{\theta,q}$ 到 $(Y_0, Y_1)_{\theta,q}$ 的有界线性算子，其范

$$M \stackrel{\triangle}{=} \sup_{\|f\|_{(X_0,X_1)_{\theta,q}}=1} \|Tf\|_{(Y_0,Y_1)_{\theta,q}}$$

满足

$$M \leq M_0^{1-\theta} M_1^\theta. \tag{1.10.8}$$

考虑 Sobolev 空间的内插空间，可以引入 Besov 空间 $B_p^{\theta,q}(\Omega)$，定义为

$$B_p^{m\theta,q}(\Omega) \overset{\triangle}{=} (L_p(\Omega), W_p^m(\Omega))_{\theta,q}. \tag{1.10.9}$$

关于 Besov 空间与 Sobolev 空间有下面关系:

定理 10.3. 如 $1 \le p \le \infty$, 而且 m 是正整数，那么成立连续意义下包含关系

$$B_p^{m,1}(\Omega) \hookrightarrow W_p^m(\Omega) \hookrightarrow B_p^{m,\infty}. \tag{1.10.10}$$

如果 $1 \le q_1 < q_2 \le \infty$, $1 \le p \le \infty$, 且 $\sigma > 0$, 那么

$$B_p^{\sigma,q_1}(\Omega) \hookrightarrow B_p^{\sigma,q_2}(\Omega); \tag{1.10.11}$$

如果 $0 < \sigma_2 < \sigma_1$, $1 \le q_1, q_2 \le \infty$ 而 $1 \le p \le \infty$, 那么

$$B_p^{\sigma_1,q_1}(\Omega) \hookrightarrow B_p^{\sigma_2,q_2}; \tag{1.10.12}$$

如果 $\sigma_0 \ne \sigma_1, 0 < \theta < 1, 1 \le q_0, q_1 \le \infty, 1 \le p \le \infty$ 那么在等价范意义下，对任意 $1 \le q \le \infty$ 有

$$(B_p^{\sigma_0,q_0}(\Omega), B_p^{\sigma_1,q_1}(\Omega))_{\theta,q} = B_p^{\sigma,q}(\Omega), \sigma = \theta\sigma_1 + (1-\theta)\sigma_0 \tag{1.10.13}$$

及

$$(W_p^m(\Omega), W_p^{2m}(\Omega))_{\theta,q} = B_p^{\sigma,q}(\Omega), \sigma = (1+\theta)m. \tag{1.10.14}$$

实指标 Sobolev 空间可以用整指标空间内插得出，事实上我们有以下定理，它是定理 7.2 的推广.

定理 10.4. 若 Ω 是 $I\!R^n$ 中具有 Lipschitz 边界的有界开集，则

$$(W_p^2(\Omega), L_p(\Omega))_{\theta,p} = W_p^{2(1-\theta)}(\Omega), \tag{1.10.15}$$

$$(\overset{\circ}{W}_p^2(\Omega), L_p(\Omega))_{\theta,p} = W_p^{2(1-\theta)}(\Omega), \quad \text{当} \quad 2(1-\theta) < \frac{1}{p}. \tag{1.10.16}$$

比较 (1.10.15) 与 (1.10.16) 知定理 10.4 揭示一个重要性质: $\overset{\circ}{W}_p^s(\Omega) = W_p^s(\Omega)$, 当 $0 < s < \frac{1}{p}$, 但是当 $s > \frac{1}{p}$ 时 $\overset{\circ}{W}_p^s(\Omega)$ 是 $W_p^s(\Omega)$ 的真子空间.

迄今，我们虽然抽象定义实指标 Sobolev 空间 $W_p^s(\Omega)$, 但是缺少由函数本身定义的范数. 一个由函数本身直接定义的

$W_p^s(\Omega)$, $s = m + \sigma$, $1 > \sigma > 0$ 的范数是

$$\|u\|_{W_p^s(\Omega)} \overset{\triangle}{=} \|u\|_{W_p^m(\Omega)}$$
$$+ \Big\{ \sum_{|\alpha|=m} \iint_{\Omega \times \Omega} \frac{|D^\alpha u(x) - D^\alpha u(y)|^p}{|x - y|^{n+\sigma p}} dx dy \Big\}^{\frac{1}{p}}, \tag{1.10.17}$$

可以证明这与抽象定义的范数等价. $\overset{\circ}{W}_p^s(\Omega)$ 可以定义为 $C_0^\infty(\Omega)$ 中函数按 (1.10.17) 定义的范构成的闭子空间.

空间 $W_p^m(\Omega)$ 的迹定理也可类似于 §9 导出:

定理 10.5. 若 $\partial\Omega \in C^m$ 则由 $C^\infty(\bar\Omega) \to \overset{m-1}{\underset{j=0}{\bigotimes}} C^\infty(\partial\Omega)$ 上的 映射 $\gamma : u \to \gamma u = (\gamma_0 u, \cdots, \gamma_{m-1} u)$ 可以连续延拓为 $W_p^m(\Omega) \to \overset{m-1}{\underset{j=0}{\bigotimes}} W_p^{m-j-\frac{1}{p}}(\partial\Omega)$ 上的连续映射, 此外 γ 还是满射.

对于实指标空间 $W_p^s(\Omega)$, 只要 $s - \dfrac{1}{p}$ 不是整数, 定理 10.5 也 成立. 可以证明 $\overset{\circ}{W}_p^m(\Omega)$ 恰是算子 γ 的核, 即 $\overset{\circ}{W}_p^m(\Omega) = Ker(\gamma)$.

接下讨论 $H_0^s(\Omega)$ 的内插空间.

定理 10.6. 如 Ω 是光滑域, 且 $s_1 \geq s_2 > 0$ 并且 s_1 及 $s_2 \neq$ 整数 $+\dfrac{1}{2}$ 及 $0 < \theta < 1$ 使

$$s = (1 - \theta)s_2 + \theta s_1 \neq \text{整数} + \frac{1}{2}, \tag{1.10.18}$$

则

$$(H_0^{s_2}(\Omega), H_0^{s_1}(\Omega))_{\theta,2} = H_0^s(\Omega). \tag{1.10.19}$$

注意 (1.10.18) 是本质的, 即当 $s = \text{整数} + \dfrac{1}{2}$ 时, (1.10.19) 不成立. 我们定义 $s = \mu + \dfrac{1}{2}$ 时的内插空间, 这里 μ 为整数, 有

$$H_{00}^{\mu+\frac{1}{2}}(\Omega) \overset{\triangle}{=} (H_0^{s_1}(\Omega), H_0^{s_2}(\Omega))_{\theta,2}. \tag{1.10.20}$$

空间 $H_{00}^{\mu+\frac{1}{2}}(\Omega)$ 的结构为

$$H_{00}^{\mu+\frac{1}{2}}(\Omega) = \Big\{ u : u \in H_0^{\mu+\frac{1}{2}}(\Omega), \rho^{-\frac{1}{2}} D^\alpha u \in L_2(\Omega), |\alpha| = \mu \Big\}, \tag{1.10.21}$$

这里 $\rho(x) = d(x, \partial\Omega)$. 在 $H_{00}^{\mu+\frac{1}{2}}(\Omega)$ 可以定义范

$$\|u\|_{H_{00}^{\mu+\frac{1}{2}}(\Omega)} = \left(\|u\|^2_{H^{\mu+\frac{1}{2}}(\Omega)} + \sum_{|\alpha|=\mu} \|\rho^{-\frac{1}{2}} D^\alpha u\|^2_{L^2(\Omega)}\right)^{\frac{1}{2}}. \quad (1.10.22)$$

这些结果可以在 Lions 的专著 [138] 中找到.

内插空间还可以通过正算子方幂定义. 以 Hilbert 空间为例 (参见 [176]), 设 H_1 及 H_2 是两个 Hilbert 空间, 且 $H_1 \subset H_2$ 并在 H_2 稠密. 于是可定义 $A: H_2 \to H_1$, 适合

$$(u, Av)_{H_1} = (u, v)_{H_2}, \quad \forall u \in H_1, \quad v \in H_2. \quad (1.10.23)$$

如此 A 显然是映 H_2 到 H_1 的线性有界正定算子, 故算子 $T = A^{-1/2}$ 有意义, 定义空间

$$\tilde{H}_\theta = \{u \in \mathcal{D}(T^\theta) : 0 \le \theta \le 1\}, \quad (1.10.24)$$

显然 $\tilde{H}_1 = H_1$, $\tilde{H}_0 = H_2$, 且 $\tilde{H}_1 \subset \tilde{H}_\theta \subset \tilde{H}_0$, 并且 $\tilde{H}_\theta$ 上可以引入内积

$$(u, v)_\theta = (T^\theta u, T^\theta v)_0, \quad \forall u, v \in \tilde{H}_\theta. \quad (1.10.25)$$

可以证明 $\tilde{H}_\theta$ 是 H_1 与 H_2 的内插空间, 并且

$$\tilde{H}_\theta = (H_1, H_2)_{1-\theta, 2}. \quad (1.10.26)$$

这些结果往后将要用到. 详细的证明, 请参见 [138], [176].

最后简要叙述边界上的 Sobolev 空间. 设 Γ 是光滑域或曲边多角形域 Ω 的边界 $\partial\Omega$ 的真子集. 我们定义: $\overset{\circ}{W}_p^s(\Gamma)$ 是集 $\{v|_\Gamma : v \in C^\infty(\bar{\Omega}), v = 0 \text{ 在 } \partial\Omega \setminus \Gamma \text{ 上}\}$ 按 $W_p^s(\Gamma)$ 意义下的闭包, 当 $s \ge 0$, $1 < p < \infty$, $s - \frac{1}{p}$ 是非整数; 如 $s - \frac{1}{p}$ 是整数, 则定义

$$\overset{\circ\circ}{W}_p^s(\Gamma) = \{v \in W_p^s(\Gamma) : \text{且平凡扩张 } \tilde{v} \in W_p^s(\partial\Omega)\}, \quad (1.10.27)$$

并且定义范数

$$\|v\|_{\overset{\circ\circ}{W}_p^s(\Gamma)} = \|\tilde{v}\|_{s,p,\partial\Omega}. \quad (1.10.28)$$

应用中 $p = 2$ 最常用, 简记 $H_{\circ\circ}^s(\Gamma)$ 代 $\overset{\circ\circ}{W}_2^s(\Gamma)$, 可以证明 $H_{\circ\circ}^{\frac{1}{2}}(\Gamma)$ 是 $H_0^{\frac{1}{2}}(\Gamma)$ 的真子空间. 我们在第六章将要用到这些结果.

第二章 椭圆型方程弱解理论

在第一章 §1 中我们提到经典偏微分方程的局限性. 因此本章我们要建立以 Sobolev 空间为基础的弱解理论.

§1. 弱解的定义与弱极值原理

设 Ω 是 $I\!R^n$ 的有界开集, 考虑散度型椭圆型方程的边值问题:

$$
\begin{cases}
Lu = \sum_{i=1}^{n} D_i \Big(\sum_{j=1}^{n} a_{ij}(x)D_j u + b_i(x)u \Big) + \sum_{i=1}^{n} c_i(x)D_i u \\
\qquad + d(x)u = f, \qquad x \in \Omega, & (2.1.1a) \\
u = \varphi, \qquad x \in \partial\Omega. & (2.1.1b)
\end{cases}
$$

假设系数 a_{ij} , b_i , c_i 皆是 $L_\infty(\Omega)$ 函数, 并存在 g , $f_i \in L_2(\Omega)$, $i = 1, \cdots, n$, 使

$$
f = g + \sum_{i=1}^{n} D_i f_i. \tag{2.1.2}
$$

我们假定: $\mathbf{A_0}$). 存在常数 $\lambda > 0$, 使 $\forall \xi \in I\!R^n$, 有

$$
\sum_{i,j=1}^{n} a_{ij}(x)\xi_i \xi_j \geq \lambda |\xi|^2, \quad \text{a.e. } x \in \Omega. \tag{2.1.3}
$$

$\mathbf{A_1}$) 存在常数 $\Lambda > 0$, 使

$$
\sum_{i,j=1}^{n} |a_{ij}(x)|^2 \leq \Lambda^2, \quad \text{a.e. } x \in \Omega. \tag{2.1.4}
$$

A_2) 存在常数 ν, 使

$$\lambda^{-2} \sum_{i=1}^{n} (|b_i(x)|^2 + |c_i(x)|^2) + \lambda^{-1}|d(x)|$$

$$\leq \nu^2, \text{ a.e. } x \in \Omega. \tag{2.1.5}$$

A_3) 存在 φ 到 Ω 内的延拓 (仍记为 φ), 且延拓后 $\varphi \in H^1(\Omega)$. 由 Sobolev 空间迹定理, 若 Ω 满足内部锥条件且 $\varphi \in H^{\frac{1}{2}}(\partial\Omega)$, 则 A_3) 成立. 若 A_0) 成立, 则称椭圆型算子 L 具有一致椭圆性质.

定义 1.1. 称 $u \in H^1(\Omega)$ 为 (2.1.1) 的弱解, 如果 $u - \varphi \in H_0^1(\Omega)$, 并且适合

$$\mathcal{L}(u,v) \triangleq \int_\Omega \Big\{ \sum_{i=1}^{n} \Big(\sum_{j=1}^{n} a_{ij}D_j u + b_i u \Big) D_i v$$

$$- \Big(\sum_{i=1}^{n} c_i D_i u + du \Big) \Big\} v dx$$

$$= F(v) \triangleq \int_\Omega \Big(\sum_{i=1}^{n} f_i D_i v - gv \Big) dx,$$

$$\forall v \in C_0^\infty(\Omega), \tag{2.1.6}$$

由对系数的假设, 双线性形式满足: 存在常数 C 使

$$|\mathcal{L}(u,v)| \leq C\|u\|_{H^1(\Omega)}\|v\|_{H^1(\Omega)}. \tag{2.1.7}$$

因此对固定的 $u \in H^1(\Omega)$, $\mathcal{L}(u,v)$ 可以视为 $H_0^1(\Omega)$ 上的线性泛函.

众所周知, 极值原理在经典偏微分方程理论中扮演重要角色, 因此研究弱解性质应首先推广极值原理到 Sobolev 空间, 由于 $H^1(\Omega)$ 中函数可能在点上无意义, 因此先应当对 $H^1(\Omega)$ 中的函数在边界上的限制建立半序关系.

定义 1.2. 若 $u \in H^1(\Omega)$, 且 $u^+ = \max(u,0) \in H_0^1(\Omega)$ 就称 u 在 $\partial\Omega$ 非正, 记为 $u|_{\partial\Omega} \leq 0$; 若 $-u|_{\partial\Omega} \leq 0$ 记为 $u|_{\partial\Omega} \geq 0$; 若 $(u-v)|_{\partial\Omega} \leq 0$ 记为 $u \leq v, (\partial\Omega)$.

按定义 1.2, 上确界定义为

$$\sup_{\partial\Omega} u = \inf\{k : u|_{\partial\Omega} \leq k, \forall k \in I\!R\}. \tag{2.1.8}$$

定义 1.3. 称 u 为 (2.1.1) 的下解（弱意义下），如果 u 满足

$$\mathcal{L}(u,v) \leq F(v), \quad \forall v \in C_0^1(\Omega), \tag{2.1.9}$$

并简单记为 $Lu \geq f$.

与经典理论相似，为了保证弱解的唯一性，我们对微分算子的低阶部份作如下假定：

A$_4$). 在弱意义下成立 $\sum\limits_{i=1}^{n} D_i b_i + d \leq 0$，或者

$$\int_\Omega \Big(\sum_{i=1}^{n} D_i b_i + d\Big) v dx = \int_\Omega \Big(dv - \sum_{i=1}^{n} b_i D_i v\Big) dx \leq 0,$$

$\forall v \in C_0^1(\Omega)$, 且 $v \geq 0$, $\forall x \in \Omega$. $\qquad(2.1.10)$

定理 1.1. 若 $u \in H^1(\Omega)$，且 $Lu \geq 0$（或者 $Lu \leq 0$）则有

$$\sup_\Omega u \leq \sup_{\partial\Omega} u^+, \quad \Big(\inf_\Omega u \geq \inf_{\partial\Omega} u^-\Big). \tag{2.1.11}$$

证明. 若 $u \in H^1(\Omega)$，$v \in H_0^1(\Omega)$，则 $uv \in \overset{\circ}{W}{}_1^1(\Omega)$. 若 $Lu \geq 0$ 依定义 1.3 及假设 A$_4$)，知

$$\mathcal{L}(u,v) \leq 0, \quad \forall v \in C_0^1(\Omega), \quad v \geq 0.$$

由 (2.1.6)，上式等价于

$$\int_\Omega \Big(\sum_{i,j} a_{ij} D_j u D_i v - \sum_i (b_i + c_i) v D_i u\Big) dx$$

$$\leq \int_\Omega \Big(duv - \sum_i b_i D_i(uv)\Big) dx \leq 0,$$

$$\forall v \in C_0^1(\Omega), uv \geq 0, \ v \geq 0. \tag{2.1.12}$$

由假设 A$_2$) 又有

$$\int_\Omega \sum_{i,j} a_{ij} D_j u D_i v dx \leq \lambda \nu \int_\Omega v|Du| dx, \quad uv \geq 0, \ v \geq 0, \tag{2.1.13}$$

令 $l = \sup\limits_{\partial\Omega} u^+$，如果 $l \geq \sup\limits_\Omega u$, 则定理已获证明. 否则可找到数 k 使

$$0 \leq l \leq k < \sup_\Omega u. \tag{2.1.14}$$

置 $v = (u - k)^+$ ，由 $v|_{\partial\Omega} = (u - k)^+|_{\partial\Omega} = 0$ ，知 $v \in H_0^1(\Omega)$. 按广义导数（第一章 §3），

$$Dv = \begin{cases} Du, & \text{当 } u > k, \\ 0, ' & \text{当 } u \leq k. \end{cases}$$

代入 (2.1.13)，得

$$\int_\Omega \sum_{i,j} a_{ij} D_j u D_i v \, dx \leq \lambda\nu \int_\Omega v|Du| dx,$$

即

$$\int_\Omega |Dv|^2 dx \leq \nu \int_\Omega v|Dv| dx \leq \nu \|v\| \|Dv\|$$

或

$$\|Dv\| \leq \nu \|v\|. \tag{2.1.15}$$

设 $n \geq 3$ ，由嵌入定理 $H_0^1(\Omega) \subseteq L_{\frac{2n}{n-2}}(\Omega)$ ，故

$$\|v\|_{\frac{2n}{n-2}} \leq C\|v\| \leq C\left(\int_\Omega \mu v^2 dx\right)^{\frac{1}{2}}$$

$$\leq C\left(\int_\Omega (v^2)^{\frac{n}{n-2}} dx\right)^{\frac{n-2}{2n}} \left(\int_\Omega \mu dx\right)^{\frac{2}{2n}}$$

$$\leq C\|v\|_{\frac{2n}{n-2}} |\operatorname{supp} v|^{\frac{1}{n}}. \tag{2.1.16}$$

这里

$$\mu(x) = \begin{cases} 1, & v^2 > 0, \\ 0, & v^2 = 0, \end{cases}$$

$$|\operatorname{supp} v| = \int_\Omega \mu dx = \operatorname{meas}\{x : u(x) - k > 0\}.$$

由 (2.1.16) 推出

$$|\operatorname{supp} v| \geq C^{-n} > 0, \tag{2.1.17}$$

注意 C 与 k 无关，故当 $k \to \sup\limits_{\Omega} u$ ，(2.1.17) 仍成立，这意味 u 在 Ω 内正测度集合上达到上确界．但这是不可能的，为此导出矛盾：固定 $k = l$ ，令 $V = \sup\limits_{\Omega} v = \sup\limits_{\Omega} u - l > 0$ ，在 (2.1.13) 中

取 $\bar{v} = \dfrac{v}{V + \varepsilon - v}$ 代替 v，注意 $D_i\bar{v} = \dfrac{(V + \varepsilon)D_i v}{(V + \varepsilon - v)^2}$，得

$$\sum_{i,j} \int_\Omega \frac{a_{ij} D_i v D_j v}{(V + \varepsilon - v)^2} dx \leq \lambda\nu \int_\Omega \frac{|Dv|}{V + \varepsilon - v} dx,$$

或者

$$\int_\Omega \frac{|Dv|^2}{(V + \varepsilon - v)^2} dx \leq \nu \int_\Omega \frac{|Dv|}{V + \varepsilon - v} dx, \qquad (2.1.18)$$

这里 $\varepsilon > 0$ 是任意正数. 令 $w_\varepsilon = \ln\left(\dfrac{V + \varepsilon}{V + \varepsilon - v}\right)$. 易证 $w_\varepsilon \in H_0^1(\Omega)$. 由 $v|_{\partial\Omega} = 0$ 推出 $w_\varepsilon|_{\partial\Omega} = 0$. 现在 (2.1.18) 等价于

$$\int_\Omega |Dw_\varepsilon|^2 dx \leq \nu \int_\Omega |Dw_\varepsilon| dx = \nu|\Omega|^{\frac{1}{2}} \|Dw_\varepsilon\|$$

或 $\|Dw_\varepsilon\| \leq \nu|\Omega|^{\frac{1}{2}}$，由 $H_0^1(\Omega)$ 的嵌入定理，有

$$\|w_\varepsilon\| \leq C\|Dw_\varepsilon\| \leq C_1,. \qquad (2.1.19)$$

令 $w_\varepsilon \to w_0 = \ln\dfrac{V}{V - v}$ ($\varepsilon \to 0$)，(2.1.19) 意味 w_0 是 Ω 中平方可积. 这显然仅当 v 在一个零测度上等于 V 才有可能，这与前面的推断相矛盾.

如果 $n = 2$，则用任何 $p > 2$，取代 $\dfrac{2n}{n-2}$ 重复前面讨论可得证明. □

定理 1.2. 设 $u \in H_0^1(\Omega)$ 且 $Lu = 0$，则在 Ω 中 $u = 0$，a.e. $x \in \Omega$.

证明. 由定理 1.1 知此时 $\sup\limits_\Omega u \leq 0$，$\inf\limits_\Omega u \geq 0$，这仅当 $u = 0$，a.e. $x \in \Omega$ 才有可能. □

§2. 弱解的存在性与唯一性

弱解存在性主要由 Hilbert 空间的 Riesz 表现引理及关于双线性泛函的 Lax-Milgram 定理推出.

引理 2.1 (Riesz 表现引理). Hilbert 空间 H 上的任何有界线性泛函 F 都存在唯一的 $f \in H$ 使

$$F(x) = (x, f), \quad \forall x \in H, \quad 且 \quad \|F\| = \|f\|, \qquad (2.2.1)$$

这里 $(\cdot,\cdot)$ 是 H 的内积.

由于 Riesz 表现引理在任何泛函分析教材中皆可找到证明. 故以下主要给出 Lax-Milgram 定理的证明.

引理 2.2 (Lax-Milgram). 设 B 是 H 的双线性泛函, 满足

1) 有界性: $\exists K > 0$ 使 $\forall x, y \in H$

$$|B(x,y)| \leq K\|x\|\|y\|; \qquad (2.2.2)$$

2) 强制性: $\exists \gamma > 0$ 使 $\forall x \in H$

$$B(x,x) \geq \gamma\|x\|^2, \qquad (2.2.3)$$

则对任何 $F \in H^*$ (H 的共轭空间), 必存在唯一的 $f \in H$, 使 $\forall x \in H$ 成立

$$B(x,f) = F(x). \qquad (2.2.4)$$

证明. 由 (2.2.2) 推出对任意 $f \in H$, $B(\cdot,f)$ 是 H 的有界线性泛函, 由 Riesz 表现引理存在 $Tf \in H$ 使

$$B(x,f) = (x,Tf), \forall x \in H. \qquad (2.2.5)$$

显然 $T: H \to H$, 且 $\|T\| \leq K$. 由 (2.2.3) 知

$$\gamma\|f\|^2 \leq B(f,f) = (Tf,f) \leq \|f\|\|Tf\|$$

或者

$$\gamma\|f\| \leq \|Tf\| \leq K\|f\|.$$

这意味 T 是一对一映射, 其逆 T^{-1} 存在且有界. 今证 T 还是满射. 否则因 T 的值 $\mathcal{R}(T)$ 是闭集, 必可找到非零元 $z \in H$, 使 $(z,Tf) = 0$, $\forall f \in H$. 特别取 $f = z$, 则应有 $(z,Tz) = B(z,z) = 0$, 这与 B 的强制性矛盾. 这就证明了 T^{-1} 是定义在全空间 H 上的有界映射, 由 Riesz 表现引理, 对于 $\forall x \in H$ 与 $\forall F \in H^*$ 皆有 $g \in H$ 使

$$F(x) = (x,g) = B(x,T^{-1}g), \qquad (2.2.6)$$

令 $f = T^{-1}g$ 即证得 (2.2.4) 成立. □

引理 2.3 (Gårding 不等式). 设微分算子 L 的系数满足假定 A_0)-A_3), 则由 (2.1.6) 定义的 $H^1(\Omega)$ 上双线性泛函满足

$$\mathcal{L}(u,u) \geq \frac{\lambda}{2}\int_\Omega |Du|^2 dx - 2\lambda\nu^2 \int_\Omega u^2 dx. \qquad (2.2.7)$$

证明. 由

$$\mathcal{L}(u,u) = \int_\Omega \Big(\sum_{i,j} a_{ij} D_i u D_j u + \sum_i (b_i - c_i) u D_i u - du^2 \Big) dx$$

$$= I_1 + I_2 + I_3, \tag{2.2.8}$$

以下对 I_1，I_2，I_3 分别估计. 首先，由一致椭圆性质，得

$$I_1 \geq \lambda \int_\Omega |Du|^2 dx; \tag{2.2.9}$$

其次，

$$I_2 = \sum_i \int_\Omega (b_i - c_i) u D_i u dx$$

$$\geq -\frac{\lambda}{2} \int_\Omega |Du|^2 dx - \frac{1}{2\lambda} \sum_i \int_\Omega (b_i - c_i)^2 u^2 dx$$

$$\geq -\frac{\lambda}{2} \int_\Omega |Du|^2 dx - \lambda \nu^2 \int_\Omega u^2 dx, \tag{2.2.10}$$

最后

$$I_3 = -\int_\Omega du^2 dx \geq -\lambda \nu^2 \int_\Omega u^2 dx. \tag{2.2.11}$$

代入 (2.2.8) 知 (2.2.7) 成立. □

推论. 对充分大的正数 σ，与微分算子 $L_\sigma = L + \sigma I$ 相应的双线性泛函 $\mathcal{L}_\sigma$ 是强制的.

证明.

$$\mathcal{L}_\sigma(u,u) = \mathcal{L}(u,u) + \sigma \int_\Omega u^2 dx$$

$$\geq \frac{\lambda}{2} \int_\Omega |Du|^2 dx + (\sigma - 2\lambda \nu^2) \int_\Omega u^2 dx$$

$$\geq \frac{\lambda}{2} \|u\|_{H^1(\Omega)}, \quad \text{当 } \sigma - 2\lambda \nu^2 \geq \frac{\lambda}{2}. \quad □$$

引理 2.4. $H^1(\Omega) \hookrightarrow (H^1(\Omega))^*$ 且嵌入映射是紧的.

证明. 把嵌入算子 I 写为 $I = I_1 I_2$，其中 $I_2: H^1(\Omega) \to L_2(\Omega)$，$I_1: L_2(\Omega) \to (H^1(\Omega))^*$，由嵌入定理，$I_2$ 是紧映射，I_1 显然是连续映射，故 I 是紧映射. □

定理 2.1. 设微分算子 L 的系数满足 A_0)—A_4) 条件，以及 $\varphi \in H^1(\Omega)$，$g, f_i \in L_2(\Omega)$，$(i = 1, \cdots, n)$，则如下的广义

Dirichlet 问题

$$\begin{cases} Lu = g + \sum_{i=1}^{n} D_i f_i, & (\Omega), \\ u = \varphi, & (\partial\Omega), \end{cases} \qquad (2.2.12)$$

有唯一弱解 $u \in H^1(\Omega)$ 存在.

证明. 我们需要使用 Fredholm 二择一定理证明存在唯一性. 为此置 $w = u - \varphi$, (2.2.12) 等价于求 $w \in H_0^1(\Omega)$, 适合

$$Lw = Lu - L\varphi = \hat{g} + \sum_{i=1}^{n} D_i \hat{f}_i, \qquad (2.2.13)$$

其中 $\hat{g}$, $\hat{f}_i \in L_2(\Omega)$, $(i = 1, \cdots, n)$. 这意味问题简化为齐次边界条件, 且可以在 $H_0^1(\Omega)$ 中讨论. 依照引理 2.3 的推论, 只要 σ 充分大, L_σ 是映 $H_0^1(\Omega)$ 到 $H^{-1}(\Omega) = (H_0^1(\Omega))^*$ 的有界满射. 而方程 $Lw = F \in H^{-1}(\Omega)$. 可以改写为

$$Lw = L_\sigma w + \sigma I w = F, \qquad (2.2.14)$$

或者

$$w + \sigma L_\sigma^{-1} w = L_\sigma^{-1} F. \qquad (2.2.15)$$

注意引理 2.4, $T = -\sigma L_\sigma^{-1} I: H^{-1}(\Omega) \to H_0^1(\Omega) \subset H^{-1}(\Omega)$ 是紧映射. 由 Fredholm 二择一定理, 知 (2.2.15) 有唯一解存在, 这是 $Lw = 0$ 仅有平凡解的推论, 这已由定理 1.2 得出. □

推论. 解的稳定性由不等式给出:

$$\|u\|_{H^1(\Omega)} \leq C \Big(\|g\|_{L_2(\Omega)} + \sum_{i=1}^{n} \|f_i\|_{L_2(\Omega)} + \|\varphi\|_{H^1(\Omega)} \Big). \qquad (2.2.16)$$

证明. 由 $L^{-1}: H^{-1}(\Omega) \to H_0^1(\Omega)$ 的有界性推出结论成立.
□

§3. 弱解的光滑性—内估计

研究弱解的光滑性, 不仅能架起弱解与古典解之间的桥梁, 而且还是有限元误差估计的基础. 一般说, 弱解的光滑性除了与微分算子的系数和右端项有关外, 还与 Ω 的形态紧密相

关，但是在 Ω 内部，解可能充分光滑．解的不光滑性来自边界的角点．

首先讨论内估计．

定理 3.1. 设 $u \in H^1(\Omega)$ 是方程 $Lu = f$ 的弱解，L 在 Ω 中满足一致椭圆条件 A_0），系数 $a_{ij}, b_i \in C^{0,1}(\Omega)$，$c_i$，$d \in L_\infty(\Omega)$，$f \in L_2(\Omega)$，则对任何子域 $\Omega' \subset\subset \Omega$ 皆有 $u \in H^2(\Omega')$ 且成立

$$\|u\|_{H^2(\Omega')} \leq C(\|u\|_{H^1(\Omega)} + \|f\|_{L_2(\Omega)}), \qquad (2.3.1)$$

这里常数 $C = C(n, \lambda, k, d')$ 其中 $k = \max\limits_{1 \leq i,j \leq n}\{\|a_{ij}\|_{C^{0,1}(\Omega)},$ $\|b_i\|_{C^{0,1}(\Omega)}$，$\|c_i\|_{L^\infty(\Omega)}$，$\|d\|_{L_\infty(\Omega)}\}$，$d' = d(\partial\Omega', \partial\Omega)$，并且 u 在 Ω 中几乎处处满足

$$Lu = \sum_{i,j} a_{ij} D_{ij} u + \sum_i \Big(\sum_j D_j a_{ij} + b_i + c_i\Big) D_i u$$
$$+ \sum_i (D_i b + d) u = f. \qquad (2.3.2)$$

证明. 如 u 是弱解，则由 (2.1.6) 有

$$\mathcal{L}(u, v) = -\int_\Omega fv dx, \qquad \forall v \in C_0^\infty(\Omega).$$

移项后，有

$$\sum_{i,j} \int_\Omega a_{ij} D_i u D_j v dx = \int_\Omega gv dx, \quad \forall v \in C_0^\infty(\Omega), \qquad (2.3.3)$$

其中

$$g = \sum_i (b_i + c_i) D_i u + \Big(\sum_i D_i b_i + d\Big) u - f.$$

选取 $h > 0$，满足 $2h < d(\operatorname{supp} v, \partial\Omega)$ 及指标 k，$1 \leq k \leq n$，构造差商

$$\Delta_k^{\pm h} v = \frac{v(x \pm he_k) - v(x)}{h}, \qquad (2.3.4)$$

$e_k = (\delta_{k1}, \cdots, \delta_{kn})$ 表示单位坐标向量．显然 $\Delta_k^{-h} v \in C_0^\infty(\Omega)$，用它替代 (2.3.3) 的 v，得

$$-\sum_{i,j} \int_\Omega a_{ij} D_i u D_j (\Delta_k^{-h} v) dx = \sum_{i,j} \int_\Omega \Delta_k^h (a_{ij} D_i u) D_j v dx$$

$$= -\int_\Omega g \Delta_k^{-h} v dx, \qquad (2.3.5)$$

这里用到平移关系：

$$\int_{I\!R^n} F(x)G(x+h)dx = \int_{I\!R^n} F(x-h)G(x)dx,$$

以及 $v \in C_0^\infty(\Omega)$, 故积分可以扩展到 $I\!R^n$ 上. 注意差商恒等式

$$\Delta_k^h(a_{ij}(x)\,D_ju(x)) = a_{ij}(x+he_k)\Delta_k^h D_ju(x)$$
$$+\Delta_k^h a_{ij}(x)D_ju(x),$$

代入 (2.3.5), 得

$$\sum_{i,j}\int_\Omega a_{ij}(x+he_k)D_j\Delta_k^h u(x)D_iv(x)dx$$

$$= -\int_\Omega \Big(\sum_{i,j}\Delta_k^h a_{ij}(x)D_ju(x)D_iv(x) + g\Delta_k^{-h}v(x)\Big)dx$$

$$= -\int_\Omega(\bar{g}Dv + g\Delta_k^{-h}v)dx, \tag{2.3.6}$$

这里 $\bar{g} = (\bar{g}_1,\cdots,\bar{g}_n)$, $\bar{g}_i = \sum_j\Delta_k^h a_{ij}D_ju,(i=1,\cdots,n)$, $Dv = (D_1v,\cdots,D_nv)^T$ 是向量. 注意 $a_{ij}\in C^{0,1}(\Omega)$, 可以估计 (2.3.6) 右端

$$\sum_{i,j}\int_\Omega a_{ij}(x+he_k)D_j\Delta_k^h u(x)D_iv(x)dx$$

$$\leq (C\|u\|_{1,\Omega} + \|f\|_{0,\Omega})\|Dv\|_{0,\Omega}, \tag{2.3.7}$$

这里 $\|\cdot\|_{m,\Omega}$ 表示 $H^m(\Omega)$ 中的范. 现在取函数 $\eta \in C_0^\infty(\Omega)$ 且 $0\leq\eta\leq 1$, 令 $v = \eta^2\Delta_k^h u$, 注意 $C_0^\infty(\Omega)$ 在 $H_0^1(\Omega)$ 中稠密, 故由 $u \in H^1(\Omega)$ 及 $\eta \in C_0^\infty(\Omega)$ 知 $v = \eta^2\Delta_k^h u \in H_0^1(\Omega)$, 代进 (2.3.7) , 并用一致椭圆条件, 得

$$\lambda\int_\Omega |\eta D\Delta^h u|^2 dx \leq \int_\Omega \eta^2\sum_{i,j}a_{ij}(x+he_k)\Delta^h D_iu\Delta^h D_ju dx$$

$$= \sum_{i,j}\int_\Omega a_{ij}(x+he_k)D_j\Delta_k^h u(D_iv - 2\eta\Delta_k^h uD_i\eta)dx$$

$$\leq (C\|u\|_{1,\Omega} + \|f\|_{0,\Omega})\|Dv\|_{0,\Omega}$$

$$+C\|\eta D\Delta_k^h u\|_{0,\Omega}\|\Delta^h uD\eta\|_{0,\Omega}. \tag{2.3.8}$$

这里用到 $D_i v = 2\eta D_i \eta \Delta_k^h u + \eta^2 \Delta_k^h D_i u$ ，由此还有

$$\|Dv\|_{0,\Omega} \le \|\eta^2 \Delta_k^h Du\|_{0,\Omega} + 2\|D\eta \Delta_k^h u\|_{0,\Omega}.$$

代入并使用 Yang 不等式，得

$$\lambda \int_\Omega |\eta D\Delta_k^h u|^2 dxa$$

$$\le \frac{\lambda}{2} \int_\Omega |\eta D\Delta_k^h u|^2 dx + C\Big(1 + \sup_\Omega |D\eta|\Big)(\|u\|_{1,\Omega} + \|f\|_{0,\Omega}),$$

或者

$$\|\eta D\Delta_k^h u\|_{0,\Omega} \le C\Big(1 + \sup_\Omega |D\eta|\Big)(\|u\|_{1,\Omega} + \|f\|_{0,\Omega}). \qquad (2.3.9)$$

取 $\eta \in C_0^\infty(\Omega)$ ，满足 $\eta(x) = 1$ 当 $x \in \Omega'$ ，及 $|D_i\eta| \le 2/d'$ ，再令 $w = Du$ ，代入 (2.3.9) 得

$$\|\Delta_k^h w\|_{0,\Omega'} \le \|\eta D\Delta_k^h u\|_{0,\Omega} \le \delta(d'), \qquad (2.3.10)$$

$\delta(d')$ 是与 h 无关的正数，故 $\{\Delta_k^h w\}_{h>0}$ 是 $L_2(\Omega')$ 有界集，从中可以选出弱收敛子列 $\{\Delta_k^{h_m} w\}$ ，设 $\tilde{w}$ 是弱极限，于是

$$\int_{\Omega'} \varphi \Delta_k^{h_m} w dx \to \int_{\Omega'} \varphi \tilde{w} dx, \quad m \to \infty, \quad \forall \varphi \in C_0^1(\Omega). \qquad (2.3.11)$$

但

$$\int_{\Omega'} \varphi \Delta_k^{h_m} w dx = -\int_{\Omega'} w \Delta_k^{-h_m} \varphi dx \to -\int_{\Omega'} w D_k \varphi dx.$$

这样由 (2.3.11) 得到

$$\int_{\Omega'} \varphi \tilde{w} dx = -\int_{\Omega'} w D_k \varphi dx, \quad \forall \varphi \in C_0^1(\Omega').$$

这意味着在广义导数意义下 $\tilde{w} = D_k w$ ，且有估计

$$\|u\|_{2,\Omega'} \le C(\|u\|_{1,\Omega} + \|f\|_{0,\Omega}), \qquad (2.3.12)$$

这里 C 是与系数 λ 及 d' 有关的常数。 (2.3.12) 意味对任意 $\Omega' \subset\subset \Omega$ ， $u \in H^2(\Omega')$ ，从而 $u \in H_{\text{loc}}^2(\Omega)$ ，及 $Lu \in L_2^{\text{loc}}(\Omega)$ ，且

$$\int_\Omega (Lu - f)v dx = 0, \qquad \forall v \in C_0^\infty(\Omega). \qquad (2.3.13)$$

从而

$$Lu - f = 0, \quad \text{a.e. } x \in \Omega,$$

证毕.   □

如果进一步假定系数 a_{ij}, b_i, c_i, d 及 f 更光滑，则解在内部也有更光滑性质.

定理 3.2.   设 $u \in H^1(\Omega)$ 是 $Lu = f$ ， (Ω) 的弱解， L 是一致椭圆型的，系数 a_{ij} ， $b_i \in C^{k,1}(\bar\Omega)$ ， c_i, $d \in C^{k-1}(\bar\Omega)$, $f \in H^k(\Omega)$, $k \geq 1$ ，则对任何 $\Omega' \subset\subset \Omega$ 有 $u \in H^{k+2}(\Omega')$ ，及与 u 无关但与 a_{ij}, b_i, c_i, d 及 Ω' 有关常数 C 使

$$\|u\|_{k+2,\Omega'} \leq C(\|u\|_{1,\Omega} + \|f\|_{k,\Omega}). \tag{2.3.14}$$

证明. 仅证 $k = 1$ 情形，一般情形易用归纳法证出. 由于 u 是弱解，应满足

$$\int_\Omega Luvdx = \int_\Omega fvdx, \quad \forall v \in C_0^\infty(\Omega). \tag{2.3.15}$$

现在以 $D_k v$ 代 v ，分部积分得

$$\int_\Omega a_{ij}D_j(D_k u)D_i vdx = \int_\Omega D_k \hat{g}vdx, \quad \forall v \in C_0^\infty(\Omega).$$

这里由定理 3.1 知 $u \in H_{loc}^2(\Omega)$ 推出 $D_k\hat{g} \in L_2^{loc}(\Omega)$ ，只要重复定理 3.1 的证明，得到 $D_k u \in H_{loc}^2(\Omega)$ ，从而 $u \in H^3(\Omega')$ ，并且 (2.3.14) 成立.   □

推论. 在定理的假定下，如果 a_{ij}, b_i, c_i, d, $f \in C^\infty(\bar\Omega)$ ，则 $u \in C^\infty(\Omega')$ ，对任何 $\Omega' \subset\subset \Omega$ 成立.

这由 Sobolev 嵌入定理推出. 注意本节证明皆未假定弱解 u 有唯一性，这意味定理结论完全适用于本征函数光滑性讨论.

§4. 弱解的全局光滑性
—光滑域情形

上节得到结论：若系数及 f 光滑，则解在内部光滑. 这个结论是否对整个 Ω 成立，这要视 Ω 的边界是否光滑而定. 我们主要研究应用中常见的两种情形： $\partial\Omega$ 是光滑边界和 $\partial\Omega$ 是多边形. 前一种情形比较简单，我们有以下定理.

定理 4.1. 在定理 3.1 假定下，设 $\partial\Omega \in C^2$, $\varphi \in H^2(\Omega)$ ，弱解 $u \in H^1(\Omega)$ 适合 $u - \varphi \in H_0^1(\Omega)$ ，则必有 $u \in H^2(\Omega)$ ，成立估

计

$$\|u\|_{2,\Omega} \leq C(\|u\|_{0,\Omega} + \|f\|_{0,\Omega} + \|\varphi\|_{2,\Omega}),$$

其中常数 $C = C(n, \lambda, k, \partial\Omega)$ 与 u 无关.

证明. 不失一般性, 设 $\varphi = 0$, (Ω), 否则以 $u - \varphi$ 代 u. 此时弱解 $u \in H_0^1(\Omega)$. 由 Gårding 不等式 (2.2.7) 及

$$(Lu, u) = (f, u) \leq \|f\|_0\|u\|_0 \leq \frac{1}{2}(\|f\|_0^2 + \|u\|_0^2), \tag{2.4.1}$$

这里以及下面不致产生混淆处用 $\|u\|_k$ 表示 $H^k(\Omega)$ 的范. 由 $u \in H_0^1(\Omega)$, 故存在常数 C 使

$$\|u\|_1 \leq C\|Du\|_0, \tag{2.4.2}$$

由 (2.2.7), (2.4.1) 及 (2.4.2) 推出

$$\|u\|_1 \leq C(\|u\|_0 + \|f\|_0). \tag{2.4.3}$$

由于 $\partial\Omega \in C^2$, 故对 $\forall x_0 \in \partial\Omega$, 存在球 $B_0 = B(x_0, r_0)$ 及微分同胚映射 $\psi \in C^2(B_0)$, $\psi : B_0 \to D \subset \mathbb{R}^n$. D 是 $\mathbb{R}^n$ 的开集, $\psi^{-1} \in C^2(D)$, 且

$$\psi(B_0 \cap \Omega) \subset \mathbb{R}_+^n = \{x \in \mathbb{R}^n : x_n > 0\}, \tag{2.4.4}$$

$$\psi(B_0 \cap \partial\Omega) \subset \partial R_+^n. \tag{2.4.5}$$

选 $R < r_0$, 则 $B(x_0, R) \subset\subset B(x_0, r_0)$, 令 $B_0^+ = B(x_0, R) \cap \Omega$, $D' = \psi(B(x_0, R))$ 及 $D^+ = \psi(B_0^+)$. 既然 u 在 B_0^+ 适合 $Lu = f$ (弱意义下), 则在变换 ψ 下, $v = u \circ \psi^{-1}$ 适合 $\tilde{L}v = \tilde{f}$, (D^+). 可以直接验证 $\tilde{L}$ 仍然是一致椭圆型算子, 并且由 $u \in H_0^1(\Omega)$ 推出 $v \in H^1(D^+)$, 取 $\eta \in C_0^1(D')$ 得到 $\eta v \in H_0^1(D^+)$. 选择 h 充分小, 使 $|h| < \frac{1}{2}d(\text{supp}\eta, \partial D')$, 得到 $\eta^2\Delta_k^h v \in H_0^1(D^+)$, $1 \leq k \leq n-1$. 重复定理 3.1 的证明得出 $D_{kj}v \in L_2(\psi(B_0 \cap \Omega))$, 从而 $D_{kj}u \in L_2(B_0^+)$, $1 \leq k \leq n-1$ 及 $1 \leq j \leq n$. 最后对 $D_{nn}u$ 作估计. 既然 $\psi^{-1} \in C^2$ 映回原区域 B_0^+, 由 u 满足 $Lu = f$, (B_0^+), 推出

$$a_{nn}D_{nn}u = -\sum_{j \neq n} a_{ij}D_{ij}u + \cdots + f,$$

或者

$$\|D_{nn}u\|_{0,B_0^+} \leq \sum_{j \neq n} C\|D_{ij}u\|_{0,B_0^+} + \cdots + \|f\|_{0,B_0^+}, \tag{2.4.6}$$

于是证出 $u \in H^2(B_0^+)$. 但是 x_0 是 $\partial\Omega$ 上的任意点，由有限覆盖定理可选 $x_0, \cdots, x_m$ 及相应 $\bigcup_{i=0}^{m} B_i^+ \supseteq \partial\Omega$, 由 (2.4.6) 得到边界估计，内部估计则由 $u \in H_{\text{loc}}^2(\Omega)$ 得到．　□

定理 4.2. 在定理 3.2 假定下，又设 $\partial\Omega \in C^{k+2}$, $\varphi \in H^{k+2}(\Omega)$, $u - \varphi \in H_0^1(\Omega)$, 则弱解 $u \in H^{k+2}(\Omega)$, 且

$$\|u\|_{k+2} \leq C(\|u\|_0 + \|f\|_k + \|\varphi\|_{k+2}). \qquad (2.4.7)$$

推论. 如 $\partial\Omega \in C^\infty$, a_{ij}, b_i, c_i, d, f 和 φ 皆属于 $C^\infty(\Omega)$ 则 $u \in C^\infty(\Omega)$.

§ 5. 混合边值问题

前面结果可以推广处理其它边值问题，特别是混合边值问题

$$\begin{cases} Lu = g + \sum_{i=1}^{n} D_i f_i, \ (\Omega), & (2.5.1a) \\[2mm] u = \varphi_1, \ (\partial\Omega \setminus \Gamma), & (2.5.1b) \\[2mm] Ru = \sum_{i,j} a_{ij}\nu_i D_j u + \sum_i b_i \nu_i u + \sigma u = \varphi_2, \ (\Gamma), & (2.5.1c) \end{cases}$$

这里 Γ 是 $\partial\Omega$ 的一个开子集，$\nu = (\nu_1, \cdots, \nu_n)$ 是 $\partial\Omega$ 的单位外法向量，$\varphi_1 \in H^1(\Omega)$, $\varphi_2 \in L_2(\Gamma)$, $\sigma \in L_2(\Gamma)$. 定义函数空间 $H_0^1(\Omega \cup \Gamma)$ 是函数类 $\{v \in C^1(\Omega) : v = 0 \text{ 当 } x \in \partial\Omega \setminus \Gamma\}$ 在 $H^1(\Omega)$ 意义下的闭包. 称 u 是 (2.5.1) 的广义解是指 $u - \varphi_1 \in H_0^1(\Omega \cup \Gamma)$, 且满足

$$\mathcal{L}(u, v) = \int_\Omega \Big(\sum_i f_i D_i v - gv \Big) dx + \int_\Gamma (\varphi_2 - \sigma u) v ds,$$

$$\forall v \in H_0^1(\Omega \cup \Gamma). \qquad (2.5.2)$$

(2.5.2) 可以由 (2.5.1) 用分部积分公式导出．边界条件 (2.5.1b) 称为强加边界条件，意指变分形式 (2.5.2) 中函数 v 满足 $v \in H_0^1(\Omega \cup \Gamma)$; (2.5.1c) 称为自然边界条件，意指 u 是满足 (2.5.2) 的广义解，如果是古典解，(2.5.1c) 就自动得到满足．

显然 $\Gamma = \phi$ 得到前面讨论的 Dirichlet 问题，如果 $\Gamma = \partial\Omega$，$\sigma \equiv 0$ 我们称为 Neumann 问题. 为了使广义解 u 对混合边值问题满足弱极值原理，需要类似于 A$_4$) 的假定：

$$A_5) \qquad \int_\Omega \left(dv - \sum_{i=1} b_i D_i v\right) dx - \int_\Gamma \sigma v \leq 0,$$

$$\forall v \geq 0, \quad v \in C^1(\bar{\Omega}), \quad v|_{\partial\Omega\backslash\Gamma} = 0. \qquad (2.5.3)$$

如果 A$_5$) 满足，可以从以下条件之一推出解的唯一性： (1) Γ 非空且 $\sigma \neq 0$; (2) $L1 \neq 0$. 否则在相差一个常数意义下，广义解是唯一的. 存在性定理仍然由 Lax-Milgram 定理与 Fredholm 二择一定理得到. 解的光滑性讨论也是同样的，只要 $\partial\Omega \in C^2$, 且系数、数据 f 及 φ_i 充分光滑.

§6. 非光滑区域的椭圆型方程

如果对区域的光滑性不加限制，前述定理 2.1 仅保证弱解 $u \in H^1(\Omega)$. 如果区域的边界 $\partial\Omega \in C^2$, 只要系数及非齐次项适当光滑，定理 4.1 保证解 $u \in H^2(\Omega)$. 本节我们需要讨论非光滑区域，尤其是平面多角形区域解的性质，这是因为在应用中经常需要解多角形区域上的椭圆型方程，而解的光滑度直接影响近似方法的精度. 但是非光滑区域上的椭圆型方程的研究是较新的工作，涉及知识面较广. 这里仅针对平面 Poisson 方程述其概要，详细情况可参见 Grisvard 的专著 [86].

设 Ω 是平面直边多角形, $\partial\Omega = \cup_{j=1}^J \bar\Gamma_j$, Γ_j 是开线段称为边, $O_j = \bar\Gamma_j \cap \bar\Gamma_{j+1}, j = 1, \cdots, J$ 称为顶点, $\omega_j \in (0, 2\pi]$ 为 O_j 的内角. 我们允许 $\omega_j = \pi$, 如果赋予 Γ_j, Γ_{j+1} 不同的边界条件，否则总假定 $\omega_j \neq \pi$. 考虑 Poisson 方程

$$\Delta u = f, \quad (\Omega), \qquad (2.6.1a)$$

边界条件可以是 Dirichlet 条件，也可以是 Neumann 边界条件，分别用 D 和 N 表示 $\{1, \cdots, J\}$ 的子集，意指

$$u_j\Big|_{\Gamma_j} = g_j, \quad 若 \ j \in D, \qquad (2.6.1b)$$

$$\frac{\partial u}{\partial \nu_j}\Big|_{\Gamma_j} = g_j, \quad 若 \ j \in N, \qquad (2.6.1c)$$

这里 ν_j 是 Γ_j 的单位外法向向量，此外还假定若 $j, j+1$ 同属 D，则

$$g_j(O_j) = g_{j+1}(O_j). \tag{2.6.1d}$$

由迹定理，我们对下面的问题感兴趣：如果 $f \in W_p^m(\Omega)$, $g_j \in W_p^{m+2-\frac{1}{p}}(\Gamma_j)$ 当 $j \in D$, $g_j \in W_p^{m+1-\frac{1}{p}}(\Gamma_j)$ 当 $j \in N$, 是否有解 $u \in W_p^{m+2}(\Omega)$? 换句话说，我们们需要研究算子

$$T_{m,p} : W_p^{m+2}(\Omega) \to W_p^m(\Omega) \underset{j \in D}{\otimes} W_p^{m+2-\frac{1}{p}}(\Gamma_j) \underset{j \in N}{\otimes} W_p^{m+1-\frac{1}{p}}(\Gamma_j),$$

由 $u \to \{\Delta u; u|_{\Gamma_j}, j \in D; \left.\dfrac{\partial u}{\partial \nu_j}\right|_{\Gamma_j}, j \in N\}$ 来定义. 如果 $T_{m,p}$ 是满射，则回答是肯定的，否则就需要研究 $T_{m,p}$ 的零空间与值空间的性质. 迄今得到的主要结果是 $T_{m,p}$ 为 Fredholm 指标算子（见 [100]），并且指标可以确切定出. 为了陈述此定理，我们们定义整数值函数

$$X_S(\omega; s) = \mathrm{Card}\{k \in S : 1 \le k < \frac{\omega}{\pi}(s+2)\}, \tag{2.6.2}$$

$$X_M(\omega; s) = \mathrm{Card}\left\{k \in M : 1 \le k < \frac{\omega}{\pi}(s+2) + \frac{1}{2}\right\}, \tag{2.6.3}$$

这里 Card 表示集合基数，$S \subset \{1, \cdots, J\}$ 是指标集：当 $j \in D$（或 N）必有 $j+1 \in D$（或 N），此处按惯例置 $\Gamma_{J+1} = \Gamma_1$，而 $M = \{1, \cdots, J\}/S$.

定理 6.1[85]. 假定 $\dfrac{\omega_j}{\pi}(s+2), j \in S$ 及 $\dfrac{\omega_j}{\pi}(s+2) + \dfrac{1}{2}, j \in M$ 当取 $s = m - \dfrac{2}{p}$ 皆非整数，则存在空间 $W_p^m(\Omega) \bigotimes_{j \in D} W_p^{m+2-\frac{1}{p}}(\Gamma_j)$ $\bigotimes_{j \in N} W_p^{m+1-\frac{1}{p}}(\Gamma_j)$ 的 X 个线性泛函 $l_k, 1 \le k \le X$ 使对给定的 $f \in W_p^m(\Omega)$, $g_j \in W_p^{m+2-\frac{1}{p}}(\Gamma_j)$, $j \in D$ 及 $g_j \in W_p^{m+1-\frac{1}{p}}(\Gamma_j)$, $j \in N$, 问题 (2.6.1) 有解 $u \in W_p^{m+2}(\Omega)$ 的必要充分条件是泛函 l_k, $1 \le k \le X$, 作用到 $\{f, g_j, 1 \le j \le J\}$ 为零，这里 $1 \le p < \infty$, 且

$$X = \sum_{j \in M} X_M\left(\omega_j; m - \frac{2}{p}\right) + \sum_{j \in S} X_S\left(\omega_j; m - \frac{2}{p}\right). \tag{2.6.4}$$

按照 Fredholm 指标定义及弱解的唯一性，知定理 6.1 确定了算子 $T_{m,p}$ 是指标为 $-X$ 的 Fredholm 算子，特别地如果 $D \ne \phi$

则意味值空间的亏数是 X, 否则如 $D = \phi$ (纯 Neumann 问题), 由于零空间维数是 1, 推知值空间的亏数是 $X + 1$. 显然, 仅当 $X = 0$, $T_{m,p}$ 是满映射. 定理 6.1 说明这仅当 $\dfrac{\omega_i}{\pi}\left(m + 2 - \dfrac{2}{p}\right) < 1$ $(i \in S)$ 及 $\dfrac{\omega_i}{\pi}\left(m + 2 - \dfrac{2}{p}\right) + \dfrac{1}{2} < 1(i \in M)$ 才有可能. 我们的兴趣是纯 Dirichlet 问题: $N = \phi, g_j = 0(1 \leq j \leq J)$, $f \in L_p(\Omega)$ 时是否有解 $u \in W_p^2(\Omega) \cap \overset{\circ}{W}{}_p^1(\Omega)$, 特别在 $p = 2$ 情形.

推论. 设 Ω 为多角形, 其最大内角为 $\alpha\pi$, 令 $q_0 = 2/(2 - 1/\alpha)$ 当 $1 < \dfrac{1}{\alpha} < 2$; $q_0 = \infty$ 当 $\dfrac{1}{\alpha} \geq 2$, 则对任意 $q < q_0$, $\Delta : W_q^2(\Omega) \cap \overset{\circ}{W}{}_q^1(\Omega) \to L_q(\Omega)$ 是同胚映射, 特别当 Ω 是凸多角形时, $\Delta : H^2(\Omega) \cap H_0^1(\Omega) \to L_2(\Omega)$ 是同胚映射.

推论表明对凹角形, 解的光滑性大为降低. 下面的展开定理不但表明凹角 "污染" 解的光滑程度, 而且还是近似方法 (如奇异元) 提高精度的基础.

叙述定理 6.2 前, 首先在每个顶点 O_j 引进局部极坐标. 令 ρ_j 表示 x 到 O_j 的距离, θ_j 表示向量 $\overrightarrow{O_j, x}$ 与 Γ_{j+1} 的夹角, $x \in \Omega$ 是 O_j 邻近的点. 对固定的 j, 我们按 j 的属性来定义整指标集 $\{l\}$:

$$\begin{cases} 1 \leq l < \dfrac{\omega_j}{\pi}\dfrac{2}{p'}, & \text{当 } j \in S, \\[2mm] 1 \leq l < \dfrac{\omega_j}{\pi}\dfrac{2}{p'} + \dfrac{1}{2}, & \text{当 } j \in M, \omega_j \neq \dfrac{\pi}{2}, \dfrac{3\pi}{2}, \\[2mm] \{l\} = \phi, & \text{当 } j \in M, \text{ 且 } \omega_j = \dfrac{\pi}{2}, \\[2mm] 1 \leq l < \dfrac{3}{p'} + \dfrac{1}{2}, l \neq 2, & \text{当 } j \in M \text{ 且 } \omega_j = \dfrac{3}{2}\pi, \end{cases} \qquad (2.6.5)$$

这里 $\dfrac{1}{p'} = 1 - \dfrac{1}{p}$. 由 (2.6.5) 确定的不同 l 按其性质可以定义奇性函数 $u_{j,l}(x)$ 如下:

$$u_{j,l}(x) = \begin{cases} \rho_j^{l\pi/\omega_j} \sin \dfrac{l\pi\theta_j}{\omega_j}, & \text{当 } j \text{ 和 } j+1 \in D, \\[2mm] \rho_j^{l\pi/\omega_j} \cos \dfrac{l\pi\theta_j}{\omega_j}, & \text{当 } j \text{ 和 } j+1 \in N, \\[2mm] \rho_j^{(l-\frac{1}{2})\frac{\pi}{\omega_j}} \sin\left(l-\dfrac{1}{2}\right)\dfrac{\pi\theta_j}{\omega_j}, & \text{当 } j \in D, \\ & \text{但 } j+1 \in N, \\[2mm] \rho_j^{(l-\frac{1}{2})\frac{\pi}{\omega_j}} \sin\left(\left(l-\dfrac{1}{2}\right)\dfrac{\pi(\omega_j-\theta_j)}{\omega_j}\right), \\ & \text{当 } j \in N, j+1 \in D. \end{cases}$$

$$(2.6.6)$$

容易验证, 在剔除 O_j 的任何邻域 V 后 $u_{j,l} \in W_p^2(\Omega\backslash V)$, 按定义当 $g_j = 0, u_{j,l}$ 还满足齐次边界条件 (2.6.1b) 及 (2.6.1c).

定理 6.2. 假定 $\dfrac{\omega_j}{\pi}\dfrac{2}{p'}(j \in S)$ 及 $\dfrac{\omega_j}{\pi}\dfrac{2}{p'} + \dfrac{1}{2}(j \in M)$ 皆不是整数, u 是问题 (2.6.1) 在条件 $f \in L_p(\Omega)$ 及 $g_j = 0, 1 \le j \le J$ 下的解, 则必存在数 α_j^l 使

$$v = u - \sum \alpha_j^l u_{j,l} \in W_p^2(\Omega), \qquad (2.6.7)$$

这里求和取遍 $j = 1, \cdots, J$ 及相应由 (2.6.5) 定义的 $\{l\}$.

$u_{j,l}$ 的光滑性取决于最大内角 ω, 如果 $p = 2$, 且为纯 Dirichlet 问题, u 的光滑性由 $\rho^{\frac{\pi}{\omega}}$ 决定. 按 $H^s(\Omega)$ 范定义 (1.10.17) 可证对任意小 $\varepsilon > 0$, 皆有

$$u \in H^{1+\pi/\omega-\varepsilon}(\Omega). \qquad (2.6.8)$$

最坏情形是裂缝 $\omega = 2\pi$, 此时甚至 $u \bar\in H^{\frac{3}{2}}(\Omega)$.

定理 6.1 的证明主要依赖于椭圆型方程第二基本不等式: 存在常数 $C = C(\Omega, p, D)$ 使

$$\|u\|_{2,p,\Omega} \le C\{\|\Delta u\|_{0,p,\Omega} + \|u\|_{0,p,\Omega}\}, \quad \forall u \in W_p^2(\Omega). \qquad (2.6.9)$$

应用不等式 (2.6.9) 可以直接推出算子 $T_{0,p}$ 的核

$$\mathrm{Ker}(T_{0,p}) = \Big\{ v \in W_p^2(\Omega) : \Delta v = 0; u|_{\Gamma_j} = 0, j \in D;$$

$$\left.\dfrac{\partial v}{\partial \nu_j}\right|_{\Gamma_j} = 0, j \in N \Big\}$$

是有限维空间. 事实上, 只需证 Ker $(T_{0,p})$ 的有界集是相对紧集. 注意嵌入定理: $W_p^2(\Omega)$ 中有界集皆是 $L_p(\Omega)$ 的相对紧集, 或者 Ker $(T_{0,p})$ 任何有界序列皆存在 $L_p(\Omega)$ 中的收敛子列. 设 $\{v_i\}$ 是 $L_p(\Omega)$ 中收敛列, 由 (2.6.9) 推出

$$\|v_i - v_j\|_{2,p,\Omega} \leq C\|v_i - v_j\|_{0,p,\Omega} \to 0 \text{ 当 } i,j \to \infty.$$

这蕴含 Ker $(T_{0,p})$ 的有限维性及 $T_{0,p}$ 值空间是闭子空间. 有关值空间 $\mathcal{R}(T_{0,p})$ 亏数的精密估计颇费讨论, 可在 [86] 中找到.

上面结果完全可以推广到由光滑曲线弧段构成的多角形. 对三维问题及变系数情形也有类似结论.

§ 7. 四阶椭圆型方程

关于二阶椭圆型方程的弱解理论, 皆可以无困难地推广到高阶椭圆型方程. 以双调和方程第一边值问题为例,

$$\begin{cases} \Delta^2 u = \dfrac{\partial^4 u}{\partial x_1^4} + 2\dfrac{\partial^4 u}{\partial x_1^2 \partial x_2^2} + \dfrac{\partial^4 u}{\partial x_2^4} = f, \ \Omega \subset \mathbb{R}^2, \\ u\Big|_{\partial\Omega} = \dfrac{\partial u}{\partial \nu}\Big|_{\partial\Omega} = 0. \end{cases} \quad (2.7.1)$$

为了导出 (2.7.1) 的弱解, 使用 Green 公式

$$\int_\Omega (\Delta^2 u)v dx = \int_\Omega \Delta u \Delta v dx + \int_{\partial\Omega}\left(v\frac{\partial \Delta u}{\partial \nu} - \Delta u \frac{\partial v}{\partial \nu}\right)ds,$$
$$\forall u, v \in H^2(\Omega), \quad (2.7.2)$$

于是 (2.7.1) 的弱解是求 $u \in H_0^2(\Omega)$ 满足弱形式

$$a(u,v) = \int_\Omega fv dx, \quad \forall v \in H_0^2(\Omega), \quad (2.7.3)$$

其中 $f \in L_2(\Omega)$, 而

$$a(u,v) = \int_\Omega \Delta u \Delta v dx = \int_\Omega \Big(\frac{\partial^2 u}{\partial x_1^2}\frac{\partial^2 v}{\partial x_1^2}$$
$$+ \frac{\partial^2 u}{\partial x_1^2}\frac{\partial^2 v}{\partial x_2^2} + \frac{\partial^2 u}{\partial x_2^2}\frac{\partial^2 v}{\partial x_1^2} + \frac{\partial^2 u}{\partial x_2^2}\frac{\partial^2 v}{\partial x_2^2}\Big)dx. \quad (2.7.4)$$

利用 Lax–Milgram 引理 2.2, 弱解的存在性与唯一性等价于证明强制性. 由 (1.5.20) $H_0^2(\Omega)$ 中双线性泛 $a(u,v)$ 确有 $\gamma > 0$ 存在使

$$a(u,u) = \int_\Omega \Delta u \Delta u dx \geq \sum_{|\alpha|=2} \int_\Omega (D^\alpha u)^2 dx \geq \gamma \|u\|_{2,\Omega}, \quad (2.7.5)$$

这就证得强制性成立.

　　构造二次泛函

$$F(v) = \frac{1}{2} \int_\Omega (\Delta v)^2 dx - \int_\Omega f v dx, \quad (2.7.6)$$

这样的弱解 u 也等价于求泛函极小

$$F(u) = \min_{u \in H_0^2(\Omega)} F(v). \quad (2.7.7)$$

　　双调和方程在弹性力学、水力学中有重要的应用，如 (2.7.1) 是固定板的弯曲问题. 还可以讨论更复杂的边界条件，这里略去.

§8. 弹性理论问题

　　本节以弹性理论为例，阐述椭圆型方程组的解及相应的变分形式.

　　设 Ω 是三维弹性体，它在体力与外力作用下发生形变. 设 $A = (x_1, x_2, x_3)$ 是形变前 Ω 内一点，形变后移到新位置 A'，称 $\boldsymbol{u} = (u_1, u_2, u_3) = \overrightarrow{AA'}$ 为位移向量，它是坐标的向量值函数. 用

$$\varepsilon_{ik}(\boldsymbol{u}) = \frac{1}{2}\left(\frac{\partial u_i}{\partial x_k} + \frac{\partial u_k}{\partial x_i}\right), \quad i, k = 1, 2, 3, \quad (2.8.1)$$

表示应变张量. 显然 $\varepsilon_{ik} = \varepsilon_{ki}$，即应变张量是对称张量，其中 $\varepsilon_{ii}(i = 1, 2, 3)$ 是沿 x_i 方向的拉伸或压缩，称为正应变，$\varepsilon_{ik}(i \neq k)$ 称为剪应变，这种形变导致角度变化.

　　弹性体形变受应力张量 $\tau_{ik}(\boldsymbol{u})$ 支配，它与应变张量关系服从胡克定律

$$\tau_{ik} = \sum_{l,m=1}^{3} C_{iklm} \varepsilon_{lm}. \quad (2.8.2)$$

如果弹性系数 C_{iklm} 是各向同性，再由应力张量的对称性：$\tau_{ik} = \tau_{ki}$，则独立系数不多于两个：$\lambda > 0$ 与 $\mu > 0$ 称为 Lame 常

数,而

$$C_{iiii} = \lambda + 2\mu, \quad C_{iikk} = \lambda, \quad C_{ikik} = 2\mu, i \neq k, \qquad (2.8.3)$$

在弹性力学中常用杨氏模量 E 及泊松比 ν 表示 λ, μ, 其中 $0 < \nu < \dfrac{1}{2}$,

$$\mu = E/(2(1+\nu)), \quad \lambda = \nu E/((1+\nu)(1-2\nu)),$$

而 (2.8.2) 在此情形下简化为

$$\tau_{ik}(\boldsymbol{u}) = \lambda \Big(\sum_{i=1}^{3} \varepsilon_{ii}(\boldsymbol{u}) \Big) \delta_{ik} + 2\mu\varepsilon_{ik}(\boldsymbol{u}), 1 \leq i,k \leq 3. \qquad (2.8.4)$$

弹性应力与体力平衡方程,容易从弹性体内微六面体受力状态下分析导出,满足:

$$\sum_{k=1}^{3} \frac{\partial \tau_{ik}}{\partial x_k} + K_i = 0, \qquad i = 1,2,3, \qquad (2.8.5)$$

把 (2.8.2) 代入 (2.8.5) 就得到弹性理论方程

$$A\boldsymbol{u} = \boldsymbol{k}, \qquad (2.8.6)$$

其中 $\boldsymbol{k} = (K_1, K_2, K_3)^T$ 是体力,

$$A\boldsymbol{u} = - \sum_{i,k,l,m=1}^{3} \frac{\partial}{\partial x_i}(C_{iklm}\varepsilon_{lm}(\boldsymbol{u}))e_k, \qquad (2.8.7)$$

而 e_k 是沿 x_k 轴的单位向量. 在各向同性假定下, (2.8.6) 可以简化为

$$-\mu\Delta\boldsymbol{u} - (\lambda + \mu)\,\mathrm{grad}\,\mathrm{div}\,\boldsymbol{u} = \boldsymbol{k}, \quad (\Omega) \qquad (2.8.8)$$

边界条件设为

$$\boldsymbol{u} = 0, \quad (\Gamma_0), \qquad (2.8.9)$$

$$\sum_{k=1}^{3} \tau_{ik}(\boldsymbol{u})\nu_k = g_i, \quad (\Gamma_1), \quad 1 \leq i \leq 3. \qquad (2.8.10)$$

这里 $\partial\Omega = \Gamma_0 \cup \Gamma_1$, $\mathrm{meas}(\Gamma_0) > 0$, (ν_1, ν_2, ν_3) 是 Γ_1 的外法向单位向量, (2.8.9) 是固定边界条件, 而 (2.8.10) 则是面应力张量与外力作用平衡.

引进空间

$$\boldsymbol{V} = \{\boldsymbol{v} = (v_1, v_2, v_3)^T \in (H^1(\Omega))^3 :$$
$$v_i = 0 \ \text{在} \ \Gamma_0 \ \text{上}, 1 \leq i \leq 3\}, \qquad (2.8.11)$$

及双线性形式

$$a(\boldsymbol{u}, \boldsymbol{v}) = \int_\Omega \sum_{i,j=1}^3 \tau_{ij}(\boldsymbol{u}) \varepsilon_{ij}(\boldsymbol{v}) dx. \qquad (2.8.12)$$

使用分部积分知问题 (2.8.6), (2.8.9), (2.8.10) 的弱解 $\boldsymbol{u}$ 等价于求 $\boldsymbol{u} \in \boldsymbol{V}$ 满足

$$a(\boldsymbol{u}, \boldsymbol{v}) - \int_{\Gamma_1} \boldsymbol{g} \cdot \boldsymbol{v} ds = \int_\Omega \boldsymbol{k} \cdot \boldsymbol{v} dx, \quad \forall \boldsymbol{v} \in \boldsymbol{V}, \qquad (2.8.13)$$

这里 $\boldsymbol{g} \cdot \boldsymbol{v} = \sum_{i=1}^3 g_i v_i$. 显然 $a(\boldsymbol{u}, \boldsymbol{v})$ 确定了 $\boldsymbol{V}$ 上的连续双线性形式，故存在性与唯一性皆由强制性导出. 为了证明强制性，要利用 Korn 不等式：存在常数 $C(\Omega) > 0$ 对一切 $\boldsymbol{v} \in (H^1(\Omega))^3$ 有

$$\Big(\sum_{i=1}^3 \|v_i\|_{1,\Omega}^2 \Big)^{1/2} \leq C(\Omega) \Big(\sum_{i,j=1}^3 \|\varepsilon_{ij}(\boldsymbol{v})\|_{0,\Omega}^2 + \sum_{i=1}^3 \|v_i\|_{0,\Omega}^2 \Big)^{1/2} \qquad (2.8.14)$$

及系数 C_{iklm} 的正定性：存在常数 $\mu > 0$ 使

$$\sum_{i,k,l,m=1}^3 C_{iklm} \varepsilon_{ik}(\boldsymbol{u}) \varepsilon_{lm}(\boldsymbol{u}) \geq \mu \sum_{i,k=1}^3 \varepsilon_{ik}^2(\boldsymbol{u}), \qquad (2.8.15)$$

而用 (2.8.2), (2.8.14), (2.8.15) 与 Yang 不等式获

$$a(\boldsymbol{u}, \boldsymbol{u}) \geq \mu \int_\Omega \sum_{i,k=1}^3 \varepsilon_{ik}^2(\boldsymbol{u}) dx \geq C_1(\mu, \Omega) \sum_{i=1}^3 \|u_i\|_{1,\Omega}^2,$$
$$\forall \boldsymbol{u} \in \boldsymbol{V}, \qquad (2.8.16)$$

这里 $C_1(\mu, \Omega)$ 是仅与 μ, Ω 有关而与 $\boldsymbol{u}$ 无关的正数，这就证明 $a(\cdot, \cdot)$ 的强制性，从而解决了弹性问题的存在性与唯一性. 弱解 $\boldsymbol{u}$ 也达到在 $\boldsymbol{V}$ 上泛函

$$J(\boldsymbol{v}) = \frac{1}{2} a(\boldsymbol{v}, \boldsymbol{v}) - \int_{\Gamma_1} \boldsymbol{g} \cdot \boldsymbol{v} ds - \int_\Omega \boldsymbol{k} \cdot \boldsymbol{v} dx \qquad (2.1.17)$$

取得极小. 由于 $\frac{1}{2}a(\boldsymbol{v},\boldsymbol{v})$ 恰是形变势能, 后两项分别是面力及体力做的功, 故 $J(\boldsymbol{v})$ 是总势能, 而 $J(\boldsymbol{u}) = \min\limits_{\boldsymbol{v}\in V} J(\boldsymbol{v})$, 这就是力学中著名的最小势能原理.

第三章 有限元素法基础

　　椭圆型偏微分方程有限元素法的基础建立在解的弱形式、区域剖分与经典 Galerkin 方法三者之上. 事实上有限元素法可以视为 Galerkin 方法的特殊情形, 不同处在于经典 Galerkin 方法使用光滑函数为试探函数, 有限元素法使用分片多项式为试探函数. 由于剖分灵活使有限元素法比差分法更易处理复杂的边界问题, 但又继承了差分法稀疏矩阵的优点. 因此有限元素法较之经典的 Galerkin 方法可谓青出于蓝, 目前已成为工程界广泛使用的方法. 本章除介绍有限元近似的误差理论外, 重点讨论混合有限元方法, 这一方法由于可以解决众多工程问题, 是当今有限元研究的活跃领域.

§ 1. Ritz-Galerkin 方法

　　在第二章中, 我们见到的微分方程弱解, 等价于求 $u \in V$ 使

$$a(u,v) = f(v), \qquad \forall v \in V, \tag{3.1.1}$$

这里 $a(\cdot,\cdot)$ 是 V 上的连续双线性泛函, 而 $f(\cdot)$ 是 V 上的连续线性泛函. 依照 Lax-Milgram 引理, 如果双线性形式满足强制性: $\exists \gamma > 0$ 使

$$a(u,u) \geq \gamma \|u\|_V^2, \tag{3.1.2}$$

则弱解的存在性和唯一性得到解决. 通常把满足条件 (3.1.2) 的 $a(\cdot,\cdot)$ 称为是 V 椭圆的或强制的.

例 1.1. 考虑椭圆型方程

$$\begin{cases} -\sum_{i,j=1}^{n} D_j(a_{ij}D_i u) + du = f, & \text{在 } \Omega \text{ 中}, \\[2mm] \sum_{i,j=1}^{n} a_{ij}D_i u \nu_j = g, & \text{在 } \Gamma_1 \text{ 上}, \\[2mm] u = 0, & \text{在 } \Gamma_0 \text{ 上} \end{cases} \tag{3.1.3}$$

的弱解. 先构造函数空间

$$V = \{v \in H^1(\Omega) : v|_{\Gamma_0} = 0\}, \tag{3.1.4}$$

显然 $H_0^1(\Omega) \subset V \subset H = H^* \subset V^* \subset H^{-1}(\Omega)$. 构造双线性形式

$$a(u,v) = \int_\Omega \Big(\sum_{i,j} a_{ij} D_i u D_j v + duv \Big) dx. \tag{3.1.5}$$

它是 V 椭圆的, 如果矩阵 $[a_{ij}]$ 是对称一致正定的, $d \in L_\infty(\Omega)$ 且 $d \geq 0$. 使用分部积分知方程 (3.1.3) 等价于求 $u \in V$, 满足

$$a(u,v) = \int_\Omega fvdx + \int_{\Gamma_1} gvds, \tag{3.1.6}$$

由迹定理知右端 $f(v) = \int_\Omega fvdx + \int_{\Gamma_1} gvds$ 是 V 上的连续线性泛函.

对于四阶问题, 如双调和方程的第一边值问题及弹性力学问题, 我们已在 (2.7.5) 及 (2.8.16) 中引入函数空间并论证相应双线性形式的 V 椭圆性.

Ritz-Galerkin 方法的思想是寻求 V 的一族有限维子空间 $\{V_h\}_{h>0}$ 满足

$$V_{h_1} \subset V_{h_2} \subset V, \quad \text{当 } h_1 \geq h_2, \tag{3.1.7}$$

与之相应的近似解 $u^h \in V_h$ 满足

$$a(u^h, v^h) = f(v^h), \ \forall v^h \in V_h. \tag{3.1.8}$$

由于 V_h 是有限维空间, 解 (3.1.8) 等价于解代数方程. 需要讨论的问题是近似解 u^h 是否唯一存在及 u^h 当 $h \to 0$ 是否收敛于解

u. 由 Lax-Milgram 引理和 $a(\cdot,\cdot)$ 的 V 椭圆性得到 (3.1.8) 的解 u^h
唯一存在，并且

$$u^h = E_h u, \qquad\qquad (3.1.9)$$

这里 $E_h : V \to V_h$ 是 Ritz 投影，即关于以 $a(\cdot,\cdot)$ 为内积的正投影，适合对任何 $v \in V$ 有

$$a(E_h v, v^h) = a(v, v^h), \quad \forall v^h \in V_h. \qquad (3.1.10)$$

由 (3.1.1) 中置 $v \in V_h \subset V$ 知 $u^h = E_h u$ 适合 (3.1.8). 这意味 u^h 具有按能量内积 $a(\cdot,\cdot)$ 度量最佳逼近于 u, 利用此性质可以证明:

定理 1.1. 若 $a(\cdot,\cdot)$ 是 V 椭圆的，且 $\bigcup\limits_{h>0} V_h$ 是 V 的稠密集合，则 $u^h \to u(h \to 0)$ 且有误差估计: 存在与 u, h 无关的常数 C 使

$$\|u - u^h\|_V \le C \inf_{v^h \in V_h} \|u - v^h\|_V. \qquad (3.1.11)$$

证明. 首先，应用恒等式 $a(u - u^h, v^h) = 0, \forall v^h \in V_h$ 及 V 椭圆性，知存在常数 γ 及 M 使

$$\gamma\|u - u^h\|_V^2 \le a(u - u^h, u - u^h) = a(u - u^h, u - v^h)$$

$$\le M\|u - u^h\|_V\|u - v^h\|_V, \quad \forall v^h \in V_h,$$

故 (3.1.11) 成立；再由 $\bigcup\limits_{h>0} V_h$ 在 V 中稠密性，蕴含收敛性. $\quad\square$

对于含有一阶项的二阶椭圆型边值问题 (2.1.1), 弱解 u 等价于求 $u - \varphi \in H_0^1(\Omega)$ 满足

$$\mathcal{L}(u, v) = F(v), \quad \forall v \in H_0^1(\Omega). \qquad (3.1.12)$$

此双线性形式 $\mathcal{L}(u, v)$ 由 (2.1.6) 定义不具有 V 椭圆性. 但是由 Gårding 不等式 (2.2.7) 知，$\mathcal{L}_\sigma(u, v) = \mathcal{L}(u, v) + \sigma \int_\Omega uv dx$ 是 V 椭圆的. 于是 (3.1.12) 可以写为求 $u - \varphi \in H_0^1(\Omega)$ 满足

$$\mathcal{L}_\sigma(u, v) + b(u, v) = F(v), \quad \forall v \in H_0^1(\Omega), \qquad (3.1.13)$$

这里 $b(u, v) = -\sigma \int_\Omega uv dx$. 不失一般性，设 $\varphi = 0$, 在 $H_0^1(\Omega)$ 中定义新内积 $[u, v] = \mathcal{L}_\sigma(u, v)$, 它与 $H_0^1(\Omega)$ 确定了等价度量. 由嵌入定理与 Riesz 表现引理必存在全连续算子 $K : H_0^1(\Omega) \to H_0^1(\Omega)$ 使

$$[Ku, v] = -b(u, v), \quad \forall v \in H_0^1(\Omega), \qquad (3.1.14)$$

这样弱解 $u \in H_0^1(\Omega)$ 满足算子方程

$$(I - K)u = F^*, \tag{3.1.15}$$

由 Riesz 表现引理 $F(v) = [F^*, v]$，而弱解的 Galerkin 近似 $u^h \in V_h$，满足

$$\mathcal{L}(u^h, v^h) = F(v^h), \ \forall v^h \in V_h \subset H_0^1(\Omega). \tag{3.1.16}$$

令 $E_h : V \to V_h$ 是内积 $[\cdot, \cdot]$ 意义下的正投影算子，则近似 u^h 满足近似方程

$$(I - K_h)u^h = E_h F^*, \ K_h = E_h K E_h, \tag{3.1.17}$$

因此近似解的存在性、唯一性与收敛性，由以下定理保证.

定理 1.2. 设 V 是 Hilbert 空间，$K : V \to V$ 的全连续算子，$\{V_h\}$ 是一族子空间，$E_h : V \to V_h$ 是正投影，并且 $E_h \to I(h \to 0)$，又 1 不是 K 的本征值，则必存在足够小的正数 h_0 使 $h < h_0$ 满足

$$\|K - K_h\|_V < \|(I - K)^{-1}\|_V^{-1}, \tag{3.1.18}$$

并且近似方程 (3.1.17) 的解 u^h 唯一存在，误差适合

$$\|u - u^h\|_V \le \frac{\|(I - K)^{-1}\|_V[\|K - K_h\|_V + \|(I - E_h)F^*\|_V]}{1 - \|(I - K)^{-1}\|_V\|K_h - K\|_V}. \tag{3.1.19}$$

证明. 因 K 是全连续算子，$E_h \to I$，故显然有

$$\|K - K_h\|_V \to 0, \quad h \to 0,$$

于是 (3.1.18) 成立. 其次，因 1 不是本征值，$(I - K)^{-1}$ 存在，故

$$I - K_h = (I - K) - (K_h - K)$$
$$= (I - K)[I - (I - K)^{-1}(K_h - K)]. \tag{3.1.20}$$

记 $Q = (I - K)^{-1}(K_h - K)$，则 $\|Q\|_V < 1$ 当 $h < h_0$，从而 $(I - Q)$ 可逆且 $(I - Q)^{-1} = \sum_{k=0}^{\infty} Q^k$，这就推出

$$\|(I - Q)^{-1}\|_V \le \frac{1}{1 - \|Q\|_V}, \tag{3.1.21}$$

由 (3.1.20) 推出 $(I - K_h)$ 可逆，且

$$(I - K_h)^{-1} = (I - Q)^{-1}(I - K)^{-1},$$

用 (3.1.21) 获

$$\|(I - K_h)^{-1}\|_V \leq \frac{\|(I - K)^{-1}\|_V}{1 - \|Q\|_V}$$

$$\leq \frac{\|(I - K)^{-1}\|_V}{1 - \|(I - K)^{-1}\|_V \|K - K_h\|_V}. \tag{3.1.22}$$

这就证明了近似解 u^h 存在、唯一．现在估计误差，由 (3.1.15) 与 (3.1.17) 知

$$(I - K_h)(u - u^h) = u - K_h u - u^h + K_h u^h$$

$$= (K - K_h)u + (I - E_h)F^*,$$

或者

$$u - u^h = (I - K_h)^{-1}[(K - K_h)u + (I - E_h)F^*],$$

用 (3.1.22) 知 (3.1.19) 成立．□

定理 1.2 解决了近似方程 (3.1.16) 的收敛性，如果 $\{V_h\}$ 满足 (3.1.7) 且 $\bigcup_{h>0} V_h$ 在 $H_0^1(\Omega)$ 中稠密．

在 $a(\cdot,\cdot)$ 是 V-椭圆的假定下，近似解 u^h 也可由 $J(u^h) = \min_{v \in V_h} J(v)$ 导出，其中泛函 $J(v) = \frac{1}{2}a(v,v) - f(v)$，这就是 Ritz 方法．可见 Ritz 方法是 Galerkin 方法的特例．当 Ritz 方法不成立，例如含一阶项方程，Galerkin 方法依然可以保证近似解的收敛性，这说明 Galerkin 方法比 Ritz 方法有更广泛的应用价值．

§2. 有限元空间

有限元的抽象定义是指一个三元集 (e, P, Σ)，其中 $e \subset I\!R^n$ 是具有非空开核的闭集，$W(e)$ 是 e 上某个函数空间如 $C(e)$, $C^1(e)$ 等，$W^*(e)$ 是 $W(e)$ 的共轭空间，Σ 是 $W^*(e)$ 上的有限维子空间，$\varphi_i, 1 \leq i \leq N$ 是 Σ 的基函数，N 称为 Σ 的自由度，P 是 $W(e)$ 的 N 维子空间，它有一个基 $p_i, 1 \leq i \leq N$，关于 $\{\varphi_i\}_{i=1}^N$ 构成双直交系

$$\varphi_i(p_j) = \delta_{ij}. \tag{3.2.1}$$

于是对任何 $p \in P$, 皆可表为

$$p = \sum_{i=1}^{N} \varphi_i(p)p_i. \qquad (3.2.2)$$

称有限元 (e, P, Σ) 是 Lagrange 有限元, 如果存在 $a_i \in e$ 使 φ_i 被定义为 $\varphi_i : p \rightarrow p(a_i)$, 反之, 至少有一个出现偏导数时就称为 Hermite 元.

对任何函数 $v \in W(e)$, 都对应一个函数 $\Pi v \in P$ 称为 v 的插值函数, 有性质

$$\varphi_i(\Pi v) = \varphi_i(v), \quad 1 \le i \le N, \qquad (3.2.3)$$

或者 $\Pi v = \sum_{i=1}^{N} \varphi_i(v)p_i$.

例 2.1. 三角形线性元.

设 e 是以 $z_i = (x_i, y_i)$, $i = 1, 2, 3$ 为顶点的平面三角形, $W(e) = C(e)$, $P = P_1$ 为 e 上线性函数集合, $\Sigma = \{\lambda_1, \lambda_2, \lambda_3\}$ 适合 $\lambda_i(p) = p(z_i)$, $\forall p \in C(e)$, $i = 1, 2, 3$. 称 (e, P_1, Σ) 为三角形 e 的线性元, 或 P_1 型元. 显然, 可表示

$$\lambda_i(x, y) = (-1)^{i-1} \begin{vmatrix} x & y & 1 \\ x_j & y_j & 1 \\ x_k & y_k & 1 \end{vmatrix} \bigg/ 2|e|, \quad i \ne j, k, \qquad (3.2.4)$$

这里 $j < k$, 且 $i = 1, 2, 3$. $|e|$ 为 e 的面积, 而 $\{\lambda_i\}$ 称为 (x, y) 的重心坐标, $\lambda_i(z_j) = \delta_{ij}$.

例 2.2. 矩形 e 上的双线性元.

设 e 是 $I\!\!R^2$ 中的矩形, z_i, $i = 1, \cdots, 4$ 为顶点, $Q_1(e)$ 为 e 上的双线性函数, $W(e) = C(e)$. 而

$$\Sigma = \{p(z_i) : i = 1, 2, 3, 4, \quad \forall p \in C(e)\},$$

称 $(e, Q_1(e), \Sigma)$ 为矩形 e 上 Q_1 型元.

例 2.3. e 为以 z_{ii}, $i = 1, 2, 3$ 为顶点的三角形, z_{ij}, $1 \le i < j \le 3$ 为三边的中点, $W(e) = C(e)$, P_2 为 e 上二次函数集合. $\Sigma = \{p(z_{ij}) : 1 \le i \le j \le 3, \forall p \in C(e)\}$. P_2 有 6 个自由度, 由

z_{ij}, $1 \le i \le j \le 3$ 完全决定，称 (e, P_2, Σ) 为 e 的二次元，或 P_2 型元.

考虑 $\Omega \subset I\!R^2$ 的有限元空间. 先设 Ω 是有界多边形，其上有一三角剖分，记为

$$\mathcal{J}^h = \{e\}, \quad \bar{\Omega} = \bigcup_{e \in \mathcal{J}^h} e,$$

这里 $h = \max_{e \in \mathcal{J}^h} h_e$, h_e 为三角形 e 的外接圆直径. 如果 Ω 是光滑域，则令 $\Omega_h = \bigcup_{e \in \mathcal{J}^h} e$, 即 Ω 被多角形 Ω_h 逼近. 对剖分 $\mathcal{J}^h$ 我们应加限制：设 e_1 和 e_2 是 $\mathcal{J}^h$ 不同的两元，则 $e_1 \cap e_2$ 或是空集，或有公共顶点，或有公共边. 令

$$V_h = S^h(\Omega) = \{v \in C(\bar{\Omega}) : v|_e \in P_1(e), \ \forall e \in \mathcal{J}^h\}, \quad (3.2.5)$$

称为 Ω 上分片线性连续函数空间，简称为线性元空间. 以下定理表明 $S^h \subset H^1(\Omega)$.

定理 2.1. 设 $\mathcal{J}^h$ 是有界开集 $\Omega \subset I\!R^n$ 的三角剖分，且 $\bar{\Omega} = \bigcup_{e \in \mathcal{J}} e$, (e, P_e, Σ_e) 是 $c \in \mathcal{J}^h$ 的一族有限元，且 $P_e \subset H^1(e)$, $S^h = \{v \in C(\bar{\Omega}) : v_e \in P_e, \ \forall e \in \mathcal{J}^h\}$, 则 $S^h \subset H^1(\Omega)$.

证明. 按 $H^1(\Omega)$ 定义，对任意 $v \in S^h$ 欲证 $v \in H^1(\Omega)$, 只需要找到 $v_i \in L_2(\Omega)$, $(i = 1, \cdots, n)$, 使

$$\int_\Omega v \frac{\partial \varphi}{\partial x_i} dx = - \int_\Omega v_i \varphi dx, \quad \forall \varphi \in C_0^\infty(\Omega). \quad (3.2.6)$$

现在定义函数 $v_i \in L_2(\Omega)$ 如下：

$$v_i(x) = \frac{\partial v(x)}{\partial x_i}, \quad 当 \ x \in e, \quad \forall e \in \mathcal{J}^h, \quad (3.2.7)$$

应用 Green 公式，对任何 $e \in \mathcal{J}^h$ 有

$$\int_e \frac{\partial v}{\partial x_i} \varphi dx = - \int_e v \frac{\partial \varphi}{\partial x_i} dx + \int_{\partial e} v \varphi \nu_i dx, \quad \forall \varphi \in C_0^\infty(\Omega), \quad (3.2.8)$$

这里 ν_i 是 e 的外法向的第 i 个分量. 对所有 $e \in \mathcal{J}^h$, 于 (3.2.8) 两端求和

$$\int_\Omega \frac{\partial v}{\partial x_i} \varphi dx = - \int_\Omega v \frac{\partial \varphi}{\partial x_i} dx + \sum_{e \in \mathcal{J}^h} \int_{\partial e} v \varphi \nu_i dx,$$

注意在两个有公共边的单元, ν_i 符号相反, 故

$$\sum_{e\in\mathcal{J}^h}\int_{\partial e}v\varphi\nu_i ds = \int_{\partial\Omega}v\varphi\nu ds = 0, \tag{3.2.9}$$

这里用到 $\varphi\in C_0^\infty(\Omega)$. 这就证明 (3.2.6) 成立或 $S^h\subset H^1(\Omega)$. 证毕. □

推论. $S_0^h=\{v\in S^h(\Omega):v|_{\partial\Omega}=0\}\subset H_0^1(\Omega)$.

定义 2.1 (有限元仿射等价). 设 $(\hat{e},\hat{P},\hat{\Sigma})$, (e,P,Σ) 是两个有限元, 称为彼此仿射等价如果有可逆仿射变换

$$F:\hat{x}\in I\!\!R^n \to x = F(\hat{x}) = B\hat{x}+b, \tag{3.2.10}$$

这里 B 是 n 阶满秩矩阵, 并使

a) $F(e)=\hat{e}$,

b) $P=\{\hat{p}\circ F^{-1}:\hat{p}\in\hat{P}\}$,

c) $\varphi_i(v)=\hat{\varphi}_i(\hat{v})$, $\forall\hat{v}\in\widehat{W}(\hat{e})$, $v=\hat{v}\circ F^{-1}$, $\varphi_i\in\Sigma$ 与 $\hat{\varphi}_i\in\hat{\Sigma}$

有相同个数.

定理 2.2. 设 $(\hat{e},\hat{P},\hat{\Sigma})$ 与 (e,P,Σ) 是仿射等价, 则

1) 若 $\{\hat{p}_i\}$ 为 $\hat{P}$ 的基与 $\{\hat{\varphi}_i\}$ 构成双直交系, 则 $\{p_i=\hat{p}_i\circ F^{-1}\}$ 也是 P 的基, 与 $\{\varphi_i\}$ 构成双直交系.

2) 对任意给定 $v\in W(e)$ 有 $v(z)=\hat{v}(\hat{z})$, 其中 $z=F(\hat{z})$.

3) 对应插值 Π 和 $\hat{\Pi}$ 有

$$\widehat{\Pi v}=\hat{\Pi}\hat{v}, \quad \forall v\in W(\hat{e}), \tag{3.2.11}$$

这里 $v=\hat{v}\circ F^{-1}$.

证明. 首先, 由仿射等价定义, 知 $p_i=\hat{p}_i\circ F^{-1}\in P$, 据性质 c), 有 $\varphi_i(v_j)=\hat{\varphi}_i(\hat{v}_j)=\delta_{ij}$, 这里 $\{\hat{v}_j\}$ 是 $\{\hat{\varphi}_j\}$ 双直交系, 而 $v_j=\hat{v}_j\circ F^{-1}$, 证得 1) 成立. 其次, 由性质 b), 对任意 $v\in W(e)$, 皆有 $\hat{v}\in W(\hat{e})$ 使 $v(x)=\hat{v}(F^{-1}x)=\hat{v}(\hat{x})$, 知 2) 成立. 最后, 对任给定 $\hat{x}\in\hat{e}$, 有 $x=F(\hat{x})$, 故

$$\widehat{\Pi v}(\hat{x})=\Pi v(x)=\sum_{i=1}^{N}\varphi_i(v)p_i, \tag{3.2.12}$$

注意 $\varphi_i(v)=\hat{\varphi}_i(\hat{v})$, $p_i=\hat{p}_i\circ F^{-1}$, 代入 (3.2.12),

$$\widehat{\Pi v}(\hat{x})=\sum_{i=1}^{N}\hat{\varphi}_i(\hat{v})\hat{p}_i\circ F^{-1}(x)=\sum_{i=1}^{N}\hat{\varphi}_i(\hat{v})\hat{p}_i(\hat{x})=\hat{\Pi}\hat{v}(\hat{x}), \tag{3.2.13}$$

这就证明 3) 成立. □

现在设 (e, p_e, Σ_e) 是与剖分 $\mathcal{J}^h$ 相关联的有限元族. 又设 $(\hat{e}, \hat{p}, \hat{\Sigma})$ 是与 h 无关的标准有限元, 称族 (e, p_e, Σ_e), $\forall e \in \mathcal{J}^h$ 是仿射等价族, 如果每个 (e, p_e, Σ_e) 皆有可逆仿射变换

$$F_e : \hat{x} \in \hat{e} \to x = B_e \hat{x} + b_e \in e. \tag{3.2.14}$$

定义 2.3. 称剖分 $\mathcal{J}^h$ 是正规的, 如果存在正常数 $\sigma > 0$, 使

$$h_e / \rho_e \leq \sigma, \quad \forall e \in \mathcal{J}^h, \tag{3.2.15}$$

这里 h_e 是外接球直径, ρ_e 是含于 e 的最大球直径. 此外若存在常数 γ, 使

$$\max\{h/h_e : \forall e \in \mathcal{J}^h\} \leq \gamma, \tag{3.2.16}$$

这里 $h = \max\limits_{e \in \mathcal{J}^h} h_e$, 就称 $\mathcal{J}^h$ 是拟一致的.

设 $S^h(\Omega)$ 是 Lagrange 有限元空间, 令 T_e 表示 $e \in \mathcal{J}^h$ 的插值基点集, $T^h = \bigcup\limits_{e \in \mathcal{J}^h} T_e$, T^h 是有限集, 基数就是 $S^h(\Omega)$ 的维数, 令为 N. 并且对每个 $z_i \in T^h$, 必有 $p_i \in S^h(\Omega)$ 存在, 使

$$p_i(z_j) = \delta_{ij}. \tag{3.2.17}$$

如此 $\{p_i : 1 \leq i \leq N\}$ 构成 $S^h(\Omega)$ 的基, 对每个 $p \in S^h(\Omega)$ 有唯一表达式

$$p = \sum_{i=1}^{N} p(z_i) p_i. \tag{3.2.18}$$

$S^h(\Omega)$ 称为 k 次元空间, 如果 $v|_e = P_k$, 对任意 $v \in S^h(\Omega)$ 及 $e \in \mathcal{J}^h$. 定理 2.1 表明为了 $S^h(\Omega) \subseteq H^1(\Omega)$, 还必须补充 $S^h(\Omega) \subseteq C(\bar{\Omega})$, 同样可证明为了 $S^h(\Omega) \subseteq H^2(\Omega)$, 要求 $S^h(\Omega) \subseteq C^1(\bar{\Omega})$.

现在用 $S^h(\Omega)$ 构造 (3.1.8) 的 Galerkin 近似, 则 (3.1.11) 表明误差估计是

$$\|u - u^h\|_V \leq C \inf_{v^h \in S^h} \|u - v^h\|_V \leq C \|u - u^I\|_V, \tag{3.2.19}$$

这里 $u^I = \Pi u$ 是解 u 在 $S^h(\Omega)$ 上的插值函数, 而有限元解的误差估计被转化为 Sobolev 空间插值的误差估计.

§ 3. Sobolev 空间的插值估计

设 Ω 是具有 Lipschitz 连续边界的有界开集，定义 $W_p^m(\Omega)$ 的半范为

$$|v|_{m,p,\Omega} = \left(\sum_{|\alpha|=m} \int_\Omega |D^\alpha v|^p dx \right)^{1/p}, \tag{3.3.1}$$

当 $p = \infty$ 情形按通常办法修改，在 $p = 2$ 的情形简记为 $|v|_{m,\Omega}$.

用 P_k 表示全体 k 阶多项式构成的子空间，考虑商空间 $W_p^{k+1}(\Omega)/P_k$，熟知它是 Banach 空间，其上定义商范：

$$\|\dot{v}\|_{k+1,p,\Omega} = \inf_{q \in P_k} \|v + q\|_{k+1,p,\Omega},$$

$$\forall \dot{v} \in W_p^{k+1}(\Omega)/P_k, \tag{3.3.2}$$

这里 v 是 $\dot{v}$ 等价类的任一成员. 首先证明引理:

引理 3.1. *存在常数 $C(\Omega)$, 使*

$$\|\dot{v}\|_{k+1,p,\Omega} \leq C(\Omega)|\dot{v}|_{k+1,p,\Omega}, \quad \forall \dot{v} \in W_p^{k+1}(\Omega)/P_k. \tag{3.3.3}$$

证明. 令 $N = \dim(P_k)$, $f_i, 1 \leq i \leq N$ 是 P_k 上 N 个线性无关的泛函，用 Hahn-Banach 扩张定理假定它们被扩张为 $W_p^{k+1}(\Omega)$ 上的泛函，满足 $f_i(p) = 0, 1 \leq i \leq N, p \in P_K$ 当且仅当 $p = 0$. 今证此条件蕴含存在正常数 $C(\Omega)$ 使

$$\|v\|_{k+1,p,\Omega} \leq C(\Omega)\left(|v|_{k+1,p,\Omega} + \sum_{i=1}^N |f_i(v)|\right),$$

$$\forall v \in W_p^{k+1}(\Omega) \tag{3.3.4}$$

成立. 事实上，若 (3.3.4) 不成立，必可找到序列 $v_l \in W_p^{k+1}(\Omega)$, 使 $\|v_l\|_{k+1,p,\Omega} = 1$, 有

$$\lim_{l \to \infty} \left(|v_l|_{k+1,p,\Omega} + \sum_{i=1}^N |f_i(v_l)|\right) = 0. \tag{3.3.5}$$

但 $\{v_l\}$ 作为 $W_p^{k+1}(\Omega)$ 的有界集必是 $W_p^k(\Omega)$ 的相对紧集，从而有子序，仍记为 $\{v_l\}$，并可找到 $v \in W_p^k(\Omega)$ 使

$$\lim_{l \to \infty} \|v_l - v\|_{k,p,\Omega} = 0. \tag{3.3.6}$$

另一方面, 按 (3.3.5) 又有 $\lim\limits_{l\to\infty}|v_l|_{k+1,p,\Omega}=0$, 这已经蕴含 $\{v_l\}$ 是 $W_p^{k+1}(\Omega)$ 基本列, 由 (3.3.6) 知 $\{v_l\}$ 按 $W_p^{k+1}(\Omega)$ 意义收敛到 v, 但

$$\|D^\alpha v\|_{0,p,\Omega}=\lim_{l\to\infty}\|D^\alpha v_l\|_{0,p,\Omega}=0,\quad |\alpha|=k+1$$

这意味 $v\in P_k$, 从 (3.3.5) 得

$$f_i(v)=\lim_{l\to\infty}f_i(v_l)=0,$$

这仅当 $v=0$ 才有可能, 与 $\|v\|_{k+1,p,\Omega}=\lim\limits_{l\to\infty}\|v_l\|_{k+1,p,\Omega}=1$ 矛盾, 故 (3.3.4) 成立.

现在用 (3.3.4) 证明 (3.3.3). 为此由 $\{f_i\}$ 线性无关, 知对任意 $v\in W_p^{k+1}(\Omega)$, 皆可找到 $q\in P_k$ 使 $f_i(v+q)=0$, $1\le i\le N$. 于是由商范定义

$$\|\dot v\|_{k+1,p,\Omega}=\inf_{p\in P_k}\|v+p\|_{k+1,p,\Omega}\le\|v+q\|_{k+1,p,\Omega}$$

$$\le C(\Omega)|v|_{k+1,p,\Omega}$$

得到 (3.3.3) 的证明. □

定理 3.1. (Bramble-Hilbert 引理). 令 f 为空间 $W_p^{k+1}(\Omega)$ 上线性泛函, 且

$$f(w)=0,\quad \forall w\in P_k, \tag{3.3.7}$$

则存在正常数 $C(\Omega)$, 使得

$$|f(v)|\le C(\Omega)\|f\|_{k+1,p,\Omega}^*|v|_{k+1,p,\Omega},\quad \forall v\in W_p^{k+1}(\Omega), \tag{3.3.8}$$

其中 $\|\cdot\|_{k+1,p,\Omega}^*$ 表 $W_p^{k+1}(\Omega)$ 共轭空间的范.

证明. 由 (3.3.7) 知, 知对 $W_p^{k+1}(\Omega)$ 的函数 v 有性质: $f(v)=f(v+w)$, $\forall w\in P_k$, 故

$$|f(v)|=|f(v+w)|\le\|f\|_{k+1,p,\Omega}^*\|v+w\|_{k+1,p,\Omega},$$

由引理 3.1 即得到证明. □

引理 3.2. 令 $W_p^{k+1}(\Omega)$ 与 $W_q^m(\Omega)$ 满足包含关系

$$W_p^{k+1}(\Omega)\hookrightarrow W_q^m(\Omega), \tag{3.3.9}$$

又令 $\Pi:W_p^{k+1}(\Omega)\to W_q^m(\Omega)$ 是有界线性算子, 满足

$$\Pi w=w,\quad \forall w\in P_k, \tag{3.3.10}$$

则存在正常数 $C(\Omega)$, 使 $\forall v \in W_p^{k+1}(\Omega)$ 有

$$|v - \Pi v|_{m,q,\Omega} \le C(\Omega)\|I - \Pi\||v|_{k+1,p,\Omega}. \tag{3.3.11}$$

证明. 由 (3.3.10), 显然对 $\forall v \in W_p^{k+1}(\Omega)$ 及 $\forall w \in P_k$ 有 $v - \Pi v = (I - \Pi)(v + w)$, 由引理 3.1 得

$$|v - \Pi v|_{m,q,\Omega} \le \|I - \Pi\| \inf_{w \in P_k} \|v + w\|_{k+1,p,\Omega}$$

$$\le C(\Omega)\|I - \Pi\||v|_{k+1,p,\Omega}. \qquad \square$$

下面介绍仿射等价开集 Ω 与 $\hat{\Omega}$ 之间的 Sobolev 空间范数关系. 回忆, 称 Ω 与 $\hat{\Omega}$ 为仿射等价, 是指存在可逆仿射变换 $F : \hat{x} \in \hat{\Omega} \to F(\hat{x}) = x = B\hat{x} + b \in \Omega$, $\Omega = F(\hat{\Omega})$ 且 B 是满秩矩阵.

引理 3.3. 设 $\Omega, \hat{\Omega}$ 是 $I\!R^n$ 中两个仿射等价开集, 则存在正常数 $C = C(m, n)$, 使 $\forall v \in W_p^m(\Omega)$ 有

$$|\hat{v}|_{m,p,\hat{\Omega}} \le C\|B\|^m |detB|^{-1/p}|v|_{m,p,\Omega}, \tag{3.3.12}$$

及

$$|v|_{m,p,\Omega} \le C\|B^{-1}\|^m |\det B|^{1/p}|\hat{v}|_{m,p,\Omega}, \tag{3.3.13}$$

这里 $\hat{v}(\hat{x}) = v(F\hat{x})$, $v(x) = \hat{v}(F^{-1}x)$.

证明. 使用 Frechet 方向导数, $D^\alpha v$ 可表示为 $m = |\alpha|$ 的线性齐式, 即

$$D^\alpha \hat{v}(\hat{x}) = D^m \hat{v}(\hat{x}) \cdot (e_{1a}, \cdots, e_{m\alpha}),$$

这里 $e_{i\alpha}$, $1 \le i \le m$ 是 $I\!R^n$ 的坐标向量, 故得到

$$|D^\alpha \hat{v}(\hat{x})| \le \|D^m \hat{v}(\hat{x})\| \overset{\triangle}{=} \sup_{\substack{\|\xi_i\| \le 1 \\ 1 \le i \le m}} |D^m \hat{v}(\hat{x}) \cdot (\xi_1, \cdots, \xi_m)|. \tag{3.3.14}$$

用复合函数微分规则, 知

$$D^m \hat{v}(\hat{x})(\xi_1, \cdots, \xi_m) = D^m v(x)(B\xi_1, \cdots, B\xi_m),$$

故

$$\|D^m \hat{v}(\hat{x})\| \le \|D^m v(x)\|\|B\|^m, \tag{3.3.15}$$

从而

$$\int_{\hat{\Omega}} \|D^m \, \hat{v}(\hat{x})\|^p d\hat{x} \leq \|B\|^{mp} \int_{\hat{\Omega}} \|D^m v(F(\hat{x}))\|^p d\hat{x}$$

$$= \|B\|^{mp} |\det B^{-1}| \int_{\Omega} \|D^m v(x)\|^p dx. \tag{3.3.16}$$

显然存在常数 $C(m,n)$ 使

$$\|D^m v(x)\| \leq C(m,n) \max_{|\alpha|=m} |D^\alpha v(x)|,$$

于是

$$\Big(\int_{\Omega} \|D^m v(x)\|^p dx \Big)^{1/p} \leq C(m,n)|v|_{m,p,\Omega}, \tag{3.3.17}$$

代入 (3.3.16) 得

$$|\hat{v}|_{m,p,\hat{\Omega}} \leq C(m,n)\|B\|^m |\det B^{-1}|^{1/p} |v|_{m,p,\Omega}.$$

同理可证 (3.3.13) 成立.　□

下面估计 $\|B\|$ 与 $\|B^{-1}\|$. 令 h 与 $\hat{h}$ 分别是 Ω 与 $\hat{\Omega}$ 的直径, ρ 与 $\hat{\rho}$ 分别是包含在 Ω 与 $\hat{\Omega}$ 中球的最大直径.

引理 3.4. 成立估计

$$\|B\| \leq \frac{h}{\hat{\rho}} \quad \text{和} \quad \|B^{-1}\| \leq \frac{\hat{h}}{\rho}. \tag{3.3.18}$$

证明. 按定义

$$\|B\| = \sup_{\|\xi\|=1} \|B\xi\| = \frac{1}{\hat{\rho}} \sup_{\|\xi\|=\hat{\rho}} \|B\xi\|, \tag{3.3.19}$$

依 $\hat{\rho}$ 的定义，$\|\xi\| = \hat{\rho}$ 意味存在 $\hat{y}, \hat{z} \in \bar{\hat{\Omega}}$ 使 $\xi = \hat{y} - \hat{z}$, 于是 $B\xi = B\hat{y} - B\hat{z} = F(\hat{y}) - F(\hat{z})$. 按 h 定义，应有

$$\|B\xi\| \leq \|F(\hat{y}) - F(\hat{z})\| \leq h,$$

代入 (3.3.19) 获 $\|B\| \leq \frac{h}{\hat{\rho}}$. 同理可证 $\|B^{-1}\| \leq \frac{\hat{h}}{\rho}$.　□

引理 3.5. 成立

$$|\det B| = \text{meas}\,(\Omega)/\text{meas}\,(\hat{\Omega}),$$
$$|\det B^{-1}| = \text{meas}\,(\hat{\Omega})/\text{meas}\,(\Omega). \tag{3.3.20}$$

证明. 因为 $|\det B|$ 恰是 $F : \hat{\Omega} \to \Omega$ 变换的 Jacobi 行列式，故

$$\text{meas}\,(\Omega) = \int_{\Omega} dx = \int_{\hat{\Omega}} |\det B|\, d\hat{x} = |\det B|\, \text{meas}\,(\hat{\Omega}).$$

最后证本节主要结果: Sobolev 空间的插值估计.

定理 3.2. 设 $(\hat{e}, \hat{P}, \hat{\Sigma})$ 是有限元，且

$$P_k(\hat{e}) \subset \hat{P} \subset W_q^m(\hat{e}), \tag{3.3.21}$$

$$W_p^{k+1}(\hat{e}) \hookrightarrow W_q^m(\hat{e}), \tag{3.3.22}$$

$$W_p^{k+1}(\hat{e}) \hookrightarrow C(\hat{e}), \tag{3.3.23}$$

必存在常数 $C(\hat{e}, \hat{p}, \hat{\Sigma})$ 使一切仿射等价有限元 (e, p, Σ) 和所有函数 $v \in W_p^{k+1}(e)$ 皆有

$$|v - \Pi_e v|_{m,q,e} \leq C(\hat{e}, \hat{P}, \hat{\Sigma}) (\text{meas}\,(e))^{\frac{1}{q} - \frac{1}{p}} \frac{h_e^{k+1}}{\rho_e^m} |v|_{k+1,p,e}, \tag{3.3.24}$$

这里 $\Pi_e v$ 是函数 v 在 P 上的内插函数.

证明. 包含关系 (3.3.21) 蕴含

$$\hat{\Pi} p = p, \quad \forall p \in P_k. \tag{3.3.25}$$

由插值的定义 (3.2.13), $\forall v \in W_p^{k+1}(\hat{e}) \hookrightarrow W(\hat{e})$,

$$\hat{\Pi}\hat{v} = \sum_{i=1}^{N} \hat{\varphi}_i(\hat{v})\hat{p}_i,$$

其中 $\hat{\varphi}_i(\hat{p}_j) = \delta_{ij}$, 推出

$$|\hat{\Pi}\hat{v}|_{m,q,\hat{e}} \leq \sum_{i=1}^{N} |\hat{\varphi}_i(\hat{v})| |\hat{p}_i|_{m,q,\hat{e}} \leq C(\hat{e}, \hat{p}, \hat{\Sigma}) \|v\|_{k+1,p,\hat{e}}. \tag{3.3.26}$$

应用引理 3.2 至 3.4, 得

$$|v - \Pi v|_{m,q,e} \leq C\|B^{-1}\|^m |\det B|^{-\frac{1}{q}} |\hat{v} - \hat{\Pi}\hat{v}|_{m,q,\hat{e}}$$

$$\leq C\|B^{-1}\|^m |\det B|^{-\frac{1}{q}} \|v\|_{k+1,p,\hat{e}}.$$

代入 (3.3.18) 与 (3.3.20), 证得 (3.3.24).　□

推论 1. 如果 $\mathcal{J}^h$ 是 Ω 的正规剖分，则 $\forall e \in \mathcal{J}^h$

$$|v - \Pi v|_{m,q,e} \leq C h_e^{\frac{n}{q} - \frac{n}{p}} h_e^{k+1-m} |v|_{K+1,p,e}, \tag{3.3.27}$$

这里 n 是空间维数.

推论 2. 如果 $\mathcal{J}^h$ 是 Ω 的拟一致剖分，$S^h(\Omega)$ 是相应的 k 次元空间，则

$$|v - \Pi v|_{m,q,\Omega} \leq C h^{k+1-m} h^{\frac{n}{q} - \frac{n}{p}} |v|_{k+1,p,\Omega}, \tag{3.3.28}$$

这里 Π 定义为在 $S^h(\Omega)$ 上的插值算子.

§4. 有限元反估计

一般当 $v \in W_p^{k+1}(\Omega) \hookrightarrow W_q^m(\Omega)$ 时总成立不等式：$\|v\|_{m,q} \leq C \|v\|_{k+1,p}$，但反过来则不能成立；但是如果 v 属试探函数空间，则成立反估计，它在有限元理论中颇为重要.

定理 4.1. 设 $S^h(\Omega)$ 是定义在拟一致剖分 $\mathcal{J}^h$ 下的试探函数空间，每个有限元 (e, P_e, Σ_e) 仿射等价于标准有限元 $(\hat{e}, \hat{p}, \hat{\Sigma})$，又设

$$l \leq m, \quad P_{l-1} \subset \hat{P} \subset W_r^l(\hat{e}) \cap W_m^q(\hat{e}), \tag{3.4.1}$$

这里 $1 \leq r, q \leq \infty$，则存在常数 $C = C(\sigma, \gamma, l, m)$，其中 σ, γ 分别由 (3.2.15), (3.2.16) 定义，使

$$\left(\sum_{e \in \mathcal{J}^h} |v|_{m,q,e}^q \right)^{1/q} \leq C h^{l-m-s} \left(\sum_{e \in \mathcal{J}^h} |v|_{l,r,e}^r \right)^{1/r},$$

$$s = \max\{0, \frac{n}{r} - \frac{n}{q}\}, \quad \forall v \in S^h(\Omega). \tag{3.4.2}$$

对于 $q = \infty$，规定 $\left(\sum_{e \in \mathcal{J}^h} |v|_{m,q,e}^q \right)^{1/q} = \max_{e \in \mathcal{J}^h}\{|v|_{m,\infty,e}\}.$

证明. 由引理 3.3 及剖分 $\mathcal{J}^h$ 的拟一致性假定获

$$|\hat{v}_e|_{l,r,\hat{e}} \leq C h_e^{l - \frac{n}{r}} |v|_{l,r,e},$$

$$|v|_{m,q,e} \leq C \rho_e^{-m+\frac{n}{q}} |\hat{v}_e|_{m,q,\hat{e}}, \tag{3.4.3}$$

这里 $\hat{v}_e(\hat{x}) = v(F_e \hat{x})$, $F_e : e \to \hat{e}$ 是仿射变换. 考虑 $\hat{P}$ 的子空间 $K = \{\hat{p} \in \hat{P} : |\hat{p}|_{l,r,\hat{e}} = 0\}$, 及商空间 $\hat{P}/K$, 对 $\forall \dot{p} \in \hat{P}/K$ 可以定义商范

$$\|\dot{p}\|_{l,r,\hat{e}} \overset{\triangle}{=} \inf_{z \in K} |p + z|_{l,r,\hat{e}}, \tag{3.4.4}$$

另方面在 $\hat{P}/K$ 上又能定义半范

$$|\dot{p}|_{m,q,\hat{e}} \overset{\triangle}{=} \inf_{z \in K} |p + z|_{m,q,\hat{e}}, \tag{3.4.5}$$

由于 $l \leq m$ 蕴含 $\forall p \in K$ 有 $|p|_{m,q,\hat{e}} = 0$, 这意味存在线性泛函 $\varphi_i, (i = 1, \cdots, m - l)$, 使 $\varphi_i(p) = 0$, $\forall p \in K$, 而

$$\|\dot{p}\|_{m,q,\hat{e}} = |\dot{p}|_{m,q,\hat{e}} + \sum_i |\varphi_i(p)| \tag{3.4.6}$$

是 $\hat{P}/K$ 上另一范. 但是有限维空间定义的范皆彼此等价, 这意味存在常数 $C = C(l, r, m, q)$ 使

$$|p|_{m,q,\hat{e}} = |\dot{p}|_{m,q,\hat{e}} \leq \|\dot{p}\|_{m,q,\hat{e}} \leq C\|\dot{p}\|_{l,r,\hat{e}}$$
$$= C\|p\|_{l,r,\hat{e}}, \qquad \forall p \in \hat{P}. \tag{3.4.7}$$

利用剖分 $\mathcal{J}^h$ 的拟一致性, 由 (3.4.3) 推出 $\forall e \in \mathcal{J}^h$,

$$|v|_{m,q,e} \leq Ch^{l-m+n/q-n/r}|v|_{l,r,e}, \tag{3.4.8}$$

如 $q = \infty$, 则应存在 $e_0 \in \mathcal{J}^h$ 使

$$\max_{e \in \mathcal{J}^h} |v|_{m,\infty,e} = |v|_{m,\infty,e_0} \leq Ch^{l-m-n/r}|v|_{l,r,e_0}$$
$$\leq Ch^{l-m-n/r}|v|_{l,r,\Omega}, \tag{3.4.9}$$

即 $q = \infty$ 时定理已获证明.

现在设 $q < \infty$, 由 (3.4.8) 迭加得

$$\left(\sum_{e \in \mathcal{J}^h} |v|_{m,q,e}^q\right)^{1/q} \leq Ch^{l-m+n/q-n/r}\left(\sum_{e \in \mathcal{J}^h} |v|_{l,r,e}^q\right)^{1/q}, \tag{3.4.10}$$

当 $r \leq q$ 时由 Jensen 不等式

$$\left(\sum_{e \in \mathcal{J}^h} |v|_{l,r,e}^q\right)^{1/q} \leq \left(\sum_{e \in \mathcal{J}^h} |v|_{l,r,e}^r\right)^{1/r}$$

获得定理证明. 当 $q < r < \infty$ 时, 用 Hölder 不等式

$$\Big(\sum_{e \in \mathcal{J}^h} |v|_{l,r,e}^q \Big)^{1/q} \leq \Big[\Big(\sum_{e \in \mathcal{J}^h} 1 \Big)^{1-q/r} \Big(\sum_{e \in \mathcal{J}^h} |v|_{l,r,e}^r \Big)^{q/r} \Big]^{1/q}$$

$$\leq C_h^{1/q-1/r} \Big(\sum_{e \in \mathcal{J}^h} |v|_{l,r,e}^r \Big)^{1/r}, \tag{3.4.11}$$

这里 $C_h = \operatorname{card}(\mathcal{J}^h)$ 即单元个数. 由剖分拟一致性, 显然 $C_h \leq Ch^{-n}$, 其中 C 为与 h 无关的常数, 代入 (3.4.11) 即获定理成立. 最后当 $r = \infty$ 时, 由

$$\Big(\sum_{e \in \mathcal{J}^h} |v|_{l,\infty,e}^q \Big)^{1/q} \leq C_h^{1/q} \max_{e \in \mathcal{J}^h} |v|_{l,\infty,e}$$

也获 (3.4.2) 成立. 证毕.　□

定理 4.2. 设 $v \in S_0^h(\Omega) \subset H_0^1(\Omega)$, $\Omega \subset I\!\!R^n$, 有界开集, 则存在常数 $C = C(\Omega)$ 使

$$\|v\|_{0,\infty,\Omega} \leq C |\ln h|^{\frac{n-1}{n}} |v|_{1,n,\Omega}, \quad \forall v \in S_0^h(\Omega). \tag{3.4.12}$$

证明. 首先, 由 Sobolev 嵌入定理及 (1.5.13), 易推出 $p > n$ 时 $L_p(\Omega) \hookrightarrow W_n^1(\Omega)$, 并存在与 p 无关的常数 C 使

$$\|v\|_{L_p(\Omega)} \leq C p^{\frac{n-1}{n}} \|v\|_{1,n,\Omega}, \quad \forall v \in S_0^h(\Omega). \tag{3.4.13}$$

其次, 若 $v \in S_0^h(\Omega)$ 由反估计

$$\|v\|_{L_\infty(\Omega)} \leq Ch^{-\frac{n}{p}} \|v\|_{L_p(\Omega)}, \tag{3.4.14}$$

于是

$$\|v\|_{L_\infty(\Omega)} \leq Ch^{-\frac{n}{p}} p^{\frac{n-1}{n}} \|v\|_{1,n,\Omega},$$

置 $p = |\ln h|$, 知 (3.4.12) 成立.　□

推论. 若 Ω 满足内部锥条件, 则 $\forall v \in S^h(\Omega)$,

$$\|v\|_{0,\infty,\Omega} \leq C \Big[\|v\|_{0,n,\Omega} + |\ln h|^{\frac{n-1}{n}} |v|_{1,n,\Omega} \Big]. \tag{3.4.15}$$

证明. 由 Sobolev 分解式 (1.6.15), $\forall v \in W_p^k(\Omega)$ 皆有

$$v = \Pi v + v_0, \quad \text{其中} \quad \Pi : v \to P_{k-1},$$

而 $v_0 \in M_p^k(\Omega)$, 注意 P_{k-1} 是有限维子空间, 而 Π 是投影算子即获证明. □

§ 5. 线性元近似解的 H^s 误差估计

考虑二阶椭圆型方程

$$\begin{cases} Lu = -\sum_{i,j} D_j(a_{ij}D_i u) + du = f, & (\Omega), \\ u = 0, & (\partial\Omega). \end{cases} \tag{3.5.1}$$

设相应双线性泛函是 V- 椭圆的, 并且存在 $1 < q_0 \le \infty$, 使映射 $L : W_q^2(\Omega) \cap \overset{\circ}{W}_q^1(\Omega) \to L_q(\Omega)$, $1 < q < q_0$ 是同胚, 即存在常数 $C(q)$ 使成立先验估计 (参见二章 § 6)

$$\|u\|_{2,q,\Omega} \le C(q)\|Lu\|_{0,q,\Omega}, \ \forall u \in W_q^2(\Omega) \cap \overset{\circ}{W}_q^1(\Omega), \tag{3.5.2}$$

且

$$C(q) \approx \begin{cases} Cq, & \text{当 } q \to \infty, \\ C\dfrac{1}{q-1}, & \text{当 } q \to 1. \end{cases} \tag{3.5.3}$$

以下假定 Ω 是平面有界开集, $\mathcal{J}^h$ 是拟一致剖分, $S_0^h \subset H_0^1(\Omega)$ 是线性元空间, $u^h \in S_0^h$ 适合

$$a(u - u^h, v) = 0, \quad \forall v \in S_0^h. \tag{3.5.4}$$

称 u^h 是 u 的线性元近似, 显然按能量内积意义, u^h 是 u 在 S_0^h 的投影, 记为

$$u^h = R_h u,$$

这里 $R_h : H_0^1(\Omega) \to S_0^h$ 称为 Ritz 投影.

以下要证明 $u - u^h$ 在各种意义下的误差估计. 首先证明误差的 $H^1(\Omega)$ 估计.

定理 5.1 (冯康). 设解 $u \in H^2(\Omega)$, 则

$$\|u - u^h\|_{1,\Omega} \le Ch\|u\|_{2,\Omega}, \tag{3.5.5}$$

这里 $\|\cdot\|_{k,\Omega}$ 表 $H^k(\Omega)$ 的范, C 表与 h, u 无关的常数.

证明. 由嵌入定理 $H^2(\Omega) \subset C(\bar{\Omega})$, 故 u 在 S_0^h 上的插值函数 u^I 有意义, 由 (3.1.11) 推出

$$\|u - u^h\|_{1,\Omega} \leq C\|u - u^I\|_{1,\Omega}$$

使用插值估计 (3.3.28) 知定理成立.   □

使用所谓 Nitsche 技巧, 能证明零模估计:

定理 5.2. (Aubin-Nitsche) 存在常数 $C > 0$, 使

$$\|u - u^h\|_{0,\Omega} \leq C\|u - u^h\|_{1,\Omega} \sup_{g \in L_2(\Omega)} \left[\inf_{v \in S_0^h} \|\varphi - v\|_{1,\Omega} \Big/ \|g\|_{0,\Omega} \right],$$
$$(3.5.6)$$

这里 $\varphi \in H_0^1(\Omega)$ 是变分问题

$$a(\varphi, v) = (g, v), \quad \forall v \in H_0^1(\Omega) \tag{3.5.7}$$

的唯一解.

证明. 显然

$$\|u - u^h\|_{0,\Omega} = \sup_{g \in L_2(\Omega)} \frac{|(u - u^h, g)|}{\|g\|_{0,\Omega}}. \tag{3.5.8}$$

现在于 (3.5.7) 中令 $v = u - u^h$, $\forall v \in S_0^h$ 有

$$|(g, u - u^h)| = |a(u - u^h, \varphi)| = |a(u - u^h, \varphi - v)|$$
$$\leq C\|u - u^h\|_{1,\Omega}\|\varphi - v\|_{1,\Omega}, \tag{3.5.9}$$

这里用到 (3.5.3). 由此得到

$$|(g, u - u^h)| \leq C\|u - u^h\|_{1,\Omega} \inf_{v \in S_0^h} \|\varphi - v\|,$$

代入 (3.5.8) 即获定理证明.   □

推论. 如 Ω 是凸多角形, 则

$$\|u - u^h\|_{0,\Omega} \leq Ch^2\|u\|_{2,\Omega}. \tag{3.5.10}$$

证明. 若 Ω 是凸多角形, 则由第二章定理 6.1 之推论, $\Delta : H^2(\Omega) \cap H_0^1(\Omega) \to L_2(\Omega)$ 是同胚映射, 故可知 $\varphi \in H^2(\Omega)$, 且成立

$$\inf_{v \in S_0^h} \|\varphi - v\|_{1,\Omega} \leq Ch\|\varphi\|_{2,\Omega} \leq Ch\|g\|_{0,\Omega}, \tag{3.5.11}$$

代入 (3.5.6) 即获证明.   □

从工程角度看，我们关心逐点误差估计，为此有以下定理.

定理 5.3. 设 Ω 是凸多角形且 $u \in H^2(\Omega)$, 则

$$\|u - u^h\|_{0,\infty,\Omega} \le Ch\|u\|_{2,\Omega}. \tag{3.5.12}$$

证明. 由

$$\|u - u^h\|_{0,\infty,\Omega} \le \|u^h - u^I\|_{0,\infty,\Omega} + \|u - u^I\|_{0,\infty,\Omega}, \tag{3.5.13}$$

应用定理 4.1 的反估计有

$$\|u^h - u^I\|_{0,\infty,\Omega} \le Ch^{-1}\|u^h - u^I\|_{0,\Omega}, \tag{3.5.14}$$

但由 (3.5.10),

$$\|u^h - u^I\|_{0,\Omega} \le \|u - u^h\|_{0,\Omega} + \|u - u^I\|_{0,\Omega}$$
$$\le Ch^2\|u\|_{2,\Omega}, \tag{3.5.15}$$

代入 (3.5.14) 得 $\|u^h - u^I\|_{0,\infty,\Omega} \le Ch\|u\|_{2,\Omega}$, 最后由插值误差估计 (3.3.28) 知,

$$\|u - u^I\|_{0,\infty,\Omega} \le Ch\|u\|_{2,\Omega},$$

代入 (3.5.13) 即获证明.   □

如果 Ω 是凹角域，最大内角 $\omega = \pi/\beta$, 其中 $\frac{1}{2} \le \beta < 1$, 则据 (2.6.8) 仅有 $u \in H^{1+\beta-\varepsilon}(\Omega)$, 其中 ε 是任意小的正数，则有限元近似估计应作如下修正.

定理 5.4. 设 Ω 是凹角域，最大内角为 π/β, $\frac{1}{2} \le \beta < 1$, 则对任意 $\varepsilon > 0$ 有常数 $C_\varepsilon > 0$ 存在使

$$\|u - u^h\|_{1,\Omega} \le C_\varepsilon h^{\beta-\varepsilon}\|u\|_{1+\beta-\varepsilon,\Omega}, \tag{3.5.16}$$

$$\|u - u^h\|_{0,\Omega} \le C_\varepsilon h^{2\beta-\varepsilon}\|u\|_{1+\beta-\varepsilon,\Omega}. \tag{3.5.17}$$

证明. 首先由 (3.3.28) 及第一章定理 10.2, 知在 $H_0^s(\Omega)$ 成立插值误差估计: $\forall v \in H^s(\Omega)$,

$$\|v - \Pi v\|_{1,\Omega} \le Ch^{s-1}\|v\|_{s,\Omega}, \quad 1 < s \le 2. \tag{3.5.18}$$

由此推出

$$\|u - u^h\|_{1,\Omega} \le C\|u - u^I\|_{1,\Omega} \le C_\varepsilon h^{\beta-\varepsilon}\|u\|_{1+\beta-\varepsilon,\Omega},$$

即 (3.5.16) 成立，至于 (3.5.17) 由定理 5.2 证出. □

定理 5.4 表明对凹角域，有限元精度大为降低，一个改进办法是引入奇异元，即把 (2.6.6) 一类函数纳入试探函数空间；另一办法是对角点污染附近特别加密，此时剖分不是拟一致的；还可采用无限元技术. 有兴趣读者可参看有关材料 [208].

如 Ω 是曲边凸域，$\Omega_h = \bigcup\limits_{e \in \mathcal{J}^h} e$ 是 Ω 内接多角形，则由 $S_0^h \subset H_0^1(\Omega_h) \subset H_0^1(\Omega)$, 这时恒等式 (3.5.1) 依然有

$$a_\Omega(u - u^h, v) = a_{\Omega_h}(u - u^h, v) = 0, \quad \forall v \in S_0^h. \tag{3.5.19}$$

这表明 $\|u - u^h\|_{1,\Omega} \leq C\|u - u^I\|_{1,\Omega}$ 仍成立. 故定理 5.1, 5.2 依然可以证明. 对一般的光滑域，只要 $\Omega_h \subset \Omega$, 结论同样成立.

以上结果也能推广到三维空间，但对定理 5.3, 由于逆估计仅能得到 $\|u - u^h\|_{0,\infty,\Omega} \leq Ch^{\frac{1}{2}}\|u\|_{2,\Omega}$.

前面阐述误差估计时，双线性泛函 $a(u, v)$ 的 V 椭圆性起关键作用，但是诚如第二章所述：二阶偏微分方程的一致椭圆型条件并不蕴含 V 椭圆性. 例如含有一阶项问题，得到的是 Gårding 不等式. 我们已在定理 1.2 中讨论了 Galerkin 收敛性，以下进一步阐明非强制问题的误差估计，首先由 Gårding 不等式，可以认为存在正数 ρ 与 γ 使

$$\rho\|u\|_V - \gamma\|u\|_H \leq \sup_{\substack{v \in V_h \\ \|v\|_V = 1}} |a(u, v)|. \tag{3.5.20}$$

又设存在正数序列 $\{\delta_h, h > 0\}$: 满足 $\delta_h \to 0$ 当 $h \to 0$, 且对每个 $e \in V$, 适合

$$a(e, v) = 0, \quad \forall v \in V_h,$$

皆有

$$\|e\|_H \leq \delta_h\|e\|_V. \tag{3.5.21}$$

定理 5.5. 设 (3.5.20) 及 (3.5.21) 成立，若对固定 u, u^h 满足方程

$$a(u - u^h, v) = 0, \quad \forall v \in V_h, \tag{3.5.22}$$

则必存在 $h_0 > 0$, 使 $h \leq h_0$ 时有常数 $C > 0$ 使

$$\|u - u^h\|_V \leq C \min_{v \in V_h} \|u - v\|_V, \tag{3.5.23}$$

$$\|u - u^h\|_H \le C\delta_h \min_{v \in V_h} \|u - v\|_V. \tag{3.5.24}$$

证明. 由 (3.5.22) 知

$$a(u^h - w, v) = a(u^h - u, v) + a(u - w, v) = a(u - w, v),$$
$$\forall v, w \in V_h,$$

应用 (3.5.20), 得

$$\rho\|u^h - w\|_V - \gamma\|u^h - w\|_H \le \sup_{\substack{v \in V_h \\ \|v\|_V = 1}} |a(u^h - w, v)|$$

$$= \sup_{\substack{v \in V_h \\ \|v\|_V = 1}} |a(u - w, v)| \le \beta\|u - w\|_V, \quad \forall w \in V_h.$$

令 $e = u - u^h$, 由 (3.5.21) 得到

$$(\rho - \gamma\delta_h)\|u - u^h\|_V \le \rho\|u - u^h\|_V - \gamma\|u - u^h\|_H$$

$$\le \rho\|u - w\|_V + \rho\|w - u^h\|_V - \gamma\|w - u^h\|_H$$

$$+ \gamma\|u - w\|_H \le (\rho + \beta + \gamma)\|u - w\|_V. \quad \forall w \in V_h, \tag{3.5.25}$$

这里用到估计 $\|u - w\|_H \le \|u - w\|_V$. 其次, 注意 $\delta_h \to 0$ 当 $h \to 0$, 于是可找到 $h_0 > 0$ 充分小, 使一切 $h < h_0$ 满足 $\delta_h \le \rho/(2\gamma)$, 代入 (3.5.25) 获

$$\|u - u^h\|_V \le C\|u - w\|_V, \quad \forall w \in V_h, \tag{3.5.26}$$

其中 $C = 2\rho^{-1}(\rho + \beta + \gamma)$, 故 (3.5.23) 获证. 至于估计式 (3.5.24) 显然可从 (3.5.21) 与 (3.5.23) 推出. □

§6. 线性元近似解的 L_p 与 L_∞ 误差估计

如果 $u \in H^2(\Omega)$, (3.5.9) 得到误差的 $L_\infty(\Omega)$ 估计是 $O(h)$ 阶, 这已经是不能改进的了. 但是如果解 u 更光滑, 如 $u \in W_\infty^2(\Omega)$, 则 Nitsche 证明

$$\|u - u^h\|_{0,\infty,\Omega} \le Ch^2 |\ln h| \|u\|_{2,\infty,\Omega} \tag{3.6.1}$$

成立. Nitsche 的证明比较复杂，需要引入权范技巧. 以下我们采用较新的证明方法. 首先证明以下的推广 Lax-Milgram 定理.

定理 6.1. 设 U, V 是两个自反 Banach 空间，$B(u, v)$ 是关于 U, V 的连续双线性泛函满足

1) $|B(u,v)| \leq M\|u\|_U\|v\|_V$, $M > 0$ 是常数， (3.6.2)

2) 存在 $\gamma > 0$ 使

$$\inf_{\substack{u \in U \\ \|u\|_U=1}} \sup_{\substack{v \in V \\ \|v\|_V=1}} |B(u,v)| \geq \gamma > 0,$$ (3.6.3)

3)

$$\sup_{u \in U} |B(u,v)| > 0, \quad \forall v \neq 0,$$ (3.6.4)

则对任意 $l \in V^*$, V^* 是 V 的共轭空间，皆有唯一的 $\hat{u} \in U$ 存在，使

$$B(\hat{u}, v) = l(v), \quad \forall v \in V.$$ (3.6.5)

证明. 令 $F_u(v) = B(u,v)$, 则条件 1) 表明，F_u 是 V 的连续线性泛函，且 $\|F_u\|_{V^*} \leq M$, 故必存在有界映射 $B: U \to V^*$ 使

$$\langle Bu, v \rangle = B(u,v), \quad \forall v \in V.$$ (3.6.6)

今证 B 是满射，事实上，条件 2) 蕴含

$$\|Bu\|_{V^*} = \sup_{\|v\|_V=1} |\langle Bu, v \rangle|$$
$$= \sup_{\|v\|_V=1} |B(u,v)| \geq \gamma\|u\|_U,$$ (3.6.7)

故 $\mathcal{R}(B)$ 是 V^* 的闭子空间，但 $\mathcal{R}(B)$ 还是 V^* 的稠密集，否则 $\mathcal{R}(B)$ 作为 V^* 的真子空间，由泛函分析知作为正则闭子空间必存在 $0 \neq \bar{v} \in V$ 使

$$\langle \bar{v}, v^* \rangle = 0, \quad \forall v^* \in \mathcal{R}(B),$$ (3.6.8)

特别

$$\langle Bu, \bar{v} \rangle = B(u, \bar{v}) = 0, \quad \forall u \in U,$$ (3.6.9)

这与条件 3) 矛盾. 这就证得 $\mathcal{R}(B) = V^*$, 故 B 是 U 到 V^* 的一对一映射，即 $B\hat{u} = l$ 有唯一解存在，使 (3.6.5) 被满足. 证毕.   □

由于 $\overset{\circ}{W}{}_p^1(\Omega)$, $1 < p < \infty$ 是自反 Banach 空间，今后把 $a(u,v)$ 看做 $\overset{\circ}{W}{}_p^1(\Omega) \otimes \overset{\circ}{W}{}_q^1(\Omega)$ 上的双线性泛函，其中 $\dfrac{1}{p} + \dfrac{1}{q} = 1$, 且 $p \geq 2$, 并且使定理 6.1 的条件满足. 易证对试探函数空间

$$S_0^h \subset \overset{\circ}{W}{}_p^1(\Omega), \quad 2 \leq p < \infty. \tag{3.6.10}$$

定理 6.1 保证对任意 $f \in W_q^{-1}(\Omega) \overset{\triangle}{=} (\overset{\circ}{W}{}_p^1(\Omega))^*$ 皆有解 $u^h \in S_0^h$, 使

$$a(u^h, v) = \langle f, v \rangle, \quad \forall v \in S_0^h. \tag{3.6.11}$$

按定理 6.1 存在一对一映射 $A_h : S_0^h \to S_0^h$ 使

$$\langle A_h u, v \rangle = a(u, v) = \langle u, A_h v \rangle, \quad \forall u, v \in S_0^h, \tag{3.6.12}$$

而 (3.6.7) 蕴含存在常数 $\gamma > 0$, 使 $u \in S_0^h$ 有

$$\|A_h u\|_{-1,q,\Omega} \geq \gamma \|u\|_{1,q,\Omega}. \tag{3.6.13}$$

引理 6.1. 对任意 $u \in \overset{\circ}{W}{}_p^1(\Omega)$, $2 < p < \infty$, 必存在与 u, p, h 无关的常数 C, 使

$$\|u^h - u^I\|_{1,p,\Omega} \leq C \|u\|_{1,p,\Omega}, \tag{3.6.10}$$

这里 $u^h = R_h u$ 是 u 的 Ritz 投影，$u^I = \Pi u$ 是 u 的插值函数.

证明. 由

$$\langle A_h(u^h - u^I), v \rangle = \langle u^h - u^I, A_h v \rangle = a(u^h - u^I, v)$$
$$= a(u - u^I, v), \quad \forall v \in S_0^h,$$

推出

$$|\langle u^h - u^I, A_h v \rangle| \leq C \|u - u^I\|_{1,p,\Omega} \|v\|_{1,q,\Omega}$$
$$\leq \frac{C}{\gamma} \|u\|_{1,p,\Omega} \|A_h v\|_{-1,q,\Omega}, \tag{3.6.11}$$

这里用到 (3.3.24) 与 (3.6.13). 由自反空间范的定义证得 (3.6.10) 成立. $\quad\square$

引理 6.2. 存在与 u, p, h 无关的常数 $C > 0$ 使 $\forall u \in \overset{\circ}{W}{}_p^1(\Omega)$, $2 \leq p < \infty$, 成立

$$\|u^h\|_{1,p,\Omega} \le C\|u\|_{1,p,\Omega}, \tag{3.6.12}$$

$$\|u - u^h\|_{1,p,\Omega} \le C \inf_{v \in S_0^h} \|u - v\|_{1,p,\Omega}. \tag{3.6.13}$$

证明. 由引理 6.1 及 (3.6.24) 有

$$\|u^h\|_{1,p,\Omega} \le \|u^h - u^I\|_{1,p,\Omega} + \|u^I\|_{1,p,\Omega},$$

知 (3.6.12) 成立. 这意味 $\|R_h u\|_{1,p,\Omega} \le C\|u\|_{1,p,\Omega}$. 而 $\forall v \in S_0^h$

$$\|u - u^h\|_{1,p,\Omega} = \|(I - R_h)(u - v)\|_{1,p,\Omega}$$
$$\le C\|u - v\|_{1,p,\Omega},$$

即得 (3.6.13) 成立.　□

定理 6.2. 存在与 u, p, h 无关的常数 C, 使

$$\|u - u^h\|_{0,p,\Omega} \le Cph \inf_{v \in S_0^h} \|u - v\|_{1,p,\Omega}. \tag{3.6.14}$$

此外，若 u 满足 (3.5.1)–(3.5.3) 且 $f \in L_p(\Omega)$, 则

$$\|u - u^h\|_{0,p,\Omega} + h\|u - u^h\|_{1,p,\Omega} \le Ch^2 p^2 \|f\|_{0,p,\Omega}. \tag{3.6.15}$$

证明. 任取 $g \in L_q(\Omega)$, 且构造 w 满足

$$Lw = g, \quad (\Omega); \quad w = 0, \quad (\partial\Omega), \tag{3.6.16}$$

则

$$\langle u - u^h, g \rangle = a(u - u^h, w) = a(u - u^h, w - w^I)$$
$$\le C\|u - u^h\|_{1,p}\|w - w^I\|_{1,q} \le Ch\|w\|_{2,q}\|u - u^h\|_{1,p}$$
$$\le C(q)h\|g\|_{0,q}\|u - u^h\|_{1,p},$$
$$\tag{3.6.17}$$

这里用到 (3.5.2). 由 (3.5.3)

$$C(q) \le C\frac{1}{q-1} = Cp(1 - \frac{1}{p}) \le Cp, \quad p \ge 2,$$

这就推出

$$\|u - u^h\|_{0,p} \le Chp\|u - u^h\|_{1,p}, \tag{3.6.18}$$

由 (3.6.13) 证出 (3.6.14) 成立.

其次若 u 满足 (3.5.1)–(3.5.3)，由 (3.6.14)

$$\|u - u^h\|_{0,p} \le Chp\|u - u^I\|_{1,p} \le Ch^2 p\|u\|_{2,p} \le Ch^2 p^2\|f\|_{0,2}$$

知 (3.6.15) 成立. □

定理 6.3 (有限元 L_∞ 估计).

$$\|u - u^h\|_{1,\infty} \le Ch\|u\|_{2,\infty}, \tag{3.6.19}$$

$$\|u - u^h\|_{0,\infty} \le Ch^2|\ln h|\|u\|_{2,\infty}, \tag{3.6.20}$$

$$\|u - u^h\|_{0,\infty} \le Ch^2|\ln h|^2\|f\|_{0,\infty}. \tag{3.6.21}$$

证明. (3.6.19) 由 (3.6.13) 中令 $p \to \infty$ 即获证明. 为了证 (3.6.20)，首先由反估计与 (3.6.14) 有

$$\|u^I - u^h\|_{0,\infty} \le Ch^{-\frac{2}{p}}\|u^I - u^h\|_{0,p} \le Cph^{-\frac{2}{p}}h^2\|u\|_{2,p} \tag{3.6.22}$$

置 $p = |\ln h|$，得到

$$\|u^I - u^h\|_{0,\infty} \le C|\ln h|h^2\|u\|_{2,\infty}, \tag{3.6.23}$$

再由插值估计，即得

$$\|u - u^h\|_{0,\infty} \le \|u - u^I\|_{0,\infty} + \|u^I - u^h\|_{0,\infty}$$

$$\le Ch^2|\ln h|\|u\|_{2,\infty},$$

证得 (3.6.20) 成立. 最后，由 (3.6.15)

$$\|u^I - u^h\|_{0,\infty} \le Ch^{-\frac{2}{p}}\|u^I - u^h\|_{0,p}$$

$$\le Ch^{-\frac{2}{p}}(\|u - u^I\|_{0,p} + \|u - u^h\|_{0,p})$$

$$\le Ch^{-\frac{2}{p}}(h^2\|u\|_{2,p} + h^2 p^2\|f\|_{0,p})$$

$$\le Ch^{-\frac{2}{p}}(h^2 p\|f\|_{0,p} + h^2 p^2\|f\|_{0,p}). \tag{3.6.24}$$

在 (3.6.24) 中令 $p = |\ln h|$，证得 (3.6.21) 成立. □

定理 6.2 有关 L_∞ 的估计是在二维线性元情形得到的，用更精密的方法能证明当维数大于 2 的情形，对数因子可以取消. 然而对平面线性元有反例表明 (3.6.20) 已不能改进，除非剖分是分片一致.

§7. 等参变换与高次元

前述线性元精度是 $O(h^2)$, 欲提高精度可以使用高次元. 由于插值估计 (3.3.28), 我们期望 k 次元的 $H^1(\Omega)$ 估计是 $\|u-u^h\|_{1,\Omega} \leq Ch^k\|u\|_{k+1,\Omega}$. 如果 Ω 是多边形, 而且 $u \in H^{k+1}(\Omega) \cap H_0^1(\Omega)$, 这由 (3.1.11) 知事实确是如此. 但是我们知道, 即使是凸多边形我们也仅有把握 $u \in H^2(\Omega)$, 所以在对解的光滑性缺少了解情形选用高次元, 至少在角点附近能否取得高阶精度是可怀疑的. 对于光滑域, 由第二章理论知道: 只要系数与数据光滑, 解的光滑性有保证. 但是对于直边三角剖分, 我们实际是用边长为 $O(h)$ 多边形 Ω_h 逼近光滑域 Ω. 这时由于 $u^h \equiv 0, (\Omega \setminus \Omega_h)$, 故

$$\|u-u^h\|_{1,\Omega} \leq \|u-u^h\|_{1,\Omega_h} + \|u\|_{1,\Omega\setminus\Omega_h}, \qquad (3.7.1)$$

由于 $\mathrm{meas}(\Omega \setminus \Omega_h) = O(h^2)$, 故 (3.7.1) 右端后一项依然带来 $O(h^2)$ 阶误差. 这种分析告诉我们, 除非在边界附近用曲边元, 否则高次元能否取得高精度也是可怀疑的.

对于自然边界 Neumann 问题, 曲边元的应用没有本质困难, 因为仅要求试探函数 $S^h \subset H^1(\Omega)$, 但是 Dirichlet 问题, 要求试探函数 $S_0^h \subset H_0^1(\Omega)$, 对于高次元在曲边边界上构造就困难了. 为了克服曲边域的困难可以使用等参变换技术.

定义 7.1. 如果 $(\hat{e}, \hat{P}, \hat{\Sigma})$ 是参考 Lagrange 有限元, 若有限元族 (e, P, Σ), $e \in \mathcal{J}^h$ 的每一个, 皆有映射 $F_e \in (\hat{P})^n$, n 是维数, 使

1) $F_e : \hat{e} \to e$ 是一对一映射,

2) $a_i = F_e(\hat{a}_i)$, a_i, $\hat{a}_i$ 分别是 e 与 $\hat{e}$ 的 Lagrange 插值基点, $1 \leq i \leq N$.

3) $P = \{p : e \to I\!\!R; p = \hat{p} \circ F_e^{-1}, \hat{p} \in \hat{P}\}$,

则称 (e, P, Σ) 为等参元.

等参意义在于 F_e 的每个分量皆是试探函数, 对于高次元这意味允许单元 e 由同次代数曲边构成. 且

$$F_e : \hat{x} \in \hat{e} \to F_e(\hat{x}) = \sum_{i=1}^{N} \hat{p}_i(\hat{x}) a_i \qquad (3.7.2)$$

这里 $\{\hat{p}_i\}$ 构成 $\hat{P}$ 的基, (3.7.2) 唯一确定了 F_e.

等参的好处是允许曲边元存在, 使得边界曲线得到良好逼近. 例如考虑二次元 (参见 §3 例3), e 的曲边是通过顶点 a_i, a_j 及

中间点 a_{ij} 三点的抛物线，由于等参变换 $a_i = F_e(\hat{a}_i)$, $a_j = F_e(\hat{a}_j)$ 及 $a_{ij} = F_e((\hat{a}_i + \hat{a}_j)/2)$, 可证明：此抛物线的主切方向是平行于 $a_{ij} - (a_i + a_j)/2$ 的向量.

由于任意凸四边形皆可以通过双线性函数把矩形映为此四边形，因此可以用凸四边形单元取代三角形单元，所有积分计算皆可以化到参考元上计算. 当然，所有这一切都需要验证由 (3.7.2) 定义的 F_e 是同胚映射. 众所周知这个事实等价于验证 Jacobi 行列式恒不为零. 可以证明对于凸四边形，这一条件被满足.

§8. 混合有限元方法

8.1. 边值问题的混合形式

混合有限元方法是当前有限元素法中的活跃领域，在弹塑性力学、流体力学、电磁学及油藏数值模拟等工程问题中获得广泛应用. 混合元术语最早来自弹性理论的 Hellinger-Reissner 原理，按照该原理，位移与应力同时作为未知量出现在混合形式中；在流体力学中，稳态 Stokes 问题，或 Navier-Stokes 问题本身就是以混合形式出现；混合形式还来自把一个高阶问题，如双调和方程，用低阶组代替时产生. 混合元经常与杂交元混淆，后者似乎专指用 Lagrange 乘子把原问题转化为鞍点变分问题. 但无论混合元还是杂交元最终都是以混合形式出现，故往后我们不细加区别.

首先叙述抽象的混合形式. 设 X 和 M 是两个实 Hilbert 空间，其内积分别以 $(\cdot,\cdot)_X$ 和 $(\cdot,\cdot)_M$ 表示，其范分别以 $\|\cdot\|_X$ 和 $\|\cdot\|_M$ 表示. 又设 X^* 和 M^* 是 X 和 M 的对偶空间，按通常意义可以定义相应的范 $\|\cdot\|_{X^*}$ 和 $\|\cdot\|_{M^*}$. 令 $a(\cdot,\cdot)$ 是定义在 $X \times X$ 上的连续双线性泛函，$b(\cdot,\cdot)$ 是定义在 $X \times M$ 上的连续双线性泛函. 考虑抽象变分问题 (P_1): 求 $\{u,\varphi\} \in X \times M$, 满足

$$(\mathrm{P}_1): \begin{cases} a(u,v) + b(v,\varphi) = <f,v>, & \forall v \in X, \\ b(u,\psi) = <g,\psi>, & \forall \psi \in M, \end{cases} \tag{3.8.1}$$

这里 $f \in X^*$, $g \in M^*$.

问题 (P_1) 包含一大类带约束的边值问题.

例 8.1. 二阶椭圆型方程

$$\begin{cases} \operatorname{div}(a(x)\operatorname{grad} u) = f, & (\Omega \subset I\!R^n), \\ u = g, & (\partial\Omega). \end{cases} \tag{3.8.2}$$

它有等价弱形式：求 $u \in H_g^1(\Omega) \triangleq \{v \in H^1(\Omega) : v|_{\partial\Omega} = g\}$ 使

$$\int_\Omega a(x)\operatorname{grad} u \cdot \operatorname{grad} v dx = -\int_\Omega fv dx, \quad \forall v \in H_0^1(\Omega).$$

为了导出混合形式，我们令向量函数

$$\boldsymbol{p} = a(x)\operatorname{grad} u, \quad (\Omega), \tag{3.8.3}$$

则有

$$\operatorname{div}\boldsymbol{p} = f. \tag{3.8.4}$$

相应的混合形式为求 $u \in H_g^1(\Omega)$ 和 $\boldsymbol{p} \in (L_2(\Omega))^n$，使

$$\begin{cases} \displaystyle\int_\Omega (a(x))^{-1}\boldsymbol{p}.\boldsymbol{q}dx - \int_\Omega \boldsymbol{q}.\operatorname{grad} u dx = 0, & \forall \boldsymbol{q} \in (L_2(\Omega))^n, \\ \displaystyle -\int_\Omega \boldsymbol{p} \cdot \operatorname{grad} v dx = \int_\Omega fv dx, & \forall v \in H_0^1(\Omega). \end{cases} \tag{3.8.5}$$

为了与问题 (P_1) 一致，我们定义空间

$$H(\operatorname{div};\Omega) \triangleq \{\boldsymbol{q} : \boldsymbol{q} \in (L_2(\Omega))^n, \operatorname{div}\boldsymbol{q} \in L_2(\Omega)\}, \tag{3.8.6}$$

则 (3.8.5) 现在成为：求 $u \in L_2(\Omega)$ 及 $\boldsymbol{p} \in H(\operatorname{div};\Omega)$ 适合

$$\begin{cases} \displaystyle\int_\Omega (a(x))^{-1}\boldsymbol{p}.\boldsymbol{q}dx + \int_\Omega u\operatorname{div}\boldsymbol{q} = \int_{\partial\Omega} g\boldsymbol{q}.\boldsymbol{\nu}ds, \\ \displaystyle\int_\Omega v\operatorname{div}\boldsymbol{p}dx = \int_\Omega fv dx, \end{cases} \tag{3.8.7}$$

这里 $\boldsymbol{\nu}$ 是法向量，$\boldsymbol{p}$ 被作为 "辅助" 未知量纳入形式 (3.8.7) 中，虽然增加了变元个数，但是从物理意义说 $\boldsymbol{p}$ 是有意义的（代表应力），(3.8.7) 可以提供对 $\boldsymbol{p}$ 的更好计算格式.

例 8.2. 不可压缩流体的 Stokes 方程

$$\begin{cases} -\Delta\boldsymbol{u} + \operatorname{grad} p = \boldsymbol{f}, & (\Omega \subset I\!R^n), \tag{3.8.8a} \\ \operatorname{div}\boldsymbol{u} = 0, & (\Omega), \tag{3.8.8b} \\ \boldsymbol{u} = 0, & (\partial\Omega), \tag{3.8.8c} \end{cases}$$

这里 u 是速度向量函数, p 是压力, 把 (3.8.8) 转化为 (P_1) 型问题是自然的. 求 $u \in (H_0^1(\Omega))^n$ 及 $p \in L_2(\Omega)$ 满足

$$\begin{cases} \displaystyle\int_\Omega \operatorname{grad} u.\operatorname{grad} v dx - \int_\Omega p \operatorname{div} v dx = \int_\Omega f \cdot v dx, \\ \qquad\qquad\qquad\qquad \forall v \in (H_0^1(\Omega))^n, \qquad (3.8.9) \\ \displaystyle\int_\Omega q \operatorname{div} u dx = 0, \ \forall q \in L_2(\Omega). \end{cases}$$

这里 $\operatorname{grad} u.\operatorname{grad} v = \displaystyle\sum_{i,j=1}^n (D_i u_j)(D_i v_j)$, 而 $u = (u_1, \cdots, u_n)$.

例 8.3. 弹性力学问题. 按第二章 §8 所述, 弹性力学方程由应变与位移关系 (2.8.1), 胡克定律 (2.8.2) 及平衡方程 (2.8.6) 支配. 设边界条件为

$$u = 0, \quad (\partial\Omega). \qquad (3.8.10)$$

为了导出混合形式. 首先注意由于对称原因, 应变 ε_{ij} 仅有 6 个独立分量, 可以视为 9 维空间的子空间, 故可定义

$$H(\operatorname{div};\Omega) = \{ \tau \in (L_2(\Omega))^9 : \tau_{ij} = \tau_{ji}, \ 1 \le i,j \le 3,$$
$$\operatorname{div} \tau \in (L_2(\Omega))^3 \}.$$

弹性问题转化为: 求 $u \in (L_2(\Omega))^3$, $\tau \in H(\operatorname{div};\Omega)$ 使

$$\begin{cases} \displaystyle\int_\Omega (E\tau) \cdot \sigma dx + \int_\Omega u \operatorname{div} \sigma dx = 0, \quad \forall \sigma \in H(\operatorname{div};\Omega), \\ \displaystyle\int_\Omega v \cdot \operatorname{div} \tau dx = -\int_\Omega K \cdot v dx, \quad \forall v \in (L^2(\Omega))^3, \end{cases} \qquad (3.8.11)$$

这里 E 是 C 的逆, 而矩阵 C 由胡克定律 (2.8.2) 定义. 而 τ, σ 视为 $[\tau_{ij}]$ 与 $[\sigma_{ij}]$ 的拉直向量.

例 8.4. 双调和边值问题

$$\begin{cases} \Delta^2\varphi = f, \quad (\Omega), & (3.8.12a) \\ \varphi = \dfrac{\partial\varphi}{\partial\nu} = 0, \quad (\partial\Omega), & (3.8.12b) \end{cases}$$

有种种方法把 (3.8.12) 化为低阶方程组, 例如 Ciarlet-Raviart 方

法：令 $u = -\Delta\varphi$, 而 (3.8.12) 等价于

$$
\begin{cases}
-\Delta u = f, & (\Omega), & (3.8.13a) \\
u + \Delta\varphi = 0, & (\Omega), & (3.8.13b) \\
\varphi = \dfrac{\partial\varphi}{\partial\nu} = 0, & (\partial\Omega). & (3.8.13c)
\end{cases}
$$

至于混合形式，最简单的是：求 $\{u, \varphi\} \in H^1(\Omega) \times H_0^1(\Omega)$ 使

$$
\begin{cases}
\displaystyle\int_\Omega uv\,dx - \int_\Omega \operatorname{grad} u.\operatorname{grad}\varphi\,dx = 0, & \forall v \in H^1(\Omega), & (3.8.14a) \\
\displaystyle\int_\Omega \operatorname{grad} u.\operatorname{grad}\psi\,dx = \int_\Omega f\psi\,dx, & \forall\psi \in H_0^1(\Omega). & (3.8.14b)
\end{cases}
$$

8.2. 抽象形式下混合元描述

我们先从抽象问题阐述混合元. 回到抽象问题 (P_1), 由于 $a(\cdot,\cdot)$ 及 $b(\cdot,\cdot)$ 是连续双线性泛函，故必存在有界算子 $A : X \to X^*$ 与有界算子 $B : X \to M^*$ 使

$$a(u, v) = <Au, v>, \quad \forall u, v \in X, \tag{3.8.15}$$

$$b(v, \varphi) = <Bv, \varphi>, \quad \forall v \in X, \quad \varphi \in M. \tag{3.8.16}$$

于是 (P_1) 等价于问题：求 $\{u, \varphi\} \in X \times M$ 适合

$$
(P_2): \quad
\begin{cases}
Au + B^*\varphi = f \in X^*, \\
Bu = g \in M^*.
\end{cases}
\tag{3.8.17}
$$

定义线性集 $V(g) \overset{\triangle}{=} \{v \in X : Bv = g \in M^*\}$, 由于 B 连续，知 $V(g)$ 是闭集，特别定义 $V \overset{\triangle}{=} V(0) = \operatorname{Ker} B$, 它是 X 的闭子空间. 现在构造与 (P_2) 对应的问题：求 $u \in V(g)$, 使

$$
(P_3): \quad a(u, v) = \langle f, v\rangle, \quad \forall v \in V. \tag{3.8.18}
$$

显然，若 $\{u, \varphi\} \in X \times M$ 是 (P_2) 的解，则 $u \in V(g)$ 并适合 (P_3), 但反过来不一定成立. 为了揭示 (P_2) 与 (P_3) 的关系，我们先证明下列引理.

引理 8.1. 以下三条件等价：

a) 存在常数 $\beta > 0$, 使

$$
\inf_{\psi\in M} \sup_{v\in X} \frac{b(v, \psi)}{\|v\|_X \|\psi\|_M} \geq \beta; \tag{3.8.19}
$$

b) B^* 是映 M 到 $V_0 \overset{\triangle}{=} \{g \in X^* : <g, v> = 0, \quad \forall v \in V\}$ 的同构映射, 且

$$\|B^*\psi\|_{X^*} \geq \beta\|\psi\|_M, \quad \forall \psi \in M; \tag{3.8.20}$$

c) B 是映 V 的正交补空间 $V^\perp$ 到 M^* 的同构映射, 且

$$\|Bv\|_{M^*} \geq \beta\|v\|_X, \quad \forall v \in V^\perp. \tag{3.8.21}$$

证明. 先证 a)$\Longleftrightarrow$b). 首先由 (3.8.16) 知 (3.8.20) 等价于

$$\sup_{\substack{v \in X \\ v \neq 0}} \frac{\langle B^*\psi, v \rangle}{\|v\|_X} \geq \beta\|\psi\|_M, \tag{3.8.22}$$

按对偶空间范定义, (3.8.19) 与 (3.8.20) 等价. 今证 $\mathcal{R}(B^*) = V_0$, 事实上 (3.8.20) 已蕴含 $\mathcal{R}(B^*)$ 是闭集, 而 $B^* : M \to \mathcal{R}(B^*)$ 是同构映射. 因 $V = \operatorname{Ker} B$, 显然由直和分解知 $V_0 = \mathcal{R}(B^*)$.

其次证 b)$\Longleftrightarrow$c). 由 (3.8.20) 知

$$\|B\| = \|B^*\| \geq \beta. \tag{3.8.23}$$

对 $\forall v \in X$ 作正交分解 $v = v_1 + v_2, v_1 \in V, v_2 \in V^\perp$, 由 (3.8.23) 有

$$\beta \leq \|B\| = \sup_{\substack{v \in X \\ v \neq 0}} \frac{\|Bv\|_{M^*}}{\|v\|_X} \leq \sup_{v_2 \neq 0} \frac{\|Bv_2\|_{M^*}}{\|v_2\|_X}, \tag{3.8.24}$$

即 (3.8.21) 成立. 同样若 (3.8.21) 成立, 则蕴含了 (3.8.24) 成立, 于是 $\beta \leq \|B\| = \|B^*\|$ 推出 (3.8.21) 成立. 证毕. $\square$

条件 (3.8.19) 称为 " inf-sup " 条件, 在混合元中起关键性作用.

定理 8.1. 设存在常数 $\alpha > 0$ 满足

$$a(v, v) \geq \alpha\|v\|_X^2, \quad \forall v \in V \tag{3.8.25}$$

及双线性形式 $b(\cdot, \cdot)$ 满足 " inf-sup " 条件 (3.8.19), 则问题 (P_3) 有唯一解 $u \in V(g)$, 且有唯一的 $\varphi \in M$, 使 $\{u, \varphi\}$ 是 (P_1) 的唯一解. 此外, $\{u, \varphi\}$ 连续依赖于右端 $\{f, g\} \in X^* \times M^*$.

证明. 由引理 8.1 知 (3.8.21) 成立, 于是存在 $u_0 \in V^\perp$ 满足

$$Bu_0 = g, \quad 且 \quad \|u_0\|_X \leq \frac{1}{\beta}\|g\|_{M^*}, \tag{3.8.26}$$

而问题 (P_3) 等价于求 $w = u - u_0 \in V$, 使

$$a(w, v) = <f, v> - a(u_0, v), \quad \forall v \in V. \tag{3.8.27}$$

既然 $a(\cdot,\cdot)$ 是 V 椭圆的，由 Lax-Milgram 定理知 (P_3) 有唯一解 $u \in V(g)$ 存在，且按 (3.8.26) 有

$$\|u\|_X \leq C(\|f\|_{X^*} + \|g\|_{M^*}), \qquad (3.8.28)$$

这里 C 是仅与 α, β 及 $\|A\|$ 有关的常数.

注意 (3.8.27) 蕴含 $f - Au \in V_0$，由 (3.8.20) 知，有唯一的 $\varphi \in M$，使 $B^*\varphi = f - Au$，且

$$\|\varphi\|_M \leq \frac{1}{\beta}\|f - Au\|_{X^*} \leq C_1(\|f\|_{X^*} + \|g\|_{M^*}), \qquad (3.8.29)$$

如此构造的 $\{u, \varphi\}$ 便是 (P_1) 唯一解，它与右端的连续依赖由 (3.8.28) 与 (3.8.29) 保证.   □

为了求 (P_1) 的 Galerkin 近似，首先构造空间 X 和 M 的有限维近似子空间族 $\{X_h\}$ 与 $\{M_h\}$，而近似问题 (P_h) 为：求 $\{u^h, \varphi^h\}$ 满足

$$(P_h): \quad \begin{cases} a(u^h, v^h) + b(v^h, \varphi^h) = <f, v^h>, \quad \forall v^h \in X_h, \\ b(u^h, \psi^h) = <g, \psi^h>, \quad \forall \psi^h \in M_h. \end{cases}$$
$$\qquad (3.8.30)$$

在叙述相关的收敛性前，对 $\forall g \in X^*$ 定义

$$\begin{cases} V_h(g) \overset{\triangle}{=} \{v^h \in X_h : b(v^h, \psi^h) = <g, \psi^h>, \ \forall \psi^h \in M_h\}, \\ V_h \overset{\triangle}{=} V_h(0) = \{v^h \in X_h : b(v^h, \psi^h) = 0, \ \forall \psi^h \in M_h\}. \end{cases}$$
$$\qquad (3.8.31)$$

注意一般 $V_h(g) \not\subset V(g)$，因 M_h 真包含于 M，因此 (P_h) 仅是 (P_1) 的非协调逼近.

定理 8.2 (Brezzi-Babuska). 假设 a) 存在常数 $\tilde{\alpha} > 0$，使

$$a(v^h, v^h) \geq \tilde{\alpha}\|v^h\|_X^2, \quad \forall v^h \in V_h. \qquad (3.8.32)$$

b) 存在常数 $\tilde{\beta} > 0$，使以下 BB (Brezzi-Babuska) 条件成立

$$\inf_{\psi^h \in M_h} \sup_{v^h \in X_h} \frac{b(v^h, \psi^h)}{\|v^h\|_X \|\psi_h\|_M} \geq \tilde{\beta}, \qquad (3.8.33)$$

则问题 (P_h) 有唯一解 $u^h \in V_h(g)$ 及唯一 $\varphi^h \in M_h$，使 $\{u^h, \varphi^h\}$ 是

(P$_h$) 的唯一解, 此外成立误差估计

$$\|u - u^h\|_X + \|\varphi - \varphi^h\|_M$$
$$\leq C_2 \Big\{ \inf_{v^h \in X_h} \|u - v^h\|_X + \inf_{\psi^h \in M_h} \|\varphi - \psi^h\|_M \Big\}, \qquad (3.8.34)$$

这里 C_2 是仅与 $\tilde{\alpha}$, $\tilde{\beta}$ 和连续双线性形式 $a(\cdot, \cdot)$, $b(\cdot, \cdot)$ 相关的常数.

证明. 由定理 8.1, 条件 a), b) 蕴含 (P$_h$) 有唯一解 $\{u^h, \varphi^h\}$ 存在, 且

$$\|u^h\|_X + \|\varphi^h\|_M \leq C(\|f\|_{X^*} + \|g\|_{M^*}), \qquad (3.8.35)$$

其中 C 是与 h 无关的常数. 但 $\{u, \varphi\}$ 满足

$$\begin{cases} a(u, v^h) + b(v^h, \varphi) = <f, v^h>, \quad \forall v^h \in X_h, \\ b(u, \psi^h) = <g, \psi^h>, \quad \forall \psi^h \in M_h, \end{cases} \qquad (3.8.36)$$

比较 (3.8.30) 得, 对 $\forall \bar{v} \in X_h$, $\bar{\psi} \in M_h$ 满足

$$\begin{cases} a(u^h - \bar{v}, v^h) + b(v^h, \varphi^h - \bar{\psi}) = a(u - \bar{v}, v^h) \\ \qquad + b(v^h, \varphi - \bar{\psi}), \forall v^h \in X_h, \\ b(u^h - \bar{v}, \psi^h) = b(u - \bar{v}, \psi^h), \forall \psi^h \in M_h. \end{cases} \qquad (3.8.37)$$

视 $\{u^h - \bar{v}, \varphi^h - \bar{\psi}\}$ 为 (P$_h$) 型问题的解, 则 (3.8.35) 给出

$$\|u^h - \bar{v}\|_X + \|\varphi^h - \bar{\psi}\|_M \leq C(\|A(u - \bar{v})\|_{X^*}$$
$$+ \|B^*(\varphi - \bar{\psi})\|_{X^*} + \|B(u - \bar{v})\|_{M^*})$$
$$\leq C\{(\|A\| + \|B\|)\|u - \bar{v}\|_X + \|B\|\|\varphi - \bar{\psi}\|_M\}, \qquad (3.8.38)$$

但

$$\|u - u^h\|_X + \|\varphi - \varphi^h\|_M \leq \|u - \bar{v}\|_X + \|\varphi - \bar{\psi}\|_M$$
$$+ \|u^h - \bar{v}\|_X + \|\varphi^h - \bar{\psi}\|_M, \qquad (3.8.39)$$

代 (3.8.38) 到 (3.8.39) 并关于 $\bar{v} \in X_h$ 及 $\bar{\psi} \in M_h$ 取下确界知 (3.8.34) 成立. □

如果有 Hilbert 空间 H, 使 $X \subset H = H^* \subset X^*$, 应用 Aubin-Nitsche 对偶技巧, 可得 H 范意义下的高阶估计.

验证条件 (3.8.33) 显然是很困难的. 为此给出易于检验的充分性引理.

引理 8.2. 设"inf-sup"条件 (3.8.19) 成立，又存在投影（不一定是正投影）算子 $E_h : X \to X_h$ 使

$$b(v - E_h v, \varphi) = 0, \quad \forall \varphi \in M_h, \tag{3.8.40}$$

则 (3.8.33) 成立.

证明. 由 (3.8.40) 得出 $E_h v$ 成为方程

$$b(E_h v, \varphi) = b(v, \varphi), \quad \forall \varphi \in M_h$$

的解，于是 (3.8.33) 为 (3.8.19) 的直接推论. □

8.3. 二阶椭圆型方程的混合有限元法

下面讨论上述各例中混合有限元收敛与误差估计，关键是如何构造逼近空间 X_h 与 M_h，保证 BB 条件 (3.8.33) 成立.

首先考查例 1，为简单起见设 Ω 是平面有界开集，$\mathcal{J}^h$ 是其上拟一致剖分. 令

$$V = H(\mathrm{div}; \Omega)$$

是 (3.8.6) 定义的函数空间，赋予范

$$\|v\|_V = \|v\|_{0,\Omega} + \|\mathrm{div} v\|_{0,\Omega}, \quad \forall v \in V. \tag{3.8.41}$$

有各种方法构造逼近空间，我们介绍 Brezzi 等较新的方法 [48]. 构造 $V^h \times W^h \subset V \times L_2(\Omega)$，其中

$$V^h = V_k^h \triangleq \{v \in V : v|_e \in P_k, \forall e \in \mathcal{J}^h\}. \tag{3.8.42}$$

定义 (3.8.42) 意味 $v \in V^h$ 当且仅当 $v \cdot n$ 跨过边界连续，这里 n 是 ∂e 的内边法向向量. 定义

$$W^h = W_{k-1}^h \triangleq \{w : w|_e \in P_{k-1}, \forall e \in \mathcal{J}^h\}. \tag{3.8.43}$$

以上皆设 $k \geq 1$，P_k 表示 k 次多项式的集合. 显然 $W^h \subset L_\infty(\Omega) \subset L_2(\Omega)$. 以下用 $L_2(e)$ 表 $L_2(e) \times L_2(e)$.

为了证明收敛性，我们需要定义投影算子：$\Pi_h : V \to V^h$ 与 $P_h : L_2(\Omega) \to W^h$. 其中 P_h 就定义为映入 W^h 的 $L_2(\Omega)$ 正投影. 为了定义 Π_h，首先局部定义 $\Pi(e) = \Pi_h|_e, \forall e \in \mathcal{J}^h$，令 $e_i, i = 1, 2, 3$ 表三角形单元 e 的三边. 令 $B_{k+1}(e) = \{p \in P_{k+1}(e) : p|_{\partial e} = 0\}$，显然 $B_{k+1}(e) = \lambda_1 \lambda_2 \lambda_3 P_{k-1}(e)$，这里 λ_i 是 e 的重心坐标，按 (3.2.4)

定义. 投影算子 $\Pi(e)$ 按以下方式确定，其中 n_i 表 e_i 的单位法向向量.

$$((v - \Pi(e)v) \cdot n_i, Z)_{e_i} = 0, \quad \forall Z \in P_k(e), \ i = 1, 2, 3, \qquad (3.8.44a)$$

$$(v - \Pi(e)v, \operatorname{grad} w)_e = 0, \quad \forall w \in P_{k-1}(e), \qquad (3.8.44b)$$

$$(v - \Pi(e)v, \operatorname{rot} b)_e = 0, \quad \forall b \in B_{k+1}(e). \qquad (3.8.44c)$$

以下引理证明：(3.8.44) 唯一定义了 $\Pi(e)$.

引理 8.3. $\Pi(e)v$ 由 (3.8.44) 唯一确定. 此外，如定义 $\Pi_h v|_e = \Pi(e)v, \forall v \in V$, 则 $\Pi_h : V \to V^h$ 且有关系

$$\operatorname{div}\Pi_h = P_h \operatorname{div}. \qquad (3.8.45)$$

并且，对 $1 \le r \le k+1$ 有估计：存在与 h 无关常数 C, 使

$$\|v - \Pi_h v\|_{0,\Omega} \le C \Big(\sum_{e \in \mathcal{J}^h} \|v\|_{r,e}^2 h_e^{2r} \Big)^{\frac{1}{2}}, \quad \forall v \in V. \qquad (3.8.46)$$

证明. 投影性与唯一性，皆等价于证明：如果 $v \in P_k(e)$, 且以 u 代 $v - \Pi(e)v$ 于 (3.8.44) 中，推出 $u = 0$.

按 (3.8.44a) 知 $u \cdot n = 0$, 在 ∂e 上. 其次，由 $\operatorname{div} u \in P_{k-1}$, 故据 (3.8.44b) 知，在 $L_2(e)$ 内积意义下有

$$(\operatorname{div} u, \operatorname{div} u) = -(u, \operatorname{grad} \operatorname{div} u)_e + (u \cdot n, \operatorname{div} u)_{\partial e} = 0, \qquad (3.8.47)$$

故 e 上恒有 $\operatorname{div} u = 0$. 借助一个 $L_2(\Omega)$ 著名的直交分解定理 (参见 [211])：

$$L_2(\Omega) = G(\Omega) \oplus \overset{\circ}{J}(\Omega), \qquad (3.8.48)$$

其中 $G(\Omega)$ 由函数 $\operatorname{grad} \varphi, \varphi \in H^1(\Omega)$ 构成. $\overset{\circ}{J}(\Omega)$ 则是 $C_0^\infty(\Omega)$ 的向量函数旋度集合在 $L_2(\Omega)$ 的闭包，表示存在 $b \in P_{k+1}(\Omega)$ 使 $u = \operatorname{rot} b$, 而直接验证 $\frac{\partial b}{\partial t} \cdot t = u \cdot n = 0$, t 为单位场向量，故 b 为常向量，当 $x \in \partial e$. 不妨认为 $b|_{\partial e} = 0$, 这蕴含 $b \in B_{k+1}(e)$, 最后由 (3.8.44c) 得到

$$\|u\|_{0,e}^2 = (u, \operatorname{rot} b)_e = 0,$$

故 $u = 0$, 证得 Π_h 是投影算子.

但 (3.8.44a) 与 (3.8.44b) 蕴含

$$(\mathrm{div}(v - \Pi_h v), w) = 0, \quad \forall w \in W_{k-1}^h = W^h. \tag{3.8.49}$$

鉴于 $\mathrm{div}: V^h \to W^h$, 及 P_h 是映入 W^h 的正投影. 易由 (3.8.49) 得到

$$(\mathrm{div}\,v, w - P_h w) = 0, \quad \forall v \in V^h. \tag{3.8.50}$$

这已证得 (3.8.45) 成立. 至于 (3.8.46) 则不难由 (3.8.44), 拟一致性及 Bramble-Hilbert 引理得到.   □

依据引理 8.2, 引理 8.3 蕴含条件 (3.8.33). 于是由误差估计 (3.8.34) 获

$$\|u - u^h\|_{L_2(\Omega)} + \|q - q^h\|_V$$
$$\leq C\{\|u - u^I\|_{L_2(\Omega)} + \|q - \Pi_h q\|_V\}. \tag{3.8.51}$$

这里 u^I 是 u 的插值, 应用 Sobolev 插值估计与估计式 (3.8.46) 得到阶的估计.

文 [48] 还在负范意义下导出更好的估计. 王军平还使用林群、吕涛等的有限元外推技术, 得到渐近展开与 L_∞ 范估计.

8.4. Stokes 方程的混合有限元方法

考虑例 2 中论述的 Stokes 方程 (3.8.8) 及其混合形式 (3.8.9). 我们仍假定 Ω 是平面多角形, $\mathcal{J}^h$ 是拟一致剖分. 混合元的关键仍然是如何合理选择有限维子空间

$$X^h \subset (H_0^1(\Omega))^2 \ \& \ M^h \subset L_2^0(\Omega) \triangleq \Big\{ p \in L_2(\Omega) : \int_\Omega p dx = 0 \Big\}. \tag{3.8.52}$$

使 (3.8.33) 被满足, 验证这个事实是非常困难的. 已经证明: 若 X^h 是协调二次元空间, M^h 是分片常数空间, 则 (3.8.33) 得到满足. 显然, 这样的空间对 u 计算有高阶精度, 但是对压力 p 计算仅有 $O(h)$ 阶精度. 值得注意的是若 X^h 是协调一次元空间, M^h 是分片常元空间, 则 BB 条件 (3.8.33) 不满足. 补救办法是使用非协调元, 例如取由三角形三边中点插值得到的分片线性元空间, 这时 $X^h \not\subset (H_0^1(\Omega))^2$, 但能使 BB 条件满足, 故是可用的. 总之, BB 条件能否满足与 X^h, M^h 的自由度关系紧密. 非协调线性元的自由度高于协调线性元是它能适用的主要因素, 当然能否具体应用还需要严格证明.

我们考虑一个特例[99]，设 Ω 存在矩形剖分 $\mathcal{J}^h$，即 $\forall e \in \mathcal{J}^h$ 构造矩形单元

$$\begin{cases} X^h = \{v \in (H_0^1(\Omega))^2 : v|_e \in Q_2(e),\ \forall e \in \mathcal{J}^h\}, \\ M^h = \{q \in L_2(\Omega) : q|_e \in Q_0(e),\ \forall e \in \mathcal{J}^h\}. \end{cases} \quad (3.8.53)$$

这里 Q_k 表 e 上双 k 次函数集合. 今证如此定义下的逼近空间满足 BB 条件 (3.8.33). 首先注意对任意 $q \in M^h$，皆存在 $v \in (H_0^1(\Omega))^2$，使

$$\mathrm{div}\, v = q \quad (3.8.54a)$$

和

$$\|v\|_1 \leq C\|q\|_0, \quad (3.8.54b)$$

其中 C 为常数. 这显然蕴含

$$\sup_{v \in (H_0^1(\Omega))^2} \frac{(q, \mathrm{div}\, v)}{\|v\|_1} \geq C\|q\|_0, \quad \forall q \in M^h. \quad (3.8.55)$$

现在对固定的 $q \in M^h$，令 v 由 (3.8.54) 确定，而 v^h 为 v 按以下方式的插值函数，$v^h \in X^h$ 且

$$\begin{cases} v^h(p) = \bar{v}(p), \quad \text{当 } p \text{ 是 } e \text{ 的角点}, \quad \forall e \in \mathcal{J}^h, \\ \displaystyle\int_{e_i} v^h ds = \int_{e_i} v ds, \quad \forall e \in \mathcal{J}^h,\ i = 1,2,3, \\ \displaystyle\int_e v^h dx = \int_e v dx, \quad \forall e \in \mathcal{J}^h. \end{cases} \quad (3.8.56)$$

这里 $\bar{v} \in X^h$，满足 $(\nabla(v - \bar{v}),\ \nabla w) = 0,\ \forall w \in X^h$. 由内插算子性质知 $\|v^h\|_1 \leq C\|v\|_1$. 由于 q 是分片常数，获

$$\|q\|_0^2 = (q, \mathrm{div}\, v) = \sum_e \int_e q\, \mathrm{div}\, v\, dx$$

$$= \sum_e \int_{\partial e} q v \cdot n\, ds = \sum_e \int_{\partial e} q v^h \cdot n\, ds$$

$$= \sum_e \int_e q\, \mathrm{div}\, v^h dx = (q, \mathrm{div}\, v^h), \quad \forall q \in M^h. \quad (3.8.57)$$

但是我们已证得

$$\|v^h\|_1 \leq C\|v\|_1 \leq C\|q\|_0,$$

于是 $\|q\|_0 = \dfrac{(q, \operatorname{div} v^h)}{\|q\|_0} \leq C \dfrac{(q, \operatorname{div} v^h)}{\|v^h\|_1}$. 这蕴含条件 (3.8.33) 被满足.

8.5. 网相关范与双调和方程的混合有限元

虽然例 4 中已把双调和方程表达为混合形式 (3.8.14), 但是实际应用仍很困难. 例如如此定义的双线性形 $a(\cdot, \cdot)$ 就不满足 (3.8.25). 存在有多种方式克服此困难: 其一, 修改抽象定理 8.1 和 8.2 使之有更广泛应用范围, 有关这些定理可以参见 [113]; 其二, 选用网相关范和网相关空间. 这里介绍 Babuska 等的工作 [15].

设 Ω 是平面凸多角形, $\mathcal{J}^h$ 是 Ω 的拟一致剖分. 令 $\Gamma_h = \underset{e \in \mathcal{J}^h}{\cup} \partial e$, 定义

$$H_h^2 \triangleq \{u \in H^1(\Omega) : u|_e \in H^2(e), \quad \forall e \in \mathcal{J}^h\} \tag{3.8.58}$$

和相立的范

$$\|u\|_{2,h}^2 = \sum_{e \in \mathcal{J}^h} \|u\|_{2,e}^2 + h^{-1} \int_{\Gamma_h} \left| J \frac{\partial u}{\partial \nu} \right|^2 ds, \tag{3.8.59}$$

这里

$$J \frac{\partial u}{\partial \nu}\Big|_{e'} = \frac{\partial u}{\partial \nu^1} + \frac{\partial u}{\partial \nu^2}, \quad e' = \partial e^1 \cap \partial e^2,$$

e^1 和 e^2 是相邻两单元, ν^j 是在 e' 上关于 e^j 的外法向, $j = 1, 2$. 在 $H^1(\Omega)$ 上我们定义新范

$$\|u\|_{0,h}^2 = \int_\Omega |u|^2 dx + h \int_{\Gamma_h} |u|^2 ds. \tag{3.8.60}$$

用 H_h^0 表按 (3.8.60) 意义范的完备空间. (3.8.60) 已蕴含: H_h^0 有直和分解 $H_h^0 = L_2(\Omega) \oplus L_2(\Gamma_h)$. 令

$$S^h = \{v \in C(\bar\Omega) : v|_e \in P_k, \ \forall e \in \mathcal{J}^h\}$$

是片断 k 次元空间. 以下引理皆可类似于 §3 与 §4 的方法证明, 详细可参看 [15].

引理 8.4. 存在常数 C 使

$$\|u\|_{\cdot,h} \leq C\|u\|_{0,\Omega}, \quad \forall u \in S^h, \tag{3.8.61}$$

$$\|u\|_{2,h} \le Ch^{-1}\|\overset{\bullet}{u}\|_{1,\Omega}, \quad \forall u \in P_k, \tag{3.8.62}$$

$$\inf_{v \in S^h} \|u - v\|_{0,h} \le Ch^l|u|_{l,\Omega}, \ \forall u \in H^r(\Omega),$$

$$r \ge 1, \ 1 \le l \le \min(r, k+1), \tag{3.8.63}$$

$$\inf_{v \in S_0^h} \|u - v\|_{2,h} \le Ch^{l-2}|u|_{l,\Omega}, \ \forall u \in H^r(\Omega) \cap H_0^1(\Omega),$$

$$r \ge 2, \ 2 \le l \le \min(r, k+1), \tag{3.8.64}$$

在网相关范意义下，对 (3.8.13) 重新考虑混合形式：求 (u, φ) $\in H_h^0 \times (H_h^2 \cap H_0^1(\Omega))$ 满足

$$\int_\Omega uvdx + \sum_{e \in \mathcal{J}^h} \int_e v\Delta\varphi dx - \int_{\Gamma_h} v\left(J\frac{\partial\varphi}{\partial\nu}\right)ds = 0,$$

$$\forall v \in H_h^0, \tag{3.8.65a}$$

$$\sum_{e \in \mathcal{J}^h} \int_e u\Delta\psi dx - \int_{\Gamma_h} u\left(J\frac{\partial\psi}{\partial\nu}\right)ds = -\int_\Omega f\psi dx,$$

$$\forall\psi \in H_h^2 \cap H_0^1(\Omega). \tag{3.8.65b}$$

利用 Ω 是有界凸集的假定，可以证明问题 (3.8.12), 若 $f \in H^{-1}(\Omega)$ 必有 $\varphi \in H^3(\Omega) \cap H_0^2(\Omega)$ 且

$$\|\varphi\|_{3,\Omega} \le C\|f\|_{-1,\Omega}. \tag{3.8.66}$$

容易通过分部积分验证：若 φ 是 (3.8.12) 的解，则 $(-\Delta\varphi, \varphi)$ 满足混合形式 (3.8.65); 反之，若 (u, φ) 是 (3.8.65) 的解，那么 φ 必是 (3.8.12) 的解，且 $u = -\Delta\varphi$.

把 (3.8.65) 归结到抽象形式，只要令 $X = H_h^0$，则

$$a_h(u, v) = \int_\Omega uvdx, \quad \forall u, v \in X, \tag{3.8.67}$$

而 $M = H_h^2 \cap H_0^1(\Omega)$，与

$$b_h(u, \psi) = \sum_e \int_e u\Delta\psi dx - \int_{\Gamma_h} u\left(J\frac{\partial\psi}{\partial\nu}\right)ds, \tag{3.8.68}$$

即可导出.

第四章 网格方程的预处理迭代方法

　　偏微分方程通过离散化方法（有限元法或有限差分法）最终被归结于解代数方程．一般说这类方程的系数矩阵都具有大型、稀疏、病态等特点．预处理迭代法正是针对网格方程的上述特点在最近廿年大发展的解方程技术，也是理解区域分解算法的必须准备．本章介绍的迭代法，尽可能在选材上采用较新的结果．

§1. 扰动理论与条件数

　　考虑线性方程组

$$Ax = b. \qquad (4.1.1)$$

A 是 n 阶方阵，b 是 n 维列向量．如果方程组 (4.1.1) 是由连续问题通过离散化方法得来，通常 (4.1.1) 是与剖分相关的方程，称为网格方程．在有限元文献中，经常被称为刚度方程．

　　显然，离散方程 (4.1.1) 的数据 A 和 b 由于受到数值积分，边界处理，实验观测误差及计算舍入误差影响．计算结果 $y = x + \delta x$ 是一个被扰动方程

$$(A + \delta A)y = b + \delta b \qquad (4.1.2)$$

的解，其中 $\delta x, \delta A, \delta b$ 分别是扰动项．考虑扰动后的误差，由 (4.1.1) 与 (4.1.2) 得到

$$\delta x = -(A + \delta A)^{-1}(\delta A x - \delta b),$$

而相对误差定义为

$$\frac{\|x - y\|}{\|x\|} = \frac{\|\delta x\|}{\|x\|} \leq \|(A + \delta A)^{-1}\| \left(\|\delta A\| + \|A\| \frac{\|\delta b\|}{\|b\|} \right), \qquad (4.1.3)$$

这里 $\|x\|$ 与 $\|A\|$ 分别是向量和矩阵的欧氏范.

引理 1.1 (Banach 扰动引理). 设 A 是 n 阶非奇矩阵,扰动矩阵 δA 满足 $\|A^{-1}\|\|\delta A\| < 1$,则 $A + \delta A$ 非奇,且

$$\|(A + \delta A)^{-1}\| \leq \frac{\|A^{-1}\|}{1 - \|A^{-1}\|\|\delta A\|}. \tag{4.1.4}$$

这个引理容易由展开级数及其收敛性证明. 将其代入 (4.1.3) 得到

$$\frac{\|\delta x\|}{\|x\|} \leq \frac{\|A^{-1}\|\|A\|}{1 - \|A^{-1}\|\|\delta A\|}\left\{\frac{\|\delta A\|}{\|A\|} + \frac{\|\delta b\|}{\|b\|}\right\}. \tag{4.1.5}$$

(4.1.5) 表明 $\|A^{-1}\|\|A\|$ 这个数,在计算中扮演重要角色,故有必要予以定义.

定义 1.1. 设 A 是 n 阶矩阵,则

$$\kappa(A) = \begin{cases} \|A\|\|A^{-1}\|, & \text{若 } A \text{ 非奇}, \\ +\infty, & \text{若 } A \text{ 是奇的}, \end{cases} \tag{4.1.6}$$

称为 A 的条件数.

如果 A 是对称正定矩阵(有限元刚度矩阵经常如此),则条件数 $\kappa(A)$ 由本征值决定.

推论. 设 A 是对称正定矩阵,λ_1 和 λ_n 分别是 A 的最小与最大本征值,则

$$\kappa(A) = \lambda_n/\lambda_1. \tag{4.1.7}$$

这是由于 A 的对称正定性蕴含:$\|A\| = \lambda_n$ 及 $\|A^{-1}\| = 1/\lambda_1$. 对于有限元刚度矩阵而言,对连续问题收敛这个事实已经蕴含存在与网参数无关的正数 C_0,使 $\lambda_1 \geq C_0 > 0$,$\lambda_n = O(h^{-2})$. 故二阶问题的有限元矩阵的条件数是 $O(h^{-2})$.

回到 (4.1.5),由于 $\|A^{-1}\|\|\delta A\| = \kappa(A)(\|\delta A\|/\|A\|) = \alpha < 1$,及展开式

$$1/(1 - \alpha) = 1 + \alpha + \alpha^2 + \cdots \approx 1,$$

得出结论:解 x 的相对误差等于 A 的相对误差加 b 的相对误差的 $\kappa(A)$ 倍. 因此条件数愈大,矩阵 A 就愈病态. 对于精细剖分导出的有限元方程,我们面临不仅有来自未知数增多,还有来自条件数增大(从而使计算难于精确)两方面的烦恼.

§2. 简单迭代

假定方程组 (4.1.1) 是对称正定问题，本征值集合属区间 $[\alpha, \beta]$，且 $\alpha > 0$. 解 (4.1.1) 的简单迭代法是：给定初始 x^0 后，迭代过程为

$$x^{j+1} = x^j - \tau(Ax^j - b), \tag{4.2.1}$$

这里 τ 是实参数. 我们需要研究如何选取 τ 使迭代过程收敛于解 x. 为此令 $e^j = x^j - x$ 表示误差. 我们得到误差向量的传播规律是

$$e^{j+1} = T_\tau e^j, \tag{4.2.2}$$

其中 $T_\tau = I - \tau A$. 于是推出：为了 e^j 收敛于零的必要和充分条件是

$$\rho(T_\tau) = \max_i |1 - \tau\lambda_i| < 1, \tag{4.2.3}$$

$\rho(T_\tau)$ 称为 T_τ 的谱半径. (4.2.3) 推出：只要选择 τ 满足

$$0 < \tau < \min_i \frac{2}{\lambda_i} \le \frac{2}{\beta},$$

(4.2.3) 必成立，迭代 (4.2.1) 必收敛.

考虑收敛速度. 由于

$$\|e^j\| \le \|T_\tau^j\| \|e^0\|, \tag{4.2.4}$$

但是 T_τ 是对称的，故又有

$$\|T_\tau^j\| = (\rho(T_\tau))^j, \tag{4.2.5}$$

就是说为了使 $\|T_\tau^j\| \le \varepsilon$，最少迭代步数 N 应是

$$N = \left[\frac{\ln \varepsilon}{\ln \rho(T_\tau)}\right] + 1, \tag{4.2.6}$$

这里方括号 $[a]$ 表示 a 的整数部份. (4.2.3) 表明收敛速度取决于如何选 τ 使 $\rho(T_\tau)$ 尽可能小. 若已知 α, β，此问题可转化为如何选择 τ 使函数

$$q(\tau) = \max\{|1 - \tau\alpha|, |1 - \tau\beta|\}$$

达到极小. 简单分析看出，此最优参数 $\hat{\tau}$ 由方程：$1 - \hat{\tau}\alpha = -(1 - \hat{\tau}\beta)$ 确定. 这就是说最优参数为

$$\hat{\tau} = \frac{2}{\alpha + \beta}, \tag{4.2.7}$$

而 $q(\hat{\tau}) = \dfrac{\beta - \alpha}{\beta + \alpha} = \dfrac{p-1}{p+1} \approx 1 - \dfrac{2}{p}$, 这里

$$p = \beta/\alpha \approx \kappa(A). \tag{4.2.8}$$

定义 2.1. 称 $R(T_\tau) = -\ln\rho(T_\tau)$ 为 (4.2.1) 的收敛速度.

由于 $q(\hat{\tau}) \approx \rho(T_\tau)$, 故 (4.2.8) 表明 $\kappa(A) >> 1$ 时,

$$R(T_{\hat{\tau}}) \approx 2/\kappa(A).$$

用 w_0 表迭代一次所需的算术操作, 则由 (4.2.6) 得到在最优参数 $\hat{\tau}$ 选择下, 使误差小于 $\varepsilon\|e^0\|$ 所需的最少工作量是

$$w \approx w_0|\ln\varepsilon|\frac{\kappa(A)}{2}, \tag{4.2.7}$$

即与条件数成正比.

§3. 一般迭代法的 Samarskii 定理

解方程 (4.1.1) 的几乎所有的两层迭代格式, 都归结于典型形式

$$B\frac{x^{k+1} - x^k}{\tau_{k+1}} + Ax^k = b, \quad k = 0, 1, \cdots, \tag{4.3.1}$$

其中初始向量 $x^0 \in \mathbb{R}^n$, B 称为预处理迭代矩阵. 显然, 为了使迭代 (4.3.1) 简单有效, B 的选择应当满足条件

1) 方程 $By = f$ 极易求解,
2) 条件数 $\kappa(B^{-1}A)$ 较之 $\kappa(A)$ 大为减小.

这里允许实参数 τ_k 每步取不同值, 称为非稳态迭代; 反之, 如 $\tau_k \equiv \tau$, 则称为稳态迭代. 例如迭代 (4.2.1) 是稳态迭代, 并且是一般形式 (4.3.1) 的特殊情形: 当 $B = I$, $\tau_k \equiv \tau$.

熟知的迭代法, 如 Gauss-Seidel 迭代, 逐步超松弛迭代 SOR, 皆可视为 (4.3.1) 的特例. 为此设 A 有三角分裂

$$A = D + L + U, \tag{4.3.2}$$

其中 D 是 A 的对角部份, L 是 A 的下三角部份, U 是上三角部份. Gauss-Seidel 迭代相当于选择: $B = D + L$, $\tau \equiv 1$; SOR 迭代相当于选择: $B = D + \omega L$, $\tau_k \equiv \omega$, $o < \omega < 2$. 讨论它们的收敛性曾经是颇费事的, 但是 Samarskii[198] 给出以下定理, 使不同方法的收敛性分析在统一的框架下得到处理. 为此引入

记号：　H 表示 n 维列向量在普通内积 $(x,y) \triangleq x^T y$ 意义下的空间，如 A 是对称正定矩阵，记 $A > 0$ 并且 H_A 表示向量在内积 $(A\cdot, \cdot)$ 意义下的空间.

定理 3.1. 假定方程 (4.1.1) 的矩阵 A 是对称正定的，那末若要二层迭代过程

$$B\frac{x^{k+1} - x^k}{\tau} + Ax^k = b, \quad k = 0, 1, \cdots, x^0 \in H \qquad (4.3.3)$$

在 H_A 意义下收敛，只要 $B - \frac{1}{2}\tau A$ 在 H 意义下正定，即条件

$$B - \frac{1}{2}\tau A > 0 \qquad (4.3.4)$$

被满足.

证明．令 $z^k = x^k - x$ 表示误差，显然有

$$B\frac{z^{k+1} - z^k}{\tau} + Az^k = 0, \quad k = 0, 1, \cdots, \qquad (4.3.5)$$

应用恒等式

$$z^k = \frac{1}{2}(z^{k+1} + z^k) - \frac{\tau}{2}\left(\frac{z^{k+1} - z^k}{\tau}\right),$$

代入 (4.3.5) 得

$$\left(B - \frac{\tau}{2}A\right)\frac{z^{k+1} - z^k}{\tau} + \frac{1}{2}A(z^{k+1} + z^k) = 0. \qquad (4.3.6)$$

用向量 $2(z^{k+1} - z^k)$ 与 (4.3.6) 的两端取内积，得到

$$2\tau\left\langle\left(B - \frac{\tau}{2}A\right)\frac{z^{k+1} - z^k}{\tau}, \frac{z^{k+1} - z^k}{\tau}\right\rangle + \|z^{k+1}\|_A^2 - \|z^k\|_A^2 = 0, \qquad (4.3.7)$$

这里 $\|z^k\|_A^2 = (Az^k, z^k)$，应用条件 $B - \frac{\tau}{2}A > 0$，推出

$$\|z^{k+1}\|_A^2 \leq \|z^k\|_A^2,$$

即序列 $\{\|z^k\|_A\}$ 是单调非增有界序列，故有极限．于是在 (4.3.7) 式中令 $k \to \infty$，得

$$\lim_{k \to \infty}\left\langle\left(B - \frac{\tau}{2}A\right)\frac{z^{k+1} - z^k}{\tau}, \frac{z^{k+1} - z^k}{\tau}\right\rangle = 0,$$

但是由假设 $B - \frac{\tau}{2}A > 0$，这蕴含

$$\|z^{k+1} - z^k\| \to 0, \quad 当 \quad k \to \infty, \qquad (4.3.8)$$

由 (4.3.5) 我们有

$$A^{\frac{1}{2}} z^k = -A^{-\frac{1}{2}} B(z^{k+1} - z^k)/\tau,$$

再用 (4.3.8) 推出

$$\|z^k\|_A^2 \le \|A^{-1}\| \|B\|^2 \|z^{k+1} - z^k\|^2/\tau^2 \to 0. \quad \square$$

作为应用，我们先给出 Gauss-Seidel 迭代的收敛性判定准则.

定理 3.2. 如果 A 对称正定，那末 Gauss-Seidel 迭代在 H_A 意义下收敛.

证明. 因 Gauss-Seidel 迭代相当于取 $B = D + L, \tau = 1$. 故由定理 3.1 只须证明 $D + L - \frac{1}{2} A > 0$. 为此，由 A 的对称性 $A = A^*$ 知 $U = L^*$, 故

$$\left\langle \left(D + L - \frac{1}{2} A\right) x, x \right\rangle = 0.5 \left\langle (D + L - U) x, x \right\rangle$$
$$= 0.5 \langle Dx, x \rangle, \quad \forall x \in H, \qquad (4.3.9)$$

但 D 作为正定矩阵的对角部份，必有 $D > 0$. 这样 (4.3.9) 推出

$$D + L - \frac{1}{2} A > 0.$$

对于块 Gauss-Seidel 迭代证明也是同样的. $\square$

定理 3.2 表明正定性蕴含 Gauss-Seidel 迭代的收敛性，至于收敛速度，可以证明只要 A 是严格对角占优，收敛就是几何的.

§ 4. 逐步超松弛迭代

为了加速 Gauss-Seidel 迭代，我们引进松弛因子 $\omega > 0$, 考虑迭代: $y^0 \in H$,

$$(D + \omega L) \frac{y^{k+1} - y^k}{\omega} + A y^k = b, \quad k = 0, 1, \cdots, \qquad (4.4.1)$$

当 $\omega = 1$, (4.4.1) 恰是 Gauss-Seidel 迭代，或满松弛迭代；对于 $\omega > 1$ 称 (4.4.1) 为逐步超松弛迭代；对于 $\omega < 1$ 称为逐步低松弛迭代.

首先证明收敛性.

定理 4.1. 如果 A 对称正定, 且 $0 < \omega < 2$, 则松弛法 (4.4.1) 在 H_A 意义下收敛.

证明. 由定理 3.1, 知收敛性归结于证明

$$D + \omega L > 0.5\omega A, \quad 当 \quad 0 < \omega < 2 \qquad (4.4.2)$$

被满足. 为此注意 A 的对称正定性蕴含 $D > 0$, $U = L^*$, 故直接计算得到

$$\begin{aligned}
\langle (D + \omega L)x, x \rangle &= (1 - 0.5\omega)\langle Dx, x \rangle + 0.5\omega\langle (D + 2L)x, x \rangle \\
&= (1 - 0.5\omega)\langle Dx, x \rangle + 0.5\omega\langle Ax, x \rangle.
\end{aligned} \qquad (4.4.3)$$

这就证明了 (4.4.2) 成立.   □

迭代 (4.4.1) 的收敛速度, 取决于传播矩阵 $S = I - \omega(D + \omega L)^{-1}A$ 的谱半径 $\rho(S)$. 我们需要研究如下重要问题: 寻求 ω 使 $\rho(S)$ 最小. 为此, 先给出 "性质 A" 的定义.

定义 4.1. 称矩阵 A 具有 "性质 A", 如果存在交换矩阵 P 使

$$PAP^{-1} = \begin{bmatrix} D_1 & H \\ R & D_2 \end{bmatrix}, \qquad (4.4.4)$$

其中 D_1 与 D_2 是两个对角阵.

容易验证以下引理成立.

引理 4.1. 如果 A 具有 "性质 A", 则对任何复数 $z \neq 0$, 广义本征值问题

$$\left(zL + \frac{1}{z}U\right)x - \mu Dx = 0 \qquad (4.4.5)$$

的任何本征值 μ 皆与 z 无关 [198].

引理 4.2. 设 A 对称正定, 并有 "性质 A", 则本征值问题

$$Ax - \lambda Dx = 0 \qquad (4.4.6)$$

的所有本征值是实正数, 且若 λ 是本征值, 则 $2 - \lambda$ 也是本征值.

证明. 因 A 和 D 都是对称正定的，由广义本征值性质，知 λ 是正数. 其次，若

$$Ax - \lambda Dx = (L + U)x - (\lambda - 1)Dx = 0,$$

由引理 4.1 应有

$$(-L - U)y - (\lambda - 1)Dy = 0,$$

或者

$$Ay - (2 - \lambda)Dy = 0.$$

即由 λ 是本征值，知 $2 - \lambda$ 也是本征值.   □

本征值问题 (4.4.6) 与 S 的本征值

$$Sx - \mu x = 0 \tag{4.4.7}$$

有关系，事实上有如下引理：

引理 4.3. 设 $\omega \neq 1$, 则问题 (4.4.6) 与 (4.4.7) 的本征值有如下关系：

$$(\mu + \omega - 1)^2 = \omega^2 \mu (1 - \lambda)^2 \tag{4.4.8}$$

证明. 由 $S = I - \omega(D + \omega L)^{-1}A$ 代入 (4.4.7) 获

$$\frac{1 - \mu - \omega}{\omega} Dx - (\mu L + U)x = 0, \quad x \neq 0. \tag{4.4.9}$$

首先证明：若 $\omega \neq 1$ 则 $\mu \neq 0$. 事实上如果 $\mu = 0$, 则 (4.4.9) 得到

$$\frac{1 - \omega}{\omega} Dx - Ux = 0, \tag{4.4.10}$$

但 U 是上三角阵，D 是对角阵且 $D > 0$, 比较两端由 $\omega \neq 1$ 推出仅当 $x = 0$ 时，(4.4.10) 成立，这与 $x \neq 0$ 矛盾. 用 $\sqrt{\mu}$ 除 (4.4.9) 两端，得

$$\frac{1 - \mu - \omega}{\omega \sqrt{\mu}} Dx - \left(\sqrt{\mu}L + \frac{1}{\sqrt{\mu}}U\right)x = 0, \tag{4.4.11}$$

由引理 4.1, 这蕴含存在 $y \neq 0$ 使

$$\frac{1 - \mu - \omega}{\omega \sqrt{\mu}} Dy - (L + U)y = 0,$$

或者

$$Ay - \left(1 + \frac{1 - \mu - \omega}{\omega \sqrt{\mu}}\right)Dy = 0. \tag{4.4.12}$$

与 (4.4.6) 比较，得

$$\frac{\mu + \omega - 1}{\omega\sqrt{\mu}} = 1 - \lambda, \qquad (4.4.13)$$

这就完成 (4.4.8) 的证明.　□

(4.4.8) 表明 S 的本征值 μ 满足二次方程

$$\mu^2 + [2(\omega - 1) - \omega^2(1 - \lambda)^2]\mu + (\omega - 1)^2 = 0, \qquad (4.4.14)$$

它的两个根分别是

$$\mu^{\pm}(\lambda, \omega) = \left[\frac{\omega(1 - \lambda) \pm (\omega^2(1 - \lambda)^2 - 4(\omega - 1))^{\frac{1}{2}}}{2}\right]^2, \qquad (4.4.15)$$

由 (4.4.15) 得出只要 ω 满足

$$4(\omega - 1) > \omega^2(1 - \lambda)^2, \qquad (4.4.16)$$

或者 $\omega > \omega_0 > 1$, 其中

$$1 < \omega_0 = \frac{2}{1 + \sqrt{\lambda_{\min}(2 - \lambda_{\min})}}, \quad \lambda_{\min} < \lambda < 1, \qquad (4.4.17)$$

$\mu^{\pm}(\lambda, \omega)$ 必然是两个复根，并且绝对值

$$|\mu^{\pm}(\lambda, \omega)| = (|\omega(1 - \lambda)|^2 + 4(\omega - 1) - |\omega(1 - \lambda)|^2)/4$$

$$= \omega - 1 \qquad (4.4.18)$$

与 λ 无关，这意味在此情形下 $\rho(S) = \omega - 1$. 如果 $\omega = \omega_0$, 则 (4.4.15) 是重根，此时

$$\mu^+(\lambda_{\min}, \omega_0) = \mu^-(\lambda_{\min}, \omega_0) = \omega_0 - 1.$$

今证：ω_0 是最优松弛因子. 事实上，当取 $1 < \omega < \omega_0$, (4.4.15) 式是两个实根，$\mu^+(\lambda, \omega)$ 是最大根. 微分后看出

$$\frac{\partial \mu^+}{\partial \lambda} = -\frac{2\omega\mu^+}{\sqrt{\omega^2(1 - \lambda)^2 - 4(\omega - 1)}} < 0, \qquad (4.4.19)$$

故若 $1 < \omega < \omega_0$, 根 $\mu^+(\lambda, \omega)$ 在区间

$$\lambda_{\min} \le \lambda \le \lambda_0 = 1 - 2\frac{\sqrt{\omega - 1}}{\omega} < 1$$

递降. 如果 $\omega > \omega_0 > 1$, 前已证明，此时 $\mu^+ = \omega - 1$ 随 ω 递增. 最后如果 $\omega < 1$, 则 (4.4.15) 表明 μ^+ 是正数，(4.4.19) 意味 $1 > \omega \to 1$ 单调递降. 于是结论出 $0 < \omega < \omega_0$, $\mu^+(\lambda, \omega)$ 单调递

降；而 $\omega_0 < \omega < 2$，$\mu^+(\lambda, \omega)$ 单调递增. 这意味 ω_0 是最优的，且取 $\omega = \omega_0$ 时谱半径

$$
\begin{cases}
\rho(S) = \omega_0 - 1 = \dfrac{1 - \sqrt{\lambda_{\min}(2 - \lambda_{\min})}}{1 + \sqrt{\lambda_{\min}(2 - \lambda_{\min})}} = \left(\dfrac{1 - \sqrt{\eta}}{1 + \sqrt{\eta}}\right)^2, \\[4mm]
\eta = \dfrac{\lambda_{\min}}{2 - \lambda_{\min}}.
\end{cases}
\tag{4.4.20}
$$

按照引理 4.2，如 A 具有"性质 A"，则 η^{-1} 是矩阵 $B = D^{-1}A$ 的条件数，故对最优松弛 ω_0 而言，收敛速度有定理如下：

定理 4.2. 如果 A 对称正定且有"性质 A"，并选择最优松弛因子 ω_0，则收敛速度为

$$
R(S) \approx \frac{4}{\sqrt{\kappa(D^{-1}A)}}, \quad \text{当 } \kappa(D^{-1}A) \gg 1.
\tag{4.4.21}
$$

证明. 因为

$$
R(S) = -\ln \rho(S) = -2\ln \frac{1 - \sqrt{\eta}}{1 + \sqrt{\eta}}
$$

$$
\approx -2\ln(1 - 2\sqrt{\eta}) \approx 4\sqrt{\eta}. \quad \square
$$

由于 $\omega_0 > 1$，这就是选择超松弛的道理. 而迭代 (4.4.1) 被称为逐步超松弛迭代，简称 SOR. 由定理 4.2 看出，最优 SOR 比 Jocobi 迭代的敛速有平方型增长.

§5. 对称逐步超松弛迭代

对称逐步超松弛迭代 (SSOR)，它是由上至下与由下至上两步迭代扫描构成. 过程为

$$
x^{k+1/2} = (1 - \omega)x^k - \omega D^{-1}(Lx^{k+1/2} + L^*x^k - b),
\tag{4.5.1a}
$$

$$
x^{k+1} = (1 - \omega)x^{k+1/2} - \omega D^{-1}(L^*x^{k+1} + Lx^{k+1/2} - b),
\tag{4.5.1b}
$$

这里 L^* 是 L 的共轭转置，由于 A 对称，故 $L^* = U$. 使用 SSOR 或 SOR 迭代，算出新值占用老值的存贮，充分节约内存. 容易看出 (4.5.1a) 就是由上而下的 SOR 扫描，(4.5.1b) 则是由下而上的 SOR 扫描. SSOR 较之 SOR 的优点是

(1) 当 SOR 不收敛时，依然可构造收敛的 SSOR.

(2) SOR 对松弛因子选择敏感, ω 稍不合适就大大降低收敛速度, 而 SSOR 不具有此敏感性.

(3) 能用 SSOR 与共轭梯度法配合, 构造出非常有效的 SSOR— 预处理共轭梯度法.

对 (4.5.1) 消去中间向量 $x^{k+1/2}$, 可以显式表达为

$$x^{k+1} = Bx^k + M^{-1}b, \tag{4.5.2}$$

其中

$$B = \left(\frac{1}{\omega}D + L^*\right)^{-1}\left[\left(\frac{1}{\omega} - 1\right)D - L\right]$$

$$\times \left(\frac{1}{\omega}D + L\right)^{-1}\left[\left(\frac{1}{\omega} - 1\right)D - L^*\right],$$

$$M = \frac{1}{2-\omega}\left(\frac{1}{\omega}D + L\right)\left(\frac{1}{\omega}D\right)^{-1}\left(\frac{1}{\omega}D + L\right)^*, \tag{4.5.3}$$

易验证

$$A = M - MB. \tag{4.5.4}$$

定理 5.1. 如 A 对称正定, 且 $0 < \omega < 2$, 则 SSOR 对任意初始收敛.

证明. 令 $H = \left(\frac{2}{\omega} - 1\right)D, V = \left(1 - \frac{1}{\omega}\right)D + L$, 则

$$M = (H+V)H^{-1}(H+V)^* = H + V + V^* + VH^{-1}V^*$$
$$= A + VH^{-1}V^*. \tag{4.5.5}$$

把 (4.5.2) 写为

$$M(x^{k+1} - x^k) + Ax^k = b, \tag{4.5.6}$$

则由定理 3.1, 收敛性等价于验证: $M - \frac{1}{2}A > 0$, 但由 (4.5.5) 得到

$$M - \frac{1}{2}A = \frac{1}{2}A + VH^{-1}V^* > 0,$$

证毕. □

§ 6. Chebyshev 迭代

方程 (4.1.1) 的简单非稳态迭代为

$$x^{j+1} = x^j - \tau_j(Ax^j - b), \tag{4.6.1}$$

这个过程也称为 Richardson 方法. 我们需要研究如何选择参数序列 $\{\tau_j\}$ 使 x^j 快速收敛于解 x.

一个被称为 Chebyshev 循环迭代, 是先选择周期整数 $s \geq 1$, 置迭代过程为

$$x^{j+i/s} = x^{j+(i-1)/s} - \tau_i(Ax^{j+(i-1)/s} - b),$$

$$i = 1, \cdots, s, \qquad (4.6.2)$$

即每 s 个分数步完成一步. 令 $e^j = x^j - x$, 则

$$e^{j+1} = T_\tau e^j, \quad T_\tau = \prod_{i=1}^{s}(I - \tau_i A). \qquad (4.6.3)$$

如果 A 是对称的, 则 T_τ 的谱半径为

$$\rho(T_\tau) = \|T_\tau\| = \max_j \left| \prod_{i=1}^{s}(1 - \tau_i \lambda_j(A)) \right|. \qquad (4.6.4)$$

我们需要研究如何选择 τ_i, $(i = 1, \cdots, s)$, 使 $\rho(T_\tau)$ 尽可能小. 这个问题显然被转化为函数逼近问题: 构造多项式 $\tilde{p}_s(\lambda)$, 使

$$\min_{p_s(\lambda) \in Q_s} \max_{\alpha \leq \lambda \leq \beta} |p_s(\lambda)| = \max_{\alpha \leq \lambda \leq \beta} |\tilde{p}_s(\lambda)|, \qquad (4.6.5)$$

这里 Q_s 是满足 $p_s(0) = 1$ 的全体 s 阶多项式集合, α, β $(0 < \alpha \leq \beta)$ 分别是 A 的最小与最大本征值的足够好的估值, 如前节一样, 设 A 是对称正定矩阵.

由函数逼近论, $\tilde{p}_s(\lambda)$ 唯一存在, 并且

$$\tilde{p}_s(\lambda) = \frac{T_s\left(\dfrac{\beta + \alpha - 2\lambda}{\beta - \alpha}\right)}{T_s\left(\dfrac{\beta + \alpha}{\beta - \alpha}\right)}, \quad \alpha \leq \lambda \leq \beta, \qquad (4.6.6)$$

这里

$$T_s(\lambda) = \frac{1}{2}\left[(\lambda - \sqrt{\lambda^2 - 1})^s + (\lambda - \sqrt{\lambda^2 - 1})^{-s}\right]$$

$$= \begin{cases} \cosh(s\,\mathrm{arc}\cosh\lambda), & \text{当 } |\lambda| > 1, \\ \cos(s\,\mathrm{arc}\cos\lambda), & \text{当 } |\lambda| \leq 1, \end{cases} \qquad (4.6.7)$$

由此知 $T_s(\lambda)$ 在 $(-1, 1)$ 内有 s 个实单根, 即是

$$x_i = \cos\left(\frac{(2i-1)\pi}{2s}\right), i = 1, \cdots, s. \qquad (4.6.8)$$

这样 $\tilde{p}_s(\lambda)$ 有因式分解

$$\tilde{p}_s(\lambda) = \prod_{i=1}^{s}(1 - \tau_i \lambda),$$

其中参数 τ_i 为

$$\tau_i = 2/[\beta + \alpha - (\beta - \alpha)x_i], i = 1 \cdots, s. \qquad (4.6.9)$$

这就是 Chebyshev 循环迭代的参数，它受 α, β 估值的影响.

下面估计收敛速度. 首先由 (4.6.6) 得到

$$\max_{\alpha \le \lambda \le \beta} |\tilde{p}_s(\lambda)| = \left[T_s\left(\frac{\beta + \alpha}{\beta - \alpha}\right)\right]^{-1} \max_{-1 \le t \le 1} |T_s(t)|$$

$$= \left[T_s\left(\frac{\beta + \alpha}{\beta - \alpha}\right)\right]^{-1} = \varepsilon. \qquad (4.6.10)$$

下面分析对于给定收缩因子 ε, 如何确定周期数 s. 为此，令

$$t_0 = (\beta + \alpha)/(\beta - \alpha), \gamma = t_0 - \sqrt{t_0^2 - 1},$$

由 (4.6.7) 确定出

$$\varepsilon = \frac{2\gamma^s}{1 + \gamma^{2s}}, \quad \text{或} \quad \gamma^s = \frac{\varepsilon}{1 + \sqrt{1 - \varepsilon^2}},$$

于是

$$s = \frac{\ln \dfrac{\varepsilon}{1 + \sqrt{1 - \varepsilon^2}}}{\ln \gamma}, \qquad (4.6.11)$$

如果 $\varepsilon << 1$, 而 $\kappa(A) = \dfrac{\beta}{\alpha} >> 1$, 则

$$t_0 \approx 1 + 2/\kappa(A), \quad \ln \gamma \approx -2/\sqrt{\kappa(A)},$$

于是

$$s \approx |\ln \varepsilon| \sqrt{\kappa(A)}/2,$$

而收敛速度 $R(T_r) \approx 2/\sqrt{\kappa(A)}$, 这就得到结论：Chebyshev 迭代比简单迭代快 $\sqrt{\kappa(A)}$ 倍.

但是上述循环 Chebyshev 迭代受两个因素制约，其一，谱境界 α, β 不易得到精密估计值；其二，如果 s 取得过于大，会导致数值不稳定. 在 Marchuk 的专著 [152] 中，给出取 $s = 2^r$ 值时，克服不稳定算法. 另一种目前较通用的算法是采用三层格式的 Chebyshev 半迭代方法，这在下节叙述. 另外，从前面论

证可以看出矩阵 A 的正定性不是本质要求, 仅需要假定 A 是对称即可.

§7. Chebyshev 半迭代加速

前面叙述的所有迭代法, 最终归结于如下简单迭代形式

$$x^{i+1} = Gx^i + k, \quad i = 0, 1, \cdots, \tag{4.7.1}$$

G 是 n 阶矩阵, 称为迭代矩阵, 初始 x^0 是任意选定的向量. 我们知道: (4.7.1) 对任意初始 x^0 皆收敛的必要充分条件是谱半径 $\rho(G) < 1$, 故收敛是有条件的. 即使条件得到满足, 也可能收敛得很慢. 因此我们希望找到一种加速收敛方法, 使不收敛变得收敛, 收敛慢变得收敛快. 一个称为 Chebyshev 半迭代法的加速过程就具有此特点.

经过 (4.7.1) 的 m 次迭代, 得到了迭代向量 $x^i (i = 0, \cdots, m)$. 我们考虑如何选择系数 $\alpha_{m,i}$, 使组合向量

$$y^m = \sum_{i=0}^{m} \alpha_{m,i} x^i \tag{4.7.2}$$

具有更好的精度. 若选初始 x^0 为精确解 x, 则 $x^1, \cdots, x^m$ 都是 x, 故系数 $\alpha_{m,i}$ 应满足

$$1 = \sum_{i=0}^{m} \alpha_{m,i}. \tag{4.7.3}$$

令 $\varepsilon^m = y^m - x$ 为 y^m 的误差, 由 (4.7.1) 得出

$$\varepsilon^m = y^m - x = \left(\sum_{i=0}^{m} \alpha_{m,i} G^i \right) \varepsilon^0 = p_m(G)\varepsilon^0, \tag{4.7.4}$$

这里 $p_m(\lambda) = \sum_{i=0}^{m} \alpha_{m,i} \lambda^i$ 是 m 阶多项式, 满足 $p_m(1) = 1$.

令 $\tilde{Q}_m$ 表示满足 $p_m(1) = 1$ 条件的全体 m 阶多项式集合, G 的所有本征值是实数, 并且有

$$r = \lambda_1 \le \lambda_2 \le \cdots \le \lambda_n = R < 1.$$

类似于 §6 的分析, 使误差 ε^m 按范极小问题, 转化为函数逼近问题: 寻求 $\tilde{p}_m \in \tilde{Q}_m$ 满足

$$\max_{r \le \lambda \le R} |\tilde{p}_m(\lambda)| = \min_{p_m \in \tilde{Q}_m} \max_{r \le \lambda \le R} |p_m(\lambda)|. \tag{4.7.5}$$

由函数逼近论，这样的多项式是唯一的，可以表示为

$$\tilde{p}_m(\lambda) = T_m\Big(\frac{2\lambda - R - r}{R - r}\Big)\Big/T_m\Big(\frac{2 - R - r}{R - r}\Big), \tag{4.7.6}$$

它的多项式展开系数就是所要的 $\{\alpha_{m,i}\}$. 但是按 (4.7.2) 算法是行不通的，因为它要存贮所有的 $x^0, \cdots, x^m$, 耗用如此大量的内存空间是既不经济也不实用. 利用 Chebyshev 多项式的三项递推公式，我们直接得到实现 $y^i, (i = 0, 1, \cdots)$, 的三层迭代格式. 为此由 $T_m(\lambda)$ 的定义 (4.6.7) 导出:

$$\begin{cases} T_0(\lambda) = 1, \quad T_1(\lambda) = \lambda, \\ T_{m+1}(\lambda) = 2\lambda T_m(\lambda) - T_{m-1}(\lambda), \quad m \geq 1. \end{cases} \tag{4.7.7}$$

令

$$\omega(\lambda) = (2\lambda - R - r)/(R - r), \tag{4.7.8}$$

故 $\tilde{p}_{m+1}(\lambda) = T_m(\omega(\lambda))/T_m(\omega(1))$, 应用 (4.7.7) 导出 $\tilde{p}_m(\lambda)$ 的递推公式

$$\begin{cases} \tilde{p}_0(\lambda) = 1, \quad \tilde{p}_1(\lambda) = \gamma\lambda - \gamma + 1, \\ \tilde{p}_{m+1}(\lambda) = \rho_{m+1}(\gamma\lambda + 1 - \gamma)\tilde{p}_m(\lambda) \\ \qquad + (1 - \rho_{m+1})\tilde{p}_{m-1}(\lambda), \quad m \geq 1, \end{cases} \tag{4.7.9}$$

其中

$$\gamma = 2/(2 - R - r), \tag{4.7.10}$$
$$\rho_{m+1} = 2\omega(1)T_m(\omega(1))/T_{m+1}(\omega(1)). \tag{4.7.11}$$

由于

$$\varepsilon^{m+1} = y^{m+1} - x = \tilde{p}_{m+1}(G)\varepsilon^0, \tag{4.7.12}$$

代入递推公式 (4.7.9), 以 G 替换 λ, 得

$$y^{m+1} = \rho_{m+1}[\gamma(Gy^m + k) + (1 - \gamma)y^m] \\ \qquad + (1 - \rho_{m+1})y^{m-1}, \quad m \geq 1. \tag{4.7.13}$$

实算中参数 ρ_i 可以逐步迭代计算:

$$\rho_1 = 1, \quad \rho_2 = \Big(1 - \frac{1}{2}\sigma^2\Big)^{-1},$$
$$\rho_{m+1} = \Big(1 - \frac{1}{4}\sigma^2\rho_m\Big)^{-1}, \quad m \geq 2, \tag{4.7.14}$$

其中

$$\sigma = 1/\omega(1) = (R - r)/(2 - R - r). \qquad (4.7.15)$$

上述递推算法 (4.7.13)–(4.7.15) 构成所谓 Chebyshev 半迭代加速法.

应用 (4.7.14) 可以证明

$$\lim_{m\to\infty} \rho_m = \rho_\infty = 2/(1 + \sqrt{1 - \sigma^2}). \qquad (4.7.16)$$

所以, 迭代次数充分大后, (4.7.13) 变为稳态三层迭代

$$y^{m+1} = \rho_\infty[\gamma(Gy^m + k) + (1 - \gamma)y^m]$$
$$+ (1 - \rho_\infty)y^{m-1}. \qquad (4.7.17)$$

现在考虑 Chebyshev 半迭代法的收敛速度. (4.7.6) 表明 $\tilde{p}_m(G)$ 的谱半径是

$$\rho(\tilde{p}_m(G)) = 1/T_m(\omega(1)) = 1/T_m(1/\sigma). \qquad (4.7.18)$$

由 (4.6.7), 经过代数运算后得

$$T_m(1/\sigma) = (1 + \nu^m)/(2\nu^{m/2}), \qquad (4.7.19)$$

其中

$$\nu = (1 - \sqrt{1 - \sigma^2})/(1 + \sqrt{1 - \sigma^2}),$$

代入 (4.7.18), 于是

$$\rho(\tilde{p}_m(G)) = 2\nu^{m/2}/(1 + \nu^m). \qquad (4.7.20)$$

定义平均收敛速度为

$$R_m(\tilde{p}_m(G)) = -\frac{1}{m}\ln\rho(\tilde{p}_m(G)), \qquad (4.7.21)$$

渐近收敛速度为

$$R_\infty(G) \triangleq \lim_{m\to\infty} R_m(\tilde{p}_m(G)) = -\frac{1}{2}\ln\nu. \qquad (4.7.22)$$

由于 $0 < \nu < 1$, (4.7.20) 已蕴含 $\rho(\tilde{p}_m(G)) < 1$, 故对固定的 m, 循环 m 次 Chebyshev 迭代收敛. (注意这里未假定 $\rho(G) < 1$, 仅要求 G 的本征值是实数).

为了更细地阐述 Chebyshev 半迭代的收敛速度, 我们把它和一个所谓最优外推过程比较. 它是迭代新值和老值的组合过程: 对固定的外推因子 γ, 置

$$x^{m+1} = \gamma(Gx^m + k) + (1 - \gamma)x^m = G_\gamma x^m + k_\gamma, \qquad (4.7.23)$$

这里 $G_\gamma = \gamma G + (1-\gamma)I$，$k_\gamma = \gamma k$，当 $\gamma = 1$ 即为 (4.7.1). 利用 §2 的方法，存在最优的因子 $\bar\gamma$，它使 G_γ 的谱半径 $\rho(G_\gamma)$ 取得最小值，这个 $\bar\gamma$ 为

$$\bar\gamma = 2/(2 - R - r), \tag{4.7.24}$$

而谱半径为

$$\rho(G_{\bar\gamma}) = (R - r)/(2 - R - r) = \sigma, \tag{4.7.25}$$

收敛速度为

$$-\ln\rho(G_{\bar\gamma}) = -\ln\sigma = R_\infty(G_{\bar\gamma}), \tag{4.7.26}$$

但 (4.7.22) 分析出当 $\sigma < 1$ 且 $\sigma \to 1$ 时，

$$R_\infty(G) = -\frac{1}{2}\ln\nu \approx \sqrt{1-\sigma^2} \approx \sqrt{2}\sqrt{1-\sigma}$$
$$\approx \sqrt{2}\sqrt{-\ln\sigma} = \sqrt{2}\sqrt{R_\infty(G_{\bar\gamma})}, \tag{4.7.27}$$

这意味 Chebyshev 半迭代加速，比最优外推过程快一个数量级.

但是半迭代加速，受 R, r 的选择制约，收敛快慢与估计 R，r 近似值相关. 这些细节颇费讨论，一个自适应 Chebyshev 加速算法，已在专著 [93] 中阐述，有兴趣的读者可以参阅.

§ 8. 最速下降法

在 §6 中已经阐述了 Chebyshev 非稳态迭代有很快的收敛速度，但是它要求对实本征值上、下界 α, β 有预先知道的精密估值. 本节提供另一种非稳态逼近，文献中称为最速下降法. 它不要求对 α, β 的先验估值，却保证误差单调下降. 最速下降法，通常基于二次泛函极小导出，但我们宁可从更为直观易懂的初等几何关系得到.

回到非稳态迭代 (4.6.1)，有

$$x^{j+1} = x^j - \tau_j(Ax^j - b)$$
$$= (1 - \tau_j)x^j + \tau_j(x^j - Ax^j + b) \tag{4.8.1}$$
$$= (1 - \tau_j)x^j + \tau_j\tilde{x}^{j+1},$$

这里 A 假定是对称正定的，$\tilde{x}^{j+1} = x^j - (Ax^j - b)$ 可以视为 x 的近似. 令 $e^j = x^j - x$，$\tilde{e}^j = \tilde{x}^j - x$ 表示误差，$g^j = Ax^j - b$ 表示残量，(4.8.1) 得到误差传播关系

$$e^{j+1} = (1 - \tau_j)e^j + \tau_j\tilde{e}^{j+1}, \tag{4.8.2}$$

即 e^{j+1} 位于连接 e^j 与 $\tilde{e}^{j+1}$ 的直线上. 在 H_A 空间意义下, 选择 τ_j 使 $\|e^{j+1}\|_A^2 = (Ae^{j+1}, e^{j+1})$ 最小, 这等价于选择 τ_j 使 e^{j+1} 垂直于连接 e^j 与 $\tilde{e}^{j+1}$ 的直线, 换句话说要成立

$$(Ae^{j+1}, e^j - \tilde{e}^{j+1}) = 0. \tag{4.8.3}$$

将 (4.8.2) 代入 (4.8.3) 解出 τ_j, 获

$$\tau_j = \langle g^j, g^j \rangle / \langle Ag^j, g^j \rangle = \|g^j\|^2 / \|g^j\|_A^2. \tag{4.8.4}$$

故最速下降法由如下算法构成:

选定初始 x^0,

$$g^k = Ax^k - b, \tag{4.8.5a}$$

$$\tau_k = \|g^k\|^2 / \|g^k\|_A^2, \tag{4.8.5b}$$

$$x^{k+1} = x^k - \tau_k g^k. \tag{4.8.5c}$$

由 (4.8.2) 及 (4.8.3) 得到

$$\|e^j\|_A^2 = \|e^{j+1}\|_A^2 + \tau_j^2 \|\tilde{e}^{j+1} - e^j\|_A^2, \tag{4.8.6}$$

可知 $\|e^{j+1}\|_A < \|e^j\|_A$, 故算法单调收敛. 在 H_A 度量下, 最速下降法每步 τ_j 选择皆是最优的. 下面定理给出收敛速度与条件数 $\kappa(A)$ 的关系.

定理 8.1. 我们有

$$\|x^k - x\|_A \le \left(\frac{\kappa(A) - 1}{\kappa(A) + 1}\right)^k \|x^0 - x\|_A. \tag{4.8.7}$$

又令 $P(\varepsilon)$ 是对任何 $\varepsilon > 0$, 能使不等式

$$\|x^k - x\|_A \le \varepsilon \|x^0 - x\|_A \tag{4.8.8}$$

成立的最小整数, 则有

$$P(\varepsilon) \le \frac{1}{2}\kappa(A)\ln\frac{1}{\varepsilon} + 1. \tag{4.8.9}$$

证明. 因为 A 对称正定, 设 A 的本征值为

$$0 < \lambda_1 \le \lambda_2 \le \cdots \le \lambda_n,$$

熟知成立不等式

$$1 \le \frac{\langle Ax, x\rangle \langle A^{-1}x, x\rangle}{\langle x, x\rangle^2} \le \frac{(\lambda_1 + \lambda_n)^2}{4\lambda_1\lambda_n}, \quad \forall x \in \mathbb{R}^n. \tag{4.8.10}$$

故

$$\|x^{k+1} - x\|_A^2 = \langle A^{-1}g^{k+1}, g^{k+1}\rangle$$

$$= \langle A^{-1}(I - \tau_k A)g^k, (I - \tau_k A)g^k\rangle$$

$$= \langle A^{-1}(I - \tau_k A)^2 g^k, g^k\rangle = \langle A^{-1}g^k, g^k\rangle$$

$$- \langle g^k, g^k\rangle^2 / \langle Ag^k, g^k\rangle \qquad (4.8.11)$$

$$= \{1 - \langle g^k, g^k\rangle^2 / [\langle Ag^k, g^k\rangle\langle A^{-1}g^k, g^k\rangle]\}\|x^k - x\|_A^2$$

$$\leq [1 - 4\lambda_1\lambda_n / (\lambda_1 + \lambda_n)^2]\|x^k - x\|_A^2$$

$$\leq \left(\frac{\kappa(A) - 1}{\kappa(A) + 1}\right)^2 \|x^k - x\|_A^2,$$

这里用到 $\kappa(A) = \lambda_n/\lambda_1$, 这就证明了 (4.8.7). 而 (4.8.9) 则易由 (4.8.7) 推出.　□

§9. 共轭梯度法

共轭梯度法 (简称 CG 法) 是五十年代初由 Hestenes 与 Stiefel 提出的解线性方程组的新迭代法. 当不计舍入误差时, 该法在有限次迭代后得到精确解. 故 CG 法刚出现, 颇受数值分析学家关注. 但是由于实算中舍入误差难于避免, 此法在六十年代消声匿迹了许多年, 直到七十年代, 由于预处理技术提出才勃兴, 时至今日预处理共轭梯度已成为解大型稀疏矩阵极为有效的方法, 并在本书的区域分解算法中具有举足轻重的作用.

本节先论述经典共轭梯度法, 下节阐述预处理共轭梯度法.

设 A 是对称正定矩阵, 考虑方程 (4.1.1). 由熟知 Cayley-Hamilton 定理, 逆矩阵 A^{-1} 可以表示为 A 的多项式

$$A^{-1} = P_{n-1}(A). \qquad (4.9.1)$$

解 (4.1.1) 的一个矩量方法, 可以看做一般的 Galerkin 方法的特例, 定义子空间

$$V_k = \text{Span}\{b, Ab, \cdots, A^{k-1}b\}. \qquad (4.9.2)$$

令 $x^k \in V_k$ 是方程

$$\langle Ax^k, v\rangle = \langle b, v\rangle, \quad \forall v \in V_k \qquad (4.9.3)$$

的解. 由 (4.9.1) 应有 $x^n = x$ 为精确解 (如果关于 b 的最小多项式的次数是 $m < n$, 则 $x^m = x$). 下面我们将提供逐步计算 x^k 的迭代格式. 在此之前, 我们证明 CG 法的误差估计.

定理 9.1. 成立

$$\|x - x^k\|_A \leq 2\left(\frac{\sqrt{\kappa(A)} - 1}{\sqrt{\kappa(A)} + 1}\right)^k \|x\|_A. \tag{4.9.4}$$

证明. 由 (4.9.3) 得 x^k 是 x 在 V_k 的 H_A 意义下投影, 故

$$\|x - x^k\|_A^2 = \langle A(x - x^k), \quad x - x^k \rangle$$

$$\leq \langle A(x - v), x - v \rangle, \quad \forall v \in V_k. \tag{4.9.5}$$

设 p_{k-1} 是任意 $k-1$ 阶多项式, 代 $v = p_{k-1}(A)b, b = Ax$ 于 (4.9.5), 获

$$\langle A(x - x^k), x - x^k \rangle \leq \min_{p_{k-1}} \langle A(I - Ap_{k-1}(A))x, (I - Ap_{k-1}(A))x \rangle$$

$$\leq \min_{\tilde{p}_k \in Q_k} (A\tilde{p}_k(A)x, \tilde{p}_k(A)x) \leq \min_{\tilde{p}_k \in Q_k} \max_{\lambda \in \sigma(A)} |\tilde{p}_k(\lambda)|^2 \|x\|_A^2$$

这里 Q_k 是使 $\tilde{p}_k(0) = 1$ 的全体 k 阶多项式集合. $\sigma(A)$ 是 A 的本征值集合. 由 (4.6.6) 和 (4.6.7) 有

$$\|x - x^k\|_A^2 \leq \left[T_k\left(\frac{\lambda_n + \lambda_1}{\lambda_n - \lambda_1}\right)\right]^{-2} \|x\|_A^2. \tag{4.9.6}$$

但

$$T_k\left(\frac{\lambda_n + \lambda_1}{\lambda_n - \lambda_1}\right) = T_k\left(\frac{\kappa(A) + 1}{\kappa(A) - 1}\right) = \frac{1}{2}\left[\left(\frac{\sqrt{\kappa(A)} + 1}{\sqrt{\kappa(A)} - 1}\right)^k\right.$$

$$\left. + \left(\frac{\sqrt{\kappa(A)} - 1}{\sqrt{\kappa(A)} + 1}\right)^k\right] > \frac{1}{2}\left(\frac{\sqrt{\kappa(A)} + 1}{\sqrt{\kappa(A)} - 1}\right)^k, \tag{4.9.7}$$

代入 (4.9.6), 知 (4.9.4) 成立. □

下面考虑算法的实施, 首先置 $x^0 = 0, g^0 = -b, g^j = Ax^j - b$, 定义

$$V_k^\perp = \{y \in V_{k+1} : \langle Ay, v \rangle = 0, \forall v \in V_k\},$$

于是若 $g^k = 0$, 则 $x^k = x$, 计算到此终止 ; 否则 $g^k \neq 0$, 则 $\langle g^k, v \rangle = \langle Ax^k - b, v \rangle = 0, \forall v \in V_k$, 这蕴含 $g^k \bar{\in} V_k$, 但 $g^k \in V_{k+1}$, 从而 V_{k+1} 可以被直交分解为

$$V_{k+1} = V_k \oplus V_k^\perp. \tag{4.9.8}$$

这意味存在 $d^k \in V_k^\perp$ 与实数 τ_k 使

$$x^{k+1} = x^k + \tau_k d^k, \tag{4.9.9}$$

由直交分解和 (4.9.3) 知

$$\tau_k = \frac{\langle Ax^{k+1}, d^k \rangle}{\langle Ad^k, d^k \rangle} = \frac{\langle b, d^k \rangle}{\langle Ad^k, d^k \rangle} = \frac{\langle Ax^k - g^k, d^k \rangle}{\langle Ad^k, d^k \rangle} = \frac{-\langle g^k, d^k \rangle}{\langle Ad^k, d^k \rangle}, \tag{4.9.10}$$

这里用到 $< Ax^k, d^k >= 0$. 其次我们要证明

$$\langle Ad^i, d^j \rangle = 0, \quad \text{当 } i \neq j. \tag{4.9.11}$$

为此用归纳法, 取 $d^0 = g^0$, 设对 $\{d^0, \cdots, d^{k-1}\}$ 已有 $0 \leq i, j \leq k-1$ 时 (4.9.11) 成立. 则因

$$\tau_k \langle Ad^k, d^j \rangle = \langle g^{k+1} - g^k, d^j \rangle = 0, \quad j \leq k-1,$$

知, 当 $0 \leq i, j \leq k$ 时 (4.9.11) 成立. 这意味 $\{d^j\}_{j=0}^k$ 构成 V_{k+1} 在内积 $(A\cdot, \cdot)$ 意义下的直交基. 因 $g^k \in V_{k+1}$, 故有展开

$$g^k = \sum_{j=0}^k \frac{< Ag^k, d^j >}{< Ad^j, d^j >} d^j, \tag{4.9.12}$$

但直接计算系数得到

$$\langle Ag^k, d^j \rangle = \langle Ax^k - b, Ad^j \rangle = 0, \quad j < k-1,$$
$$\langle Ag^k, d^k \rangle / \langle Ad^k, d^k \rangle = -1, \tag{4.9.13}$$

故

$$d^k = -g^k + \beta_{k-1} d^{k-1}, \beta_{k-1} = \langle g^k, g^k \rangle / \langle g^{k-1}, g^{k-1} \rangle. \tag{4.9.14}$$

综合所述, CG 算法描述为

a) 初始 $x^0 = 0$, $g^0 = -b$, $d^0 = -g^0$, $k := 0$.

b) 计算

$$\tau_k = \langle g^k, g^k \rangle / \langle Ad^k, d^k \rangle,$$
$$x^{k+1} = x^k + \tau_k d^k,$$
$$g^{k+1} = g^k + \tau_k Ad^k,$$
$$\beta_k = \langle g^{k+1}, g^{k+1} \rangle / \langle g^k, g^k \rangle,$$
$$d^{k+1} = -g^{k+1} + \beta_k d^k,$$

置 $k := k+1$.

上面算法中步 a), 取 $x^0 = 0$ 是非本质的, 仅仅是为了讨论方便. 我们可以用下式取代 a):

a)′. 选初始 x^0, 剩余 $g^0 = Ax^0 - b$, $d^0 = -g^0$, 置 $k := 0$.

由于 (4.9.3) 还蕴含

$$\langle g^k, g^l \rangle = 0, \quad 当 \quad k \neq l, \tag{4.9.16}$$

它与 $\{d^i\}$ 的能量正交性质 (4.9.11) 相呼应, 这就是称算法为共轭梯度法的缘由. 由于空间是有限维的, 所以 (4.9.16) 已蕴含共轭梯度法至多 n 步得到准确值. 但是应用中 n 可能很大, 故我们宁可把它视为迭代法.

定理 9.2. 由步 a)′, b) 构成的 CG 法, 误差估计为

$$\|x - x^k\|_A \leq 2\left(\frac{\sqrt{\kappa(A)} - 1}{\sqrt{\kappa(A)} + 1}\right)^k \|x - x^0\|_A, \tag{4.9.17}$$

并且欲控制误差到

$$\|x - x^k\|_A \leq \varepsilon \|x - x^0\|_A, \tag{4.9.18}$$

最少迭代次数 $P(\varepsilon)$ 有估计

$$P(\varepsilon) \leq \frac{1}{2}\sqrt{\kappa(A)} \ln \frac{2}{\varepsilon} + 1. \tag{4.9.19}$$

证明. 由定理 9.1 即得 (4.9.17), 由此立即推出 (4.9.19). □

和最速下降法比较, CG 法比最速下降法快一个数量级. 实算中常可用残量 $\|g^k\|^2$ 作为是否达到预定精度的停机判断. 我们用以下拟 ALGOL 语言描述最方便.

算法 9.1 (CG 算法).

$x := x^0; \quad g := b, \quad g := Ax - g; \quad \delta_0 := \langle g, g \rangle.$

if $\delta_0 \leq \varepsilon$ **then** **stop**.

$d := -g$

$$R : h := Ad, \quad \tau := \delta_0/\langle d, h \rangle \quad x := x + \tau d,$$

$$g := g + \tau h; \quad \delta_1 := (g, g)$$

if $\delta_1 \leq \varepsilon$ **then stop**

$$\beta := \delta_1/\delta_0; \quad \delta_0 := \delta_1$$

$$d := -g + \beta d$$

goto R

由拟 ALGOL 描述除了得到停机判断外，还可以看到存贮方式与开关设置，方便实际编程.

§10. 预处理共轭梯度法

10.1. 原理

在上节定理 9.2 已阐明 CG 法的收敛速度取决于条件数 $\kappa(A)$. 对于网格方程而言 $\kappa(A)$ 相当大，故如何降低条件数是提高收敛速度的关键，这也是近年来数值分析家面临的重要课题. 所谓预处理共轭梯度法 (简称 PCG), 就是通过转化 (4.1.1) 的求解问题为另一具有条件数大为降低的等价问题.

设 M 是对称正定矩阵，于是 (4.1.1) 等价于方程

$$\begin{cases} A'x' = b', \quad A' = M^{-\frac{1}{2}}AM^{-\frac{1}{2}}, \ b' = M^{-\frac{1}{2}}b, \\ x' = M^{\frac{1}{2}}x. \end{cases} \tag{4.10.1}$$

等价性不难由以下看出

$$Ax = b \Longleftrightarrow M^{-\frac{1}{2}}Ax = M^{-\frac{1}{2}}b \Longleftrightarrow M^{-\frac{1}{2}}AM^{-\frac{1}{2}}(M^{\frac{1}{2}}x)$$

$$= M^{-\frac{1}{2}}b \Longleftrightarrow A'x' = b',$$

故用 CG 解 (4.10.1) 收敛速度取决于 $\kappa(A')$, 我们希望: $\kappa(A') << \kappa(A)$. 如此的 M 称为 A 的预处理器.

但要使 (4.10.1) 真正有效，我们必须有简单的算法. 由于对 (4.10.1) 实施 CG 算法，作为迭代的中间变量有关系

$$\begin{cases} x'^k = M^{\frac{1}{2}}x^k, \ d'^k = M^{\frac{1}{2}}d^k, \ g'^k = M^{-\frac{1}{2}}g^k, \\ h^k = M^{-1}g^k, \ A' = M^{-\frac{1}{2}}AM^{\frac{1}{2}}. \end{cases} \tag{4.10.2}$$

这样我们构造 PCG 算法就不必先求 $x^{k'}$, 而是直接算 x^k, 其步骤为

$$选定初始 \quad x^0, g^0 = Ax^0 - b, \tag{4.10.3a}$$

$$h^0 = M^{-1}g^0, \quad d^0 = -h^0, \tag{4.10.3b}$$

$$\tau_k = \langle g^k, h^k \rangle / \langle d^k, Ad^k \rangle, \tag{4.10.3c}$$

$$x^{k+1} = x^k + \tau_k d^k, \tag{4.10.3d}$$

$$g^{k+1} = g^k + \tau_k Ad^k, \tag{4.10.3e}$$

$$h^{k+1} = M^{-1}g^{k+1}, \tag{4.10.3f}$$

$$\beta_k = \langle g^{k+1}, h^{k+1} \rangle / \langle g^k, h^k \rangle, \tag{4.10.3g}$$

$$d^{k+1} = -h^{k+1} + \beta_k d^k. \tag{4.10.3h}$$

这一算法较一般 CG 多了 (4.10.3f) 步. 若 M 的选择恰当, 方程 $Mh^k = g^k$ 容易解出, 则算法 (4.10.3) 就容易实现.

欲证 (4.10.3) 迭代序列 x^k 是 (4.1.1) 的近似. 这易由 (4.10.3d) 看出

$$x^{k+1} = x^k + \tau_k d^k \Longleftrightarrow M^{\frac{1}{2}}x^{k+1} = M^{\frac{1}{2}}x^k + \tau_k M^{\frac{1}{2}}d^k$$

$$\Longleftrightarrow x'^{k+1} = x'^k + \tau_k d'^k,$$

即是说实施算法 (4.10.3) 与对 (4.10.1) 实施 CG 待解出 x' 后再求 x 是一致的. 但 (4.10.3) 更容易实现.

由于 M 在 PCG 中扮演重要作用, 我们称如此的 M 为预处理矩阵, 由于

$$\|x'^k - x'\|_{A'} = \|x^k - x\|_A, \tag{4.10.4}$$

这意味 PCG 欲达到

$$\|x^k - x\|_A \le \varepsilon \|x^0 - x\|_A$$

的迭代次数为

$$P(\varepsilon) \le \frac{1}{2}\sqrt{\kappa(A')}\ln\frac{2}{\varepsilon} + 1,$$

取决于 $\kappa(A')$. 故好的预处理矩阵 M, 应当有以下性质:

1) $\kappa(A')$ 远小于 $\kappa(A)$,

2) 相对于 A, 不要求过多存贮,

3) 解方程 $Mh = g$ 较之解 $Ax = b$ 远为容易.

以下各节探讨预处理矩阵 M 的构造方法.

10.2. 稳态迭代法与预处理矩阵

回忆一般迭代法 (4.3.1). 我们研究预处理阵的构造方法, 设 A 有一个分解

$$A = M + R, \qquad (4.10.5)$$

其中 M 是非奇矩阵. 每个分解 (4.10.5) 皆对应一个迭代法: 给定初始 x^0, 执行迭代

$$Mx^{k+1} = -Rx^k + b, \quad k = 0, 1, \cdots, \qquad (4.10.6)$$

或用 (4.3.1) 形式, 等价地描述为

$$M(x^{k+1} - x^k) + Ax^k = b, \quad k = 0, 1, \cdots, \qquad (4.10.7)$$

M 即是预处理阵. 显然 (4.10.6) 收敛的充要条件是 $\rho(B) < 1$, $B = -M^{-1}R$.

如果在 PCG 算法 (4.10.3) 中, 取由 (4.10.5) 确定的 M 为预处理阵, 由

$$M^{-1}A = M^{-1}(M + R) = I + M^{-1}R = I - B, \qquad (4.10.8)$$

及

$$M^{-1}A = M^{-1}(M^{\frac{1}{2}} A' M^{\frac{1}{2}}) = M^{-\frac{1}{2}} A' M^{\frac{1}{2}}, \qquad (4.10.9)$$

故 $M^{-1}A$ 与 A' 有相同本征值. 若 $\rho(B) < 1$, 且 M 对称正定, 则 B 对称, 其本征值 ξ_i 的排序为

$$-1 < \xi_n \le \cdots \le \xi_1 < 1,$$

而 $M^{-1}A$ 的本征值 $\tilde{\lambda}_i = 1 - \xi_i (i = 1, \cdots, n)$, 条件数

$$\kappa(A') = \tilde{\lambda}_n / \tilde{\lambda}_1 \le (1 + \rho(B))/(1 - \rho(B)). \qquad (4.10.10)$$

试比较简单迭代 (4.10.6) 与 PCG 迭代 (4.10.3) 的收敛速度. 设 ε 是控制误差: $\|x^k - x\|_A \le \varepsilon \|x^0 - x\|_A$. 令 k_1 与 k_2 分别是实施简单迭代与 PCG 迭代的最少迭代次数, 则比值

$$k_2 / k_1 \le \frac{1}{2} f(\rho(B)) \left[\ln\left(\frac{2}{\varepsilon}\right) / \ln\left(\frac{1}{\varepsilon}\right) \right], \qquad (4.10.11)$$

其中

$$f(\xi) = \ln\left(\frac{1}{\xi}\right)\sqrt{(1+\xi)/(1-\xi)} = \sqrt{2(1-\xi)} + O((1-\xi)^{3/2}),$$

$$0 < \xi < 1, \xi \to 1, \tag{4.10.12}$$

故 $\lim\limits_{\xi\to 1} f(\xi) = 0$, 这表明 PCG 速度比迭代法快，尤其是当 $\rho(B)$ 接近于 1. 众所周知网格方程通常有 $\rho(B) = 1 - O(h^2)$, 故 PCG 明显优越.

10.3. SSOR–PCG

回忆 SSOR 算法 (4.5.1), 它被归结于 A 的一个分解 (4.5.4) 及相应简单迭代 (4.5.2), 其中 M 由 (4.5.3) 描述. 由于 $0 < \omega < 2$ 表明 M 是对称正定. 我们希望用 (4.5.3) 表述的 M 作为 PCG 算法的预处理矩阵 (以下称为 SSOR–PCG). 为使其有效实用，需要检验是否符合 10.1 中的 1), 2), 3) 性质. 首先看 3), 即方程 $Mh = g$ 是否易求解. 由 (4.5.2) 看出：欲求 $h = M^{-1}g$, 只要置 $x^k = 0$, 然后用 SSOR 扫描一次即求出. 因此我们重要的是阐述 $\kappa(A')$ 能否比 $\kappa(A)$ 大为减小. 在证明定理前我们引进向量和矩阵极大范数. 定义

$$\|x\|_\infty = \max_{1\le i\le n}|x_i|, \quad x = (x_1,\cdots,x_n)^T \in I\!R^n,$$

$$\|A\|_\infty = \max_{\|x\|_\infty=1}\|Ax\|. \tag{4.10.13}$$

定理 10.1.   SSOR–PCG 的条件数 $\kappa(A')$ 满足

$$\kappa(A') \le F(\omega), \tag{4.10.14}$$

其中

$$F(\omega) = \frac{1 + [(2-\omega)^2/(4\omega)]\mu + \omega\delta}{2-\omega}, \quad 0 < \omega < 2, \tag{4.10.15}$$

$$\mu = \max_{x\ne 0}\langle Dx,x\rangle/\langle Ax,x\rangle > 0, \tag{4.10.16}$$

$$\delta = \max_{x\ne 0}\langle(LD^{-1}L^T - \tfrac{1}{4}D)x,x\rangle/\langle Ax,x\rangle. \tag{4.10.17}$$

此外，如还满足

$$\|D^{-\frac{1}{2}}LD^{-\frac{1}{2}}\|_\infty \le \frac{1}{2}, \quad \|D^{-\frac{1}{2}}L^TD^{-\frac{1}{2}}\|_\infty \le \frac{1}{2}, \tag{4.10.18}$$

则

$$-\frac{1}{4} \le \delta \le 0. \tag{4.10.19}$$

证明. 由 (4.10.10), $\kappa(A') = \tilde{\lambda}_n/\tilde{\lambda}_1$, 其中 $\tilde{\lambda}_n$ 及 $\tilde{\lambda}_1$ 分别是 $M^{-1}A$ 的最大与最小本征值:

$$\tilde{\lambda}_1 = \min_{x \ne 0} R(x), \quad \tilde{\lambda}_n = \max_{x \ne 0} R(x), \tag{4.10.20}$$

这里 $R(x) = \langle Ax, x \rangle/\langle Mx, x \rangle$ 为 Rayleigh 商. 由 (4.5.5) 知 $\langle Mx, x \rangle \ge \langle Ax, x \rangle$, 代入 (4.10.20) 得

$$\tilde{\lambda}_n \le 1. \tag{4.10.21}$$

利用 (4.5.3) 中 M 的表达式, 可以改写

$$M = \frac{1}{2-\omega}\Big[A + \frac{1}{4\omega}(2-\omega)^2 D + \omega(LD^{-1}L^T - \frac{1}{4}D)\Big], \tag{4.10.22}$$

故由 (4.10.16), (4.10.17) 及 (4.10.21) 证得 (4.10.14) 成立. 以下证 (4.10.19). 首先, 由 L 是奇异的, 故总存在向量 $x \ne 0$ 使 $L^T x = 0$. 利用 $D = A - L - L^T$ 立即知, 对于如此的 x 有

$$\Big\langle \Big(LD^{-1}L^T - \frac{1}{4}D\Big)x, x \Big\rangle = -\frac{1}{4}\langle Dx, x \rangle = -\frac{1}{4}\langle Ax, x \rangle,$$

证得

$$\delta \ge -\frac{1}{4}.$$

其次, 若 (4.10.18) 满足, 简单计算表明

$$\langle LD^{-1}L^T x, x \rangle = \langle \tilde{L}\tilde{L}^T y, y \rangle, \langle Dx, x \rangle = \langle y, y \rangle,$$

这里 $y = D^{\frac{1}{2}}x$, $\tilde{L} = D^{-\frac{1}{2}}LD^{-\frac{1}{2}}$, 利用不等式

$$\frac{\langle \tilde{L}\tilde{L}^T y, y \rangle}{\langle y, y \rangle} \le \rho(\tilde{L}\tilde{L}^T) \le \|\tilde{L}\tilde{L}^T\|_\infty \le \|\tilde{L}\|_\infty \|\tilde{L}^T\|_\infty \le \frac{1}{4},$$

推出

$$\Big\langle \Big(LD^{-1}L^T - \frac{1}{4}D\Big)x, x \Big\rangle = \langle \tilde{L}\tilde{L}^T y, y \rangle - \frac{1}{4}\langle y, y \rangle \le 0,.$$

由 x 的任意性, 得 $\delta \le 0$, 即知 (4.10.19) 成立. 证毕. □

定理 10.1 把 SSOR–PCG 法的最优松弛因子 ω^* 的选择归结于求函数 $F(\omega)$ 的极小值问题, 由初等运算获

$$\min_{0 < \omega < 2} F(\omega) = F(\omega^*) = \sqrt{\Big(\frac{1}{2} + \delta\Big)\mu} + \frac{1}{2}, \tag{4.10.23}$$

而

$$\omega^* = 2 / \left[1 + \left(2/\sqrt{\mu} \right) \sqrt{\frac{1}{2} + \delta} \right].$$

为了阐述 SSOR-PCG 的优越性，注意成立

$$\mu \leq \kappa(A). \tag{4.10.24}$$

事实上，记 A 的 Rayleigh 商 $\tilde{R}(x) = \langle Ax, x \rangle / \langle x, x \rangle$，则熟知: $\lambda_1 = \min\limits_{x \neq 0} \tilde{R}(x)$, $\lambda_n = \max\limits_{x \neq 0} \tilde{R}(x)$. 令

$$h_{ii} = \tilde{R}(e_i), \quad e_i = (\delta_{1i}, \cdots, \delta_{ni})^T,$$

则

$$\mu = \max_{x \neq 0} \frac{\langle Dx, x \rangle}{\langle Ax, x \rangle} \leq \frac{\max\limits_{x \neq 0} [\langle Dx, x \rangle / \langle x, x \rangle]}{\min\limits_{x \neq 0} [\langle Ax, x \rangle / \langle x, x \rangle]} = \frac{d}{\lambda_1}, \tag{4.10.25}$$

这里对角阵 $D = \operatorname{diag}(d_{11}, \cdots, d_{nn})$, $d = \max\limits_{1 \leq i \leq n} d_{ii}$. 注意按定义 $d_{ii} = h_{ii}$ 及 $d \leq \lambda_n$, 这就证明了 (4.10.24) 成立. 代入 (4.10.23) 获

$$\min_{0 < \omega < 2} \kappa(A')(\omega) \leq \sqrt{\left(\frac{1}{2} + \delta\right) \kappa(A) + \frac{1}{2}}. \tag{4.10.26}$$

这个结果表明: 最优 SSOR-PCG 的收敛速度, 较之简单的 CG 法的收敛速度快一个数量级. 尤其是 $\kappa(A) \gg 1$ 时更为有效.

实算中，因 μ, δ 皆无法准确求出，故 ω^* 也难于觅到. 我们关心松驰因子 ω 对收敛速度的影响. 以下证明敛速对 ω 的选择并不敏感.

令 $\tilde{\mu}, \tilde{\delta}$ 是 μ, δ 的粗略估计，置

$$\alpha = \left[\tilde{\mu} / \left(\frac{1}{2} + \tilde{\delta} \right) \right] / \left[\mu / \left(\frac{1}{2} + \delta \right) \right], \tag{4.10.27}$$

易证

$$\sqrt{F(\omega)/F(\omega^*)} \leq \varphi(\alpha) \triangleq \sqrt{\frac{1}{2} (\sqrt{\alpha} + 1/\sqrt{\alpha})}, \tag{4.10.28}$$

函数 $\varphi(\alpha)$ 随 α 的增加而缓慢增加，这可由下表中当 $\alpha > 1$ 时 $\varphi(\alpha)$ 的变化看出:

α:	1	2	3	4	5
$\varphi(\alpha)$:	1	1.03	1.07	1.12	1.16

更细致的分析可以得出结果：

$$\rho(\tilde{L}\tilde{L}^T) \leq \frac{1}{4} \Longleftrightarrow -\frac{1}{4} \leq \delta < 0, \tag{4.10.29}$$

$$\rho(\tilde{L}\tilde{L}^T) > \frac{1}{4} \Longrightarrow 0 < \delta \leq \left[\rho(\tilde{L}\tilde{L}^T) - \frac{1}{4}\right]\kappa(A). \tag{4.10.30}$$

这表明，当 $\rho(\tilde{L}\tilde{L}^T) > \frac{1}{4}$ 时，

$$\kappa(A') \approx \kappa(A)\sqrt{\rho(\tilde{L}\tilde{L}^T) - \frac{1}{4}}, \quad \kappa(A) >> 1.$$

我们关心 (4.10.29) 能否成立（从而定理 10.1 成立）. 对于一类差分方程，如具光滑系数的二阶椭圆型方程，已经证明 (4.10.29) 是成立的；对于有不连续系数的 Neumann 问题，则不一定成立 [9]. 此时可以尝试其它预处理方法，如下节介绍的不完全 Cholesky 预处理共轭梯度法（简称 ICCG）

最后，我们对一般 CG 法的工作量 W_{cg} 与 SSOR–PCG 的工作量 $W_{ssorpcg}$ 比较如下：

$$W_{cg} = \frac{1}{2}(r_A + 5)n\sqrt{\kappa(A)}\ln\frac{2}{\varepsilon},$$

$$W_{ssorpcg} = \frac{1}{2}(2r_A + 6)n\sqrt{\kappa(A')}\ln\frac{2}{\varepsilon},$$

其中 r_A 表示每行非零元素的个数.

10.4. 不完全因子分解法 (ICCG 法)

本节讨论以不完全因子分解为基础的预处理共轭梯度法，即 ICCG 法. 这是解大型稀疏矩阵问题的有效方法，该方法由 Meijerink 和 Vorst 等在七十年代发展（参见 [166], [167]）. 实算表明收敛速度非常快，又节省内存，迄今仍然是众多作者研究的对象. 但是此方法的理论还不够完善，讨论也比较复杂，本节中仅述其大略.

熟知若矩阵 A 的主子式行列式非零，则存在 A 的三角分解

$$A = LU, \tag{4.10.31}$$

这里 L 和 U 分别是具有非零主对角元的下和上三角阵. 对给定 A, 三角分解过程可以通过高斯消去法实现. 为了和下面的不完全因子分解比较，我们用拟 ALGOL 语言描述三角分解程序.

算法 10.1 (LU 分解).

$A^0 := A$

for $r := 1(1)n$ **do**

begin　$a_{rr}^r := \text{sqrt}\,(a_{rr}^{r-1})$ 　　　　　(4.10.32a)

　　　　for $j > r$ **do** $a_{rj}^r := a_{rj}^{r-1}/a_{rr}^r$ 　'　(4.10.32b)

　　　　for $i > r$ **do** $a_{ir}^r := a_{ir}^{r-1}/a_{rr}^r$ 　　(4.10.32c)

　　　　for $i > r \wedge j > r$ **do**

　　　　　　$a_{ij}^r := a_{ij}^{r-1} - a_{ir}^{r-1}a_{rj}^r$

end

这个过程结束后得到 $A^n = [a_{ij}^n]$, 下三角阵 L 的元素存贮在 $l_{ij} = a_{ij}^n, j \le i$, 上三角阵 U 的元素存贮在 $u_{ij} = a_{ij}^n, j \ge i$, 该算法得到 $l_{ii} = u_{ii}$.

从算法实现看出:

a) 算法能顺利终止, 仅当 $a_{rr}^{r-1} > 0$.

b) 如果 A 是带状矩阵, 即 $a_{ij} = 0$ 当 $|i - j| > b$ (b 称为半带宽), 则 L 与 U 继承这个性质, 但带内 A 的零元素一般成为非零元素.

c) LU 分解的工作量 $W \approx n(2b^2 + b)$. 注意到有限元或有限差分法导出的离散矩阵皆呈带状, 且例如对二维问题, $b = O(n^{\frac{1}{2}})$, 这意味 LU 分解工作量是 $O(n^2)$, 对大型问题而言如此工作量仍然嫌大了. 所谓不完全因子分解法, 则是充分考虑稀疏矩阵的特点, 如果在过程 (4.10.32b) 与 (4.10.32c) 中不是对所有 $i > r$ 与 $j > r$ 执行, 而是预先选择一个二重指标集 J, 算法仅对 $(i, j) \in J$ 执行, 这就大为降低运算量. 通常选择的 J 是对称的, 即由 $(i, j) \in J$ 推出 $(j, i) \in J$. 仍用 ALGOL 描述不完全因子分解过程如下:

算法 10.2 (不完全因子分解).

　　$A^0 := A$

　　for $r := 1(1)n$

　　begin　$a_{rr}^r := sqrt(a_{rr}^{r-1})$ 　　　　　(4.10.33a)

　　　　for $j > r \wedge (r, j) \in J$ **do**

　　　　　　$a_{rj}^r := a_{rj}^{r-1}/a_{rr}^r$ 　　　　　(4.10.33b)

for $i > r \wedge (i, r) \in J$ **do**

$$a_{ir}^r := a_{ir}^{r-1}/a_{rr}^r \qquad (4.10.33c)$$

for $(i, j) \in J \wedge (j > r) \wedge (i, r) \in J \wedge (r, j) \in J$

do $a_{ij}^r := a_{ij}^{r-1} - a_{ir}^r a_{rj}^r \qquad (4.10.33d)$

end

以上过程看出, 不完全因子分解与完全因子分解一样都是通过高斯演断逐步由 $A^{(1)}, \cdots, A^{(n)}$ 实现, 区别在于不完全因子分解是在指标集 J 限制下执行. 因此, 如何选择 J 是关键, 一般应当选择 $J \supset S_A$, 其中

$$S_A = \{(i, j) : a_{ij} \neq 0\}. \qquad (4.10.34)$$

当然要使算法 10.2 能运行到底需要满足一定条件, 如 $a_{rr}^r \neq 0$, 同时要使算法稳定, $|a_{rr}^r|$ 还不能太小. 一种改进办法是把略去的量 $-a_{ir}^r a_{rj}^r, (i, j) \in J$ 加到对角元上, 于是有以下改进算法:

算法 10.3. (改进不完全因子分解).

把算法 10.2 的最一步 for 语句代之以

for $(j > r) \wedge (i > r) \wedge (i, r) \in J \wedge (r, j) \in J$ **do**

begin quant $:= -a_{ir}^r a_{rj}^r$

if $(i, j) \in J$ **then** $a_{ij}^r := a_{ij}^{r-1} +$ quant

else $a_{ii}^r := a_{ii}^r +$ quant

end

算法 10.3 是在与算法 10.2 同样的限制下通过逐步演断 $A^{(1)}, \cdots,$ $A^{(N)}$. 由 $A^{(r)}$ 推演 $A^{(r+1)}$ 其计算公式是等价于

$$\begin{cases} l_{ir} = a_{ir}^r/a_{rr}^r, \\ a_{ij}^{r+1} = \begin{cases} a_{ij}^r - l_{ir} a_{rj}^r, (r+1 \leq j \leq N) \wedge (i, j) \in J \wedge j \neq i, \\ 0, \quad (r+1 \leq j \leq N) \wedge (i, j) \overline{\in} J, \\ a_{ii}^r - l_{ir} a_{ri}^r + \sum_{\substack{k=r+1 \\ (i,k) \in J}}^{n} (h_{ik}^{(r)} - l_{ir} a_{rk}^r), \quad j = i. \end{cases} \end{cases}$$

$$(4.10.35)$$

一个更常用的修改不完全因子分解法在下节叙述. 无论算法 10.2 或算法 10.3, A 皆被分解为

$$A = C + R, \qquad (4.10.36)$$

这里 $C = LDL^T$, D 是由算法得到的对角阵，R 为剩余，可证明 C 是正定的，R 是非负的，由于计算 $C^{-1}g$ 是容易的，故不完全因子分解预处理共轭梯度法，可用拟 ALGOL 语言描述如下：

算法 10.4 (ICCG).

$$x := x^0; g := b$$
$$g := Ax - g; h = C^{-1}g$$
$$d := -h; \delta_0 = (g, h)$$
$$\textbf{if } \delta_0 \leq \varepsilon \quad \textbf{then} \quad \textbf{stop}$$
$$R : \quad h := Ad$$
$$\tau := \delta_0/(d, h)$$
$$x := x + \tau d$$
$$g := g + \tau h$$
$$h := C^{-1}g; \delta_1 := (g, h)$$
$$\textbf{if } \delta_1 \leq \varepsilon \quad \textbf{then} \quad \textbf{stop}$$
$$\beta := \delta_1/\delta_0; \delta_0 := \delta_1$$
$$d := -h + \beta d$$
$$\textbf{goto } \textbf{R}$$

实算中，如 A 是由正方形网格对矩形域剖分，用五点差分格式导出的对称矩阵。这时 A 是五对角矩阵，即 $S_A = \{(i,j) : |i-j| = 0, 1, m\}$，此时我们经常推荐 $J = S_A$，如此相应分解为

$$A = L_1L_1^T + R,$$

这里 L_1 的非零结构与 A 的下三角部分结构一致，其对应的共轭梯度法称为 ICCG (0)。另外，还有所谓 ICCG (3)，选择

$$J = \{(i,j) : |i-j| = 0, 1, 2, m, m-1, m-2\},$$

这时分解 (4.10.36) 的 L_1 较之 A 的下三角部份添了新的三条非零对角线。

10.5. 修改不完全因子分解 (MICCG 法)

不完全因子分解算法 10.2，可能因演断主元的绝对值过于小而导致计算不稳定。为了扩大应用范围，Axelsson[9] 建议用修改不完全因子分解取代，与未修改的算法比较，修改后的方法有明显的优越性，适用范围也更广泛：对于高次元，不光滑

系数椭圆型问题， Neumann 问题皆可应用，而未修改的不完全因子分解仅适用于光滑系数，剖分几乎一致的线性元或双线性元.

首先给出以下定义.

定义 10.1. n 阶方阵 A 称为对角占优，如果

$$|a_{ii}| \geq \sum_{\substack{j=1 \\ j \neq i}}^{n} |a_{ij}|, \quad i = 1, \cdots, n. \tag{4.10.37}$$

定义 10.2. n 阶方阵 A 称为 L 阵，如果
(1) $a_{ii} > 0, i = 1, \cdots, n$,
(2) $a_{ij} \leq 0, i, j = 1, \cdots, n, i \neq j$.

定义 10.3. 设 $\{K_1(h)\}, \{K_2(h)\}$ 是两族对称正定矩阵， h 是剖分相关的网参数，对固定的 h, $K_1(h)$ 与 $K_2(h)$ 有相同阶数 $N(h)$. 称 $\{K_1(h)\}$ 与 $\{K_2(h)\}$ 是谱等价的，如存在与 h 无关的正常数 α, β 使

$$\alpha \langle K_1(h)x, x \rangle \leq \langle K_2(h)x, x \rangle \leq \beta \langle K_1(h)x, x \rangle,$$

$$\forall x \in I\!R^N, \quad \forall h > 0. \tag{4.10.38}$$

谱等价概念在预处理技术中有重要的地位， (4.10.38) 意味 $K_1(h)^{-1}K_2(h)$ 的条件数被与 h 无关的常数 β/α 控制.

所谓修改不完全因子分解算法的宗旨是使逐步演化的主元不致过小. 设 K 是 N 阶方阵， J 是二元指标集，由 $K^{(r)}$ 到 $K^{(r+1)}$ 演断由以下算法实现：

$$\begin{cases}
\hat{K}_{rr}^r = \begin{cases} K_{rr}^r, & \text{如 } S_r^{(r)} \geq \alpha K_{rr}^r, \\ K_{rr}^r + \delta_r, & \text{如 } S_r^{(r)} < \alpha K_{rr}^r, \end{cases} \\
l_{ir} = K_{ir}^r / \hat{K}_{rr}^r, \\
K_{ij}^{r+1} = \begin{cases} K_{ij}^r - l_{ir}K_{rj}^r, & \text{当 } (r+1 \leq j \leq N) \wedge [(i,j) \in J] \\ & \qquad \wedge (j \neq i), \\ 0, & \text{当 } (r+1 \leq j \leq N) \wedge [(i,j) \bar{\in} J]; \\ K_{ii}^r - l_{ir}K_{ri}^r + \sum_{\substack{p=r+1 \\ (i,p) \notin J}}^{N} (K_{ip}^r - l_{ir}K_{rp}^r), & \text{当 } j = i, \end{cases}
\end{cases}$$

$$\tag{4.10.39}$$

这里 $r = 1, \cdots, N-1$; $i = r+1, \cdots, N$; $\alpha \in (0,1)$ 是选定的值，而

$$S_r^{(r)} = \sum_{j \neq r}^{N} K_{rj}^r, \tag{4.10.40}$$

$$\delta_r = \frac{\alpha^2}{1-\alpha} K_{rr}^r + \frac{\alpha}{1-\alpha} \max(t_r^{(1)} - t_r^{(0)}, 0), \tag{4.10.41}$$

$$t_r^{(0)} = \sum_{i=1}^{r-1} (-K_{ir}^i), \quad t_r^{(1)} = \sum_{j=r+1}^{N} (-K_{rj}^r), \tag{4.10.42}$$

细致分析表明修改不完全因子分解法 (4.10.39) 等价于对矩阵

$$\hat{K} \stackrel{\Delta}{=} K + \operatorname{diag}(\sigma_1 \delta_1, \cdots \sigma_{N-1} \delta_{N-1}, 0) \tag{4.10.43}$$

作未修改不完全因子分解算法 10.2. 其中

$$\sigma_r = \begin{cases} 1, & \text{当 } S_r^{(r)} < \alpha K_{rr}^r, \\ 0, & \text{当 } S_r^{(r)} \geq \alpha K_{rr}^r. \end{cases} \tag{4.10.44}$$

等价的意义是指对 $\hat{K}$ 实施算法 10.2，与对 K 实施 (4.10.39) 是一致的。但这种等价是形式的，因为 $\sigma_r \delta_r$ 不是预先给出，而是在执行中给出，然而它是我们分析的基础。

算法 (4.10.39) 通过 $r = 1, \cdots, N-1$ 逐步演断，定义了 N 阶阵 $\hat{K}^{(r+1)}$，其元素为

$$\hat{K}_{ij}^{r+1} = \begin{cases} K_{ii}^r, & i = 1, \cdots, r, \\ K_{ij}^r, & i = 1, \cdots, r; j = i+1, \cdots, N, \\ K_{ij}^{r+1}, & i, j = r+1, \cdots, N, \\ 0, & \text{其它}, \end{cases} \tag{4.10.45}$$

其中 $\hat{K}^{(1)} = K$.

以下讨论修改不完全因子分解对于对角占优 L 矩阵的应用。因为实算中网格方程（无论由差分法，还是有限元法导出）经常属这一类。首先证明：

引理 10.1. 如果 K 是对角占优的 L 矩阵，令

$$S_i^{(r)} = \sum_{j=r}^{N} K_{ij}^r, \quad i = r, r+1, \cdots, N; r = 1, \cdots, N$$

是 $\hat{K}^{(r)}$ 的第 i 行元素之和，则成立

(1) $K_{ij}^{r+1} \le K_{ij}^r \le 0$, $i, j = r+1, \cdots, N, i \ne j$,

(2) $S_i^{(r+1)} \ge S_i^{(r)} \ge 0$, $i = r+1, \cdots, N$,

(3) $0 < K_{ii}^{r+1} \le K_{ii}^r$, $i = r+1, \cdots, N$.

此外 $\hat{K}^{(2)}, \cdots, \hat{K}^{(N)}$ 皆是对角占优的 L 阵, 且 $\hat{K}^{(N)}$ 非奇.

证明. 首先, 使用归纳法. 第 r 步我们获

$$\hat{K}_{rr}^r = K_{rr}^r + \delta_r,$$

其中

$$\delta_r = \begin{cases} = 0, & \text{当 } S_r^{(r)} \ge \alpha K_{rr}^r, \\ > 0, & \text{当 } S_r^{(r)} < \alpha K_{rr}^r, \end{cases} \tag{4.10.46}$$

而

$$K_{ij}^{r+1} = \begin{cases} K_{ij}^r - \dfrac{K_{ir}^r K_{rj}^r}{\hat{K}_{rr}^r} \le K_{ij}^r, & \text{当 } (i,j) \in J, \\ 0 = K_{ij}^r, & \text{当 } (i,j) \bar{\in} J, \end{cases} \tag{4.10.47}$$

故 (1) 成立. (注意这里用到归纳法假定 $\hat{K}^{(r)}$ 是 L 阵). 其次,

$$\begin{aligned}
S_i^{(r+1)} &= \sum_{j=r+1}^N K_{ij}^{r+1} = \sum_{j=r+1}^N \left(K_{ij}^r - \frac{K_{ir}^r K_{rj}^r}{\hat{K}_{rr}^r} \right) \\
&= \sum_{j=r+1}^N K_{ij}^r - \frac{K_{ir}^r}{\hat{K}_{rr}^r} \sum_{j=r+1}^N K_{rj}^r \\
&= (S_i^{(r)} - K_{ir}^r) - \frac{K_{ir}^r}{\hat{K}_{rr}^r}(S_r^{(r)} - K_{rr}^r) \\
&= S_i^{(r)} - K_{ir}^r S_r^{(r)}/\hat{K}_{rr}^r - K_{ir}^r(1 - K_{rr}^r/\hat{K}_{rr}^r).
\end{aligned} \tag{4.10.48}$$

由归纳假设最后两项非负, 故 (2) 成立.

　　最后, 如果 $K_{ir}^r \ne 0$, 欲成立 $S_i^{(r+1)} = S_i^{(r)}$ 当仅当 $\hat{K}_{rr}^r = K_{rr}^r + \delta_r = K_{rr}^r$ (意昧 $\delta_r = 0$) 与 $S_r^{(r)} = 0$ 同时成立. 但是若 $S_r^{(r)} = \sum_{j=r}^N K_{rj}^r = 0$, 而 $K_{ir}^r \ne 0$, 二者蕴含 $K_{rr}^r \ne 0$, 另方面既然 $\delta_r = 0$, 这由定义 (4.10.46) 又有 $K_{rr}^r = 0$, 这就导出矛盾. 于是我们有

$$S_i^{(r+1)} = S_i^{(r)} \Longleftrightarrow K_{ir}^r = 0. \tag{4.10.49}$$

今据此证 (3). 注意 $J \supset S_k = \{(i,j) : K_{ij} \neq 0\}$, 由算法 (4.10.39) 知: $K_{ip}^r = 0$ 当 $(i,p)\bar\in J$, 而

$$K_{ii}^{r+1} = K_{ii}^r - l_{ir}K_{ri}^r - \sum_{\substack{p=r+1 \\ (i,p)\bar\in J}}^{N} l_{ip}K_{rp}^r, \qquad (4.10.50)$$

因为按归纳法假定 $K^{(r)}$ 是 L 阵, 推出

$$K_{ii}^{r+1} \leq K_{ii}^r. \qquad (4.10.51)$$

余下是要证 $K_{ii}^{r+1} > 0$. 但按 (2) 已获 $S_i^{(r+1)} \geq 0$, 按 (1) 已证得 $K^{(r+1)}$ 非主对角元非正, 故这已蕴含 $K_{ii}^{r+1} \geq 0$. 如果 $S_i^{(r+1)} > 0$ 必有 $K_{ii}^{r+1} > 0$, 故仅需要考虑 $S_i^{(r+1)} = 0$ 情形. 此情形按 (2) 必有 $S_i^{(r+1)} = S_i^{(r)}$, 据 (4.10.49) 推出 $K_{ir}^r = 0$, 按 (4.10.39) 导出 $l_{ir} = 0$, 代入 (4.10.50) 得出 $K_{ii}^{r+1} = K_{ii}^r > 0$ (用到归纳假设), 故 (3) 必成立.

既然 $\hat{K}_{rr}^r \geq K_{rr}^r > 0$, $r = 1, \cdots, N-1$, 而 (1) 的成立蕴含 $\hat{K}^{(2)}, \cdots, \hat{K}^{(N)}$ 是对角占优的 L 矩阵. 因为 $\hat{K}^{(N)}$ 还是有正对角元的上三角阵, 故 $\hat{K}^{(N)}$ 非奇. □

通过算法 (4.10.39) 得到非奇的上三角阵 $\hat{U} = \hat{K}^{(N)}$ 和一个下三角阵 $\hat{L}$, 元素为

$$\hat{l}_{ir} = \begin{cases} l_{ir}, & i > r, \\ 1, & i = r, \\ 0, & i < r. \end{cases} \qquad (4.10.52)$$

我们的目标是用 $\hat{C} = \hat{L}\hat{U}$ 作为预处理矩阵去解方程

$$Ky = g. \qquad (4.10.53)$$

如果 K 是对称正定的, 则可以分解 $\hat{C} = \hat{L}\hat{D}\hat{L}^T$, 其中 $\hat{D} =$ diag$(\hat{K}_{11}^1, \cdots, \hat{K}_{NN}^N)$ 是对角阵. 我们关心 $\hat{C}^{-1}K$ 的条件数, 按 (4.10.9) 与 (4.9.19) 决定了修改不完全因子预处理共轭法的收敛速度. 置 $\tilde{K} = \hat{C}^{-1}K$, 则

$\kappa(\tilde{K}) = \tilde{\lambda}_N/\tilde{\lambda}_1$, $\tilde{\lambda}_1$ 与 $\tilde{\lambda}_N$ 是 $\tilde{K}$ 的最小与最大本征值, 即

$$\tilde{\lambda}_1 = \min_{x \neq 0}[\langle Kx, x\rangle / \langle \hat{C}x, x\rangle],$$

$$\tilde{\lambda}_N = \max_{x \neq 0}[\langle Kx, x\rangle / \langle \hat{C}x, x\rangle]$$

由 Rayleigh 商决定. 但

$$\frac{\langle Kx, x\rangle}{\langle \hat{C}x, x\rangle} = \left[\frac{\langle Kx, x\rangle}{\langle \hat{K}x, x\rangle}\right]\left[\frac{\langle \hat{K}x, x\rangle}{\langle \hat{C}x, x\rangle}\right], \tag{4.10.54}$$

因此 Rayleigh 商的上下界估计转为对 (4.10.54) 右端每个因子的上下界估计. 先考虑第一个因子 (以下皆仅限于讨论 K 是对角占优的 L 矩阵情形). 按引理 10.1 知: $0 < K_{rr}^r \le K_{rr}^{r-1} \le K_{rr}(r = 1, \cdots, N)$, 又由 (4.10.42) 得 $t_r^{(0)}, t_r^{(1)} \ge 0$, 于是

$$|t_r^{(1)} - t_r^{(0)}| \le t_r^{(1)} = K_{rr}^r - S_r^{(r)} \le K_{rr}. \tag{4.10.55}$$

但按 (4.10.43) 及 (4.10.41) 易发现不等式

$$\hat{K} \le K + [\alpha^2/(1-\alpha)]D + [\alpha/(1-\alpha)]D', \tag{4.10.56}$$

其中

$$D = \mathrm{diag}\,(K_{11}, \cdots, K_{NN}), \quad D' = \mathrm{diag}\,(d_1', \cdots, d_N'),$$

但 d_i' 由集合

$$\mathcal{N}_1 = \{r : (S_r^{(r)} < \alpha K_{rr}^r) \wedge (t_r^{(1)} > t_r^{(0)})\} \tag{4.10.57}$$

确定为

$$d_i' = \begin{cases} K_{ii}, & \text{当 } i \in \mathcal{N}_1, \\ 0, & \text{当 } i \bar{\in} \mathcal{N}_1. \end{cases} \tag{4.10.58}$$

事实上, 由 σ_r 与 δ_r 的定义, 若 $r \in \mathcal{N}_1$, 则 $\sigma_r = 1$ 且 $\delta_r = \alpha^2/(1-\alpha)$ $\times K_{rr}^r + \frac{\alpha}{1-\alpha}(t_r^{(1)} - t_r^{(0)}) \le \frac{\alpha^2}{1-\alpha}K_{rr} + \frac{\alpha}{1-\alpha}K_{rr}$; 若 $r \bar{\in} \mathcal{N}_1$, 则从 (4.10.44) 知 $\sigma_r = 0$, 总之证得 (4.10.56) 成立. 利用以下引理 10.2 还可以给出 (4.10.54) 第一因子的估计. 为此先引进矩阵与图关系的概念.

设给定一个 N 阶矩阵 A, 即可在平面上画编号从 1 到 N 的点, 约定 $a_{ij} \ne 0$, 则由 i 号点到 j 号点画一条有向弧, 于是每个矩阵 A 皆对应一个图 G^A. 设 $\mathcal{N}_1 \subset \{1, \cdots, N\}$, 用 $\{p(i) : i \in \mathcal{N}_1\}$ 表示基于指标集 $\mathcal{N}_1$ 全体路迳. 对于固定的指标 $i \in \mathcal{N}_1$, 存在路迳

$$p(i) = \{j_0(i) = i, j_1(i), \cdots, j_{Q(i)}(i)\},$$

意义为存在有向弧由 i 点到 j_1 点, 再由 j_1 点到 j_2 点, $\cdots$, 直到 $j_{Q(i)}$ 点. 并称 $Q(i)$ 为 $p(i)$ 的长度. 定义

$$Q = \min_{i \in \mathcal{N}_1} Q(i). \tag{4.10.59}$$

假定一条路上没有点出现两次（路无圈），又设任何两条路不交岔，但不假定每个结点必在某条路上. 这样显然有不等式

$$\sum_{i \in \mathcal{N}_1} (Q(i) + 1) \leq N, \quad N_1 \leq N/(Q+1),$$

这里 $N_1 = \mathrm{card}\,(\mathcal{N}_1)$.

引理 4.2. 设 K 是对称正定对角占优的 N 阶 L 阵，令

$$\hat{K} = K + (\xi_1 \nu)^2 D + \xi_2 \nu D', \tag{4.10.60}$$

这里 ξ_1 和 ξ_2 是非负实数，而

$$\nu = \mu^{-1/2}, \ \mu = \max_{x \neq 0}[\langle Dx, x \rangle / \langle Kx, x \rangle],$$

$$D = \mathrm{diag}\,(K_{11}, \cdots, K_{NN}), D' = \mathrm{diag}\,(d'_1, \cdots, d'_N),$$

其中 d'_i 由 (4.10.58) 确定，而 $\mathcal{N}_1 \subset \{1, \cdots, N\}$ 是给定的指标子集. 又令 $\{p(i) : i \in \mathcal{N}_1\}$ 是基于 $\mathcal{N}_1$ 的路迳， Q 是 (4.10.59) 确定的正数，则对任意 $x \neq 0$, $x \in I\!\!R^N$ 有

$$1 \leq \frac{\langle \hat{K}x, x \rangle}{\langle Kx, x \rangle} \leq 1 + \xi_1^2 + \xi_2 \left(\frac{2a_0}{\nu Q} + \frac{\nu Q}{a_1} \right), \tag{4.10.61}$$

这里

$$a_0 = \max_{i \in \mathcal{N}_1} \max_{0 \leq r \leq Q-1} (K_{ii}/K_{j_r(i), j_r(i)}),$$

$$a_1 = \min_{i \in \mathcal{N}_1} \min_{0 \leq r \leq Q-1} |K_{j_r(i), j_{r+1}(i)}|/K_{ii}.$$

证明. 由表达式 (4.10.60)，知成立等式

$$\frac{\langle \hat{K}x, x \rangle}{\langle Kx, x \rangle} = 1 + (\xi_1 \nu)^2 \frac{\langle Dx, x \rangle}{\langle Kx, x \rangle} + (\xi_2 \nu) \frac{\langle D'x, x \rangle}{\langle Kx, x \rangle}, \tag{4.10.62}$$

故证得 (4.10.61) 左边不等式. 现在由 μ, ν 定义

$$\nu^{-2} = \mu = \max_{x \neq 0} \left[\frac{\langle Dx, x \rangle}{\langle Kx, x \rangle} \right] \geq \frac{\langle Dx, x \rangle}{\langle Kx, x \rangle},$$

代入 (4.10.62) 得

$$\frac{\langle \hat{K}x, x \rangle}{\langle Kx, x \rangle} \leq 1 + \xi_1^2 + \xi_2 \nu \frac{\langle D'x, x \rangle}{\langle Kx, x \rangle}.$$

故欲证 (4.10.61) 右端不等式，等价于证

$$\frac{\langle D'x, x \rangle}{\langle Kx, x \rangle} \leq 2a_0/(\nu^2 Q) + Q/a_1, \quad \forall x \neq 0. \tag{4.10.63}$$

为此分三步证明：

步 1. 注意对任何对称 L 阵 K, 有恒等式

$$
\langle Kx, x \rangle = \sum_{i,j=1}^{N} K_{ij} x_i x_j = \sum_{i=1}^{N} \left[\left(K_{ii} + \sum_{j \neq i} K_{ij} \right) x_i^2 \right.
$$
$$
\left. + \sum_{j>i} (-K_{ij}(x_j - x_i)^2 \right] \geq \sum_{i=1}^{N} \sum_{j>i} -K_{ij}(x_j - x_i)^2.
$$

(4.10.64)

注意矩阵与图的对应关系，及每条有向弧仅属一条路迳（无圈），且起点 $j_0(i) = i$, 得

$$
\langle Kx, x \rangle \geq \sum_{i \in \mathcal{N}_1} \sum_{r=0}^{Q(i)-1} (-K_{j_r(i)j_{r+1}(i)})(x_{j_r(i)} - x_{j_{r+1}(i)})^2.
$$

由 K 的假定及 a_1 与 Q 的定义，得出

$$
\langle Kx, x \rangle \geq a_1 \sum_{i \in \mathcal{N}_1} K_{ii} \sum_{r=0}^{Q-1} (x_{j_r(i)} - x_{j_{r+1}(i)})^2.
$$

(4.10.65)

步 2. 利用恒等式

$$
x_i^2 - x_{j_r(i)}^2 = \sum_{s=0}^{r-1} (x_{j_s(i)}^2 - x_{j_{s+1}(i)}^2),
$$

与柯西不等式，得

$$
|x_i^2 - x_{j_r(i)}^2| \leq \sum_{s=0}^{r-1} |x_{j_s(i)} - x_{j_{s+1}(i)}| |x_{j_s(i)} + x_{j_{s+1}(i)}|
$$
$$
\leq \left\{ \sum_{s=0}^{r-1} (x_{j_s(i)} - x_{j_{s+1}(i)})^2 \right\}^{\frac{1}{2}} \left\{ \sum_{s=0}^{r-1} (x_{j_s(i)} + x_{j_{s+1}(i)})^2 \right\}^{1/2}.
$$

用 K_{ii} 乘此不等式两端，然后对 i 求和，得到

$$
\left| \sum_{i \in \mathcal{N}_1} K_{ii} (x_i^2 - x_{j_r(i)}^2) \right| \leq \left\{ \sum_{i \in \mathcal{N}_1} K_{ii} \sum_{s=0}^{r-1} (x_{j_s(i)} - x_{j_{s+1}(i)})^2 \right\}^{1/2}
$$
$$
\times \left\{ \sum_{i \in \mathcal{N}_1} K_{ii} \sum_{s=0}^{r-1} (x_{j_s(i)} + x_{j_{s+1}(i)})^2 \right\}^{\frac{1}{2}}.
$$

(4.10.66)

在 (4.10.66) 中置 $r = 1, \cdots, Q$, 应用 (4.10.65) 得

$$\sum_{i \in \mathcal{N}_1} K_{ii} \sum_{s=0}^{r-1} (x_{j_s(i)} - x_{j_{s+1}(i)})^2 \leq \sum_{i \in \mathcal{N}_1} K_{ii} \sum_{s=0}^{Q-1} (x_{j_s(i)} - x_{j_{s+1}(i)})^2$$

$$\leq a_1^{-1} \langle Kx, x \rangle. \tag{4.10.67}$$

对 (4.10.66) 右端的第二因子, 应用简单不等式

$$\sum_{i \in \mathcal{N}_1} K_{ii} \sum_{s=0}^{r-1} (x_{j_s(i)} + x_{j_{s+1}(i)})^2 \leq 2 \sum_{i \in \mathcal{N}_1} K_{ii} \sum_{s=0}^{Q-1} (x_{j_s(i)}^2 + x_{j_{s+1}(i)}^2)$$

$$\leq 4 \sum_{i \in \mathcal{N}_1} K_{ii} \sum_{s=0}^{Q} x_{j_s(i)}^2 \leq 4a_0 \sum_{i \in \mathcal{N}_1} \sum_{s=0}^{Q} K_{j_s(i)j_s(i)} x_{j_s(i)}^2$$

$$\leq 4a_0 \langle Dx, x \rangle. \tag{4.10.68}$$

把 (4.10.67), (4.10.68) 代入 (4.10.66), 得到

$$\left| \sum_{i \in \mathcal{N}_1} K_{ii}(x_i^2 - x_{j_r(i)}^2) \right| \leq \{a_1^{-1} \langle Kx, x \rangle\}^{1/2}$$

$$\times \{4a_1 \langle Dx, x \rangle\}^{1/2}, \quad \forall\, 1 \leq r \leq Q. \tag{4.10.69}$$

步 3. 由 $x_i^2 = x_{j_r(i)}^2 + (x_i^2 - x_{j_r(i)}^2)$ 推出

$$\sum_{r=1}^{Q} \sum_{i \in \mathcal{N}_1} K_{ii} x_i^2 = \sum_{r=1}^{Q} \sum_{i \in \mathcal{N}_1} K_{ii} x_{j_r(i)}^2 + \sum_{r=1}^{Q} \sum_{i \in \mathcal{N}_1} K_{ii}(x_i^2 - x_{j_r(i)}^2),$$

$$\tag{4.10.70}$$

但

$$\sum_{r=1}^{Q} \sum_{i \in \mathcal{N}_1} K_{ii} x_i^2 = Q \langle D'x, x \rangle,$$

$$\sum_{r=1}^{Q} \sum_{i \in \mathcal{N}_1} K_{ii} x_{j_r(i)}^2 \leq a_0 \sum_{i \in \mathcal{N}_1} \sum_{r=0}^{Q} K_{j_r(i)j_r(i)} x_{j_r(i)}^2$$

$$\leq a_0 \langle Dx, x \rangle,$$

代入 (4.10.70) 并应用 (4.10.69), 得

$$Q\langle D'x, x\rangle \leq a_0\langle Dx, x\rangle + \sum_{r=1}^{Q}\{a_1^{-1}\langle Kx, x\rangle\}^{\frac{1}{2}}\{4a_0\langle Dx, x\rangle\}^{\frac{1}{2}}$$

$$\leq a_0\langle Dx, x\rangle + 2\{Q^2 a_1^{-1}\langle Kx, x\rangle\}^{\frac{1}{2}}\{a_0\langle Dx, x\rangle\}^{\frac{1}{2}}$$

$$= \alpha^2 + 2\alpha\beta,$$

$$(4.10.71)$$

其中 $\alpha = \{a_0\langle Dx, x\rangle\}^{1/2}$, $\beta = \{Q^2 a_1^{-1}\langle Kx, x\rangle\}^{\frac{1}{2}}$, 注意不等式: $\alpha^2 + 2\alpha\beta \leq 2\alpha^2 + \beta^2$, 代入 (4.10.71), 证得

$$Q\langle D'x, x\rangle \leq 2a_0\langle Dx, x\rangle + Q^2 a_1^{-1}\langle Kx, x\rangle,$$

即 (4.10.63) 成立. 证毕. □

附注. 如 $K(h)$ 是二阶椭圆型方程在拟一致剖分下的有限元刚度矩阵, 可证 $\nu = O(h)$, $Q = O(h^{-1})$, 并且存在与 h 无关正常数 c_1 与 d_1 满足 $c_1 \leq a_1$, $a_0 \leq d_1$, 引理 10.2 得出 $\{K(h)\}$ 与 $\{\hat{K}(h)\}$ 谱等价.

为了获得对 $\kappa(\tilde{K})$ 的估计, 我们还需要对 (4.10.54) 右端第二因子进行估计. 为了避开繁冗的讨论, 我们不加证明地假定

$$1 \leq \langle \hat{K}x, x\rangle/\langle \hat{C}x, x\rangle \leq 1/\alpha, \quad \forall x \neq 0, \qquad (4.10.72)$$

[9] 中证明: 如果 K 是对称正定对角占优的 L 阵, 并且满足适当条件 (这些条件加于高斯演断过程中), (4.10.72) 成立.

现在组合 (4.10.54), (4.10.61), (4.10.72) 得

$$\left(1 + \xi_1^2 + \xi_2\left(\frac{2a_0}{\nu Q}\right) + \frac{\nu Q}{a_1}\right)^{-1} \leq \frac{\langle Kx, x\rangle}{\langle \hat{C}x, x\rangle} \leq \alpha^{-1}. \qquad (4.10.73)$$

现在置 (4.10.60) 中 $\xi_1 = \sqrt{2}\xi$, $\xi_2 = 2\xi$, $\alpha = \nu\xi$, 于是 (4.10.73) 得到

$$\kappa(\tilde{K}) \leq \nu^{-1}[\xi^{-1} + 2\xi + 2(2a_0/(\nu Q) + \nu Q/a_1)]. \qquad (4.10.74)$$

如果存在常数 $c_i, d_i, i = 1, 2$ 满足

$$\begin{cases} c_1 \leq a_1, \ a_0 \leq d_1, \ \forall h > 0, \\ c_2\nu^{-1} \leq Q \leq d_2\nu^{-1}, \ \forall h > 0, \end{cases} \qquad (4.10.75)$$

则

$$\kappa(\tilde{K}) = O(\nu^{-1}), \nu \to 0.$$

如果族 $\{K(h)\}$ 是拟一致剖分下的有限元刚度矩阵，应当成立：存在与 h 无关的正常数 $\tilde{c}, \tilde{d}$ 满足

$$\tilde{c}h \leq \nu \leq \tilde{d}h, \tag{4.10.76}$$

代入 (4.10.74)，注意 ξ 是与 h 无关的正常数，从而可找到正数 e_1 与 e_2，使

$$\kappa(\tilde{K}) \leq h^{-1}[e_1 + e_2(a_0/(hQ) + hQ/a_1)],$$

或者等价地

$$\kappa(\tilde{K}) \leq \kappa(K)^{1/2}[\tilde{e}_1 + \tilde{e}_2(a_0/(hQ) + hQ/a_1)],$$

这里用到二阶椭圆型问题有限元刚度矩阵的条件数为 $O(h^{-2})$ 的已知结果. 于是得出结论：

$$\kappa(\tilde{K}) = O[\kappa(K)^{1/2}] = O(h^{-1}), \quad 当 \quad h \to 0.$$

这意味 MICCG 速度比简单 CG 快一个数量级.

10.6. 数值例子

这个算例来自资料 [60], 这是解正方形 $(0,1)^2$（二维）或正方体 $(0,1)^3$（三维）上具有 Dirichlet 边界条件的 Poisson 方程，初始选择是任意的，停机判断是 $\|e^k\| \leq 10^{-6}\|e^0\|$, e^k 是迭代 k 次误差. 用定带宽 LU 分解大约需要 9.3×10^6 次浮点计算，共轭梯度法的结果见下表.

表 4.1.　二维情形 $(h = 1/64)$

方法	CG	ICCG	MICCG
迭代数	180	47	27
浮点计算 $/10^{-6}$	3.8	1.5	0.86

表 4.2.　三维情形 $(h = 1/16)$

方法	CG	ICCG	MICCG
迭代数	47	18	21
浮点计算 $/10^{-6}$	0.95	0.49	0.57

表 4.1 表明，ICCG 法和 MICCG 法的计算时间仅是未施预处理的 CG 法的 0.39 和 0.23 倍，而对充分小的 h 修改后的 MICCG 较之 ICCG 更有效. 表 4.2 表明在三维情形似乎 MICCG 法稍差. 这也许可以解释为三维网格取得较粗的缘故，为此需要更多实算证实.

§11. 并行有限元计算与 EBE 技术

众所周知，通常有限元计算有以下三个过程：

其一，前处理过程. 目的是确定单元数据结构，如计算并生成局部单元刚度阵，组合局部刚度阵生成总刚度阵.

其二，中间处理过程. 目的是解方程组.

其三，后处理过程. 目的是进行各种辅助计算，如作后向误差估计，决定是否要自适应网加密以及计算结果的数据及图表输出等.

显然，中间过程，即如何解方程是计算的主要花费. 随着并行计算机和并行算法的发展，新近有限元法研究的焦点是所谓单元接单元技术，简称 EBE (element-by-element) 算法. 这个算法的特点是充分并行化，主要工作是局部单元阵的并行计算，甚至不需要装配总刚度阵.

目前已有多种方式研究 EBE 技术. 我们这里仅介绍基于共轭梯度法的 EBE 技术. 回忆共轭梯度算法 9.1 的重要特征是仅需要计算矩阵与向量积，而不需要矩阵的存贮位置.

考虑有限元方程：求 $u^h \in S^h$ 满足

$$a(u^h, v^h) = b(v^h), \quad \forall v^h \in S^h, \tag{4.11.1}$$

这里 S^h 是在剖分 $\mathcal{J}^h$ 下的分片多项式函数空间. 由积分的可加性，用各单元贡献表示出 (4.11.1) 应为

$$\sum_{e \in \mathcal{J}^h} a_e(u_e^h, v_e^h) = \sum_{e \in \mathcal{J}^h} b_e(v_e^h), \tag{4.11.2}$$

对 (4.11.2) 积分后用矩阵描述出应为

$$\sum_{e \in \mathcal{J}^h} v_e^T A_e u_e = \sum_{e \in \mathcal{J}^h} v_e^T b_e, \tag{4.11.3}$$

这里解向量 u 视为 u_e 的迭加：$u = \Sigma_e u_e$，而 v_e 是 S^h 的任意函数，而 A_e 和 b_e 分别称为单元矩阵和单元向量贡献. (4.11.3) 也等价于 $v^T A u = v^T b$，A 和 b 分别是单元矩阵贡献与单元向量贡献整体安装后的矩阵和向量，而解 u 适合

$$Au = b. \tag{4.11.4}$$

显然，单元贡献 A_e，b_e 皆可以相互独立计算，且 (4.11.3) 表明累加过程不过是跑遍所有单元的简单加法. 令 $\hat{A}_e$, $\hat{b}_e$ 分别是 A_e 和 b_e 被恰当映入整体矩阵 A 和整体向量 b 的位置，即 $\hat{A}_e$,

$\hat{b}_e$ 视为 A_e, b_e 具有整体维数扩张. 此记号下, (4.11.4) 可以被写为

$$\Big(\sum_{e \in \mathcal{J}^h} \hat{A}_e \Big) u = \Big(\sum_{e \in \mathcal{J}^h} \hat{b}_e \Big). \tag{4.11.5}$$

注意尽管 $\hat{A}_e$ 是极其稀疏矩阵, 但我们仅需要存贮一个稠密但局部的单元矩阵贡献 A_e; 同样我们也不需要存贮右端项 b 的整体表示, 仅需要存贮单元向量贡献 b_e. 既然求和跑遍所有 $e \in \mathcal{J}^h$, 因此可以省却对区域剖分, 网拓扑及单元顺序安排等前处理技术. 事实上, 由 (4.11.5) 矩阵向量积可以如下计算

$$Av = \Big(\sum_{e \in \mathcal{J}^h} \hat{A}_e \Big) v = \sum_{e \in \mathcal{J}^h} \hat{A}_e \hat{v}_e = \sum_{e \in \mathcal{J}^h} \hat{w}_e = w. \tag{4.11.6}$$

这里 $\hat{v}_e$ 与 $\hat{w}_e$ 非零元素仅仅出现在与单元 e 相关的组装位置. 于是与其求 $\hat{w}_e$, 不如求出

$$w_e = A_e v_e \tag{4.11.7}$$

再组装, 采用 (4.11.7) 仅涉及单元矩阵贡献与向量乘积, 可以独立地并行计算. 当然为了把局部结果 w_e 组装到整体, 需要执行 "组装" 计算, 但 EBE 技术关键之处就是先执行单元矩阵计算后再组装; 不是先组装再计算. 当然, 组装仅是求和过程, 逆过程不是唯一确定. 我们有时需要把全局向量分解为局部向量.

具体执行时, 为了有效地让计算并行化, 单元矩阵采用三维存贮: $A_{eij} \equiv A_e(i,j)$, 而单元向量 v_e 用二维存贮: $v_{ei} \equiv v_e(i)$. 单元矩阵阶数 N 很小, 而单元总数 E 很大. 而相应矩阵向量算法可以描述如下:

> **for** $k = 1(1)N$ **do**
>   **for** $j = 1(1)N$ **do**
>   **for** $e = 1(1)E$ **do**
> $v_{ej} = v_{ej} + A_{ejk} w_{ek}$
>   **end**
>   **end**
> **end**   (4.11.8)

由于 E 很大, 上述算法是高度并行的. 在共轭梯度法中主要涉

及两类型计算:

$$\beta_k = (r^k)^T r^k / (p^k)^T A p^k, \qquad (4.11.9)$$

$$r^{k+1} = r^k - \beta_k A p^k. \qquad (4.11.10)$$

(4.11.9) 的分母部份结构如 (4.11.3) 一样, 可以按

$$w^T A w = \sum_{e=1}^{E} w_e^T A_e w_e \qquad (4.11.11)$$

计算. 矩阵与向量积按程序 (4.11.8) 计算. 局部结果 v_{ej} 不必立即作整体安装, 让其保留在单元数据中. 以提高并行化程度. 在执行 (4.11.10) 时, 数 β_k 与向量的乘积, 可以由单元分量 v_{ei} 与 β_k 相乘实现. 但作向量间减法时, 由于 r^k 是一个全局向量, 其分量由结点 (不是由单元) 决定. 需要一个联系局部编号与整体编号的映射. 令 $y = g(e, i)$ 是这样的映射, g 是整体编号, 则 (4.11.10) 为

$$r_g := r_g - \beta_k v_{ei}, \quad g = g(e, i). \qquad (4.11.12)$$

这些计算皆是高度并行的, 在并行机上具体实现细节可以在有关资料 [52] 中找到.

§12. 混合有限元的一类迭代方法

在第三章中, 我们讨论了混合有限元法, 其离散方程有如下结构

$$\begin{bmatrix} A & B^T \\ B & 0 \end{bmatrix} \begin{bmatrix} x \\ y \end{bmatrix} = \begin{bmatrix} f \\ g \end{bmatrix}, \qquad (4.12.1)$$

这里 A 是 $n \times n$ 阶对称正定矩阵, B 是 $m \times n$ 阶矩阵. 我们假定 $(n + m) \times (n + m)$ 阶系数矩阵

$$M = \begin{bmatrix} A & B^T \\ B & 0 \end{bmatrix} \qquad (4.12.2)$$

是非奇的. 使用消去法 (4.12.1) 等价于

$$Ax + B^T y = f, \qquad (4.12.3a)$$

$$BA^{-1}B^T y = BA^{-1}f - g. \qquad (4.12.3b)$$

由此观察出为了 (4.12.1) 唯一可解，或等价地说，为了 M 非奇的充要条件是矩阵

$$C = BA^{-1}B^T \qquad (4.12.4)$$

对称正定. 显然，这蕴含 $m \le n$ 是 C 对称正定的一个必要条件. 易证矩阵 M 有因子分解

$$M = \begin{bmatrix} A & 0 \\ B & I \end{bmatrix} \begin{bmatrix} A^{-1} & 0 \\ 0 & -C \end{bmatrix} \begin{bmatrix} A & B^T \\ 0 & I \end{bmatrix}, \qquad (4.12.5)$$

由此知 M 有 n 个正的和 m 个负的本征值，故 M 是强不定矩阵. 如前面各节所述，许多对正定矩阵有效的迭代方法，未必对不定矩阵有效. 目前已有许多文献讨论 (4.12.1) 的迭代法，但这些方法皆以 $A^{-1}x$ 能被精确计算为前提. 在新近资料 [22] 中 Bank 等提供解 (4.12.1) 的一种预处理迭代法，该算法简单而有效，特介绍如下. 设方程

$$Ax = b \qquad (4.12.6)$$

存在对称正定的预处理矩阵 $\hat{A}$，使迭代格式

$$x := x + \hat{A}^{-1}(b - Ax) \qquad (4.12.7)$$

收敛于 (4.12.6) 的解，同样又存在对称正定矩阵 $\hat{C}$ 使迭代格式

$$y := y + \hat{C}^{-1}(c - B\hat{A}^{-1}B^T y) \qquad (4.12.8)$$

收敛于方程

$$Hy = B\hat{A}^{-1}B^T y = c \qquad (4.12.9)$$

的解. 视 $\hat{A}, \hat{C}$ 为 A, C 的近似，由此导出 M 的近似

$$\hat{M} = \begin{bmatrix} \hat{A} & 0 \\ B & I \end{bmatrix} \begin{bmatrix} \hat{A}^{-1} & 0 \\ 0 & -\hat{C} \end{bmatrix} \begin{bmatrix} \hat{A} & B^T \\ 0 & I \end{bmatrix}$$
$$= \begin{bmatrix} \hat{A} & B^T \\ B & \hat{D} \end{bmatrix}, \qquad (4.12.10)$$

其中

$$\hat{D} = B\hat{A}^{-1}B^T - \hat{C}. \qquad (4.12.11)$$

如此确定的 $\hat{M}$ 和 M 一样也有 n 个正的和 m 个负的本征值. 现在用 $\hat{M}$ 作为构造解 (4.12.1) 的预处理矩阵, 迭代格式为

$$
\begin{bmatrix} x_{i+1} \\ y_{i+1} \end{bmatrix} = \begin{bmatrix} x_i \\ y_i \end{bmatrix} + \begin{bmatrix} \hat{A} & B^T \\ B & \hat{D} \end{bmatrix}^{-1} \left\{ \begin{bmatrix} f \\ g \end{bmatrix} - \begin{bmatrix} A & B^T \\ B & O \end{bmatrix} \begin{bmatrix} x_i \\ y_i \end{bmatrix} \right\}.
$$
(4.12.12)

如此迭代, 实际上卷入更细致的两层迭代实现: 第一层即是形如 (4.12.12) 的关于 M 的外迭代; 第二层分别是 (4.12.7) 与 (4.12.8) 两个内迭代. 需要注意的是迭代 (4.12.8) 收敛于 (4.12.9) 的解, 不是形如 (4.12.3b) 的方程解. 倘若我们选择先解 (4.12.3b) 方案, 用迭代法每步都要求用矩阵 C 与向量相乘, 如此可能还要卷入第三层迭代, 花费将是昂贵的; 而选择 H 取代 C 计算能够由显式得到.

    如同 SSOR–PCG 中讨论一样, 我们选择 $\hat{A}$ 是解 (4.12.6) 某个迭代法的一步迭代矩阵 (有时也选多于一步的迭代矩阵), 例如 SSOR 的一步迭代矩阵. 这将是非常有效的, 而且这种效力还直接影响 H, 甚至 $\hat{C}$ 的条件数. 类似, 对于 $\hat{C}$ 也同样选择 (4.12.9) 是某个迭代法的一步迭代矩阵.

    现在估计迭代 (4.12.12) 的收敛速度. 我们仍用 $\langle x,y\rangle$ 表示向量的欧氏内积, 设 F 是对称正定矩阵, 定义向量的 F 范为

$$
\|x\|_F^2 = \langle x, Fx \rangle.
$$
(4.12.13)

如此有关迭代 (4.12.7) 与 (4.12.8) 按范 $\|x\|_A$ 与 $\|y\|_H$ 的收敛速度分别由

$$
\alpha = \|I - \bar{A}\|,
$$
(4.12.14)

$$
\beta = \|I - \bar{B}\bar{B}^T\|
$$
(4.12.15)

给出, 其中 $\bar{A}, \bar{B}$ 分别定义为

$$
\bar{A} = \hat{A}^{-1/2} A \hat{A}^{-1/2},
$$
(4.12.16)

$$
\bar{B} = \hat{C}^{-1/2} B \hat{A}^{-1/2}.
$$
(4.12.17)

设 G 是对称正定 $m \times m$ 阶矩阵, 定义范

$$
\|v\|_*^2 = \|x\|_A^2 + \|y\|_G^2, \quad v = [x,y]^T \in I\!R^n \times I\!R^m.
$$
(4.12.18)

我们估计迭代 (4.12.12) 在此范意义的收敛速度. 对于 Stokes 方程混合有限元离散, $\|x\|_A$ 可以解释为对应于向量 x 的有限元函数的 H^1 范; $\|y\|_G$ 则是对应于向量 y 的有限元函数的 L_2 范.

今假定存在正数 μ_1 与 μ_2 满足

$$\inf_{y\neq 0}\sup_{x\neq 0}\frac{\langle Bx,y\rangle}{\|x\|_A\|y\|_G}\geq\sqrt{\mu_1},\quad\forall x\in I\!\!R^n,y\in I\!\!R^m \qquad (4.12.19)$$

与

$$|\langle Bx,y\rangle|\leq\sqrt{\mu_2}\|x\|_A\|y\|_G,\quad\forall x\in I\!\!R^n,y\in I\!\!R^m. \qquad (4.12.20)$$

定理 12.1. 令 $0<\xi_1\leq\xi_2\leq\cdots\leq\xi_m$ 是

$$G^{-1/2}CG^{-1/2}=(G^{-1/2}BA^{-1/2})(G^{-1/2}BA^{-1/2})^T \qquad (4.12.21)$$

的本征值, 则适合 (4.12.19) 与 (4.12.20) 的最佳正数是 $\mu_1=\xi_1$, $\mu_2=\xi_m$.

证明. 考虑奇值分解

$$G^{-1/2}BA^{-1/2}\overset{\triangle}{=}XSY^T, \qquad (4.12.22)$$

推出

$$\inf_{y\neq 0}\sup_{x\neq 0}\frac{\langle Bx,y\rangle}{\|x\|_A\|y\|_G}=\inf_{y\neq 0}\sup_{x\neq 0}\frac{\langle x,A^{-1/2}B^TG^{-1/2}y\rangle}{\|x\|\|y\|}$$

$$=\inf_{y\neq 0}\frac{\|A^{-1/2}B^TG^{-1/2}y\|}{\|y\|}=\inf_{y\neq 0}\frac{\|YS^TX^Ty\|}{\|y\|}$$

$$=\inf_{y\neq 0}\frac{\|S^TX^Ty\|}{\|X^Ty\|}=\sqrt{\xi_1}.$$

故 $\xi_1=\mu_1$, 至于 $\xi_m=\mu_2$ 同样由奇值分解类似地推导出.　□

推论. 成立

$$\mu_1\|y\|_G^2\leq\|y\|_C^2\leq\mu_2\|y\|_G^2 \qquad (4.12.23)$$

证明. 由定理知 $\mu_1\leq\xi_i\leq\mu_2$, 故对一切 $1\leq i\leq m$ 成立.
□

条件 (4.12.19) 实际上就是 BB- 条件 (3.8.33) 的矩阵形式, 它保证 (4.12.1) 解的存在唯一性.

令 $\|\|\cdot\|\|$ 表示 $\|\cdot\|_*$ 的等价范数, 即存在正常数 k_1 及 k_2 使

$$k_1\|v\|_*^2\leq\|\|v\|\|^2\leq k_2\|v\|_*^2,\quad\forall v\in I\!\!R^n\times I\!\!R^m. \qquad (4.12.24)$$

而迭代 (4.12.12) 的收敛速度取决于对矩阵

$$I-\hat{M}^{-1}M=\begin{bmatrix}\hat{A}&B^T\\B&\hat{D}\end{bmatrix}\begin{bmatrix}\hat{A}-A&0\\0&\hat{D}\end{bmatrix} \qquad (4.12.25)$$

的范数估计

$$\||I - \hat{M}^{-1}M\|| \le \delta. \tag{4.12.26}$$

事实上, $\|\cdot\|_*$ 范的误差依 (4.12.24) 规律为

$$\|e_i\|_* \le k_1^{-1/2}\||e_i\|| \le k_1^{-1/2}\delta^i\||e_0\|| \le (k_2/k_1)^{1/2}\delta^i\|e_0\|_*.$$

我们下面恰当构造 $\||\cdot\||$ 范. 首先证明引理:

引理 12.1. 对任意 $x \in I\!\!R^n$ 成立

$$(1+\alpha)^{-1}\|x\|_A^2 \le \|x\|_{\hat{A}}^2 \le (1-\alpha)^{-1}\|x\|_A^2, \tag{4.12.27}$$

对任意 $y \in I\!\!R^m$ 成立,

$$(1-\alpha)\|y\|_C^2 \le \|y\|_H^2 \le (1+\alpha)\|y\|_C^2, \tag{4.12.28}$$

其中 α 由 (4.12.14) 给出.

证明. 利用 (4.12.14) 并置 $z = \hat{A}^{\frac{1}{2}}x$, 推出

$$(1+\alpha)^{-1}\langle Ax, x\rangle = (1+\alpha)^{-1}\langle \hat{A}^{1/2}\bar{A}\hat{A}^{1/2}x, x\rangle$$

$$= (1+\alpha)^{-1}\langle \bar{A}z, z\rangle \le (1+\alpha)^{-1}(1+\alpha)\|z\|^2 = \|x\|_{\hat{A}}^2,$$

知 (4.12.27) 左端不等式成立, 类似可证右端不等式. 此外, 同样还可证成立不等式

$$(1-\alpha)\|x\|_{A^{-1}}^2 \le \|x\|_{\hat{A}^{-1}} \le (1+\alpha)\|x\|_{A^{-1}}^2. \tag{4.12.29}$$

注意

$$\|(BA^{-1}B^T)^{1/2}y\| = \|A^{-1/2}B^Ty\| = \|B^Ty\|_{A^{-1}},$$

$$\|(B\hat{A}^{-1}B^T)^{1/2}y\| = \|\hat{A}^{-1/2}B^Ty\| = \|B^Ty\|_{\hat{A}^{-1}},$$

置 $x = B^Ty$ 代入 (4.12.29) 得到 (4.12.28) 的证明. □

接下对 (4.12.26) 作估计. 令

$$\bar{B} = U\Sigma V^T \tag{4.12.30}$$

是 $\bar{B}$ 的奇值分解, 其中 U 是 $m \times m$ 阶酉阵, V 是 $n \times n$ 阶酉阵, Σ 是形如

$$\Sigma = \begin{bmatrix} \sigma_1 & \cdots & 0 & 0 & \cdots & 0 \\ \vdots & \ddots & \vdots & \vdots & \ddots & \vdots \\ 0 & \cdots & \sigma_m & 0 & \cdots & 0 \end{bmatrix} = \begin{bmatrix} \Sigma_0 & 0 \end{bmatrix} \tag{4.12.31}$$

的矩阵，$\sigma_i \geq 0$ 为 $\bar{B}$ 的奇值，Σ_0 是 m 阶对角方阵．迭代 (4.12.8) 的误差传播矩阵

$$I - \hat{C}^{-1}(B\hat{A}^{-1}B^T) = I - \hat{C}^{-1}H \tag{4.12.32}$$

的本征值可以用奇值表达为

$$\lambda_i = 1 - \sigma_i^2, \quad 1 \leq i \leq m, \tag{4.12.33}$$

为此只要留意 $\hat{C}^{-1}(B\hat{A}^{-1}B^T) = \hat{C}^{-\frac{1}{2}}\bar{B}\bar{B}^T\hat{C}^{1/2}$，故由 (4.12.15) 得到收敛速率

$$\beta = \max_{1 \leq i \leq m} |\lambda_i|. \tag{4.12.34}$$

定理 12.2. 令 Γ 是 $m \times m$ 阶对角阵，其对角元 $\gamma_i > 0$，$1 \leq i \leq m$，定义范数

$$\|v\|_* = \|\hat{A}^{1/2}x\| + \|\Gamma\hat{C}^{1/2}y\|, \quad v_0 = [x\ y] \in \mathbb{R}^n \times \mathbb{R}^m, \tag{4.12.35}$$

则估计 (4.12.26) 有

$$\delta = \begin{cases} \max(\alpha, \rho), & \text{当 } m < n, \\ \rho, & \text{当 } m = n, \end{cases} \tag{4.12.36}$$

其中 ρ 是二阶矩阵的谱范:

$$\rho = \max_{1 \leq i \leq m} \left\| \begin{bmatrix} \alpha\lambda_i & -\lambda_i\gamma_i^{-1}\sqrt{1-\lambda_i} \\ \alpha\gamma_i\sqrt{1-\lambda_i} & \lambda_i \end{bmatrix} \right\|. \tag{4.12.37}$$

证明. 令

$$F = \begin{bmatrix} \hat{A}^{1/2} & 0 \\ 0 & \hat{C}^{1/2} \end{bmatrix} \begin{bmatrix} \hat{A} & B^T \\ B & \hat{D} \end{bmatrix}$$

$$\times \begin{bmatrix} \hat{A} - A & 0 \\ 0 & \hat{D} \end{bmatrix} \begin{bmatrix} \hat{A}^{-1/2} & 0 \\ 0 & \hat{C}^{-1/2} \end{bmatrix}, \tag{4.12.38}$$

由

$$\begin{bmatrix} \hat{A}^{-1/2} & 0 \\ 0 & \hat{C}^{-1/2} \end{bmatrix} \begin{bmatrix} \hat{A} & B^T \\ B & \hat{D} \end{bmatrix} \begin{bmatrix} \hat{A}^{-1/2} & 0 \\ 0 & \hat{C}^{-1/2} \end{bmatrix}$$

$$= \begin{bmatrix} I & \bar{B}^T \\ \bar{B} & \bar{B}\bar{B}^T - I \end{bmatrix}.$$

$$\begin{bmatrix} \hat{A}^{-1/2} & 0 \\ 0 & \hat{C}^{-1/2} \end{bmatrix} \begin{bmatrix} \hat{A} - A & 0 \\ 0 & \hat{D} \end{bmatrix} \begin{bmatrix} \hat{A}^{-1/2} & 0 \\ 0 & \hat{C}^{-1/2} \end{bmatrix}$$

$$= \begin{bmatrix} I - \bar{A} & 0 \\ 0 & \bar{B}\bar{B}^T - I \end{bmatrix}$$

和

$$\begin{bmatrix} I & \bar{B}^T \\ \bar{B} & \bar{B}\bar{B}^T - I \end{bmatrix} = \begin{bmatrix} I - \bar{B}^T\bar{B} & \bar{B}^T \\ \bar{B} & -I \end{bmatrix}^{-1},$$

得到

$$F = \begin{bmatrix} I - \bar{B}^T\bar{B} & \bar{B}^T\bar{B}\bar{B}^T - \bar{B}^T \\ \bar{B} & I - \bar{B}\bar{B}^T \end{bmatrix} \begin{bmatrix} I - \bar{A} & 0 \\ 0 & 0 \end{bmatrix},$$

应用奇值分解 (4.12.30), 推得

$$F = \begin{bmatrix} V(I - \Sigma^T\Sigma)V^T & V(\Sigma^T\Sigma\Sigma^T - \Sigma^T)U^T \\ U\Sigma V^T & U(I - \Sigma\Sigma^T)U^T \end{bmatrix} \begin{bmatrix} I - \bar{A} & 0 \\ 0 & I \end{bmatrix}$$

$$= \begin{bmatrix} V & 0 \\ 0 & U \end{bmatrix} \begin{bmatrix} I - \Sigma^T\Sigma & \Sigma^T\Sigma\Sigma^T - \Sigma^T \\ \Sigma & I - \Sigma\Sigma^T \end{bmatrix}$$

$$\times \begin{bmatrix} V^T(I - \bar{A})V & 0 \\ 0 & I \end{bmatrix} \begin{bmatrix} V^T & 0 \\ 0 & U^T \end{bmatrix}.$$

注意 F 的定义 (4.12.38), 等价地推出

$$\begin{bmatrix} V^T\hat{A}^{1/2} & 0 \\ 0 & \Gamma U^T\hat{C}^{1/2} \end{bmatrix} \begin{bmatrix} \hat{A} & B^T \\ B & \hat{D} \end{bmatrix}^{-1} \begin{bmatrix} \hat{A} - A & 0 \\ 0 & D \end{bmatrix}$$

$$\times \begin{bmatrix} \hat{A}^{-1/2}V & 0 \\ 0 & \hat{C}^{-1/2}U\Gamma^{-1} \end{bmatrix}$$

$$= \begin{bmatrix} \alpha(I - \Sigma^T\Sigma) & (\Sigma^T\Sigma\Sigma^T - \Sigma)\Gamma^{-1} \\ \alpha\Gamma\Sigma & I - \Sigma\Sigma^T \end{bmatrix}$$

$$\times \begin{bmatrix} \alpha^{-1}V^T(I - \bar{A})V & 0 \\ 0 & I \end{bmatrix}. \tag{4.12.39}$$

由相似矩阵性质，知 (4.12.39) 左端矩阵的谱范恰等于 $\||I - \hat{M}^{-1}M\||$，而右端第二项由 (4.12.14) 有

$$\left\|\left[\begin{array}{cc} \alpha^{-1}V^T(I-\bar{A})V & 0 \\ 0 & I \end{array}\right]\right\| = 1, \qquad (4.12.40)$$

这就导出：$\||I - \hat{M}^{-1}M\|| \le \delta$，而 δ 由 (4.12.39) 右端的第一项矩阵范控制，即

$$\delta = \left\|\left[\begin{array}{cc} \alpha(I-\Sigma^T\Sigma) & (\Sigma^T\Sigma\Sigma^T - \Sigma^T)\Gamma^{-1} \\ \alpha\Gamma\Sigma & I-\Sigma\Sigma^T \end{array}\right]\right\|.$$

如果 $m < n$，则按 (4.12.31) 知 δ 是矩阵

$$\left[\begin{array}{ccc} \alpha(I-\Sigma_0^2) & 0 & (\Sigma_0^3-\Sigma_0)\Gamma^{-1} \\ 0 & \alpha I & 0 \\ \alpha\Gamma\Sigma_0 & 0 & I-\Sigma_0^2 \end{array}\right]$$

的范，因而得到 $\delta = \max(\alpha, \rho)$，而

$$\rho = \max_{1\le i\le m} \left\|\left[\begin{array}{cc} \alpha(1-\sigma_i^2) & (\sigma_i^3-\sigma_i)\gamma_i^{-1} \\ \alpha\sigma_i\gamma_i & 1-\sigma_i^2 \end{array}\right]\right\|,$$

注意 (4.12.33) 知 $m < n$ 情形成立. 若 $m = n$，则 $\Sigma_0 = \Sigma$, $\delta = \rho$, $1-\sigma_i^2 = \lambda_i$ 也获证.   □

推论. 若取 $\hat{A} = (1-\alpha)^{-1}A$，则 $I - \bar{A} = \alpha I$，且

$$\||I - \hat{M}^{-1}M\|| = \delta.$$

定理把收敛速度估计归结为对常数 ρ 的估计.

引理 12.2. 如果 $\lambda < 1$ 并且 $0 < \gamma^2 < 1+\lambda$，则

$$\left\|\left[\begin{array}{cc} \alpha\lambda & -\lambda\gamma^{-1}\sqrt{1-\lambda} \\ \alpha\gamma\sqrt{1-\lambda} & \lambda \end{array}\right]\right\|$$

$$\le \max\left\{\alpha, \sqrt{\frac{\lambda^2}{\gamma^2(1+\lambda-\gamma^2)}}\right\}. \qquad (4.12.41)$$

证明. 对任意 $\xi, \eta \in R$ 及 $\varepsilon \neq 0$, 直接计算得到

$$\left\| \begin{bmatrix} \alpha\lambda & -\lambda\gamma^{-1}\sqrt{1-\lambda} \\ \alpha\gamma\sqrt{1-\lambda} & \lambda \end{bmatrix} \begin{bmatrix} \xi \\ \eta \end{bmatrix} \right\|^2$$

$$= (\lambda^2 - \gamma^2\lambda + \gamma^2)(\alpha\xi)^2 + 2\varepsilon\alpha\xi((\gamma - \gamma^{-1}\lambda)\lambda\sqrt{1-\lambda})\eta/\varepsilon$$

$$+ (\gamma^{-2}\lambda^2(1-\lambda) + \lambda^2)\eta^2 \leq (\lambda^2 - \gamma^2\lambda + \gamma^2 + \varepsilon^2)(\alpha\xi)^2$$

$$+ (\gamma^{-2}\lambda^2(1-\lambda) + \lambda^2 + (\gamma - \gamma^{-1}\lambda)^2\lambda^2(1-\lambda)/\varepsilon^2)\eta^2$$

$$\tag{4.12.42}$$

选择 $\varepsilon^2 = (1 + \lambda - \gamma^2)(1-\lambda)$ 代入 (4.12.42) 获其

$$\text{左端} \leq \alpha^2\xi^2 + \lambda^2/(\gamma^2 + (1 + \lambda - \gamma^2))\eta^2,$$

由此知 (4.12.41) 成立. □

在以下定理中, 我们导出特殊的与 $\|\cdot\|_*$ 相等价的范数.

定理 12.3. 令

$$\theta = \frac{1}{2}\frac{1-\beta}{1+\beta}. \tag{4.12.43}$$

定义新范

$$\|\|v\|\|^2 = \|x\|_A^2 + \theta\|y\|_H^2, \quad \forall v = [x \quad y]^T, \tag{4.12.44}$$

则关于递推矩阵在此范下有估计

$$\|\|I - \hat{M}^{-1}M\|\| \leq \delta, \tag{4.12.45}$$

其中

$$\delta = \max\left(\alpha, \frac{2\beta}{1-\beta}\right). \tag{4.12.46}$$

此外, 由 (4.12.45) 定义的范与 $\|\cdot\|_*$ 等价, 即 (4.12.24) 式成立, 且

$$\frac{k_2}{k_1} = \frac{(1+\alpha)}{(1-\alpha)}\frac{\max(1, \theta(1-\alpha^2)\mu_2)}{\min(1, \theta(1-\alpha^2)\mu_1)}. \tag{4.12.47}$$

证明. 对固定常数 $c > 0$, 置

$$\Gamma = (c\Sigma\Sigma^T)^{1/2} = c^{1/2}\Sigma_0,$$

那么

$$(\Gamma U^T \hat{C}^{1/2})^T(\Gamma U^T \hat{C}^{1/2}) = cB\hat{A}^{-1}B^T = cH, \tag{4.12.48}$$

故

$$c\|y\|_H^2 = \|\Gamma U^T \hat{C}^{1/2} y\|^2, \quad \forall y \in I\!\!R^m, \tag{4.12.49}$$

从而形如

$$\|\|v\|\| = \|x\|_A^2 + c\|y\|_H^2, v = [x \ \ y]^T$$

所定义的范，可以纳入定理 12.2 的框架中讨论.

令 $\gamma(\lambda) = \sqrt{c(1-\lambda)}$，取 Γ 的对角元为 $\gamma_i = \gamma(\lambda_i)$，$1 \le i \le m$. 容易检验引理 12.2 的假定

$$1 + \lambda - \gamma(\lambda)^2 > 0, \quad |\lambda| \le \beta < 1$$

成立之充要条件为

$$0 < c < \frac{1+\beta}{1-\beta}. \tag{4.12.50}$$

现在用引理 12.2 估计二阶矩阵

$$\begin{bmatrix} \alpha\lambda & -\lambda\gamma^{-1}(\lambda)\sqrt{1-\lambda} \\ \alpha\gamma(\lambda)\sqrt{1-\lambda} & \lambda \end{bmatrix}, \quad |\lambda| \le \beta$$

的范，定义函数

$$\psi(\lambda) = \frac{\lambda^2}{\gamma(\lambda)^2(1 + \lambda - \gamma(\lambda)^2)} = \frac{\lambda^2}{(c-c^2) + 2c^2\lambda - (c-c^2)\lambda^2}.$$

比较 (4.12.41) 的右端，并注意在区间中

$$1 - c^{-1} < \lambda < 0,$$

$\psi(\lambda)$ 取负值，在区间外 $\psi(\lambda)$ 取非负值. 而在条件 (4.12.50) 下，在区间 $-\beta \le \lambda \le 0, \psi(\lambda)$ 单调递减；在区间 $0 \le \lambda \le \beta$ 则单调递增. 由于

$$\psi(0) = 0 < \psi(\beta)$$

$$= \frac{\beta^2}{(c-c^2) + 2c^2\beta - (c+c^2)\beta^2} < \psi(-\beta)$$

$$= \frac{\beta^2}{(c-c^2) - 2c^2\beta - (c+c^2)\beta^2},$$

从而估计出对一切 $|\lambda| \le \beta$, 有

$$\psi(\lambda) \le \psi(-\beta) = \frac{\beta^2}{\gamma(-\beta)^2(1 - \beta - \gamma(-\beta)^2)},$$

但 $\psi(-\beta)$ 作为 β 的函数, 易证当 $\gamma(-\beta) = (1-\beta)/2$ 或者 $c = \theta$ 时取得极小值, 此时

$$\psi(-\beta) = \left(\frac{2\beta}{1-\beta}\right)^2.$$

这就得到 (4.12.45) 与 (4.12.46) 的证明. 至于 (4.12.24) 与 (4.12.47) 的证明不难从 (4.12.23) 与引理 12.1 推出. □

估计 (4.12.46) 保证了当 $\alpha < 1$ 及 $\beta < 1/3$ 时成立 $\delta < 1$, 而且当 $\beta \le \dfrac{\alpha}{2+\alpha}$ 成立 $\delta \le \alpha$. 由此推出当 $\beta \le \alpha/(2+\alpha)$ 时, 迭代格式 (4.12.12) 经过 l 次迭代后, 其误差不大于 $k\alpha^l\|e_0\|_*$, 其中 $k = (k_2/k_1)^{1/2}$.

注意到由 (4.12.44) 定义的范与矩阵 $\hat{C}$ 无关, 这对于下面讨论很重要. 其所以得到此无关性是因为我们对 Γ 采取特殊的选择, 从而避开 (4.12.35) 定义的范与 $\hat{C}$ 有明显的相关关系.

下面定理表明 (4.12.12) 的收敛性受制于内迭代 (4.12.8) 的收敛性.

定理 12.4. 设迭代 (4.12.8) 的误差传播矩阵 (4.12.32) 的本征值 λ_i 非负, 而 (4.12.35) 定义的范中对角阵 Γ 的对角元为

$$\gamma_i = \sqrt{\frac{1+\lambda_i}{2}}, \quad 1 \le i \le m, \tag{4.12.51}$$

则 (4.12.12) 收敛速度有估计

$$\delta \le \max(\alpha, 2\beta(1+\beta)), \tag{4.12.52}$$

且在 γ_i 如此选择下, (4.12.24) 成立, 而且

$$\frac{k_2}{k_1} = \frac{(1+\alpha)}{(1-\alpha)} \frac{\max(2, \phi(1-\alpha^2)\mu_2)}{\min(2, \phi(1-\alpha^2)\mu_1)} \tag{4.12.53}$$

这里 $\phi = (1+\beta)/(1-\beta)$.

证明. 当 $\gamma = \sqrt{(1+\lambda)/2}$ 时, 易得 (4.12.41) 右端平方根项达到极小, 且此时

$$\frac{\lambda^2}{\gamma^2(1+\lambda-\gamma^2)} = \left(\frac{2\lambda}{1+\lambda}\right)^2,$$

应用定理 12.2 和引理 12.2 证得 (4.12.52) 成立.

最后类似于 (4.12.49) 得到

$$\|y\|_H = \|\Sigma_0 U^T \hat{C}^{1/2} y\|, \quad \forall y \in \mathbb{R}^m.$$

借助直接计算，不难得出

$$\|y\|_H^2 \le 2\|\Gamma U^T \hat{C}^{1/2}\|^2 \le \phi\|y\|_H^2,$$

应用 (4.12.23) 与 (4.12.27) 结果，这已蕴含 (4.12.53) 成立. □

留意，与定理 12.3 相反，定理 12.4 对所有 $\beta < 1$，即对迭代法 (4.12.7) 与 (4.12.8)，保证了收敛性. 同时 (4.12.52) 表明

$$\delta \le \alpha, \quad \text{当} \quad \beta \le \frac{\alpha}{2-\alpha}. \tag{4.12.54}$$

然而 (4.12.46) 仅保证 $\beta \le \dfrac{\alpha}{2+\alpha}$ 时 $\delta \le \alpha$，这无疑大为改善. 但经常情形是 β 不能满足由 (4.12.54) 给出的不等式.

最后考虑内迭代计算. 由于迭代 (4.12.12) 中每个迭代步都要求解线性方程组

$$Hy = c, \tag{4.12.55}$$

一般说这个方程没有显式解法. 我们将阐明用预处理共轭梯度法解 (4.12.55) 是有效的，其关键是选择好预处理矩阵. 我们证明选择 (4.12.18) 定义的矩阵 G 为预处理矩阵，不仅对 $C = BA^{-1}B^T$ 而且对 H 皆是好的. 为此，由 §10 讨论只需要估出条件数 $\kappa(G^{-1/2}HG^{-1/2})$. 我们有

定理 12.5. 成立

$$\frac{1-\alpha}{1+\alpha}\kappa(G^{-1/2}CG^{-1/2}) \le \kappa(G^{-1/2}HG^{-1/2})$$
$$\le \frac{1+\alpha}{1-\alpha}\kappa(G^{-1/2}CG^{-1/2}). \tag{4.12.56}$$

证明. 由条件数定义，易知对任何非奇异 m 阶矩阵 R 和 S，有以下性质

$$\kappa(RR^T) = \kappa(R)\kappa(R^T) = \kappa(R^T R),$$
$$\kappa(R^{-1}) = \kappa(R), \tag{4.12.57}$$
$$\kappa(RS) \le \kappa(R)\kappa(S)$$

因此有

$$\kappa(G^{-1/2}CG^{-1/2}) \le \kappa(G^{-1/2}B\hat{A}^{-1/2})\kappa(\hat{A}^{-1/2}A^{-1}\hat{A}^{1/2})$$
$$\times \kappa(\hat{A}^{-1/2}B^T G^{-1/2}) = \kappa(\bar{A})\kappa(G^{-1/2}HG^{-1/2})$$

和

$$\kappa(G^{-1/2}HG^{-1/2}) \le \kappa(G^{-1/2}BA^{-1/2})\kappa(A^{-1/2}\hat{A}^{-1}A^{1/2})$$
$$\times \kappa(A^{-1/2}B^TG^{-1/2}) = \kappa(\bar{A})\kappa(G^{-1/2}CG^{-1/2}),$$

但

$$\kappa(\bar{A}) \le (1+\alpha)/(1-\alpha),$$

知定理成立.　□

按照不等式 (4.12.23), 显然又有

$$\kappa(G^{-1/2}CG^{-1/2}) \le \mu_2/\mu_1, \tag{4.12.58}$$

所以对于适当的 α, G 和与它谱等价的任何矩阵 $\hat{G}$ 皆可作为 H 的预处理矩阵. 例如对于 Stokes 方程的有限元近似, G 是相应的 L_2 内积下的矩阵, 而 $\hat{G}$ 可以是简单的对角阵. 这意味 (4.12.8) 的一个可行选择是

$$y := y + \omega\hat{G}^{-1}(c - Hy),$$

恰当选择 $\omega > 0$ 可以加速收敛, 甚至选用非稳态的参数, 例如 Chebyshev 加速技巧. 当然这些技巧也是有缺点, 因为它要求对 $\hat{G}^{-1}H$ 的本征值上、下界有好的估计, 这往往不易办到. 与之相反, 以 $\hat{G}$ 为预处理阵的共轭梯度法不需要 $\hat{G}^{-1}H$ 的本征值估计, 而且有更快的收敛速度.

由于 (4.12.10) 知

$$\hat{M}^{-1} = \begin{bmatrix} \hat{A}^{-1} & -\hat{A}^{-1}B^T \\ 0 & I \end{bmatrix} \begin{bmatrix} I & 0 \\ 0 & \hat{C}^{-1} \end{bmatrix} \begin{bmatrix} I & 0 \\ B\hat{A}^{-1} & -I \end{bmatrix},$$
$$\tag{4.12.59}$$

这就导出解混合元方程 (4.12.1) 的算法:

步 1. 计算残量

$$r = f - (Ax - B^Ty),$$
$$s = g - Bx.$$

步 2. 计算

$$c = BA^{-1}r - s.$$

步 3. 确定线性方程

$$Hd = c$$

的近似解 $\hat{d}$, 其中 $H = B\hat{A}^{-1}B^T$.

步 4. 计算

$$v = \hat{A}^{-1}(r - B^T\hat{d}).$$

步 5. 置 $x := x + v, y := y + \hat{d}$ 转步 1.

以下引理证明: $\hat{d}$ 的算法的优劣依赖于迭代矩阵 $\hat{C} = \hat{C}_i$ 的选择, 而 $\hat{C}$ 是由某个迭代法的一个简单迭代步所确定.

引理 12.3. 设 H 是对称正定的 n 阶矩阵, 令 $d, \hat{d} \in \mathbb{R}^m$ 满足

$$\|d - \hat{d}\|_H \le \beta\|d\|_H, \qquad (4.12.60)$$

其中 $0 \le \beta < 1$, 那么必存在对称正定矩阵 $\hat{C}$ 使

$$\hat{C}\hat{d} = Hd \qquad (4.12.61)$$

且

$$\|I - \hat{C}^{-1/2}H\hat{C}^{-1/2}\| \le \beta. \qquad (4.12.62)$$

证明. 置 $y = H^{1/2}d, \hat{y} = H^{1/2}\hat{d}$, 不失一般性假定 $\|y\| = 1$ 而且 $m \ge 2$.

令 $u_1, \cdots, u_m$ 是 $\mathbb{R}^m$ 的规范正交基, 且

$$y = u_1, \hat{y} = au_1 + bu_2.$$

令 U 是 m 阶酉阵, 并以 $u_1, \cdots, u_m$ 为列向量. 确定对称矩阵 Q, 满足

$$(U^TQU)_{ij} = q_{ij},$$

其中

$$\begin{bmatrix} q_{11} & q_{12} \\ q_{21} & q_{22} \end{bmatrix} = \begin{bmatrix} a & b \\ b & 2-a \end{bmatrix}, \qquad (4.12.63)$$

而余下的元素规定为

$$q_{ij} = \delta_{ij} \quad \text{当 } i > 2, j > 2.$$

如此的 Q 显然适合

$$Qy = \hat{y}. \qquad (4.12.64)$$

由

$$(1-a)^2 + b^2 = \|y - \hat{y}\|^2 \le \beta^2\|y\|^2 = \beta^2$$

及 $\beta < 1, a > 0, 2 - a > 0, a(2-a) - b^2 > 0$ 等各式, 得知 Q 是正定的, 并且

$$\|I - Q\|^2 = (1-a)^2 + b^2 \le \beta^2. \qquad (4.12.65)$$

考虑
$$\hat{C} = H^{1/2} Q^{-1} H^{1/2},$$

利用 (4.12.64) 得到 $\hat{C}\hat{d} = Hd$, 利用 (4.12.65) 得到
$$\| I - H^{1/2} \hat{C}^{-1} H^{1/2} \| \leq \beta.$$

最后由 $H^{1/2}\hat{C}^{-1}H^{1/2} = (H^{1/2}\hat{C}^{-1/2})\hat{C}^{-1/2}H\hat{C}^{-1/2}(\hat{C}^{1/2}H^{-1/2})$, 知 $H^{1/2}\hat{C}^{-1}H^{1/2}$ 与 $\hat{C}^{-1/2}H\hat{C}^{-1/2}$ 相似, 这就获得引理的证明. □

应用定理 12.3, 最终得到以下定理.

定理 12.6. 如算法步 3 中提供的近似能保证

$$\| d - \hat{d} \|_H \leq \beta \| d \|_H, \quad \beta < \frac{1}{3}, \tag{4.12.66}$$

则按 (4.12.44) 定义的范, 迭代误差的收缩因子

$$\delta = \max\left(\alpha, \frac{2\beta}{1 - \beta}\right) < 1. \tag{4.12.66}$$

推论. 如果 $\beta \leq \alpha/(2 + \alpha)$, 则经过 l 次迭代后的误差按 $\| \cdot \|_*$ 意义不大于 $k\alpha^l \| e_0 \|_*$, 其中 $k = (k_2/k_1)^{1/2}$, 即是说用迭代 (4.12.7) 解方程 (4.12.6) 是成功的.

从实算观点看条件 (4.12.60) 是难于验证的, 因为无法算出 $\| d - \hat{d} \|_H / \| d \|_H$. 较实用的方法是用固定步数的共轭梯度法或使用预处理残量法去试探收敛性. 有关数值算例可以在 [22] 中找到.

第五章 偏微分方程的快速算法

网格方程迭代法已在上一章叙述过，它的工作量取决于迭代矩阵的谱半径. 这些方法虽然有较广泛的适用范围，但是对于一类特殊问题，如矩形域上 Poisson 方程的五点差分格式，工作量太大：用最优松驰因子的 SOR 解一个有 $N \times N$ 网格点的问题需要 $O(N^3 \log N)$ 次运算；使用定带宽高斯消去法要做 $O(N^4)$ 次运算. 自从 60 年代快速 Fourier 变换 (FFT) 问世后，用 FFT 解矩形域上 Poisson 方程的工作量降到 $O(N^2 \log N)$，并且还出现直接解法（显式计算）. 对于一般规则域上的变系数方程，也有谱方法，τ 方法及各种高精度格式. 这些方法与一般域问题常用的方法相比较，通常皆具有格式逼近精度高，并且有类似 FFT 的快速算法.

本书阐述的区域分解法，主要工作是解子域（往往是规则区域）上的问题，故仔细研究规则域上问题的快速算法，对于提高区域分解算法的效率有直接关系.

本章先讨论直接解，然后阐述快速 Fourier 变换及其解在 Poisson 型方程、双调和差分方程的应用. 除第一边值问题外，也讨论第二与第三边值问题. 此外，我们还要简述循环约化法，这一方法与快速 Fourier 变换结合构成所谓 FACR 方法，是迄今运算量最低的方法.

谱方法和 τ 方法是当前计算数学的重要领域，具有精度高并能和快速 Fourier 变换结合之优点，目前已广泛用于流体力学计算中. 本章仅择要述其大意.

§1. 直接解

在规则区域上一类椭圆型方程的差分格式，其解能显式表达出，称为数值解的直接方法. 直接方法不仅是快速方法，而且能把解直接用算术运算表达出，故程序简单明白. 直接解主要依据是矩阵张量积运算，因此在讨论之前先介绍有关矩阵直积与拉直的性质.

1.1. 矩阵的直积与拉直

定义 1.1. 设 A 是 $m \times n$ 阶矩阵，B 是 $p \times q$ 阶矩阵，称 $mp \times nq$ 阶矩阵

$$
A \otimes B = \begin{bmatrix}
a_{11}B & a_{12}B & \cdots & a_{1n}B \\
a_{21}B & a_{22}B & \cdots & a_{2n}B \\
\vdots & \vdots & & \vdots \\
a_{m1}B & a_{m2}B & \cdots & a_{mn}B
\end{bmatrix} \tag{5.1.1}
$$

是 A 与 B 的直积或张量积，或 Kronecker 积.

$A \otimes B$ 定义了一个 $m \times n$ 块的分块矩阵. 有关直积的性质可以在很多专著中找到，我们仅列出需要用到的.

定理 1.1. 只要下面涉及的运算可行，就有

$1°$ $0 \otimes A = A \otimes 0 = 0$.

$2°$ $(A_1 + A_2) \otimes B = A_1 \otimes B + A_2 \otimes B$.

$\quad A \otimes (B_1 + B_2) = A \otimes B_1 + A \otimes B_2$.

$3°$ 对任何复数 ξ, η, $\xi A \otimes \eta B = \xi\eta A \otimes B$.

$4°$ $(A \otimes B) \otimes C = A \otimes (B \otimes C)$.

$5°$ $(A_1 \otimes B_1)(A_2 \otimes B_2) = (A_1 A_2) \otimes (B_1 B_2)$.

$6°$ $(A \otimes B)^{-1} = A^{-1} \otimes B^{-1}$.

$7°$ $(A \otimes B)^T = A^T \otimes B^T$.

$8°$ 两个上（下）三角阵的直积是上（下）三角阵.

$9°$ 两个酉阵的直积是酉阵.

证明. $1°$—$4°$ 是显然的. $5°$ 是重要性质，证明如下：

设 A_i 是 $m_i \times n_i$ 阶矩阵，B_i 是 $p_i \times q_i$ 阶矩阵 $(i = 1, 2)$，由可乘性应有 $n_1 = m_2$, $q_1 = p_2$. 故 $5°$ 两端皆是 $m_1 p_1 \times n_2 q_2$ 阶矩阵，且都被分为 $m_1 \times n_2$ 块，记 $A_i = [a_{kl}^i]$, $(i = 1, 2)$，只须证两边

的 (α,β) 块相等，为此从

$$[(A_1 \otimes B_1)(A_2 \otimes B_2)]_{\alpha\beta} = \sum_{\gamma=1}^{n_1}[A_1 \otimes B_1]_{\alpha\gamma}[A_2 \otimes B_2]_{\gamma\beta}$$
$$= \sum_{\gamma=1}^{n_1} a_{\alpha\gamma}^1 B_1 a_{\gamma\beta}^2 B_2 = (A_1A_2)_{\alpha\beta}B_1B_2$$
$$= [(A_1A_2) \otimes (B_1B_2)]_{\alpha\beta}$$

获证. 至于 6°, 注意

$$(A \otimes B)(A^{-1} \otimes B^{-1}) = (AA^{-1}) \otimes (BB^{-1}) = I$$

就得到证明. 余下各式皆是明显的.   □

    易见，直积的交换律不成立. 下面定理是直积的另一重要性质：

    定理 1.2. 设

$$\varphi(s,t) = \sum_{i,j=0}^{p} \alpha_{ij} s^i t^j$$

是 s,t 的 p 阶多项式，定义

$$\varphi(A,B) = \sum_{i,j=0}^{p} \alpha_{ij} A^i \otimes B^j \tag{5.1.2}$$

是关于 m 阶方阵 A 与 n 阶方阵 B 的矩阵多项式. 若 $\lambda_1,\cdots,\lambda_m$ 与 $\mu_1,\cdot,\mu_n$ 分别是 A 与 B 的本征值集合，则 $\varphi(A,B)$ 的本征值集合是

$$\{\varphi(\lambda_i,\mu_j): i=1,\cdots,m; \; j=1,\cdots,n\}. \tag{5.1.3}$$

    证明. 应用矩阵的 Schur 分解，知存在酉阵 P 和 Q, 使

$$P^*AP = T_1, \quad Q^*BQ = T_2,$$

这里 T_i 是上三角阵，主对角元分别是 A,B 的本征值. 由性质 8° 及 9° 知 $T_1 \otimes T_2$ 也是上三角阵，$P \otimes Q$ 是酉阵.

    对 $A^i \otimes B^j$ 有

$$(P \otimes Q)^*(A^i \otimes B^j)(P \otimes Q) = (P^*A^iP) \otimes (Q^*B^jQ) = T_1^i \otimes T_2^j.$$

于是

$$(P \otimes Q)^* \varphi(A,B)(P \otimes Q)$$

$$= \sum_{i,j=0}^{p} \alpha_{ij}(P \otimes Q)^*(A^i \otimes B^j)(P \otimes Q)$$

$$= \varphi(T_1, T_2). \tag{5.1.4}$$

由于 $\varphi(T_1, T_2)$ 是上三角阵，且以 $\varphi(\lambda_i, \mu_j)$ 为主对角元，这表明 (5.1.3) 成立. □

定理 1.3. 设 x 和 y 分别是 A 和 B 的本征向量，λ 和 μ 是对应的本征值，则 $x \otimes y$ 是 $\varphi(A,B)$ 的本征向量，$\varphi(\lambda, \mu)$ 是对应的本征值.

证明. 把 $\varphi(A,B)$ 直接作用于 $x \otimes y$, 得

$$\varphi(A,B)(x \otimes y) = \sum_{i,j=0}^{p} \alpha_{ij}(A^i \otimes B^j)(x \otimes y)$$

$$= \sum_{i,j=0}^{p} \alpha_{ij}(A^i x) \otimes (B^j y)$$

$$= \sum_{i,j=0}^{p} \alpha_{ij} \lambda^i \mu^j x \otimes y = \varphi(\lambda, \mu) x \otimes y. \tag{5.1.5}$$

证毕. □

定义 1.2（矩阵拉直）. 设 A 是 $m \times n$ 阶矩阵，元素为 a_{ij} $(i = 1, \cdots, m;\ j = 1, \cdots, n)$, 称 mn 维列向量

$$\vec{A} = [a_{11}, \cdots, a_{1n}, \cdots, a_{2n}, \cdots, a_{mn}]^T, \tag{5.1.6}$$

为矩阵 A 的（按行）拉直.

显然，$A \to \vec{A}$ 给出了 $(I\!R^m)^n \to I\!R^{mn}$ 的同构映射，意在把矩阵表为向量，在特殊情况下这种表示带来某种方便. 关于拉直与直积关系有以下定理：

定理 1.4. 只要下面涉及的运算可行，就有

1° $\overrightarrow{\sum_{i=1}^{k} \xi_i A_i} = \sum_{i=1}^{k} \xi_i \vec{A}_i.$

2° $\mathrm{tr}(B^T A) = \vec{B}^T \vec{A}.$

3° $\overrightarrow{ABC} = (A \otimes C^T)\vec{B}.$

证明. 1° 与 2° 是显然的. 今证 3°: 设 A, B, C 分别是 $m \times p$ 阶, $p \times q$ 阶与 $q \times n$ 阶矩阵, 于是 ABC 是 $m \times n$ 阶矩阵. 考虑 ABC 的元素

$$(ABC)_{ij} = \sum_{k=1}^{p} \sum_{l=1}^{q} a_{ik} b_{kl} c_{lj} = d_{ij}. \tag{5.1.6}$$

由拉直定义知, $\overrightarrow{ABC}$ 的第 $(i-1)n+j$ 个分量是

$$(\overrightarrow{ABC})_{(i-1)n+j} = d_{ij}, \quad i = 1, \cdots, m; \; j = 1, \cdots, n.$$

但由直积的定义知, $A \otimes C^T$ 在 $((i-1)n+j,\, (k-1)q+l)$ 的位置的元是

$$(A \otimes C^T)_{(i,j),(k,l)} = a_{ik} c_{lj},$$

$\vec{B}$ 的第 $(k-1)q+l$ 个分量是 b_{kl}, 于是得

$$((A \otimes C^T)\vec{B})_{(i-1)n+j} = \sum_{k=1}^{p} \sum_{l=1}^{q} a_{ik} c_{lj} b_{kl} = d_{ij},$$

比较 (5.1.6) 即获证明. □

1.2. 五点差分近似的直接解

考虑平面 Poisson 方程的 Dirichlet 问题:

$$\begin{cases} -\Delta w = f(x,y), & (\Omega = (0,a) \times (0,b)), \\ w = 0, & (\partial\Omega). \end{cases} \tag{5.1.7}$$

用步长为 h 的方形网格分划 Ω, 设 $a = (m+1)h$, $b = (n+1)h$, 记

$$f(ph, ih) = f_{pi}, \quad w(ph, ih) = w_{pi}.$$

熟知 (5.1.7) 的五点差分格式为

$$-\frac{1}{h^2}\Delta_5 w_{pi} = f_{pi}, \quad p = 1, \cdots, m, i = 1, \cdots, n, \tag{5.1.8}$$

这里

$$\Delta_5 w_{pi} = w_{p+1,i} + w_{p-1,i} + w_{p,i+1} + w_{p,i-1} - 4w_{p,i} \tag{5.1.9}$$

是差分算子. 全部未知数按 $w_{11}, w_{21}, \cdots, w_{m1}, \cdots, w_{1n}, \cdots, w_{mn}$ 秩序排为列向量, 则可描述差分方程 (5.1.8) 为

$$M_5 \boldsymbol{w} = h^2 \boldsymbol{f}, \tag{5.1.10}$$

这里 M_5 有 $n \times n$ 三对角块结构

$$M_5 = \begin{bmatrix} A_m + 2I_m & -I_m & & \\ -I_m & A_m + 2I_m & -I_m & \\ \cdots & \cdots & \cdots & \cdots \\ & & -I_m & A_m + 2I_m \end{bmatrix},$$

$$(5.1.11)$$

其中 I_m 是 m 阶单位阵，A_m 是 m 阶三对角阵

$$A_m = \begin{bmatrix} 2 & -1 & & & \\ -1 & 2 & -1 & & \\ & \ddots & \ddots & \ddots & \\ & & -1 & 2 & -1 \\ & & & -1 & 2 \end{bmatrix}.$$

$$(5.1.12)$$

容易检验 M_5 能用直积表示为

$$M_5 = A_m \otimes I_n + I_m \otimes A_n.$$

$$(5.1.13)$$

代入 (5.1.10)，并视向量 w, f 为矩阵 W 与 F 的拉直，则由定理 1.4 知方程 (5.1.10) 等价于矩阵方程：求 $m \times n$ 阶矩阵 W，满足

$$A_m W + W A_n = h^2 F.$$

$$(5.1.14)$$

矩阵 M_5 的表达式 (5.1.13) 提供了 (5.1.10) 解的直接表达式．这是因为 A_m 的本征值与本征向量都是熟知的．本征值为

$$\lambda_k^{(m)} = 4\sin^2 \frac{k\pi}{2(m+1)}, \quad k = 1, \cdots, m,$$

$$(5.1.11)$$

对应的本征向量的第 i 个分量为

$$u_{ik}^{(m)} = \sqrt{\frac{2}{m+1}} \sin \frac{ik\pi}{m+1}, \quad i = 1, \cdots, m,$$

$$(5.1.12)$$

并用 $u_k^{(m)}$ 表示．应用定理 1.2 及定理 1.3, 知 M_5 的全体本征值由

$$\lambda_k^{(m)} + \lambda_l^{(n)}, \quad k = 1, \cdots, m; \ l = 1, \cdots, n,$$

$$(5.1.13)$$

构成，对应的本征向量为

$$u_k^{(m)} \otimes u_l^{(n)}, \quad k = 1, \cdots, m; \ l = 1, \cdots, n.$$

$$(5.1.14)$$

以下谱分解引理是熟知的.

引理 1.1. 设 B 是 N 阶实对称阵，$\lambda_i, \boldsymbol{p}_i \ (i = 1, \cdots, N)$，是 B 的本征值和本征向量，则 B 有谱表示

$$B = \sum_{i=1}^{N} \lambda_i \boldsymbol{p}_i \boldsymbol{p}_i^T. \tag{5.1.15}$$

推论. 如果 $\lambda_i \neq 0, (i = 1, \cdots, N)$ 则 B^{-1} 存在，且有谱表示

$$B^{-1} = \sum_{i=1}^{N} \boldsymbol{p}_i \boldsymbol{p}_i^T / \lambda_i. \tag{5.1.16}$$

由此利用 (5.1.11) 至 (5.1.14) 的结果得到 (5.1.10) 的解的显式表达式：

$$w_{pi} = \frac{h^2}{(m+1)(n+1)} \sum_{q,k=1}^{m} \sum_{j,l=1}^{n} \sin\frac{pk\pi}{m+1} \sin\frac{il\pi}{n+1} \sin\frac{qk\pi}{m+1}$$

$$\times \sin\frac{jl\pi}{n+1}\left(\sin^2\frac{k\pi}{2(m+1)} + \sin^2\frac{l\pi}{2(n+1)}\right)^{-1} f_{qj},$$
$$\tag{5.1.17}$$

或者更便于计算的形式：

$$w_{pi} = \frac{h^2}{(m+1)(n+1)} \sum_{k=1}^{m} \sin\frac{pk\pi}{m+1} \sum_{l=1}^{n} \sin\frac{il\pi}{n+1}$$

$$\times \left(\sin^2\frac{k\pi}{2(m+1)} + \sin^2\frac{l\pi}{2(n+1)}\right)^{-1}$$

$$\times \sum_{q=1}^{m} \sin\frac{qk\pi}{m+1} \sum_{j=1}^{n} \sin\frac{jl\pi}{n+1} f_{qj}. \tag{5.1.18}$$

注意此显式表达式不仅易算，而且可以选择仅算那些我们所关心的网点值，这在区域分解算法中，例如在 Schwarz 交替法中就是如此.

1.3. 九点差分近似的直接解

众所周知，五点差分格式仅有 $O(h^2)$ 阶逼近精度，欲提高逼近精度可以考虑九点差分格式：

$$\Delta_9 w_{pi} = \frac{1}{6} \sum_{s,t=-1}^{1} \alpha_{st} w_{p+s,i+t}, \tag{5.1.19}$$

其中系数

$$\alpha_{st} = \begin{cases} -20, & \text{当 } |s| + |t| = 0, \\ 4, & \text{当 } |s| + |t| = 1, \\ 1, & \text{当 } |s| + |t| = 2. \end{cases} \quad (5.1.20)$$

借助 Taylor 级数展开式（参见 [192]）易获对充分光滑的函数 $w(x,y)$ 成立

$$\frac{1}{h^2} \Delta_9 w_{pi} = (\Delta w)_{pi} + \frac{h^2}{12}(\Delta^2 w)_{pi}$$
$$+ \frac{h^4}{360}(\Delta^3 w + 2\frac{\partial^4}{\partial x^2 \partial y^2} \Delta w)_{pi} + O(h^6). \quad (5.1.21)$$

这就意味差分方程

$$-\frac{1}{h^2}\Delta_9 w_{pi} = g_{pi}, \quad p = 1,\cdots,m; \; i = 1,\cdots,n \quad (5.1.22)$$

有 $O(h^6)$ 阶逼近精度，其中

$$g_{pi} = f_{pi} + \frac{h^2}{12}(\Delta f)_{pi} + \frac{h^4}{360}\left((\Delta^2 f)_{pi} + 2\left(\frac{\partial^4 f}{\partial x^2 \partial y^2}\right)_{pi}\right). \quad (5.1.23)$$

用矩阵描述方程 (5.1.22)，记为

$$M_9 w = h^2 g, \quad (5.1.24)$$

矩阵 M_9 具有 $n \times n$ 块三对角形式

$$M_9 = \frac{1}{6}\begin{bmatrix} 4A_m + 12I_m & A_m - 6I_m & 0 & \cdots \\ A_m - 6I_m & 4A_m + 12I_m & & \cdots \\ 0 & A_m - 6I_m & & \cdots \\ \cdots & & \cdots & \cdots \end{bmatrix}. \quad (5.1.25)$$

简单计算知

$$M_9 - M_5 = -\frac{1}{6}A_m \otimes A_n,$$

故由 (5.1.13) 得到

$$M_9 = A_m \otimes I_n + I_m \otimes A_n - \frac{1}{6}A_m \otimes A_n. \quad (5.1.26)$$

用定理 1.2 知，M_9 的本征值系为

$$\lambda_k^{(m)} + \lambda_l^{(n)} - \frac{1}{6}\lambda_k^{(m)}\lambda_l^{(n)}, \quad k = 1,\cdots,m; \; l = 1,\cdots,n,$$

而对应的本征向量系仍为 (5.1.14). 代入 (5.1.11) 与 (5.1.12) 获 (5.1.24) 的解的显式表达式为

$$w_{pi} = \frac{h^2}{(m+1)(n+1)} \sum_{k=1}^{m} \sin \frac{pk\pi}{m+1} \sum_{l=1}^{n} \sin \frac{il\pi}{n+1}$$

$$\times \left(\sin^2 \frac{k\pi}{2(m+1)} + \sin^2 \frac{l\pi}{2(n+1)} - \frac{2}{3} \sin^2 \frac{k\pi}{2(m+1)} \right.$$

$$\left. \times \sin^2 \frac{l\pi}{2(n+1)} \right)^{-1} \sum_{q=1}^{m} \sin \frac{qk\pi}{m+1} \sum_{j=1}^{n} \sin \frac{jl\pi}{n+1} g_{qj}. \quad (5.1.27)$$

易见计算 (5.1.27) 的工作量与 (5.1.18) 几乎一样，但 (5.1.27) 具有 $O(h^6)$ 精度.

1.4. 非齐次双调和方程

考虑双调和方程

$$\begin{cases} \Delta^2 w = f(x, y), & (\Omega) , & (5.1.28\text{a}) \\ w = 0, & (\partial\Omega) , & (5.1.28\text{b}) \\ \Delta w = 0, & (\partial\Omega) . & (5.1.28\text{c}) \end{cases}$$

边界条件 (5.1.28c) 使我们可以用变数更换

$$u = -\Delta w \quad (5.1.29)$$

把问题 (5.1.28) 分裂为两个 Poisson 方程

$$\begin{cases} \Delta u = -f(x, y), & (\Omega), \\ u = 0, & (\partial\Omega) \end{cases} \quad (5.1.30)$$

与

$$\begin{cases} \Delta w = -u, & (\Omega), \\ w = 0, & (\partial\Omega). \end{cases} \quad (5.1.31)$$

用五点差分格式逼近 (5.1.30) 与 (5.1.31) 得

$$M_5 \boldsymbol{u} = h^2 \boldsymbol{f}, \quad (5.1.32)$$

与

$$M_5 \boldsymbol{w} = h^2 \boldsymbol{u}. \quad (5.1.33)$$

代 (5.1.32) 于 (5.1.33) 中，得

$$M_5^2 \boldsymbol{w} = h^4 \boldsymbol{f}. \quad (5.1.34)$$

注意 M_5^2 与 M_5 有相同的本征向量系，而本征值系是 $(\lambda_k^{(m)}+\lambda_l^{(n)})^2$，这就得到 (5.1.34) 的直接解

$$
\begin{aligned}
w_{pi} =\ & \frac{h^4}{4(m+1)(n+1)} \sum_{k=1}^m \sin\frac{pk\pi}{m+1} \sum_{l=1}^l \sin\frac{il\pi}{n+1} \\
& \times\left(\sin^2\frac{k\pi}{2(m+1)} + \sin^2\frac{l\pi}{2(n+1)}\right)^{-2} \\
& \times\sum_{q=1}^m \sin\frac{qk\pi}{m+1} \sum_{j=1}^n \sin\frac{jl\pi}{n+1} f_{qj}.
\end{aligned} \tag{5.1.35}
$$

同样可以使用九点格式

$$\frac{1}{36h^4}\Delta_9^2 w_{pi} = g_{pi},$$

其中

$$g_{pi} = f_{pi} + \frac{h^2}{6}(\Delta f)_{pi} + \frac{h^4}{10}\left(\frac{1}{8}(\Delta^2 f)_{pi} + \frac{1}{9}\left(\frac{\partial^4 f}{\partial x^2 \partial y^2}\right)_{pi}\right), \tag{5.1.36}$$

获 $O(h^6)$ 阶近似的显式解

$$
\begin{aligned}
w_{pi} =\ & \frac{h^4}{4(m+1)(n+1)} \sum_{k=1}^m \sin\frac{pk\pi}{m+1} \sum_{l=1}^n \sin\frac{il\pi}{n+1} \\
& \times\left(\sin^2\frac{k\pi}{2(m+1)} + \sin^2\frac{l\pi}{2(n+1)}\right. \\
& \left. -\frac{2}{3}\sin^2\frac{k\pi}{2(m+1)}\sin^2\frac{l\pi}{2(n+1)}\right)^{-2} \\
& \times\sum_{q=1}^m \sin\frac{qk\pi}{m+1} \sum_{j=1}^n \sin\frac{jl\pi}{n+1} f_{qj}.
\end{aligned} \tag{5.1.37}
$$

§2. 快速 Fourier 变换与差分方程快速解

直接解虽然具有能把解显式地表达出来的优点，但有局限性. 并且计算量仍嫌太大. 1965 年 Hackney 首先用快速 Fourier 变换 (FFT) 给出了 Poisson 方程的快速解，其工作量仅是 $O(N\log N)$. 可以说 FFT 的出现使计算数学大为改观. 迄今已出现多种专著阐述 FFT 及其变形的算法. 此外， FFT 不仅

是解规则区域上的偏微分方程的重要方法，且在众多工程、物理，尤其是在地震勘探、信号识别等技术学科中有举足轻重的作用．在区域分解算法中，不规则区域被转化为规则区域，故快速算法是区域分解算法的重要基石，而 FFT 则是快速算法的基石．本节先简介 FFT，次叙述它在差分方程上的应用．

2.1. FFT

令 $\{A_j\}_0^{N-1}$ 是复数序列，$W_N = \exp(2\pi\sqrt{-1}/N)$ 是复数．

定义 2.1. 称数列

$$x_j = \sum_{k=0}^{N-1} A_k W_N^{kj}, \quad j = 0, \cdots, N-1 \tag{5.2.1}$$

为 $\{A_j\}_0^{N-1}$ 的离散 Fourier 变换 (DFT).

设 $\{x_j\}_0^{N-1}$ 已知，视 (5.2.1) 为以 $\{A_j\}_0^{N-1}$ 为未知数的线性方程组，则不难验证有解

$$A_j = \frac{1}{N} \sum_{k=0}^{N-1} x_k W_N^{-kj}, \quad j = 0, \cdots, N-1. \tag{5.2.2}$$

我们称 (5.2.2) 为 (5.2.1) 的逆变换．

既然，(5.2.1) 归结于计算

$$x_j = \sum_{k=0}^{N-1} A_k (W_N^j)^k, \quad j = 0, \cdots, N-1.$$

按通常算法要求 N^2 次乘法．但是用 FFT 技术可以大为降低运算量．FFT 的关键是巧妙地使用 W_N 的周期性：

$$W_N^j = 1, \quad \forall N | j, \tag{5.2.3}$$

($N|j$ 表示 j 被 N 整除)，和指数律：

$$W_N^{k+l} = W_N^k W_N^l. \tag{5.2.4}$$

现在设 $N = 2^m$，注意每个小于 N 的正整数 k，皆可以用二进位制唯一表示为

$$k = k_{m-1} 2^{m-1} + \cdots + k_1 2 + k_0 \triangleq (k_{m-1}, \cdots, k_0),$$
$$k_i = 0 \text{ 或 } 1. \tag{5.2.5}$$

代入 (5.2.1)，得

$$x_{(j_{m-1},\cdots,j_0)}$$
$$= \sum_{k_0=0}^{1} \cdots \sum_{k_{m-1}=0}^{1} A_{(k_{m-1},\cdots,k_0)} W_N^{(k_{m-1},\cdots,k_0)(j_{m-1},\cdots,j_0)}. \quad (5.2.6)$$

利用 W_N 的周期性，直接计算得

$$W_N^{(k_{m-1},\cdots,k_0)(j_{m-1},\cdots,j_0)}$$
$$= W_N^{(k_{m-1}2^{m-1}+\cdots+k_0)(j_{m-1}2^{m-1}+\cdots+j_0)}$$
$$= W_N^{k_{m-1}j_0 2^{m-1}} W_N^{k_{m-2}(j_1 2+j_0)2^{m-2}} \cdots W_N^{k_0(j_{m-1}2^{m-1}+\cdots+j_0)}$$
$$= W_N^{k_{m-1}(j_0,0,\cdots,0)} W_N^{k_{m-2}(j_1,j_0,0,\cdots,0)} \cdots W_N^{k_0(j_{m-1},\cdots,j_0)}.$$
$$(5.2.7)$$

代入 (5.2.6)，获

$$x_{(j_{m-1},\cdots,j_0)} = \sum_{k_0} \cdots \sum_{k_{m-2}} \left[\sum_{k_{m-1}} A_{(k_{m-1},\cdots,k_0)} W_N^{k_{m-1}(j_0,0,\cdots,0)} \right]$$
$$\times W_N^{k_{m-2}(j_1,j_0,0,\cdots,0)} \cdots W_N^{k_0(j_{m-1},\cdots,j_0)}. \quad (5.2.8)$$

这种演算继续下去，我们得到逆推算法：

$$\begin{cases} A_{(k_{m-1},\cdots,k_0)}^{(0)} = A_{(k_{m-1},\cdots,k_0)}, \\ A_{(j_0,k_{m-2},\cdots,k_0)}^{(1)} = \sum_{k_{m-1}} A_{(k_{m-1},\cdots,k_0)}^{(0)} W_N^{k_{m-1}(j_0,0,\cdots,0)}, \\ \cdots\cdots \\ A_{(j_0,\cdots,j_{m-1})}^{(m)} = \sum_{k_0} A_{(j_0,\cdots,j_{m-2},k_0)}^{(m-1)} W_N^{k_0(j_{m-1},\cdots,j_0)}. \end{cases} \quad (5.2.9)$$

最后置 $x_{(j_{m-1},\cdots,j_0)} = A_{(j_0,\cdots,j_{m-1})}^{(m)}$，即为变换 (5.2.1) 所求的解．算法 (5.2.9) 称为 FFT 算法．

分析 FFT 的工作量．由于 $A^{(l)} \to A^{(l+1)}$ 过程仅需 2^{m+1} 次乘法（仅对 $k_l = 0,1$ 求和），总共乘法数为 $m2^{m+1}$ 或 $2N\log_2 N$ 次．

多维的 DFT 与 FFT 可以类似地定义．考虑 d 维序列

$$x = \{x_{k_1,\cdots,k_d}\}, \quad 0 \le k_i < N; \ i = 1,\cdots,d. \quad (5.2.10)$$

为简单起见用黑体字

$$k = (k_1,\cdots,k_d)$$

表示 d 重指标,

$$Q_N = \{\boldsymbol{k} : 0 \le k_i < N,\ i = 1, \cdots, d\}$$

表示指标集合. 令

$$\boldsymbol{y} = F_N \boldsymbol{x} \tag{5.2.11}$$

表示 $\boldsymbol{x} \to \boldsymbol{y}$ 的离散 Fourier(DFT) 变换, 其元素规定为

$$y_{\boldsymbol{m}} = N^{-d} \sum_{\boldsymbol{k} \in Q_N} x_{\boldsymbol{k}} W_N^{-(\boldsymbol{k}, \boldsymbol{m})}, \tag{5.2.12}$$

其中

$$(\boldsymbol{k}, \boldsymbol{m}) = \sum_{i=1}^{d} k_i m_i.$$

用 Π_N 表示由序列 $\boldsymbol{x}$ 经过周期延拓: $x_{\boldsymbol{k}+N\boldsymbol{q}} = x_{\boldsymbol{k}}, \forall \boldsymbol{q} \in \mathbb{Z}^d$ 后构成的线性空间, 而 $F_N : \Pi_N \to \Pi_N$ 是可逆的, 且有

$$F_N^{-1} = N^d \bar{F}_N, \tag{5.2.13}$$

这里 $\bar{F}_N$ 由类似 (5.2.12) 的求和式定义, 不同处仅是用 W_N^{-1} 代 W_N.

完全可以把一维序列的 FFT 技巧用到多维序列上. 为此设 $N = 2^m$, 则 $F_N \boldsymbol{x}$ 的计算量不难确定为 $O(N^d \log N)$.

在叙述 F_N 的性质前, 引入 Π_N 中两种乘法定义.

定义 2.2 (Hadamard 积). 设 $\boldsymbol{x}, \boldsymbol{y} \in \Pi_N$, 则定义 Hadamard 积 $\boldsymbol{x} \cdot \boldsymbol{y} \in \Pi_N$, 其元素为

$$(\boldsymbol{x} \cdot \boldsymbol{y})_{\boldsymbol{k}} = x_{\boldsymbol{k}} y_{\boldsymbol{k}}, \quad \forall \boldsymbol{k} \in Q_N. \tag{5.2.14}$$

定义 2.3 (卷积). 设 $\boldsymbol{x}, \boldsymbol{y} \in \Pi_N$, 则定义卷积 $\boldsymbol{x} * \boldsymbol{y}$, 其元素为

$$(\boldsymbol{x} * \boldsymbol{y})_{\boldsymbol{k}} = \sum_{\boldsymbol{m} \in Q_N} x_{\boldsymbol{m}} y_{\boldsymbol{k}-\boldsymbol{m}}, \quad \forall \boldsymbol{k} \in Q_N. \tag{5.2.15}$$

引理 2.1. 成立

$$F_N(\boldsymbol{x} \cdot \boldsymbol{y}) = F_N \boldsymbol{x} * F_N \boldsymbol{y}, \tag{5.2.16}$$

$$F_N(\boldsymbol{x} * \boldsymbol{y}) = N^d F_N \boldsymbol{x} \cdot F_N \boldsymbol{y}, \tag{5.2.17}$$

$$\boldsymbol{x} * \boldsymbol{y} = N^{2d} \bar{F}_N(F_N \boldsymbol{x} \cdot F_N \boldsymbol{y}). \tag{5.2.18}$$

引理 2.1 给出在 DFT 变换下, 卷积与 Hadamard 积的关系, 证明可在众多专著中找到, 直接验证也属易事.

2.2. 差分方程的 FFT 算法.

我们先从 Poisson 方程入手，考虑问题

$$\begin{cases} -\Delta u = f, & (\Omega = (0,1)^d), \\ u = 0, & (\partial\Omega). \end{cases} \tag{5.2.19}$$

令 $h = 1/N$ 是网参数，借助于它可以构造 (5.2.19) 的差分格式，为此令 $\xi_j = jh$, $j \in Z^d$, 记

$$f_j = f(\xi_j),$$

关于 $-\Delta u$ 的差分近似，在 ξ_j 点可以用一般形式描述为

$$\sum_i \delta_i u_{j-i} = f_j, \tag{5.2.20}$$

这里 δ 可以视为 Z^d 上的小支集网函数.

例 2.1. 设 $d = 2$，关于 $-\Delta$ 的五点差分近似. 据 (5.1.8) 与 (5.1.9)

$$\delta_{i_1,i_2} = \begin{cases} 4/h^2, & \text{当} \quad |i_1| + |i_2| = 0, \\ -1/h^2, & \text{当} \quad |i_1| + |i_2| = 1, \\ 0, & \text{当} \quad |i_1| + |i_2| > 1. \end{cases}$$

从 (5.1.20) 式还得出 9 点差分近似的 δ 值. 显然，任何有限差分近似，总成立

$$\sum_i \delta_i = 0. \tag{5.2.21}$$

为了把 (5.2.19) 的齐次边界条件考虑进去，我们需要确定 Π_{2N} 的子空间 $\Pi_{2N}^{(0)}$，它是由 Π_{2N} 中奇周期网函数构成. 我们称网函数 u 是奇的，如果关于重指标 j 的每个分量是奇的. 今证：如果 $u \in \Pi_{2N}^{(0)}$，则

$$u_j = 0, \quad \text{如果} \ \exists j_i \ \text{使} \ N|j_i, \tag{5.2.22}$$

这意味仅当 j 有分量是 0 或有分量是 N. 事实上，若

$$j = (j_1, \cdots, N, \cdots, j_d),$$

令

$$j' = (j_1, \cdots, -N, \cdots, j_d),$$

则因 u 是 $2N$ 周期函数. 故

$$u_j = u_{j'}. \tag{5.2.23}$$

但 u 是奇的. 故又有

$$u_{j'} = -u_j. \tag{5.2.24}$$

这就给出了 $u_j = u_{j'} = 0$.

于是我们得出结论: $\Pi_{2N}^{(0)}$ 中网函数满足边界条件. 现在用卷积形式表达差分方程. 由 (5.2.20) 有

$$\delta * u = f. \tag{5.2.25}$$

我们希望找到 (5.2.25) 属于 $\Pi_{2N}^{(0)}$ 的解 u. 为此我们设 $\delta \in \Pi_{2N}^{(e)}$, $\Pi_{2N}^{(e)}$ 是 Π_{2N} 的子空间, 它由偶网周期函数构成. 由于偶网函数与奇网函数的卷积是奇网函数, 故应设 $f \in \Pi_{2N}^{(0)}$, 为此只须把定义在 Ω 内的网点作奇开拓, 以便使 (5.2.25) 有意义.

现在设 (5.2.25) 有解 $u \in \Pi_{2N}^{(0)}$, 以 DFT 算子 F_{2N} 作用于 (5.2.25) 两端, 用引理 2.1 得

$$F_{2N}(\delta * u) = (2N)^d \hat{\delta} \cdot \hat{u} = \hat{f}. \tag{5.2.26}$$

欲 (5.2.26) 有解, 除非

$$\hat{\delta}_m \neq 0, \quad \text{当 } m \neq o (\text{mod } 2N). \tag{5.2.27}$$

若此条件满足, 则

$$\hat{u}_m = (2N)^{-d} \hat{\delta}_m^{-1} \hat{f}_m,$$

或者

$$\hat{u} = (2N)^{-d} \hat{\delta}^{-1} \cdot \hat{f}. \tag{5.2.28}$$

用逆 DFT 变换, 得到

$$u = \bar{F}_{2N}(\hat{\delta}^{-1} \cdot \hat{f}). \tag{5.2.29}$$

于是我们证明了以下定理:

定理 2.1. 为了差分方程 (5.2.20) 有解 $u \in \Pi_{2N}^{(0)}$, δ 必须是偶的, 并且 $\hat{\delta}$ 满足 (5.2.27), 此时解 u 由 (5.2.29) 给出.

用 (5.2.29) 解方程, 工作量等于三次 FFT 的工作量加上一次 Hadamard 积的工作量. 由于 δ 仅有小支集, 所以总计算次数为 $O(N^d \log_2 N)$. 显然, 上面分析不限于 Poisson 方程, 对于常系数差分方程皆可以使用.

对于逼近 $-\Delta$ 的五点差分格式和九点差分格式，令 $\boldsymbol{j} = (j, k)$，$\hat{\boldsymbol{\delta}} = (\hat{\delta}_{mn})$ 可以预先算出：

$$\hat{\delta}_{mn} = (2N)^{-2} \sum_{\boldsymbol{j} \in Q_{2N}} \delta_{jk} W_{2N}^{-jm-kn}$$

$$= h^{-2}(2N)^{-2} \{4 - W_{2N}^{-m} - W_{2N}^{m} - W_{2N}^{-n} - W_{2N}^{n}\}$$

$$= \left(\sin \frac{m\pi}{2N} \right)^2 + \left(\sin \frac{n\pi}{2N} \right)^2. \qquad (5.2.30)$$

同样，九点差分格式

$$\hat{\delta}_{mn} = \left(\sin \frac{m\pi}{2N} \right)^2 + \left(\sin \frac{n\pi}{2N} \right)^2 - \frac{2}{3} \left(\sin \frac{m\pi}{2N} \sin \frac{n\pi}{2N} \right). \quad (5.2.31)$$

为了构造高精度差分格式， (5.2.25) 的右端项可能是 f 的差分，例如 (5.1.24) 的右端 g 用 (5.1.23) 表达，此时涉及导数计算. 实算中，我们用差分代替导数，一般可置 $g = \gamma * f$. 与之相应的差分方程成为

$$\delta * u = \gamma * f.$$

取 DFT 变换，获

$$\hat{\delta} \cdot \hat{u} = \hat{\gamma} \cdot \hat{f}, \qquad (5.2.32)$$

或

$$u = (2N)^d \bar{F}_{2N}(\hat{\delta}^{-1} \cdot \hat{\gamma} \cdot \hat{f}). \qquad (5.2.33)$$

和前面讨论一样， (5.2.23) 仅需对 f 作 FFT 变换，因为对于 $\hat{\delta}$ 和 $\hat{\gamma}$ 皆可预先找出分析表达式.

应当指出上面用 FFT 解 Poisson 方程的方法，也可以用于规则域的有限元上，当用数值积分时就导出 (5.2.32) 形式.

双调和方程 (5.1.28) 的差分方程用卷积表达为

$$\delta * \delta * u = f. \qquad (5.2.34)$$

取 DFT 变换后，为

$$(2N)^4 \hat{\delta} \cdot \hat{\delta} \cdot \hat{u} = \hat{f},$$

故

$$\hat{u} = (2N)^{-4} \hat{\delta}^{-2} \cdot \hat{f},$$

$$u = (2N)^{-2} \bar{F}_{2N}(\hat{\delta}^{-2} \cdot \hat{f}). \qquad (5.2.35)$$

2.3. 一般边值问题的 FFT 算法

这节考虑在矩形域 $\Omega = (a, b) \times (c, d)$ 上第一、第二和第三非齐次边值问题的解法. 其思想是先通过 FFT 变换, 把差分方程转化为象空间上的三对角线方程, 借助于解三对角方程的追赶法, 求出象值, 再借助逆 FFT 求出解.

问题 A. 第一边值 (Dirichlet) 问题

$$\begin{cases} \Delta u = f, \quad (\Omega = (a, b) \times (c, d)), & (5.2.36) \\[1mm] \begin{cases} u(a, y) = b_a(y), \ u(b, y) = b_b(y), \\ u(x, c) = b_c(x), \ u(x, d) = b_d(x). \end{cases} & (5.2.37) \end{cases}$$

今取步长 $h_1 = (b - a)/M$, $h_2 = (d - c)/N$, 则对应于 (5.2.36) 的五点差分格式在内点, $2 \leq i \leq M - 2, 2 \leq j \leq N - 2$, 是

$$\frac{u_{i+1,j} - 2u_{i,j} + u_{i-1,j}}{h_1^2} + \frac{u_{i,j+1} - 2u_{i,j} + u_{i,j-1}}{h_2^2} = f_{i,j} = g_{i,j},$$
$$(5.2.38)$$

对于 $i = 1$, $2 \leq j \leq N - 2$, 则 $u_{0,j}$ 用边界条件 (5.2.37) 给出, 代入 (5.2.38) 得方程

$$\frac{u_{2,j} - 2u_{1,j}}{h_1^2} + \frac{u_{1,j+1} - 2u_{1,j} + u_{1,j-1}}{h_2^2} = f_{1,j} - \frac{b_a(y_j)}{h_1^2} = g_{1,j},$$

$$2 \leq j \leq N - 2. \quad (5.2.39)$$

类似地获得 $i = M - 1$, $2 \leq j \leq N - 2$ 及 $2 \leq i \leq M - 2, j = 1, N - 1$ 的方程. 对四个角点, 如 $i = j = 1$ 也可类似地处理.

为了解差分方程 (5.2.38), (5.2.39) 等, 我们记

$$u_{i,j} = \sum_{k=1}^{M-1} \hat{u}_{k,j} \sin \frac{ki\pi}{M}, \quad (5.2.40)$$

$$g_{i,j} = \sum_{k=1}^{M-1} \hat{g}_{k,j} \sin \frac{ki\pi}{M}, \quad (5.2.41)$$

其中 $\{\hat{g}_{kj}\}$ 是 $\{g_{ij}\}$ 的正弦变换, 定义为

$$\hat{g}_{k,j} = \frac{2}{M} \sum_{i=1}^{M-1} g_{i,j} \sin \frac{ik\pi}{M}. \quad (5.2.42)$$

其逆变换由 (5.2.41) 描述. 使用 FFT 技术可以快速计算 (5.2.42), 现在把 (5.2.40) 和 (5.2.41) 代入差分方程 (5.2.38), 直接计算后得

到对固定的 $1 \le k \le M - 1$:

$$\hat{u}_{k,j+1} - \left(2 + 4\rho^2 \sin^2 \frac{k\pi}{2M}\right)\hat{u}_{k,j} + \hat{u}_{k,j-1} = h_2^2 \hat{g}_{k,j},$$

$$j = 2, \cdots, N - 2, \qquad (5.2.43)$$

及

$$\hat{u}_{k,2} - \left(2 + 4\rho^2 \sin^2 \frac{k\pi}{2M}\right)\hat{u}_{k,1} = h_2^2 \hat{g}_{k,2}, \qquad (5.2.44)$$

$$-\left(2 + 4\rho^2 \sin^2 \frac{k\pi}{2M}\right)\hat{u}_{k,N-1} + \hat{u}_{k,N-2} = h_2^2 \hat{g}_{k,N-1}, \qquad (5.2.45)$$

这里 $\rho = h_2/h_1$. 即是说对固定的 k, (5.2.43)–(5.3.45) 构成关于 $\hat{u}_{k,j}(j = 1, \cdots, N - 1)$, 的三对角方程. 算出 $\{\hat{u}_{k,j}\}$ 后, 借助 FFT 算 (5.2.40) 就得到解. 归纳说, 计算步骤为:

步 1. 用 FFT 由 $g_{i,j}$ 求出 $\hat{g}_{k,j}$,

步 2. 从 $\hat{g}_{k,j}$ 解三对角方程, 求出 $\hat{u}_{k,j}$,

步 3. 用 FFT 从 $\hat{u}_{k,j}$ 求出 $u_{i,j}$.

问题 B. 第二边值 (Neumann) 问题. 边界条件为

$$\begin{cases} \dfrac{\partial u}{\partial x}(a,y) = b_a(y), \ \dfrac{\partial u}{\partial x}(b,y) = b_b(y), \\ \dfrac{\partial u}{\partial y}(x,c) = b_c(x), \ \dfrac{\partial u}{\partial y}(x,d) = b_d(x). \end{cases} \qquad (5.2.46)$$

我们用差商逼近微商, 如用中心差商逼近:

$$\frac{u_{1,j} - u_{-1,j}}{2h_1} = b_a(y_j), \qquad (5.2.47)$$

于是当 $1 \le i \le M - 1$, $1 \le j \le N - 1$, 差分方程仍用 (5.2.38) 描述, 对于 $i = 0$, $1 \le j \le N - 1$, 代 (5.2.47) 于 (5.2.38) 中得

$$\frac{2u_{1,j} - 2u_{0,j}}{h_1^2} + \frac{u_{0,j+1} - 2u_{0,j} + u_{0,j-1}}{h_2^2} = f_{0,j} + \frac{2}{h_1}b_a(y_j) = g_{0,j}. \qquad (5.2.48)$$

类似地推出其它边上及四角点上的方程.

用 FFT 解离散 Neumann 问题, 需要借助余弦变换. 令

$$u_{i,j} = \sum_{k=0}^{M} \alpha_k \hat{u}_{k,j} \cos \frac{ki\pi}{M}, \qquad (5.2.49)$$

其中

$$\alpha_k = \begin{cases} \dfrac{1}{2}, & \text{当 } k = 0 \text{ 或 } M, \\ 1, & 1 \le k \le M - 1. \end{cases} \tag{5.2.50}$$

同样变换

$$\hat{g}_{k,j} = \frac{2}{M} \sum_{k=0}^{M} \alpha_k g_{i,j} \cos \frac{ki\pi}{M}, \tag{5.2.51}$$

具有逆变换

$$g_{i,j} = \sum_{k=0}^{M} \alpha_k \hat{g}_{k,j} \cos \frac{ki\pi}{M}. \tag{5.2.52}$$

无论计算 (5.2.51) 与 (5.2.52) 皆可借助 FFT 快速实现. 把 (5.2.49) 代入 (5.2.38) 及 (5.2.48) 各式, 对固定的 k, $0 \le k \le M$, 有三对角方程

$$\hat{u}_{k,j+1} - \left(2 + 4\rho^2 \sin^2\left(\frac{k\pi}{2M}\right)\right)\hat{u}_{k,j} + \hat{u}_{k,j-1} = h_2^2 \hat{g}_{k,j},$$
$$1 \le j \le N - 1, \tag{5.2.53}$$

及

$$2\hat{u}_{k,1} - \left(2 + 4\rho^2 \sin^2\left(\frac{k\pi}{2M}\right)\right)\hat{u}_{k,0} = h_2^2 \hat{g}_{k,0}, \tag{5.2.54}$$

$$-\left(2 + 4\rho^2 \sin^2\left(\frac{k\pi}{2M}\right)\right)\hat{u}_{kN} + 2\hat{u}_{k,N-1} = h_2^2 \hat{g}_{k,N}. \tag{5.2.55}$$

借助追赶法解出此三对角方程, 然后由 $\{\hat{u}_{ij}\}$ 反演算出 $\{u_{ij}\}$ 即为所求.

问题 C. 第三边值 (混合边值) 问题. 代替 (5.2.37), 考虑

$$\begin{cases} u(a,y) = b_a(y), & \dfrac{\partial u}{\partial x}(b,y) = b_b(y), \\ u(x,c) = b_c(x), & \dfrac{\partial u}{\partial y}(x,d) = b_d(x). \end{cases} \tag{5.2.56}$$

相应的差分方程, 在 $2 \le i \le M-1$ 及 $2 \le j \le N-1$ 仍用 (5.2.38) 描述, 对于 $i = 1$, 以 $u_{0,j} = b_a(y_j)$ 已知代入 (5.2.38) 获 $i = 1$, $2 \le j \le N-1$ 的方程; 对于 $i = M$, 用中心差商代微商得出类似于 (5.2.48) 的方程.

使用 FFT 解，考虑展开

$$u_{i,j} = \sum_{k=1}^{M} \hat{u}_{k,j} \sin \frac{(2k-1)i\pi}{2M}, \qquad (5.2.57)$$

$$\hat{g}_{k,j} = \frac{2}{M} \sum_{i=1}^{M} \beta_i \sin \frac{(2k-1)i\pi}{2M}, \qquad (5.2.58)$$

其中

$$\beta_i = \begin{cases} \dfrac{1}{2}, & \text{当 } i = M, \\ 1, & \text{当 } i \neq M. \end{cases} \qquad (5.2.59)$$

(5.2.58) 可以用 FFT 计算，其逆变换为

$$g_{i,j} = \sum_{k=1}^{M} \hat{g}_{k,j} \sin \frac{(2k-1)i\pi}{2M}. \qquad (5.2.60)$$

以 (5.2.57) 代入差分方程，得到对固定的 $k, 1 \leq k \leq M$, 的三对角方程：

$$\hat{u}_{k,j+1} - \left(2 + 4\rho^2 \sin^2\left(\frac{(2k-1)\pi}{2M}\right)\right)\hat{u}_{k,j} + \hat{u}_{k,j-1} = h_2^2 \hat{g}_{k,j},$$

$$2 \leq j \leq N-1, \qquad (5.2.61)$$

$$\hat{u}_{k,2} - \left(2 + 4\rho^2 \sin^2\left(\frac{(2k-1)\pi}{2M}\right)\right)\hat{u}_{k,1} = h_2^2 \hat{g}_{k,1}, \qquad (5.2.62)$$

$$-\left(2 + 4\rho^2 \sin^2\left(\frac{(2k-1)\pi}{2M}\right)\right)\hat{u}_{k,N} + 2\hat{u}_{k,N-1}$$

$$= h_2^2 \hat{g}_{k,N}. \qquad (5.2.63)$$

解出后再反演，即获所求.

　　不难观察出对三类不同问题，使用的都是关于对特征向量的展开式. 这种技巧是熟知的分离变量法的变形. 由于有了 FFT 变换，计算量大为降低.

§3. 循环约化法

考虑问题 (5.2.36) 与 (5.2.37) 及其差分格式，用 $u_j = (u_{1,j},$

$\cdots, u_{M-1,j})^T$ 表示平行于 y 轴第 j 条网线上的值向量. 差分方程可以用块结构描述为

$$\begin{cases} u_{j+1} + Au_j + u_{j-1} = g_j, & 1 \le j \le N-1, \\ u_0 = g_0, \quad u_N = g_N, \end{cases} \tag{5.3.1}$$

其中 $g_j = h_2^2(g_{1,j}, \cdots, g_{M-1,j})^T$, 矩阵 A 是 m 阶阵:

$$A = \rho^2 \begin{bmatrix} -2\alpha & 1 & & & \\ 1 & -2\alpha & 1 & & \\ & 1 & \ddots & \ddots & \\ & & \ddots & & 1 \\ & & & 1 & -2\alpha \end{bmatrix}. \tag{5.3.2}$$

这里 $\alpha = 1 + \rho^2$, $\rho = h_2/h_1$.

所谓循环约化法 (cyclic reduction method), 实际是一种消去法. 基本思想是递次借助偶编号消去奇编号向量. 如果 $N = 2^n$ 则仅需要 n 次约化后就仅剩下一个方程.

我们试取偶编号相邻的三个方程

$$\begin{aligned} u_{j-2} + A^{(0)}u_{j-1} + u_j &= g_{j-1} \overset{\triangle}{=} g_{j-1}^{(0)}, \\ u_{j-1} + A^{(0)}u_j + u_{j+1} &= g_j \overset{\triangle}{=} g_j^{(0)}, \\ u_j + A^{(0)}u_{j+1} + u_{j+2} &= g_{j+1} \overset{\triangle}{=} g_{j+1}^{(0)}, \\ & \quad j = 2, 4, 6, \cdots, N-2, \end{aligned} \tag{5.3.3}$$

这里置 $A^{(0)} = A$. 用 $-A^{(0)}$ 作用于 (5.3.3) 的第二式, 然后对三式求和, 得

$$\begin{cases} u_{j-2} + A^{(1)}u_j + u_{j+2} = g_j^{(1)}, \ j = 2, 4, \cdots, N-2, \\ u_0 = g_0, \ u_N = g_N, \end{cases} \tag{5.3.4}$$

其中

$$A^{(1)} = 2I - (A^{(0)})^2, \tag{5.3.5}$$

$$g_j^{(1)} = g_{j-1}^{(0)} - A^{(0)}g_j^{(0)} + g_{j+1}^{(0)}. \tag{5.3.6}$$

上面过程重复下去，最后得到

$$
\begin{cases}
A^{(n-1)}\boldsymbol{u}_j = \boldsymbol{g}_j^{(n-1)} - \boldsymbol{u}_0 - \boldsymbol{u}_N, \ j = 2^{n-1}, \ N = 2^n, \\
\boldsymbol{u}_0 = \boldsymbol{g}_0, \ \boldsymbol{u}_N = \boldsymbol{g}_N.
\end{cases} \tag{5.3.7}
$$

求出 $\boldsymbol{u}_j,\ j = 2^{n-1}$ 后，又可以通过逐步回代过程

$$
\begin{cases}
A^{(k-1)}\boldsymbol{u}_j = \boldsymbol{g}_j^{(k-1)} - \boldsymbol{u}_{j-2^{k-1}} + \boldsymbol{u}_{j+2^{k-1}}, \\
j = 2^{k-1}, 3 \cdot 2^{k-1}, \cdots, N - 2^{k-1}, \\
\boldsymbol{u}_0 = \boldsymbol{g}_0, \boldsymbol{u}_N = \boldsymbol{g}_N,
\end{cases} \tag{5.3.8}
$$

$k = n-1, \cdots, 1$，解出全部 $\boldsymbol{u}_j$.

　　但是我们并不需要执行类似 (5.3.5) 的矩阵计算：

$$
A^{(k+1)} = 2I - [A^{(k)}]^2. \tag{5.3.9}
$$

因为置 $p_1(x) = x$ 后，导出关于多项式的递推

$$
p_{2^{k+1}}(x) = 2 - [p_{2^k}(x)]^2. \tag{5.3.10}
$$

不难验证用 Chebyshev 多项式可以表达出

$$
p_{2^k}(x) = -2T_{2^k}\left(\frac{x}{2}\right), \tag{5.3.11}
$$

故

$$
A^k = -2T_{2^k}\left(\frac{1}{2}A\right). \tag{5.3.12}
$$

但 $T_{2^k}(x)$ 的零点是

$$
x_m^{(k)} = 2\cos((2m-1)\pi/2^{k+1}), \ m = 1, \cdots, 2^k, \tag{5.3.13}
$$

故

$$
p_{2^k}(A) = - \prod_{m=1}^{2^k} (A - x_m^{(k)}I). \tag{5.3.14}
$$

实算时，可以利用 (5.3.14) 求逆.

　　以上仅是循环约化法的思想，详细可以阅专著 [198]. 还可以考虑其它边值问题的循环约化法，也可以把 FFT 和循环约化法结合，即所谓 Fourier 循环约化法 (FACR). FACR 的计算量为 $O(N^2 \log\log N)$，少于 FFT 方法.

§ 4. 谱方法大意

谱方法是计算规则域（长方体）上偏微分方程的高精度算法．谱方法仍属于投影方法（Galerkin 方法或配置法）类型，但由于谱方法采用特殊的基函数：对周期问题用三角多项式；一般问题用 Chebyshev 多项式．这就使谱方法具有通常的有限元和有限差分无与伦比的高精度．粗略地说：如果精确解是解析的，则谱方法的精度就是指数阶．谱方法的基础是周期函数的 Fourier 级数展开和一般函数的 Chebyshev 多项式展开．如所周知，二者有紧密联系． FFT 变换是谱方法的关键，使展开系数计算归结于 FFT 变换问题．

限于篇幅，我们这里仅述大意．有兴趣的读者可以参阅 Gottlieb 与 Orszag 的专著 [84].

4.1. 函数的 Fourier 近似与 Chebyshev 近似

设 $f(x)$ 是 $[0, 2\pi]$ 上的函数，定义周期函数

$$g(x) = \sum_{k=-\infty}^{\infty} a_k e^{ikx}, \ i = \sqrt{-1}, \tag{5.4.1}$$

其中

$$a_k = \frac{1}{2\pi} \int_0^{2\pi} f(x) e^{-ikx} dx, \tag{5.4.2}$$

$g(x)$ 称为 $f(x)$ 的 Fourier 级数．由 Fourier 级数理论知：如 $f(x)$ 是分片连续和完全有界变差的函数，则

$$g(x) = \frac{1}{2}[f(x+0) + f(x-0)], \quad 0 \le x \le 2\pi. \tag{5.4.3}$$

显然， $g(x)$ 可以周期地开拓出 $[0, 2\pi]$ 之外．

若 $f(x)$ 是定义在 $[0, \pi)$, 则定义其正弦 Fourier 级数：

$$g_s(x) = \sum_{k=1}^{\infty} a_k \sin kx, \tag{5.4.4}$$

其中

$$a_k = \frac{2}{\pi} \int_0^{\pi} f(x) \sin kx dx, \tag{5.4.5}$$

与余弦 Fourier 级数:

$$g_c(x) = \sum_{k=0}^{\infty} a_k \cos kx, \tag{5.4.6}$$

其中

$$a_k = \frac{2}{\pi c_k} \int_0^{\pi} f(x) \cos kx dx, \tag{5.4.7}$$

$$c_k = \begin{cases} 2, & \text{当 } k = 0, \\ 1, & \text{当 } k > 0. \end{cases} \tag{5.4.8}$$

同样，若 $f(x)$ 是分片连续和完全有界变差的函数，则

$$g_s(x) = f_s(x), \ g_c(x) = f_c(x), \tag{5.4.9}$$

其中

$$f_s(x) = f_c(x) = \frac{1}{2}[f(x+0) + f(x-0)], \tag{5.4.16}$$

且分别按奇和偶函数方式开拓在 $(-\pi, 0)$ 中，即

$$f_s(-x) = -f_s(x), \ f_c(-x) = f_c(x), \ -\pi < x < 0,$$
$$0 = f_s(0) = f_s(\pi), \ f_c(0) = f(0+), \ f_c(\pi) = f(\pi-), \tag{5.4.11}$$

并能周期性地开拓到 $(-\pi, \pi]$ 之外.

我们考虑 (5.4.1) 的截断级数

$$g_N(x) = \sum_{k=-N}^{N} a_k e^{ikx}, \tag{5.4.12}$$

并讨论 g_N 对 f 的逼近阶.

引理 4.1. 如 $f(x)$ 是光滑周期函数，即导数 $f^{(j)}(x), 0 \le j \le n-1$, 是连续周期函数，而 $f^{(n)}(x)$ 是可积函数，则

$$g_N(x) - f(x) = O\left(\frac{1}{N^{n-1}}\right). \tag{5.4.13}$$

证明. 对 (5.4.2) 分部积分 n 次，利用周期性: $f^{(j)}(0) = f^{(j)}(2\pi), \ 0 \le j \le n-1$, 得

$$a_k = \frac{1}{2\pi(ik)^n} \int_0^{2\pi} f^{(n)}(x) e^{-ikx} dx. \tag{5.4.14}$$

然后由 Riemann-Lebesgue 引理，得

$$|a_k| << 1/|k|^n. \tag{5.4.15}$$

故存在常数 C 使

$$|g_N(x) - f(x)| \le C/N^{n-1}. \quad \square$$

推论. 若 $f(x)$ 是无穷可微周期函数，则 $g_N(x)$ 收敛于 $f(x)$，其速度快于 $1/N$ 的任何有限幂次.

在函数逼近论中，可以找到函数 Fourier 逼近的更精密估计.

一般函数本身无周期性，而 Fourier 展开却有周期性，故可以视 Fourier 展开为函数的周期性扩张. 不过这种展开会减慢级数的收敛性. 更自然的方式是使用 Chebyshev 多项式逼近非周期函数. 设 $f(x)$ 是定义在 $[-1, 1]$ 的函数，取 $x = \cos\theta$，则

$$f(x) = f(\cos\theta) = F(\theta), \quad \theta \in [0, \pi]. \tag{5.4.16}$$

$F(\theta)$ 是偶周期函数，因此有余弦展开式

$$F(\theta) = \frac{1}{2}a_0 + \sum_{k=1}^{\infty} a_k \cos k\theta. \tag{5.4.17}$$

注意 $\theta = \arccos x$，代入 (5.4.17)，由定义 (4.6.7)，

$$f(x) = \frac{1}{2}a_0 T_0(x) + \sum_{k=1}^{\infty} a_k T_k(x), \tag{5.4.18}$$

其中系数为

$$a_k = \frac{2}{\pi}\int_0^\pi F(\theta)\cos k\theta d\theta = \frac{2}{\pi}\int_{-1}^1 (1-x^2)^{-\frac{1}{2}} f(x) T_k(x) dx.$$
$$k = 0, 1, \cdots. \tag{5.4.19}$$

由引理 1，如果 $f^{(j)}(x)(j = 1, \cdots, n-1)$ 连续，而 $f^{(n)}(x)$ 可积，则

$$a_k << 1/k^n. \tag{5.4.20}$$

由此可以证明：用 (5.4.18) 的前 N 项逼近 $f(x)$，其误差不超过 $1/N^{n-1}$. 特别是，若 $f(x)$ 无穷可微，则 Chebyshev 展开式 (5.4.18) 的收敛的速度快于 $1/N$ 的任何方幂.

4.2. Fourier 谱方法

下面举例讨论谱方法的应用. 令 $\Omega = (0, 2\pi)^2$, 考虑问题: 求各向周期为 2π 的函数 u, 适合

$$-\Delta u = f. \tag{5.4.21}$$

使用 Fourier-Galerkin 方法求 (5.4.21) 的近似解, 我们构造基函数空间

$$S_N = \text{Span}\{\varphi_{km}(x) = e^{i(kx_1 + mx_2)}, \ -N \leq k, \ m \leq N - 1\}. \tag{5.4.22}$$

求近似 $u_N \in S_N$, 满足

$$(-\Delta u_N, v) = (f, v), \ \forall v \in S_N, \tag{5.4.23}$$

这里 $(u, v) = \displaystyle\int_\Omega u(x)\overline{v(x)}dx$ 是 $L_2(\Omega)$ 内积 (在复值函数意义下). 由抽象 Galerkin 方法的结论 (3.1.11), 有

$$\|u - u_N\|_{H^1_{2\pi}(\Omega)} \leq C \inf_{v \in S_N} \|u - v\|_{H^1_{2\pi}(\Omega)}. \tag{5.4.24}$$

为了更精密地估计误差, 我们定义投影算子,

$$P_N : L_2(\Omega) \to S_N, \ (P_N u, v) = (u, v), \ \forall v \in S_N. \tag{5.4.25}$$

设 $u \in H^m_{2\pi}(\Omega)$ (即 m 次连续可微的周期函数在 $H^m(\Omega)$ 意义下的闭包), 由 $P_N u$ 恰是 u 的 Fourier 展开的截断项, 不难证明当 $m \geq 2$ 时

$$\|u - P_N u\|_{H^1_{2\pi}(\Omega)} \leq CN^{1-m}\|u\|_{H^m_{2\pi}(\Omega)}, \tag{5.4.26}$$

代入 (5.4.24), 用先验估计得

$$\|u - u_N\|_{H^1_{2\pi}(\Omega)} \leq CN^{1-m}\|f\|_{H^{m-2}_{2\pi}(\Omega)}, \tag{5.4.27}$$

其收敛阶完全取决于解的光滑性. 比较有限元的近似阶取决于片断多项式的阶数, 这表明谱方法是高精度方法. 当然, 谱方法付出了代价: (5.4.23) 通常导出满矩阵的线方程组.

在特殊情形, 若 f 是解析函数, 则 (5.4.27) 可以改善为

$$\|u - u_N\|_{H^1_{2\pi}(\Omega)} \leq C\exp(-\gamma N), \ \gamma > 0. \tag{5.4.28}$$

这意味在此情形下, 谱方法的收敛速度是指数的, 或说有指数阶精度.

现在代 $u_N(x) = \sum\limits_{k,m} u_{km} \varphi_{km}$ 到 (5.4.24), 注意 $\{\varphi_{km}\}$ 是 $L_2(\Omega)$ 意义下的正交基, 得到

$$u_{km}(k^2 + m^2) = f_{km}, \tag{5.4.29}$$

这里 $f_{km} = (f, \varphi_{km})$. 求出 u_{km} 后代入可得 $u_N(x)$.

全部运算量为 $O(N^2)$. 节约计算量的办法是用离散 Fourier 变换系数代替 f_{km}, 得到 u_{km} 后再用离散逆变换求近似解在结点 $x_{kj} = (\pi k/N, \pi j/N)$ 上的值, 显然这些计算皆可用 FFT 变换实现. 但经过这种算法, 已非通常的 Galerkin 方法, 而是所谓的配置法: 以 x_{ij} 为结点的 Fourier 配置法.

谱方法有较广的应用范围, 我们考虑稍复杂但极为重要的问题: Navier-Stokes 方程的周期解. 令 $\Omega = (0, 2\pi)^3$, 求周期函数 $\boldsymbol{u} = (u^1, u^2, u^3)^T$, 满足

$$\begin{cases} -\nu \Delta \boldsymbol{u} + (\boldsymbol{u}\nabla)\boldsymbol{u} + \nabla p = \boldsymbol{f}, & (\Omega), \\ \nabla \cdot \boldsymbol{u} = 0, & (\Omega). \end{cases} \tag{5.4.30}$$

它比 (3.8.8) 的 Stokes 方程多了非线性项 (在高速流中此项不能忽去), $1/\nu = R_e$ 是 Reynolds 数, ∇ 是散度算子. 令

$$S_N = \text{Span}\{\varphi_{\boldsymbol{k}} = e^{i\boldsymbol{k}.\boldsymbol{x}} : \boldsymbol{k} \in \mathbb{Z}^3, \ -N \le k_j \le N-1, \ j = 1,2,3\}$$

利用 Fourier-Galerkin 方法, 寻求

$$\boldsymbol{u}_N = \sum_{\boldsymbol{k}} \boldsymbol{u}_{\boldsymbol{k}} \varphi_{\boldsymbol{k}}(\boldsymbol{x}) \in S_N,$$

使

$$\begin{cases} -\nu(\Delta \boldsymbol{u}_N, \varphi_{\boldsymbol{k}}) + (\boldsymbol{u}_N \nabla \boldsymbol{u}_N, \varphi_{\boldsymbol{k}}) + (\nabla p_N, \varphi_{\boldsymbol{k}}) = (\boldsymbol{f}, \varphi_{\boldsymbol{k}}), \\ (\nabla \cdot \boldsymbol{u}_N, \varphi_{\boldsymbol{k}}) = 0, \ \forall \varphi_{\boldsymbol{k}}, \ \boldsymbol{k} \in \mathbb{Z}^3. \end{cases} \tag{5.4.31}$$

留意 $\psi_{\boldsymbol{k}} = \nabla \varphi_{\boldsymbol{k}}$ 是试探函数, 应有

$$(\Delta \boldsymbol{u}_N, \psi_{\boldsymbol{k}}) = -(\nabla \boldsymbol{u}_N, \nabla \psi_{\boldsymbol{k}}) = 0,$$

故

$$(\nabla p_N, \psi_{\boldsymbol{k}}) = -((\boldsymbol{u}_N \nabla)\boldsymbol{u}_N, \nabla \varphi_{\boldsymbol{k}}) + (\boldsymbol{f}, \psi_{\boldsymbol{k}}).$$

但

$$(\nabla p_N, \psi_{\boldsymbol{k}}) = -(p_N, \Delta \varphi_{\boldsymbol{k}}) = |\boldsymbol{k}|^2 (p_N, \varphi_{\boldsymbol{k}}). \tag{5.4.32}$$

代 (5.4.32) 于 (5.4.31) 消去 (p_N, φ_k) 项，获

$$\nu|k|^2 u_k^j = -\{[(u_N \nabla)u_N^j]_k + \frac{ik_j}{|k|^2}[\nabla \cdot (u_N \cdot \nabla)u_N]_k\}$$

$$-\sum_{l=1}^3 k_l f_k^l - f_k^j, \quad -N \leq k_j \leq N-1, \; j=1,2,3, \qquad (5.4.33)$$

这里

$$[\nabla \cdot (u_N \cdot \nabla)u_N]_k = -\sum_{l=1}^3 (ik_l)[(u_N \cdot \nabla)u_N^l]_k,$$

其中 $[v]_k$ 意指 v 的 Fourier 展开式中第 k 项的系数. 细致分析可推出误差估计

$$\|u - u_N\|_{H^1_{2\pi}(\Omega)} \leq C(R_e)\|u\|_{H^m_{2\pi}(\Omega)} N^{1-m}, \; m \geq 1. \qquad (5.4.34)$$

为了把未知数显式地表达出，我们注意

$$\left[u^l \frac{\partial u^j}{\partial x_l}\right]_n = \sum_k \frac{i}{2\pi}(n_l - k_l)u_k^l u_{n-k}^j. \qquad (5.4.35)$$

这是一个卷积求和，一般运算要 $O(N^6)$ 次操作，但是用 FFT 仅要求 $O((2N)^3 \log_2 N)$ 次操作.

4.3. Chebyshev 配置法

我们举著名的 Burges 方程来说明 Chebyshev 配置法的应用. 考虑

$$\begin{cases} \dfrac{\partial u}{\partial t} - \nu \dfrac{\partial^2 u}{\partial x^2} + u\dfrac{\partial u}{\partial x} = 0, \; -1 < x < 1, \; t > 0, & (5.4.36a) \\[2mm] u(\pm 1, t) = 0, \; t > 0, & (5.4.36b) \\[2mm] u(x,0) = u_0(x), \; -1 < x < 1. & (5.4.36c) \end{cases}$$

这个方程可以通过 Cole-Hopf 变换：$u = 2\nu\psi_x/\psi$ 转化为关于 ψ 的热传导方程：$\psi_t = 2\nu\psi_{xx}$ 来讨论. 此方程的解有整体存在性，且 $u(t,x) \to 0$ 当 $t \to \infty$. 此外还有有界性：由 $\max|u_0(x)| \leq M$ 推出

$$\max_{x,t}|u(x,t)| \leq M.$$

所谓 Chebyshev 配置法就是求 $u_N : (0, T) \to \boldsymbol{P}_N (T > 0$ 为固定数，$\boldsymbol{P}_N$ 是全体阶数 $\leq N$ 的多项式集合)，满足

$$
\begin{cases}
\dfrac{\partial u_N}{\partial t} - \nu \dfrac{\partial^2 u_N}{\partial x^2} + \dfrac{1}{2} \dfrac{\partial I_N(u_N^2)}{\partial x} = 0, \\
\qquad \text{当 } x = x_j,\ 1 \leq j \leq N-1, \\
u_N(\pm 1) = 0.
\end{cases}
\tag{5.4.37}
$$

这里配置点

$$
x_j = \cos(\pi j / N), \quad 0 \leq j \leq N
\tag{5.4.38}
$$

恰好是 $T_N(x)$ 的极值点，I_N 是以 $\{x_i\}$ 为插值基点的插值算子，特别可表示为

$$
I_N \varphi(x) = \sum_{k=0}^{N} \alpha_k T_k(x).
\tag{5.4.39}
$$

由于 $T_k(x_j) = \cos \dfrac{\pi k j}{N}$，这意味由 $\{\varphi(x_j)\} \to \{\alpha_j\}$ 可以用 FFT 变换快速求出. 使用配置法的一般理论可以导出

$$
\|(u - u_N)(t)\|_{L_w^2(-1,1)} \leq C N^{1-s} \|u_0\|_{H_w^s(-1,1)}.
\tag{5.4.40}
$$

这里 $L_w^2(-1,1)$ 是带权 $(1-x^2)^{-1/2}$ 的 L_2 空间，$H_w^s(-1,1)$ 则是带权范的 Sobolev 空间.

离散方程 (5.4.37) 也可以对时间离散，这样导出

$$
(u_N^{k+1} - u_N^k)/\Delta t - \nu \dfrac{\partial^2 u_N^{k+1}}{\partial x^2} = -\dfrac{1}{2} \dfrac{\partial I_N(u_N^k)^2}{\partial x},
$$
$$
x = x_j,\ 1 \leq j \leq N-1.
\tag{5.4.41}
$$

容易证明此差分格式是弱无条件稳定，且

$$
\|u_N^k - u(k\Delta t)\|_{L_w^2(-1,1)} \leq C(T) \|u_0\|_{H_w^s(-1,1)} N^{1-s}.
\tag{5.4.42}
$$

§ 5. τ 方法大意

1938 年，Lanczos 首先提出了古典 τ 逼近法，却长期没有获得重视. 到 1969 年，Ortiz 发表了有关 " τ 方法" 的论文 [177]，提出了一个新的解多项式系数线性常微分方程的近似方法，即 τ 方法的递推形式. 其后，τ 方法在理论和应用各方

面均得到推广和发展，有些已写成软件，并有大量实际算例．1984 年，Ortiz 等证明了 τ 方法按下述意义为最佳：对固定的 n，τ 方法所得到的 n 次渐近多项式与解的 n 次最佳一致逼近多项式相比，两者的误差基本上是同一阶数，故和谱方法一样，τ 方法也是快速算法．

5.1. 基本思想

考虑 w 阶线性常微分方程

$$P(D)u = f(x), \quad x \in [a, b], \tag{5.5.1a}$$

其系数和右端都是 x 的多项式，即有

$$P(D) = \sum_{i=0}^{w} \sum_{j=0}^{\alpha_i} p_{ij} x^j D^i, \tag{5.5.1b}$$

$$f(x) = \sum_{i=0}^{l} b_i x^i, \tag{5.5.1c}$$

w 个附加条件具如下形式

$$\sum_{s=0}^{w-1} \sum_{m=1}^{n_s} q_m^{(k,s)} u^{(s)}(x_m^{(s)}) = \sigma_k, \quad k = 1, 2, \cdots, w, \tag{5.5.1d}$$

其中 $p_{ij}, b_i, q_m^{(k,s)}, \sigma_k$ 为常数，$x_m^{(s)} \in [a, b]$．这种形式的附加条件比初值条件、边界条件和一般的混合条件更加广泛，这是 τ 方法优点之一．

对方程 (5.5.1)，代替通常的幂级数解法，Lanczos 给右端一个扰动

$$H_n(x) = \tau_r(x) \rho_{n-r}(x), \tag{5.5.2}$$

其中 $\rho_{n-r}(x) = \sum_{m=0}^{n-r} C_m^{(n-r)} x^m$ 为按某种意义逼近零的多项式，例如 Chebyshev 多项式或 Legendre 多项式，而 $\tau_r(x) = \tau_0 + \tau_1 x + \cdots + \tau_r x^r$ 有 $r+1$ 个待定系数，用以满足方程之附加条件．由于在闭区间上多项式有界，故当 $\rho_{n-r}(x)$ 逼近零时，$H_n(x)$ 也逼近零，随着 n 增大，$H_n(x)$ 成为更佳的近似．

若能找到 $Q_m(x)$ 满足 $P(D)Q_m(x) = x^m$，令

$$y_n^*(x) = \sum_{m=0}^{n-r} C_m^{(n-r)} \sum_{i=0}^{r} \tau_i Q_{m+i}(x), \tag{5.5.3}$$

则显然有

$$P(D)y_n^*(x) = H_n(x). \tag{5.5.4a}$$

于是

$$y_n^*(x) + \sum_{i=0}^{l} b_i Q_i(x) \tag{5.5.4b}$$

是 (5.5.1) 的近似解.

τ 方法有如下优点:

1° 因为 $Q_m(x)$ 与区间无关, 故改变方程之定义区间时, 近似解只需随 $\rho_{n-r}(x)$ 稍加改动;

2° 附加条件之形式可以更具一般性;

3° 要提高近似解的精度, 不需要一切从头做起, 只要把 $\rho_{n-r}(x)$ 之次数增大, 这样做所增加的工作量并不大.

主要缺点是 $Q_m(x)$ 不大好找, 因为并非对每个 $m \in \mathcal{N}_0 \triangleq \{0, 1, 2, \cdots\}$ 都能找到相应的 $Q_m(x)$; 而且 $Q_m(x)$ 即使存在也不一定是唯一的.

递推形式和算子形式的 τ 方法克服了这个困难. 现简介如后.

5.2. 递推形式的 τ 方法

先考虑 $f(x) \equiv 0$ 的齐次情形. 记 U_D 为 $P(D)u = 0$ 的全部多项式解 $y_i(x)(i = 1, 2, \cdots, t \le w)$ 所张成的线性子空间. 对于满足

$$P(D)Q_m(x) = x^m + R_m(x), \quad R_m(x) \in \operatorname{Span}\{x^i, i \in S\} \tag{5.5.5}$$

的多项式 $Q_m(x)$, 其中 S 将在稍后定义, 称之为 $P(D)$ 的 m 阶典则多项式. 容易看出, 对固定的 m, $Q_m(x)$ 虽然不是唯一确定, 却顶多相差一个 U_D 中的多项式. 因此可按此将全体 $Q_m(x)$ 分成等价类, 称之为与 $P(D)$ 对应的 Lanczos 等价类. 由于不一定对每个 $m \in \mathcal{N}_0$ 均有 $Q_m(x)$ 存在, 故定义

$$S = \{i \in \mathcal{N}_0 : \text{不存在多项式 } Q(x), \text{ 使 } P(D)Q(x) \text{ 的次数为 } i\}.$$
$$\tag{5.5.6}$$

由 S 的定义, $H_n(x)$ 中幂次为 $i \in S$ 的各项要由 $R_m(x)$ 的线性组合得到.

可以证明多项式系数的线性微分算子 $P(D)$ 与相应的 Lanczos 等价类 $L = \{\mathcal{L}_m(x) : m \in \mathcal{N}_0 \backslash S\}$ 存在一一对应.

τ 方法的递推形式，就是设法找出 S, L 和 U_D 并根据问题的附加条件 (5.5.1d) 确定 $\tau_r(x)$ 的系数：

1° 对 $n \in \mathcal{N}_0$，令 $Dx^n = \sum_{i=0}^{\sigma_n} a_i^{(n)} x^i$ 及 $h = \max_{n \in N_0}(\sigma_n - n)$，显然下述递推公式成立

$$\mathcal{L}_m(x) = \frac{1}{a_m^{(m)}}[x^{m-h} - \sum_{r \in A_m} a_r^{(m)} \mathcal{L}_r(x)], \qquad (5.5.7)$$

其中 $A_m = \{r \in \mathcal{N}_0 \backslash S, \ r < m\}$.

2° 按 Ortiz 所提议的步骤可确定 S, U_D 和 L (参看 [177]).

3° 假设齐次方程有 $t \le w$ 个线性无关多项式解 $\{y_i(x); \ i \le t\}$，则近似解有如下形式

$$y_n^*(x) = \sum_{m=0}^{n-r+t} C_m^{(n-r+t)} \sum_{i=0}^{r-t} \tau_i Q_{m+i}(x) + \sum_{j=1}^{t} C_j y_j(x), \qquad (5.5.8)$$

其中 $m + i \in S$, $\tau_i (0 \le i \le r - t)$, $C_j (1 \le j \le t)$ 为待定常数，把条件 (5.1.1d) 代入 (5.5.8)，并与

$$\sum_{m=0}^{n-r+t} C_m^{(n-r+t)} \sum_{\substack{i=0 \\ m+i \in S}}^{r-t} \tau_i Q_{m+i}(x) \equiv 0 \qquad (5.5.9)$$

联立，可消去 x^i, $i \in S$ 之系数. 由上可见，$\tau_r(x)$ 的次数应满足：$w = \text{Card}(S) = r + 1 + t$.

例 5.1. 考虑边值问题

$$\begin{cases} P(D)u = (x^2 + 1)u'' - 6u = 0, & x \in [-1, 1], \\ u(0) = 1, \quad u'(0) = 0. \end{cases} \qquad (5.5.10)$$

由于

$$P(D)x^n = (n + 2)(n - 3)x^n + n(n - 1)x^{n-2},$$

所以有

$$\sigma_n = \begin{cases} n, & n \ne 3, \\ 1, & n = 3, \end{cases} \quad h = 0, \quad S = \{3\},$$

$$Q_m(x) = \frac{1}{(m+2)(m-3)}[x^m - m(m-1)Q_{m-2}(x)],$$

$$m \in \mathcal{N}_0 \backslash S, \qquad (5.5.11)$$

从 (5.5.11) 推得

$$Q_0(x) = -1/6, \qquad\qquad R_0(x) = 0;$$

$$Q_1(x) = -x/6, \qquad\qquad R_1(x) = 0;$$

$$Q_2(x) = -[3x^2 + 1]/12, \qquad R_2(x) = 0;$$

$$Q_4(x) = [x^4 + 3x^2 + 1]/6, \qquad R_4(x) = 0;$$

$$Q_5(x) = [x^5 - 20Q_3]/14, \qquad R_5(x) = 10x^3/7;$$

$$Q_6(x) = [x^6 - 5x^4 - 15x^2 - 5]/24, \quad R_6(x) = 0;$$

$$Q_7(x) = [x^7 - 3x^5 + 60Q_3]/36, \qquad R_7(x) = 5x^3/3;$$

$$\cdots\cdots \qquad\qquad\qquad \cdots\cdots$$

以及

$$y_1(x) = x + x^3.$$

近似解包含 τ_0, τ_1 和 C_1 三个待定常数，即

$$y_n^*(x) = \sum_{\substack{m=0 \\ m\neq 3}}^{n-1} C_m^{(n-1)}[\tau_0 Q_m(x) + \tau_1 Q_{m+1}(x)] + C_1(x + x^3). \quad (5.5.11)$$

具体地说，应成立

$$\sum_{m=0}^{n-1} C_m^{(n-1)}[\tau_0 Q_m(x) + \tau_1 Q_{m+1}(x)] + C_1(x + x^3)|_{x=0}$$

$$= 1, \qquad\qquad\qquad (5.5.12)$$

$$\sum_{m=0}^{n-1} C_m^{(n-1)}[\tau_0 Q_m'(x) + \tau_1 Q_{m+1}'(x)] + C_1(1 + 3x^2)|_{x=0}$$

$$= 0, \qquad\qquad\qquad (5.5.13)$$

在上二式中，凡有 $Q_3(x)$ 的项均不取，这是因为从下式

$$\tau_0\left(C_3^{(n-1)} - \frac{10}{7}C_5^{(n-1)} + \frac{5}{3}C_7^{(n-1)} - \cdots\right)$$

$$+ \tau_1\left(C_2^{(n-1)} - \frac{10}{7}C_4^{(n-1)} + \frac{5}{3}C_6^{(n-1)} - \cdots\right) = 0, \quad (5.5.14)$$

可消去 $Q_3(x)$. 于是，当选定 n 及右端的逼近多项式（例如 Chebyshev 多项式）之后，代入 (5.5.12)–(5.5.14) 即可解出 τ_0, τ_1 和 C_1.

5.3. 算子形式的 τ 方法

80 年代初, Ortiz 和 Samara[178] 找到了运算起来更为方便的方法. 首先定义下列矩阵:

$$\eta = \begin{bmatrix} 0 & & & & \\ 1 & 0 & & & \\ & 2 & 0 & & \\ & & 3 & 0 & \\ & & & \ddots & \ddots \end{bmatrix}, \quad \mu = \begin{bmatrix} 0 & 1 & & & \\ & 0 & 1 & & \\ & & 0 & 1 & \\ & & & \ddots & \ddots \end{bmatrix},$$

$$\tag{5.5.15}$$

又记

$$\boldsymbol{a} = (a_0, a_1, a_2, \cdots), \quad \boldsymbol{x} = (1, x, x^2, \cdots)^T. \tag{5.5.16}$$

假设方程 (5.5.1) 之级数解为

$$u(x) = \boldsymbol{a}\boldsymbol{x}, \tag{5.5.17}$$

容易验证:

$$Du(x) = \boldsymbol{a}\eta\boldsymbol{x},$$

$$xu(x) = \boldsymbol{a}\mu\boldsymbol{x},$$

$$x^j D^i u(x) = \boldsymbol{a}\eta^i \mu^j \boldsymbol{x} = \boldsymbol{a}\Delta_{ij}\boldsymbol{x}, \tag{5.5.18}$$

其中 Δ_{ij} 具下述形式:

$$\Delta_{ij} = \begin{bmatrix} O_{ij} & O \\ O & D^\delta \end{bmatrix}, \tag{5.5.19}$$

这里 O_{ij} 为 $i \times j$ 的零阵, D^δ 为对角阵, 其元素为

$$D_{r,r}^\delta = \frac{(i+r-1)!}{(r-1)!}, \quad r = 1, 2, \cdots. \tag{5.5.20}$$

于是

$$P(D)u(x) = \sum_{i=0}^{w} \sum_{j=0}^{\alpha_i} p_{ij} \boldsymbol{a} \Delta_{ij} \boldsymbol{x} = \boldsymbol{a}\Pi\boldsymbol{x}, \tag{5.5.21}$$

这里 $\Pi = \sum_{i=0}^{w} \sum_{j=0}^{\alpha_i} p_{ij} \boldsymbol{a} \Delta_{ij}$, 显然 Π 是一带形阵.

设 $\boldsymbol{v} = [U_0(x), U_1(x), \cdots]^T$ 为全体多项式所构成的空间之正交基, $\boldsymbol{v} = V\boldsymbol{x}$. 例如对 $[-1, 1]$ 上的 Chebyshev 多项式有

$$V = \begin{bmatrix} 1 & & & & \\ 0 & 1 & & & \\ -1 & 0 & 2 & & \\ 0 & -3 & 0 & 4 & \\ 1 & 0 & -8 & 0 & 8 \\ \cdots\cdots & & & & \end{bmatrix},$$

$$V^{-1} = \begin{bmatrix} 1 & & & & \\ 0 & 1 & & & \\ 1/2 & 0 & 1/2 & & \\ 0 & 3/4 & 0 & 1/4 & \\ 3/8 & 0 & 1/2 & 0 & 1/8 \\ \cdots\cdots & & & & \end{bmatrix}. \qquad (5.5.22)$$

现希望解 $u(x)$ 能表示为 $u = \boldsymbol{\alpha}\,\boldsymbol{v}$, 这里 $\boldsymbol{\alpha} = (\alpha_0, \alpha_1, \cdots)$. 考虑到

$$u = \boldsymbol{a}\boldsymbol{x} = \boldsymbol{\alpha}V\boldsymbol{x},$$

$$P(D)u = \boldsymbol{a}\Pi\boldsymbol{x} = \boldsymbol{\alpha}V\Pi V^{-1}\boldsymbol{v},$$

$$f(x) = \boldsymbol{f}\boldsymbol{x} = \boldsymbol{f}V^{-1}\boldsymbol{v}, \qquad (5.5.23)$$

令 $\bar{\Pi} = V\Pi V^{-1}$, $g = \boldsymbol{f}V^{-1} = (g_0, g_1, \cdots, g_l, 0, 0, \cdots)$, 把 w 个附加条件 (5.1.d) 以矩阵形式表示

$$\boldsymbol{\alpha}B = \boldsymbol{\sigma} = (\sigma_1, \sigma_2, \cdots, \sigma_w, 0, 0, \cdots),$$

这里 B 是一个 w 行无穷列阵. 把上面合并起来得到关于 $\boldsymbol{\alpha}$ 的线方程组:

$$\boldsymbol{\alpha}G = \boldsymbol{S}, \qquad (5.5.24)$$

其中 $G = [B|\bar{\Pi}]$; $\boldsymbol{S} = (\boldsymbol{\sigma}|g)$. 这是具有无限个变量的线性方程组. 为求其近似解, 将 $\boldsymbol{\alpha}, G, \boldsymbol{S}$ 分别截断成为 $\boldsymbol{\alpha}_n, G_{nn}$ 和 $\boldsymbol{S}_n$. 由

$$\boldsymbol{\alpha}_n G_{nn} = \boldsymbol{S}_n, \qquad (5.5.25)$$

解出 $\boldsymbol{\alpha}_n$ 后, $u_n(x) = \boldsymbol{\alpha}_n\boldsymbol{v}$ 就是所求的 n 次 τ 近似解.

下面简介 τ 方法的一些应用. 为了找偏微分方程 (组) 的近似解, 自然想法是把除掉一个自变量外其他自变量的微分用差分代替, 得出一组常微分方程, 然后把 5.2 与 5.3 的 τ 方法用上去. 这时因为所遇到的是方程组, 就更能显出算子形式的优越性.

为了克服递推形式在解偏微所遇困难, 还可直接把 τ 方法推广至多维情形.

许多作者曾把 τ 方法略加修改后应用于线性或非线性常微、偏微、带奇性的问题和相应的特征值问题，并进行了大量数值计算. 把有限差分法、有限元法、边界元法、配置法等方法和 τ 方法加以比较，发现凡 τ 方法能够适用的问题，皆具有精度高、计算量少和操作简单等优点. 就算在奇点附近（例如带裂缝的调和或重调和方程、Motz、Helmholtz、Steklov 等问题），即使不作任何特殊处理，τ 方法也往往显示出其优越性. 也有人尝试对线性偏微的一个自变量用配置法，另一个自变量用 τ 方法进行数值计算，结果良好.

第二篇　区域分解算法

第六章 不重叠区域分解法

　　不重叠型区域分解法的特征是先对区域作初始剖分 $\{\Omega_i\}$，Ω_i 间互不重叠. 我们主要考虑二色问题，即各子域能用两种颜色区分. 在 §1, §2 与 §3 中考虑连续问题的 D-N 交替法，此时所谓 Steklov-Poincare 算子起关键作用. 对于离散模拟，初始剖分 $\{\Omega_i\}$ 无内交点情形，　D-N 方法可以移植并得到与 h 无关的收敛速度. 有内交点情形，处理较难，必须使用专门的预处理方法.

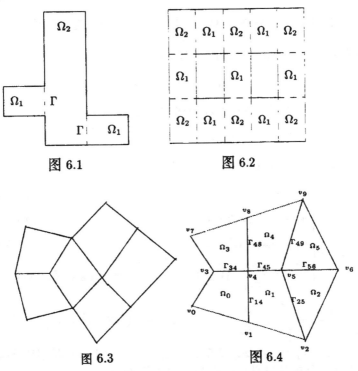

图 6.1　　　　　　　图 6.2

图 6.3　　　　　　　图 6.4

图 6.1, 6.2 无内交点，图 6.3, 6.4 有内交点.

§ 1. Steklov–Poincare 算子及应用

1.1. 分裂区域的界面条件与调和扩张

为简单起见，考虑二阶椭圆型偏微分方程的 Dirichlet 问题

$$\begin{cases} Lu = -\sum_{i,j=1}^{2} \dfrac{\partial}{\partial x_i}\left(a_{ij}\dfrac{\partial u}{\partial x_j}\right) + a_0 u = f, \quad (\Omega), \\ u = 0, \quad (\partial\Omega), \end{cases} \tag{6.1.1}$$

这里 $\Omega \subset I\!R^2$ 是分片光滑的有界开集，$a_0 \geq 0$, (Ω), $[a_{ij}]$ 是对称一致正定矩阵.

设对 Ω 进行分割：$\bar{\Omega} = \bigcup_{k=1}^{M} \bar{\Omega}_k$, Ω_k 为开集且互不重叠，即当 $k \neq m$, $\Omega_k \cap \Omega_m = \varnothing$, 若 Ω_k, Ω_m 相邻，令

$$\Gamma_{km} = \partial\Omega_k \cap \partial\Omega_m.$$

令 $u \in H_0^1(\Omega)$ 是 (6.1.1) 的弱解，限制

$$u_k = u|_{\Omega_k}, \quad k = 1, \cdots, M.$$

易知 u_k 应满足联立方程

$$\begin{cases} Lu_k = f, \quad (\Omega_k), & \text{(6.1.2a)} \\ u_k = 0, \quad (\partial\Omega_k \cap \partial\Omega), & \text{(6.1.2b)} \\ u_k = u_m, \quad (\Gamma_{km}), & \text{(6.1.2c)} \\ \dfrac{\partial u_k}{\partial n_k} = \dfrac{\partial u_m}{\partial n_k}, \ (\Gamma_{km}), \ k = 1, \cdots, M, \ \Gamma_{km} \neq \varnothing, & \text{(6.1.2d)} \end{cases}$$

其中 $\dfrac{\partial u_k}{\partial n_k} = \sum_{i,j=1}^{2} a_{ij}\dfrac{\partial u_k}{\partial x_j}\nu_j$, $\boldsymbol{\nu} = (\nu_1, \nu_2)$ 是 $\partial\Omega_k$ 的单位外法向向量. (6.1.2c) 与 (6.1.2d) 是所谓界面条件，如果 $u \in H_0^1(\Omega)$, 不难由 Green 公式导出界面条件是自然边界条件.

(6.1.1) 的弱形式是求 $u \in H_0^1(\Omega)$, 满足

$$a(u,v) = \int_{\Omega} fv\,dx, \quad \forall v \in H_0^1(\Omega), \tag{6.1.3}$$

其中

$$a(u,v) \triangleq \sum_{i,j=1}^{2} \int_{\Omega} a_{ij} \frac{\partial u}{\partial x_i} \frac{\partial v}{\partial x_j} dx + \int_{\Omega} a_0 uv dx. \qquad (6.1.4)$$

为了讨论 (6.1.2) 的弱形式，首先讨论两子域情形： $\bar{\Omega} = \bar{\Omega}_1 \cup \bar{\Omega}_2$, $\Omega_1 \cap \Omega_2 = \emptyset$, 且设

$$\Gamma = \partial \Omega_1 \cap \partial \Omega_2,$$

这里 Ω_1 与 Ω_2 可以是互不连通开集的和集，换句话说，Ω 被两种颜色分割.

按通常方式，把 $H_0^1(\Omega_k)$, $k = 1, 2$ 视为 $H_0^1(\Omega)$ 的子空间，即 $H_0^1(\Omega_k)$ 函数以零值延拓到 $\Omega \backslash \Omega_k$ 上. 显然，两个子空间 $H_0^1(\Omega_1)$ 与 $H_0^1(\Omega_2)$ 互为正交. 为了求出 $H_0^1(\Omega_1) \oplus H_0^1(\Omega_2)$ 的正交补空间，我们令

$$\Phi = H_{00}^{\frac{1}{2}}(\Gamma) = \{v|_\Gamma : v \in H_0^1(\Omega)\}, \qquad (6.1.5)$$

Γ 的端点在边界 $\partial \Omega$ 上. 在第一章中，我们已述 $H_{00}^{\frac{1}{2}}(\Gamma)$ 可以用 $H_0^1(\Gamma)$ 与 $L_2(\Gamma)$ 的内插空间定义

$$H_{00}^{\frac{1}{2}}(\Gamma) = (H_0^1(\Gamma), L_2(\Gamma))_{\frac{1}{2},2}, \qquad (6.1.6)$$

并规定范为 (1.10.22).

Φ 称为 $H_0^1(\Omega)$ 的迹空间. 定义调和扩张算子

$$R_k : \Phi \to H^1(\Omega_k), \qquad (6.1.7)$$

意指若 $w = R_k \varphi$, $\forall \varphi \in \Phi$, 则 w 满足 $w \in H^1(\Omega_k)$, 且

$$\begin{cases} a_k(w,v) \triangleq \sum_{i,j=1}^{2} \int_{\Omega_k} a_{ij} \frac{\partial w}{\partial x_i} \frac{\partial v}{\partial x_j} dx + \int_{\Omega_k} a_0 wv dx \\ \quad = 0, \quad \forall v \in H_0^1(\Omega_k), \\ w = \varphi, \quad (\Gamma), \\ w = 0, \quad (\partial \Omega_k \backslash \Gamma). \end{cases} \qquad (6.1.8)$$

置

$$\Psi = Span\{R_k \varphi, \ k = 1, 2 : \forall \varphi \in H_{00}^{\frac{1}{2}}(\Gamma)\}, \qquad (6.1.9)$$

及

$$V_k = \{v \in H^1(\Omega_k): \ v = 0, \ (\partial\Omega \cap \partial\Omega_k)\}, \ k = 1, 2, \quad (6.1.10)$$

$$V_k^0 = H_0^1(\Omega_k), \ k = 1, 2. \quad (6.1.11)$$

显然空间 $H_0^1(\Omega)$ 成立直交分解

$$H_0^1(\Omega) = V_1^0 \oplus V_2^0 \oplus \Psi, \quad (6.1.12)$$

故在 (6.1.3) 中，分别取 v 属 V_1^0, V_2^0 及 Ψ，得到 $u_k \in V_k$, $k = 1, 2$, 满足的联立方程

$$\begin{cases} a_1(u_1, v) = \displaystyle\int_{\Omega_1} fv dx, \quad \forall v \in V_1^0, & (6.1.13a) \\[2mm] u_1 = u_2, \quad (\Gamma), & (6.1.13b) \\[2mm] a_1(u_1, R_1\varphi) + a_2(u_2, R_2\varphi) \\[2mm] \quad = \displaystyle\int_{\Omega_1} fR_1\varphi dx + \int_{\Omega_2} fR_2\varphi dx, \quad \forall \varphi \in \Phi, & (6.1.13c) \\[2mm] a_2(u_2, v) = \displaystyle\int_{\Omega_2} fv dx, \quad \forall v \in V_2^0. & (6.1.13d) \end{cases}$$

我们还可以得到更简单的联立形式.

引理 1.1. 为了 u 是 (6.1.3) 的解，当且仅当 u_1, u_2 满足联立方程

$$\begin{cases} a_1(u_1, v) = \displaystyle\int_{\Omega_1} fv dx, \quad \forall v \in V_1^0, & (6.1.14a) \\[2mm] u_1 = u_2, \quad (\Gamma), & (6.1.14b) \\[2mm] a_2(u_2, v) = \displaystyle\int_{\Omega_2} fv dx - a_1(u_1, R_1\gamma_0 v) + \int_{\Omega_1} fR_1\gamma_0 v dx, \\[2mm] \quad \forall v \in V_2, & (6.1.14c) \end{cases}$$

这里 $\gamma_0 : H_0^1(\Omega) \to \Phi$ 是迹算子.

证明. 若 u 为 (6.1.3) 的解，u_k 为 u 在 Ω_k 上的限制，则 (6.1.14b) 是 $u \in H^1(\Omega)$ 的推论. 其次在 (6.1.3) 中置 $v \in V_1^0$，则得 (6.1.14a).

任取 $v \in V_2$, 定义 $\tilde{v} \in H_0^1(\Omega)$ 如下:

$$\tilde{v} = \begin{cases} R_1 \gamma_0 v, & (\Omega_1), \\ v, & (\Omega_2). \end{cases} \tag{6.1.15}$$

在 (6.1.3) 中以 $\tilde{v}$ 代 v, 得

$$a_2(u_2, v) = a(u, \tilde{v}) - a_1(u, R_1 \gamma_0 v) = \int_\Omega f \tilde{v} dx - a_1(u_1, R_1 \gamma_0 v)$$

$$= \int_{\Omega_1} f R_1 \gamma_0 v dx + \int_{\Omega_2} f v dx - a_1(u_1, R_1 \gamma_0 v),$$

知 (6.1.14c) 成立.

反之, 设 u_1, u_2 适合 (6.1.14), 令

$$u = \begin{cases} u_1, & (\Omega_1), \\ u_2, & (\Omega_2). \end{cases}$$

显然, 如此确定的 $u \in H_0^1(\Omega)$. 现在对任意 $v \in H_0^1(\Omega)$, 取 $v_1 = v - R_1 \gamma_0 v, (\Omega_1)$ 及 $v_2 = v, (\Omega_2)$. 显然 $v_1 \in V_1^0$, $v_2 \in V_2$, 利用 (6.1.14)

$$a(u, v) = a_1(u_1, v_1 + R_1 \gamma_0 v) + a_2(u_2, v_2)$$

$$= a_1(u_1, v_1) + a_1(u_1, R_1 \gamma_0 v) + a_2(u_2, v_2)$$

$$= \int_{\Omega_1} f v dx + \int_{\Omega_2} f v dx + \int_{\Omega_1} f R_1 \gamma_0 v dx$$

$$= \int_\Omega f v dx, \quad \forall v \in H_0^1(\Omega). \tag{6.1.16}$$

证毕. □

1.2. Steklov-Poincare 算子

考虑非齐次边值问题

$$\begin{cases} Lu = f, & (\Omega), \\ u = g, & (\partial\Omega). \end{cases} \tag{6.1.17}$$

如果记 $\lambda = \gamma_0 u = u|_\Gamma$, 则 u_k, $k = 1, 2$, 独立地满足子域上的问题

$$\begin{cases} Lu_k = f, & (\Omega_k), \\ u_k = g, & (\partial\Omega_k \cap \partial\Omega), \\ u_k = \lambda, & (\Gamma), \quad k = 1, 2. \end{cases} \tag{6.1.18}$$

其困难是真解在 Γ 上的限制 λ 是未知的，按 (6.1.2d)，λ 的选择应满足条件

$$\frac{\partial u_1(\lambda)}{\partial n_1} = \frac{\partial u_2(\lambda)}{\partial n_2}, \quad (\Gamma). \tag{6.1.19}$$

现在由 (6.1.19) 推出 λ 必须满足的界面方程.

由迭加原理，(6.1.18) 的解可以表示为

$$u_k = R_k\lambda + T_k f, \quad k = 1, 2, \tag{6.1.20}$$

其中 $T_k f$ 满足

$$\begin{cases} LT_k f = f, & (\Omega_k), \\ T_k f = 0, & (\Gamma), \\ T_k f = g, & (\partial\Omega_k \setminus \Gamma), \ k = 1, 2, \end{cases} \tag{6.1.21}$$

而 $R_k\lambda$ 作为 λ 的调和扩张，满足

$$\begin{cases} LR_k\lambda = 0, & (\Omega_k), \\ R_k\lambda = \lambda, & (\Gamma), \\ R_k\lambda = 0, & (\partial\Omega_k \setminus \Gamma), \ k = 1, 2. \end{cases} \tag{6.1.22}$$

把 (6.1.20) 代入 (6.1.19)，移项后得

$$\frac{\partial}{\partial n_1}(R_1 - R_2)\lambda = \frac{\partial}{\partial n_1}(T_2 - T_1)f, \ (\Gamma), \tag{6.1.23}$$

由于右端项 $\mathcal{X} = \dfrac{\partial}{\partial n_1}(T_2 - T_1)f$ 是与 λ 无关的函数，可以通过独立地解子域上的问题预先求出. 这样 (6.1.23) 等价于算子方程

$$S\lambda = \mathcal{X}, \tag{6.1.24}$$

这里 $S = S_1 + S_2$, 而 $S_k = \dfrac{\partial}{\partial n_k}(R_k \cdot), k = 1, 2$. 称 S 为 Steklov-Poincare 算子.

既然 $\lambda \in H_{00}^{\frac{1}{2}}(\Gamma)$, 则易证

$$S_k : H_{00}^{\frac{1}{2}}(\Gamma) \to H^{-\frac{1}{2}}(\Gamma), \tag{6.1.25}$$

故也有 $S : H_{00}^{\frac{1}{2}}(\Gamma) \to H^{-\frac{1}{2}}(\Gamma)$.

定理 1.1. $S_k : H_{00}^{\frac{1}{2}}(\Gamma) \to H^{-\frac{1}{2}}(\Gamma), k = 1, 2$ 是对称正算子.

证明. 因为 $H_{00}^{\frac{1}{2}}(\Gamma) \subset L_2(\Gamma) \subset H^{-\frac{1}{2}}(\Gamma)$, 于是任取 $\lambda, \mu \in$ $H_{00}^{\frac{1}{2}}(\Gamma)$, 用 Green 公式知

$$(S_k\lambda, \mu) \triangleq \int_\Gamma S_k\lambda\mu ds = \int_\Gamma \frac{\partial R_k\lambda}{\partial n_k}\mu ds$$
$$= a_k(R_k\lambda, R_k\mu). \tag{6.1.26}$$

这就给出了 S_k 的对称性与正性. □

推论 1. S_k 的逆算子 S_k^{-1} 存在.

推论 2. 若二次形式 $a_k(\cdot, \cdot)$ 在 V_k 上是 V 椭圆的, 则 S_k 是正定的, 即存在常数 $C > 0$, 使

$$(S_k\lambda, \lambda) \geq C\|\lambda\|^2_{H_{00}^{1/2}(\Gamma)}. \tag{6.1.27}$$

一般来说, 求 S 的逆很难, 但求 $S_k^{-1} : H^{-\frac{1}{2}}(\Gamma) \to H_{00}^{\frac{1}{2}}(\Gamma)$ 比较容易, 可归结为求解 Ω_k 上的方程. 事实上, 欲解

$$S_k\lambda = g, \quad g \in H^{-\frac{1}{2}}(\Gamma) \tag{6.1.27}$$

等价于解 Ω_k 上的 Neumann 问题, 即求 $u_k \in V_k$, 适合

$$a_k(u_k, v) = \int_\Gamma gv ds, \quad \forall v \in V_k. \tag{6.1.28}$$

再置

$$\lambda = u_k|_\Gamma, \tag{6.1.29}$$

不难验证对如此的 λ, 成立 $\lambda = S_k^{-1}g \in H_{00}^{\frac{1}{2}}(\Gamma)$.

§ 2. D-N 交替法

通过 Steklov-Poincare 算子, 原始问题求解被归结于解算子方程 (6.1.24), 但是这是很难求解的问题. 既然我们知道 S_2 求逆比较简单, 它归结于 Ω_2 上 Neumann 问题 (6.1.28), 故我们可用

S_2 作预处理器. 例如, 预处理 Richardson 迭代法: 取 $\lambda^0 \in \Phi$, 迭代过程为

$$S_2(\lambda^{n+1} - \lambda^n) = \theta_n(\mathcal{X} - S\lambda^n). \qquad (6.2.1)$$

收敛性分析由第四章 §2 与 §3 的理论, 转化为对 $S_2^{-1}S$ 的本征值估计, 即关于

$$\frac{(S\lambda, \lambda)}{(S_2\lambda, \lambda)} = 1 + \frac{(S_1\lambda, \lambda)}{(S_2\lambda, \lambda)} = 1 + \frac{a_1(R_1\lambda, R_1\lambda)}{a_2(R_2\lambda, R_2\lambda)} \qquad (6.2.2)$$

的上下界估计. 由迹定理推出以下引理.

引理 2.1. 存在正常数 σ 和 τ 使

$$\sigma = \sup_{\lambda \in \Phi} \frac{\|R_1\lambda\|_{(1)}^2}{\|R_2\lambda\|_{(2)}^2}, \quad \tau = \sup_{\lambda \in \Phi} \frac{\|R_2\lambda\|_{(2)}^2}{\|R_1\lambda\|_{(1)}^2}, \qquad (6.2.3)$$

这里 $\|R_k\lambda\|_{(k)}^2 \overset{\triangle}{=} a(R_k\lambda, R_k\lambda), \ k = 1, 2.$

推论 1. 对任意 $\lambda \in \Phi$ 成立.

$$1 + \frac{1}{\tau} \leq \frac{(S\lambda, \lambda)}{(S_2\lambda, \lambda)} \leq 1 + \sigma. \qquad (6.2.4)$$

推论 2. 若选择定常参数

$$\theta = \frac{2}{2 + \tau^{-1} + \sigma}, \qquad (6.2.5)$$

则迭代 (6.2.1) 收敛, 且收敛速度为 $\dfrac{2(1 + \tau^{-1})}{1 + \sigma}$.

有趣的是 Richardson 迭代 (6.2.1) 等价于所谓 Dirichlet-Neumann 交替迭代 (简称 D-N 交替法). 为此设 Ω_1 为 D 区域, Ω_2 为 N 区域, 构造算法:

算法 2.1 (D–N 交替法).

步 1. 选初始 $\lambda^0 \in \Phi$, $n := 0$.

步 2. 在 Ω_1 上解 Dirichlet 问题

$$\begin{cases} Lu_1^n = f, & (\Omega_1), \\ u_1^n = \lambda^n, & (\Gamma), \\ u_1^n = g, & (\partial\Omega_1 \setminus \Gamma). \end{cases} \qquad (6.2.6)$$

步 3. 在 Ω_2 上解 Neumann 问题

$$
\begin{cases}
Lu_2^n = f, & (\Omega_2), \\
\dfrac{\partial u_2^n}{\partial n_2} = \dfrac{\partial u_1^n}{\partial n_2}, & (\Gamma), \\
u_2^n = g, & (\partial\Omega_1 \setminus \Gamma).
\end{cases}
\tag{6.2.7}
$$

步 4. 计算或输入 θ_n, 并置

$$
\lambda^{n+1} = \theta_n u_2^n + (1 - \theta_n)\lambda^n, \quad (\Gamma).
\tag{6.2.8}
$$

步 5. 置 $n := n + 1$ 转步 1.

定理 2.1. D-N 交替法与迭代法 (6.2.1) 相互等价.

证明. 考虑误差 $e_k^n = u - u_k^n$, $k = 1, 2$ 及 $\mu^n = u|_\Gamma - \lambda^n$, 代到 (6.2.6) 与 (6.2.7) 后, 获 e_1^n 及 e_2^n 分别满足

$$
\begin{cases}
Le_1^n = 0, & (\Omega_1), \\
e_1^n = \mu^n, & (\Gamma), \\
e_1^n = 0, & (\partial\Omega_1 \setminus \Gamma),
\end{cases}
\tag{6.2.9}
$$

$$
\begin{cases}
Le_2^n = 0, & (\Omega_2), \\
\dfrac{\partial e_2^n}{\partial n_2} = \dfrac{\partial e_1^n}{\partial n_2}, & (\Gamma), \\
e_2^n = 0, & (\partial\Omega_2 \setminus \Gamma),
\end{cases}
\tag{6.2.10}
$$

及

$$
\mu^{n+1} = \theta_n e_2^n|_\Gamma + (1 - \theta_n)\mu^n.
\tag{6.2.11}
$$

由 S_k 定义, 易验证

$$
e_2^n|_\Gamma = -S_2^{-1}S_1\mu^n,
$$

于是

$$
\begin{aligned}
\mu^{n+1} - \mu^n &= \theta_n e_2^n|_\Gamma + (1 - \theta_n)\mu^n - \mu^n \\
&= \theta_n e_2^n|_\Gamma - \theta_n\mu^n \\
&= -\theta_n S_2^{-1}S_1\mu^n - \theta_n\mu^n,
\end{aligned}
$$

或

$$
S_2(\mu^{n+1} - \mu^n) = -\theta_n S_1\mu^n - \theta_n S_2\mu^n = -\theta_n(S\mu^n).
\tag{6.2.12}
$$

利用 $\lambda = u|_\Gamma$ 及 $S\lambda = \mathcal{X}$, 代入 (6.2.12), 得到 (6.2.1) 式. 这就得到二者等价性的证明. □

如果对 τ, σ 有好的估值, 可以使用循环 Chebyshev 迭代 (4.6.1) 加速收敛. 如果对 τ, σ 一无所知, 则可用最小剩余方法去确定 θ_n, 算法如下:

算法 2.2 (最小剩余法).
步 1. 选初始 $\lambda^0 \in \Phi$, 计算剩余

$$r^0 = \mathcal{X} - S\lambda^0,$$

求解方程 (通过在 Ω_2 上解 Neumann 问题)

$$S_2 q^0 = r^0.$$

步 2. 计算参数

$$\theta_n = (r^n, Sq^n)/(Sq^n, Sq^n),$$

这里 $(\cdot, \cdot)$ 是 $L_2(\Gamma)$ 意义下的内积.
步 3. 求

$$\lambda^{n+1} = \lambda^n + \theta_n q^n,$$

$$r^{n+1} = r^n - \theta_n Sq^n,$$

$$S_2 q^{n+1} = r^{n+1}.$$

步 4. 置 $n := n + 1$ 转步 2.

显然最小剩余法可以看做最速下降法的特殊情形, 相当于在 (4.8.5) 中以 $(S\cdot, \cdot)$ 代 $(\cdot, \cdot)$ 故保证剩余

$$\|r^{n+1}\|^2 = \|r^n\|^2 - |(r^n, Sq^n)|^2/\|Sq^n\|^2 \qquad (6.2.13)$$

单调下降. 最小剩余法收敛速度不慢于任何稳态迭代法的收敛速度. 注意算法 2.2 的主要过程仍然是 D-N 交替过程.

§3. M-Q 算法

Marini 和 Quarteroni 基于引理 1.1 提出算法:

算法 3.1. (Marini-Quarteroni)[155]
步 1. 给定 $g^0 \in \Phi$, $n := 1$.

步 2. 解 Dirichlet 问题

$$
\begin{cases}
a_1(u_1^n, v) = \displaystyle\int_{\Omega_1} fv\,dx, & \forall v \in V_1^0, \\
u_1^n = g^{n-1}, & (\Gamma).
\end{cases}
\tag{6.3.1}
$$

步 3. 解 Neumann 问题

$$
a_2(u_2^n, v) = \int_{\Omega_2} fv\,dx - a_1(u_1^n, R_1\gamma_0 v) + \int_{\Omega_1} fR_1\gamma_0 v\,dx,
\tag{6.3.2}
$$
$$
\forall v \in V_2..
$$

步 4. 确定松弛因子 θ_n, 置

$$
g^n = \theta_n u_2^n + (1 - \theta_n)g^{n-1}, \ (\Gamma).
\tag{6.3.3}
$$

步 5. 置 $n := n + 1$ 转步 2.

我们证明如果 θ_n 选择恰当, 则能保证算法 3.1 收敛, 甚至加速收敛.

为方便起见, 引入记号

$$
\|v\|_{(k)}^2 = a_k(v, v), \ \forall v \in V_k, \ k = 1, 2,
\tag{6.3.4}
$$

$$
\|\varphi\|^2 = \|R_1\varphi\|_{(1)}^2, \ ((\varphi, \psi)) = a_1(R_1\varphi, R_1\psi), \ \forall \varphi, \psi \in \Phi.
\tag{6.3.5}
$$

引理 3.1. 假定存在 $\theta_{\min} > 0$, 对所有 $\theta_n \geq \theta_{\min}$, $n \geq 1$(特别可取 θ_n 是常数序列) 若序列 $\{\gamma_0 u_1^n\}$, 当 $n \to \infty$ 时收敛, 则序列 $\{u_1^n, u_2^n\}$ 收敛于解 $\{u_1, u_2\}$.

证明. 因为 $\{\gamma_0 u_1^n\}$ 是 Hilbert 空间 Φ 的 Cauchy 序列, 故

$$
\lim_{n,m \to \infty} \|\gamma_0(u_1^n - u_1^m)\| = 0.
\tag{6.3.6}
$$

但 $u_1^n - u_1^m = R_1\gamma_0(u_1^n - u_1^m)$, 这蕴含

$$
\|u_1^n - u_1^m\|_{(1)}^2 = \|R_1\gamma_0(u_1^n - u_1^m)\|_{(1)}^2 = \|\gamma_0(u_1^n - u_1^m)\| \to 0,
$$
$$
n, m \to \infty,
\tag{6.3.7}
$$

即 $\{u_1^n\}$ 是 Hilbert 空间 V_1 的收敛序列. 按 (6.3.1) 和 (6.3.3) 又有

$$
\theta_{n-1}\gamma_0 u_2^{n-1} = \gamma_0(u_1^n - u_1^{n-1}) + \theta_{n-1}\gamma_0 u_1^{n-1}.
\tag{6.3.8}
$$

但按假设 $\theta_n \geq \theta_{\min} > 0$, 取极限导出

$$
\lim_{n \to \infty} \gamma_0 u_2^n = \lim_{n \to \infty} \gamma_0 u_1^n.
\tag{6.3.9}
$$

利用 Cauchy 不等式及 (6.3.2) 得

$$\|u_2^n - u_2^m\|_{(2)}^2 = -a_1(u_1^n - u_1^m, R_1\gamma_0(u_2^n - u_2^m))$$

$$\leq \|u_1^n - u_1^m\|_{(1)}\|R_1\gamma_0(u_2^n - u_2^m)\|_{(1)}$$

$$\leq \|u_1^n - u_1^m\|_{(1)}\||\gamma_0(u_2^n - u_2^m)\|| \to 0,$$

$$n, m \to \infty. \qquad (6.3.10)$$

(6.3.7) 及 (6.3.10) 蕴含 $\{u_1^n, u_2^n\}$ 收敛到 $V_1 \times V_2$ 中的元 $\{\bar{u}_1, \bar{u}_2\}$.
(6.3.9) 蕴含 $\bar{u}_1 = \bar{u}_2$, (Γ). 故知 $\{\bar{u}_1, \bar{u}_2\}$ 是 (6.1.14) 的解，即有
$\{\bar{u}_1, \bar{u}_2\} = \{u_1, u_2\}$. □

引理 3.1 把收敛性证明归结于讨论序列 $\{\gamma_0 u_1^n\}$ 的收敛性.
我们引进算子 $T: \Phi \to \Phi$. 定义为

$$T\psi = \gamma_0 w_2, \quad \forall \psi \in \Phi, \qquad (6.3.11)$$

其中 $w_2 \in V_2$. 满足

$$a_2(w_2, v) = -a_1(w_1, R_1\gamma_0 v), \quad \forall v \in V_2, \qquad (6.3.12)$$

而 $w_1 = R_1\psi$, 满足

$$a_1(w_1, v) = 0, \ \forall v \in V_1^0, \ \gamma_0 w_1 = \psi, \ (\Gamma). \qquad (6.3.13)$$

这样 (6.3.12) 蕴含

$$a_2(w_2, v) = 0, \quad \forall v \in V_2^0, \qquad (6.3.14)$$

故推出

$$w_2 = R_2\gamma_0 w_2 = R_2 T\psi. \qquad (6.3.14)$$

对任意正数 θ, 定义 $T_\theta: \Phi \to \Phi$,

$$T_\theta\psi = \theta T\psi + (1-\theta)\psi, \quad \forall \psi \in \Phi, \qquad (6.3.15)$$

我们能够证明以下估计式成立.

定理 3.1. 存在正数 $\theta^* \in (0,1]$, 使 $\forall \theta \in (0,\theta^*)$, T_θ 是压缩映射，即对任意 $\theta \in (0,\theta^*)$, 存在正数 $K(\theta) < 1$, 使

$$\||T_\theta\psi\|| \leq K(\theta)\||\psi\||, \quad \forall \psi \in \Phi. \qquad (6.3.16)$$

证明.   由定义 (6.3.15), 获得

$$\||T_\theta\psi\||^2 = \theta^2\||T\psi\||^2 + (1-\theta)^2\||\psi\||^2 + 2\theta(1-\theta)((\psi, T\psi))$$

$$= \theta^2\|R_1 T\psi\|_{(1)}^2 + (1-\theta)^2\|R_1\psi\|_{(1)}^2 + 2\theta(1-\theta)a_1(R_1\psi, R_1 T\psi).$$

在 (6.3.12) 中置 $v = R_2 T\psi$, 又知

$$a_1(R_1\psi, R_1 T\psi) = -a_2(R_2 T\psi, R_2 T\psi) = -\|R_2 T\psi\|_{(2)}^2, \quad (6.3.17)$$

代入后, 得到

$$\||T_\theta\psi\||^2 = \theta^2\|R_1 T\psi\|_{(1)}^2 + (1-\theta)^2\|R_1\psi\|_{(1)}^2 - 2\theta(1-\theta)\|R_2 T\psi\|_{(2)}^2. \quad (6.3.18)$$

由引理 2.1 确定的 σ, τ 及 (6.3.17) 代入 (6.3.18) 推出不等式

$$\||T_\theta\psi\||^2 \leq (\theta^2\sigma^2 + (1-\theta)^2)\|R_1\psi\|_{(1)}^2 - 2\theta(1-\theta)\|R_2 T\psi\|_{(2)}^2$$

$$\leq \left(\theta^2\sigma^2 + (1-\theta)^2 - \frac{2\theta(1-\theta)}{\tau}\right)\|R_1\psi\|_{(1)}^2$$

$$= \left(\frac{\theta^2(\sigma^2 + \tau + 2) - 2\theta(\tau+1) + \tau}{\tau}\right)\||\psi\||^2,$$

或者

$$\||T_\theta\psi\|| \leq K(\theta)\||\psi\||, \quad (6.3.19)$$

其中

$$K(\theta) = \left(\frac{\theta^2(\sigma^2\tau + \tau + 2) - 2\theta(\tau+1) + \tau}{\tau}\right)^{1/2}. \quad (6.3.20)$$

简单计算可证明: 当且仅当 $0 < \theta < \theta^* = \min\left(1, \frac{2(\tau+1)}{\sigma^2\tau + \tau + 2}\right)$,

$$K(\theta) < 1. \quad (6.3.21)$$

这就完成证明. $\square$

由此推出以下收敛性结果.

定理 3.2. 假定存在 $\theta_{\min} > 0$ 使 $\theta_{\min} \leq \theta_n < \theta^* (n = 0, \cdots)$, 则对任意初始值 $g^0 \in \Phi$, 由算法 3.1 得到的序列 $\{u_1^n, u_2^n\}$ 收敛到解 $\{u_1, u_2\}$, 且

$$\||\gamma_0(u_1^{n+1} - u_1)\|| \leq K(\theta_n)\cdots K(\theta_0)\||\gamma_0(u_1^0 - u_1)\||, \quad (6.3.22)$$

这里 θ^* 及函数 $K(\theta)$ 由 (6.3.21) 与 (6.3.20) 定义.

证明. 由 T_θ 的定义 (6.3.15) 及算法 3.1 的构造知成立递推关系,

$$\gamma_0(u_1^{n+1} - u_1) = T_{\theta_n}\gamma_0(u_1^n - u_1),$$

故递次推出

$$\||\gamma_0(u_1^{n+1} - u_1)\|| = \||T_{\theta_n}\gamma_0(u_1^n - u_1)\|| \le K(\theta_n)\||\gamma_0(u_1^n - u_1)\||$$

$$\le K(\theta_n)\cdots K(\theta_0)\||\gamma_0(u_1^0 - u_1)\||,$$

但当 $\theta_n \in (0, \theta^*)$, $K(\theta_n) < 1$, 这就得出 $\{\gamma_0(u_1^n - u_1)\}$ 是收敛于零的序列，应用引理 3.1 得到定理的证明.   □

由 (6.3.20) 易知 θ 的最优值为

$$\theta_{\mathrm{opt}} = \frac{\tau + 1}{\sigma^2\tau + \tau + 2}, \tag{6.3.23}$$

相应地，

$$K(\theta_{\mathrm{opt}}) = \frac{\sigma^2\tau^2 - 1}{\tau(\sigma^2\tau + \tau + 2)}. \tag{6.3.24}$$

若 $\sigma\tau = 1$, 得到特殊情形： $K(\theta_{\mathrm{opt}}) = 0$, 在某些条件下，例如 $\Omega_1 = \Omega_2$（关于 Γ 轴对称）能够导致此情形. 这时算法在第二步收敛： $u_1^2 = u_1$, $u_2^2 = u_2$. 不过关于对称区域我们有更简单的方法，下节有专门讨论.

对一般非自伴问题定理 3.2 也成立. 此时二次式 $a_1(R_1\varphi, R_1\psi)$ 可能不对称，但仍可定义内积

$$((\varphi, \psi)) \triangleq \frac{1}{2}(a_1(R_1\varphi, R_1\psi) + a_1(R_1\psi, R_1\varphi)),$$

$$\forall \varphi, \psi \in \Phi. \tag{6.3.25}$$

重复前面论证，可以得到对适当的 $\theta \in (0,1)$, 算法也收敛.

§4. 有限元模拟与离散 D-N 交替法

考虑变分问题 (6.1.3) 的有限元近似. 令 Ω_h 是 Ω 的正则三角剖分，且对任何单元 $e \in \Omega_h$, 或者含于 Ω_1 内，或者含于 Ω_2 内，即不存在跨过 Γ 的单元. 令

$$\mathring{V}_h = \{v \in C(\Omega) : v|_e \in P_r(e), \forall e \in \Omega_h, v|_{\partial\Omega} = 0\}, \tag{6.4.1}$$

是分片 r 次协调元空间，$P_r(e)$ 是 e 上全体阶数 $\le r$ 的多项式集合. 显然，$\mathring{V}_h \subset H_0^1(\Omega)$.

变分方程 (6.1.3) 的有限元近似 $u_h \in \mathring{V}_h$，满足方程

$$a(u_h, v) = (f, v), \quad \forall v \in \mathring{V}_h, \tag{6.4.2}$$

这里 (f, v) 是 $L_2(\Omega)$ 内积. 如果令 $\{\varphi_i\}$ 是 $\mathring{V}_h$ 的基函数，置 $K_{ij} = a(\varphi_i, \varphi_j)$，对无内交点如图 6.1, 6.2, (6.4.2) 可以用等价的刚度矩阵方程描述，用 x_i，$i = 1, 2, 3$ 分别表示在 Ω_1, Ω_2 与 Γ 上结点函数值向量，则刚度方程为

$$Kx = \begin{bmatrix} K_{11} & 0 & K_{13} \\ 0 & K_{22} & K_{23} \\ K_{13}^T & K_{23}^T & K_{33} \end{bmatrix} \begin{pmatrix} x_1 \\ x_2 \\ x_3 \end{pmatrix} = \begin{pmatrix} b_1 \\ b_2 \\ b_3 \end{pmatrix}. \tag{6.4.3}$$

使用 Gauss 块消去法， (6.4.3) 被约化为关于 x_3 的线性方程

$$S_h x_3 = \bar{b}_3, \tag{6.4.4}$$

其中

$$S_h = K_{33} - K_{13}^T K_{11}^{-1} K_{13} - K_{23}^T K_{22}^{-1} K_{23}, \tag{6.4.5}$$

$$\bar{b}_3 = b_3 - K_{13}^T K_{11}^{-1} b_1 - K_{23}^T K_{22}^{-1} b_2. \tag{6.5.6}$$

显然， S_h 是对称矩阵，文献中称它为 (6.4.3) 的 Schur 分解. (6.4.4) 的本质是把 Ω_h 上问题，转化到 Γ_h 上讨论，它是上节 Steklov–Poincaré 算子的有限元模拟.

直接解 (6.4.4) 其存贮与计算代价都是昂贵的. 但是从 (6.4.4) 着手，可以发展出只需要涉及子域的迭代法. 为此注意

$$(K_{33})_{ij} = a_1(\varphi_i, \varphi_j) + a_2(\varphi_i, \varphi_j) = (K_{33}^{(1)})_{ij} + (K_{33}^{(2)})_{ij},$$

故可置

$$S_h = S_h^{(1)} + S_h^{(2)}, \tag{6.4.7}$$

其中

$$\begin{aligned} S_h^{(1)} &= K_{33}^{(1)} - K_{13}^T K_{11}^{-1} K_{13}, \\ S_h^{(2)} &= K_{33}^{(2)} - K_{23}^T K_{22}^{-1} K_{23}, \end{aligned} \tag{6.4.8}$$

分别是 S_1 与 S_2 的有限元模拟.

(6.4.4) 也称为容度方程 (Capacitance System)，S_h 的条件数与 Γ 上结点数成正比，通常用预处理共轭梯度法或预处理

Richardson 迭代法求解. 类似 §2 中的证明, 我们采用 $S_h^{(2)}$ 为预处理矩阵, 则迭代

$$S_h^{(2)}(x_3^{(n+1)} - x_3^{(n)}) = \theta_n(\bar{b}_3 - S_h x_3^{(n)}) \tag{6.4.9}$$

等价于 D-N 交替法的有限元模拟. 为说明这点, 我们先引入记号

$$\Phi_h = \{v|_\Gamma : v \in \overset{\circ}{V}_h\} \subset H_{00}^{\frac{1}{2}}(\Gamma), \tag{6.4.10}$$

$$V_h^i = \{v|_{\overline{\Omega}_i} : v \in \overset{\circ}{V}_h\},\ i = 1,2, \tag{6.4.11}$$

$$\overset{\circ}{V}_h^i = V_h^i \cap H_0^1(\Omega_i),\ i = 1,2. \tag{6.4.12}$$

定义 $R_h^{(i)} : \Phi_h \to V_h^i$ 为离散调和扩张算子, 是指对任意 $\lambda_h \in \Phi_h$, $R_h^{(i)}\lambda_h \in V_h^i$ 满足

$$\begin{cases} a_i(R_h^{(i)}\lambda_h, v) = 0, & \forall v \in \overset{\circ}{V}_h^i, \\ R_h^{(i)}\lambda_h = \lambda_h, & (\Gamma_h),\ i = 1,2. \end{cases} \tag{6.4.13}$$

离散 D-N 交替算法构造如下.

算法 4.1（离散 D-N 交替法）.

步 1. 选初始 $\lambda_h^0 \in \Phi_h, n := 0$.

步 2. 在 Ω_1 上解离散 D 问题

$$\begin{cases} a_1(u_{h,1}^n, v) = \displaystyle\int_{\Omega_1} fv dx,\ \forall v \in \overset{\circ}{V}_h^1, \\ u_{h,1}^n \in V_h^1,\ u_{h,1}^n = \lambda_h^n,\ (\Gamma). \end{cases} \tag{6.4.14}$$

步 3. 在 Ω_2 上解离散 N 问题: 求 $u_{h,2}^n \in V_k^2$, 满足

$$a_2(u_{h,2}^n, v) = \int_{\Omega_2} fv dx + \int_\Gamma \frac{\partial u_{h,1}^n}{\partial n_2} v ds, \tag{6.4.15}$$
$$\forall v \in V_h^2.$$

步 4. 输入 θ_n, 并置

$$\lambda_h^{n+1} = \theta_n u_{h,2}^n + (1 - \theta_n)\lambda_h^n,\ (\Gamma), \tag{6.4.16}$$

步 5. $n := n + 1$ 转步 2.

为了阐明算法 4.1 与迭代 (6.4.9) 的等价性. 首先易见: 求 (6.4.14) 的解, 等价于解刚度矩阵方程

$$
\begin{bmatrix} K_{11} & K_{13} \\ 0 & I \end{bmatrix} \begin{bmatrix} x_1 \\ x_3 \end{bmatrix} = \begin{bmatrix} \bar{b}_1 \\ \bar{b}_3 \end{bmatrix}; \qquad (6.4.17)
$$

求 (6.4.15) 的解, 等价于解刚度方程

$$
\begin{bmatrix} K_{22} & K_{23} \\ K_{23}^T & K_{33}^{(2)} \end{bmatrix} \begin{bmatrix} x_2 \\ x_3 \end{bmatrix} = \begin{bmatrix} \bar{b}_2 \\ \bar{b}_3 \end{bmatrix}; \qquad (6.4.18)
$$

今证 $S_h^{(i)}$ 作用与在算子意义下的 $\dfrac{\partial}{\partial n_i} R_h^{(i)}$ 的作用是等价的. 事实上, 可以直接验证成立恒等式

$$
\begin{bmatrix} K_{11} & K_{13} \\ K_{13}^T & K_{33}^{(1)} \end{bmatrix} \left\{ \begin{bmatrix} K_{11} & K_{13} \\ 0 & I \end{bmatrix}^{-1} \begin{bmatrix} 0 \\ \lambda_h \end{bmatrix} \right\} = \begin{bmatrix} 0 \\ S_h^{(1)} \lambda_h \end{bmatrix},
$$
$$
(6.4.19)
$$

花括号内的结果显然是 λ_h 的离散调和扩张. 以第一个矩阵相乘相当于 $\dfrac{\partial}{\partial n_1}$ 的作用. 故重复定理 2.1 的证明, 我们得到:

定理 4.1. 离散 D-N 交替法与迭代法 (6.4.9) 相互等价.

以下定理非常重要.

定理 4.2. 离散 D-N 交替法的迭代矩阵 $[S_h^{(2)}]^{-1} S_h$ 的条件数与有限元网参数 h 无关.

证明. 只须证 S_h 与 $S_h^{(2)}$ 谱等价. 由于等价关系, 知

$$
< S_h \lambda, \mu > = \sum_{i=1}^2 a_i(R_h^{(i)} \lambda, R_h^{(i)} \mu), \quad \forall \lambda, \mu \in \Phi_h, \qquad (6.4.20)
$$

这里 λ, μ 是 Γ 上结点值构成的向量, $< \cdot, \cdot >$ 表示向量的欧氏空间内积. (6.4.20) 表明, 定理的成立归结于证明: 存在正常数 $k > 0$ 满足

$$
a_1(R_h^{(1)} \lambda, R_h^{(1)} \lambda) \le k a_2(R_h^{(2)} \lambda, R_h^{(2)} \lambda), \quad \forall \lambda \in \Phi_h, \qquad (6.4.21)
$$

或

$$
\| R_h^{(1)} \lambda \|_{1, \Omega_1} \le k_1 \cdot \| R_h^{(2)} \lambda \|_{1, \Omega_2}, \quad \forall \lambda \in \Phi_h. \qquad (6.4.22)
$$

由离散调和定义 (6.4.13) 知 $R_h^{(1)}\lambda$ 是 $R_1\lambda$ 的有限元近似，但 $\lambda \in \Phi_h \subset H_0^1(\Gamma)$，蕴含 $R_1\lambda \in H^{\frac{3}{2}}(\Omega_1)$，由迹定理知存在 $C_0 > 0$ 使

$$\|R_1\lambda\|_{3/2,\Omega_1} \le C_0\|\lambda\|_{H^1(\Gamma)}, \tag{6.4.23}$$

由 $H^s(\Omega_1)$ 上的有限元估计.

$$\|R_1\lambda - R_h^{(1)}\lambda\|_{1,\Omega_1} \le Ch^{\frac{1}{2}}\|R_1\lambda\|_{3/2,\Omega_1}$$
$$\le C_1 h^{\frac{1}{2}}\|\lambda\|_{H^1(\Gamma)}, \tag{6.4.24}$$

用剖分拟一致性及有限元逆估计，知

$$\|\lambda\|_{H^1(\Gamma)} \le C_2 h^{-\frac{1}{2}}\|\lambda\|_{L_2(\Gamma)} \le C_3 h^{-\frac{1}{2}}\|R_1\lambda\|_{1,\Omega_1},$$
$$\forall \lambda \in \Phi_h, \tag{6.4.25}$$

将 (6.4.25), (6.4.24) 代到 (6.4.23) 得

$$\|R_h^{(1)}\lambda\|_{1,\Omega_1} \le \|R_1\lambda - R_h^{(1)}\lambda\|_{1,\Omega_1} + \|R_1\lambda\|_{1,\Omega_1}$$
$$\le (1 + C_1C_3)\|R_1\lambda\|_{1,\Omega_1}$$
$$\le (1 + C_1C_3)C_4\|R_2\lambda\|_{1,\Omega_2}, \tag{6.4.26}$$

这里我们应用了由迹定理导出的引理 2.1: 存在正常数 $C_4, C_5 > 0$, 使

$$C_5\|R_2\lambda\|_{1,\Omega_2} \le \|R_1\lambda\|_{1,\Omega_1} \le C_4\|R_2\lambda\|_{1,\Omega_2}, \tag{6.4.27}$$

但 $R_2\lambda$ 显然是以下二次泛函的极小

$$\min_{\substack{v \in H^1(\Omega_2) \\ v|_\Gamma = \lambda \\ v|_{\partial\Omega_2\backslash\Gamma} = 0}} a_2(v,v) = a_2(R_2\lambda, R_2\lambda) \tag{6.4.28}$$

这意味成立不等式

$$a_2(R_2\lambda, R_2\lambda) \le a_2(R_h^{(2)}\lambda, R_h^{(2)}\lambda),$$

或

$$\|R_2\lambda\|_{1,\Omega_2} \le C_6\|R_h^{(2)}\lambda\|_{1,\Omega_2}.$$

代入 (6.4.26), 并置 $k_1 = (1 + C_1C_3)C_4C_6$, 即得

$$\|R_h^{(1)}\lambda\|_{1,\Omega_1} \le k_1\|R_h^{(2)}\lambda\|_{1,\Omega_2}, \tag{6.4.29}$$

定理证毕. □

推论. 离散 D-N 交替法收敛速度与 h 无关.

实际计算中，方程 (6.4.3) 可以用预处理共轭梯度法 (4.10.3) 求解，并使用

$$
M = \begin{bmatrix} K_{11} & 0 & K_{13} \\ 0 & K_{22} & K_{23} \\ K_{13}^T & 0 & K_{33}^{(1)} \end{bmatrix} \tag{6.4.30}
$$

为预处理矩阵. 因为解关于 M 的方程很是容易，相当于在 Ω_1 上解 Neumann 问题，在 Ω_2 上解 Dirichlet 问题. 然而我们可以验证

$$
\begin{bmatrix} K_{11} & 0 & K_{13} \\ 0 & K_{22} & K_{23} \\ K_{13}^T & K_{23}^T & K_{33} \end{bmatrix} \begin{bmatrix} K_{11} & 0 & K_{13} \\ 0 & K_{22} & K_{23} \\ K_{13}^T & 0 & K_{33}^{(1)} \end{bmatrix} \begin{bmatrix} 0 \\ 0 \\ y \end{bmatrix} = \begin{bmatrix} 0 \\ 0 \\ S_h S_h^{(1)^{-1}} y \end{bmatrix} \tag{6.4.31}
$$

这意味 $M^{-1}K$ 的条件数与 h 无关.

Widlund 构造了以下数值试验 (参见 [217]). 考虑由两个矩形构成的 "凸" 字形区域，两个矩形顶点分别是 $(0,0),(1,0),\left(1,\frac{1}{2}\right)$, $\left(0,\frac{1}{2}\right)$ 及 $\left(\frac{1}{8},\frac{1}{2}\right),\left(\frac{5}{8},\frac{1}{2}\right),\left(\frac{5}{8},1\right),\left(\frac{1}{8},1\right)$, 及在此区域 Ω 上的 Poisson 方程

$$
\begin{cases} \Delta u = f, & (\Omega), \\ u = g, & (\partial\Omega). \end{cases} \tag{6.4.32}
$$

指定精确解为 $u(x,y) = x^2 + y^2 - xe^y \cos y$.

由于两个矩形的分界线 Γ 是 $\left(\frac{1}{8},\frac{1}{2}\right),\left(\frac{5}{8},\frac{1}{2}\right)$ 两点的连线. 数值计算采用等距剖分的五点差分格式，熟知它等价于一个协调线性有限元格式，用 q 表 Γ 上的结点数，以 $S_h^{(1)}$ 作为预处理矩阵，则以下表 6.1 表明迭代次数几乎与 h 无关.

表 6.1

q	迭代次数	Ω 上最大误差
3	2	$3.66(-4)$
7	3	$9.59(-5)$
15	3	$2.45(-5)$
31	4	$6.09(-6)$
63	4	$1.49(-6)$
127	5	$3.02(-7)$

§5. M-Q 方法的有限元模拟

本节把 §3 中的 M-Q 方法用于有限元近似解上，并且得到与 h 无关的收敛速度.

假定区域分解无内交点，构造插值投影.

$$\rho_i : \Phi_h \to V_h^i, \quad i = 1, 2,$$

即 ρ_i 是 $\bar{\Omega}_i$ 上的插值算子，对于非 Γ 上的结点，插值函数取零值，故对任意 $\varphi \in \Phi_h$,定义

$$(\rho_i \varphi)(A) = \begin{cases} \varphi(A), & A \in \Gamma, \\ 0, & A \bar{\in} \Gamma, \quad i = 1, 2, \end{cases} \tag{6.5.1}$$

这里 A 是 $\bar{\Omega}_i$ 的结点. 又定义空间

$$\Psi_h^i = \rho_i \Phi_h, \quad i = 1, 2, \tag{6.5.2}$$

它是 Φ_h 的延拓. 令

$$\Psi_h = \Psi_h^1 + \Psi_h^2, \tag{6.5.3}$$

显然 $\Psi_h \subset \overset{\circ}{V}_h$. 容易验证成立直和分解

$$\overset{\circ}{V}_h = \overset{\circ}{V}_h^1 \oplus \overset{\circ}{V}_h^2 \oplus \Psi_h. \tag{6.5.4}$$

设 u_h 是有限元方程 (6.4.2) 的解，限制

$$u_h^i = u_h|_{\Omega_i}, \quad i = 1, 2. \tag{6.5.5}$$

由于成立 (6.5.4) 故在 (6.4.2) 中分别取 v 属于 $\overset{\circ}{V}_h^1$, $\overset{\circ}{V}_h^2$ 及 Ψ_h, 则 (6.4.2) 有等价的联立形式，

求 $u_h^k \in V_h^k$, $k = 1, 2$ 满足

$$a_1(u_h^1, v) = \int_{\Omega_1} f v dx, \quad \forall v \in \overset{\circ}{V}_h^1, \tag{6.5.6a}$$

$$u_h^1 = u_h^2, \ (\Gamma), \tag{6.5.6b}$$

$$a_1(u_h^1, \rho_1 \varphi) + a_2(u_h^2, \rho_2 \varphi)$$
$$= \int_{\Omega_1} f \rho_1 \varphi dx + \int_{\Omega_2} f \rho_2 \varphi dx, \quad \forall \varphi \in \Phi_h, \tag{6.5.6c}$$

$$a_2(u_h^2, v) = \int_{\Omega_2} f v dx, \quad \forall v \in \overset{\circ}{V}_h^2 \tag{6.5.6d}$$

但此联立方程由于 $u_h|_\Gamma$ 未定. 故不能分裂在子域上求解. 为此 Marini 及 Quarteroni[155] 提供以下迭代法.

算法 5.1 (离散 M-Q 算法)

步 1. 取初始 $g^0 \in \Phi_h$, $n := 1$.

步 2. 在 Ω_1 上解有限元方程, 求 $u_1^n \in V_h^1$ 适合

$$a_1(u_1^n, v) = \int_{\Omega_1} f v dx, \quad \forall v \in \overset{\circ}{V}_h^1,$$
$$u_1^n = g^{n-1}, \quad (\Gamma). \tag{6.5.7}$$

步 3. 求 $u_2^n \in V_h^2$, 适合联立方程

$$\begin{cases} a_2(u_2^n, v) = \int_{\Omega_2} f v d, \quad \forall v \in \overset{\circ}{V}_h^2, \\ a_2(u_2^n, v) = -a_1(u_1^n, \rho_1 \varphi) + \int_{\Omega_1} f \rho_1 \varphi dx + \int_{\Omega_2} f \rho_2 \varphi dx, \\ \forall \varphi \in \Phi_h. \end{cases} \tag{6.5.8}$$

步 4. 选择适当松驰因子 $\theta_n > 0$ 置

$$g^n = \theta_n u_2^n + (1 - \theta_n) g^{n-1}, \ (\Gamma), \tag{6.5.9}$$

步 5. 置 $n := n + 1$ 转步 2.

为了证明算法的收敛性. 我们定义算子

$$T^h : \Phi_h \to \Phi_h$$

如下，对于任意 $\psi \in \Phi_h$，置 $T^h\psi = \omega_2|_\Gamma$，其中 ω_2 是 Ω_2 上混合边值问题的有限元解，即 $\omega_2 \in V_h^2$ 且

$$a_2(\omega_2, v) = 0, \quad \forall v \in \overset{\circ}{V}_h^2, \tag{6.5.10a}$$

$$a_2(\omega_2, \rho_2\varphi) = -a_1(R_h^{(1)}\psi, \rho_1\varphi), \quad \forall \varphi \in \Phi_h. \tag{6.5.10b}$$

按离散调和定义与 (6.5.10a) 知

$$\omega_2 = R_h^{(2)}T^h\psi. \tag{6.5.11}$$

再定义 $T_\theta^h : \Phi_h \to \Phi_h$ 如下：

$$T_\theta^h\varphi = \theta T^h\varphi + (1 - \theta)\varphi, \quad \forall \varphi \in \Phi_h. \tag{6.5.12}$$

用 $e_i^n = u_i^n - u_h$, $i = 1, 2$ 表示误差，则容易由步 2 与步 3 推出

$$a_1(e_1^n, v) = 0, \quad \forall v \in \overset{\circ}{V}_h^1, \tag{6.5.13a}$$

$$e_1^n = \theta_n e_2^{n-1} + (1 - \theta_n)e_1^{n-1}, \quad (\Gamma), \tag{6.5.13b}$$

$$a_2(e_2^n, v) = 0, \quad \forall v \in \overset{\circ}{V}_h^2, \tag{6.5.13c}$$

$$a_2(e_2^n, \rho_2\varphi) = -a_1(e_1^n, \rho_1\varphi), \quad \forall v \in \Phi_h. \tag{6.5.13d}$$

用 $r^n = g^n - u_h|_\Gamma$ 表示 g^n 在 Γ 上的误差，则 (6.5.13a) 意味

$$e_1^n = R_h^{(1)}r^n,$$

而 (6.5.13c) 与 (6.5.13d) 蕴含

$$e_2^n|_\Gamma = T^h r^{n-1},$$

再由 (6.5.13b) 推出

$$r^n = (\theta_n T^h + (1 - \theta_n)I)r^{n-1} = T_{\theta_n}^h r^{n-1}. \tag{6.5.14}$$

在 Φ_h 中引进内积与范

$$\|\|\varphi\|\|_h^2 = a_1(R_h^{(1)}\varphi, R_h^{(1)}\varphi), \quad \forall \varphi \in \Phi_h,$$

$$((\varphi, \psi))_h = a_1(R_h^{(1)}\varphi, R_h^{(1)}\psi), \quad \forall \varphi, \psi \in \Phi_h.$$

递推公式 (6.5.14) 表明算法 5.1 的收敛性，等价于 T_θ^h 的压缩性，换句话说，即能否找到 $\theta > 0$ 与正数 $K(\theta) < 1$ 使

$$\|\|T_\theta^h\varphi\|\|_h \le K(\theta)\|\|\varphi\|\|_h. \tag{6.5.15}$$

Marini 与 Quarteroni 证明了恰当选择 θ 可以找到与 h 无关的压缩因子.

定理 5.1. 存在与 h 无关正数 $\theta^* > 0$, 使对任意 $\theta \in (0, \theta^*)$ 皆有

$$K(\theta) \leq 1. \tag{6.5.16}$$

此外, 又有正数 θ' 及 θ'' 满足: $0 < \theta' < \theta'' < \theta^*$ 及存在与 h 无关的正数 $K < 1$, 使 $\forall \theta \in [\theta', \theta'']$ 皆有

$$K(\theta) \leq K < 1. \tag{6.5.17}$$

证明. 由 (6.4.29) 式, 推出存在正数 τ, σ 满足

$$\frac{1}{\sqrt{\sigma}} \|R_h^{(1)}\varphi\|_{(1)} \leq \|R_h^{(2)}\varphi\|_{(2)} \leq \sqrt{\tau}\|R_h^{(1)}\varphi\|_{(1)}. \tag{6.5.18}$$

这里定义

$$\|R_h^{(i)}\varphi\|_{(i)} = a_i(R_h^{(i)}\varphi, R_h^{(i)}\varphi), \quad i = 1, 2. \tag{6.5.19}$$

应用恒等式

$$\||T_\theta^h\psi\||_h^2 = \theta^2 \||T^h\psi\||_h^2 + (1-\theta)^2 \||\psi\||_h^2 + 2\theta(1-\theta)((\psi, T^h\psi))_h$$
$$= \theta^2 \|R_h^{(1)}T^h\psi\|_{(1)}^2 + (1-\theta)^2 \|R_h^{(1)}\psi\|_h^2$$
$$+ 2\theta(1-\theta)a_1(R_h^{(1)}\psi, \ R_h^{(1)}T^h\psi), \quad \forall \psi \in \Phi^h, \tag{6.5.20}$$

但对 (6.5.20) 右端最后一项, 应用 (6.5.10) 可推出

$$a_1(R_h^{(1)}\psi, R_h^{(1)}T^h\psi) = a_1(R_h^{(1)}\psi, \rho_1 T^h\psi)$$
$$= -a_2(\omega_2, \rho_2 T^h\psi) = -a_2(R_h^{(2)}T^h\psi, R_h^{(2)}T^h\psi) \tag{6.5.21}$$
$$= -\|R_h^{(2)}T^h\psi\|_{(2)}^2.$$

这里用到 $R_h^{(i)}T^h\psi = \rho_i T^h\psi + (R_h^{(i)} - \rho_i)T^h\psi$, $(R_h^{(i)} - \rho_i)T^h\psi \in \overset{\circ}{V}_h^i$ 及 (6.5.10a) 的正交性.

代 (6.5.18) 于 (6.5.21) 得

$$\|R_h^{(2)}T^h\psi\|_{(2)} \leq \sqrt{\sigma}\|R_h^{(1)}\psi\|_{(1)}. \tag{6.5.22}$$

同理又可得

$$\frac{1}{\sqrt{\tau}} \|R_h^{(1)}\psi\|_{(1)} \leq \|R_h^{(2)}T^h\psi\|_{(2)}. \tag{6.5.23}$$

将这些结果代入 (6.5.20)，最后得出

$$\||T_\theta^h \psi\||^2 \leq \left[\theta^2 \sigma^2 + (1-\theta)^2 - \frac{2\theta(1-\theta)}{\tau} \right] \|R_h^{(1)} \psi\|_{(1)}^2. \quad (6.5.24)$$

令

$$K(\theta) = [(\theta^2(\sigma^2\tau + \tau + 2) - 2\theta(\tau+1) + \tau)/\tau]^{\frac{1}{2}}. \quad (6.5.25)$$

容易验证，当

$$0 < \theta < \theta^* = \min\left(1, \frac{2(\tau+1)}{\sigma^2\tau + \tau + 2}\right) \quad (6.5.26)$$

成立时 $K(\theta) < 1$.

由于 $K(\theta)$ 是 θ 的连续函数，知 (6.5.17) 成立. □

推论. 在算法 5.1 中，如选择 θ_n 满足 $\theta \leq \theta_n \leq \theta''$，则迭代解 $\{u_1^{(n)}, u_2^{(n)}\}$ 当 $n \to \infty$ 必收敛于 $\{u_h^1, u_h^2\}$，且误差按几何速度趋于零，即存在与 h 无关常数 $0 < k < 1$，满足

$$\||\gamma_0(u_1^n - u_h)\||_h \leq k^n \||\gamma_0(u_1^0 - u_h)\||_h. \quad (6.5.27)$$

从理论上讲，最优的因子是

$$\theta_{0pt} = \frac{\tau+1}{\sigma^2 + \tau + 2}, \quad (6.5.28)$$

其中 τ, σ 为

$$\sigma = \sup_{\varphi \in \Phi_h} \frac{\|R_h^{(1)}\varphi\|_{(1)}^2}{\|R_h^{(2)}\varphi\|_{(2)}^2}, \quad \tau = \sup_{\varphi \in \Phi_h} \frac{\|R_h^{(2)}\varphi\|_{(2)}^2}{\|R_h^{(1)}\varphi\|_{(1)}^2} \quad (6.5.29)$$

是未知的，但我们可以在程序中增加对离散调和函数范数计算，得到 τ 及 σ 的估计值.

例 5.1.[82] 考虑以下模型问题. 区域 $\Omega = \{(x,y) \in R^2 : 0 < y < 2$ 若 $0 < x < 1$ 及 $0 < y < 1$ 若 $1 \leq x < 2\}$ 是三个正方形构成的 L 形区域，Γ 是 $(0,1)$ 与 $(1,1)$ 两点的连线.

$$\begin{cases} -\Delta u + \lambda u = \lambda, & (\Omega) \\ u = 1, & (\partial\Omega) \end{cases} \quad (6.5.30)$$

显然 (6.5.30) 的真解与近似解皆是 $u \equiv u_h \equiv 1$. 分成两子域迭代，取误差满足

$$\|e_1^n\|_{\infty,\Omega_1} + \|e_2^n\|_{\infty,\Omega_2} \leq 10^{-5}(\|e_1^0\|_{\infty,\Omega_1} + \|e_2^0\|_{\infty,\Omega_2})$$

为停机判断. 收缩因子定义为

$$\mathrm{ERF} = \max_{i=1,2} \{ \|e_i^n\|_{\infty,\Omega_i} / \|e_i^0\|_{\infty,\Omega_i} \}^{1/n},$$

则未知数 N 与迭代数 NIT 及 ERF 的关系如下表:

表 6.2

N	31		355		1475	
λ	NIT	ERF	NIT	ERF	NIT	ERF
0	3	0.042	4	0.035	4	0.048
100	2	0.0002	2	0.009	3	0.006

由于有限元方程的条件数随 λ 的增大而减小, 这可以解释 ERF 随 λ 增大而减小的道理. 在资料 [217] 中还举出其它算例, 其结论是相同的: 迭代数几乎与未知数无关.

§6. Bramble 的子结构分解法

Bramble, Pasciak 与 Schatz 在一系列文献中 (参见 [31]-[38]) 提出了解有限元方程 (6.4.2) 的预处理算法. 本节考虑无内交点情形.

定义 $H_0^1(\Omega) \times H_0^1(\Omega)$ 上双线性形式

$$A_k(u,v) \triangleq \sum_{i,j=1}^{2} \int_{\Omega_k} a_{ij}^k \frac{\partial v}{\partial x_i} \frac{\partial u}{\partial x_j} dx + \int_{\Omega_k} a_0^k uv dx, \tag{6.6.1}$$

$$k = 1, 2.$$

这里 $[a_{ij}^k]$ 对固定的 $k=1,2$ 皆是正定矩阵, 它可以是变系数, 取 a_{ij}^k 与 a_{ij} 一致; 也可以是常系数, 例如指定一点 $x_k \in \Omega_k$, 取 $a_{ij}^k = a_{ij}(x_k), k=1,2$. 并令

$$A(u,v) = A_1(u,v) + A_2(u,v). \tag{6.6.2}$$

由于空间 V_h^2 有直和分解

$$V_h^2 = \overset{\circ}{V}_h^2 \oplus V_H, \tag{6.6.3}$$

其中 V_H 是 $\overset{\circ}{V}_h^2$ 关于 $A_2(\cdot, \cdot)$ 内积的正交补空间, 即满足: $v_H \in V_h^2$ 且

$$A_2(v_H, v) = 0, \quad \forall v \in \overset{\circ}{V}_h^2. \tag{6.6.4}$$

的全体 v_H 构成. 故 V_H 可以视为 Φ_h 按 $A_2(\cdot,\cdot)$ 度量在 V_h^2 上的离散调和扩张.

Bramble 等的想法是构造双线性形式

$$B(v,\varphi) = A_1(v,\varphi) + A_2(v_P,\varphi_P), \quad \forall v,\varphi \in \mathring{V}_h, \tag{6.6.5}$$

其中 v_P 是 $v \in \mathring{V}_h$ 到子空间 $\mathring{V}_h^2$ 的能量投影, 即满足

$$A_2(v_P,\psi) = A_2(v,\psi), \quad \forall \psi \in \mathring{V}_h^2. \tag{6.6.6}$$

考虑方程: 求 $w \in \mathring{V}_h$ 满足

$$B(w,\psi) = (g,\psi), \quad \forall \psi \in \mathring{V}_h, \tag{6.6.7}$$

这里 (g,ψ) 是 $L_2(\Omega)$ 内积. 直交分解 (6.6.2) 使方程 (6.6.7) 可以分三步在 Ω_2 和 Ω_1 上计算:

步 1. 解 Ω_2 上 Dirichlet 问题, 求 $w_P \in \mathring{V}_h^2$, 满足

$$A_2(w_P,\psi) = (g,\psi), \quad \forall \psi \in \mathring{V}_h^2. \tag{6.6.8}$$

步 2. 求 $\tilde{w} \in V_h^1$, 满足

$$A_1(\tilde{w},\psi) = (g,\psi) - A_2(w_P,\psi_P) = (g,\psi) - A_2(w_P,\psi),$$
$$\forall \psi \in V_h^1. \tag{6.6.9}$$

步 3. 利用 $\tilde{w}|_\Gamma \in \Phi_h$, 解 (6.6.4) 求出在 V_h^2 上的离散调和扩张 w_H.

最后定义

$$w = \begin{cases} \tilde{w}, & x \in \bar{\Omega}_1, \\ w_H + w_P, & x \in \bar{\Omega}_2, \end{cases} \tag{6.6.10}$$

即为 (6.6.8) 的解.

今证形式 $a(\cdot,\cdot)$ 与 $B(\cdot,\cdot)$ 是谱等价.

定理 6.1. 存在和 h 无关正常数 λ_0 与 λ_1, 满足

$$\lambda_0 B(v,v) \leq a(v,v) \leq \lambda_1 B(v,v), \ \forall v \in \mathring{V}_h. \tag{6.6.11}$$

证明. 由 $[a_{ij}]$ 的一致正定性, $[a_{ij}^k], k = 1,2$ 作为常数矩阵必正定, 因此存在正常数 α_0 和 α_1, 满足

$$\alpha_0 A(v,v) \leq a(v,v) \leq \alpha_1 A(v,v), \ \forall v \in \mathring{V}_h. \tag{6.6.12}$$

故我们仅需证明存在正常数 β_0 和 β_1 使

$$\beta_0 B(v,v) \le A(v,v) \le \beta_1 B(v,v), \quad \forall v \in \overset{\circ}{V}_h \tag{6.6.13}$$

为此，首先由

$$
\begin{aligned}
B(v,v) \; &= A_1(v,v) + A_2(v_P, v_P) \\
&\le A_1(v,v) + A_2(v_P, v_P) + A_2(v_H, v_H) \\
&\le A_1(v,v) + A_2(v,v) = A(v,v),
\end{aligned} \tag{6.6.14}
$$

这蕴含 $\beta_0 = 1$. 其次，(6.6.13) 后一个不等式也成立，如果我们能证明存在与 h 无关正数 $\gamma > 0$，使不等式

$$A_2(v_H, v_H) \le \gamma A_1(v,v), \quad \forall v \in \overset{\circ}{V}_h \tag{6.6.15}$$

成立. 为此令 $\tilde{v}_H$ 是 $v \in H_0^1(\Omega)$ 在 Γ 上限制在 Ω_2 上的调和扩张，即 $\tilde{v}_H$ 满足

$$
\begin{aligned}
A_2(\tilde{v}_H, \varphi) &= 0, \quad \forall \varphi \in H_0^1(\Omega_2), \\
\tilde{v}_H &= v, \quad (\Gamma).
\end{aligned} \tag{6.6.16}
$$

由简单不等式，知

$$A_2(v_H, v_H) \le 2A_2(v_H - \tilde{v}_H, v_H - \tilde{v}_H) + 2A_2(v_H, v_H),$$

注意 v_H 在 $\partial\Omega_2 \setminus \Gamma$ 上的值为零，由先验估计 (第二章定理 6.1)，知存在常数 $C > 0$，使

$$
\begin{aligned}
A_2(v_H, v_H) &\le C\|v_H\|_{H^{1/2}(\partial\Omega)}^2 \\
&\le C\|v\|_{H_{00}^{1/2}(\Gamma)}^2 \le C\|v\|_{H^{1/2}(\partial\Omega_1)}^2,
\end{aligned} \tag{6.6.17}
$$

这里用到 $H_{00}^{1/2}(\Gamma)$ 的定义.

现在由 v_H 和 $\tilde{v}_H$ 的定义，视 v_H 为 $\tilde{v}_H$ 的有限元，故

$$A_2(v_H - \tilde{v}_H, v_H - \tilde{v}_H) \le \inf A_2(\varphi - \tilde{v}_H, \varphi - \tilde{v}_H), \tag{6.6.18}$$

其中下确界取遍所有 $\varphi \in \overset{\circ}{V}_h$，且 $\varphi = v_H$, (Γ). 由实指标 Sobolev 空间插值估计，获

$$\inf A_2(\varphi - \tilde{v}_H, \varphi - \tilde{v}_H) \le Ch^{2\varepsilon}\|\tilde{v}_H\|_{H^{1+\varepsilon}(\Omega_2)}^2, \tag{6.6.19}$$

这里 $0 < \varepsilon < 1/2$. 由先验不等式与反估计

$$
\begin{aligned}
h^{2\varepsilon}\|\tilde{v}_H\|_{H^{1+\varepsilon}(\Omega_2)}^2 &\le Ch^{2\varepsilon}\|\tilde{v}_H\|_{H^{1/2+\varepsilon}(\Gamma)}^2 \le Ch^{2\varepsilon}\|v\|_{H^{1/2+\varepsilon}(\Gamma)}^2 \\
&\le C\|v\|_{H^{1/2}(\Gamma)}^2 \le C\|v\|_{H^{1/2}(\partial\Omega_1)}^2.
\end{aligned} \tag{6.6.20}
$$

组合以上不等式，得到

$$A_2(v_H, v_H) \leq C\|v\|^2_{H^{1/2}(\partial\Omega_1)} \leq C\|v\|^2_{H^1(\Omega_1)}$$

$$\leq CA_1(v, v), \tag{6.6.21}$$

故 (6.6.15) 成立. □

　　由前述我们看出 Bramble 方法与前面 D–N 交替思想相似. 其精粹部份在于 $A(\cdot, \cdot)$ 可以与 $a(\cdot, \cdot)$ 不一致. 前者的系数可以是常数，故能用快速方法解出. 因此 Bramble 法用于变系数情形更有效.

　　例 6.1[30]. 考虑问题

$$\begin{cases} -\nabla(a(x, y)\nabla u) = f, & (\Omega), \\ u = g, & (\partial\Omega), \end{cases} \tag{6.6.22}$$

其中 Ω 是平面"凹"字形域. 下面大矩形 Ω_2 的对角顶点是 $(0, 0)$, $(4, 1)$;上面两个小矩形 Ω_1 的对角项点分别是 $(0, 1)$, $(1, 4)$ 及 $(3, 1)$, $(4, 4)$. 而

$$a(x, y) = 1 + x/2 + y/3,$$

真解 $u = \sin x \sin y$,数值计算的预处理器取系数为分片常数. 计算结果如表 6.3,表中显示误差收缩与 h 无关，符合理论结果.

表 6.3

h	迭代数	收缩因子	条件数	未知数
1/4	7	0.23	3.6	108
1/8	7	0.22	4.0	532
1/12	7	0.22	4.0	1276

　　例 6.2. 在问题 (6.6.22) 中取不连续系数

$$a(x, y) = \begin{cases} 1, & (\Omega_1), \\ \gamma, & (\Omega_2), \end{cases}$$

这里 γ 是常数，真解 u 指定为

$$u = \begin{cases} (x + y)(1 - y)^2 + 3\gamma xy + 3(1 - \gamma)x, & (\Omega_1) \\ (x^2 + y^2)(1 - y)^2 + 3xy, & (\Omega_2). \end{cases}$$

表 6.4 表明条件数随 γ 减小而减小.

表 6.4

γ	条件数
1	2
0.5	1.5
0.1	1.1
0.05	1.05

§ 7. 不重叠型 Schwarz 交替法

如所周知，Schwarz 交替法要求子区域相互重叠．但在文 [157] 中苏联学者 Matsokin 与 Nepomnyaschikh 建议一种不重叠型 Schwarz 交替法，并证明了有与 h 无关的几何收敛速度．

考虑 Helmholtz 方程的第三边值问题：

$$\begin{cases} -\Delta u + u = f, & (\Omega), \\ u + \dfrac{\partial u}{\partial \nu} = 0, & (\partial\Omega), \end{cases} \tag{6.7.1}$$

这里 Ω 是平面有界域，ν 是外法向．仍假定区域分解为两子域 Ω_1 和 Ω_2，令 $\Gamma_0 = \partial\Omega_1 \cap \partial\Omega_2$ 是公共边界，$\Gamma_i = \partial\Omega \cap \partial\Omega_i$，$i = 1, 2$. 显然，对应 (6.7.1) 的弱形式是求 $u \in H^1(\Omega)$，满足

$$a(u, v) = l(v), \quad \forall v \in H^1(\Omega), \tag{6.7.2}$$

其中

$$a(u, v) = \int_\Omega (\nabla u \nabla v + uv)dx + \int_\Gamma uv ds, \tag{6.7.3}$$

$$l(v) = \int_\Omega fv dx. \tag{6.7.4}$$

今后还用

$$a_i(u, v) = \int_{\Omega_i} (\nabla u \nabla v + uv)dx + \int_{\Gamma_i} uv ds,$$

$$l_i(v) = \int_{\Omega_i} fv dx, \quad i = 1, 2$$

表示子域上的泛函，又用 $\sigma(u,v)$ 表示 $H^{\frac{1}{2}}(\Gamma_0)$ 的上内积，意义见 (1.10.17).

构造 (6.7.2) 的解的迭代过程如下：

算法 7.1（不重叠 Schwarz 交替法）

步 1. 选初始 $g^0 \in H^{\frac{1}{2}}(\Gamma_0)$, 置 $n := 0$.

步 2. 求 $u_1^{n+1} \in H^1(\Omega_1)$ 满足

$$a_1(u_1^{n+1}, v) + \sigma(u_1^{n+1}, v) = l_1(v) + \sigma(g^n, v), \ \forall v \in H^1(\Omega_1), \quad (6.7.5)$$

并置

$$g^{n+1/2} = 2u_1^{n+1} - g^n, \quad (\Gamma_0),$$

步 3. 求 $u_2^{n+1} \in H^1(\Omega_2)$, 满足

$$a_2(u_2^{n+1}, v) + \sigma(u_2^{n+1}, v) = l_2(v) + \sigma(g^{n+1/2}, v), \ \forall v \in H^2(\Omega_2),$$
$$(6.7.6)$$

并置

$$g^{n+1} = 2u_2^{n+1} - g^{n+1/2}.$$

步 4. 置 $n := n+1$ 转步 2.

对于上述算法的有限元模拟如下：首先对 Ω 构造正则剖分，设 $\Omega_h = \Omega_{1h} \cup \Omega_{2h}$, 用 V_h 表示 Ω_h 上的线性元空间，V_h^i 表示 Ω_{ih}, $i = 1,2$ 上的线性元空间，N, N_1, N_2 分别表示 V_h, V_h^1, V_h^2 的维数，用 Γ_{0h} 表示剖分在 Γ_0 上的分划，Φ_h 表示 V_h 在 Γ_0 上的迹空间且 N_0 表示维数. 显然 $N = N_1 + N_2 - N_0$. 而原问题的有限元近似为：求 $u_h \in V_h$, 满足

$$a(u_h, v) = l(v), \quad \forall v \in V_h. \quad (6.7.7)$$

算法 7.1 的离散模拟为

算法 7.2（离散不重叠 Schwarz 交替法）.

步 1. 取初始 $g^0 \in \Phi_h$, $n := 0$.

步 2. 求 $u_1^{n+1} \in V_h^1$, 满足

$$a_1(u_1^{n+1}, v) + \sigma(u_1^{n+1}, v) = l_1(v) + \sigma(g^n, v), \ \forall v \in V_h^1. \quad (6.7.8)$$

置 $\quad g^{n+1/2} = 2u_1^{n+1} - g^n, \quad (\Gamma_{0h}).$

步 3. 求 $u_2^{n+1} \in V_h^2$, 满足

$$a_2(u_2^{n+1}, v) + \sigma(u_2^{n+1}, v) = l_2(v) + \sigma(g^{n+1/2}, v), \ \forall v \in V_h^2, \quad (6.7.9)$$

置 $\quad g^{n+1} = 2u_2^{n+1} - g^{n+1/2}, \quad (\Gamma_{0h}).$

步 4. 置 $n := n + 1$ 转步 2.

首先证算法 7.2 的收敛性. 为此注意: 任何函数 $v \in V_h^i$ 皆可延拓为 V_h 中的函数. 由 (6.7.8) 与 (6.7.9) 联立消去 g^n 后, 得

$$a_1(u_1^{n+1}, v) + \sigma(u_1^{n+1}, v) = l(v) + \sigma(u_2^n, v) - a_2(u_2^n, v)$$

$$a_2(u_2^{n+1}, v) + \sigma(u_2^{n+1}, v) = l(v) + \sigma(u_1^{n+1}, v) - a_1(u_1^{n+1}, v).$$

$$(6.7.10)$$

限制在 $V_h^1 \times V_h^1$ 的双线性形式 $a_1(u, v)$ 及 $\sigma(u, v)$ 可以用 N_1 阶矩阵描述, 分别记为

$$A_1 = \begin{bmatrix} A_{11} & A_{01}^T \\ A_{01} & A_{10} \end{bmatrix}, \quad \Sigma_1 = \begin{bmatrix} 0 & 0 \\ 0 & \Sigma \end{bmatrix}, \quad (6.7.11)$$

而 $a_2(u, v)$ 及 $\sigma(u, v)$ 相应于 $V_h^2 \times V_h^2$ 的矩阵描述, 用 N_2 阶矩阵记为

$$A_2 = \begin{bmatrix} A_{20} & A_{02} \\ A_{02}^T & A_{22} \end{bmatrix}, \quad \Sigma_2 = \begin{bmatrix} \Sigma & 0 \\ 0 & 0 \end{bmatrix}, \quad (6.7.12)$$

其中块结构 A_{ii} 为 $N_i - N_0$ 阶方阵, $i = 1, 2$, 而 Σ 为 N_0 阶方阵, A_1, A_2, Σ 皆是对称正定的, 用 u_i^n 表近似 u_i^n 的向量表示, 即 $u_i^n \in I\!R^{N_i}$, $i = 1, 2$, $u \in I\!R^N$ 表 u_h 的向量表示. 而误差向量表示为

$$\bar{\psi}_1^n = \begin{bmatrix} \psi_1^n \\ \psi_{10}^n \end{bmatrix}, \quad \bar{\psi}_2^n = \begin{bmatrix} \psi_{20}^n \\ \psi_2^n \end{bmatrix}, \quad (6.7.13)$$

这里 $\bar{\psi}_i^n = u_i - u_i^n \in I\!R^{N_i - N_0}$, $\bar{\psi}_{i0}^n = u_0 - u_{i0}^n \in I\!R^{N_0}$, $i = 1, 2$, 而 u_i 是 u 的相应分量. 由此导出误差向量应分别满足

$$(A_1 + \Sigma_1)\psi_1^{n+1} = \begin{bmatrix} 0 \\ \Sigma\psi_{20}^n - A_{20}\psi_{20}^n - A_{02}\psi_2^n \end{bmatrix}, \quad (6.7.14)$$

及

$$(A_2 + \Sigma_2)\psi_2^{n+1} = \begin{bmatrix} \Sigma\psi_{10}^{n+1} - A_{10}\psi_{10}^{n+1} - A_{01}\psi_1^{n+1} \\ 0 \end{bmatrix}. \quad (6.7.15)$$

令

$$B_i = A_{i0} - A_{0i}A_{ii}^{-1}A_{0i}^T, \quad i = 1, 2. \quad (6.7.16)$$

于是，(6.7.14) 与 (6.7.15) 可以表示为

$$(\Sigma + B_1)\psi_{10}^{n+1} = (\Sigma - B_2)\psi_{20}^n, \tag{6.7.17}$$

$$(\Sigma + B_2)\psi_{20}^{n+1} = (\Sigma - B_1)\psi_{10}^{n+1}, \tag{6.7.18}$$

即收敛性转化为在 N_0 阶方程上讨论. 我们定义 $I\!R^{N_0}$ 上的新范

$$\|w\|_{*i}^2 = <(\Sigma + B_i)\Sigma^{-1}(\Sigma + B_i)w, w>, \ i = 1, 2 \tag{6.7.19}$$

这是有意义的，因 A_1 与 A_2 的对称正定性蕴含了 B_1 与 B_2 的对称正定性.

引理 7.1. 令 $\rho_i = \rho((\Sigma - B_i)(\Sigma + B_i)^{-1})$, $i = 1, 2$, 是谱半径，则误差向量 ψ_{i0}^n 满足估计

$$\|\psi_{i0}^{n+1}\|_{*i} \le \rho_1 \cdot \rho_2 \|\psi_{i0}^n\|_{*i}, \ i = 1, 2. \tag{6.7.20}$$

证明. 令

$$T_i = (\Sigma - B_i)(\Sigma + B_i)^{-1}, \quad \tilde{T}_i = \Sigma^{-1/2} T_i \Sigma^{1/2},$$
$$w_i^n = \Sigma^{-1/2}(\Sigma + B_i)\psi_{i0}^n. \tag{6.7.21}$$

我们推出

$$\begin{aligned}
w_1^{n+1} &= \Sigma^{-1/2}(\Sigma - B_2)\psi_{20}^n = \Sigma^{-1/2}(\Sigma - B_2)(\Sigma + B_2)^{-1} \\
&\quad \cdot (\Sigma - B_1)\psi_{10}^n \\
&= \Sigma^{-1/2}(\Sigma - B_2)(\Sigma + B_2)^{-1}(\Sigma - B_1)(\Sigma + B_1)^{-1}\Sigma^{1/2}w_1^n \\
&= \tilde{T}_2 \tilde{T}_1 w_1^n
\end{aligned} \tag{6.7.22}$$

同理　$w_2^{n+1} = \tilde{T}_1 \tilde{T}_2 w_2^n$.

总之有

$$\|w_i^{n+1}\| \le \|\tilde{T}_1\| \|\tilde{T}_2\| \|w^n\| = \rho_1 \rho_2 \|w_i^n\|, \tag{6.7.23}$$

这里 $\|\cdot\|$ 为向量的欧氏范，由定义 (6.7.19) 知 (6.7.23) 与 (6.7.20) 等价. □

由著名的 Kellogg 引理[152]知，成立

$$\rho = \rho_1 \rho_2 < 1. \tag{6.7.24}$$

故直接推出算法 7.2 以几何速度收敛. 我们仅需证明收敛速度与网参数 h 无关.

引理 7.2. 存在与 h 无关的正数 $0 < \beta_i \le \gamma_i$, 使 $\forall w \in I\!R^{N_0}$

有

$$\beta_i(\Sigma \boldsymbol{w}, \boldsymbol{w}) \le (B_i \boldsymbol{w}, \boldsymbol{w}) \le \gamma_i(\Sigma \boldsymbol{w}, \boldsymbol{w}), \quad i = 1, 2. \qquad (6.7.25)$$

证明. 　使用迹定理及类似于定理 4.1 的证明方法即获.

□

定理 7.1. 算法 7.2 有与 h 无关的几何收敛速度.

证明. 　由 ρ_i 的定义及 (6.7.25) 知

$$\rho_i \le \tilde{\rho}_i = \max\left\{\left|\frac{1-\beta_i}{1+\beta_i}\right|, \left|\frac{1-\gamma_i}{1+\gamma_i}\right|\right\} < 1$$

即获.　□

至于算法 7.1 的收敛性, 可以通过算法 7.2 的收敛性及 $h \to 0$ 的极限过程得到. 因为 $\tilde{\rho}_i$ 与 h 无关, 故算法 7.1 的收敛速度也是几何的.

§8. 有内交点的区域分解法 (I)

8.1. 二维问题预处理器的构造

设 Ω 是平面多角形区域, 令 $\{\Omega_i\}$ 是 Ω 的初始剖分, Ω_i 是三角形或凸四边形, Ω_i 的不属于边界 $\partial\Omega$ 的顶点称为内交点 (Internal cross points), 如图 6.4 中的 v_4, v_5 就是. 有内交点的区域分解法, 较无内交点的区域分解法复杂, 因为近似计算时, 内交点作为 M 个子域的公共顶点其连系方程不具有 (6.4.3) 的分块结构. 如何构造解有内交点结构的刚度方程的预处理器是研究的核心, 在 Bramble, Pasciak, Schatz 工作 [31] 至 [38] 及 Widlund 工作 [222] 中皆提出合适的预处理方法, 能使预处理迭代矩阵条件数与网参数的关系被数 $C(1 + \ln^2(d/h))$ 所控制, 其中 d 是初始剖分 $\{\Omega_i\}$ 的最大直径 (它当然适合拟一致条件), h 是在粗剖分下再加细后的网参数, C 是与 d, h 无关的常数. 以下介绍 Bramble 等人的方法.

构造预处理器的技巧, 在于把内交点和别的结点区别对待, 因为内交点作为初始剖分含有问题的整体信息. 设 $\{v_j, j \in J\}$ 是细网上全体结点集合, 令 $J = J_V \cup J_E \cup J_P$, 其中 J_V 是初始剖分 (内交点) 顶点的指标集. J_E 是公共边上结点指标集, J_P

是子域内部结点的指标集. 用 Γ_{ij} 表示 $\{\Omega_k\}$ 的以顶点 v_i, v_j 端点的边. 构造函数空间

$$S_0^d(\Omega) = \{\varphi \in C(\Omega) \cap H_0^1(\Omega) : \varphi|_{\Gamma_{ij}} \in P_1, \forall \Gamma_{ij}\} \qquad (6.8.1)$$

即 $S_0^d(\Omega)$ 是初始剖分下分片线性 (如 $\{\Omega_k\}$ 是三角形单元), 或分片双线性 (如 $\{\Omega_k\}$ 是四边形单元). 总之对每个内交点 v_i, $i \in J_V$ 选择一个支集较大的基函数与之对应；对于非内交结点 v_i, $i \in J_E \cup J_P$ 用普通结点基函数与之对应, 显然与全体结点对应的试探函数空间有直和分解

$$S_0^h(\Omega) = S_0^d(\Omega) \oplus \tilde{S}_0^h(\Omega), \qquad (6.8.2)$$

而相应的刚度方程表示为

$$Kx = \begin{bmatrix} K_{VV} & K_{VE} & K_{VP} \\ K_{VE}^T & K_{EE} & K_{EP} \\ K_{VP}^T & K_{EP}^T & K_{PP} \end{bmatrix} \begin{pmatrix} x_V \\ x_E \\ x_P \end{pmatrix} = \begin{pmatrix} b_V \\ b_E \\ b_P \end{pmatrix}, \qquad (6.8.3)$$

这里 x_V 是内交点值向量, x_E 是子域边上结点 (内交点除外) 值向量, x_P 是内部结点值向量. (6.8.3) 等价于有限元形式：求 $u^h \in S_0^h(\Omega)$ 满足

$$A(u^h, \varphi) = (f, \varphi), \quad \forall \varphi \in S_0^h(\Omega), \qquad (6.8.4)$$

这里 $A(u, \varphi) = \sum_{ij=1}^{2} \int_\Omega a_{ij} \frac{\partial u}{\partial x_i} \frac{\partial \varphi}{\partial x_j} dx$, $(f, \varphi) = \int_\Omega f\varphi dx$. 为了构造预处理器, 我们注意每个 $W \in S_0^h(\Omega)$ 都有正交分解： $W = W_P + W_H$, 其中 W_P 满足

$$\tilde{A}(W_P, \varphi) = \tilde{A}(W, \varphi), \quad \forall \varphi \in S_0^h(\Omega_k),$$
$$k = 1, 2, \cdots, n_r, \qquad (6.8.5)$$

由于 $S_0^h(\Omega_1) \oplus \cdots \oplus S_0^h(\Omega_{n_r})$ 可以视为 $S_0^h(\Omega)$ 的子空间, 故相应的直交分量 W_H 定义为

$$\tilde{A}(W_H, \varphi) = 0, \quad \forall \varphi \in S_0^h(\Omega_k), k = 1, \cdots, n_r, \qquad (6.8.6)$$

而 W_H 显然与 W 在边界 $\partial\Omega_k$ 上一致. 我们称 W_H 是 W 在 $\partial\Omega_k$ 上值的离散 $\tilde{A}$ 调和扩张. 用直和分解 (6.8.2), 记 $W_H = W_E + W_V$, $W_V \in S_0^d(\Omega)$, $W_E \in \tilde{S}_0^h(\Omega)$, 由正交性有

$$\tilde{A}(W, W) = \tilde{A}(W_P, W_P) + \tilde{A}(W_H, W_H), \qquad (6.8.7)$$

这里双线性形式定义为

$$\tilde{A}(U,V) = \sum_{k=1}^{n_r} \tilde{A}_k(U,V), \qquad (6.8.8)$$

而

$$\tilde{A}_k(U,V) = \sum_{i,j=1}^{2} \int_{\Omega_k} a_{ij}^k \frac{\partial U}{\partial x_i} \frac{\partial V}{\partial x_j} dx, \qquad (6.8.9)$$

其中对每个 k, 系数阵 $[a_{ij}^k]$ 是分片光滑（可能不连续）一致正定矩阵，如何确定留在后面讨论. 对每条边 Γ_{ij}, 我们定义算子 $\tilde{l}_0 : S_0^h(\Gamma_{ij}) \to S_0^h(\Gamma_{ij})$,

$$\langle a^{-1}\tilde{l}_0 W, \varphi \rangle_{\Gamma_{ij}} = \langle aW', \varphi' \rangle_{\Gamma_{ij}}, \ \forall \varphi \in S_0^h(\Gamma_{ij}), \qquad (6.8.10)$$

这里 a 是 Γ_{ij} 的分片常函数，且 $0 < a_0 \le a \le a_1$, 而 a_0, a_1 是与 d, h 无关的常数，W', φ' 是对 Γ_{ij} 的弧长微分，而

$$\langle \varphi, \psi \rangle_{\Gamma_{ij}} = \int_{\Gamma_{ij}} \varphi \psi ds. \qquad (6.8.11)$$

显然，由 (6.8.10) 定义的算子 $\tilde{l}_0$ 是在内积 $\langle a^{-1}\cdot, \cdot \rangle$ 意义下的对称正定算子，故它的平方根算子 $\tilde{l}_0^{1/2}$ 有意义，因此以下双线性形式有意义.

$$B(W,\varphi) = \tilde{A}(W_P, \varphi_P) + \sum_{\Gamma_{ij}} \alpha_{ij} \langle a^{-1}\tilde{l}_0^{1/2} W_E, \varphi_E \rangle_{\Gamma_{ij}}$$

$$+ \sum_{\Gamma_{ij}} (W_V(\mathbf{v}_i) - W_V(\mathbf{v}_j))(\varphi_V(\mathbf{v}_i) - \varphi_V(\mathbf{v}_j)),$$

$$0 < C_0 \le \alpha_{ij} \le C_1. \qquad (6.8.12)$$

我们用 (6.8.12) 作为解方程 (6.8.4) 的预处理器，以下定理表明预处理迭代矩阵的条件数为 $O(\ln^2(d/h))$ 阶.

定理 8.1. 存在与 d, h 无关的正常数 C, 及正数 λ_0 与 λ_1, 使

$$\lambda_0 B(W,W) \le A(W,W) \le \lambda_1 B(W,W), \ \forall W \in S_0^h(\Omega) \qquad (6.8.13)$$

这里 $\lambda_1/\lambda_0 \le C(1 + \ln^2(d/h))$, 如无内交点，则有 $\lambda_1/\lambda_0 \le C$.

定理的证明放在后一小节.

8.2. 算法的实现

熟知, 为了使预处理迭代法有效, 必须使方程

$$B(W, \varphi) = (g, \varphi), \quad \forall \varphi \in S_0^h(\Omega), \tag{6.8.14}$$

能快速及并行解出. Bramble 等提供以下算法:

算法 8.1 (Bramble-Pasciak-Schatz).

步 1. 并行计算求 W_P, 即独立地在子域上解 Dirichlet 问题

$$\tilde{A}_k(W_P, \varphi) = (g, \varphi), \quad \forall \varphi \in S_0^h(\Omega_k) \tag{6.8.15}$$

$k = 1, \cdots, n_r$. 求出 W_P.

步 2. 并行地对每条边 Γ_{ij} 上解一维问题, 求解 $W_E \in S_h^0(\Gamma_{ij})$, 满足

$$\alpha_{ij} < a^{-1} \tilde{l}_0^{1/2} W_E, \varphi >_{\Gamma_{ij}} = (g, \varphi) - \tilde{A}(W_P, \varphi),$$
$$\forall \varphi \in S_h^0(\Gamma_{ij}). \tag{6.8.16}$$

其中 (6.8.16) 右端的 φ 假定已经被扩张到 $S_h^0(\Omega)$ 上, 并且对所有 Γ_{ij} 外的结点值取零. 求出 W_E 在 Γ_{ij} 上结点值.

步 3. 求内交点上的函数值 W_V, 即解粗网格方程

$$\sum_{\Gamma_{ij}} \alpha_{ij}(W_V(v_i) - W_V(v_j))(\varphi_V(v_i) - \varphi_V(v_j))$$
$$= (g, \varphi) - \tilde{A}(W_P, \varphi), \quad \forall \varphi \in \dot{S}_0^d(\Omega). \tag{6.8.17}$$

步 4. 以 $W_E + W_V$ 在 Γ_{ij} 的值为边界条件, 并行地求在各子域的 $\tilde{A}_k$ 一离散调和扩张, 即求 W_H 适合

$$\tilde{A}_k(W_H, \varphi) = 0, \quad \forall \varphi \in S_0^h(\Omega_k),$$
$$W_H = W_E + W_V, \quad (\Gamma_{ij}), \quad k = 1, \cdots, n_r. \tag{6.8.18}$$

步 5. 置 $W = W_P + W_E$ 即为所求.

在步 2 与步 3 中的 α_{ij} 及 a 如何选择, 以便计算能用快速算法实现, 这在后面讨论. 下面先阐明由算法 8.1 求出的 W 确为 (6.8.15) 的解. 为此首先看出, 在 (6.8.15) 中取 $\varphi \in S_0^h(\Omega_1) \oplus \cdots \oplus S_0^h(\Omega_{n_r})$, 知 W_P 满足 (6.8.15); 其次, 由 $W_H = W_E + W_V$, 通过步 2 及步 3 求出 W_H 的边界值; 最后, 通过步 4 把边界函数离散调和扩张到整个区域上.

由于算法主要步骤是解子域 Ω_k 上的 Dirichlet 问题，如果 Ω_k 是矩形域，为了构造快速算法，宜选择

$$\tilde{A}_k(U,V) = q_k D_k(U,V), \quad U,V \in H^1(\Omega_k) \tag{6.8.19}$$

其中 q_k 是常数，稍后定出，而

$$D_k(U,V) = \int_{\Omega_k} \nabla U \nabla V dx. \tag{6.8.20}$$

由第五章知，如果在矩形域 Ω_k 使用正则剖分，则 (6.8.15) 及 (6.8.18) 皆可用 FFT 或者 FACR 法快速解出. 如果 Ω_k 是凸四边形，熟知存在双线性变换 $T: R \to \Omega_k$，其中 R 是单位正方形，经过变数更换，应有

$$q_k \int_R |\nabla v|^2 dx = \sum_{i,j=1}^{2} \int_{\Omega_k} a_{ij}^k \frac{\partial v(T^{-1}x)}{\partial x_i} \frac{\partial v(T^{-1}x)}{\partial x_j} dx$$

$$\stackrel{\triangle}{=} \tilde{A}_k(v,v). \tag{6.8.21}$$

显然，如 $\{\varphi_i\}$ 是 $S^h(\Omega)$ 的结点基函数，则 $\{\psi_i = \varphi_i \circ T\}$ 是 R 上的通常结点基函数，且

$$\tilde{A}_k(\varphi_i, \varphi_j) = q_k \int_R \nabla \psi_i \nabla \psi_j dx, \tag{6.8.22}$$

这表明在这种选择下，系数 a_{ij}^k 并不需要特别计算，而 Ω_k 上的 Dirichlet 问题，转化到解 R 上的 Poisson 方程，仍然可以快速算出.

至于 q_k 的确定，由变数更换

$$\int_{\Omega_k} a_{ij} \frac{\partial v}{\partial x_i} \frac{\partial v}{\partial x_j} = \int_R \bar{a}_{ij} \frac{\partial v(Tx)}{\partial x_i} \frac{\partial v(Tx)}{\partial x_j} dx,$$

知宜选择

$$q_0 \leq q_k \leq q_1, \tag{6.8.23}$$

其中 q_1 与 q_0 是二阶矩阵 $[\bar{a}_{ij}(\bar{x})]$, $(\bar{x} \in R)$ 的最大，最小本征值.

下面转入方程 (6.8.16) 的计算，由于算子 $a^{-1}\tilde{l}_0^{1/2}$ 的平方算子 $a^{-2}\tilde{l}_0$ 满足

$$< a^{-2}\tilde{l}_0 w, \varphi >_{\Gamma_{ij}} = < w', \varphi' >_{\Gamma_{ij}}, \ \forall \varphi \in S_h^0(\Gamma_{ij}), \tag{6.8.24}$$

这意味着若对 Γ_{ij} 实施等距剖分，算子 $a^{-2}\tilde{l}_0$ 对应的矩阵本征值和本征向量是已知的，故其平方根算子的本征值和本征向量也

是已知的. 令问题 (6.8.16) 对应于矩阵问题： $N\beta = \gamma$, 其中矩阵 N 的元素为

$$N_{pq} = \alpha_{ij} < a^{-1}\bar{l}_0^{1/2}\varphi_p, \varphi_q >_{\Gamma_{ij}}, \qquad (6.8.25)$$

这里 φ_p 是与 $n-1$ 个等距内结点对应的 $S_0^h(\Gamma_{ij})$ 的普通结点基. 故特征向量是已知的，且为

$$\Psi_p = \{\sin(\pi p/n), \cdots, \sin((n-1)\pi p/n)\}^T,$$
$$p = 1, \cdots, n-1, \qquad (6.8.26)$$

对应的本征值为

$$\lambda_p = \alpha_{ij}[(2 - 2\cos(\pi p/n))(4 + 2\cos(\pi p/n))/6]^{\frac{1}{2}}. \qquad (6.8.27)$$

故 (6.8.16) 中 W_E 的计算转化为向量 γ 关于本征向量 (6.8.26) 的展开，这归结于所谓正弦变换问题，使用快速算法仅需要使用 $O(n\log(n))$ 次运算. 最后还要讨论如何确定系数 α_{ij}, 为此我们设 Γ_{ij} 是子域 Ω_k 与 Ω_l 的公共边，选择

$$\alpha_{ij} = q_k + q_l \qquad (6.8.28)$$

是合理的. 至于解粗网格方程 (6.8.17) 可以用标准主元消去法，其工作量微不足道. 特别是如果只有一个内结点，$W_V(\mathbf{v}_i)$ 甚至可以显式得到.

8.3. 定理的证明

由系数 $\{a_{ij}\}$ 及 $\{a_{ij}^k\}$ 的一致正定性，故存在常数 $C_1, C_2 > 0$ 使

$$C_1\tilde{A}(W, W) \le A(W, W) \le C_2\tilde{A}(W, W), \quad \forall W \in S_0^h(\Omega), \qquad (6.8.29)$$

故仅需要比较 $\tilde{A}(\cdot,\cdot)$ 与 $B(\cdot,\cdot)$. 由于 $W = W_P + W_H$ 作为正交分解成立 (6.8.7), 再加上 (6.8.12) 可导出

$$B(W, W) = \tilde{A}(W_P, W_P) + B(W_H, W_H). \qquad (6.8.30)$$

故定理的成立归结于证明

$$C_1\tilde{A}(W_H, W_H) \le B(W_H, W_H) \le C_2(1 + \ln^2(d/h))\tilde{A}(W_H, W_H). \qquad (6.8.31)$$

由分解式 (6.8.8), 对固定子域 Ω_i, 易知

$$\tilde{A}_i(W_H, W_H) \le 2(\tilde{A}_i(W_E, W_E) + \tilde{A}_i(W_V, W_V)), \qquad (6.8.32)$$

因此对 W_H 的估计被转化为对 W_E 及 W_V 的估计. 为此先证明以下引理.

引理 8.1. 设 $V \in S_0^h(\Gamma_{ik})$, 令 $\bar{V} \in H^1(\Omega_i)$ 是 V 的扩张, 即 $V = \bar{V}$, (Γ_{ik}), $\bar{V} = 0$, $(\partial\Omega_i \setminus \Gamma_{jk})$. 又若 $\tilde{v}$ 是 $\bar{V}|_{\partial\Omega_i}$ 的离散 $\tilde{A}_i$ 调和扩张, 即满足: $\tilde{v} = \bar{V}$, $(\partial\Omega_i)$, 且

$$\tilde{A}_i(\tilde{v}, \varphi) = 0, \quad \forall \varphi \in H_0^1(\Omega_i), \qquad (6.8.33)$$

则必有正常数 C_1 及 C_2 存在使

$$C_1\tilde{A}_i(\tilde{v}, \tilde{v}) \leq\, < a^{-1}\bar{l}_0^{1/2}V, V >_{\Gamma_{ik}} \leq C_2\tilde{A}_i(\tilde{v}, \tilde{v}). \qquad (6.8.34)$$

证明. 由内插空间理论知

$$-\frac{\partial^2}{\partial s^2}: \; H_0^1(\Gamma_{ij}) \to L_2(\Gamma_{ij})$$

是正定自共轭算子, 故平方根算子 $\left(-\dfrac{\partial^2}{\partial s^2}\right)^{1/2}$ 的定义域为 $H_{00}^{1/2}(\Gamma_{ik}) = (H_0^1(\Gamma_{ij}), L_2(\Gamma_{ij}))_{1/2}$. 其相应的离散近似算子定义为: $l_0 : S_0^h(\Gamma_{ij}) \to S_0^h(\Gamma_{ij})$ 满足

$$\langle l_0 W, \varphi \rangle_{\Gamma_{ik}} = \langle W', \varphi' \rangle, \quad \forall \varphi \in S_0^h(\Gamma_{ik}), \qquad (6.8.35)$$

而相应的平方根算子 $l_0^{1/2}$ 满足

$$C_1|W|^2_{1/2,\Gamma_{ik}} \leq \langle l_0^{1/2}W, W \rangle \leq C_2|W|^2_{1/2,\Gamma_{ik}},$$
$$\forall W \in S_0^h(\Gamma_{jk}), \qquad (6.8.36)$$

其中 $|W|_{1/2,\Gamma_{jk}}$ 表示 $H_{00}^{1/2}(\Gamma_{jk})$ 上的范. 但由 (6.8.10) 显然有

$$C_1\langle l_0^{1/2}W, W \rangle_{\Gamma_{jk}} \leq \langle a^{-1}\bar{l}_0^{1/2}W, W \rangle_{\Gamma_{jk}}$$
$$\leq C_2\langle l_0^{1/2}W, W \rangle_{\Gamma_{jk}}, \quad \forall W \in S_0^h(\Gamma_{jk}). \qquad (6.8.37)$$

令 v^* 是 $\bar{V}|_{\partial\Omega_i}$ 的调和扩张, 即

$$D_i(v^*, \varphi) = 0, \quad \forall \varphi \in H_0^1(\Omega_i).$$

由 $\{a_{jk}^i\}$ 的一致正定性与迹定理推出

$$|\bar{V}|^2_{1/2,\partial\Omega_i} \leq C_1 D_i(\tilde{v}, \tilde{v}) \leq C_0\tilde{A}_i(\tilde{v}, \tilde{v})$$
$$\leq C_0\tilde{A}_i(v^*, v^*) \leq C_2 D_i(v^*, v^*),$$

但由熟知的先验不等式，又有：　$D_i(v^*, v^*) \leq C|\bar{V}|^2_{1/2, \partial\Omega_i}$，故得到

$$C_1|\bar{V}|^2_{1/2, \partial\Omega_i} \leq \tilde{A}_i(\tilde{v}, \tilde{v}) \leq C_2|\bar{V}|^2_{1/2, \partial\Omega_i}. \qquad (6.8.38)$$

最后计算 $|\bar{V}|_{1/2, \partial\Omega_i}$，由 $H_0^{1/2}(\partial\Omega_i)$ 的定义

$$|\omega|^2_{1/2, \partial\Omega_i} = \int_{\partial\Omega_i} \int_{\partial\Omega_i} \frac{(\omega(x) - \omega(y))^2}{|x-y|^2} ds(x)ds(y)$$

$$+ d^{-1}|\omega|^2_{0, \partial\Omega_i}, \quad \forall\omega \in H_0^{1/2}(\partial\Omega_i), \qquad (6.8.39)$$

既然 $\bar{V}|_{\partial\Omega_i}$ 的支集含于 $\Gamma_{jk} \subset \partial\Omega_i$，故取 $w = \tilde{v}$ (6.8.39) 右端第一项可以简化为

$$\int_{\Gamma_{jk}} \int_{\Gamma_{jk}} \frac{(\bar{V}(x) - \bar{V}(y))^2}{|x-y|^2} ds(x)ds(y)$$

$$+ 2\int_{\Gamma_{jk}} \int_{\partial\Omega_i \backslash \Gamma_{jk}} \frac{\bar{V}^2(x)}{|x-y|^2} ds(y)ds(x),$$

留意

$$C_1 \int_{\partial\Omega_i \backslash \Gamma_{jk}} |x-y|^{-2} ds(y) \leq |x - \mathbf{v}_k|^{-1} + |x - \mathbf{v}_j|^{-1}$$

$$\leq C_2 \int_{\partial\Omega_i \backslash \Gamma_{jk}} |x-y|^{-2} ds(y),$$

其中 $\mathbf{v}_k, \mathbf{v}_j$ 是 Γ_{jk} 的两端点，故对支集含于 Γ_{jk} 的光滑函数 v 而言，$|v|_{1/2, \partial\Omega_i}$ 与定义在 $H_{00}^{1/2}(\Gamma_{jk})$ 上范

$$\left(\int_{\Gamma_{jk}} \int_{\Gamma_{jk}} \frac{(v(x) - v(y))^2}{|x-y|^2} ds(x)ds(y) \right.$$

$$\left. + \int_{\Gamma_{jk}} \left(\frac{v^2(x)}{|x-\mathbf{v}_k|} + \frac{v^2(x)}{|x-\mathbf{v}_j|} \right) ds(x) \right)^{1/2} \qquad (6.8.40)$$

等价．从而 (6.8.36)，(6.8.37) 与 (6.8.39) 蕴含了 (6.8.34) 成立.　　　　□

引理 8.2.　若 $W \in S^h(\Omega)$ 是离散 A_i 一调和．则

$$\tilde{A}_i(W, W) \leq C_2|W|^2_{1/2, \partial\Omega_i}. \qquad (6.8.41)$$

此外，还有

(1) 若 W 在 Ω_i 上积分均值为零，则

$$C_1|W|^2_{1/2,\partial\Omega_i} \leq \tilde{A}_i(W,W). \qquad (6.8.42)$$

(2) 若 W 在 Ω_i 的顶点为零，则

$$\tilde{A}_i(W,W) \leq C_2 \sum_{jk\in\beta_i} \alpha_{jk}(a^{-1}\tilde{l}_0^{1/2}W,W)_{\Gamma_{jk}}, \qquad (6.8.43)$$

这里 $jk \in \beta_i$，意味 Γ_{jk} 是 $\partial\Omega_i$ 的一条边.

(3) 若 W 在 $\partial\Omega_i$ 的任何边 Γ_{jk} 上的限制是线性函数，则

$$\tilde{A}_i(W,W) \leq C_2 \sum_{jk\in\beta_i} (W(v_j) - W(v_k))^2. \qquad (6.8.44)$$

证明. (6.8.41) 已在定理 6.1 中得到，(6.8.42) 是迹不等式与 Poincare 不等式的推论.

今证 (6.8.43)，由于 W 是在 Ω_i 的顶点上取零值的离散 $\tilde{A}_i$ 一调和函数. 故由迭加原理得到分解

$$W = \sum_{jk\in\beta_i} W_{jk},$$

其中 W_{jk} 是离散 $\tilde{A}_i$ 一调和函数，且

$$W_{jk} = \begin{cases} W, & (\Gamma_{jk}), \\ 0, & (\partial\Omega_i \setminus \Gamma_{jk}). \end{cases}$$

由三角不等式，得

$$\tilde{A}_i(W,W) \leq C_2 \sum_{jk\in\beta_i} \tilde{A}_i(W_{jk},W_{jk}), \qquad (6.8.45)$$

由 (6.8.41), (6.8.34) 得

$$\tilde{A}_i(W_{jk},W_{jk}) \leq C_2|W_{jk}|^2_{1/2,\partial\Omega_i} \leq C_2|W_{jk}|^2_{1/2,\Gamma_{jk}}$$
$$\leq C_2 < a^{-1}\tilde{l}_0^{1/2}W,W)_{\Gamma_{jk}}, \qquad (6.8.46)$$

代入 (6.8.45) 知 (6.8.43) 成立.

最后证 (6.8.44)，为此以 $W-\beta$ 代入 (6.8.41)，其中 β 是常数，其值待定，得

$$\tilde{A}_i(W,W) = \tilde{A}_i(W-\beta,W-\beta) \leq C_2|W-\beta|^2_{1/2,\partial\Omega_i}. \qquad (6.8.47)$$

令 W^* 是 Ω_i 上的线性函数，它在 $\partial\Omega_i$ 上与 $W - \beta$ 一致．并选择 β 使 W^* 在 Ω_i 上的积分均值为零，应用迹不等式与 Poincare 不等式，得到

$$|W - \beta|_{1/2,\partial\Omega_i}^2 \le C_2 D_i(W^*, W^*). \qquad (6.8.48)$$

使用求积公式，易知

$$D_i(W^*, W^*) \le C_2 \sum_{jk\in\beta}(W(v_j) - W(v_k))^2$$
$$\le C_2 \sum_{jk\in\beta} \alpha_{jk}(W(v_j) - W(v_k))^2. \quad \square$$

引理 8.3. 设 $W \in S^h(\Omega_i)$，则

(1) 如存在 $p \in \bar\Omega_i$，使 $W(p) = 0$，则

$$\|W\|_{\infty,\Omega_i} \le C(1 + \ln(d/h))\tilde{A}_i(W, W). \qquad (6.8.49)$$

(2) 成立不等式

$$\sum_{jk\in\beta_i}\alpha_{jk}(W(v_j) - W(v_k))^2 \le C(1 + \ln(d/h))\tilde{A}_i(W, W). \quad (6.8.50)$$

证明． 由 $\{\Omega_i\}$ 作为 Ω 的初始三角形（四边形）剖分，借助于映到标准单元的映射与逆估计不等式 (3.4.15)，易得

$$\|W\|_{\infty,\Omega_i}^2 \le C(d^{-2}\|W\|_{0,\Omega_i}^2 + \ln(d/h)D_i(W, W))$$
$$\forall W \in S_h(\Omega_i). \qquad (6.8.51)$$

令 α 是 W 在 Ω_i 的积分均值，则由 Poincare 不等式得到

$$d^{-2}\|W - \alpha\|_{0,\Omega_i}^2 \le CD_i(W, W) \le C\tilde{A}_i(W, W). \qquad (6.8.52)$$

由于存在 $p \in \Omega_i$ 使 $W(p) = 0$，故蕴含

$$|\alpha| \le \|W - \alpha\|_{\infty,\Omega_i}$$

及

$$\|W\|_{\infty,\Omega_i} \le \|W - \alpha\|_{\infty,\Omega_i} + |\alpha|$$
$$\le 2\|W - \alpha\|_{\infty,\Omega_i}, \qquad (6.8.53)$$

代入 (6.8.52) 与 (6.8.51) 证得 (6.8.49). 至于 (6.8.50) 式易由 (6.8.49) 推出，为此先注意成立

$$\sum_{jk\in\beta_i}\alpha_{jk}(W(v_j) - W(v_k))^2 \le C\sum_{jk\in\beta_i}(W(v_j) - W(v_k))^2$$

再用 $W(x) - W(\mathbf{v}_m)$ 取代 (6.8.49) 中的 W, 注意 V_m 是 Ω_i 的顶点, 即知 (6.8.50) 成立. $\quad\square$

引理 8.4. 令 $W \in S^h(\Omega_i)$, 且对 Ω_i 每个顶点 V_k 皆有 $W(V_k) = 0$, 又令 $W_L \in S^h(\Omega_i)$ 是离散 $\tilde{A}_i$ 一调和函数, 并在每条 边 $\Gamma_{jk} \subset \partial\Omega_i$ 上皆是线性的, 则

$$\sum_{jk \in \beta_i} \alpha_{jk} \langle a^{-1} \bar{l}_0^{1/2} W, W \rangle_{\Gamma_{jk}}$$

$$\leq C(1 + \ln^2(d/h)) \tilde{A}_i(W + W_L, W + W_L). \qquad (6.8.54)$$

证明. 首先证明 $W_L = 0$ 时 (6.8.54) 成立.

由 (6.8.36), (6.8.37) 及 (6.8.40) 知

$$\alpha_{jk} \langle a^{-1} \bar{l}_0^{1/2} W, W \rangle$$

$$= C\Big\{ |W|_{1/2,\partial\Omega_i}^2 + \int_{\Gamma_{jk}} \Big(\frac{W(x)^2}{|x - \mathbf{v}_k|} + \frac{W(x)^2}{|x - \mathbf{v}_j|} \Big) ds(x) \Big\}. \tag{6.8.55}$$

令 α 是 W 在 Ω_i 上的积分均值, 应用 (6.8.53) 与 (6.8.49) 得

$$|W|_{1/2,\partial\Omega_i}^2 \leq C(|\alpha|^2 + |W - \alpha|_{1/2,\partial\Omega_i}^2)$$

$$\leq C(\|W - \alpha\|_{\infty,\Gamma_{jk}}^2 + \tilde{A}_i(W,W))$$

$$\leq C(1 + \ln(d/h)) \tilde{A}_i(W,W),$$

这意味只需证明

$$I(W) = I_1(W) + I_2(W)$$

$$= \int_{\Gamma_{jk}} \frac{W(x)^2}{|x - \mathbf{v}_k|} ds(x) + \int_{\Gamma_{jk}} \frac{W(x)^2}{|x - \mathbf{v}_j|} ds(x).$$

$$\leq C(1 + \ln^2(d/h)) \tilde{A}_i(W,W) \tag{6.8.56}$$

成立. 不妨假定 Γ_{jk} 是连接 $(0,0)$ 与 $(0,Y)$ 的线段. 于是

$$I_1(W) = \int_0^Y \frac{W(0,y)^2}{y} dy = \int_0^{y_1} \frac{W(0,y)^2}{y} dy + \int_{y_1}^Y \frac{W(0,y)^2}{y} dy$$

$$= I_3 + I_4,$$

$$\tag{6.8.57}$$

这里 y_1 是靠近原点的结点. 由拟一致性蕴含存在正常数 C_1 及 C_2 使 $C_1 h \leq y_1 \leq C_2 h$, 在据 $W(0,0) = 0$, 分片线性性质, (6.8.49)

及反估计获

$$I_3 \leq Ch^2 \left\| \frac{\partial W(0,\cdot)}{\partial y} \right\|^2_{L_\infty[0,y_1]} \leq C\|W\|^2_{\infty,\Omega_i}$$
$$\leq C(1 + \ln(d/h))\tilde{A}_i(W,W), \qquad (6.8.58)$$

另方面，又有

$$I_4 \leq \|W\|^2_{\infty,\Omega_i} \int_{y_1}^{Y} \frac{dy}{y} \leq C(1 + \ln^2(d/h))\tilde{A}_i(W,W).$$

组合 I_3, I_4 获

$$I_1(W) \leq C(1 + \ln^2(d/h))\tilde{A}_i(W,W). \qquad (6.8.59)$$

同理 $I_2(W)$ 也服从 (6.8.59) 估计．由此得到在情形 $W_L = 0$ 时引理成立．

一般情形证明：先构造函数 $w_\perp \in S^h(\Omega_i)$ 满足 $W_\perp(v_m) = W_L(v_m)$，对一切 Ω_i 的顶点 v_m；并且 $\tilde{A}_i(W_\perp, \varphi) = 0$，对一切 $\varphi \in S^h(\Omega_i)$ 且 $\varphi(v_m) = 0$，v_m 是 Ω_i 任意顶点．这意味 $W + W_L - W_\perp$ 在 Ω_i 顶点为零，故按定义它应与 $W_\perp$ 在 $\tilde{A}_i(\cdot,\cdot)$ 内积意义下正交，由此推出

$$\alpha_{jk}\langle a^{-1}\tilde{l}_0^{1/2}W, W\rangle_{\Gamma_{jk}}$$
$$\leq 2\alpha_{jk}\langle a^{-1}\tilde{l}_0^{1/2}(W + W_L - W_\perp), (W + W_L - W_\perp)\rangle_{\Gamma_{jk}}$$
$$\quad + 2\alpha_{jk}\langle a^{-1}\tilde{l}_0^{1/2}(W_L - W_\perp), (W_L - W_\perp)\rangle_{\Gamma_{jk}}$$
$$\leq C(1 + \ln^2(d/h))\tilde{A}_i((W + W_L - W_\perp), (W + W_L - W_\perp))$$
$$\quad + 2\alpha_{jk}\langle a^{-1}\tilde{l}_0^{1/2}(W_L - W_\perp), (W_L - W_\perp)\rangle_{\Gamma_{jk}}$$
$$\leq C(1 + \ln^2(d/h))\tilde{A}_i(W + W_L, W + W_L)$$
$$\quad + 2\alpha_{jk}\langle a^{-1}\tilde{l}_0^{1/2}(W_L - W_\perp), (W_L - W_\perp)\rangle_{\Gamma_{jk}},$$

欲完成证明，只需证明估计式

$$\langle a^{-1}\tilde{l}_0^{1/2}(W_L - W_\perp), (W_L - W_\perp)\rangle_{\Gamma_{jk}}$$
$$\leq C(1 + \ln^2(d/h))\tilde{A}_i(W + W_L, W + W_L) \qquad (6.8.60)$$

成立．但注意 $W_L - W_\perp$ 在 Ω_i 的顶点上为零，故使用不等式

(6.8.55) 及其相应的推导，得到

$$\langle a^{-1}\tilde{l}_0^{1/2}(W_L - W_\perp), (W_L - W_\perp)\rangle_{\Gamma_{jk}}$$
$$\leq C(1 + \ln(d/h))\tilde{A}_i(W_L - W_\perp, W_L - W_\perp) + I(W_L - W_\perp).$$
$$(6.8.61)$$

应用 $W_\perp$ 与 $W_L - W_\perp$ 在 $\tilde{A}_i(\cdot,\cdot)$ 内积意义下的正交性，又获

$$\tilde{A}_i(W_L - W_\perp, W_L - W_\perp) \leq \tilde{A}_i(W_L, W_L)$$
$$\leq C \sum_{jk \in \beta_i} \alpha_{jk}[(W(v_j) + W_L(v_j)) - (W(v_k) - W_L(v_k))]^2$$
$$\leq C(1 + ln(d/h))\tilde{A}_i(W + W_L, W + W_L),$$
$$(6.8.62)$$

这里用到 (6.8.50) 与 $W(V_j) = W(V_k) = 0$ 的性质. 最后归结为证明

$$I(W_L - W_\perp) \leq C(1 + \ln^2(d/h))\tilde{A}_i(W + W_L, W + W_L). \quad (6.8.63)$$

借助简单不等式，首先，有

$$I_1(W_L - W_\perp) \leq 2I_1(W_\perp - W_\perp(v_k)) + 2I_1(W_L - W_L(v_k)), \quad (6.8.64)$$

重复 (6.8.57) 至 (5.8.59) 的证明，得到

$$I_1(W_\perp - W_\perp(V_k)) \leq C(1 + \ln^2(d/h))\tilde{A}_i(W_\perp, W_\perp)$$
$$\leq C(1 + \ln^2(d/h))\tilde{A}_i(W + W_L, W + W_L),$$
$$(6.8.65)$$

这里用到 $\tilde{A}_i(W_\perp, W_\perp) \leq \tilde{A}_i(W + W_L, W + W_L)$; 其次，由 W_L 在 Γ_{jk} 上的线性性及 (6.8.50), 可得到

$$I_1(W_L + W_L(v_k)) \leq C\alpha_{jk}(W_L(v_j) - W_L(v_k))^2$$
$$\leq C(1 + \ln(d/h))\tilde{A}_i(W + W_L, W + W_L).$$
$$(6.8.66)$$

代入 (6.8.64) 得

$$I_1(W_L - W_\perp) \leq C(1 + \ln^2(d/h))\tilde{A}_i(W + W_L, W + W_L)$$

同理对 $I_2(W_L - W_\perp)$ 有类似估计，把这些结果代入 (6.8.61), 就

完成引理的证明.   □

定理 8.1 的证明.   由 (6.8.32)、引理 8.1 及引理 8.2, 知

$$\tilde{A}_i(W_H, W_H) \leq 2(\tilde{A}_i(W_E, W_E) + \tilde{A}_i(W_V, W_V))$$

$$\leq C(\sum_{jk\in\beta} \alpha_{jk}(< a^{-1}\tilde{l}_0^{1/2}W_E, W_E >_{\Gamma_{jk}} + (W_V(\mathbf{v}_j) - W(\mathbf{v}_k))^2),$$

$$(6.8.67)$$

应用 (6.8.50) 与 (6.8.54), 推得 (6.8.67) 的

$$右端 \leq C(1 + \ln^2(d/h))\tilde{A}_i(W_H, W_H),$$

对 i 求和知 (6.8.31) 成立.

如无内交点, 则 $W_V \equiv 0, (\Omega)$, 故知 $W_H = W_E$, 此时预处理双线性形式 B 简化为

$$B(W, W) = \tilde{A}(W_P, W_P) + \sum_{\Gamma_{jk}} \alpha_{jk} < a^{-1}\tilde{l}_0^{1/2}W_E, W_E >_{\Gamma_{jk}},$$

故定理的结论等价于证明

$$B(W_E, W_E) \leq C\tilde{A}(W_E, W_E). \qquad (6.8.68)$$

显然, $W_E \equiv 0, (\partial\Omega)$, 故若 $W_E \neq 0, (\Gamma_{jk})$ 则 Γ_{jk} 必是内边, 并分 Ω 为两个多边形, 使用迹定理就推出 (6.8.68) 成立.   □

8.4. 数值试验.

Bramble[31] 等对算法 8.1 做了数值试验.

例 8.1.   考虑 $L = -\Delta$ 为 Laplace 算子, Ω 为单位正方形, 子区域如图 8.1 等分为 16 个, 各子域计算皆可借助快速算法并行计算, 下表是 $h = 1/32$ 的结果.

图 6.5

表 6.5 列出按能量范每步的实际压缩因子, 它们均较理论压缩因子 0.45 更好. 有关条件数与步长及理论压缩因子 ρ^{**} 的比较见下表.

表 6.5   例 8.1 的迭代收敛性

迭代数	能量误差	能量范下压缩因子	最大误差	最大误差压缩因子
1	9.5×10^{-2}	.095	6.6×10^{-1}	.66
2	5.5×10^{-2}	.23	5.4×10^{-1}	.74
3	2.4×10^{-2}	.29	1.8×10^{-1}	.56
4	4.8×10^{-3}	.26	4.2×10^{-2}	.45
5	1.2×10^{-3}	.26	9.9×10^{-3}	.40
6	6.7×10^{-4}	.30	9.6×10^{-3}	.46
7	3.6×10^{-4}	.32	3.2×10^{-3}	.44
8	9.5×10^{-5}	.31	7.5×10^{-4}	.41
9	1.6×10^{-5}	.29	1.2×10^{-4}	.37
10	5.0×10^{-6}	.30	5.6×10^{-5}	.38
11	3.3×10^{-6}	.32	4.2×10^{-5}	.40

表 6.6

h	κ	$(\log_2 1/h)^2/3.5$	ρ^{**}
1/8	3.0	2.6	.27
1/16	4.5	4.6	.36
1/32	7.0	7.1	.45
1/64	10.3	10.3	.52
1/128	14.0	14.0	.58
1/256	18.6	18.3	.62

例 8.2. 设 $L = -\nabla(\mu\nabla\cdot)$, Ω 同于例 8.1, 而函数 μ 为分片常数, 其值如表 6.7, 条件数和理论压缩因子的关系如表 6.8.

表 6.7

$\mu = 300$	$\mu = 0.0001$	$\mu = 31400$	$\mu = 5$
$\mu = 0.05$	$\mu = 3$	$\mu = 0.07$	$\mu = 2700$
$\mu = 10^6$	$\mu = 0.1$	$\mu = 200$	$\mu = 9$
$\mu = 1$	$\mu = 6000$	$\mu = 4$	$\mu = 140000$

表 6.8

h	K	$(\log_2 1/h)^2/3.2$	ρ^{**}
1/8	3.0	2.8	.27
1/16	5.0	5.0	.38
1/32	7.7	7.8	.47
1/64	11.2	11.3	.54
1/128	15.2	15.3	.59

例 8.3. 设算子 L 与 Ω 皆同例 8.2, 但 μ 作为分片常函数其值分布如图 6.6, 子区域使用非规则几何分割为 16 个四边形, 如图 6.7, 而每个域用通常方法加密. 其步长 h, 条件数 κ, 理论压缩因子 ρ^{**} 与实算压缩因子 ρ 及迭代数 n 之间的关系如表 6.9.

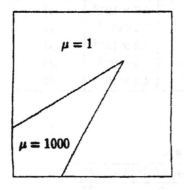

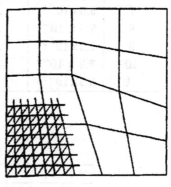

图 6.6　　　　　　　　　　　图 6.7

表 6.9

h	κ	ρ^{**}	ρ	n
1/8	5.6	.41	.32	9
1/16	10.8	.53	.45	13
1/32	17.6	.62	.51	15
1/64	25.4	.67	.55	16

8.5. 三维推广

本小节推广算法 8.1 到三维问题上, 为简单起见设 $\Omega \subset I\!R^3$, 可以被分解为 n_r 个子域: $\Omega = \bigcup_{i=1}^{n_r} \Omega_i$, Ω_i 是长方体. 分割 $\{\Omega_i\}$ 在网参数 d 意义下是拟一致剖分. 细网格剖分在常规方式下加密.

本节用 Γ_{ij} 表示子域 Ω_i 与 Ω_j 的界面. 并用

$$\delta_i = \cup \partial \Gamma_{ij}, \quad \delta = \cup \delta_i \tag{6.8.69}$$

表示所有 $\partial \Omega_i$ 的面 $\Gamma_{ij}E$ 的棱的集合. W_P 与 W_H 意义与二维一样，但对离散调和函数 $W_H \in S_0^h(\Omega)$, 需要再分解: $W_H = W_F + W_E$, 其中 $W_E \in S_0^h(\Omega)$ 满足性质:

(1) $W_E = W_H$, (δ).

(2) W_E 在每个子域的面上是离散调和的.

(3) W_E 在任何子域 Ω_k, $1 \le k \le n_r$, 上是离散 A —调和的.

条件 (2) 意味 W_E 在每个界面 Γ_{jk} 上满足齐次方程

$$\int_{\Gamma_{ij}} \nabla W_E \nabla \varphi = 0, \quad \forall \varphi \in S_0^h(\Gamma_{ij}), \tag{6.8.70}$$

这蕴含 W_F 在任何子域 Ω_k 内，也是离散 A —调和的，并且在 δ_k 上的值为零. (我们当然可以新构造预处理器，用 $\tilde{A}$ —调和取代 A —调和，这里仅为了叙述上简化).

定义算子 l_0: $S_0^h(\Gamma_{ij}) \to S_0^h(\Gamma_{ij})$, $l_0\theta = \eta$ 适合

$$\int_{\Gamma_{ij}} \eta \varphi dx = \int_{\Gamma_{ij}} \nabla \eta \nabla \varphi dx, \quad \forall \varphi \in S_0^h(\Gamma_{ij}) \tag{6.8.71}$$

显然 l_0 是对称正定算子，故 $l_0^{1/2}$ 有意义.

用 $\bar{W}_E^i$ 表示 W_E 在 δ_i 上所有细网格上值的平均值. 现在构造预处理双线性形式

$$B(W,W) = A(W_P, W_P) + \sum_{\Gamma_{ij}} <l_0^{1/2} W_F, W_F>_{\Gamma_{ij}}$$

$$+ \sum_i |W_E - \bar{W}_E^i|_{d,\delta_i}^2, \tag{6.8.72}$$

这里 $|\cdot|_{d,\delta_i}^2$ 表示离散范数，定义为

$$|v|_{d,\delta_i}^2 = h \sum_j v(x_j)^2, \tag{6.8.73}$$

其中求和号跑遍 δ_i 的所有结点 x_j. 以下定理表明预处理条件数为 $O(\ln^2(d/h))$ 阶.

定理 8.2. 设预处理器 B 由 (6.8.72) 定义，则存在与 d,h 无

关的正常数 C_0, C_1 使

$$C_0(1 + \ln^2(d/h))^{-1} B(W, W) \leq A(W, W) \leq C_1 B(W, W),$$
$$\forall W \in S_0^h(\Omega). \tag{6.8.74}$$

以上定理的证明与定理 8.1 相似. 详细阐述可见 Bramble 等的 [35]. 显然, 为了使此预处理器适用, 还必须要求预处理方程

$$B(W, \varphi) = g(\varphi), \quad \forall \varphi \in S_0^h(\Omega) \tag{6.8.75}$$

容易解出. 与二维情形一样, W_P 可以用快速算法并行地解子域上齐次边值问题求出. 至于 W_H, 归结于解方程

$$\sum_{\Gamma_{ij}} \langle l_0^{1/2} W_F, \varphi_F \rangle + \sum_i \langle W_E - \bar{W}_E^i, \varphi_E \rangle_{d, \delta_i}$$
$$\tag{6.8.76}$$
$$= g(\varphi) - A(W_P, \varphi), \quad \forall \varphi \in S_0^h(\Omega),$$

这里 $\langle \cdot, \cdot \rangle_{d, \delta_i}$ 是离散范 (6.8.73) 意义下的内积. 适当选择基函数, W_F 可以通过 $l_0^{1/2}$ 求逆解出 (为此注意矩形域上离散方程谱性质是已知的, 因此可类似一维情形用快速方法解出), 至于求 W_E, 需先求 $\bar{W}_E^i$, 这归结于解 $n_r \times n_r$ 阶代数方程:

$$dQ(1,1)\bar{W}_E^i - M_{ik}\bar{W}_E^k = F(\varphi_i), \tag{6.8.77}$$

这里 $M = [M_{ik}]$ 意义见 [35], 求得 $\bar{W}_E^i$ 后, 再由 (6.8.76) 求得 W_E 在面 Γ 上的值, 最后用离散调和扩张得到 W_H 的值.

§9. 有内交点的区域分解法 (II)

在上节中我们介绍了 Bramble-Pasciak-Schatz 方法, 并着重讨论二维问题预处理器的构造方法. 本节介绍 Dryja, Proskurowski 和 Widlund 的工作 [70], [71] 和 [72], 并重点讨论三维问题. 方法的特点是利用子分割的 D-N 交替技术, 主要步骤是在 N 型子域并行地解混合边值问题.

设 Ω 是 $I\!R^3$ 中有界开集, $\{\Omega_i\}$ 是 Ω 的初始剖分, d 是初剖分的网参数, 细剖分是在初剖分下加密, 无论粗剖分 Ω_d 及细剖分 Ω_h 都假定是正则的. 对子域 $\{\Omega_i\}$ 用红黑两种颜色区分开, 分别称为 N 型域与 D 型域. 全体 N 型域的和集记为 Ω_N, 全体

D 型域和集记为 Ω_D，用 Γ_{ij} 和 E_{ik} 分别表子域 Ω_i 的面与边．又
令 $F = \partial\Omega_N \setminus \partial\Omega$ 及 $\bar\Omega_N = \Omega_N \cup F$，有限元刚度方程可描述为

$$Au = \begin{bmatrix} A_{11} & 0 & A_{13} \\ 0 & A_{22} & A_{23} \\ A_{13}^T & A_{23}^T & A_{33} \end{bmatrix} \begin{bmatrix} u_1 \\ u_2 \\ u_3 \end{bmatrix} = \begin{bmatrix} f_1 \\ f_2 \\ f_3 \end{bmatrix}, \qquad (6.9.1)$$

这里 u_1, u_2, u_3 分别表示 Ω_D, Ω_N, F 上的结点位移．由于双线性
形式满足

$$a(u,v) = a_D(u,v) + a_N(u,v), \ u, \ v \in H^1(\Omega), \qquad (6.9.2)$$

其中 $a_D(\cdot,\cdot)$ 与 $a_N(\cdot,\cdot)$ 分别对应于刚度矩阵

$$A_D = \begin{bmatrix} A_{11} & A_{13} \\ A_{13}^T & A_{33}^{(1)} \end{bmatrix}, \quad A_N = \begin{bmatrix} A_{22} & A_{23} \\ A_{23}^T & A_{33}^{(2)} \end{bmatrix}. \qquad (6.9.3)$$

为了构造预处理器，我们要确定函数定义在边 E 上的全局离散
调和扩张．为此先写 A 为 2×2 块形式

$$A = \begin{bmatrix} \hat A_{11} & \hat A_{12} \\ \hat A_{12}^T & \hat A_{22} \end{bmatrix}, \qquad (6.9.4)$$

这里 $\hat A_{11}$ 及 $\hat A_{22}$ 分别对应于 $\Omega \setminus E$ 与 E 上的结点．令 v 是给定在
E 上的网函数，$\hat I_H v$ 称为 v 的离散 ($\hat A_{11}$ 意义下) 调和扩张，如
果 $\hat v = \hat I_H v$ 满足

$$\hat A_{11}\hat v_1 + \hat A_{12}\hat v_2 = 0, \qquad (6.9.5)$$

这里 $\hat v_2 = v, (E)$.

对 E 上的网函数，还可以定义离散内积

$$\hat B_E(v,v) = \sum_i h \sum_{E_{ih}} v^2(x), \qquad (6.9.6)$$

这里 E_{ih} 为边 E_i 全体结点的集合．又定义所谓局部调和扩张函
数 $I_H v$．扩张方法如下：首先，用 v 在 E 上的值在 N 型域 Ω_i 上
解混合边值问题或 Neumann 问题；其次，用得到 $\partial\Omega_i$ 上的值在
D 型域上解 Dirichlet 问题．

构造预处理双线性形式

$$d(v,v) = a_N(v - I_H v, v - I_H v) + \hat B_E(v,v)$$
$$\forall v \in S_0^h(\Omega). \qquad (6.9.7)$$

及预处理方程

$$d(u,v) = g(v), \quad \forall v \in S_0^h(\Omega), \tag{6.9.8}$$

其算法可以实现如下:

算法 9.1. (Dryja)

步 1. 求 $w = u - I_H u$, 满足

$$a_N(w, \varphi_k) = g(\varphi_k), \tag{6.9.9}$$

φ_k 取遍所有 $\bar{\Omega} \setminus E$ 上结点对应的基函数. 注意由 $I_H v$ 的定义, w 在 E 上为零, 且 $a_N(w, I_H \varphi_k) = 0$, 因此, (6.9.9) 可以在各 N 型域上并行地计算, 并且在 E 上赋予齐次 Dirichlet 边界条件.

步 2. 解方程

$$\hat{B}_E(u, \varphi_k) = g(\varphi_k) - a_N(w, \varphi_k), \tag{6.9.10}$$

φ_k 取遍 E 上结点对应的基函数.

步 3. 求 $I_H u$ 满足

$$a_N(I_H u, \varphi_k) = 0, \tag{6.9.11}$$

φ_k 取遍 $\bar{\Omega}_N \setminus E$ 上结点对应的基函数. 而在 E 上则令 $I_H u = u$.

步 4. 计算 $u = w + I_H u$.

以下定理表明预处理迭代矩阵的条件数为 $O(\ln^3(d/h))$.

定理 9.1. 如 v 是 Ω_D 上的离散调和函数, 则有与 d, h 无关正数 C_0, C_1 使

$$C_0 \delta^{-1} d(v,v) \le a(v,v) \le C_1 (1 + \ln(d/h))^2 d(v,v), \tag{6.9.12}$$

而

$$\delta = (1 + d^{-2})(1 + \ln(d/h)).$$

在证明定理前首先证明以下引理.

引理 9.1. 设 S_0^h 是一维线段 $(0, d)$ 上正则分割下的分片线性函数空间, 则有

$$\|v\|_{\infty, (0,d)} \le C(1 + \ln(d/h))^{1/2} \|v\|_{1/2, (0,d)}, \quad \forall v \in S_0^h. \tag{6.9.13}$$

证明. 不失一般性, 设 $d = 1$, 令 G 是三角形: $0 < x_1 < 1, 0 < x_2 < 1 - x_1$. 在 G 上构造三角剖分, 网参数仍为 h. 对于任何 $v \in S_0^h$, 显然存在 v 在 G 上的离散调和扩张 $\tilde{v}$, 满足

$$\|\tilde{v}\|_{1, G} \le C \|v\|_{1/2, (0,1)}, \tag{6.9.14}$$

但 $\tilde{v} \in S_0^h(G)$, 故有逆估计

$$\|\tilde{v}\|_{\infty,G} \le C(1 + \ln\frac{1}{h})^{1/2}\|v\|_{1,G}, \tag{6.9.15}$$

由 $\tilde{v}$ 与 v 在 $(0,1)$ 上一致, 即获证明. □

推论. 若又存在 $Q \in [0,d]$ 使 $v(Q) = 0$, 则

$$\|v\|_{\infty} \le C(1 + \ln(d/h))^{1/2}\|v + \alpha\|_{1/2}, \tag{6.9.16}$$

这里 α 是任意常数.

证明. 由

$$|\alpha| = |v(Q) + \alpha| \le \|v + \alpha\|_{\infty}$$

及

$$\|v\|_{\infty} \le \|v + \alpha\|_{\infty} + \|\alpha\|_{\infty} \le 2\|v + \alpha\|_{\infty},$$

据 (6.9.13) 得出证明. □

引理 9.2. 设 Γ_{ij} 是子域 Ω_i 的面, 若 $f_{ij} \in S^h(\Gamma_{ij}) \cap H_{00}^{1/2}(\Gamma_{ij})$, 则存在 f_{ij} 的离散扩张 u^h, 使

$$u^h = \begin{cases} f_{ij}, & (\Gamma_{ij}), \\ 0, & (\partial\Omega_i \setminus \Gamma_{ij}), \end{cases} \tag{6.9.17}$$

且

$$|u^h|_{H^1(\Omega_i)}^2 \le C(1 + \ln(d/h))^2\|f_{ij} + \alpha\|_{H^{1/2}(\Gamma_{ij})}^2, \tag{6.9.18}$$

其中 α 是任意常数.

证明. 设 $\tilde{u} \in H^1(\Omega_i)$ 是调和函数, 且边界条件与 (6.9.17) 一致. 由迹定理知

$$|\tilde{u}|_{H^1(\Omega_i)}^2 \le C\|f_{ij}\|_{H_{00}^{1/2}(\Gamma_{ij})}^2. \tag{6.9.19}$$

令 u^h 是 $\tilde{u}$ 的有限元近似, 且满足 (6.9.17), 于是

$$|u^h|_{H^1(\Omega_i)}^2 \le C|\tilde{u}|_{H^1(\Omega_i)}^2 \le C\|f_{ij}\|_{H_{00}^{1/2}(\Gamma_{ij})}^2. \tag{6.9.20}$$

由 $H_{00}^{1/2}(\Gamma_{ij})$ 空间范数的定义, 不失一般性可认为 $\Gamma_{ij} = (0,1)^2$, 于是

$$\|f_{ij}\|_{H_{00}^{1/2}(\Gamma_{ij})}^2 \le C(\|f_{ij}\|_{H^{1/2}(\Gamma_{ij})}^2 + I(f_{ij})), \tag{6.9.21}$$

按 (6.8.40), $I(f_{ij})$ 应为

$$I(f_{ij}) = \int_0^1 (\|f_{ij}(x_1, \cdot)\|_{L_2(0,1)}^2 / x_1) dx_1$$

$$+ \int_0^1 (\|f_{ij}(x_1, \cdot)\|_{L_2(0,1)}^2 / (1 - x_1)) dx_1$$

$$+ \int_0^1 (\|f_{ij}(\cdot, x_2)\|_{L_2(0,1)}^2 / x_2) dx_2$$

$$+ \int_0^1 (\|f_{ij}(\cdot, x_2)\|_{L_2(0,1)}^2 / (1 - x_2)) dx_2$$

$$= I_1 + I_2 + I_3 + I_4. \tag{6.9.22}$$

仅需要估计 I_1, 余下各项估计是类似的. 重复 (6.8.57) 至 (6.8.59) 的推导,

$$I_1 = \int_0^{y_1} (\|f_{ij}(x_1, \cdot)\|_{L_2(0,1)}^2 / x_1) dx_1 + \int_{y_1}^1 (\|f_{ij}(x_1, \cdot)\|_{L_2(0,1)} / x_1) dx_1$$

$$= I_{11} + I_{12},$$

这里 y_1 是靠近零点的结点. 由 f_{ij} 假定知

$$I_{11} \le C \max_{0 \le x_1 \le h} \|f_{ij}(x_1, \cdot)\|_{L_2(0,1)}^2,$$

$$I_{12} \le C \ln\left(\frac{d}{h}\right) \max_{y_1 \le x_1 \le 1} \|f_{ij}(x_1, \cdot)\|_{L_2(0,1)}^2.$$

总之,

$$I_1 \le C(1 + \ln(d/h)) \max_{x_1} \|f_{ij}(x_1, \cdot)\|_{L_2(0,1)}^2.$$

应用引理 9.1 获

$$I_1 \le C(1 + \ln(d/h))^2 \|f_{ij} + \alpha\|_{H^{1/2}(\Gamma_{ij})}.$$

证毕. □

引理 9.3. 令 α_i 是函数 $v \in S^h(\Omega_i)$ 在 Ω_i 上的积分均值, 则

$$h \sum_{x \in E_{ih}} (v(x) - \alpha_i)^2 \le C(1 + \ln(d/h)) |v|_{H^1(\Omega_i)}^2, \tag{6.9.23}$$

其中 E_{ih} 表示 Ω_i 的全体边上结点的集合.

证明. 易见

$$h \sum_{x \in E_{ih}} (v(x) - \alpha_i)^2 \le C \sum_j \int_{E_{ij}} (v(x) - \alpha_i)^2 ds(x). \tag{6.9.24}$$

应用引理 9.1, 知

$$\int_{E_{ij}} (v(x) - \alpha_i)^2 \le C(1 + \ln(d/h)) \|v - \alpha_i\|^2_{H^{1/2}(\Gamma_{ij})},$$

由 Poincare 不等式与迹定理, 又有

$$\|v - \alpha_i\|_{H^{1/2}(\Gamma_{ij})} \le C|v|_{H^1(\Omega_i)},$$

代入 (6.9.24) 证得 (6.9.23) 成立.   □

定理 9.1 的证明.   首先构造双线性形式

$$b(v,v) = a_D(v - \hat{I}_H v, v - \hat{I}_H v) + a_N(v - \hat{I}_H v, v - \hat{I}_H v)$$
$$+ a(\hat{I}_H v, \hat{I}_H v). \tag{6.9.25}$$

由极小泛函原理, 应有

$$a(\hat{I}_H v, \hat{I}_H v) \le a(w, w), \tag{6.9.26}$$

其中 $w \in S_0^h(\Omega)$ 是在 E 上与 $\hat{I}_H v$ 相等的任意函数. 借助三角不等式, 得到

$$\frac{1}{5} b(v,v) \le a(v,v) \le 2b(v, v). \tag{6.9.27}$$

今构造并证明以下双线性形式

$$c(v,v) = a_N(v - \hat{I}_H v, v - \hat{I}_H v) + a(\hat{I}_H v, \hat{I}_H v)$$

满足不等式

$$\frac{1}{5} c(v,v) \le a(v,v) \le C(1 + \ln(d/h))^2 c(v,v), \tag{6.9.28}$$

为此, 我们先证明成立不等式

$$a_D(v - \hat{I}_H v, v - \hat{I}_H v) \le C(1 + \ln(d/h))^2 a_N(v - \hat{I}_H v, v - \hat{I}_H v), \tag{6.9.29}$$

其中 v 假定在 Ω_D 上离散调和. 令 $w = v - \hat{I}_H v$, 则 w 也在 Ω_D 上离散调和, 由泛函极小原理, 这蕴含成立不等式

$$a_D(w, w) \le a_D(\bar{w}, \bar{w}), \tag{6.9.30}$$

其中 $\tilde{w} \in S_0^h(\Omega)$ 是在 $\bar{\Omega}_N$ 上与 w 相等的任何函数. 如此的 $\tilde{w}$ 必满足不等式

$$a_D(\tilde{w}, \tilde{w}) \le C(|\tilde{w}|_{1,\Omega_D}^2 + a_N(w,w)). \tag{6.9.31}$$

注意这里半范有

$$|\tilde{w}|_{1,\Omega_D}^2 = \sum_{\Omega_i \subset \Omega_D} |\tilde{w}|_{1,\Omega_i}^2, \tag{6.9.32}$$

引理 9.2 可保证选择 $\tilde{w}$ 使它满足

$$|\tilde{w}|_{1,\Omega_i^-}^2 \le C(1+\ln(d/h))^2 \sum_j |w - \alpha_j|_{H^{1/2}(\Gamma_{ij})}^2, \tag{6.9.33}$$

这里 α_j 是任意常数, 故由迹定理与 Poincare 不等式得到

$$|\tilde{w}|_{1,\Omega_i}^2 \le C(1+\ln(d/h))^2 \sum_j |w|_{1,\Omega_j}^2, \tag{6.9.34}$$

其中 Ω_j 是与 Ω_i 相邻的 N 型子域. 迭加后, 获知

$$|\tilde{w}|_{1,\Omega_D}^2 \le C(1+\ln(d/h))^2 |w|_{1,\Omega_N}^2, \tag{6.9.35}$$

故由 (6.9.30)-(6.9.35), 证得 (6.9.29) 成立. 代入到 (6.9.27) 知 (6.9.28) 成立.

下面证明不等式

$$C_0\delta^{-1}\hat{B}_E(v,v) \le a(\hat{I}_Hv, \hat{I}_Hv) \le C_1\hat{B}_E(v,v). \tag{6.9.36}$$

为此注意 $\hat{I}_Hv$ 是 E 上函数的离散调和扩张, 再利用定义 (6.9.6) 及引理 9.3 即获.

定义函数 I_Hv 为 v 关于 $a_N(v,w)$ 及 $a_D(v,w)$ 在 E_i 限制的局部调和扩张. 扩张方法如下: 首先扩张 v 到 N 型区域 Ω_i (利用解 Neumann 边值问题), 然后再扩张到 D 型区域 (利用解 Dirichlet 问题).

利用不等式 (6.9.36) 及 I_Hv 是在固定 E_i 值条件下的能量泛函在 N 型区域的极小扩张, 易推出

$$a_N(v - \hat{I}_Hv, v - \hat{I}_Hv) \le 2a_N(v - I_Hv, v - I_Hv)$$
$$+ C_2\hat{B}_E(v,v). \tag{6.9.37}$$

这就得到由 (6.9.7) 定义的 $d(v,v)$ 满足 (6.9.12), 定理证毕. □

如果子区域数量较大, 我们建议其它预处理形式. 为此定义

$$B_E(v,v) = \sum_i h \sum_{E_{ih}} (v(x) - \bar{v}_i)^2, \tag{6.9.38}$$

这里 $\bar{v}_i$ 是 v 对所有结点 E_{ih} 的算术平均:

$$\bar{v}_i = \frac{1}{n_i}\sum_{E_{ih}} v(x), \quad n_i = \mathrm{Card}(E_{ih}) \tag{6.9.39}$$

由最小二乘原理, 显然对任何常数 α_i, 皆有

$$\sum_{E_{ih}}(v(x)-\bar{v}_i)^2 \le \sum_{E_{ih}}(v(x)-\alpha_i)^2$$

利用引理 9.3 及定理 9.1, 类似于 (6.9.36) 得

$$C_2(1+\ln(d/h))^{-1}B_E(v,v) \le a(\hat{I}_H v, \hat{I}_H v)$$
$$\le C_3(1+\ln(d/h))^2 B_E(v,v). \tag{6.9.40}$$

这表示可以构造新的预处理形式

$$e(v,v)=a_N(v-I_H v, v-I_H v)+(1+\ln(d/h))^{-1}B_E(v,v), \tag{6.9.41}$$

且成立以下定理.

定理 9.2. 在定理 9.1 的假设下, 有

$$C_4 e(v,v) \le a(v,v) \le C_5(1+\ln(d/h))^3 e(v,v). \tag{6.9.42}$$

至于解预处理方程: 求 $u\in S_0^h(\Omega)$, 满足

$$e(u,v)=g(v), \quad \forall v\in S_0^h(\Omega) \tag{6.9.43}$$

的算法如下:

算法 9.2.

步 1. 同算法 9.1.

步 2. 执行:

(1) 求 $\hat{w}=u(x)-\bar{u}_i$, 满足

$$B_E(\hat{w},\varphi_k)=(g(\varphi_k)-a_N(w,\varphi_k))(1+\log(d/h)),$$

其中 φ_k 取遍 E 上结点对应的基函数.

(2) 计算 $\bar{u}_i$, 可使用 Bramble 方法 (6.8.77).

(3) 计算 $u(x)=\hat{w}+\bar{u}_i$.

步 3. 同算法 9.1.

步 4. 计算 $u=\hat{w}+I_H u$.

最后, 考虑用初始剖分的线性内插 $I^d v$ 构造预处理的方法. 首先注意, $I^d v$ 显然是 E 上函数的离散调和扩张, 用它构

造双线性形式

$$G(v,v) = a_N(v - I_H v, v - I_H v) + \tilde{B}_E(v,v) + a(I^d v, I^d v), \quad (6.9.44)$$

这里

$$\tilde{B}_E(v,v) = h \sum_i \sum_{E_{ih}} (v(x) - I^d v)^2.$$

由引理 9.1 及引理 9.3, 不难推出

$$a(I^d v, I^d v) \le C \frac{d}{h} \Big(1 + \ln \frac{d}{h}\Big) a(v,v),$$

由此得到以下定理.

定理 9.3. 在定理 9.1 的假定下, 有

$$C_4 \delta_1^{-1} G(v,v) \le a(v,v) \le C_5 (1 + \ln(d/h))^2 G(v,v),$$

其中 $\delta_1 = (d/h)(1 + \ln(d/h))$.

这表明如 d/h 充分大, 则预处理迭代矩阵的条件数也较大.

解预处理方程: 求 $u \in S_0^h(\Omega)$, 满足

$$G(u,v) = g(v), \quad \forall v \in S_0^h(\Omega) \qquad (6.9.45)$$

的算法可以描述为

算法 9.3.

步 1. 同算法 9.1

步 2. 求 $\hat{w} = u - I^d u$, 满足

$$\tilde{B}_E(\hat{w}, \varphi_k) = (g(\varphi_k) - a_N(w, \varphi_k)),$$

其中 φ_k 取遍 E 上非内交点的所有结点对应的基函数.

步 3. 求 $I^d u$ 适合

$$a(I^d u, I^d \varphi_k) = g(\varphi_k) - a_N(w, \varphi_k) - \tilde{B}_E(\hat{w}, \varphi_k - I^d \varphi_k)$$

其中 φ_k 取遍内交点对应的基函数.

步 4. 置 $u = \hat{w} + I^d u, (E)$.

步 5. 求 $I_H u$, 满足

$$a_N(I_H u, \varphi_k) = 0, \quad I_H u = u, \ (E)$$

φ_k 取遍 $\bar{\Omega}_N \setminus E$ 所有结点对应的基函数.

步 6. 置 $u = \hat{w} + I_H u$.

§10. 对称区域分解算法

10.1. 原理

前面各节的区域分解算法，本质上仍是预处理迭代法，迭代次数取决于预处理迭代矩阵的条件数．然而，对于具有对称区域的一类偏微分方程，如以天然分界面 —— 对称轴面一分为二，则原问题求解可以准确地在同一子域上一步并行解出．如果子域也是对称域，又可在更小子域上一步并行解出．对称区域分解算法是准确方法．其局限性除区域要对称外，还要求方程满足相应的对称条件．但对称区域至少有以下因素值得重视．

(1) 实际应用中对称区域问题经常遇到．

(2) 非对称区域问题往往可以用前面各节的方法，或者化为对称子域和集，各子域可以用本节方法快速算出；或者化为一个主子域（大范围）与小子域的和集，而主子域是对称域（如长方体）可以用本节方法解．

(3) 非对称域有时可用虚拟区域法，延拓到某个对称域上，再借用本节方法求解．

对称区域分解法的最早工作见康立山，邵建平的文章 [102]. 文中基于误差对称原理证明以对称轴面为天然分界面，仅需要两步并行计算得到准确解．稍后，吕涛 [116] 借助于函数对称化分解，证明仅需要在同一子域上一步并行得到准确解．此外，吕涛还考虑圆弧对称问题，使无界域问题有时可以转化为有限域上的问题解出．以下介绍这方面的结果．

令 $\Omega \subset I\!R^n$ 是一个对称开有界域，Γ 是对称面，它分割 Ω 为关于 Γ 对称的两部分 Ω_1 及 Ω_2，即有：$\bar{\Omega} = \bar{\Omega}_1 \cup \Gamma \cup \bar{\Omega}_2$. 开集 Ω_1 与 Ω_2 不相交．

定义变换 $T: \bar{\Omega} \to \bar{\Omega}$，使 $Tx = \bar{x}$，$\forall x \in \bar{\Omega}$，而 $x = (x_1, \cdots, x_n)$，$\bar{x} = (\bar{x}_1, \cdots, \bar{x}_n)$ 是关于 Γ 对称的两点．显然，$T^2 x = x$，即 $T^2 = I$ 是恒同映射，特别有

$$T\Omega_1 = \Omega_2, \quad T\Omega_2 = \Omega_1. \qquad (6.10.1)$$

对于定义在 Ω 内或 $\partial\Omega$ 上的函数 $f(x)$，我们定义

$$f^+(x) = (f(x) + f(\bar{x}))/2,$$
$$f^-(x) = (f(x) - f(\bar{x}))/2, \qquad (6.10.2)$$

它们分别称为函数 $f(x)$ 的偶对称及奇对称部分. 显然, $f(x) = f^+(x) + f^-(x)$. 如果函数 $f(x) = f(\bar{x})$ 则称 $f(x)$ 为关于域 Ω 的偶对称函数; 如成立 $f(x) = -f(\bar{x})$ 则称 $f(x)$ 为关于域 Ω 的奇对称函数.

以下定义是对称区域分解算法的基础.

定义 10.1. 一个 m 阶线性微分算子 $L(x, D)$ 或边界线性微分算子 $B(x, D)$ 称为是偶对称的, 如果对于任何充分可微函数 $u(x)$, 有

$$L(x, D)u(x) = L(\bar{x}, \bar{D})u(x), \quad \forall x \in \Omega \tag{6.10.2}$$

$$B(x, D)u(x) = B(\bar{x}, \bar{D})u(x), \quad \forall x \in \partial\Omega; \tag{6.10.3}$$

称 $L(x, D), B(x, D)$ 是奇对称的, 如果

$$L(x, D)u(x) = -L(\bar{x}, \bar{D})u(x), \quad \forall x \in \Omega, \tag{6.10.4}$$

$$B(x, D)u(x) = -B(\bar{x}, \bar{D})u(x), \quad \forall x \in \partial\Omega, \tag{6.10.5}$$

这里 $D = D_1^{\alpha_1} \cdots D_n^{\alpha_n}$, $D_i = \dfrac{\partial}{\partial x_i}$, $\bar{D} = \bar{D}_1^{\alpha_1} \cdots \bar{D}_n^{\alpha_n}$, $\bar{D}_i = \dfrac{\partial}{\partial \bar{x}_i}$, 及 $|\alpha| = \sum_{i=1}^{n} \alpha_i \leq m$.

易见 $2m$ 阶微分算子

$$L(x, D)u = \sum_{\substack{|\alpha|=m \\ |\beta|=m}} D^{\alpha}(a_{\alpha\beta}(x)D^{\beta}u(x)) \tag{6.10.6}$$

是偶对称的, 如果 $a_{\alpha\beta}$ 是偶对称函数. 作为特殊例子, Laplace 算子 Δ, 双调和算子 Δ^2 是偶对称算子. 至于边界算子, 易验证 Dirichlet 边界算子: $B(x, D)u|_{\partial\Omega} = u|_{\partial\Omega}$ 及 Neumann 边界算子: $B(x, D)u|_{\partial\Omega} = \dfrac{\partial u}{\partial \nu}|_{\partial\Omega}$ 皆是偶对称的. 后者验证时要注意 $\dfrac{\partial}{\partial \nu}$ 是 $\partial\Omega$ 的外法向导数. 于是这两个边界算子的常系数组合而成的第三边界算子也是偶对称的.

以下考虑 $2m$ 阶椭圆型偏微分方程的边值问题.

$$\begin{cases} L(x, D)u = f(x), & (\Omega), \tag{6.10.7a} \\ B_i(x, D)u = g_i(x), & (\partial\Omega), \ i = 1, \cdots, m, \tag{6.10.7b} \end{cases}$$

这里 Ω 是对称域，Γ 是对称轴面. 我们证明如果算子 L 与 $B_i(i = 1, \cdots, m)$ 是对称算子，则问题 (6.10.7) 仅需要在子域 Ω_1 上，同时解两个问题得到准确解. 算法为：

求 $v(x)$, $x \in \Omega_1$, 满足

$$
\begin{cases}
L(x, D)v(x) = f^+(x), & (x \in \Omega_1), & (6.10.8a) \\
B_i(x, D)v(x) = g_i^+(x), (x \in \partial\Omega \cap \partial\Omega_1), \\
\qquad\qquad i = 1, \cdots, m, & (6.10.8b) \\
\dfrac{\partial^{2j+1} v(x)}{\partial \nu^{2j+1}} = 0, & j = 0, \cdots, m - 1, (x \in \Gamma). & (6.10.8c)
\end{cases}
$$

求 $w(x)$, $x \in \Omega_1$, 满足

$$
\begin{cases}
L(x, D)w(x) = f^-(x), & (x \in \Omega_1), & (6.10.9a) \\
B_i(x, D)w(x) = g_i^-(x), & (x \in \partial\Omega \cap \partial\Omega_1), \\
\qquad\qquad i = 1, \cdots, m, & (6.10.9b) \\
\dfrac{\partial^{2j} w(x)}{\partial \nu^{2j}} = 0, & j = 0, \cdots, m - 1, (\Gamma). & (6.10.9c)
\end{cases}
$$

问题 (6.10.8), (6.10.9) 并行解出后，置

$$
u(x) = \begin{cases}
v(x) + w(x), & \forall x \in \Omega_1 \\
v(x), & \forall x \in \Gamma, \\
v(\bar{x}) - w(\bar{x}), & \forall x \in \Omega_2.
\end{cases} \qquad (6.10.10)
$$

以下定理表明 (6.10.10) 确定的 u 是 (6.10.7) 的准确解.

定理 10.1. 如果 Ω 是对称域，$L(x, D)$ 及 $B_i(x, D)(i = 1, \cdots, m)$ 皆是偶对称算子，如果问题 (6.10.7) 的解存在、唯一，则由 (6.10.10) 确定的 $u(x)$ 就是 (6.10.7) 的唯一解.

证明. 在 Ω 上构造两个辅问题

$$
\begin{cases}
L(x, D)u^+ = f^+, & (\Omega), \\
B_j(x, D)u^+ = g_j^+, & (\partial\Omega), \; j = 1, \cdots, m
\end{cases} \qquad (6.10.11)
$$

及

$$
\begin{cases}
L(x, D)u^- = f^-, & (\Omega), \\
B_j(x, D)u^- = g_j^-, & (\partial\Omega), \; j = 1, \cdots, m.
\end{cases} \qquad (6.10.12)
$$

由叠加原理知，真解 $u = u^+ + u^-$. 今证 (6.10.11) 的解 u^+ 是偶对称函数，(6.10.12) 的解 u^- 是奇对称函数. 为此，在变数更换 $\bar{x} = Tx$ 下，令 $u_1(x) = u^+(\bar{x})$，由微分算子偶对称性，获

$$\begin{cases} L(\bar{x}, \bar{D})u_1(x) = L(x, D)u_1(x) = f^+(\bar{x}) = f^+(x), & (\Omega) \\ B_j(\bar{x}, \bar{D})u_1(x) = B_j(x, D)u_1(x) = g_j^+(\bar{x}) = g_j^+(x), & \\ \qquad j = 1, \cdots, m, \quad (\partial\Omega), & \end{cases}$$

$$(6.10.13)$$

这意味 $u_1(x)$ 也是 (6.10.11) 的解，唯一性保证了

$$u_1(x) = u^+(\bar{x}) = u^+(x), \qquad (6.10.14)$$

知 (6.10.11) 的解是偶对称函数. 同理，可证 (6.10.12) 的解是奇对称函数.

现在任取 $x_0 \in \Gamma, \varepsilon > 0$ 充分小，令 h 是 Ω_1 边界 Γ 的外法向单位向量，令 $x = x_0 + \varepsilon h \in \Omega, \bar{x} = x_0 - \varepsilon h \in \Omega$, 则 x 与 $\bar{x}$ 互为对称，(6.10.14) 意味

$$u^+(x_0 + \varepsilon h) = u^+(x_0 - \varepsilon h), \qquad (6.10.15)$$

两端在 x_0 点作 Taylor 展开，比较 ε 幂的系数，获 u^+ 在 Γ 上满足

$$\frac{\partial^{2j+1} u^+(x_0)}{\partial \nu^{2j+1}} = 0, \quad \forall x_0 \in \Gamma, \ j = 0, \cdots, m-1, \qquad (6.10.16)$$

这里 $\dfrac{\partial}{\partial \nu}$ 是 $\partial\Omega_1$ 的外法向导数. (6.10.16) 意味，解 (6.10.11) 等价于在 Ω_1 上解 (6.10.8), 然后用偶对称开拓到 Ω_2.

同理，由 $u^-(x)$ 是奇对称函数，应有

$$u^-(x_0 + \varepsilon h) = -u^-(x_0 - \varepsilon h), \quad \forall x_0 \in \Gamma, \qquad (6.10.17)$$

比较 Taylor 展开中的 ε 幂的系数，又获

$$\frac{\partial u^-(x_0)}{\partial \nu^{2j}} = 0, \quad \forall x_0 \in \Gamma, \ j = 0, \cdots, m-1. \qquad (6.10.18)$$

故 (6.10.12) 的求解等价于解 (6.10.9), 然后奇对称延拓到 Ω_2, 即获 $u^-(x)$. 既然，$u(x) = u^+(x) + u^-(x)$ 知 (6.10.10) 定义的函数是真解. □

10.2. 算例

注意对称区域分解特有的优越性：首先，(6.10.8) 与 (6.10.9) 皆是在同一子域上计算，这意味两问题的刚度矩阵具有大量相

同元素，故可以用容度矩阵法有效地节约计算和存贮，减少前处理数据准备；其次，对复杂的凹对称域，往往可以分解为形态规则的子域上求解，不仅可以减少一半未知数，而且精度更好（在同一网上）.

例 10.1. 考虑如图 6.8 的断裂问题.

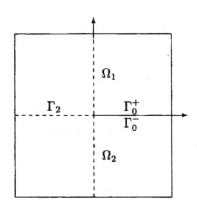

图 6.8

令 $\Omega = (-1,1)^2$, Γ_0 是 $(0,0)$ 到 $(1,0)$ 的线段. 区域 $\Omega \setminus \Gamma$ 是有裂缝的凹域，考虑其上的边值问题

$$\begin{cases} -\Delta u = f, & (\Omega \setminus \Gamma_0), \\ u = g, & (\partial\Omega), \\ u = g_1, (\Gamma_0^+), \ u = g_2, (\Gamma_0^-). \end{cases} \tag{6.10.19}$$

(6.10.19) 在裂缝上、下岸取不同值. 但 $\Omega \setminus \Gamma_0$ 是以 $\Gamma = \{(x,0) : -1 < x < 0\}$ 为轴线的对称域，故解 (6.10.19) 等价于在矩形域 $\Omega_1 = (-1,1) \times (1,0)$ 上解两个边值问题

$$\begin{cases} -\Delta v = f^+, & (\Omega_1), \\ v = g^+, & (\partial\Omega_1 \cap \{y > 0\}), \\ v = (g_1 + g_2)/2, & (\Gamma_0^+), \\ \dfrac{\partial v}{\partial y} = 0, & (\Gamma) \end{cases} \tag{6.10.20}$$

及

$$\begin{cases} -\Delta w = f^-, & (\Omega_1), \\ w = g^-, & (\partial\Omega_1 \cap \{y>0\}), \\ w = (g_1-g_2)/2, & (\Gamma_0^+), \\ w = 0, & (\Gamma), \end{cases} \tag{6.10.21}$$

然后按定理 10.1 得到 (6.10.19) 的解

$$u(x) = \begin{cases} v(x)+w(x), & x \in \Omega_1, \\ v(x), & x \in \Gamma, \\ v(\bar x)-w(\bar x), & x \in \Omega_2. \end{cases} \tag{6.10.22}$$

一般说 (6.10.20) 及 (6.10.21) 不仅程序易实现，而且计算速度及计算精度都较好.

取 $f=0$, $g = \dfrac{1}{2\pi}\theta$, $g_1=0$, $g_2=1$, 而 θ 是由原点至边界点 $p \in \partial\Omega$ 的正向夹角，用直接对裂缝问题的差分近似与用对称区域解法的数值结果的比较见下表 (此算例由闫桂升提供).

表 6.10

算法 \ 点	$x=-\frac12$ $y=\frac12$	$x=-\frac12$ $y=0$	$x=-\frac12$ $y=-\frac12$	$x=0$ $y=-\frac12$	$x=0$ $y=\frac12$	$x=\frac12$ $y=\frac12$	$x=\frac12$ $y=-\frac12$
一般差分法	0.3223	0.3330	0.4079	0.6798	0.2500	0.1777	0.9607
对称区域分解	0.3749	0.4999	0.6249	0.7499	0.2499	0.1249	0.8749
精确值	0.3750	0.5000	0.6250	0.7500	0.2500	0.1250	0.8750

问题有精确解 $u = \dfrac{1}{2\pi}\mathrm{arctg}\left(\dfrac{y}{x}\right)$, 数值计算取 $h=0.1$, 误差控制为 $\varepsilon = 10^{-5}$.

10.3. 本征值问题

对称区域分解算法还能方便地用于本征值问题. 考虑对称域 Ω 上 $2m$ 阶偶对称椭圆型偏微分方程的本征值问题

$$\begin{cases} L(x,D)u = \lambda u, & (\Omega), \\ B_j(x,D)u = 0, & j=1,\cdots,m, \quad (\partial\Omega). \end{cases} \tag{6.10.23}$$

设 Γ 是对称轴面, $\bar{\Omega} = \bar{\Omega}_1 \cup \Gamma \cup \bar{\Omega}_2$, 则代替本征值问题 (6.10.23) 可以考虑 Ω_1 上两个本征值问题:

$$
\begin{cases}
L(x,D)v = \lambda v,   (\Omega_1), \\
B_j(x,D)v = 0,   j = 1,\cdots,m,   (\partial\Omega_1 \setminus \Gamma), \\
\dfrac{\partial^{2j+1} v}{\partial\nu^{2j+1}} = 0,   j = 0,\cdots,m-1,   (\Gamma)
\end{cases}
\tag{6.10.24}
$$

及

$$
\begin{cases}
L(x,D)w = \lambda w,   (\Omega_1), \\
B_j(x,D)w = 0,   j = 1,\cdots,m,   (\partial\Omega_1 \setminus \Gamma), \\
\dfrac{\partial^{2j} w}{\partial\nu^{2j}} = 0,   j = 0,\cdots,m-1,   (\Gamma).
\end{cases}
\tag{6.10.25}
$$

对 Ω_1 上函数 $v(x)$ 及 $w(x)$ 分别按偶、奇对称方法延拓到整个 Ω 上, 即置

$$
u^+(x) = \begin{cases} v(x),   x \in \Omega_1 \cup \Gamma, \\ v(\bar{x}),   x \in \Omega_2, \end{cases}
\qquad
u^-(x) = \begin{cases} w(x),   x \in \Omega_1, \\ 0,   x \in \Gamma, \\ w(\bar{x}),   x \in \Omega_2. \end{cases}
$$

由定理 10.1 知, 若 (λ, v) 是 (6.10.24) 的本征对, 则 (λ, u^+) 是 (6.10.23) 的本征对; 同理若 (λ, w) 是 (6.10.25) 的本征对, 则 (λ, u^-) 是 (6.10.23) 的本征对.

令 $N(\lambda_0)$ 表示与 (6.10.23) 本征值 λ_0 对应的本征函数空间. 并用 $N^+(\lambda_0), N^-(\lambda_0)$ 分别是 (6.10.24) 与 (6.10.25) 对应于同一本征值 λ_0 的本征函数空间, 由上面的分析

$$
N^\pm(\lambda_0) \subseteq N(\lambda_0),
\tag{6.10.26}
$$

但我们还有下列进一步的结果.

定理 10.2. 如果微分算子 $L(x,D)$ 及边界算子 $B_j(x,D)$, $j = 1,\cdots,m$ 是偶对称的, 则成立直和分解

$$
N(\lambda_0) = N^+(\lambda_0) \oplus N^-(\lambda_0).
\tag{6.10.27}
$$

证明.   首先由 (6.10.26) 蕴含

$$
N^+(\lambda_0) \oplus N^-(\lambda_0) \subseteq N(\lambda_0),
\tag{6.10.28}
$$

故仅需证反包含关系成立. 令 (λ_0, u) 是问题 (6.10.23) 的本征对, 今证 (λ_0, u^+) 是 (6.10.24) 的本征对. 事实上, 因 $u^+(x) = \frac{1}{2}(u(x) + u(\bar{x}))$, 直接计算得

$$L(x, D)u^+(x) = \frac{1}{2}(L(x, D)u(x) + L(x, D)u(\bar{x}))$$

$$= \frac{1}{2}(L(x, D)u(x) + L(\bar{x}, \bar{D})u(\bar{x}))$$

$$= \frac{1}{2}\lambda_0(u(x) + u(\bar{x})) = \lambda_0 u^+(x). \qquad (6.10.29)$$

同理

$$B_j(x, D)u^+(x) = \frac{1}{2}(B_j(x, D)u(x) + B_j(x, D)u(\bar{x}))$$

$$= \frac{1}{2}B_j(x, D)u(x) + \frac{1}{2}B(\bar{x}, \bar{D})u(\bar{x}) = 0,$$

$$j = 1, \cdots, m, x \in \partial\Omega_1 \setminus \Gamma. \qquad (6.10.30)$$

由于偶对称函数性质知 u^+ 在 Γ 上满足 (6.10.24) 的边界条件. 即 $u^+(x) \in N^+(\lambda_0)$

同理, $u^-(x) \in N^-(\lambda_0)$, 这又导致

$$N(\lambda_0) \subset N^+(\lambda_0) \oplus N^-(\lambda_0). \qquad (6.10.31)$$

直和性质不难由 $N^+(\lambda_0) \cap N^-(\lambda_0) = \{0\}$ 得到. □

定理 10.2 意味本征值问题 (6.10.23) 的完全系, 可以通过解两个子域上的本征问题得到.

举简单例说明

例 10.2. 考虑一维简单问题

$$\begin{cases} -u'' = \lambda u, & -1 < x < 1, \\ u(-1) = u(1) = 0. \end{cases} \qquad (6.10.32)$$

已知其本征值系为: $\{\lambda_n = \left(\frac{n\pi}{2}\right)^2 : n = 1, 2, \cdots\}$, 相应的本征函数系为: $\{\sin\left(\frac{n}{2}\pi(x+1)\right) : n = 1, 2, \cdots\}$.

定理 10.2 说明 (6.10.32) 可以通过在区间 $(0, 1)$ 上解两个本

征问题:

$$\begin{cases} -u'' = \lambda u, & 0 < x < 1, \\ \dfrac{\partial u(0)}{\partial x} = u(1) = 0 \end{cases} \tag{6.10.33}$$

及

$$\begin{cases} -u'' = \lambda u, & 0 < x < 1, \\ u(0) = u(1) = 0. \end{cases} \tag{6.10.34}$$

易验证 (6.10.33) 的本征值系为: $\{\lambda_n = (n + \frac{1}{2})^2\pi^2 : n = 1, 2, \cdots\}$, 本征函数系为: $\{\cos((n+\frac{1}{2})\pi x) : n = 1, 2, \cdots\}$; (6.10.34) 的本征对则为 $\{\lambda_n = n^2\pi^2 : n = 1, 2, \cdots\}$ 及 $\{\sin(n\pi x) : n = 1, 2, \cdots\}$. 这两个本征函数系通过偶、奇对称函数扩张到全区间 $(-1, 1)$ 后就是 (6.10.32) 完全系.

对称区域分解算法用于本征值问题, 其优越性不仅在于缩小了问题的规模, 而且当原问题有重本征值, 很可能在子域上仅有简单本征值. 众所周知, 从计算角度看重本征值问题的计算要困难得多. 刘波, 吕涛 [118] 考虑了单位圆上本征问题

$$u'' = \lambda u, \tag{6.10.35}$$

即求圆上周期解适合 (6.10.35). 易验证 $\lambda = -1$ 是本征值, 而 $\cos\theta, \sin\theta$ 皆是对应的本征函数. 但此问题可以转化为普通本征值问题, 而 $\cos\theta$ 与 $\sin\theta$ 分别是

$$\begin{cases} u'' = -u, & \theta \in \left(-\dfrac{\pi}{2}, \dfrac{\pi}{2}\right), \\ u\left(-\dfrac{\pi}{2}\right) = u\left(\dfrac{\pi}{2}\right) = 0 \end{cases} \tag{6.10.36}$$

及

$$\begin{cases} u'' = -u, & \theta \in \left(-\dfrac{\pi}{2}, \dfrac{\pi}{2}\right), \\ \dfrac{d}{d\theta}u\left(-\dfrac{\pi}{2}\right) = \dfrac{d}{d\theta}u\left(\dfrac{\pi}{2}\right) = 0 \end{cases} \tag{6.10.37}$$

的简单本征值所对应的本征函数.

对称延拓方法, 也是值得一提的方法. 当区域边值一部份是直线, 例如半圆, 则可以对称地开拓为圆上本征值问题. 直角三角形上的本征值问题, 可以由斜边为对称轴扩张为矩形上

问题求解，正如第五章所述在矩形域上不仅便利于用差分法，而且能快速计算.

10.5. 界面问题

数学物理中经常需要处理界面问题，这时微分方程解在界面上发生间断. 如果区域对称，而间断界面恰是对称轴面 Γ, 则界面问题简化为在子域上解普通边值问题，且仅一次并行计算得到准确界.

邵建平，康立山在 [102] 中注意到对称区域界面问题基于误差对称原理，可以并行解两次获得准确解. 利用对称分解原理可以简化算法. 考虑界面问题， L 是二阶偶对称微分算子

$$\begin{cases} Lu = f_1, \ (\Omega_1), \ \ Lv = f_2, \ (\Omega_2), & (6.10.38\text{a}) \\ u = g_1, \ (\partial\Omega_1 \setminus \Gamma), \ v = g_2, \ (\partial\Omega_2 \setminus \Gamma), & (6.10.38\text{b}) \\ b_1 u = b_2 v, \ c_2 \dfrac{\partial u}{\partial \nu_1} + c_1 \dfrac{\partial v}{\partial \nu_2} = 0, \ (\Gamma). & (6.10.38\text{c}) \end{cases}$$

其中 (6.10.38c) 为界面条件. 若 $b_1 = b_2$, $c_1 = c_2$ 是自然边界条件，在 Γ 上解无间断；若 $b_1 = b_2$ 但 $c_1 \neq c_2$ 则意味解连续，但法向导数在 Γ 上间断. 在不同材料接合构件的传热问题常有此情形发生. 以下论证皆假定常系数 b_i, c_i 适合

$$b_1 c_1 + b_2 c_2 \neq 0. \tag{6.10.39}$$

对于给定的 $f_1(x), (\Omega_1); f_2(x), (\Omega_2)$, 我们定义 $F_1(x), F_2(x), (\Omega_1)$ 对每一个 $x \in \Omega_1$, 满足

$$\begin{cases} b_2 F_1(x) + c_1 F_2(x) = f_1(x), \\ b_1 F_1(x) - c_2 F_2(x) = f_2(\bar{x}), \end{cases} \tag{6.10.40}$$

由此解出

$$F_1(x) = \frac{c_2 f_1(x) + c_1 f_2(\bar{x})}{b_2 c_2 + b_1 c_1}, \ F_2(x) = \frac{b_1 f_1(x) - b_2 f_2(\bar{x})}{b_2 c_2 + b_1 c_1}. \tag{6.10.41}$$

同理由 $g_1(x), (\partial\Omega_1 \setminus \Gamma)$ 及 $g_2(x), (\partial\Omega_2 \setminus \Gamma_2)$ 确定 $G_1(x)$ 及 $G_2(x)$, $(\partial\Omega_1 \setminus \Gamma)$ 适合 (6.10.40). 现在构造方程

$$\begin{cases} Lu^+ = F_1, \ (\Omega_1), \\ u^+ = G_1, \ (\partial\Omega_1 \setminus \Gamma_2), \\ \dfrac{\partial u^+}{\partial \nu_1} = 0, \ (\Gamma) \end{cases} \tag{6.10.42}$$

及

$$\begin{cases} Lu^- = F_2, & (\Omega_1), \\ u^- = G_2, & (\partial\Omega_1 \setminus \Gamma), \\ u^- = 0, & (\Gamma). \end{cases} \tag{6.10.43}$$

显然 u^+, u^- 可以在同一子域 Ω_1 上一步并行解出. 利用偶对称和奇对称延拓 u^+ 和 u^- 到 Ω_2, 然后置

$$u(x) = b_2 u^+(x) + c_1 u^-(x), \quad \forall x \in \Omega_1, \tag{6.10.44}$$

$$v(x) = b_1 u^+(\bar{x}) - c_2 u^-(\bar{x}), \quad \forall x \in \Omega_2. \tag{6.10.45}$$

由 (6.10.40) 直接验证 u, v 满足 (6.10.38a) 及 (6.10.38b). (6.10.38c) 可从

$$\begin{cases} b_1 u(x_0) = b_1 b_2 u^+(x_0) = b_2 v(x_0), & \forall x_0 \in \Gamma, \\ c_2 \dfrac{\partial u(x_0)}{\partial \nu_1} = c_1 c_2 \dfrac{\partial u^-(x_0)}{\partial \nu_1} = c_1 c_2 \dfrac{\partial u^-(x_0)}{\partial \nu_1}, & \forall x_0 \in \Gamma \end{cases}$$

得到证明. 从而, 界面问题 (6.10.38) 可以由独立解子域上问题 (6.10.42) 和 (6.10.43) 后, 再由 (6.10.44) 和 (6.10.45) 获得解.

10.6. 圆弧对称

前面指的对称域皆指轴对称. 这些概念可以移植到圆弧对称上.

平面区域 Ω 如被圆弧 Γ 分割为两子域 Ω_1 与 Ω_2, 如果 Ω_1 恰是 Ω_2 通过圆弧 Γ 反演得到, 称 Ω_1 与 Ω_2 关于 Γ 圆弧对称. 圆弧对称的优越性是: 一个无界域 Ω_2 的圆弧对称域可能为有界域. 例如由原点出发的两条射线构成的角域, 其单位圆外部份与单位圆内部份互为对称. 由复变函数, 反演变换把调和函数变为调和函数, 或者更一般的 Laplace 算子在反演变换下不变, 故类似可以定义在圆弧对称意义下的对称算子. 我们举例说明圆弧对称的应用.

例 10.3. 令 $\Omega = \{(x,y) \in I\!R^2 : x > 0, y > 0\}$ 是平面上第一象限, 考虑无界域 Ω 上问题

$$\begin{cases} \Delta u = 0, & (\Omega), \\ u = g, & (\partial\Omega). \end{cases} \tag{6.10.46}$$

熟知适当补充条件：$u(x,y) = O((x^2+y^2)^{-1/2})$ 及 $\|\mathrm{grad}\,u(x)\| = O((x^2+y^2)^{-1})$ 当 $|x| \to \infty$，方程 (6.10.46) 有唯一解存在. 令 $\Omega_1 = \Omega \cap \{(x,y): x^2+y^2 < 1\}$ 为单位圆内部, $\Omega_2 = \Omega \cap \{(x,y): x^2+y^2 > 1\}$ 为圆外部, 于是 Ω_1 和 Ω_2 关于圆弧 $\Gamma = \bar\Omega_1 \cap \bar\Omega_2$ 互为圆弧对称. 反演变换

$$\bar x = \frac{x}{x^2+y^2}, \quad \bar y = \frac{y}{x^2+y^2} \tag{6.10.47}$$

把 Ω_1 映为 Ω_2, Ω_2 映为 Ω_1. 同样定义 Ω 上函数偶、奇圆弧对称分解. 置 $z = (x,y)$, $\bar z = (\bar x, \bar y)$

$$g^+(z) = \frac{1}{2}(g(z) + g(\bar z)), \quad \forall z \in \Omega,$$

$$g^-(z) = \frac{1}{2}(g(z) - g(\bar z)), \quad \forall z \in \Omega.$$

代替解无界问题, 我们仅需解有界域上 Ω_1 的边值问题

$$\begin{cases} \Delta u^+ = 0, \ (\Omega_1), \\ \dfrac{\partial u^+}{\partial \nu} = 0, \ (\Gamma), \ u^+ = g^+, \ (\partial\Omega_1 \setminus \Gamma) \end{cases} \tag{6.10.48}$$

及

$$\begin{cases} \Delta u^- = 0, \ (\Omega_1), \\ u^- = 0, \ (\Gamma), \ u^- = g^-, \ (\partial\Omega_1 \setminus \Gamma). \end{cases} \tag{6.10.49}$$

然后再置

$$u(x) = \begin{cases} u^+(x) + u^-(x), & x \in \Omega_1, \\ u^+(x), & x \in \Gamma, \\ u^+(\bar x) - u^-(x), & x \in \Omega_2, \end{cases} \tag{6.10.50}$$

即为所求. 对于 Poisson 方程算法是一样的. 对于三维 Laplace 算子可以使用华罗庚的让函数与变元同时变换的技巧计算 (参见 [118] 及华罗庚著《从单位圆谈起》)

对称区域分解, 进一步发展似可以用群变换代替简单对合. 华罗庚思想是颇有启发性的, 他对变系数方程与混合型方程提出的不变映射法值得研究应用.

第七章 重叠型区域分解算法

重叠型区域分解算法以 Schwarz 交替法为理论依据．1870年德国数学家 H. A. Schwarz[202] 首次用交替方法论证了两个相互重叠区域的和集上 Laplace 方程 Dirichlet 问题解的存在性．稍后 Neumann 注意到这思想可以用于求解两个相互重叠区域的 Dirichlet 问题．1890年 Picard 进一步发展了 Schwarz 的思想，用之于解非线性椭圆型偏微分方程，并把算法定名为 Schwarz 交替法．本世纪三十年代苏联数学家基于变分原理阐述 Schwarz 算法，并推广到弹性力学问题上，其中尤以 Sobolev, Mikhlin 的贡献最为卓越，有关讨论可见 Mikhlin 的专著 [145]．但是真正认识到 Schwarz 算法在数值分析的潜力，是 60 年代以后的事．那时解矩形区域上的偏微分方程出现了一批新算法，如快速付氏变换，交替方向法及基于张量运算的显式解，这些算法对于非矩形域无用武之地．然而，Schwarz 算法可以把复杂区域分解为若干相互覆盖的子区域，在子区域上可以用快速算法求解，这就增大了人们研究的兴趣．此期间，Werner, Miller 和 Mitchell 等做了许多工作，Miller[168] 还给出收敛性估计．但是 Schwarz 算法令人注目的发展是近十年才开始的，其中并行计算的发展大大刺激研究者的兴趣．我国康立山教授首先认识到 Schwarz 算法在异步并行计算中的应用，法国 Glowinski 等应用 Schwarz 算法加速共轭梯度法，并在流体力学计算上取得成功．然而对 Schwarz 方法作出全新解释当归功于 P. L. Lions．他在首届国际区域分解算法会议的论文中，巧妙地把 Schwarz 方法与投影方法联系起来，从而使那些看来复杂的收敛性证明，简化为对投影算子的估计．对于多个区域重叠的情形，甚至非线性问题的 Schwarz 方法皆在统一框架下得到处理．在第二届国际区域分解算法会议上，Lions 又提出 Schwarz 算法的随机解释 [136]，把位势理论，布朗运动和 Schwarz 交替方法联系起来，这种多学科间渗透引起人们极大的兴趣．

总之，以 Schwarz 算法为基础的重叠型区域分解算法，目前正由于 P. L. Lions 的卓越贡献得到新的认识，成为构造新算法的理论依据. 为了适合并行计算的需要, 所谓加性 Schwarz 算法得到发展, Widlund, 吕涛、石济民、林振宝等皆独立提出不同算法, 这些算法可克服交替方法的串行性, 更利于并行处理.

　　虽然 Lions 的解释非常重要, 但经典的以极大值原理为基础的 Schwarz 算法证明并未过时, 它依然是 Schwarz 算法收敛性估计的理论基础, 故本章先介绍经典的 Schwarz 算法.

§ 1. 经典 Schwarz 交替法

　　考虑平面情形, 设二区域 D, D' 分别由曲线 c 与 c' 所包围, 如图 7.1 所示, 曲线 c 与 c' 不相切, 又令 c 在 D' 的外部是 a, 在 D' 的内部是 α; c' 在 D 的外部是 b, D 的内部是 β.

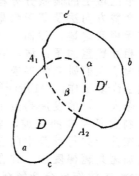

　　令 $\Omega = D \cup D'$ 是由 a, b 围成的区域. 考虑 Laplace 方程

$$\begin{cases} \Delta u = 0, & (\Omega), \\ u = f, & (a), \\ u = g, & (b) \end{cases} \tag{7.1.1}$$

解的存在性.

图 7.1

　　定理 1.1 (Schwarz). 如果对域 D 与 D' 的 Dirichlet 问题皆有解, 则对 Ω 的问题 (7.1.1) 也有解.

　　Schwarz 通过交替方法证明 (7.1.1) 解的存在性. 具体说, 他先解问题

$$\begin{cases} \Delta u = 0, & (D) \\ u = f, & (a), \\ u = f_1, & (\alpha), \end{cases} \tag{7.1.2}$$

这里 f_1 是定义在 α 上的连续函数, 且 $f_1(A_1) = f(A_1)$, $f_1(A_2) =$

$f(A_2)$. 令 u_1 为 (7.1.2) 的解, 接下用 u_1 构造边值问题

$$\begin{cases} \Delta v = 0, & (D'), \\ v = g, & (b), \\ v = u_1, & (\beta). \end{cases} \tag{7.1.3}$$

令 v_1 为 (7.1.3) 的解, 然后在 (7.1.2) 中置 $f_1 = v_1$ 于 α 上, 令解为 u_2, 递次下去得到序列 $u_1, v_1, u_2, v_2, \cdots$, 定理 1.1 的证明归结于证明: u_n, v_n 当 $n \to \infty$ 有同一极限. 为此先证明引理.

引理 1.1. 如图 7.1, 设 A_1, A_2 是域 D 边界 c 上的两点, g 是定义在 c 上的函数, 它在 a, α 上连续, 在 A_1, A_2 两点有第一类间断, 令 a_1, b_1 与 a_2, b_2 分别是 g 沿正向与负向趋于 A_1, A_2 的极限, 又设 u 适合

$$\Delta u = 0, \quad (D), \qquad u = g, \quad (c \setminus \{A_1, A_2\}), \tag{7.1.4}$$

β 是端点在 A_1 与 A_2 的 D 内一条弧, 它与 c 不相切, 则 u 沿 β 趋于 A_i 的值必介于 a_i, b_i 之间, $i = 1, 2$.

证明. 设 $A_i = (x_i, y_i)$, 考虑调和函数

$$\omega_i = \frac{a_i - b_i}{\pi} \arctan \frac{y - y_i}{x - x_i}, \quad i = 1, 2, \tag{7.1.5}$$

易知 ω_i 在 A_i 上间断恰与 g 一致. 故函数

$$\bar{g} = g - \omega_1 - \omega_2$$

是 c 上的连续函数, 而边值问题

$$\begin{cases} \Delta v = 0, & (D), \\ v = \bar{g}, & (c) \end{cases} \tag{7.1.6}$$

必有解存在, 故 $v + \omega_1 + \omega_2$ 是 (7.1.4) 的解. 由假设 β 不与 c 相切及 (7.1.5) 推知引理成立. □

注意这里假定 A_1, A_2 不是 D 的角点, 如果 A_i 是角点, θ_i 是外角, 则 (7.1.5) 中应以 θ_i 取代 π.

引理 1.2. 在引理 1.1 的假定下, 设 v 是边值问题

$$\begin{cases} \Delta v = 0, & (D), \\ v = 0, & (a), \\ v = \nu, & (\alpha) \end{cases} \tag{7.1.7}$$

的解，其中 ν 是 α 上的连续函数，且 $\nu(A_1) = \nu(A_2)$，以及存在正数 λ，使 $|\nu| < \lambda$, (α)，则必有仅与 β 相关但与 ν 无关的常数 q，$0 < q < 1$ 使

$$|v| < \lambda q, \quad (\beta). \tag{7.1.8}$$

证明. 考虑问题

$$\begin{cases} \Delta u = 0, & (D), \\ u = 0, & (a \setminus \{A_1, A_2\}), \\ u = 1, & (\alpha \setminus \{A_1, A_2\}). \end{cases} \tag{7.1.9}$$

由引理 1.1，当 M 沿 β 趋于 A_i 时必有

$$0 < \lim_{M \to A_i} u(M) < 1, \quad i = 1, 2,$$

所以极值原理保证存在常数 q 使

$$0 < u < q < 1, \quad (\beta). \tag{7.1.10}$$

由叠加原理知，函数 $\lambda u - v$ 满足

$$\begin{cases} \Delta(\lambda u - v) = 0, & (D), \\ \lambda u - v = 0, & (a \setminus \{A_1, A_2\}), \\ \lambda u - v = \lambda - \nu, & (\alpha \setminus \{A_1, A_2\}), \end{cases} \tag{7.1.11}$$

故极大值原理保证 D 内恒有：$\lambda u - v > 0$. 同理又可证在 D 内有 $\lambda u + v > 0$. 总之得到

$$|v| < \lambda u, \quad (D), \tag{7.1.12}$$

于是由 (7.1.10) 知引理成立.　□

下面证明定理 1.1. 为此令 $\lambda = \max_{M \in \beta} |u_2(M) - u_1(M)|$，按定义 $v_2 - v_1$ 满足

$$\begin{cases} \Delta(v_2 - v_1) = 0, & (D') \\ v_2 - v_1 = 0, & (b), \\ v_2 - v_1 = u_2 - u_1, & (\beta). \end{cases} \tag{7.1.13}$$

故由引理 1.2 知 $|v_2 - v_1| < \lambda q$, (α)，且 $0 < q < 1$. 同理又可证：$|u_2 - u_3| < q|v_2 - v_1| \le \lambda q^2$, (β)，递次推出

$$|u_{n+1} - u_n| < \lambda q^{2(n-1)}, \quad (\beta), \tag{7.1.14}$$

$$|v_{n+1} - v_n| < \lambda q^{2(n-1)}, \quad (\alpha). \tag{7.1.15}$$

故序列 $\{u_n\}$ 与 $\{v_n\}$ 分别在边界 c 及 c' 上一致收敛. 由著名的 Harnack 定理[77], 这两个序列也必在 $\bar{D}$ 及 $\bar{D}'$ 上收敛. 令 U, V 分别是极限函数. 则 U, V 分别在 D 及 D' 上调和. 但在 α 上, 由于 $u_n = v_{n-1}$; 在 β 上, 由于 $v_n = u_n$. 这意味在 $D \cap D'$ 上 U 与 V 相等, 故可以视 V 为 U 在 D' 内的调和扩张, 由算法知如此扩张后调和函数满足边界条件 (7.1.1), 这就证明了定理 1.1.   □

§ 2. Schwarz 算法的投影解释

Schwarz 算法也可以从变分角度考虑, 这虽然早为苏联学者所研究, 但证明复杂且不易推广到多子域覆盖的情形. 直至 1987 年 P. L. Lions 巧妙地用投影理论对 Schwarz 算法作出全新解释后, 才使 Schwarz 算法理论变得完整、简单而且易于推广应用. 下面介绍这方面结果.

首先说明符号. 设 Q 是 $I\!R^m$ 中的开区域, 为简单起见, 不妨假定 Q 还是光滑连通的. 分解 Q 为两个开子域 Q_1, Q_2 的和集: $Q = Q_1 \cup Q_2$, 又令 $\Gamma = \partial Q$, $\Gamma_1 = \partial Q_1$, $\Gamma_2 = \partial Q_2$, $\gamma_1 = \partial Q_1 \cap Q_2$, $\gamma_2 = \partial Q_2 \cap Q_1$, $Q_{12} = Q_1 \cap Q_2$, $Q_{11} = Q_1 \cap \bar{Q}_2^c$, $Q_{22} = Q_2 \cap \bar{Q}_1^c$, 并设 $Q_1 \cap Q_2 \neq \phi$, γ_1, γ_2 是光滑面.

仍考虑模型问题

$$\begin{cases} -\Delta u = f, & (Q), \\ u = 0, & (\partial Q) \end{cases} \tag{7.2.1}$$

的广义解. 设 $f \in L_2(Q)$, 或者更一般地 $f \in H^{-1}(Q)$. 依照 Schwarz 交替算法, 首先选择初始 $u^0 \in H_0^1(Q)$, 令 u^{2n+1}, u^{2n+2}, $n = 0, 1, \cdots$ 分别满足子域上的方程

$$\begin{cases} -\Delta u^{2n+1} = f, & (Q_1), \\ u^{2n+1} = u^{2n}, & (\partial Q_1) \end{cases} \tag{7.2.2}$$

及

$$\begin{cases} -\Delta u^{2n+2} = f, & (Q_2), \\ u^{2n+2} = u^{2n+1}, & (\partial Q_2). \end{cases} \tag{7.2.3}$$

由弱解理论, $u^{2n} \in H^1(Q_2)$, $u^{2n+1} \in H^1(Q_1)$, 现在延拓 u^{2n}

与 u^{2n+1} 到 Q 上，为此只需要置

$$u^{2n+1}\Big|_{\bar{Q}_{22}} = u^{2n}$$

及

$$u^{2n}\Big|_{\bar{Q}_{11}} = u^{2n-1},$$

如此延拓后的函数仍记为 u^k，显然 $u^k \in H_0^1(Q)$ ($k = 0, 1, \cdots$). 但按延拓方式知 $u^{2n+1} - u^{2n} \in H_0^1(Q_1)$, $u^{2n+2} - u^{2n+1} \in H_0^1(Q_2)$. 我们视 $H_0^1(Q_1)$, $H_0^1(Q_2)$ 为 $H_0^1(Q)$ 的子空间，按通常方式定义 $H_0^1(Q)$ 内积为

$$(u, v)_1 = \int_Q \nabla u \nabla v dx, \quad \forall u, v \in H_0^1(Q). \tag{7.2.5}$$

而 (7.2.2) 与 (7.2.3) 的弱形式为

$$\begin{cases} (u^{2n+1} - u, v_1)_1 = 0, & \forall v_1 \in H_0^1(Q_1), \\ u^{2n+1} - u^{2n} \in H_0^1(Q_1), \end{cases} \tag{7.2.6}$$

和

$$\begin{cases} (u^{2n} - u, v_2)_1 = 0, & \forall v_2 \in H_0^1(Q_2), \\ u^{2n} - u^{2n-1} \in H_0^1(Q_2). \end{cases} \tag{7.2.7}$$

令 $V_i = H_0^1(Q_i)$, $i = 1, 2$，并用 P_{V_i} 表示映 $V = H_0^1(Q)$ 到 V_i 的正投影，改写 (7.2.6) 与 (7.2.7) 为

$$(u^{2n+1} - u^{2n}, v_1)_1 = (u - u^{2n}, v_1)_1, \forall v_1 \in V_1, u^{2n+1} - u^{2n} \in V_1,$$

$$(u^{2n} - u^{2n-1}, v_2)_1 = (u - u^{2n-1}, v_2)_1, \forall v_2 \in V_2, u^{2n} - u^{2n-1} \in V_2.$$

由投影定义，这意味

$$u^{2n+1} - u^{2n} = P_{V_1}(u - u^{2n}), \quad n \geq 0, \tag{7.2.8}$$

$$u^{2n} - u^{2n-1} = P_{V_2}(u - u^{2n-1}), \quad n \geq 1, \tag{7.2.9}$$

或者等价地，得到误差传播关系为

$$u - u^{2n+1} = P_{V_1^\perp}(u - u^{2n}), \quad n \geq 0, \tag{7.2.10}$$

$$u - u^{2n} = P_{V_2^\perp}(u - u^{2n-1}), \quad n \geq 1, \tag{7.2.11}$$

其中 $V_i^\perp$ 是 V_i 的正交补空间：$P_{V_i^\perp} = I - P_{V_i}$, ($i = 1, 2$). 用 $e^k = u - u^k$ 表误差，则 (7.2.10), (7.2.11) 意味 $e^{2n+1} = P_{V_1^\perp} e^{2n}$ 和

$e^{2n} = P_{V_2^\perp} e^{2n-1}$，这蕴含如果序列 $\{e^k\}$ 收敛，必收敛于 $V_1^\perp \cap V_2^\perp$ 中，故易见收敛于 0 的必要条件是 $V_1^\perp \cap V_2^\perp = \{0\}$.

定理 2.1. 如果 $V_1^\perp \cap V_2^\perp = \{0\}$，或等价地成立：$V = \overline{V_1 + V_2}$，则 $e^n \to 0 \ (n \to \infty)$. 此外，设更强地若 $V = V_1 + V_2$，则必存在常数 $\alpha \in [0,1)$，使

$$\|P_{V_1^\perp} P_{V_2^\perp}\| \le \alpha, \tag{7.2.12}$$

且

$$\|e^{n+1}\|_1 \le \alpha \|e^n\|_1, \tag{7.2.13}$$

即收敛是几何的.

证明. 收敛性可以简单地导出. 由 (7.2.10) 与 (7.2.11) 易知

$$\|e^n\|_1^2 = \|e^{n+1}\|_1^2 + \|e^{n+1} - e^n\|_1^2, \tag{7.2.14}$$

故序列 $\{\|e^n\|_1\}$ 单调下降，必有极限，这蕴含

$$\|e^{n+1} - e^n\|_1 \to 0, \quad (n \to \infty). \tag{7.2.15}$$

由 $H_0^1(Q)$ 的弱紧性，知序列 $\{e^n\}$ 有弱收敛子列. 令 v 为此子列的弱极限，由 (7.2.15) 知 $v \in V_1^\perp \cap V_2^\perp = \{0\}$，即 $v = 0$，既然 $\{e^n\}$ 的任何弱收敛子列皆弱收敛于 0，故 $e^n \to 0$，另外由投影性质又有：$(e^n, e^n)_1 = \|e^n\|_1^2 = (e^{2n-1}, e^0)_1 \to 0, (n \to \infty)$，这就推出 $\{e^n\}$ 按范收敛于零.

至于定理后半部份的证明我们需要用到以下引理.

引理 2.1. 设 $V = V_1 + V_2$，必存在正常数 $C_0 > 0$，使成立不等式

$$\|v\|_1 \le C_0 (\|P_{V_1} v\|_1^2 + \|P_{V_2} v\|_1^2)^{1/2}, \forall v \in V. \tag{7.2.16}$$

首先用此引理完成定理的证明.

用 $P_{V_1^\perp} v$ 代替 (7.2.16) 中 v，得

$$\|P_{V_1^\perp} v\|_1^2 = \|P_{V_2^\perp} P_{V_1^\perp} v\|_1^2 + \|P_{V_2} P_{V_1^\perp} v\|_1^2$$
$$\ge \|P_{V_2^\perp} P_{V_1^\perp} v\|_1^2 + \frac{1}{C_0^2} \|P_{V_1^\perp} v\|_1^2, \tag{7.2.17}$$

或者

$$\|P_{V_2^\perp} P_{V_1^\perp} v\|_1^2 \le \left(1 - \frac{1}{C_0^2}\right) \|P_{V_1^\perp} v\|_1^2 \le \alpha \|v\|_1^2.$$

这就获得定理的证明. □

接下证明引理 2.1.

由于 $V = V_1 + V_2$, 故 $\{v_1, v_2\} \to v_1 + v_2$ 定义了由积空间 $V_1 \times V_2$ 到 V 的线性满映射, 由开映射定理知存在正常数 $C_0 > 0$, 使任意 $v \in V$ 必存在 $\{v_1, v_2\} \in V_1 \times V_2$ 使

$$(\|v_1\|_1^2 + \|v_2\|_1^2)^{1/2} \leq C_0\|v\|_1, \quad v = v_1 + v_2. \tag{7.2.18}$$

但

$$\begin{aligned}
\|v\|_1^2 &= (v, v_1)_1 + (v, v_2)_1 \\
&= (P_{V_1}v, v_1)_1 + (P_{V_2}v, v_2)_1 \\
&\leq (\|P_{V_1}v\|_1^2 + \|P_{V_2}v\|_1^2)^{1/2}(\|v_1\|_1^2 + \|v_2\|_1^2)^{1/2} \\
&\leq C_0\|v\|_1(\|P_{V_1}v\|_1^2 + \|P_{V_2}v\|_1^2)^{1/2}
\end{aligned} \tag{7.2.19}$$

两端约去 $\|v\|_1$ 就得到引理的证明.   □

定理 2.1 把 Schwarz 方法的收敛性与收敛速度分别归结于判断 $V_1 + V_2$ 是 V 的稠密子集, 还是等于 V. 一个简单判别方法是 $\forall \varphi \in C_0^\infty(Q)$, 是否存在 $\varphi_i \in C_0^\infty(Q_i)$, $i = 1, 2$, 使

$$\varphi = \varphi_1 + \varphi_2. \tag{7.2.20}$$

事实上, 若 (7.2.20) 成立, 则由于 $C_0^\infty(Q)$ 是 $H_0^1(Q)$ 的稠密集, 已蕴含 $C_0^\infty(Q) \subset V_1 + V_2$, 或者说已蕴含 $V = \overline{V_1 + V_2}$. 现证 (7.2.20) 成立. 设 K 为 Q 的紧子集, 必存在数 $\varepsilon > 0$ 使

$$K \subset (Q_1)_\varepsilon \cup (Q_2)_\varepsilon. \tag{7.2.21}$$

这里定义 $(Q_i)_\varepsilon = \{x \in Q_i : \text{dist}(x, Q_i^c) > \varepsilon\}, i = 1, 2$. 由于 $Q = Q_1 \cup Q_2$, 故不难用反证法证明 (7.2.21) 成立. 现在对任意 $\varphi \in C_0^\infty(Q)$, 令 $K = \text{supp}\varphi$ 是 Q 的紧子集, 构造 $\psi_1 \in C_0^\infty(Q_1)$, $\psi_2 \in C_0^\infty(Q_2)$ 且

$$0 \leq \psi_i \leq 1, \quad \text{又} \quad \psi_i = 1 \quad \text{当} \quad x \in K \cap (Q_i)_\varepsilon, i = 1, 2,$$

这就得出

$$\varphi = \psi_1\varphi/(\psi_1 + \psi_2) + \psi_2\varphi/(\psi_1 + \psi_2), \tag{7.2.22}$$

即 (7.2.20) 成立.

使 $V = V_1 + V_2$ 成立的条件需要仔细剖析. 首先观察: 假定在 $\bar{Q}$ 上有充分光滑函数, 例如属于 $W_\infty^1(Q)$ 的函数 φ_1, φ_2 且它们分别在 γ_1 及 γ_2 上为零, 而又有

$$\varphi_1 + \varphi_2 \equiv 1, \quad (Q), \tag{7.2.23}$$

则 $V = V_1 + V_2$ 已成立. 事实上, 此假定意味对 $\forall v \in H_0^1(Q)$, 总有 $\varphi_i v \in H_0^1(Q_i)$, $i = 1, 2$, 而条件 (7.2.23) 蕴含 $v = \varphi_1 v + \varphi_2 v$.

如果 Q_1 及 Q_2 是 Q 的一致覆盖, 即 $\gamma_1 \cap \gamma_2 = \phi$, 如此的 φ_1 与 φ_2 容易构造出; 但对非一致覆盖, 即 $\gamma_1 \cap \gamma_2 \neq \phi$, 如图 7.2 所示, 此时 $\gamma_1 \cap \gamma_2 = \{0\}$, 如此的 φ_1, φ_2 未必存在. 需要另行讨论.

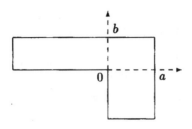

图 7.2

可以证明如能找到 $\varphi_1, \varphi_2 \in W_{loc}^{1,\infty}(Q)$, 使

$$\begin{cases} \varphi_i = 0, \quad (\gamma_i); \quad \varphi_i \geq 0, \quad (Q), i = 1, 2, \\ 1 \equiv \varphi_1 + \varphi_2, \quad (Q), \\ |\nabla \varphi_i| \leq C \, dist(x, \partial Q), \ \forall x \in Q, \end{cases} \tag{7.2.24}$$

这里 C 是与 x 无关的常数, 条件 (7.2.24) 同样蕴含 $V = V_1 + V_2$. 事实上, 这依然归结于证明: 对任意 $v \in V$, 成立 $\varphi_i v \in V_i$, $i = 1, 2$. 直接计算:

$$\begin{aligned} \int_Q |\nabla(\varphi_i v)|^2 dx &\leq \int_Q |\varphi_i \nabla v + \nabla \varphi_i v|^2 dx \\ &\leq 2 \int_Q (|\nabla v|^2 + |\nabla \varphi_i|^2 v^2) dx \\ &\leq 2 \int_Q |\nabla v|^2 dx + 2C \int_Q \frac{v^2}{d^2} dx, \end{aligned} \tag{7.2.25}$$

这里 $d = d(x) = dist(x, \partial Q)$, 注意 $v \in H_0^1(Q)$ 知右端第二项积分被第一项控制, 即有

$$\int_Q |\nabla(\varphi_i v)|^2 dx \leq C \int_Q |\nabla v|^2 dx < \infty. \tag{7.2.26}$$

这就证明 $V = V_1 + V_2$ 为条件 (7.2.24) 的推论.

我们以图 7.2 为例，讨论构造 φ_i 的方法. 令

$$
\varphi_1(x) = \begin{cases} 1, & \text{当} \quad x_1 \le 0, \\[2mm] \left[1 - \dfrac{bx_1}{ax_2}\right]_+, & \text{当} \quad 0 \le x_1 \le a, \ 0 < x_2 \le b, \\[2mm] 0, & \text{当} \quad x_2 \le 0. \end{cases}
$$

$$(7.2.27)$$

又令 $\varphi_2(x) = 1 - \varphi_1(x)$, $(\bar{Q})$. 显然，φ_1 及 φ_2 在区域 $\bar{Q}\backslash\{0\}$ 上 Lipschitz 连续，而在域 $\{x : 0 \le x_1 \le a, 0 < x_2 \le b\}$ 上有

$$
\begin{cases} \nabla\varphi_1(x) = \left\{-\dfrac{b}{ax_2}, \dfrac{bx_1}{ax_2^2}\right\}, & \text{当} \quad ax_2 > bx_1, \\[3mm] \nabla\varphi_1(x) = 0, & \text{当} \quad ax_2 \le bx_1, \quad \text{a.e.} \end{cases}
$$

$$(7.2.28)$$

故推出

$$
|\nabla\varphi_1(x)|^2 \le \left(\frac{b^2}{a^2}+1\right)^{\frac{1}{2}}\frac{1}{x_2} \le \left(\frac{b^2}{a^2}+1\right)^{\frac{1}{2}}\left(\frac{a^2}{b^2}+1\right)^{\frac{1}{2}}\frac{1}{|x|}. \quad (7.2.29)
$$

这里用到

$$
\frac{1}{x_2} = \frac{1}{|x|}\frac{|x|}{x_2} = \left(1+\left(\frac{x_1}{x_2}\right)^2\right)^{1/2}\frac{1}{|x|} \le \left(1+\frac{a^2}{b^2}\right)^{\frac{1}{2}}\frac{1}{|x|},
$$

其中 $|x| = (x_1^2 + x_2^2)^{\frac{1}{2}} \le \text{dist}(x, \partial Q)$. 按前述这蕴含 (7.2.24) 成立.

对于多子域覆盖：$Q = \bigcup_{j=1}^m Q_j$, Q_j 是开集. 用记号表示 $V = H_0^1(Q)$, $V_j = H_0^1(Q_j)$, 并视 V_j 为 V 的子空间.

多分裂情形的 Schwarz 交替法，计算步骤如下：首先，选择初始近似 $u^0 \in H_0^1(Q)$; 其次，对 $k \ge 0$, 如 u^{km+j-1}, $1 \le j \le m$ 已知，则 u^{km+j} 满足方程

$$
\begin{cases} -\Delta u^{km+j} = f, & (Q_j), \\[2mm] u^{km+j} = u^{km+j-1}, & (\partial Q_j). \end{cases}
$$

$$(7.2.30)$$

求出 u^{km+j} 后，需将定义域由 Q_j 延拓到整个 Q 上，为此，置

$$
u^{km+j} = u^{km+j-1}, \quad (Q \backslash Q_j) \tag{7.2.31}
$$

应用前面的投影解释，误差传播规律为

$$
u - u^{km+j} = P_{V_j^\perp}(u - u^{km+j-1}), \forall k \ge 0, 1 \le j \le m. \quad (7.2.32)
$$

类似于定理 2.1 的证明, 开覆盖条件 $Q = \bigcup_{j=1}^{m} Q_j$ 保证成

立: $V = \overline{\sum_{j=1}^{m} V_j}$, 由此得出多分裂情形 Schwarz 算法的收敛性.

同样, 为了保证算法的收敛速度是几何的, 应当有更严格条件:

$$V = V_1 + \cdots + V_m \tag{7.2.33}$$

成立. 为此我们证明以下定理:

定理 2.2. 序列 $\{u^n\}$ 在空间 V 中收敛到解 u, 特别在 (7.2.33) 假定下, 必存在 $\alpha \in [0,1)$, 使

$$\|u^{n+1} - u\|_1 \le \alpha^n \|u^0 - u\|_1. \tag{7.2.34}$$

证明. 令 $e^i = u^i - u$ 表示误差, 则类似定理 2.1 的证明, 知 e^i 在 V 中弱收敛于零及 $e^{i+1} - e^i$ 在 V 中强收敛于零, 而且 $\|e^i\|_1^2$ 单调递降趋于正数 $l \ge 0$. 今证 e^i 强收敛于零, 为此应用平行四边形法则, 得出不等式

$$|(w,z)_1 - (Sw, Sz)_1| \le \frac{1}{2}\|w\|_1^2 + \frac{1}{2}\|z\|_1^2 - \frac{1}{2}\|Sw\|_1^2 - \frac{1}{2}\|Sz\|_1^2. \tag{7.2.35}$$

这里算子 $S = (P_{V_m^\perp} \cdots P_{V_1^\perp})^p$, $p \ge 1$ 是正整数. 由 (7.2.32) 导出

$$|(e^{nm}, e^{m(n+k)})_1 - (e^{m(n+p)}, e^{m(n+p+k)})_1|$$

$$\le \frac{1}{2}(\|e^{nm}\|_1^2 + \|e^{m(n+k)}\|_1^2 - \|e^{m(n+p)}\|_1^2 - \|e^{m(n+p+k)}\|_1^2). \tag{7.2.36}$$

但由 $\|e^i\|_1^2 \to l$, 当 $i \to \infty$. 这蕴含对固定的 k, 存在常数 l_k, 使

$$(e^{nm}, e^{(n+k)m})_1 \to l_k, \quad \text{当} \quad n \to \infty. \tag{7.2.37}$$

注意在强意义下, $e^{i+1} - e^i \to 0$, 当 $i \to \infty$; 故用于 (7.2.37), 得出对固定的 $k > 0$, 恒有 $l_k = l$. 另方面, 利用 $e^i \to 0$, 当 $i \to \infty$. 故于 (7.2.37) 对 k 取极限, 得到 $\lim_{k \to \infty} l_k = 0$, 从而 $l = 0$, 由此得出序列 $\{u^i\}$ 收敛到 u.

若 (7.2.33) 成立, 欲 (7.2.34) 成立, 归结于证明存在 $\alpha \in [0,1)$, 使

$$\|P_{V_m^\perp} \cdots P_{V_1^\perp}\| \le \alpha < 1. \tag{7.2.38}$$

由开映射定理, (7.2.33) 蕴含存在常数 $C_0 > 0$, 使

$$\|v\|_1 \le C_0 \left[\sum_{j=1}^{m} \|P_{V_j} v\|_1^2 \right]^{1/2}, \quad \forall v \in V. \tag{7.2.39}$$

今由 (7.2.39) 推出 (7.2.38). 为此，用反证法，若 (7.2.38) 不成立，必可找到序列 $\{v_n\}$，使

$$1 = \|v_n\|_1 = \lim_{n \to \infty} \|P_{V_m^\perp} \cdots P_{V_1^\perp} v_n\|_1, \qquad (7.2.40)$$

由投影的压缩性，(7.2.40) 蕴含，对任意 $1 \le j \le m$, 有

$$\|P_{V_j^\perp} \cdots P_{V_1^\perp} v_n\|_1 \to 1, \quad n \to \infty. \qquad (7.2.41)$$

这意味: $P_{V_{j+1}} P_{V_j^\perp} \cdots P_{V_1^\perp} v_n \to 0$, $P_{V_1} v_n \to 0$, 当 $n \to \infty$.

现在证明，对任何 $1 \le j \le m$, 皆有

$$P_{V_j} v_n \to 0, \quad 当 \quad n \to \infty. \qquad (7.2.42)$$

为此用归纳法，$j = 1$ 已经证明，设命题对 $1 \le j \le m-1$ 成立，则利用 $P_{V_j^\perp} = I - P_{V_j}$, 把下式直接展开，用归纳假设，可得

$$P_{V_{j+1}} v_n - P_{V_{j+1}} P_{V_j^\perp} \cdots P_{V_1^\perp} v_n \to 0, \quad n \to \infty, \qquad (7.2.43)$$

这就得出 (7.2.42) 的证明. 但若 (7.2.42) 成立，则又与 (7.2.39) 矛盾. □

同条件 (7.2.24) 类似，Lions 证明使 (7.2.33) 成立的充分条件是能找到 m 个函数满足

$$\begin{cases} \varphi_j \in W_{loc}^{1,\infty}(Q), \ \varphi_j \ge 0, \quad 但 \quad \varphi_j = 0, (\partial Q_j \cap Q), \\ \sum_{j=1}^m \varphi_j = 1, \ (Q), \\ 又存在常数 C > 0, 使 \\ |\nabla \varphi_j| \le C/dist(x, \partial Q), \forall x \in Q, \\ \qquad j = 1, \cdots, m. \end{cases} \qquad (7.2.44)$$

一个使 (7.2.33) 成立的更简单判别法是由 L. Badea 在 [16] 给出.

引理 2.2. 假定对每个点 $x \in \bar{Q}$, 皆存在开集 D_x 和指标 $i \in \{1, \cdots, m\}$ 使

$$x \in D_x \quad 而且 \quad D_x \cap Q \subset Q_i, \qquad (7.2.45)$$

则对任何 $v \in H^1(Q)$ 皆存在 $v_i \in H^1(Q_i)$, 并且

$$v_i = 0, \quad (\partial Q_i / \partial Q), \quad i = 1, \cdots, m, \qquad (7.2.46)$$

使得 $v = \tilde{v}_1 + \cdots + \tilde{v}_m$,其中 $\tilde{v}_i$ 定义为

$$\tilde{v}_i = \begin{cases} v_i, & (Q_i), \\ 0, & (Q/Q_i). \end{cases} \qquad (7.2.47)$$

证明. 由 (7.2.45) 知 $\bar{Q}$ 有开覆盖 $\{D_x\}_{x\in\bar{Q}}$ 存在. 记

$$\tilde{Q}_i = \bigcup_{\substack{x\in\bar{Q} \\ D_x\cap Q\subset Q_i}} D_x,$$

显然

$$\tilde{Q}_i \cap Q = Q_i, \quad i = 1,\cdots,m, \qquad (7.2.48)$$

并且

$$\bar{Q} \subset \bigcup_{i=1}^{m} \tilde{Q}_i. \qquad (7.2.49)$$

由 (7.2.48) 还推出 $\tilde{Q}_i$ 的边界 $\partial\tilde{Q}_i$ 有关系

$$\partial Q_i \setminus \partial Q = \partial Q_i \cap Q = \partial\tilde{Q}_i \cap Q. \qquad (7.2.50)$$

包含关系 (7.2.49) 意味单位分解成立,即是说存在 $\varphi_i \in C_0^\infty(\tilde{Q}_i)$ $(i = 1,\cdots,m)$, $0 \le \varphi_i \le 1$,使

$$\sum_{i=1}^{m} \varphi_i(x) = 1, \quad \forall x \in \bar{Q} \qquad (7.2.51)$$

定义函数 $v_i = v\varphi_i$,由 (7.2.50) 知 (7.2.46) 成立,故可按 (7.2.47) 方式延拓,如此延拓意义下的 $\tilde{v}_i \in H^1(Q)$,且 $v = \tilde{v}_1 + \cdots + \tilde{v}_m$. □

显然,如图 7.2 似的分割不能由引理 2.2 判定. 但引理 2.2 可以对子域分割方法提供参考依据.

§3. 异步并行算法

如前节所述,经典的 Schwarz 交替法不是并行算法,但是康立山等把 Schwarz 算法与 D. Chazan 等于 1969 年提出的混乱松弛法相结合,提出了解偏微分方程的异步并行算法 [101].

异步并行算法的主要特征是它的过程在任何时候都不需要等待数据输入,而是根据整体变量里最新信息来确定计算是继续还是停止. 异步 Schwarz 算法完全打乱经典 Schwarz 算法的串

行格局，充分考虑并行计算机的特点．假定每个子域 Q_j 对应一台处理机与一个解 Q_j 上边值问题的过程 A_j．A_j 的运行依赖于 ∂Q_j 上边值的最新信息．

设给定初始 u^0 后，一个迭代序列 $\{u^{i(l_i)}\}$，$i = 1, 2, \cdots, l_i \in M \triangleq \{1, \cdots, m\}$ 产生，$u^{i(l_i)}$ 意味它是第 i 步，在第 $j = l_i$ 台处理机上执行过程 A_j．过程 A_j 被执行意味着把 u^{i-1} 在 ∂Q_j 上的值赋作边界条件，由 Q_j 上的边值问题得到解 $\hat{u}^{i(l_i)}$，选择第 i 步松弛因子：$0 < \omega_i < 2$，置

$$u^{i(l_i)} = u^{i-1} + \omega_i(\hat{u}^{i(l_i)} - u^{i-1}) \tag{7.3.1}$$

得到．由于这里第 j 台处理机究竟执行第几步的信息事前未规定，因此称为混乱松弛．为了保证收敛，需要两个合理假定：

A$_1$) 存在一个与 i 无关的正整数 k_0，使任何 $j \in M$ 号子域皆找到正整数 $k \leq k_0$，使 u^{i+k} 在 j 号子域计算．

A$_2$) 松弛因子的选择，满足

$$0 < \inf_i \omega_i \leq \sup_i \omega_i < 2.$$

以下在 A$_1$)，A$_2$) 假定下证明异步并行算法的收敛性．这个证明曾由吕涛 [117] 给出，这里的证明已简化．

定理 3.1. 在 A$_1$) 及 A$_2$) 假定下，若

$$V = \overline{V_1 + \cdots + V_m}, \tag{7.3.2}$$

则 Schwarz 混乱松弛法按能量范收敛于解 u；若

$$V = V_1 + \cdots + V_m, \tag{7.3.3}$$

则收敛速度是几何的．

证明．用 $e^i = u - u^i$ 表示误差，根据 Lions 的投影解释，由 (7.3.1) 得出

$$e^i = (I - \omega_i P_{l_i})e^{i-1}, \tag{7.3.4}$$

这里 $P_{l_i} : V \to V_{l_i}$ 是正投影．简单计算知

$$\|e^i\|_1^2 = \|e^{i-1}\|_1^2 - [1 - (1 - \omega_i)^2]\|P_{l_i}e^{i-1}\|_1^2, \tag{7.3.5}$$

由 A$_2$) 易见：$\mu_i = 1 - (1 - \omega_i)^2 > 0$，故序列 $\{\|e^i\|_1^2\}$ 是单调下降的，必有极限

$$\rho = \lim_{n \to \infty} \|e^n\|_1^2. \tag{7.3.6}$$

用 $I = \{1, 2, \cdots\}$ 表整数集合，$I_j \subseteq I$ 表示由全体 $\{i(j)\}$ 构成的子集，$j \in M$. 又令 $I_j^k \subseteq I_j$, $k \in M$ 定义为 $I_j^k = \{s \in I_j : s + 1 \in I_k, k \in M\}$，显然 $I_j^j = \phi$.

今证

$$
\begin{cases}
\mu_{s+1} P_k e^s \to 0, & \text{当 } s \in I_j^k, s \to \infty, \\
\forall j \in M, & k \in M/\{j\}.
\end{cases} \tag{7.3.7}
$$

为此，由 $s \in I_j^k$, (7.3.5) 及 (7.3.6) 推出

$$
\mu_{s+1} \| P_k e^s \|_1^2 = \| e^{s+1} \|_1^2 - \| e^s \|_1^2 \to 0, s \to \infty.
$$

其次，由 $e^{s+1} - e^s = -\omega_{s+1} P_k e^s$，导出

$$
\| e^{s+1} - e^s \|_1 \to 0, \quad \text{当 } s \to \infty. \tag{7.3.8}
$$

若 (7.3.2) 成立，则等价于

$$
V_1^\perp \cap \cdots \cap V_m^\perp = \{0\}. \tag{7.3.9}
$$

为了证 $e^n \to 0$，先证 $e^n \rightharpoonup 0$. 事实上，(7.3.6) 蕴含 $\{e^n\}$ 有弱收敛子列存在，设 v 为此子列的弱极限，(7.3.4) 及 (7.3.8) 蕴含 $v \in V_1^\perp \cap \cdots \cap V_m^\perp = \{0\}$，即弱极限 $v = 0$，既然任何子序列都有弱收敛于零的子子序列，这就得出

$$
e^n \rightharpoonup 0, \quad \text{当 } n \to \infty. \tag{7.3.10}
$$

但

$$
\| e^n \|_1^2 = (e^0, f^{2n})_1, \tag{7.3.11}
$$

这里 $f^{2n} = \left(\prod_{i=1}^n (I - \omega_i P_{l_i}) \right)^2 e^0$，重覆前面讨论知：$f^{2n} \rightharpoonup 0$，当 $n \to \infty$. 于 (7.3.11) 取极限，得

$$
\| e^n \|_1^2 \to 0, \quad \text{当 } n \to \infty, \tag{7.3.12}
$$

故知 u^n 按能量范收敛于 u.

如果 (7.3.3) 成立，则由 A_1) 知

$$
V_{l_1} + \cdots + V_{l_{k_0}} = V, \tag{7.3.13}
$$

重复定理 2.2 的证明，得到

$$
\| (I - \omega_1 P_{l_1}) \cdots (I - \omega_{k_0} P_{l_{k_0}}) \| \leq \alpha < 1. \tag{7.3.14}
$$

令 $\bar{\alpha}$ 是 (7.3.14) 中 P_{l_j} 取遍所有排列所对应的 α 的极大值. 这就得到

$$
\| e^{nk_0} \|_1 \leq \bar{\alpha}^n \| e^0 \|_1, \quad 0 < \bar{\alpha} < 1, \tag{7.3.15}
$$

故知收敛是几何的. □

有关异步并行算法的数值试验在康立山，孙乐林，陈毓屏的专著中 [101] 有详细论述.

§ 4. Schwarz 算法的收敛速度分析

毫无疑问 Schwarz 交替法的收敛速度与覆盖面积紧密相关. 虽然直观上可以看出覆盖面积愈大，收敛愈快，但是定量地分析覆盖测度与敛速的关系仍是困难的，Evans, 康立山 [102] 及唐维白 [209] 使用 Fourier 级数法讨论了矩形域的情形.

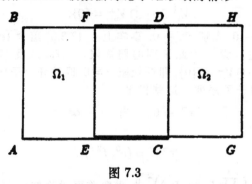

图 7.3

考虑如图 7.3 的区域，Ω 为矩形 AGHB, Ω_1 为矩形 ACDB, Ω_2 为矩形 EGHF, $\Omega_1 \cap \Omega_2$ 为 ECDF. 构造 Dirichlet 问题

$$\begin{cases} \Delta u = f, & (\Omega), \\ u = g, & (\partial\Omega). \end{cases} \tag{7.4.1}$$

应用 Schwarz 交替法解 (7.4.1), 令 u_1^i, u_2^i 是第 i 次迭代在 Ω_1 及 Ω_2 的近似，e_1^i, e_2^i 为相应的误差，则易知 e_2^i, e_1^i 分别满足

$$\begin{cases} \Delta e_2^i = 0, & (\Omega_2), \\ e_2^i = 0, & (\partial\Omega \cap \partial\Omega_2), \\ e_2^i = e_1^{i-1}, & (\partial\Omega_2 \setminus \partial\Omega) \end{cases} \tag{7.4.2}$$

及

$$\begin{cases} \Delta e_1^i = 0, & (\Omega_1), \\ e_1^i = 0, & (\partial\Omega \cap \partial\Omega_1), \\ e_1^i = e_2^i, & (\partial\Omega_1 \setminus \partial\Omega). \end{cases} \tag{7.4.3}$$

为便于分析, 取 A 为原点, $AB = a$, $AC = b$, $EC = c$, 又令在 $\partial\Omega_2 \setminus \partial\Omega$ 上, 即 FE 上的初始误差 e_2^0 的限制为

$$\varepsilon_2^0 = \sum_{n=1}^{\infty} a_n \sin \frac{n\pi y}{a}. \tag{7.4.4}$$

易验证, 在 (7.4.4) 条件下 (7.4.2) 的解为

$$e_2^0 = \sum_{n=1}^{\infty} a_n \operatorname{sh}\left(\frac{n\pi x}{a}\right) \sin\left(\frac{n\pi y}{a}\right) / \operatorname{sh}\left(\frac{nb\pi}{a}\right). \tag{7.4.5}$$

用 ε_1^0 表示 e_2^0 在 CD 上的限制, 则

$$\varepsilon_1^0 = \sum_{n=1}^{\infty} a_n \operatorname{sh}\left(\frac{n(b-c)\pi}{a}\right) \sin\left(\frac{ny\pi}{a}\right) / \operatorname{sh}\left(\frac{nb\pi}{a}\right).$$

类似地, 又有

$$e_1^0 = \sum_{n=1}^{\infty} a_n \frac{\operatorname{sh}\left(\dfrac{n(b-c)\pi}{a}\right)}{\operatorname{sh}^2\left(\dfrac{nb\pi}{a}\right)} \sin\left(\frac{nx\pi}{a}\right) \operatorname{sh}\left(\frac{ny\pi}{a}\right),$$

及

$$\varepsilon_2^1 = \sum_{n=1}^{\infty} a_n \left(\frac{\operatorname{sh}\left(\dfrac{n(b-c)\pi}{a}\right)}{\operatorname{sh}\left(\dfrac{nb\pi}{a}\right)}\right)^2 \sin\left(\frac{nx\pi}{a}\right) \operatorname{sh}\left(\frac{ny\pi}{a}\right). \tag{7.4.5}$$

递推下去, 每迭代一步, 系数收缩因子是 $\operatorname{sh}\left(\dfrac{n(b-c)\pi}{a}\right)/\operatorname{sh}\left(\dfrac{nb\pi}{a}\right)$ $(n = 1, 2, \cdots)$. 显然, 起支配作用的是 $n = 1$ 的低频分支系数, 收缩因子为 $\operatorname{sh}\left(\dfrac{(b-c)\pi}{a}\right)/\operatorname{sh}\left(\dfrac{b\pi}{a}\right)$. 注意覆盖度可由覆盖比率 c/b 表达. 故上面分析得到结论:

a) 如 $c/b \to 1$ 则收缩因子以指数趋于零.

b) 收缩因子随频率增加而按指数衰减.

以上分析对 Neumann 问题及高维问题也有类似结论. 这些性质对于我们构造算法有指导意义. 如高频分支系数按指数衰减，就有利于用多层网格法求解，熟知：多层网格法的本质就是用细网格光滑松弛剔除高频分量误差，再用粗网格直接解剔除低频分量误差.

对于一般区域上的变系数二阶椭圆型方程也有同样结论：迭代误差随覆盖度增大按指数下降.

为此设 Ω 是 $I\!R^m$ 的有界开集, $\Omega = \Omega_1 \cup \Omega_2$ 分解为两重叠子域. 令 $\gamma_1 = \partial\Omega_1 \cap \Omega_2$, $\gamma_2 = \partial\Omega_2 \cap \Omega_1$. 我们用

$$\delta = \mathrm{dist}(\gamma_1, \gamma_2) \tag{7.4.6}$$

表示覆盖度. 图 7.3 中 $\delta = EC$. 考虑微分算子

$$A = -\sum_{i,j=1}^{m} a_{ij} D_{ij} - \sum_{j=1}^{m} b_i D_i + d, \tag{7.4.7}$$

其中矩阵 $[a_{ij}]$ 在 $\bar{\Omega}$ 上一致正定, d 是 Ω 上的连续函数, 且存在常数 C_0 使

$$d(x) \geq C_0 > 0, \quad \forall x \in \Omega. \tag{7.4.8}$$

考虑方程

$$\begin{cases} Au = f, & (\Omega), \\ u = g, & (\partial\Omega). \end{cases} \tag{7.4.9}$$

相应的 Schwarz 算法的收敛速度, 取决于误差所满足的方程

$$\begin{cases} Ae_2^i = 0, & (\Omega_2), \\ e_2^i = 0, & (\partial\Omega \cap \partial\Omega_2), \\ e_2^i = e_1^{i-1}, & (\gamma_2) \end{cases} \tag{7.4.10}$$

及

$$\begin{cases} Ae_1^i = 0, & (\Omega_1), \\ e_1^i = 0, & (\partial\Omega \cap \partial\Omega_1), \\ e_1^i = e_2^i, & (\gamma_1). \end{cases} \tag{7.4.11}$$

以下引理见 Lions [136].

引理 4.1. 存在常数 $\mu > 0$, 它仅取决于 C_0, Ω_1 及系数 b_j, a_{ij}, 若 $w \in C^2(\Omega) \cap C(\bar{\Omega})$ 满足

$$
\begin{cases}
Aw = 0, & (\Omega_1), & (7.4.12a) \\
w = 0, & (\partial\Omega \cap \partial\Omega_1), & (7.4.12b) \\
w \leq 1, & (\gamma_1), & (7.4.12c)
\end{cases}
$$

则

$$\sup_{x \in \gamma_2} w(x) \leq \exp(-\mu\delta^2). \qquad (7.4.13)$$

证明. 取 $x_0 \in \gamma_2$, 不失一般性, 设 $x_0 = 0$, 令 $\rho = \text{dist}(x_0, \gamma_1)$, 构造函数

$$\bar{w}(x) = \exp(\mu(|x|^2 - \rho^2)), \qquad (7.4.14)$$

其中 $\mu > 0$ 待定. 直接用 A 作用于 $\bar{w}$, 得

$$A\bar{w} = \Big[-2\mu(T_r a) - 4\mu^2 \sum_{i,j=1}^m a_{ij}x_i x_j + 2\mu \sum_{j=1}^m b_j x_j + d\Big]\bar{w}, \qquad (7.4.15)$$

这里 $\text{Tr}a = \sum_{j=1}^m a_{jj}$ 表矩阵的迹. 由假设 $0 = x_0 \in \gamma_2$, 知

$$\bar{w}(x) \geq 1, \quad \forall x \in \gamma_1, \qquad (7.4.16)$$

故可选择 μ 充分小, 使

$$C_0 \geq 2\mu\|b\|_\infty(\text{diam}\Omega_1) + 2\mu\text{Tr}a + 4\mu^2\sigma(\text{diam}\Omega_1)^2. \qquad (7.4.17)$$

这里 σ 是 $[a_{ij}]$ 的最大本征值, 代入 (7.4.15) 得到

$$A\bar{w} \geq 0, \quad (\Omega_1). \qquad (7.4.18)$$

由极大模原理, 我们有

$$w \leq \bar{w}, \quad (\Omega_1). \qquad (7.4.19)$$

特别地,

$$\sup_{x \in \gamma_2} w(x) \leq \sup_{x \in \gamma_2} \exp(-\mu \, \text{dist}\,(x, \gamma_1)^2)$$

$$\leq \exp(-\mu\delta^2)$$

证毕. □

推论 1. 设 w 满足 (7.4.12a) 与 (7.4.12b), 则

$$\sup_{x\in\gamma_2}|w(x)|\leq\exp(-\mu\delta^2)\sup_{x\in\gamma_1}|w(x)|. \tag{7.4.20}$$

推论 2. 迭代误差 e_1^i 与 e_2^i 按指数递减于零, 即有

$$\sup_{\gamma_2}|e_1^i|\leq\exp(-2i\mu\delta^2)\sup_{\gamma_2}|e_1^0|,$$

$$\sup_{\gamma_1}|e_2^i|\leq\exp(-2i\mu\delta^2)\sup_{\gamma_1}|e_2^0|.$$

§ 5. 并行 Schwarz 算法

5.1. 连续情形

经典的 Schwarz 交替法不是并行算法, 为了使计算并行化, 我们考虑以下并行的 (或加性的)Schwarz 方法, 设边值问题为

$$\begin{cases} Lu=f, & (\Omega), \\ u=g, & (\partial\Omega), \end{cases} \tag{7.5.1}$$

这里 $\Omega\subset I\!R^N$ 是有界开集, 微分算子

$$Lu=-\sum_{i,j=1}^{N}\frac{\partial}{\partial x_j}\Big(A_{ij}\frac{\partial u}{\partial x_l}\Big)+B(x)u,$$

$B(x)\geq 0$, 当 $x\in\Omega$, $[A_{ij}]$ 一致正定. 令 Ω 有分解 $\bar\Omega=\bigcup_{i=1}^m\bar\Omega_i$, Ω_i 是开集, 且对每个指标 i 皆可找到 $j\neq i$, 使 $\Omega_i\cap\Omega_j\neq\phi$. 对问题 (7.5.1) 的并行 Schwarz 方法如下 (参见 [141]).

算法 5.1 (并行 Schwarz).
步 1. 选择初始近似 $u^0\in H_g^1(\Omega)$, $n:=0$.
步 2. 并行计算子域上边值问题

$$\begin{cases} Lu_i^{n+1}=f,(\Omega_i), \\ u_i^{n+1}=u^n,(\partial\Omega_i), i=1,\cdots,m. \end{cases} \tag{7.5.2}$$

步 3. 延拓 u_i^{n+1} 的定义到 Ω, 即定义

$$\tilde u_i^{n+1}=\begin{cases} u_i^{n+1}, & x\in\Omega_i \\ u^n, & x\in\Omega\backslash\Omega_i, \end{cases}$$

并取平均

$$u^{n+1} = \frac{1}{m} \sum_{i=1}^{m} \tilde{u}_i^{n+1}, \tag{7.5.3}$$

置 $n := n + 1$ 转步 2.

算法 5.1 的收敛性，易由 Lions 的投影解释证明. 首先定义双线性泛函

$$a(u,v) = \int_\Omega \Big(\sum_{i,j=1}^{N} A_{ij} \frac{\partial u}{\partial x_i} \frac{\partial v}{\partial x_j} + Buv \Big) dx. \tag{7.5.4}$$

由一致正定性蕴含存在常数 $\nu > 0$, 使

$$\|u\|_a^2 \stackrel{\triangle}{=} a(u,u) \geq \nu \|u\|_{H_0^1(\Omega)}, \quad \forall u \in H_0^1(\Omega). \tag{7.5.5}$$

令 $P_i : H_0^1(\Omega) \to H_0^1(\Omega_i)$ 是能量内积 (7.5.4) 意义下的正投影, u 是 (7.5.1) 的解. 则重复 (7.2.10) 的推导得到误差递推关系

$$u - \tilde{u}_i^{n+1} = (I - P_i)(u - u^n), \tag{7.5.6}$$

或者

$$u - u^{n+1} = \Big(I - \frac{1}{m} \sum_{i=1}^{m} P_i \Big)(u - u^n). \tag{7.5.7}$$

以下仍记 $V = H_0^1(\Omega)$, $V_i = H_0^1(\Omega_i)$. 有关算法 5.1 的收敛性由下列定理给出.

定理 5.1. 如果 $V = \overline{V_1 + \cdots + V_m}$, 则算法 5.1 收敛于解 u; 如果还有 $V = V_1 + \cdots + V_m$, 则收敛是几何的, 即存在正数 $\alpha < 1$, 使

$$\|u - u^n\|_a \leq \alpha^n \|u - u^0\|_a. \tag{7.5.8}$$

证明. 令 $B = I - \frac{1}{m} \sum_{i=1}^{m} P_i$, 显然 B 是自伴的, 且 $\|B\| \leq 1$, 令 $e^n = u - u^n$ 表示误差, 由 (7.5.7) 知

$$e^{n+1} = Be^n. \tag{7.5.9}$$

故序列 $\{d_n = \|e^n\|_a\}$ 是单调下降的, 应有极限存在. 令

$$d = \lim_{n \to \infty} d_n,$$

今证 $d = 0$, 从而得出收敛性. 事实上, 对任意正整数 k, 考虑

$$
\begin{aligned}
d_{n+k}^2 - d_n^2 &= a(B^k e^n, B^k e^n) - a(e^n, e^n) \\
&= a(e^n, e^{n+2k} - e^n) \to 0, \quad \text{当} \quad n \to \infty.
\end{aligned} \tag{7.5.10}
$$

故推出

$$
\begin{aligned}
\|e^{n+2k} - e^n\|_a^2 &= d_{n+2k}^2 - d_n^2 - 2a(e^n, e^{n+2k} - e^n) \\
&\to 0, \quad \text{当} \quad n \to \infty,
\end{aligned} \tag{7.5.11}
$$

即 $\{e^n\}$ 是收敛的. 令 $e = \lim\limits_{n \to \infty} e^n$, 于 (7.5.9) 两端取极限, 得

$$
Be = e,
$$

或者

$$
\Big(\frac{1}{m} \sum_{i=1}^m P_i\Big) e = 0. \tag{7.5.12}
$$

以 e 对 (7.5.12) 两端取能量内积, 得出

$$
\|P_i e\|_a = 0, \quad \text{或} \quad e \in V_i^\perp, \quad i = 1, \cdots, m,
$$

即 $e \in \bigcap_{i=1}^m V_i^\perp$, 但由 $V = \overline{V_1 + \cdots + V_m}$, 知 $\bigcap_{i=1}^m V_i^\perp = \{0\}$, 于是知 $e = 0$, 这就得出收敛性.

其次, 若 $V = V_1 + \cdots + V_m$, 则意味对任意 $v \in V$, 存在 $v_i \in V_i$, $i = 1, \cdots, m$, 使

$$
v = \sum_{i=1}^m v_i. \tag{7.5.13}
$$

由开映射定理, 知存在常数 $C > 0$, 使

$$
\Big(\sum_{i=1}^m \|v_i\|_a^2\Big)^{1/2} \le C\|v\|_a, \tag{7.5.14}
$$

由此推出

$$
\begin{aligned}
\|v\|_a^2 &= \sum_{i=1}^m a(v, v_i) = \sum_{i=1}^m a(P_i v, v_i) \\
&\le \Big(\sum_{i=1}^m \|P_i v\|_a^2\Big)^{1/2} \Big(\sum_{i=1}^m \|v_i\|_a^2\Big)^{1/2} \\
&\le C\Big(\sum_{i=1}^m \|P_i v\|_a^2\Big)^{1/2} \|v\|_a,
\end{aligned}
$$

或者

$$\|v\|_a^2 \leq C_1 \Big(\sum_{i=1}^m \|P_i v\|_a^2 \Big). \tag{7.5.15}$$

从而得到

$$0 < a(Bv, v) = a(v, v) - \frac{1}{m} \sum_{i=1}^m a(P_i v, v)$$
$$\leq \Big(1 - \frac{1}{mC_1} \Big) \|v\|_a^2. \tag{7.5.16}$$

这就证明了

$$\|B\| = \alpha \leq 1 - \frac{1}{mC_1} < 1,$$

定理证毕.   □

(7.5.3) 中取算术平均不是本质的. 一般可以取为

$$u^{n+1} = \sum_{i=1}^m \omega_i \tilde{u}_i^{n+1} + (1 - \omega) u^n \tag{7.5.17}$$

其中因子 $\omega_i > 0$, 而 $\omega = \sum_{i=1}^m \omega_i < 2$, 恰当地选择 ω_i 可以加快收敛速度. 往后我们还可以选用 ω_i 随点 x 变化的变权因子法.

5.2. 有限元情形

解 (7.5.1) 的有限元并行 Schwarz 算法是基于 Dryja 和 Widlund 的子结构思想. 首先, 对区域 Ω 作初始正规三角剖分, $\Omega_i (i = 1, \cdots, m)$ 是初始大单元, 相互不重叠, H 是相应于初剖分的网参数; 其次, 对每个 Ω_i 精细加密得出网参数为 h 的 Ω 的拟一致剖分 Ω^h; 最后, 对每个 Ω_i 构造真包含 Ω_i 的子域 Ω_i', 并设 Ω_i' 的顶点也是 Ω^h 的顶点, 且设

$$d(\partial\Omega_i' \setminus \partial\Omega, \partial\Omega_i \setminus \partial\Omega) \geq CH_i, \quad i = 1, \cdots, m, \tag{7.5.18}$$

这里 H_i 是 Ω_i 的直径, C 是与 H, i 无关的正常数. 令 $V^h \subset H_0^1(\Omega)$ 是 Ω^h 上的分片线性元空间. V_0^h 是初始剖分 $\{\Omega_i\}_{i=1}^m$ 上的分片线性元空间, 又设 $V_i^h = V^h \cap H_0^1(\Omega_i')$ $(i = 1, \cdots, m)$.

令 u^h 是 (7.5.1) 的有限元近似, 即 $u^h - g^I \in H_0^1(\Omega)$, 其中 g^I 是 g 在 Ω^h 上的任何线性元插值, 它在内结点上的值可以任意指定, 满足

$$a(u^h, v) = (f, v), \quad \forall v \in V^h. \tag{7.5.19}$$

一个计算 u^h 的并行 Schwarz 算法如下.

算法 5.2（有限元并行 Schwarz 算法）.

步 1. 选初始 u^0 满足 $u^0 - g^I \in V^h$, 置 $n := 0$.

步 2. 并行解 $m+1$ 个子域上的问题：求 $u_i^{n+1} - u^n \in V_i^h$, 满足

$$a(u_i^{n+1}, v) = (f, v), \forall v \in V_i^h, i = 1, \cdots, m; \qquad (7.5.20)$$

求 $u_0^{n+1} - I^H u^n \in V_0^h$, 满足

$$a(u_0^{n+1}, v) = (f, v), \quad \forall v \in V_0^h, \qquad (7.5.21)$$

其中 I^H 是初剖分 $\{\Omega_i\}$ 上的分片线性内插算子.

步 3. 选择参数 $\omega_i > 0$, $\sum\limits_{i=0}^{m} \omega_i = 1$, 并置

$$u^{n+1} = \sum_{i=0}^{m} \omega_i u_i^{n+1}.$$

步 4. 置 $n := n + 1$ 转步 2.

上述算法中，如初剖分无内交点，则空间 $V_0^h = \{0\}$, 故 u_0^{n+1} 计算被省略.

以下定理表明算法 5.2 不仅收敛, 且收敛速度很快.

定理 5.2. 算法 5.2 的 u^{n+1} 收敛到有限元解 u^h, 在初剖分有内交点时, 收敛速度为 $O((\ln(H/h)^{-1})$, 如无内交点则收敛速度与 h 无关.

在证明定理之前, 首先易观察出有限元空间 V^h 可以表为 $m+1$ 个子空间的和:

$$V^h = V_0^h + V_1^h + \cdots + V_m^h. \qquad (7.5.22)$$

定义能量投影 $P_i^h : V^h \to V_i^h$, 使 $\forall v^h \in V^h$ 有

$$a(P_i^h v^h, \varphi) = a(v^h, \varphi), \forall \varphi \in V_i^h, \quad i = 0, 1, \cdots, m. \qquad (7.5.23)$$

我们需要估计正定算子 $P^h = \sum\limits_{i=0}^{m} P_i^h$ 的最小本征值, 为此先证明引理.

引理 5.1 (Lions). 设任意 $u^h \in V^h$ 皆有分裂表达式 $u^h = \sum_{i=0}^{m} u_i^h, u_i^h \in V_i^h$ 及正数 C_0 使

$$\sum_{i=0}^{m} \|u_i^h\|_a^2 \le C_0\|u^h\|_a^2, \quad \forall u^h \in V^h, \tag{7.5.24}$$

则算子 P^h 的最小本征值 $\lambda_{\min}$ 满足

$$\lambda_{\min} \ge 1/C_0. \tag{7.5.25}$$

证明. 由投影性质

$$\|u^h\|_a^2 = a(u^h, u^h) = \sum_{i=0}^{m} a(u^h, u_i^h)$$

$$= \sum_{i=0}^{m} a(u^h, P_i^h u_i^h) = \sum_{i=0}^{m} a(P_i^h u^h, u_i^h)$$

$$\le \Big(\sum_{i=0}^{m} \|P_i^h u^h\|_a^2\Big)^{1/2} \Big(\sum_{i=0}^{m} \|u_i^h\|_a^2\Big)^{1/2}.$$

由 (7.5.24) 得

$$\|u^h\|_a^2 \le C_0 \sum_{i=0}^{m} \|P_i^h u^h\|_a^2 = C_0 \sum_{i=0}^{m} a(P_i^h u^h, u^h) \tag{7.5.26}$$

$$= C_0 a(P^h u^h, u^h), \quad \forall u^h \in V^h,$$

由正定算子最小本征值性质知 (7.5.25) 成立. □

引理 5.2[72] (Dryja-Widlund). P^h 的最小本征值

$$\lambda_{\min} \ge C(1 + \ln(H/h))^{-1}. \tag{7.5.27}$$

证明. 对任意 $u^h \in V^h$ 有分解

$$u^h = I^H u^h + (u^h - I^H u^h) = I^H u^h + w^h. \tag{7.5.28}$$

由单位分解定理, 存在函数 $\theta_i \in C_0^\infty(\Omega_i')$, 使

$$\sum_{i=1}^{m} \theta_i = 1, \quad 0 \le \theta_i \le 1, \tag{7.5.29}$$

并置

$$u_i^h = I^h(\theta_i u^h), \quad i = 1, \cdots, m,$$

这里 I^h 是分片线性插值算子. 显然 $u_i^h \in V_i^h$ 且 $w^h = \sum\limits_{i=1}^{m} u_i^h$, 又置 $I^H u^h = u_0^h \in V_0^h$, 故得 u^h 的分解式

$$u^h = \sum_{i=0}^{m} u_i^h, \quad \forall u^h \in V^h. \tag{7.5.30}$$

我们只需用引理 5.1 估计出 (7.5.24). 为此应用有限元不等式 (6.8.51) 导出

$$\|u^h\|_{\infty,\Omega_i}^2 \le C(1 + \ln(H/h))(|u^h|_{1,\Omega_i}^2 + H_i^{-2}\|u^h\|_{0,\Omega_i}^2), \tag{7.5.31}$$

其中 C 是与 H, h 无关的正常数. 由于 $u_0^h = I^H u^h$ 是 u^h 在 Ω_i 的顶点上的插值函数, 故 $I^H u^h$ 仅决定于 u^h 在 Ω_i 的顶点值, 故得出

$$|I^H u^h|_{1,\Omega_i}^2 \le C(1 + \ln(H/h)|u^h|_{1,\Omega_i}^2, \tag{7.5.32}$$

另一方面, 我们选择的 $\theta_i \in C_0^\infty(\Omega_i')$, 其梯度 $\nabla\theta_i$ 被 $1/H_i$ 所界定 (至多差一个常数倍), 为了估计 $u_i^h \ (i = 1, \cdots, m)$, 我们对每个单元 K 建立不等式:

$$|u_i^h|_{1,K}^2 \le 2|\bar{\theta}_i w^h|_{1,K}^2 + 2|I^h((\theta_i - \bar{\theta}_i)w^h)|_{1,K}^2, \tag{7.5.33}$$

其中 $\bar{\theta}_i$ 是函数 θ_i 在 K 上积分均值. 用逆估计

$$|I^h((\theta_i - \bar{\theta}_i)w^h)|_{1,K} \le Ch^{-1}\|I^h((\theta_i - \bar{\theta}_i)w^h)\|_{0,K},$$

及 $|\theta_i - \bar{\theta}_i| \le Ch/H_i, (K)$, 代入 (7.5.33) 并对所有 Ω_i' 上单元求和, 获

$$|u_i^h|_{1,\Omega_i'}^2 \le C(\|w^h\|_{1,\Omega_i'}^2 + H_i^{-2}\|w^h\|_{0,\Omega_i'}^2), \tag{7.5.34}$$

但 $w^h = (I - I^H)u^h$, 利用 (7.5.32) 及插值估计得到

$$|u_i^h|_{1,\Omega_i'}^2 \le C(1 + \ln(H/h))\|u^h\|_{1,\Omega_i}^2. \tag{7.5.35}$$

如果 meas $(\partial\Omega \cap \partial\Omega_i') > 0$, 左端半范可以用范数 $\|u_i^h\|_{1,\Omega_i'}$ 取代; 若 meas $(\partial\Omega \cap \partial\Omega_i') = 0$, 则注意当用 $u^h + $ const 代 u^h 时, w^h 不改变, 因此可以选择常数, 使取代后函数在 Ω_i' 上积分均值为零, 应用 Poincare 不等式知 (7.5.35) 左端仍可用 $\|u_i^h\|_{1,\Omega_i'}$ 取代. 两端求和得

$$\sum_{i=0}^{m} \|u_i^h\|_{1,\Omega}^2 \le C(1 + \ln(H/h))\|u^h\|_{1,\Omega}^2, \tag{7.5.36}$$

这里用到 $\|u_i^h\|_{1,\Omega_i} = \|u_i^h\|_{1,\Omega}$. 最后, 注意 $\|\cdot\|_a$ 与 $\|\cdot\|_1$ 互为等价, 由引理 5.1 得到证明. □

推论. 如初始剖分 $\{\Omega_i\}$ 无内交点, 则

$$\lambda_{\min} \geq C > 0, \qquad (7.5.37)$$

这里 C 是与 H, h 无关的正常数.

证明. 如无内交点, 显然 $I^H u^h = 0$, 故有 $u^h = w^h$, 应用 (7.5.34) 于引理 5.1 即获证明. □

定理 5.2 的证明. 由投影定义 (7.5.23), 易推出

$$u^h - u_i^{n+1} = P_i^h(u^h - u^n), i = 0, \cdots, m,$$

或者

$$\begin{aligned}
u^h - u^{n+1} &= \left(I - \sum_{i=0}^m \omega_i P_i^h\right)(u^h - u^n) \\
&= \left(I - \sum_{i=0}^m \omega_i P_i^h\right)^{n+1}(u^h - u^0),
\end{aligned} \qquad (7.5.38)$$

令

$$T = \sum_{i=0}^m \omega_i P_i^h,$$

则收敛速度由引理 5.2 得出

$$\begin{aligned}
R &= -\ln\|I - T\| \geq -\ln|1 - \bar{\omega}\lambda_{\min}(P^h)| \\
&\geq -\ln(1 - C(1 + \ln(H/h))^{-1}) = O((\ln(H/h))^{-1}),
\end{aligned}$$

这里 $\bar{\omega} = \min\limits_{0 < i \leq m} \omega_i$. 如果无内交点则 (7.5.37) 蕴含敛速与 H, h 无关. □

为了使 Schwarz 交替法的计算并行化, Dryja 与 Widlund 提出加性 Schwarz 方法, 用意是转化原问题为等价问题

$$P^h u^h = g^h, \qquad (7.5.39)$$

然后借助于迭代法 (主要是共轭梯度法) 计算. 由于迭代中 $P^h = P_0^h + \cdots + P_m^h$ 的投影计算是并行的, 可以通过独立地解子域上的问题求出. 引理 5.2 保证了条件数为 $O((\ln(H/h))^{-1})$. 但是我们这里提供的算法似乎较为自然, 除不需要预处理技术外, 还可用下面加速方法提高敛速.

5.3. Chebyshev 加速

如果在算法 5.2 的步 3 中，置

$$u^{n+1} = (1 - \mu_n)u^n + \mu_n \sum_{i=0}^{m} \omega_i u_i^n, \tag{7.5.40}$$

则导出误差递推公式

$$
\begin{aligned}
e^{n+1} &= (I - \mu_n T)e^n = \prod_{j=0}^{n+1}(I - \mu_i T)e^0 \\
&= Q_{n+1}(T)e^0,
\end{aligned}
\tag{7.5.41}
$$

这里 μ_n $(n = 0, 1, \cdots)$ 是待定实数序列. $e^n = u^h - u^n$ 是迭代误差. $Q_{n+1}(T)$ 是关于算子 T 的 $n+1$ 阶多项式. 如果 T 的本征值有估计

$$0 < a \leq \lambda(T) \leq b < 1, \tag{7.5.42}$$

则由第四章 §6 Chebyshev 循环迭代方法可以取

$$
\left\{
\begin{aligned}
&\mu_j = 2 \Big/ \Big[(b+a) - (b-a)\cos\Big(\frac{(2j-1)\pi}{2s}\Big)\Big], \quad j = 1, \cdots, s \\
&\mu_k = \mu_j, \quad \text{当 } k > s \text{ 且 } k = j \,(\mathrm{mod}s).
\end{aligned}
\right.
\tag{7.5.43}
$$

Chebyshev 循环迭代加速的效果已在第四章中阐述.

一个更常用的 Chebyshev 半迭代方法也易构造出.

算法 5.3 (Chebyshev 半迭代加速)

步 1. 置 $u^{-1} = 0$, $u^0 \in H_g^1(\Omega) \triangleq \{v \in H^1(\Omega) : v\big|_{\partial\Omega} = g\}$, 给出 T 本征值的上、下界估计 b, a, 又取

$$\rho_1 = 1, \quad \sigma = 2/(2 - b - a), \quad \text{置 } n := 0.$$

步 2. 设 u^n 已求出，$u_i^{n+1}, i = 0, \cdots, m$, 按算法 5.2 步 2 求出.

步 3. 令 $\rho_{n+1} = (1 - \sigma^2 \rho_n/4)^{-1}$ 当 $n \geq 2$, 而 $\rho_2 = (1 - \sigma^2/2)^{-1}$, 使用三项递推公式

$$u^{n+1} = \rho_{n+1}(\sigma T u^n + (1 - \sigma)u^n) + (1 - \rho_{n+1})u^{n-1}.$$

步 4. 令 $n := n + 1$ 转步 2.

如所知，Chebyshev 半迭代可以使敛速按平方型增长. 在我们的算法中，敛速提高为 $O((\ln(H/h))^{-1/2})$.

5.4. 变权因子法

前面算法中权因子 ω_i 取为不随点 Q 的位置而变化的常数，例如 (7.5.3) 中 $\omega_i = 1/m$. 如果 ω_i 取为 Q 的函数，则称为变权因子法. 在资料 [140] 中作者提出权因子 ω_i 随点 $Q \in \Omega$ 的覆盖数而变化的变权因子法，理论与实算皆表明这一方法更有效.

为了描述此法，我们应对 Ω 中点 Q 进行分类. 称点 $Q \in \Omega$ 是 k 类点，记为 $Q \in \pi_k \subset \Omega$, 如果至多可找到 k 个覆盖 Q 的子域 $\Omega'_{i_j} (j = 1, \cdots, k)$, 使

$$Q \in \bigcap_{j=1}^{k} \Omega'_{i_j}, \quad 1 \le k \le m, \tag{7.5.44}$$

并称 k 为 Q 的覆盖数.

算法 5.4. （变权因子法）

步 1. 选初始 $\bar{u}_0 \in H_g^1(\Omega)$, 置 $n := 0$.

步 2. 设 $\bar{u}^n$ 已算出，则并行解 m 个子问题

$$\begin{cases} L\bar{u}_i^{n+1} = f, & (\Omega_i), \\ \bar{u}_i^{n+1} = \bar{u}^n, & (\partial\Omega_i), \quad i = 1, \cdots, m. \end{cases} \tag{7.5.45}$$

步 3. 如果 $Q \in \pi_k$ 且 $Q \in \bigcap_{j=1}^{k} \Omega'_{i_j}$, 则置

$$\bar{u}^{n+1}(Q) = \frac{1}{k} \sum_{j=1}^{k} \bar{u}_{i_j}^{n+1}(Q), \quad \forall Q \in \pi_k. \tag{7.5.46}$$

步 4. 置 $n := n + 1$ 转步 2.

我们证明算法 5.4 优于算法 5.1. 为此注意由算法 5.1 算出的近似 $\{u^n\}$ 与算法 5.4 算出的近似 $\{\bar{u}^n\}$ 之间有关系

$$u^{n+1}(Q) = \frac{1}{m} \sum_{j=1}^{m} \tilde{u}_j^{n+1}(Q) = \frac{k}{m} \frac{1}{k} \sum_{j=1}^{k} u_{i_j}^{n+1}(Q) + \frac{m-k}{m} u^n(Q)$$

$$= \frac{k}{m} \bar{u}^{n+1}(Q) + \frac{m-k}{m} u^n(Q), \quad \forall Q \in \pi_k, \tag{7.5.47}$$

而误差同样有

$$e^{n+1}(Q) = \frac{k}{m} \bar{e}^{n+1}(Q) + \frac{m-k}{m} e^n(Q), \quad \forall Q \in \pi_k. \tag{7.5.48}$$

显然 π_k 是 Ω 的开子集，取其中一连通分支仍记为 π_k，考虑子空间 $H_0^1(\pi_k) \subset H_0^1(\Omega)$ 及投影算子 $E_k : H_0^1(\Omega) \to H_0^1(\pi_k)$，$E_k$ 按能量内积 $a(\cdot, \cdot)$ 意义是正投影. 我们证明成立正交性质

$$a(E_k(\bar{e}^{n+1} - e^n),\ \bar{e}^{n+1}) = 0. \tag{7.5.49}$$

事实上，由 (7.5.48) 推出

$$a(E_k(\bar{e}^{n+1} - e^n), \bar{e}^{n+1}) = \frac{m}{k} a(E_k(e^{n+1} - e^n), \bar{e}^{n+1})$$

$$= \left(\frac{m}{k}\right)^2 a(E_k(e^{n+1} - e^n), e^{n+1} - e^n) + \frac{m}{k} a(E_k(e^{n+1} - e^n), e^n)$$

$$= \frac{1}{k^2} a\Big(E_k\Big(\sum_{i=1}^m P_i\Big)e^n, E_k\Big(\sum_{i=1}^m P_i\Big)e^n\Big)$$

$$-\frac{1}{k} a\Big(E_k\Big(\sum_{i=1}^m P_i\Big)e^n, e^n\Big), \tag{7.5.50}$$

这里用到 $e^{n+1} - e^n = -\dfrac{1}{m}\Big(\displaystyle\sum_{i=1}^m P_i\Big)e^n$，注意

$$E_k P_i = \begin{cases} E_k, & \text{当 } \pi_k \subset \Omega_i \\ 0, & \text{当 } \pi_k \cap \Omega_i = \phi, \end{cases} \tag{7.5.51}$$

故

$$E_k \sum_{i=1}^m P_i = k E_k, \tag{7.5.52}$$

这里用到 $\pi_k = \bigcap_{j=1}^k \Omega_{i_j}$，由 (7.5.51) 推出 (7.5.52)，代到 (7.5.50) 就证明了 (7.5.49). 这蕴含

$$\|E_k \bar{e}^{n+1}\|_a^2 = \|E_k e^{n+1}\|_a^2 - \|E_k(\bar{e}^{n+1} - e^{n+1})\|_a^2$$

$$= \|E_k e^{n+1}\|_a^2 - \left(\frac{m-k}{k}\right)^2 \|E_k(e^{n+1} - e^n)\|_a^2$$

$$= \|E_k e^{n+1}\|_a^2 - \left(\frac{m-k}{m}\right)^2 \|E_k e^n\|_a^2. \tag{7.5.53}$$

这意味局部意义下，$\bar{e}^{n+1}$ 比 e^{n+1} 更快地收敛于零. 此外，(7.5.48) 可以观察到：只要 $\{e^n(Q)\}$ 单调（保持符号不变）收敛于零，必有

$$|\bar{e}^{n+1}(Q)| \le |e^{n+1}(Q)| \le |e^n(Q)|, \tag{7.5.54}$$

即从逐点意义上，$\bar{e}^{n+1}$ 比 e^{n+1} 更快趋于零.

用 (7.5.53) 还允许构造一个等价范数，使从全局意上讲 $\bar{e}^{n+1}$ 优于 e^{n+1}. 为此，用 π'_k 表所有可以被 k 个子域覆盖的点集，允许同一点重复计算，令 $E'_k: H_0^1(\Omega) \to H_0^1(\pi'_k)$ 表相应的能量正投影，这时关于 E'_k, 等式 (7.5.53) 仍成立. 定义范

$$\|\|v\|\|^2 = \sum_{k=1}^m \|E'_k v\|_a^2. \qquad (7.5.55)$$

由开映射定理知，这是与 $\|\cdot\|_a$ 等价的范，而且

$$\|\|\bar{e}^{n+1}\|\| \le \|\|e^{n+1}\|\| - \sum_{k=1}^m \left(\frac{m-k}{m}\right)^2 \|E'_k e^n\|_a^2. \qquad (7.5.56)$$

对于离散近似也有类似的结论.

§6. 变分不等式的并行 Schwarz 算法

数学物理中许多问题归结于：求未知量 u, 满足

$$J(u) = \min_{v \in K} J(v), \qquad (7.6.1)$$

这里 K 是 Hilbert 空间 V 的非空凸子集，而泛函 $J: V \to R$ 具有形式

$$J(v) = \frac{1}{2}a(v,v) - f(v). \qquad (7.6.2)$$

此处 $a(\cdot,\cdot)$ 是 V 上连续、对称、强制的双线性泛函，$f: V \to R$ 是连续线性泛函.

众所周知 [81], 问题 (7.6.1) 等价于解变分不等式问题：求 $u \in K$ 满足

$$a(u, v-u) \ge f(v-u), \quad \forall v \in K, \qquad (7.6.3)$$

一个特殊而重要的情形是 K 是顶点在原点的凸锥. (7.6.3) 简化为求 $u \in K$ 满足

$$\begin{cases} a(u,v) \ge f(v), & \forall v \in K, \\ a(u,u) = f(u). \end{cases} \qquad (7.6.4)$$

借助于凸集的投影理论，易得到 (7.6.3) 解的存在性与唯一性. 为此，由 Riesz 表现引理：存在唯一元 $f^* \in V$ 使

$$a(f^*, v) = f(v), \quad \forall v \in V. \qquad (7.6.5)$$

代入 (7.6.3) 得到

$$a(u - f^*, v - u) \geq 0, \quad \forall v \in K. \tag{7.6.6}$$

由凸集投影的理论，如此的解 u 唯一存在，且

$$u = P_K f^*, \tag{7.6.7}$$

这里 $P_K : V \to K$ 称为 V 到凸集 K 上的投影. 有关投影性质可以在资料 [81] 中找到.

如果 K 是闭凸锥，我们定义

$$K^* = \{w \in V : a(w, v) \leq 0, \quad \forall v \in K\}, \tag{7.6.8}$$

称为 K 的对偶锥. 锥和对偶锥在以下引理意义下被视为正交的.

引理 6.1. 设 K 是包含原点的闭凸锥，K^* 是它的对偶锥，则对任何 $w \in V$ 都有唯一分解

$$w = w_1 + w_2, \tag{7.6.9}$$

且 $w_1 = P_K w, w_2 = P_{K^*} w$，此外

$$a(w_1, w_2) = 0. \tag{7.6.10}$$

证明. 令 $w_1 = P_K w, w_2 = w - w_1$，由投影定义，有

$$a(w - w_1, v - w_1) \leq 0, \quad \forall v \in K,$$

或等价地

$$a(w_2, v - w_1) \leq 0, \quad \forall v \in K. \tag{7.6.11}$$

既然原点 $0 \in K$, 故在 (7.6.11) 中取 $v = 0$, 得

$$a(w_2, w_1) \geq 0$$

但若在 (7.6.11) 取 $v = 2w_1$，又得相反不等式，故 (7.6.10) 必成立. 今证 $w_2 \in K^*$，事实上

$$a(w_2, v) = a(w - w_1, v)$$
$$= a(w - w_1, v - w_1) + a(w - w_1, w_1) \leq 0, \, \forall v \in K.$$

由定义 (7.6.8) 知 $w_2 \in K^*$.

此外，我们要证 $w_2 = P_{K^*} w$，即是证 w_2 满足不等式

$$a(w - w_2, v - w_2) \leq 0, \quad \forall v \in K^*,$$

或者等价地

$$a(w_1, v - w_2) \leq 0, \quad \forall v \in K^*. \tag{7.6.12}$$

但我们有

$$\begin{aligned}a(w_1, v - w_2) &= a(w_1, v) - a(w_1, w_2)\\ &= a(w_1, v) \leq 0, \quad \forall v \in K^*,\end{aligned} \tag{7.6.13}$$

从而 $w_2 = P_{K^*} w$ 成立.

最后, 我们证明满足 (7.6.9) 与 (7.6.10) 的分解是唯一的. 为此只须证: $w_1 = P_K w$. 事实上, 对任意 $v \in K$, 有

$$a(w - w_1, v - w_1) = a(w_2, v - w_1) = a(w_2, v) \leq 0,$$

这里用到 $w_2 \in K^*$, 由投影定义知 $w_1 = P_K w$. □

为了用有限元方法解变分不等式 (7.6.3), 先构造 V 的一族有限维子空间 $\{V^h\}$ 及 V^h 的闭凸子集 K^h. 有限元近似 $u^h \in K^h$ 满足代数不等式

$$a(u^h, v^h - u^h) \geq f(v^h - u^h), \quad \forall v^h \in K^k. \tag{7.6.14}$$

许多专著如 [81] 已经证明: 恰当地选择 V^h 及 K^h, 近似解 u^h 当 $h \to 0$ 时收敛于 u.

我们集中考虑 (7.6.14) 的区域分解方法. 在资料 [135] 中 Lions 给出解变分不等式的 Schwarz 交替方法, 证明比较复杂, 并且难于推广到多重叠区域. 下面介绍作者提出的一种并行 Schwarz 方法. 首先构造 Ω 的一个开覆盖: $\Omega = \bigcup_{i=1}^{m} \Omega_i$, $\{\Omega_i\}$ 相互重叠. 不妨假定 $V = H_0^1(\Omega)$, 令 $V_i^h = V^h \cap H_0^1(\Omega_i)$, $K_i^h = K^h \cap V_i^h$, 我们假定

(A)　　$K^h = K_1^h + \cdots + K_m^h$.

算法 6.1 (变分不等式的并行 Schwarz 算法)

步 1. 取初始 $u^0 \in K^h$, 置 $n := 0$.

步 2. 并行解代数不等式, 求 $w_i^n \in K_i^h$ 满足

$$a(w_i^n + u^n, \psi - w_i^n) \geq f(\psi - w_i^n), \forall \psi \in K_i^h, \tag{7.6.15}$$

$$i = 1, \cdots, m.$$

步 3. 令

$$u_i^n = u^n + w_i^n, \quad i = 1, \cdots, m. \tag{7.6.16}$$

步 4. 选择 $\omega_i > 0$, $i = 1, \cdots, m$, 使 $\sum_{i=1}^{m} \omega_i = 1$, 令

$$u^{n+1} = \sum_{i=1}^{m} \omega_i u_i^n. \tag{7.6.17}$$

步 5. $n := n + 1$ 转步 2.

我们在 K^h 是凸锥的情形下, 证明算法 6.1 的收敛性.

定理 6.1. 设 K^h 是含原点的闭凸锥, 且假设 (A) 成立, 则由算法 6.1 产生的序列 $\{u^n\}$ 收敛到问题 (7.6.14) 的解 u^h, 并且迭代误差单调下降.

证明. 由 Riesz 表现引理, 有 $f^* \in V^h$ 使

$$a(f^*, v^h) = f(v^h), \quad \forall v^h \in V^h, \tag{7.6.18}$$

代到 (7.6.14), 由凸集投影定义知

$$u^h = P_{K^h} f^*, \tag{7.6.19}$$

代 (7.6.18) 到 (7.6.15) 又得到

$$a(w_i^n + u^n - f^*, \psi - w_i^n) \geq 0, \quad \forall \psi \in K_i^h. \tag{7.6.20}$$

令 P_i 表示到凸集 K_i^h 的投影, (7.6.20) 推出

$$w_i^n = P_i(f^* - u^n), \tag{7.6.21}$$

代入 (7.6.16) 得

$$u_i^n = u^n + P_i(f^* - u^n), \quad i = 1, \cdots, m.$$

或

$$f^* - u_i^n = (I - P_i)(f^* - u^n), i = 1, \cdots, m. \tag{7.6.22}$$

定义算子

$$P = \sum_{i=1}^{m} \omega_i P_i, \tag{7.6.23}$$

由 (7.6.17) 推出

$$f^* - u^{n+1} = (I - P)(f^* - u^n). \tag{7.6.24}$$

令 $\varepsilon_n = f^* - u^n$, 今证 $\|\varepsilon_n\|_a$ 是单调下降序列. 事实上, 由 (7.6.24)

$$\|\varepsilon_{n+1}\|_a = \Big\| \sum_{i=1}^{m} \omega_i(\varepsilon_n - P_i\varepsilon_n) \Big\|_a \leq \sum_{i=1}^{m} \omega_i \|\varepsilon_n - P_i\varepsilon_n\|_a$$

$$= \sum_{i=1}^{m} \omega_i \inf_{v \in K_i^h} \|\varepsilon_n - v\|_a \leq \sum_{i=1}^{m} \omega_i \|\varepsilon_n\|_a = \|\varepsilon_n\|_a.$$

$$(7.6.25)$$

这里用到投影性质及 $0 \in K_i^h (i = 1, \cdots, m)$. 由此知序列 $\{\|\varepsilon_n\|_a\}$ 有极限, 令为 ρ. (7.6.25) 蕴含

$$\lim_{n \to \infty} \|\varepsilon_n - P_i\varepsilon_n\|_a = \lim_{n \to \infty} \|\varepsilon_n\| = \rho. \qquad (7.6.26)$$

但 V^h 作为一致凸空间, 由 (7.6.26) 导出

$$\lim_{n \to \infty} P_i\varepsilon_n = 0, \quad i = 1, \cdots, m,$$

故

$$\lim_{n \to \infty} P\varepsilon_n = 0. \qquad (7.6.27)$$

但

$$P\varepsilon_n = \varepsilon_n - \varepsilon_{n+1} = u^{n+1} - u^n$$

这就推出

$$\lim_{n \to \infty} \|u^{n+1} - u^n\|_a = 0. \qquad (7.6.28)$$

接下证明

$$\lim_{n \to \infty} u^n = u^h. \qquad (7.6.29)$$

由 (7.6.26) 知 $\{u^n\}$ 是有界序列, 故有收敛子列, 不妨设

$$\lim_{n \to \infty} u^n = u^* \in K^h. \qquad (7.6.30)$$

从 (7.6.22) 与 (7.6.28) 推出

$$f^* - u^* = (I - P)(f^* - u^*), \qquad (7.6.31)$$

于是

$$\|f^* - u^*\|_a \leq \sum_{i=1}^{m} \omega_i \|f^* - u^* - P_i(f^* - u^*)\|_a$$

$$(7.6.32)$$

$$\leq \sum_{i=1}^{m} \omega_i \|f^* - u^*\|_a = \|f^* - u^*\|_a,$$

这蕴含

$$P_i(f^* - u^*) = 0, i = 1, \cdots, m. \qquad (7.6.33)$$

今证由此可推出

$$P_{K^h}(f^* - u^*) = 0. \qquad (7.6.34)$$

事实上，由投影定义 (7.6.34) 等价于

$$a(0 - f^* + u^*, v) \geq 0, \quad \forall v \in K^h. \qquad (7.6.35)$$

利用 $K^h = K_1^h + \cdots + K_m^h$，必存在 $v_i \in K_i^h$ 使

$$v = v_1 + \cdots + v_m,$$

代入 (7.6.35)，得

$$a(0 - f^* + u^*, v) = \sum_{i=1}^{m} a(0 - f^* + u^*, v_i), \qquad (7.6.36)$$

(7.6.33) 蕴含

$$a(0 - f^* + u^*, v_i) \geq 0, \quad \forall v_i \in K_i^h, \quad i = 1, \cdots, m, \qquad (7.6.37)$$

故 (7.6.35) 获证.

利用引理 6.1 及 (7.6.34) 知

$$f^* - u^* = P_{K^h}^*(f^* - u^*), \qquad (7.6.38)$$

这里 $P_{K^h}^*$ 是到 K^h 的对偶锥 $(K^h)^*$ 上的投影. 移项后获

$$f^* = u^* + P_{K^h}^*(f^* - u^*). \qquad (7.6.39)$$

据 (7.6.30)，$u^* \in K^h$，故由引理 6.1 得到

$$u^* = P_{K^h} f^* = u^h. \qquad (7.6.40)$$

既然 $\{u^n\}$ 的任何收敛子列皆收敛于 u^h，故知序列 $\{u^n\}$ 收敛于 u^h，这就证明了 (7.6.29).

最后，我们证明迭代误差单调下降. 为此首先由收敛性和引理 6.1 得到

$$\varepsilon_n \to f^* - u^h = f^* - P_{K^h} f^* = P_{K^h}^* f^*, \qquad (7.6.41)$$

由凸锥性质，假设 (A) 蕴含

$$(K^h)^* = \bigcap_{i=1}^{m} (K_i^h)^*. \qquad (7.6.42)$$

令 $z_n = \varepsilon_n - P_{K^h}^* f^*$, 由 (7.6.24) 导出

$$u^h - u^{n+1} = (I - P)\varepsilon_n - P_{K^h}^* f^*$$
$$= (\varepsilon_n - P_{K^h}^* f^*) - P\varepsilon_n.$$

故误差 $e^{n+1} = u^h - u^{n+1}$ 满足

$$\|e^{n+1}\|_a \leq \sum_{i=1}^m \omega_i \|\varepsilon_n - P_i\varepsilon_n - P_{k^h}^* f^*\|_a$$

$$\leq \sum_{i=1}^m \omega_i \|P_i^*\varepsilon_n - P_{K^h}^* f^*\|_a$$

$$\leq \sum_{i=1}^m \omega_i \|\varepsilon_n - P_{K^h}^* f^*\|_a$$

$$\leq \|\varepsilon_n - P_{K^h}^* f^*\|_a = \|z_n\|_a. \tag{7.6.43}$$

这里用到 (7.6.42) 及投影性质

$$\|P_i^*\varepsilon_n - P_{K^h}^* f^*\|_a = \|P_i^*\varepsilon_n - P_i^* P_{K^h}^* f^*\|_a$$
$$\leq \|\varepsilon_n - P_{K^h}^* f^*\|_a.$$

(7.6.43) 表示了误差 $\|e^{n+1}\|_a$ 被 $\|z_n\|_a$ 所控制. 现在仅需证明 $\|z_n\|_a$ 单调下降并趋于零. 为此重复 (7.6.43) 的推导

$$\|z_{n+1}\|_a = \|\varepsilon_{n+1} - P_{K^h}^* f^*\|_a \leq \sum_{i=1}^m \omega_i \|\varepsilon_n - P_i\varepsilon_n - P_{K^h}^* f^*\|_a$$

$$\leq \sum_{i=1}^m \omega_i \|\varepsilon_n - P_{K^h}^* f^*\|_a \leq \|\varepsilon_n - P_{K^h}^* f^*\|_a = \|z_n\|_a,$$

$$\tag{7.6.44}$$

注意 (7.6.41) 即知 $\{\|z_n\|_a\}$ 是单调递降趋于零的正序列. □

为了加速收敛, 我们可以引进带松弛因子的并行 Schwarz 算法作为算法 6.1 的推广.

算法 6.2 (带松弛因子的并行 Schwarz 算法).
步 1, 步 2, 步 4, 步 5 与算法 6.1 相同.
步 3. 确定松弛因子 $0 < \alpha < 2$, 置

$$u_i^n = u^n + \alpha w_i^n. \tag{7.6.45}$$

以下定理表明算法 6.2 单调收敛.

定理 6.2. 在定理 6.1 的假定下，如 $0 < \alpha < 2$ 则算法 6.2 收敛于解.

证明. 重复定理 6.1 的论述得到

$$u_i^n = u^n + \alpha P_i(f^* - u^n),$$

故

$$\varepsilon_{n+1} = f^* - u^{n+1} = (I - \alpha P)(f^* - u^n) = (I - \alpha P)\varepsilon_n. \quad (7.6.46)$$

任取 $z \in (K^h)^*$, 当 $0 < \alpha \le 1$ 时有

$$\|z - \varepsilon_{n+1}\|_a \le \alpha\|z - \varepsilon_n + P\varepsilon_n\|_a + (1 - \alpha)\|z - \varepsilon_n\|_a$$

$$\le \alpha \sum_{i=1}^m \omega_i\|z - P_i^*\varepsilon_n\|_a + (1 - \alpha)\|z - \varepsilon_n\|_a \quad (7.6.47)$$

$$\le \alpha \sum_{i=1}^n \omega_i\|z - \varepsilon_n\|_a + (1 - \alpha)\|z - \varepsilon_n\|_a = \|z - \varepsilon_n\|_a.$$

当 $1 < \alpha < 2$ 时，由

$$\|z - \varepsilon_{n+1}\|_a^2 = (1 - \alpha)^2\|z - \varepsilon_n\|_a^2 + \alpha^2\|z - (I - P)\varepsilon_n\|_a^2$$
$$+ 2\alpha(1 - \alpha)a(z - \varepsilon_n, z - \varepsilon_n + P\varepsilon_n). \quad (7.6.48)$$

今证

$$a(z - \varepsilon_n, z - \varepsilon_n + P\varepsilon_n) \ge \|z - \varepsilon_n + P\varepsilon_n\|_a^2. \quad (7.6.49)$$

事实上，一方面由于

$$\|z - \varepsilon_n + P\varepsilon_n\|_a^2 = \sum_{i,j=1}^m \omega_i\omega_j a(z - P_i^*\varepsilon_n, z - P_j^*\varepsilon_n)$$

$$\le \left(\sum_{i=1}^n \omega_i\|z - P_i^*\varepsilon_n\|_a\right)^2 \le \sum_{i=1}^m \omega_i\|z - P_i^*\varepsilon_n\|_a^2; \quad (7.6.50)$$

另一方面，由投影性质

$$a(z - \varepsilon_n, z - \varepsilon_n + P\varepsilon_n) = \sum_{i=1}^m \omega_i a(z - \varepsilon_n, z - P_i^*\varepsilon_n)$$

$$= \sum_{i=1}^m \omega_i\|z - P_i^*\varepsilon_n\|_a^2 + \sum_{i=1}^m \omega_i a(P_i^*\varepsilon_n - \varepsilon_n, z - P_i^*\varepsilon_n) \quad (7.6.51)$$

$$\ge \sum_{i=1}^m \omega_i\|z - P_i^*\varepsilon_n\|_a^2 \ge 0,$$

这就证得 (7.6.49) 成立. 代入 (7.6.48) 推出

$$\|z - \varepsilon_{n+1}\|_a^2 \leq (1-\alpha)^2 \|z - \varepsilon_n\|_a^2 + \alpha^2 \sum_{i=1}^m \|z - P_i^* \varepsilon_n\|_a^2$$

$$-2\alpha(\alpha-1) \sum_{i=1}^m \omega_i \|z - P_i^* \varepsilon_n\|_a^2 \qquad (7.6.52)$$

$$\leq [(1-\alpha)^2 + \alpha^2 - 2\alpha(\alpha-1)] \|z - \varepsilon_n\|_a^2$$

$$= \|z - \varepsilon_n\|_a^2,$$

这里用到 $1 < \alpha < 2$ 蕴含 $\alpha^2 > 2\alpha(\alpha-1) > 0$ 的事实. 组合 (7.6.47) 结果, 得到当 $0 < \alpha < 2$ 皆有

$$\|z - \varepsilon_{n+1}\|_a \leq \|z - \varepsilon_n\|_a. \qquad (7.6.53)$$

重复定理 6.1 的证明知 (7.6.53) 已蕴含误差 $\{\|e^n\|_a\}$ 是单调下降于零的序列. □

适当选择 $1 < \alpha < 2$ 尚可加快收敛速度. 为此对算法 6.1 的误差有如下更精密的估计.

定理 6.3. 在定理 6.1 假定下, 误差 $e^n = u^h - u^n$ 有不等式

$$\|e^{n+1}\|_a^2 \leq \|e^n\|_a^2 - \|u^{n+1} - u^n\|_a^2. \qquad (7.6.54)$$

定理 6.3 的证明依赖于下面引理.

引理 6.2. 令 $F = \sum_{i=1}^m \lambda_i P_i^*$, 其中 $\lambda_i > 0$ 并且 $\sum_{i=1}^m \lambda_i = 1$, 则对任意 $z \in (K^h)^*$ 有不等式

$$a(z - Fv, v - Fv) \leq 0, \quad \forall v \in V^h. \qquad (7.6.55)$$

证明. 首先, 证明不等式

$$a(Fw - Fv, v - Fv) \leq \sum_{i=1}^m \sum_{j=1}^m \lambda_i \lambda_j a((P_i^* w - P_j^* w)$$

$$-(P_i^* v - P_j^* v), P_i^* v - P_j^* v). \qquad (7.6.56)$$

由投影性质

$$a(P_i^* w - P_i^* v, v) \leq a(P_i^* w - P_i^* v, P_i^* v),$$

迭加后，得

$$a(Fw - Fv, v) \leq \sum_{i=1}^{m} \lambda_i a(P_i^* w - P_i^* v, P_i^* v). \tag{7.6.57}$$

在 (7.6.57) 两端减去 $a(Fw - Fv, Fv)$，获

$$a(Fw - Fv, v - Fv) \leq \sum_{i=1}^{m} \lambda_i a(P_i^* w - P_i^* v, P_i^* v)$$

$$-a(Fw - Fv, Fv) = \left(\sum_{j=1}^{m} \lambda_j \right) \sum_{i=1}^{m} \lambda_i a(P_i^* w - P_i^* v, P_i^* v)$$

$$-\sum_{i=1}^{m} \sum_{j=1}^{m} \lambda_i \lambda_j a(P_i^* w - P_i^* v, P_j^* v)$$

$$= \sum_{i=1}^{m} \sum_{j=1}^{m} \lambda_i \lambda_j a(P_i^* w - P_i^* v, P_i^* v - P_j^* v)$$

$$= \sum_{i=1}^{m} \sum_{j=1}^{m} \lambda_i \lambda_j a((P_i^* w - p_j^* w) - (P_i^* v - P_j^* v), P_i^* v - P_j^* v),$$

这就证得 (7.6.56) 成立.

现在于 (7.6.56) 式中，置 $w = z$ 得到

$$a(z - Fv, v - Fv)$$

$$\leq \sum_{i=1}^{m} \sum_{j=1}^{m} \lambda_i \lambda_j a((P_i^* z - P_j^* z) - (P_i^* v - P_j^* v), P_i^* v - P_j^* v)$$

$$= -\sum_{i=1}^{m} \sum_{j=1}^{m} \lambda_i \lambda_j \| P_i^* v - P_j^* v \|_a^2 \leq 0,$$

即 (7.6.55) 成立. □

定理 6.3 的证明. 由 (7.6.24) 知

$$\varepsilon_{n+1} = (I - P)\varepsilon_n = \sum_{i=1}^{m} \omega_i P_i^* \varepsilon_n = F\varepsilon_n. \tag{7.6.58}$$

取 $z = P_{K^h}^* f^* \in (K^h)^*$，注意

$$z - \varepsilon_{n+1} = u^{n+1} - P_{K^h} f^* = e^{n+1}, \tag{7.6.59}$$

但据引理 6.2, 应有

$$a(z - \varepsilon_{n+1}, \varepsilon_n - \varepsilon_{n+1}) = a(e^{n+1}, e^{n+1} - e^n) \leq 0, \qquad (7.6.60)$$

这蕴含

$$\|e^{n+1}\|_a^2 \leq \|e^n\|_a^2 - \|e^n - e^{n+1}\|_a^2 = \|e^n\|_a^2 - \|u^n - u^{n+1}\|_a^2,$$

这就得到定理 6.3 的证明.　□

如果在算法 6.2 中选超松弛因子 $\alpha > 1$, 则算法 6.2 与算法 6.1 的误差有关系

$$\frac{1}{\alpha}\bar{e}^{n+1} + \frac{\alpha - 1}{\alpha}e^n = e^{n+1}, \qquad (7.6.61)$$

这里 $\bar{e}^{n+1}$ 表示算法 6.2 的误差. 因为 $1 < \alpha < 2$ 上式意味 e^{n+1} 位于 e^n 与 $\bar{e}^{n+1}$ 连线上. 钝角关系 (7.6.60) 不仅意味着存在 $\alpha > 1$ 使 $\bar{e}^{n+1}$ 达到最优, 而且从逐点意义上看, 对于固定的点 $Q \in \Omega$, 只要序列 $\{e^n(Q)\}$ 是单调趋于零, 则 $|\bar{e}^{n+1}(Q)|$ 一定比 $|e^{n+1}(Q)|$ 更快趋于零.

一个更有效的加速算法是变权因子法. 如算法 5.4 所述, 此时权因子 ω_i 随点 Q 而变, 其算法描述如下:

算法 6.3 (变权因子法)
步 1, 步 2, 步 4, 步 5 和算法 6.1 相同.
步 3. 如果 $Q \in \pi_k = \bigcap_{j=1}^k \Omega_{i_j}$, $1 \leq k \leq m$, 则

$$u^{n+1}(Q) = \frac{1}{k}\sum_{j=1}^k u_{i_j}^n(Q).$$

把算法 6.1 和算法 6.3 比较 (取 $\omega_i = 1/m$, $i = 1, \cdots, m$), 则类似于 (7.5.48) 我们有

$$e^{n+1}(Q) = \frac{k}{m}\bar{e}^{n+1}(Q) + \frac{m-k}{m}e^n(Q), \quad \forall Q \in \pi_k, \qquad (7.6.62)$$

其中 $\bar{e}^{n+1}$ 表示算法 6.3 的迭代误差. (7.6.62) 蕴含只要 $e^n(Q)$ 单调趋于零, 则 $\bar{e}^n(Q)$ 比 $e^n(Q)$ 收敛得更快.

也可以从局部观点考查 $\bar{e}^{n+1}$. 事实上, 类似于 (7.5.53), 我们可以证明

$$\|E_k\bar{e}^{n+1}\|_a^2 \leq \|E_k e^{n+1}\|_a^2 - \left(\frac{m-k}{m}\right)^2\|E_k e^n\|_a^2, \qquad (7.6.63)$$

这里 E_k 是映入 $H_0^1(\pi_k)$ 的正投影.

为此考查内积 (7.5.49)，并应用相同的技巧，获

$$a(E_k(\bar{e}^{n+1} - e^n), \bar{e}^{n+1}) = \frac{1}{k^2} a\left(E_k \sum_{i=1}^m P_i e^n, E_k \sum_{i=1}^m P_i e^n\right)$$

$$- \frac{1}{k} a\left(E_k \sum_{i=1}^m P_i e^n, e^n\right). \qquad (7.6.64)$$

注意性质

$$E_k P_i = \begin{cases} E_k P_i, & \text{当 } \pi_k \subset \Omega_i, \\ 0, & \text{当 } \pi_k \cap \Omega_i = \phi. \end{cases} \qquad (7.6.65)$$

这蕴含 (7.6.64) 右端的第一项为

$$a\left(E_k \sum_{i=1}^m P_i e^n, E_k \sum_{i=1}^m P_i e^n\right) = a\left(\sum_{j=1}^k E_k P_{i_j} e^n, \sum_{j=1}^n E_k P_{i_j} e^n\right).$$

对于第二项我们应用投影性质

$$\|P_i w - P_i v\|_a^2 \le a(w - v, P_i w - P_i v) \le \|w - v\|_a \|P_i w - P_i v\|_a. \qquad (7.6.66)$$

我们假定原点是锥 K^h 的顶点，易证此条件下 $E_k P_{i_j}$ 必是映到 $K_{ij}^h \cap H_0^1(\pi_k)$ 的凸投影. 借助 (7.6.66)，知 (7.6.64) 右端的第二项满足

$$a\left(E_k \sum_{i=1}^m P_i e^n, e^n\right) = a\left(\sum_{j=1}^k E_k P_{i_j} e^n, e^n\right)$$

$$= \sum_{j=1}^k a(E_k P_{i_j} e^n, e^n) \ge \sum_{j=1}^k \|E_k P_{i_j} e^n\|_a^2. \qquad (7.6.67)$$

代到 (7.6.64)，由简单不等式推出

$$a(E_k(\bar{e}^{n+1} - e^n), \bar{e}^{n+1}) \le \frac{1}{k^2} \|\sum_{j=1}^k E_k P_{i_j} e^n\|_a^2$$

$$- \frac{1}{k} \sum_{j=1}^k \|E_k P_{i_j} e^n\|_a^2 \le \frac{1}{k^2}\left(\sum_{j=1}^k \|E_k P_{i_j} e^n\|_a\right)^2 \qquad (7.6.68)$$

$$- \frac{1}{k} \sum_{j=1}^K \|E_k P_{i_j} e^n\|_a^2 \le 0.$$

这个结果已蕴含 (7.6.63) 成立.

最后我们介绍变分不等式 (7.6.14) 的数值解法. 显然 (7.6.14) 等价于 $I\!R^n$ 中一个闭凸集 K_n 上的优化问题；求 $x \in K_n$ 使

$$J(x) = \min_{y \in K_n} J(y), \tag{7.6.69}$$

其中

$$J(y) = \frac{1}{2}(Ay, y) - (f, y), \tag{7.6.70}$$

A 是相应的有限元的刚度矩阵. (7.6.69) 是带约束的优化问题，具有大型稀疏特点. 最常见的情形是

$$K_n = \{x \in I\!R^n : x_i \le C_i, 1 \le i \le n\}, \tag{7.6.71}$$

其中 $C_i \le \infty$ 为固定常数. 有许多数值方法可以用来解 (7.6.69), 我们不加证明地介绍下面的所谓投影 SOR 方法 (参看 [81]).

算法 6.4 (投影 SOR 方法)

步 1. 选择 $x^0 \in I\!R^n$, 置 $n := 0$.

步 2. 对 $i = 1, \cdots, n$ 执行

$$\hat{x}_i = \Big(f_i - \sum_{j<i} a_{ij} x_j^{n+1} - \sum_{i<j} a_{ij} x_j^n \Big)/a_{ii}$$

$$x_i^{n+1} = x_i^n + \omega(\hat{x}_i - x_i^n), \quad 1 \le \omega < 2$$

$$x_i^{n+1} := \min(C_i, x_i^{n+1}). \tag{7.6.72}$$

步 3. 如果 $\|x^{n+1} - x^n\|_\infty \le \varepsilon \|x^n\|_\infty$, 则停机并输出结果, 否则置 $n := n+1$ 并转步 2.

这里 ε 是预先设置的计算精度. 不难看出与通常 SOR 方法相比较, 投影 SOR 多了 (7.6.72), 目的是把计算结果投影到 K_n 上. 有许多资料讨论算法 6.4 的收敛性, 一般说迭代次数随 n 的增大而迅速增大, 因此变分不等式区域分解法能解决计算量大的矛盾.

第八章 虚拟区域法

前面两章讨论的区域分解法是把形态复杂的区域上的问题转化为形态规则的子域上的问题来计算, 而本章讨论的虚拟区域法, 则是把形态复杂的区域扩张为一个规则区域 (通常为长方体) 来求解. 显然, 对于一个曲边区域, 一般不可能分解为规则子域 (长方体) 的和集, 但总可找到一个长方体包含它, 从这种意义上讲虚拟区域法似乎更有普遍意义.

虚拟区域法的研究主要属苏联学者的工作. 早在 1963 年 V. K. Saulev[152] 就提出了借助虚拟方法解边值问题的快速算法. 近年来 Marchuk, Kobelkov, Kuznetsov 及 Agoshkov 等皆从不同观点解释虚拟区域法并提出有效算法. 以下各节简要阐述部分结果.

§1. 虚拟区域法原理

考虑椭圆型方程

$$\begin{cases} Lu = -\sum_{i,j=1}^{n} \dfrac{\partial}{\partial x_i}\left(a_{ij}(x)\dfrac{\partial u}{\partial x_j}\right) + d(x)u = f(x), & (\Omega_1), \\ u = 0, & (\partial\Omega_1), \end{cases}$$

$$(8.1.1)$$

这里 $\Omega_1 \subset I\!R^n$ 是有界开集, $[a_{ij}]$ 是对称一致正定矩阵, $d(x) \geq 0$, 当 $x \in \Omega_1$.

如果 Ω_1 是不规则的区域, 我们考虑一个规则域, 如长方体 $D \supseteq \Omega_1$. 用 D 上的边值问题代替 Ω_1 上的边值问题 (8.1.1). 用 $\Omega_2 = D\backslash\bar{\Omega}_1$ 表示 Ω_1 在 D 上的补集. 为了使 D 上边值问题的解与 (8.1.1) 的解近似, 基于物理上的解释, 扩张后微分算子的系数在 Ω_2 上应充分大. 例如, 代替 (8.1.1) 考虑在 D 上的边值问

题

$$\begin{cases} L_\varepsilon v = -\sum_{i,j=1}^n \frac{\partial}{\partial x_i} A_{ij}(x)\frac{\partial v}{\partial x_j} + D(x)v = F, \quad (D), \\ v = 0, \quad (\partial D), \end{cases} \tag{8.1.2}$$

其中

$$A_{ij}(x) = \begin{cases} a_{ij}(x), & x \in \Omega_1, \\ 0, & x \in \Omega_2 \text{ 但 } i \neq j, \\ \varepsilon^{-2}, & x \in \Omega_2, \ i = j, \end{cases} \tag{8.1.3}$$

$$D(x) = \begin{cases} d(x), & x \in \Omega_1, \\ 0, & x \in \Omega_2, \end{cases} \tag{8.1.4}$$

$$F(x) = \begin{cases} f(x), & x \in \Omega_1, \\ 0, & x \in \Omega_2, \end{cases} \tag{8.1.5}$$

以及在界面 $S = \partial\Omega_1 \cap \partial\Omega_2$ 上要求成立：

$$\begin{cases} [v(x)]_S = 0, \\ \Big[\sum_{i,j=1}^n A_{ij}\cos(\nu, x_i)\frac{\partial v}{\partial x_i} \Big]_S = 0, \end{cases} \tag{8.1.6}$$

这里 $[\cdot]_S$ 表示函数越过界面 S 的跳跃，而 ν 是 S 的法向向量.

条件 (8.1.6) 是自然边界条件，即是说如果 v 是 (8.1.2) 的解，则条件 (8.1.6) 自然得到满足. 换句话说，考虑 (8.1.2) 的弱形式时，不需要把 (8.1.6) 作为强加边界条件来考虑.

定理 1.1. 存在与 ε 无关的常数 C_8，使 (8.1.1) 的解 u 与 (8.1.2) 的解 v 有误差估计

$$\|u - v\|_{1,\Omega_1} \leq C_8\varepsilon. \tag{8.1.7}$$

证明. 令 $w(x) = u(x) - v(x)$，并假定 $u(x)$ 取零值延拓到

$D \setminus \Omega_1$ 上，易验证 w 适合

$$
\begin{cases}
L_\varepsilon w = 0, \quad (D \setminus S), & (8.1.8a) \\[1mm]
w = 0, \quad (\partial D), & (8.1.8b) \\[1mm]
[w(x)]_S = 0, & (8.1.8c) \\[1mm]
\left[\displaystyle\sum_{i,j=1}^{n} A_{ij} \cos(\nu, x_i) \frac{\partial w}{\partial x_j} \right]_S = \varphi(x), & (8.1.8d)
\end{cases}
$$

其中

$$
\varphi(x) = \sum_{i,j=1}^{n} a_{ij} \cos(\nu, x_i) \frac{\partial u}{\partial x_j}, \forall x \in S, \qquad (8.1.9)
$$

以 w 对 (8.1.8a) 两端作 $L_2(D)$ 内积，分部积分后得到

$$
\int_{\Omega_1} \left(\sum_{i,j=1}^{n} a_{ij} \frac{\partial w}{\partial x_i} \frac{\partial w}{\partial x_j} + d w^2 \right) dx + \frac{1}{\varepsilon^2} \int_{\Omega_2} |\nabla w|^2 dx
$$

$$
= -\int_S \varphi(x) w(x) ds \le \left(\int_S \varphi^2 ds \right)^{\frac{1}{2}} \left(\int_S w^2 ds \right)^{\frac{1}{2}}. \qquad (8.1.10)
$$

由于 $w \in H_0^1(D)$，而 meas $(\partial D \cap \partial \Omega_2) > 0$, 故迹定理蕴含存在正常数 C_4，使

$$
\int_S w^2 ds \le C_4 \int_{\Omega_2} |\nabla w|^2 dx, \qquad (8.1.11)
$$

代入 (8.1.10) 弃去左端第一项后，得

$$
\left(\int_{\Omega_2} |\nabla w|^2 dx \right)^{1/2} \le C_7 \varepsilon^2 \left(\int_S \varphi^2 ds \right)^{1/2}, \qquad (8.1.12)
$$

代入 (8.1.11) 并注意 φ 与 ε 无关，故有常数 C_5 存在，使

$$
\left(\int_S w^2 dS \right)^{1/2} \le C_5 \varepsilon^2. \qquad (8.1.13)
$$

另方面，由 L 在 D_1 上的一致正定性及 (8.1.10), 得

$$
\int_{\Omega_1} |\nabla w|^2 dx \le C_6 \int_{\Omega_1} \left(\sum_{i,j=1}^{n} a_{ij} \frac{\partial w}{\partial x_i} \frac{\partial w}{\partial x_j} + d w^2 \right) dx
$$

$$
\le \left(\int_S \varphi^2 ds \right)^{1/2} \left(\int_S w^2 ds \right)^{1/2}
$$

$$
\le C_8 \varepsilon^2. \qquad (8.1.14)
$$

故 (8.1.7) 成立.   □

举简单例子验证定理 1.1.

例 1.1. 考虑一维边值问题

$$\begin{cases} \dfrac{d^2u}{dx^2} = -2, & 0 < x < 0.5, \\ u(0) = u(0.5) = 0. \end{cases} \tag{8.1.15}$$

它有精确解 $u(x) = x(0.5 - x)$. 代替 (8.1.15), 设置虚拟问题

$$\begin{cases} \dfrac{d}{dx}\Big(a(x)\dfrac{dv}{dx}\Big) = f(x), & 0 < x < 1, \\ v(0) = v(1) = 0, \end{cases} \tag{8.1.16}$$

这里, 令

$$a(x) = \begin{cases} 1, & 0 < x < 0.5, \\ 1/\varepsilon^2, & 0.5 < x < 1, \end{cases}$$

$$f(x) = \begin{cases} -2, & 0 < x < 0.5, \\ 0, & 0.5 < x < 1, \end{cases}$$

求出 (8.1.16) 的精确解

$$v(x) = \begin{cases} x\Big(\dfrac{1 + 2\varepsilon^2}{1 + \varepsilon^2}0.5 - x\Big), & 0 \le x \le 0.5, \\ \dfrac{\varepsilon^2}{2(1 + \varepsilon^2)}(1 - x), & 0.5 < x \le 1. \end{cases} \tag{8.1.17}$$

显然

$$\begin{aligned} \lim_{\varepsilon \to 0} v(x) &= u(x), & 0 \le x \le 0.5, \\ \lim_{\varepsilon \to 0} v(x) &= 0, & 0.5 < x < 1, \end{aligned} \tag{8.1.18}$$

这与定理 1 的结论相符合. 另外从例中见到

$$\|u - v\|_{C(0,0.5)} \le C_9\varepsilon^2.$$

对于一般区域也成立:

$$\|u - v\|_{C(\Omega_1)} \le C_9\varepsilon^2. \tag{8.1.19}$$

对于第二边值及第三边值问题也可构造虚拟区域方法. 如 Neumann 问题

$$
\begin{cases}
Lu = f, & (\Omega_1), \\
\displaystyle\sum_{i,j=1}^{n} a_{ij}(\nu, x_i)\frac{\partial u}{\partial x_j} = 0, & (\partial\Omega_1),
\end{cases} \tag{8.1.20}
$$

其相应的虚拟问题为

$$
\begin{cases}
L_\varepsilon v = -\displaystyle\sum_{i,j=1}^{n}\frac{\partial}{\partial x_i}\Big(A_{ij}(x)\frac{\partial v}{\partial x_j}\Big) + D(x)v = F(x), & (D), \\
v = 0, & (\partial D), \\
[v]_{\partial\Omega_1} = 0, \quad \Big[\displaystyle\sum_{i,j=1}^{n} A_{ij}\cos(\nu, x_i)\frac{\partial v}{\partial x_j}\Big]_{\partial\Omega_1} = 0.
\end{cases}
$$

$$\tag{8.1.21}$$

这里

$$
A_{ij}(x) = \begin{cases}
a_{ij}(x), & x \in \Omega_1, \\
0, & x \in \Omega_2 \ \text{且} \ i \neq j, \\
\varepsilon, & x \in \Omega_2 \ \text{且} \ i = j,
\end{cases}
$$

$$
D(x) = \begin{cases}
d(x), & x \in \Omega_1, \\
0, & x \in \Omega_2,
\end{cases}
$$

$$
F(x) = \begin{cases}
f(x), & x \in \Omega_1, \\
0, & x \in \Omega_2.
\end{cases}
$$

$\varepsilon > 0$ 是固定的正数, 当 $\varepsilon \to 0$ 时 (8.1.21) 的解收敛到 (8.1.20) 的解. 确切地说, 成立误差估计 [152]

$$
\|u - v\|_{1,\Omega_1}^2 \leq \varepsilon C_0 \|f\|_{0,\Omega_1}^2. \tag{8.1.22}
$$

§ 2. 虚拟区域法的迭代算法 (I)

虚拟区域法把一个不规则域 Ω_1 上的边值问题 (8.1.1) 转化为规则域 D 上的边值问题 (8.1.2), 且有不连续系数 $A_{ij}(x)$. 因此

除非找到计算 (8.1.2) 的好方法，否则这种转化是否值得是可怀疑的. 以平面 Poisson 方程为例

$$\begin{cases} -\Delta u = f, & (\Omega_1), \\ u = 0, & (\partial\Omega_1). \end{cases} \tag{8.2.1}$$

虚拟方法导致解方程

$$\begin{cases} -\mathrm{div}(K_\varepsilon \nabla u_\varepsilon) = F, & (D), \\ u_\varepsilon = 0, & (\partial D), \end{cases} \tag{8.2.2}$$

其中 D 是包含 Ω_1 的长方形，而

$$K_\varepsilon = \begin{cases} 2, & (\Omega_1), \\ 2/\varepsilon^2, & (\Omega_2 = D \setminus \Omega_1), \end{cases} \qquad F = \begin{cases} 2f, & (\Omega_1), \\ 0, & (\Omega_2). \end{cases}$$

这里系数 K_ε 是分片常函数. 直接用有限元法解方程 (8.2.2) 导出代数方程

$$AU^h = F^h. \tag{8.2.3}$$

众所周知，解 (8.2.3) 的工作量取决于 A 的条件数. 容易估计 A 的本征值位于区间 $[C_1\mu, C_2\mu M/h^2]$ 内，这里 $\mu = \min K_\varepsilon = 2$, $M = \max K_\varepsilon = 2/\varepsilon^2$. 如果要求 $\varepsilon = h^2$, 以便保证误差的 $H^1(\Omega_1)$ 范为 $O(h)$, 这将会导致 A 的条件数 $\kappa(A) = O(h^{-4})$, 这显然对于计算 (8.2.3) 颇为不利.

一个与 ε 无关，并具有几何收敛速度的迭代算法已由 Kobelkov 给出 [105]. 它的每步迭代仅仅是在规则域 D 上解 Poisson 方程，利用 FFT 求解，每步迭代运算量为 $O(N \log N)$, N 是结点数，而全部工作量为 $O(N \log N \log(1/\varepsilon))$.

Kobelkov 方法的关键是对 (8.2.2) 引入弱形式：求 $U \in H_0^1(D)$, 满足

$$(\nabla U, \nabla v) + (\omega \nabla U, \nabla v) = (F, v), \quad \forall v \in H_0^1(D), \tag{8.2.4}$$

这里置 $U = u_\varepsilon$, 而间断函数

$$\omega = \begin{cases} 1, & (\Omega_1), \\ \theta = 2/\varepsilon^2 - 1, & (\Omega_2). \end{cases} \tag{8.2.5}$$

令向量函数 $\boldsymbol{p} = \omega \nabla U$, 代入 (8.2.4) 得到方程组

$$\begin{cases} (\nabla U, \nabla v) + (\boldsymbol{p}, \nabla v) = (F, v), \forall v \in H_0^1(D), \\ \boldsymbol{p}/\omega - \nabla U = 0. \end{cases} \tag{8.2.6}$$

一个同时求出函数和它的梯度的迭代法构造如下: 首先, 选择初始 $(u^0, p^0) \in H_0^1(D) \times (L_2(D))^2$, 其次, 求 $(u^{n+1}, p^{n+1}) \in H_0^1(D) \times (L_2(D))^2$ 满足方程组

$$
\begin{cases}
B\left(\dfrac{u^{n+1} - u^n}{\tau}\right) - \Delta u^{n+1} - div\boldsymbol{p}^{n+1} = F, & (8.2.7a) \\[2mm]
\beta\tau\left(\dfrac{\boldsymbol{p}^{n+1} - \boldsymbol{p}^n}{\tau}\right) + \dfrac{\boldsymbol{p}^{n+1}}{\omega} - \nabla u^{n+1} = 0. & (8.2.7b)
\end{cases}
$$

通常初始选 $\boldsymbol{p}^0 = \nabla q, q \in H_0^1(D)$. 预处理算子 B 的选择十分重要, 我们选择

$$
B = -(1 - \tau)\Delta + \tau \mathrm{div}(\rho\nabla\cdot), \tag{8.2.8}
$$

$$
\rho = (\beta + 1/\omega)^{-1}, \quad \beta > 0 \ \text{是参数}. \tag{8.2.9}
$$

由 (8.2.8) 知当 $\tau \in (0,1)$ 充分小时, B 必是 $H_0^1(D)$ 上的正定自伴算子, 即 $B = B^*, B > 0$. 其次, 由于 $\omega \geq 1$, 故对固定的 $\beta > 0$, 总存在与 θ 无关的正数 k_1 及 k_2, 满足

$$
-k_1\Delta \leq B \leq -k_2\Delta, \tag{8.2.10}
$$

把如此选择的 B 代入 (8.2.7), 得

$$
\begin{cases}
-\Delta\left(\dfrac{u^{n+1} - u^n}{\tau}\right) = \Delta u^n + \mathrm{div}(\rho\nabla u^n) \\[2mm]
\qquad\qquad\qquad\qquad + \beta\mathrm{div}(\rho\boldsymbol{p}^n) + F & (8.2.11a) \\[2mm]
\boldsymbol{p}^{n+1} = \rho\beta\boldsymbol{p}^n + \rho\nabla u^{n+1} & (8.2.11b)
\end{cases}
$$

这相当于在 D 上解零边界条件的 Dirichlet 问题 (可以借助 FFT 快速解出) 求出 u^{n+1}, 再由 (8.2.11b) 显式计算 $\boldsymbol{p}^{n+1}$.

我们要证明迭代算法 (8.2.11) 具有与 ε 无关的收敛速度. 为此令

$$
y^n = U - u^n, \quad \boldsymbol{r}^n = \boldsymbol{p} - \boldsymbol{p}^n
$$

表示迭代误差.

定理 2.1. 设 $B > 0$ 并且满足 (8.2.10), 则对任何 $\beta > 0$ 皆存在与 θ 无关的正参数 $\tau = \tau(\beta)$, 使迭代 (8.2.11) 以与 θ 无关的几何速度收敛于真解, 换句话说: 存在与 θ(故与 ε) 无关的正数 γ, $0 < \gamma < 1$, 使

$$
\|y^{n+1}\|_B^2 + \beta\tau\|\boldsymbol{r}^{n+1}\|^2 \leq \gamma(\|y^n\|_B^2 + \beta\tau\|\boldsymbol{r}^n\|^2), \tag{8.2.12}
$$

这里 $\|\cdot\|$ 表 $L_2(D)$ 范, 而 $\|y^n\|_B^2 = (By^n, y^n)_{L_2(D)}$.

证明. 为简单起见, 以下推导中令 $y = y^n$, $r = r^n$, $\hat{y} = y^{n+1}$, $\hat{r} = r^{n+1}$, $y_t = (\hat{y} - y)/\tau$, $r_t = (\hat{r} - r)/\tau$. 由 (8.2.6) 与 (8.2.7) 导出

$$By_t - \Delta\hat{y} - div\hat{r} = 0, \tag{8.2.13a}$$

$$\beta\tau r_t - \hat{r}/\omega - \nabla\hat{y} = 0. \tag{8.2.13b}$$

考虑 (8.2.13a) 的弱形式

$$(B^{1/2}y_t, B^{1/2}v) + (\nabla\hat{y}, \nabla v) + (\hat{r}, \nabla v) = 0, \quad \forall v \in H_0^1(D). \tag{8.2.14}$$

取 $v = 2\tau\hat{y}$ 代入 (8.2.14), 并对 (8.2.13b) 两端用 $2\tau\hat{r}$ 作内积, 取两式之和并整理后, 得

$$\|\hat{y}\|_B^2 - \|y\|_B^2 + \tau^2\|y_t\|_B^2 + 2\tau\|\hat{y}\|_1^2 + \beta\tau\|\hat{r}\|^2$$
$$- \beta\tau\|r\|^2 + \beta\tau^3\|r_t\|^2 + 2\tau\left(\frac{\hat{r}}{\omega}, \hat{r}\right) = 0. \tag{8.2.15}$$

现在研究 $r^n (n = 0, 1, \cdots)$ 的结构. 从 (8.2.13b) 式看出

$$\hat{r} = \frac{\beta}{\beta + 1/\omega}r + \frac{1}{\beta + 1/\omega}\nabla\hat{y}, \quad y \in H_0^1(D). \tag{8.2.16}$$

由于函数 ω 是分片常数, 故只要 r 是分片梯度函数, 可推出 $\hat{r}$ 也是分片梯度函数.

用 G 表示分片梯度函数空间, 即 $\varphi \in G$ 当且仅当存在 $q_i \in H^1(\Omega_i)$, 使 $q_i(x) = 0$, $x \in \partial D \cap \partial\Omega_i$ 且 $\varphi(x) = \nabla q_i(x)$, 当 $x \in \Omega_i$, $i = 1, 2$. 再令 $G_1 = \{\nabla g : g \in H_0^1(D)\}$ 表示梯度构成的向量函数空间. 显然, $G_1 \subset G$. 令 $G_2 = G_1^\perp$ 表示 G_1 关于 $(L_2(D))^2$ 的正交补空间. 故 $\hat{r}$ 有正交分解

$$\hat{r} = \hat{q} + \hat{h}, \quad \hat{q} \in G_1, \quad \hat{h} \in G_2. \tag{8.2.17}$$

代到 (8.2.14) 得到

$$(B^{\frac{1}{2}}y_t, B^{\frac{1}{2}}v) + (\nabla\hat{y}, \nabla v) + (\hat{q}, \nabla v) = 0, \quad \forall v \in H_0^1(D), \tag{8.2.18}$$

这里用到 $(\hat{h}, \nabla v) = 0$ 的性质. 由此并应用 (8.2.10) 导出不等式

$$\frac{|(\hat{q}, \nabla v)|}{\|\nabla v\|} \leq \frac{|(B^{\frac{1}{2}}y_t, B^{\frac{1}{2}}v)|}{\|\nabla v\|} + \frac{|(\nabla\hat{y}, \nabla v)|}{\|\nabla v\|}$$
$$\leq \sqrt{k_2}\|y_t\|_B + \|\hat{y}\|_1,$$

或者

$$\|\hat{q}\| \leq \sqrt{k_2}\|y_t\|_B + \|\hat{y}\|_1 \leq \sqrt{2}(k_2\|y_t\|_B^2 + \|\hat{y}\|_1^2)^{1/2}. \tag{8.2.19}$$

把 (8.2.19) 两端平方并乘以因子 $\beta\tau^2\lambda$, 其中 $\lambda > 0$ 是待定正数, 然后与 (8.2.15) 相加, 导出

$$\|\hat{y}\|_B^2 + \tau^2(1 - 2\beta\lambda k_2)\|y_t\|_B^2 + 2\tau(1 - 2\tau\lambda)\|\hat{y}\|_1^2 + \beta\tau^2\lambda\|\hat{q}\|^2$$
$$+ 2\tau(\hat{r}, \hat{r}/\omega) + \beta\tau\|\hat{r}\|^2 \leq \|y\|_B^2 + \beta\tau\|r\|^2.$$

(8.2.20)

估计内积 $(\hat{r}, \hat{r}/\omega)$, 由 Yang 不等式, 对任意的 $\delta \in (0,1)$ 导出

$$(\hat{r}, \hat{r}/\omega) \geq (\hat{q}, \hat{q}/\omega) + (\hat{h}, \hat{h}/\omega) - 2|(\hat{h}, \hat{q}/\omega)|$$
$$\geq (1 - \delta)(\hat{h}, \hat{h}/\omega) + (1 - 1/\delta)(\hat{q}, \hat{q})$$
$$\geq (1 - \delta)\left[\|\hat{h}\|_{0,\Omega_1}^2 + \frac{1}{\theta}\|\hat{h}\|_{0,\Omega_2}^2\right] + (1 - 1/\delta)\|\hat{q}\|^2,$$

(8.2.21)

这里用到 $\omega \geq 1$. 但 $\hat{h} \in G_2 = G^\perp$ 意味 $\hat{h}$ 必定是 $H_{00}^{\frac{1}{2}}(\partial\Omega_1 \cap \partial\Omega_2)$ 中函数的调和扩张的梯度. 由迹定理蕴含存在 $C_3 > 0$, 使

$$\|\hat{h}\|_{0,\Omega_2}^2 \leq C_3\|\hat{h}\|_{0,\Omega_1}^2,$$

(8.2.22)

从而

$$\|\hat{h}\|_{0,D}^2 = \|\hat{h}\|_{0,\Omega_1}^2 + \|\hat{h}\|_{0,\Omega_2}^2 \leq (1 + C_3)\|\hat{h}\|_{0,\Omega_1}^2.$$

代到 (8.2.21) 得到估计

$$(\hat{r}, \hat{r}/\omega) \geq C_4(1 - \delta)\|\hat{h}\|^2 + (1 - 1/\delta)\|\hat{q}\|^2,$$

(8.2.23)

这里 $C_4 = 1/(1 + C_3)$. 把 (8.2.23) 代入 (8.2.20), 得

$$\|\hat{y}\|_B^2 + \tau^2(1 - 2\beta\tau k_2)\|y_t\|_B^2 + 2\tau(1 - 2\beta\tau\lambda)\|\hat{y}\|_1^2 + \beta\tau\|\hat{r}\|^2$$
$$+ \beta\tau^2\lambda\|\hat{q}\|^2 + 2\tau(1 - \delta)C_4\|\hat{h}\|^2 + 2\tau(1 - 1/\delta)\|\hat{q}\|^2$$
$$\leq \|y\|_B^2 + \beta\tau\|r\|^2.$$

(8.2.24)

现在对固定的 $\beta > 0$, 选择 $\tau > 0$, 使 $B > 0$, 并满足 (8.2.10), 再选择 $\lambda > 0$ 充分小使

$$1 - 2\beta\lambda k_2 > 0, \quad 1 - \beta\tau\lambda > 0,$$

(8.2.25)

并置

$$\delta = 4/(4 + \beta\tau\lambda) < 1,$$

则成立等式

$$\beta\tau^2\lambda + 2\tau(1 - 1/\delta) = \beta\tau^2\lambda - 2\tau(\beta\tau\lambda)/4 = \beta\tau^2\lambda/2$$

及

$$1 - \delta = \beta\tau\lambda/(4 + \beta\tau\lambda).$$

把以上结果代到 (8.2.24), 利用 $\|\hat{r}\|^2 = \|\hat{h}\|^2 + \|\hat{q}\|^2$ 导出

$$(1 + C_5\tau/k_2)\|\hat{y}\|_B^2 + \beta\tau(1 + C_6\tau)\|\hat{r}\|^2 \le \|y\|_B^2 + \beta\tau\|r\|^2, \quad (8.2.26)$$

这里 $C_5 = 2(1 - \beta\tau\lambda)$, $C_6 = \min\{\lambda/2, 2C_4\beta\lambda/(4 + \beta\tau\lambda)\}$, 显然这里 $\beta, \tau, k_i, \lambda$ 皆是与 θ 无关的正常数. 最后置

$$\gamma = \max\{(1 + C_5\tau/k_2)^{-1}, \ (1 + C_6\tau)^{-1}\} < 1,$$

就得到定理的证明. □

　　定理 2.1 得到迭代法收敛速度与 ε 无关. 一个极端的情形是 $\varepsilon = 0$, 此时原问题 (8.1.1) 与虚拟问题 (8.1.2)-(8.1.6) 等价. 我们仍可构造迭代法, 为此令

$$\frac{1}{k_0} = \begin{cases} 1, & (\Omega_1), \\ 0, & (D \setminus \Omega_1), \end{cases} \quad (8.2.27)$$

相应于 $\varepsilon = 0$ 的 (8.2.6) 式, 为求 $(U, \boldsymbol{p}) \in H_0^1(D) \times (L_2(D))^2$ 满足

$$\begin{cases} (\nabla U, \nabla v) + (\boldsymbol{p}, \nabla v) = (F, v), & \forall v \in H_0^1(D), \\ \dfrac{1}{k_0}\boldsymbol{p} - \nabla U = 0, \end{cases} \quad (8.2.28)$$

这里

$$F = \begin{cases} 2f, & (\Omega_1), \\ 0, & (D \setminus \Omega_1). \end{cases} \quad (8.2.29)$$

可以证明 (8.2.28) 的解 U 即是 (8.2.1) 的解 u. 事实上, (8.2.27) 与 (8.2.28) 蕴含 $\nabla U \equiv 0, (D/\Omega_1)$, 及 $U = 0, (\partial D)$, 这就导出 $U \equiv 0$, (D/Ω_1), 特别 $U = 0, (\partial\Omega_1)$. 故由 (8.2.28) 第一式得到 $U = u, (\Omega_1)$. 以上技巧不仅适用于虚拟区域法, 也适用于系数剧烈变化的椭圆型方程.

§3. 虚拟区域法的迭代算法 (II)

　　以下推广前节算法到变系数散度型方程上, 导出与 ε 无关的迭代收敛速度算法.

考虑 n 维散度型方程

$$\begin{cases} Lu = \operatorname{div}(k(x)\operatorname{grad} u) = f, & (\Omega_1), \\ u = 0, & (\partial\Omega_1), \end{cases} \tag{8.3.1}$$

这里 $\Omega_1 \subset \mathbb{R}^n$ 是有界开集，且存在正常数 k_0, k_1，使

$$k_1 \geq k(x) \geq k_0 > 0, \quad x \in \Omega_1. \tag{8.3.2}$$

现在构造 (8.3.1) 的虚拟算法．选误差控制 ε 充分小，使 $k_0 \geq \varepsilon^2 > 0$. 令 $D \supseteq \Omega_1$ 是长方体，在 D 上构造虚拟问题

$$\begin{cases} \operatorname{div}((1+\omega)\operatorname{grad} U) = F, & (D), \\ U = 0, & (\partial D), \end{cases} \tag{8.3.3}$$

这里 $U = u_\varepsilon$，而函数 F 为

$$F(x) = \begin{cases} 2f/k_0, & (\Omega_1), \\ 0, & (\Omega_2 = D \setminus \Omega_1), \end{cases} \tag{8.3.4}$$

而

$$\omega(x) = \begin{cases} 2k(x)/k_0 - 1, & (\Omega_1), \\ 2/\varepsilon^2 - 1, & (\Omega_2). \end{cases} \tag{8.3.5}$$

虚拟区域迭代法的关键是置

$$p(x) = \omega \operatorname{grad} U,$$

并转化 (8.3.3) 为方程组形式：求 $U \in H_0^1(D)$

$$\begin{cases} \Delta U + \operatorname{div} p(x) = F, & (D), \\ \dfrac{1}{\omega} p - \operatorname{grad} U = 0, & (D). \end{cases} \tag{8.3.6}$$

我们定义 $\Delta^{-1} : H^{-1}(D) \to H_0^1(D)$，意指 $v = \Delta^{-1} f$，为齐次边值问题

$$\Delta v = f, \quad (D), \quad v = 0, \quad (\partial D) \tag{8.3.7}$$

的弱解．借助于算子 Δ^{-1} 可以把 (8.3.6) 改写为

$$U + \Delta^{-1} \operatorname{div} p(x) = \Delta^{-1} F, \tag{8.3.8a}$$

$$\frac{1}{\omega} p = \operatorname{grad} U. \tag{8.3.8b}$$

用 (8.3.8a) 与 (8.3.8b) 消去 U, 得到算子方程

$$Ap = g, \qquad (8.3.9)$$

其中 $A : \boldsymbol{H}^1(D) \to \boldsymbol{H}^1(D)$, 记号 $\boldsymbol{H}^1(D)$ 表示向量函数空间 $(H^1(D))^n$. A 和 $\boldsymbol{g}$ 的定义为

$$Ap = \boldsymbol{p}/\omega + \mathrm{grad}(\Delta^{-1}\mathrm{div}\,\boldsymbol{p}), \qquad (8.3.10)$$

$$\boldsymbol{g} = \mathrm{grad}(\Delta^{-1}f). \qquad (8.3.11)$$

原始问题转化为 (8.3.9) 形式, 故可以借助于迭代法计算. 一般可采用如下预处理三步递推算法: 构造预处理算子 C:

$$Cp^{n+1} = Cp^n + \alpha_n(p^n - p^{n-1}) + \beta_n(Ap^n - g), \quad n \geq 1,$$

$$Cp^1 = Cp^0 + \beta_1(Ap^0 - g), \quad n = 0.$$

$$(8.3.12)$$

恰当地选择 C 及 α_n, β_n, 可以构造出各种迭代方法, 例如共轭梯度法. 如果取 $C = I$ 及 $\alpha_n = 0$, $\beta_n = \beta$, 则是简单迭代法. 众所周知, 迭代 (8.3.12) 的收敛性与收敛速度取决于 A 的谱性质. 为此我们引入 Ω_1 上的向量函数空间 $\boldsymbol{P}$, 定义为

$$\boldsymbol{P} = \{\boldsymbol{p} = \mathrm{grad}\,\psi, (\Omega_1) : \ \psi \in H_0^1(D)\}. \qquad (8.3.13)$$

注意迭代格式 (8.3.12) 蕴含: 如果 $p^0 \in \boldsymbol{P}$ 必递推出所有 $p^n \in \boldsymbol{P}$ ($n = 0, 1, \cdots$). 即使 α_n, β_n 不是常数, 而是在 Ω_1 为常数的分片函数也如此. 在没有好的近似 $p^0 \in \boldsymbol{P}$ 供选择时, 可以简单地取 $p^0 = 0$ 为初始. 此时算子方程 (8.3.9) 的迭代误差 $e^n = p^n - p$ 也属于空间 $\boldsymbol{P}$. 故我们只需要在子空间 $\boldsymbol{P}$ 内讨论迭代的收敛性. 我们证明定理:

定理 3.1 (Bakhvalov). 由 (8.3.10) 定义的算子 A 可以扩张为 $L_2(D)$ 到 $L_2(D)$ 的对称算子, 且存在与 ε 无关的正常数 $C_1 = C_1(D, \Omega_1)$, 使对任意 $\boldsymbol{p} \in \boldsymbol{P}$ 成立

$$C_1(\boldsymbol{p}, \boldsymbol{p})_D \leq (Ap, \boldsymbol{p})_D \leq \left(\left(1 + \frac{1}{\omega}\right)\boldsymbol{p}, \boldsymbol{p}\right)_D, \qquad (8.3.14)$$

这里 $(\boldsymbol{p}, \boldsymbol{p})_D$ 是 $L_2(D)$ 内积.

定理 3.1 的证明依赖于以下引理.

引理 3.1. 算子 A 可以扩张为 $L_2(D)$ 上的对称算子.

证明. 只需要证明算子 $B : \boldsymbol{H}^1(D) \to \boldsymbol{H}^1(D)$,

$$B\boldsymbol{q} = \mathrm{grad}(\Delta^{-1}\mathrm{div}\boldsymbol{q}) \qquad (8.3.15)$$

可以扩张为 $L_2(D)$ 的对称算子. 为此先任取 $p, q \in H^1(D)$, 有

$$(Bp, q)_D = (\mathrm{grad}(\Delta^{-1}\mathrm{div}p), q)_D$$

$$= (-\Delta^{-1}\mathrm{div}p, \mathrm{div}q)_D = (\mathrm{div}p, -\Delta^{-1}\mathrm{div}q)_D$$

$$= (p, \mathrm{grad}(\Delta^{-1}\mathrm{div}q))_D = (p, Bq)_D. \qquad (8.3.16)$$

由 Δ^{-1} 的定义, 在分部积分时用到性质

$$\Delta^{-1}\mathrm{div}p\Big|_{\partial D} = \Delta^{-1}\mathrm{div}q\Big|_{\partial D} = 0. \qquad (8.3.17)$$

现在扩张 B 的定义域到 $L_2(D)$ 上. 事实上, 任取 $p, q \in L_2(D)$, 必可找到序列 $p^k, q^k \in H^1(D)$, 使在 $L_2(D)$ 意义下,

$$p^k \to p, \quad q^k \to q, \quad 当 \ k \to \infty,$$

用 p^k, q^k 代替 (8.3.15) 中的 p, q 并取极限, 注意到 B 的有界性

$$|(Bp, q)_D| \leq \mathrm{const}\|p\|_D\|q\|_D, \qquad (8.3.18)$$

知 B 可扩张为 $L_2(D)$ 上对称算子. $\qquad\square$

引理 3.2. $L_2(D)$ 中的函数有直交分解

$$L_2(D) = Q \oplus H, \qquad (8.3.19)$$

这里 $Q = \{\mathrm{grad}\,\psi : \psi \in H_0^1(D)\}$, 而 $H = Q^\perp$ 是由散度为零的向量函数的全体在 $L_2(D)$ 中的闭包构成.

引理 3.2 是著名结果, 可以在 [211] 中找到证明.

引理 3.3. 设 $h \in P \cap H$, 则必存在正常数 $C_0 = C_0(\Omega_1, D)$, 使

$$\|h\|_D \leq C_0\|h\|_{\Omega_1}. \qquad (8.3.20)$$

证明: 因为 $h \in P$, 故存在 $\psi \in H_0^1(D)$ 使 $h = \mathrm{grad}\psi, (\Omega_1)$, 而 $h \in H$ 蕴含

$$\mathrm{div}h = 0. \qquad (8.3.21)$$

这意味 ψ 满足 Neumann 问题

$$\begin{cases} \Delta\psi = 0, & (\Omega_1), \\ \dfrac{\partial\psi}{\partial\nu} = (h, \nu), & (\partial\Omega_1), \end{cases} \qquad (8.3.22)$$

其中 ν 是外法向向量, 由迹定理导出存在 $C_1 > 0$, 满足

$$\|\mathrm{grad}\,\psi\|_{\Omega_1} \leq C_1\left\|\dfrac{\partial\psi}{\partial\nu}\right\|_{-1/2, \partial\Omega_1}. \qquad (8.3.23)$$

借助先验估计得到

$$\|\boldsymbol{h}\|_{\Omega_1} \leq C_2 \|\boldsymbol{h}\|_{\Omega_2}, \tag{8.3.24}$$

改变常数后知引理成立.   □

引理 3.4. 对任意常数 $\eta, 0 \leq \eta \leq 1/2$ 及任意函数 $\boldsymbol{v}, \boldsymbol{w} \in L_2(D)$, 恒有不等式

$$(\boldsymbol{v}+\boldsymbol{w}, \boldsymbol{v}+\boldsymbol{w})_D \geq \eta(\boldsymbol{w}, \boldsymbol{w})_D - 2\eta(\boldsymbol{v}, \boldsymbol{v})_D. \tag{8.3.25}$$

证明. 由

$$(\boldsymbol{v}+\boldsymbol{w}, \boldsymbol{v}+\boldsymbol{w})_D = (\boldsymbol{v}, \boldsymbol{v})_D + (\boldsymbol{w}, \boldsymbol{w})_D + 2(\boldsymbol{v}, \boldsymbol{w})_D$$

及不等式

$$|(\boldsymbol{v}, \boldsymbol{w})_D| \leq \frac{\varepsilon}{2}(\boldsymbol{v}, \boldsymbol{v})_D + \frac{1}{2\varepsilon}(\boldsymbol{w}, \boldsymbol{w})_D, \quad \forall \varepsilon > 0,$$

代入上式得

$$(\boldsymbol{v}+\boldsymbol{w}, \boldsymbol{v}+\boldsymbol{w})_D \geq (1-\varepsilon)(\boldsymbol{v}, \boldsymbol{v})_D + (1-1/\varepsilon)(\boldsymbol{w}, \boldsymbol{w})_D. \tag{8.3.26}$$

取 $\varepsilon = 1 - \eta, 0 \leq \eta \leq 1/2$, 注意

$$1 - 1/\varepsilon = 1 - 1/(1-\eta) = -\eta/(1-\eta) \geq -2\eta,$$

代到 (8.3.26) 即获引理证明.   □

定理 3.1 的证明.   首先我们证明算子 B 仅有两个本征值 1 和 0 并分别以 Q 和 H 为本征空间. 为此直接验证: 任取 $\boldsymbol{q} \in Q$, 由定义知存在 $\psi \in H_0^1(D)$ 使 $\boldsymbol{q} = \mathrm{grad}\psi$, 故

$$B\boldsymbol{q} = \mathrm{grad}(\Delta^{-1}\mathrm{div}\boldsymbol{q}) = \mathrm{grad}(\Delta^{-1}\mathrm{div\ grad}\ \boldsymbol{\psi})$$

$$= \mathrm{grad}\psi = \boldsymbol{q};$$

同理, 任取 $\boldsymbol{h} \in H$, 又有

$$B\boldsymbol{h} = \mathrm{grad}(\Delta^{-1}\mathrm{div}\boldsymbol{h}) = 0,$$

这个事实蕴含

$$0 \leq (B\boldsymbol{p}, \boldsymbol{p})_D \leq (\boldsymbol{p}, \boldsymbol{p})_D, \quad \forall \boldsymbol{p} \in L_2(D),$$

或者

$$0 \leq (A\boldsymbol{p}, \boldsymbol{p})_D \leq ((1+1/\omega)\boldsymbol{p}, \boldsymbol{p}), \quad \forall \boldsymbol{p} \in L_2(D),$$

故 (8.3.14) 右端部份不等式成立.

今证 (8.3.14) 左端部份不等式. 为此取 $p \in P$, 并令 $p = q + h$, 这里 $q = \mathrm{grad}\, \psi \in Q$, 而 $h \in H$, 由于在 Ω_1 上

$$\omega(x) \leq 2k_1/k_0 - 1 = a, \qquad (8.3.27)$$

知

$$(p/\omega, p)_D \geq \frac{1}{a}(p, p)_{\Omega_1}, \qquad (8.3.28)$$

因为 $Bq = q$, $Bh = 0$ 及 $(q, h)_D = 0$, 推出

$$(Bp, p)_D = (Bq, q + h)_D = (q, q + h)_D$$
$$= (q, q)_D = (\mathrm{grad}\,\psi, \mathrm{grad}\,\psi)_D.$$

于是

$$(Ap, p)_D \geq \frac{1}{a}(p, p)_{\Omega_1} + (\mathrm{grad}\,\psi, \mathrm{grad}\,\psi)_D. \qquad (8.3.29)$$

利用引理 3.4 导出: 对任意 $\eta \in [0, 1/2]$ 成立

$$(Ap, p)_D \geq \frac{\eta}{a}(h, h)_{\Omega_1} - \frac{2\eta}{a}(q, q)_{\Omega_1} + (q, q)_D, \qquad (8.3.30)$$

选择 $\eta = \min\left\{\dfrac{1}{2}, \dfrac{a}{4}\right\}$, 得到 $2\eta/a \leq 1/2$, 代到 (8.3.30) 式得到

$$(Ap, p)_D \geq a_1(h, h)_{\Omega_1} + \frac{1}{2}(q, q)_D,$$
$$a_1 = \min\left\{\frac{1}{4}, \frac{1}{2a}\right\}, \qquad (8.3.31)$$

由引理 3.3 即获定理证明. □

定理 3.1 蕴含当 $0 < \tau < 2$ 时, 简单迭代

$$(1 + 1/\omega)(p^{n+1} - p^n)/\tau + (Ap^n - g) = 0 \qquad (8.3.32)$$

收敛. 并且收敛速度与 ε 无关.

注意到迭代 (8.3.32) 的主要工作量是在长方体区域上解 Poisson 方程, 可以借助于 FFT 快速求解. 与算法 (8.2.11) 比较, 这里 τ 的选择是确定的, 还可以选择非定常因子, 如 Chebyshev 加速技巧等. 故本节算法似更有普遍性.

由于迭代收敛速度与 ε 无关. 极限情形可以置 $1/\omega = 0$, $(D \setminus \Omega_1)$. 算法保证虚拟区域法收敛于原问题的解.

§4. 子区域交替法与虚拟方法新解释

在 [156] 中，苏联数学家 Matsokin 给出虚拟区域法的新解释. 按此观点虚拟法可以视为特殊的 Schwarz 交替过程.

为简单起见，我们考虑简单边值问题（显然，这不影响对一般椭圆型方程之通用性）：

$$\begin{cases} -\Delta u_1(x) + u_1(x) = f_1(x), & x \in \Omega_1, \\ u_1(x) = 0, & x \in \partial\Omega_1. \end{cases} \qquad (8.4.1)$$

这里 $\Omega_1 \subset I\!\!R^n$ 是有界开域. 设 Ω_2 是虚拟开区域，使

$$\bar{D} = \bar{\Omega}_1 \cup \bar{\Omega}_2, \quad \Omega_1 \cap \Omega_2 = \phi, \quad D \supseteq \bar{\Omega}_1,$$

及

$$\partial\Omega_2 = \partial\Omega_1 \cup \partial D. \qquad (8.4.2)$$

我们在虚拟域 Ω_2 上考虑边值问题

$$\begin{cases} -\Delta u_2(x) + u_2(x) = f_2(x), & x \in \Omega_2, \\ \dfrac{\partial u_2(x)}{\partial n_2} = 0, & x \in \partial\Omega_2, \end{cases} \qquad (8.4.3)$$

这里 $\dfrac{\partial}{\partial n_i}$ 是 $\partial\Omega_i$ 的外法向导数，$f_i \in L_2(\Omega_i), i = 1, 2$.

对于给定 $g_i \in L_2(\Omega_i), i = 1, 2$, 我们考虑联立问题

$$\begin{cases} -\Delta v_1(x) + v_1(x) = g_1(x), & x \in \Omega_1, & (8.4.4a) \\ -\Delta v_2(x) + v_2(x) = g_2(x), & x \in \Omega_2, & (8.4.4b) \\ v_1(x) = v_2(x), & x \in \partial\Omega_1, & (8.4.4c) \\ \dfrac{\partial v_2(x)}{\partial n_2} = 0, & x \in \partial\Omega_2. & (8.4.4d) \end{cases}$$

我们可以证明原问题 (8.4.1) 的解，可以从问题 (8.4.4) 对 g_i 作特殊选择导出. 实际上，如令

$$g_1(x) = f_1(x), \quad g_2(x) = 0, \qquad (8.4.5)$$

则由 (8.4.4b) 与 (8.4.4d) 导出 $v_2(x) = 0$, 更由 (8.4.4c) 与 (8.4.4a) 得到：$v_1(x) = u_1(x)$.

类似地，如置

$$g_2(x) = f_2(x), \qquad (8.4.6)$$

导出 $v_2(x) = u_2(x)$, $x \in \Omega_2$, 对任何 $g_1 \in L_2(\Omega_1)$ 皆是 (8.4.3) 的解. 因此, 欲求 (8.4.1) 的解, 只需按 (8.4.5) 取 $g_i(x)$, 求解 (8.4.4) 即可.

令 $v \in H_0^1(D)$, 用它乘 (8.4.4a) 与 (8.4.4b) 两端取积分后得出

$$\int_{\Omega_1} (\nabla v_1 \nabla v + v_1 v)dx = \int_{\partial\Omega_1} \frac{\partial v_1}{\partial n_1} v ds + \int_{\Omega_1} g_1 v dx, \qquad (8.4.7)$$

$$\int_{\Omega_2} (\nabla v_2 \nabla v + v_2 v)dx = \int_{\Omega_2} g_2 v dx. \qquad (8.4.8)$$

因 $v_2 \in H^1(\Omega_2)$, 而 v_1 可以视为 v_2 在 Ω_1 上的延拓, 我们可以认为函数

$$u(x) = \begin{cases} v_1(x), & x \in \Omega_1, \\ v_2(x), & x \in \Omega_2 \end{cases} \qquad (8.4.9)$$

属于 $H_0^1(D)$. 引入记号

$$a_i(u,v) = \int_{\Omega_i} (\nabla u \nabla v + uv)dx,$$

$$a(u,v) = a_1(u,v) + a_2(u,v),$$

$$g_i(v) = \int_{\Omega_i} gv dx.$$

于是恒等式 (8.4.7) 与 (8.4.8) 蕴含 (8.4.4) 的解 $u \in H_0^1(D)$, 且满足

$$a(u,v) = a_1(u,v) + g_2(v), \quad \forall v \in H_0^1(D). \qquad (8.4.10)$$

问题归结于如何计算 (8.4.10) 的解. Matsokin 建议如下迭代算法:

求 $u^0 \in H_0^1(D) : a(u^0,v) = g_1(v) + g_2(v), \forall v \in H_0^1(D)$;

求 $u^k \in H_0^1(D) : a(u^k,v) = a_1(u^{k-1},v) + g_2(v), \forall v \in H_0^1(D)$,

$$k = 1,2,\cdots. \qquad (8.4.11)$$

定理 4.1. 如果对 $\forall v \in H_0^1(D)$ 皆可构造 $v_i^* \in H_0^1(D)$ 使

$$v_i^*(x) = v(x), \quad x \in \Omega_i$$

并存在与 v, v_i^* 无关的正常数 $\alpha > 0$ 使成立

$$\alpha a(v_i^*, v_i^*) \le a_i(v,v), \quad i = 1,2, \qquad (8.4.12)$$

则迭代 (8.4.11) 产生的序列 $\{u^k\}$ 收敛到 (8.4.10) 的解 u^*, 并且有

$$a(u^*, v) = g_1(v), \quad \forall v \in H_0^1(\Omega_1). \tag{8.4.13}$$

定理 4.1 的证明将纳入下面定理 4.2 中一起陈述. 我们现在推广迭代法 (8.4.11) 为带参数迭代的格式. 为此改写 (8.4.10) 成如下等价形式

$$a(u, v) = a(u, v) - \tau(a_2(u, v) - g_2(v)), \quad \forall v \in H_0^1(D).$$

据此构造虚拟区域迭代法:

求 $w^0 \in H_0^1(D) : a(w^0, v) = g_1(v) + g_2(v), \quad \forall v \in H_0^1(D)$;

求 $w^k \in H_0^1(D) : a(w^k, v) = a(w^{k-1}, v) - \tau_k[a_2(w^{k-1}, v) - g_2(v)]$,

$$\forall v \in H_0^1(D), \quad k = 1, 2, \cdots, \tag{8.4.14}$$

这里 $\tau_k(k = 1, 2, \cdots)$ 是实参数. 对此迭代格式我们有收敛定理, 它的证明放在本节后面.

定理 4.2. 如条件 (8.4.12) 满足, 且 $\tau_k = \tau(k = 1, 2, \cdots)$, $0 < \tau < 2$, 则由迭代 (8.4.14) 给出的序列 $\{w^k\}$ 收敛到 (8.4.10) 的解 u^*, 并满足 (8.4.13).

容易看出迭代 (8.4.11) 或 (8.4.14) 仅涉及在规则区域 D 上的计算, 每步迭代可以用 FFT 等快速算法实现. 如果原问题是 Ω_2 上的 Neumann 问题 (8.4.3), 则迭代算法是相同的.

以下为了书写简便引入记号:

$$V = H_0^1(D), \quad V_i^0 = H_0^1(\Omega_i), \quad i = 1, 2,$$
$$V^0 = V_1^0 \oplus V_2^0, \quad V^1 = (V^0)^{\perp}, \tag{8.4.15}$$

即 V^1 是 V^0 关于 V 的正交补空间, 这意味

$$V = V_1^0 \oplus V_2^0 \oplus V^1 \tag{8.4.16}$$

构成正交分解. 对于双线性泛函容易验证

$$a_i(u, v) = 0, \quad \forall u, v \in V_{3-i}^0 \quad \text{或} \quad u \in V^0, \ v \in V^1,$$
$$\text{或} \quad u \in V_i^0, \ v \in V_{3-i}^0, \ i = 1, 2. \tag{8.4.17}$$

此外又设存在 $\alpha_i > 0, 0 < \beta_i \leq 1$ 适合

$$\alpha_i a(u, u) \leq a_i(u, u) \leq \beta_i a(u, u), \quad \forall u \in V, \tag{8.4.18}$$
$$g_i(v) = 0, \quad \forall v \in V_{3-i}^0, \ i = 1, 2. \tag{8.4.19}$$

现在考虑联立问题 (8.4.4), 利用上述记号, 其弱形式等价于求 $u^* \in V$ 适合

$$a_2(u^*, v) = g_2(v), \quad \forall v \in V, \tag{8.4.20a}$$

$$a_1(u^*, v) = g_1(v), \quad \forall v \in V_1^0, \tag{8.4.20b}$$

这里 (8.4.20a) 相当于 (8.4.3) 的弱形式, (8.4.20b) 相当于解 Ω_1 上的 Dirichlet 问题, 边值由 (8.4.20a) 的解的边值确定.

引理 4.1. 如果 (8.4.16)-(8.4.18) 的条件满足, 则有唯一的 $w_1 \in V^1$ 及唯一的 $w_2^0 \in V_2^0$ 与任意的 $w_1^0 \in V_1^0$ 使

$$w = w_1 + w_1^0 + w_2^0 \tag{8.4.21}$$

是 (8.4.20a) 的解, 且 (8.4.20a) 无其它形式的解.

证明. 由正交分解 (8.4.16) 及 (8.4.18) 容易验证关系

$$a_2(u, v) = a_2(u_1, v_1) + a_2(u_2^0, v_2^0), \quad \forall u, v \in V,$$

$$\alpha_2 a(u, u) \leq a_2(u, u) \leq a(u, u), \quad \forall u \in V^1 + V_2^0,$$

$$g_2(v) = g_2(v_1 + v_2^0), \quad \forall v \in V$$

这蕴含: 求 $u \in V^1 + V_2^0$ 满足

$$a_2(u, v) = g_2(v), \quad \forall v \in V^1 + V_2^0, \tag{8.4.22}$$

且有唯一解. 令

$$u = w_1 + w_2^0, \quad w_1 \in V^1, \quad w_2^0 \in V_2^0. \tag{8.4.23}$$

显然它也是 (8.4.20a) 的解, 其次又因

$$a_2(w_1^0, v) = 0, \quad \forall v \in V, \quad \forall w_1^0 \in V_1^0 \tag{8.4.24}$$

这就证明了 (8.4.21). 最后, 令 z, y 是 (8.4.20a) 的两个解, 令 $v = z - y$, 由不等式

$$0 = a_2(v, v) \geq \alpha_2[a(v_1, v_1) + a(v_2^0, v_2^0)] \geq 0, \tag{8.4.25}$$

推出

$$z_1 = y_1, \quad z_2^0 = y_2^0.$$

直交分解 (8.4.16) 蕴含解的形式 (8.4.21) 是唯一的, 这就完成引理的证明. □

类似地以下引理 4.2 成立.

引理 4.2. 在引理 4.1 条件下，对任意给定的 $z_2^0 \in V_2^0$ 及 $z_1 \in V^1$ 存在唯一的函数 $z_1^0 \in V_1^0$，使

$$z = z_1^0 + z_2^0 + z_1 \tag{8.4.26}$$

是 (8.4.20b) 的解，且 (8.4.20b) 无其它形式的解.

定理 4.3. 在引理 4.1 的条件下，问题 (8.4.20) 有唯一解并可表示为

$$u^* = u_1^0 + u_2^0 + u_1 = z_1^0 + w_2^0 + w_1, \tag{8.4.27}$$

这里 $u_1^0 = z_1^0$ 是 (8.4.26) 的分量，$u_2^0 = w_2^0 \in V_2^0$ 及 $u_1 = w_1 \in V^1$ 是 (8.4.21) 的分量.

证明. 可以直接验证 (8.4.27) 的 u^* 是 (8.4.20) 的解，并且由引理 4.1 与 4.2 得到表达式是唯一的. □

同样可以验证：如果 u^* 是 (8.4.20) 的解，它必满足 (8.4.10) 和 (8.4.13). 因此如果 (8.4.4) 有解 $u = \{v_1, v_2\} \in V$ 则它必与 (8.4.20) 的解一致.

定理 4.4. 在引理 4.1 的条件下，迭代 (8.4.14) 导出的序列 $\{w^k\}$ 对任何 $\tau \in (0,2)$ 皆收敛于 (8.4.20) 的解 u^*，且误差 $e^k = w^k - u^* \in V^1$ 有以下估计

$$a(e^k, e^k) \leq q^{2k} a(e^0, e^0), \tag{8.4.28}$$

这里 $q = \max\{|1 - \tau\alpha_2|, |1 - \tau|\} < 1$，$\alpha_2$ 是由 (8.4.18) 确定的常数，$0 < \alpha_2 \leq 1$.

证明. 首先，证误差 $e^k \in V^1(k = 1, 2, \cdots)$. 事实上，由条件 (8.4.17) 与迭代 (8.4.14) 导出

$$a(w_i^{0,0}, v) = a_i(w_i^{0,0}, v) = g_i(v), \ \forall v \in V_i^0, \tag{8.4.29}$$

这里 $w_i^{0,0}$ 是 w^0 在 V_i^0 的投影. 由引理 4.1 与 4.2 得到

$$w_0^{i,0} = w_i^0 = u_i^0, \ i = 1, 2,$$

这意味 e^0 在 V_i^0 的投影为零，故 $e^0 \in V^1$. 下面用归纳法证明. 设 $w_0^{i,k} = u_i^0$，当 $k \leq n$ 成立，欲证 $k = n + 1$ 也成立. 注意 (8.4.17) 蕴含

$$a(w_0^{i,n+1}, v) = a(w_0^{i,n}, v) = a(w_i^0, v), \ \forall v \in V_i^0,$$

因此有 $w_0^{i,n+1} = w_i^0$，$i = 1, 2$，故 $e^k \in V^1$.

其次，$\{e^k\}$ 显然被以下方程确定

$$a(e^k, v) = a(e^{k-1}, v) - \tau a_2(e^{k-1}, v)$$

$$\forall v \in V^1, \quad k = 1, 2, \cdots. \tag{8.4.30}$$

定义算子 $A_2 : V^1 \to V^1$ 适合

$$a_2(w, v) = a(A_2 w, v), \quad \forall w, v \in V^1, \tag{8.4.31}$$

这蕴含 A_2 是对称正算子，且由 (8.4.18) 得到

$$\alpha_2 a(w, w) \leq a(A_2 w, w) \leq a(w, w), \ \forall w \in V^1, \tag{8.4.32}$$

又从 (8.4.30) 导出

$$e^k = (I - \tau A_2) e^{k-1} = T e^{k-1}, \tag{8.4.33}$$

其中 $T = I - \tau A_2$, 但

$$(1 - \tau) a(w, w) \leq a(Tw, w) \leq (1 - \tau \alpha_2) a(w, w), \ \forall w \in V_1, \tag{8.4.34}$$

故 T 的范数当 $\tau \in (0, 2)$ 时，有

$$\|T\| \leq \max\{|1 - \tau|, |1 - \tau \alpha_2|\} = q < 1,$$

这意味虚拟方法收敛，且误差传播服从 (8.4.28), 定理证毕.　　□

若 A_2 是严格正的，即 $\alpha_2 > 0$, 那么取稳态迭代 $\tau_k = \tau \in (0, 2)$ 能保证虚拟方法收敛. 否则可以用非稳态迭代，例如用最小剩余法代替迭代 (8.4.14).

最后我们阐明定理 4.1 与定理 4.2 已蕴含在定理 4.4 中，为此只须验证 (8.4.18) 成立. 任取 $v \in V$, 并设 v 有直交分解

$$v = v_1 + v_1^0 + v_2^0,$$

我们令 $v_i^* = v_1 + v_i^0, i = 1, 2$, 则由 (8.4.12) 导出

$$a_1(v, v) \geq \alpha a(v_1^*, v_1^*) \geq \alpha(a(v, v) - a(v_2^0, v_2^0))$$

$$\geq \alpha(a(v, v) - a_2(v, v)),$$

或

$$\frac{1}{\alpha} a_1(v, v) + a_2(v, v) \geq a(v, v). \tag{8.4.35}$$

同理又推出

$$\frac{1}{\alpha} a_2(v, v) + a_1(v, v) \geq a(v, v). \tag{8.4.36}$$

联立不等式 (8.4.35) 与 (8.4.36) 得出

$$a_i(v,v) \geq \bar{\alpha} a(v,v), \quad i = 1, 2, \qquad (8.4.37)$$

故只要令 $\alpha_1 = \alpha_2 = \bar{\alpha}$ 及 $\beta_1 = \beta_2 = 1$, 知在定理 4.1 与定理 4.2 假定下导出不等式 (8.4.18), 从而得到定理的证明.

Matsokin 还用他的交替思想导出区域分解交替迭代法, 由于这些结果类似于第六章阐述过的 D–N 交替法. 故这里不再赘述.

§ 5. 基于子空间迭代法的虚拟区域法

5.1. 在子空间内的迭代法

Marchuk, Kyznetsov 及 Matsokin[154] 基于矩阵扩张原理对虚拟区域法作了新的解释. 这一解释是以 Kyznetsov 等求解线性方程组

$$Au = f \qquad (8.5.1)$$

的不变子空间迭代法为依据, 其思想极为简单, 可概述如下:

设 A 是 N 阶方阵, 可能奇异, 但 $f \in \mathcal{R}(A)$, $\mathcal{R}(A)$ 表示 A 的值域, 故 (8.5.1) 是相容的. 令 B 是一个非奇异 N 阶方阵, 置 $S = AB^{-1}$, 又令 $U_A \subset \mathcal{R}(A)$ 是 S 的不变子空间. 置

$$U_0 = \{u : u \in \mathbb{R}^N, Au - f \in U_A\}.$$

考虑解 (8.5.1) 的简单迭代:

$$u^0 \in U_0,$$
$$B(u^k - u^{k-1}) = -\tau(Au^{k-1} - f). \qquad (8.5.2)$$

由第四章我们知道适当选择 B 和 τ, 迭代格式 (8.5.2) 收敛, 收敛速度取决于 S 的条件数.

简单地推导看出: 由于 $u^0 \in U_0$ 蕴含残量 $\xi^0 = Au - f \in U_A$, 用归纳法可以递推出迭代 (8.5.2) 的残量序列 $Au^k - f = \xi^k \in U_A$ ($k = 0, 1, \cdots$). 因此我们在讨论 (8.5.2) 的收敛速度时, 可以把 S 限制在不变子空间 U_A 上考虑.

设 D 是对称非负矩阵, 我们定义 $\mathbb{R}^N$ 中新范 (如 D 有零本征值则为半范):

$$\|\xi\|_D^2 = <D\xi, \xi>, \forall \xi \in \mathbb{R}^N. \qquad (8.5.3)$$

令 V 是 S 的不变子空间, 用记号 $\wedge(S,V)$ 表示 S 在 V 限制下的本征值集合. 我们对 S 在 V 的限制按 $\|\cdot\|_D$ 范意义下是正定的情形感兴趣. 这时 $\wedge(S,V)$ 由正数构成, 且个数决于 V 的维数. 假定 U_A 是这样的子空间, 则迭代 (8.5.2) 的收敛速度就由 $\wedge(S,U_A)$ 的最小与最大本征值决定, 而不是由 S 的全部本征值决定, 这无疑会大大提高 (8.5.2) 的收敛速度.

对于二步迭代, 如第四章所述的预处理共轭梯度法的迭代过程为:

$$\begin{cases} u^0 \in U_0, \quad p_k = B^{-1}\xi^{k-1} - \alpha_k p_{k-1}, p_1 = B^{-1}\xi^0, \\ u^k = u^{k-1} - \beta_k p_k, \\ \alpha_k = \dfrac{\|\xi^{k-1}\|_{DS}^2}{\|\xi^{k-2}\|_{DS}^2}, \quad \beta_k = \dfrac{\|\xi^{k-1}\|_{DS}^2}{\|Ap_k\|_D^2}, \quad k = 1,\cdots,t, \end{cases} \tag{8.5.4}$$

这里 $\xi^k = Au^k - f$ 为残量, 用归纳法易证 $\xi^k \in U_A$ ($k = 0, 1, \cdots t$). 由共轭梯度法原理, $\{Ap_i\}$ 构成 D 正交系 (即在 $<D\cdot,\cdot>$ 内积意义下正交). 故 (8.5.4) 的迭代步数 t 不会超过 $\wedge(S,U_A)$ 的特征值个数. 由 (4.9.19) 知道欲使

$$\|\xi^t\|_D \le \varepsilon,$$

迭代步数 t 应为

$$t \le 1 + \frac{\sqrt{\nu}}{2} \ln \frac{2}{\varepsilon}, \tag{8.5.5}$$

这里 $\nu = \lambda_m/\lambda_1$, 而 λ_m 与 λ_1 分别是 $\wedge(S,U_A)$ 的最大与最小本征值.

现在考虑矩阵 D 的选择. 假定 A 是对称非负矩阵, A^+ 是 A 的广义逆, 由广义逆矩阵性质, 当 $\det A \ne 0$ 时, 有 $A^+ = A^{-1}$. 由于 $U_A \subset \mathcal{R}(A)$. 故可以认为 A^+ 在 U_A 中是对称正定的. 试考虑选择

$$D = A^+, \tag{8.5.6}$$

我们验证在此特殊选择下, S 在 U_A 中为 $D-$ 内积意义下对称正定矩阵. 事实上, 如 B 对称非奇, 则

$$\begin{aligned} \langle S\xi, \eta \rangle_D &= \langle A^+ AB^{-1}\xi, \eta \rangle = \langle B^{-1}\xi, \eta \rangle \\ &= \langle \xi, B^{-1}\eta \rangle = \langle \xi, S\eta \rangle_D, \quad \forall \xi, \eta \in U_A. \end{aligned} \tag{8.5.7}$$

其次，

$$\|Ap_k\|_D^2 = \langle DAp_k, Ap_k \rangle = \langle A^+ Ap_k, Ap_k \rangle$$
$$= \langle p_k, Ap_k \rangle = \|p_k\|_A^2. \tag{8.5.8}$$

结合 (8.5.8) 得到共轭梯度法 (8.5.4) 中迭代系数

$$\alpha_k = \frac{\|\xi^{k-1}\|_{B^{-1}}^2}{\|\xi^{k-2}\|_{B^{-1}}^2}, \quad \beta_k = \frac{\|\xi^{k-1}\|_{B^{-1}}^2}{\|p_k\|_A^2}. \tag{8.5.9}$$

故实施 D 意义下的共轭梯度法时，并不要求作 A^+ 运算，选 $D = A^+$ 仅仅是为了理论分析，实算不涉及.

现在回到 (8.5.5)，此式表明 U_A 的选择是提高收敛速度的关键. 如何选择 U_A? 最自然的考虑是选 $U_A = \mathcal{R}(A)$，但这样 (8.5.4) 的收敛速度就由特征系 $\wedge(S, \mathcal{R}(A))$ 决定，达不到提高敛速的功效. 更好的方法是让迭代序列在 S 的维数尽量小的不变子空间 W_A 内收敛，例如取

$$W_A = \mathcal{R}((I - S)A) = \mathcal{R}(A) \cap \mathcal{R}(B - A). \tag{8.5.10}$$

显然 W_A 是 S 的不变子空间. 要使迭代序列 $\{\xi^k\}$ 属于 W_A，我们对初始 u^0 的选择要恰当，例如选 u^0 满足

$$B(u^0 - w) = -(Aw - f), \tag{8.5.11}$$

其中 $w \in I\!\!R^N$ 是任意近似. 由 (8.5.11) 确定的残量

$$\xi^0 = Au^0 - f = (I - AB^{-1})(Aw - f) \in W_A,$$

递推得 $\xi^k \in W_A(k = 0, 1, \cdots)$. 这就蕴含 (8.5.2) 或 (8.5.4) 的收敛速度由本征值系 $\wedge(S, W_A)$ 确定. 因为 0 和 1 都不属 $\wedge(S, W_A)$，这意味如果 S 含有 1 作为本征值，W_A 是 $\mathcal{R}(A)$ 的真子集.

依照 (8.5.10)，子空间 W_A 与矩阵 $B - A$ 相关，故如何提高敛速，B 的选择是关键，它必须符合作为预处理矩阵的原则：第一，易解；第二，大为降低迭代矩阵的条件数. 即使 B 已经给出，要确定 $\mathcal{R}(B - A)$ 也比较困难，因为这等价于确定齐次方程的解向量. 为了较易处理，我们利用 B, A 是大型稀疏矩阵的特点，定义对角阵：$P_1 = \text{diag}(p_1, \cdots, p_n)$，其中对角元

$$p_i = \begin{cases} 0, & \text{当 } A \text{ 或 } B - A \text{ 的第 } i \text{ 行为零向量}, \\ 1, & \text{其它情形}. \end{cases} \tag{8.5.12}$$

令证 $\mathcal{R}(P_1)$ 是 S 的不变子空间. 事实上，令

$$e_i = (\delta_{1i}, \cdots, \delta_{Ni})^T$$

表示第 i 个方向的单位向量，据 (8.5.12)：$P_1 e_i = 0$ 与 $(B-A)e_i = 0$ 等价，取

$$V_A = \mathcal{R}(A) \cap \mathcal{R}(P_1). \tag{8.5.13}$$

对角阵 P_1 还可以按另一种方式构造，对角元取为

$$p_i = \begin{cases} 0, & \text{如果存在实数 } r_i \text{ 使 } a_i = r_i b_i, \\ 1, & \text{其它情形}, \end{cases} \tag{8.5.14}$$

其中 a_i, b_i 分别是矩阵 A 和 B 的第 i 行行向量。同样可以证明 $\mathcal{R}(P_1)$ 是 S 的不变子空间，为此只要能证明：对 $\forall x \in \mathcal{R}(P_1)$，有

$$\langle Sx, y \rangle = 0, \quad \forall y \in \mathcal{N}(P_1), \tag{8.5.15}$$

这里 $\mathcal{N}(P_1) = \text{Span}\{e_j : P_1 e_j = 0, 1 \le j \le N\}$ 是 P_1 的化零空间。显然，$\mathcal{N}(P_1) = (\mathcal{R}(P_1))^{\perp}$。由于

$$\langle Sx, e_j \rangle = \langle x, B^{-1} A e_j \rangle,$$

而且 $P_1 e_j = 0$，按 (8.5.14)，这意味 $a_j = r_j b_j$，即有

$$A e_j = r_j B e_j,$$

或

$$B^{-1} A e_j = S e_j = r_j e_j \in \mathcal{N}(P_1).$$

这就得到

$$\langle Sx, e_j \rangle = r_j \langle x, e_j \rangle = 0, \quad \forall x \in \mathcal{R}(P_1),$$

从而 (8.5.15) 获证。所以 $\mathcal{R}(P_1)$ 应是 S 的不变子空间。

今再定义非奇对角阵 $R = \text{diag}(\bar{r}_1, \cdots, \bar{r}_N)$ 作为构造 S 的不变子空间之用，对角元定义为

$$\bar{r}_i = \begin{cases} r_i, & \text{当 } r_i \ne 0 \text{ 且 } a_i = r_i b_i, \\ 1, & \text{其它情形}. \end{cases} \tag{8.5.16}$$

显然 R 非奇，现在选 u^0 适合

$$B(u^0 - w) = -R^{-1}(Aw - f), \tag{8.5.17}$$

这里 $w \in \mathbb{R}^N$ 是任意近似，其残差

$$\xi^0 = (I - AB^{-1}R^{-1})(Aw - f) = CB^{-1}R^{-1}(Aw - f). \tag{8.5.18}$$

其中

$$C = RB - A. \tag{8.5.19}$$

这蕴含

$$\xi^0 \in W_A = \mathcal{R}(A) \cap \mathcal{R}(C). \tag{8.5.20}$$

由矩阵 R 的构造，不难类似地验证 $\mathcal{R}(C)$ 也是 S 的不变子空间.

在 (8.5.17) 中令 $w = 0$，则计算简化为

$$\xi^0 = -CB^{-1}R^{-1}f, \tag{8.5.21}$$

由此推出共轭梯度法迭代残量序列 $\xi^k \in W_A (k = 1, 2, \cdots, t)$. 由于 $\mathcal{R}(C)$ 的维数可能远小于 N，故按 (8.5.21) 选择初始一定能够加快收敛.

引入中介向量

$$g_k = Bu_k - R^{-1}f. \tag{8.5.22}$$

可以用以下三步迭代格式，代替 (8.5.4) 的两步格式:

$$\begin{cases} \xi^0 = -CB^{-1}R^{-1}f, \quad g_0 = 0, \quad e_{-1} = 0, \\ \xi^{k+1} = \xi^k - \dfrac{1}{q_k}[AB^{-1}\xi^k - e_{k-1}(\xi^k - \xi^{k-1})], \\ g_{k+1} = g_k - \dfrac{1}{q_k}[\xi^k - e_{k-1}(g_k - g_{k-1})], \\ q_k = \dfrac{\langle B^{-1}\xi^k, AB^{-1}\xi^k \rangle}{\langle B^{-1}\xi^k, \xi^k \rangle} - e_{k-1}, \\ e_k = q_k \langle B^{-1}\xi^{k+1}, \xi^{k+1} \rangle / \langle B^{-1}\xi^k, \xi^k \rangle, \\ k = 0, \cdots, t-1, \end{cases} \tag{8.5.23}$$

最后由

$$Bu^t = R^{-1}f + g_t \tag{8.5.24}$$

确定 u^t.

用三步迭代 (8.5.23) 代替 (8.5.4) 的理由是 (8.5.23) 更有利于节约运算. 为此我们再构造对角矩阵

$$P_2 = \mathrm{diag}(\bar{p}_1, \cdots, \bar{p}_N) \tag{8.5.25}$$

其中对角元

$$\bar{p}_i = \begin{cases} 1, & \text{如 } P_1C \text{ 的第 } i \text{ 列列向量有非零元存在,} \\ 0, & \text{其它情形,} \end{cases}$$

于是由 (8.5.19) 导出

$$AB^{-1}\xi = P_1 AB^{-1}\xi = P_1 R\xi - P_1 CB^{-1}\xi$$
$$= R\xi - P_1 CP_2 B^{-1}\xi, \ \forall \xi \in \mathcal{R}(P_1). \tag{8.5.26}$$

这样 (8.5.23) 的计算可以用以下公式简化:

$$AB^{-1}\xi^k = R\xi^k - P_1 C(P_2 B^{-1}\xi^k),$$
$$\langle B^{-1}\xi^k, \xi^k \rangle = \langle P_1 B^{-1}\xi^k, \xi^k \rangle, \tag{8.5.27}$$
$$\langle B^{-1}\xi^k, AB^{-1}\xi^k \rangle = \langle P_1 B^{-1}\xi^k, AB^{-1}\xi^k \rangle.$$

这些公式易从 $\xi^k \in \mathcal{R}(P_1)$ 及 $\mathcal{R}(P_1)$ 是 $S = AB^{-1}$ 的不变子空间导出.

不难看出 (8.5.27) 的主要运算为解方程

$$B\varphi^k = \xi^k, \quad \xi^k \in \mathcal{R}(P_1). \tag{8.5.28}$$

但我们并不需要计算 φ^k 的全部分量, 仅仅需要计算 $\varphi^k = [\varphi_1^k, \cdots, \varphi_N^k]^T$ 这样的分量 φ_i^k, 它对应于 P_1 或 P_2 的对角元 $p_i \neq 0$, $\bar{p}_i \neq 0$. 即事实上我们仅对 (8.5.28) 的部份解有兴趣. 这在下面讨论虚拟分量法时很有用.

5.2. 虚拟分量法

考虑代数方程

$$A_1 u_1 = f_1, \tag{8.5.29}$$

其中 A_1 是 n 阶方阵, $f_1 \in \mathcal{R}(A_1)$.

所谓虚拟分量法是代替 (8.5.29), 考虑它的等价形式

$$Au = f, \tag{8.5.30}$$

其中 A 是 N 阶方阵, 且 $N > n$, 而 $f = [f_1, 0]^T \in \mathcal{R}(A)$. 通常 A 有形态

$$A = \begin{bmatrix} A_1 & 0 \\ A_{21} & A_2 \end{bmatrix} \ \text{或} \ \begin{bmatrix} A_1 & A_{12} \\ 0 & A_2 \end{bmatrix}, \tag{8.5.31}$$

这里设 A_{12}, A_{21}, A_2 有相应的阶数, 并且

$$\mathcal{R}(A_{21}) \subset \mathcal{R}(A_2), \quad \mathcal{N}(A_2) = \mathcal{N}(A_{12}).$$

我们称 (8.5.30) 与 (8.5.29) 等价是指 (8.5.29) 的解

$$u_1 = Ku, \quad \text{矩阵} \quad K = [I, 0],$$

而 u 是 (8.5.30) 的解.

设预处理矩阵 B 也有块结构

$$B = \begin{bmatrix} B_{11} & B_{12} \\ B_{21} & B_{22} \end{bmatrix}. \tag{8.5.32}$$

以下设 A_1 是对称半正定矩阵, 即 $A_1 \geq 0$, A 称为 A_1 的扩张, 如果有形式

$$A = \begin{bmatrix} A_1 & 0 \\ 0 & A_2 \end{bmatrix}. \tag{8.5.33}$$

只要虚拟分量 A_2 也是对称半正定, 则 A 也是对称半正定, 并且 A 在 $\mathcal{R}(A)$ 的限制是对称正定的.

按前小节的分析, 在不变子空间内使用共轭梯度法, 其收敛速度取决于条件数

$$\kappa(S) = \lambda_m(S)/\lambda_1(S), \tag{8.5.34}$$

其中 $S = AB^{-1}$, λ_m, λ_1 是 S 在迭代不变子空间限制下的最大与最小本征值.

问题是如果 A_1 与 B 已经给定, 如何选择 (8.5.33) 中的 A_2 使 $\kappa(S)$ 尽可能小, 以下引理表明, 如果局限于与 (8.5.33) 一类的对角扩张, 则选 $A_2 = 0$ 是最优的.

引理 5.1. 对于给定的 A_1 及 B, 仅当 $A_2 = 0$ 时条件数 $\kappa(S)$ 最小.

证明. 不妨设 $\det A_1 \neq 0$, 并令

$$\mathring{A} = \begin{bmatrix} A_1 & 0 \\ 0 & 0 \end{bmatrix}. \tag{8.5.35}$$

由 $(\mathring{A}x, x) \leq (Ax, x)$, $\forall x \in I\!\!R^N$, 推出

$$\rho(\mathring{A}B^{-1}) = \max_{x \in I\!\!R^N} \frac{\langle \mathring{A}x, x \rangle}{\langle Bx, x \rangle} \leq \max_{x \in I\!\!R^N} \frac{\langle Ax, x \rangle}{\langle Bx, x \rangle} = \rho(AB^{-1}) \tag{8.5.36}$$

为了得到本征值的下界估计, 不妨令

$$B^{-1} = H = \begin{bmatrix} H_{11} & H_{12} \\ H_{21} & H_{22} \end{bmatrix},$$

直接计算得到

$$\lambda_1(\mathring{A}B^{-1}) = \min_{x \in \mathcal{R}(A)} \frac{\langle \mathring{A}Hx, Hx \rangle}{\langle Hx, x \rangle} = \min_{y \in \mathbb{R}^n} \frac{\langle A_1 H_{11}y, H_{11}y \rangle}{\langle H_{11}y, y \rangle}$$

$$= \min_{z \in \mathbb{R}^n} \frac{\langle A_1 z, z \rangle}{\langle H_{11}^{-1}z, z \rangle} \geq \min_{z \in \mathbb{R}^n} \frac{\langle A_1 z, z \rangle}{\langle (H_{11} - H_{12}H_{22}^{-1}H_{21})^{-1}z, z \rangle}$$

$$= \min_{x \in \mathcal{R}(\mathring{A})} \frac{\langle \mathring{A}x, x \rangle}{\langle H^{-1}x, x \rangle} = \min_{x \in \mathcal{R}(\mathring{A})} \frac{\langle Ax, x \rangle}{\langle Bx, x \rangle}$$

$$\geq \min_{x \in \mathcal{R}(A)} \frac{\langle Ax, x \rangle}{\langle Bx, x \rangle} = \lambda_1(AB^{-1}). \qquad (8.5.37)$$

这里推导中用到以下事实:

1^0. H 是对称正定的, 所以不难证明

$$\langle H_{11}^{-1}z, z \rangle \leq \langle (H_{11} - H_{12}H_{22}^{-1}H_{21})^{-1}z, z \rangle, \ \forall z \in \mathbb{R}^n.$$

2^0. $(H_{11} - H_{12}H_{22}^{-1}H_{21})^{-1}$ 作为 $B = H^{-1}$ 的块子阵, 应与 B_{11} 一致.

3^0. $\mathcal{R}(\mathring{A}) \subseteq \mathcal{R}(A)$, 对任何 A_2 皆成立.

组合 (8.5.36) 与 (8.5.37) 即获引理的证明. □

引理 5.1 意味条件数 $\kappa(\mathring{A}B^{-1})$ 最小, 并且由广义本征值问题

$$\mathring{A}z = \lambda Bz \qquad (8.5.38)$$

确定, 这里本征向量 $z \in U = B^{-1}\mathcal{R}(\mathring{A}) \subseteq \mathbb{R}^N$.

令 $z = [z_1, z_2]^T$, 则 (8.5.38) 导出

$$B_{21}z_1 + B_{22}z_2 = 0. \qquad (8.5.39)$$

(8.5.39) 刻划了特征空间 (残量子空间) 的特性. 现在我们要估计 $\Lambda(\mathring{A}B^{-1}, \mathcal{R}(\mathring{A}))$ 的极小、极大本征值.

为此我们将在 $B - \mathring{A} \geq 0$ 条件下论证.

首先, 谱半径

$$\rho(\mathring{A}B^{-1}) = \lambda_m = \max_{z \in U} \frac{\langle \mathring{A}z, z \rangle}{\langle \mathring{A}z, z \rangle + \langle (B - \mathring{A})z, z \rangle} \leq 1, \qquad (8.5.40)$$

其次,

$$\lambda_1(\mathring{A}B^{-1}) = \min_{z \in U} \frac{\langle \mathring{A}z, z \rangle}{\langle Bz, z \rangle}$$

$$= \frac{\langle \mathring{A}\hat{z}, \hat{z} \rangle}{\langle \mathring{A}\hat{z}, \hat{z} \rangle + \langle (B - \mathring{A})\hat{z}, \hat{z} \rangle}, \qquad (8.5.41)$$

这里 $\hat{z}$ 是对应于 λ_1 的本征向量, (8.5.39) 表明: 若 (8.5.41) 中 $\hat{z} = [\hat{z}_1, \hat{z}_2]^T$ 被向量 $z = [\hat{z}_1, z_2]^T$ 取代, 其中 $z_2 \in I\!\!R^{N-n}$ 任意, 皆有

$$\lambda_1(\mathring{A}B^{-1}) > \frac{\langle \mathring{A}z, z \rangle}{\langle \mathring{A}z, z \rangle + \langle (B - \mathring{A})z, z \rangle}. \tag{8.5.42}$$

为此用 (8.5.39) 导出

$$\langle (B - \mathring{A})\hat{z}, \hat{z} \rangle = \langle (B - \mathring{A})z, z \rangle - \langle B_{22}(\hat{z}_2 - z_2), \hat{z}_2 - z_2 \rangle,$$

留意 $\langle \mathring{A}\hat{z}, \hat{z} \rangle = \langle \mathring{A}z, z \rangle$, 及 $\hat{z}_2 \neq z_2$, 即得出 (8.5.42).

对固定的向量 $z = [z_1, z_2]^T \in U$, 令其对应一个集合 $Y_z = \{[z_1, y_2]^T : \forall y_2 \in I\!\!R^{N-n}\}$, 并定义常数

$$C = \max_{y \in Y_z} \max_{z \in U} \frac{\langle (B - \mathring{A})y, y \rangle}{\langle \mathring{A}y, y \rangle}, \tag{8.5.43}$$

故由 (8.5.41), (8.5.42) 导出

$$\lambda_1 \geq 1/(1 + C),$$

结合 (8.5.40) 得到条件数

$$\kappa(\mathring{A}B^{-1}) \leq 1 + C, \tag{8.5.44}$$

这就得到 $S = \mathring{A}B^{-1}$ 在 $\wedge(S, \mathcal{R}(\mathring{A}))$ 的条件数估计.

性质 (8.5.39) 表明也可以取 A_1 的其它虚拟扩张形式, 例如

$$A = \begin{bmatrix} A_1 & 0 \\ B_{21} & B_{22} \end{bmatrix}, \tag{8.5.45}$$

即 A 的选择随预处理阵 B 而变. 此时易验证:

$$U_A = \{x \in I\!\!R^N : x = [x_1, o]^T, x_1 \in \mathcal{R}(A_1)\} = \mathcal{R}(\mathring{A}) \tag{8.5.46}$$

是 AB^{-1} 的不变子空间, 广义逆 A^+ 还是在 U_A 限制下的自伴正定矩阵. 显然

$$U_A = \mathcal{R}(\mathring{A}).$$

故原问题 (8.5.29) 可以用虚拟方程替代, 并用共轭梯度法在 U_A 中迭代实现.

一个与虚拟区域法联系更紧的扩张形式是

$$A = \begin{bmatrix} A_1 & B_{12} \\ 0 & A_2 \end{bmatrix}, A_2 > 0, \tag{8.5.47}$$

这里 (8.5.29) 与 (8.5.30) 的等价性，由

$$A^{-1} = \begin{bmatrix} A_1^{-1} & -A_1^{-1}B_{12}A_2^{-1} \\ 0 & A_2^{-1} \end{bmatrix}, \quad f = \begin{bmatrix} f_1 \\ 0 \end{bmatrix} \tag{8.5.48}$$

得出. 我们定义由 (8.5.47) 确定的 A 的不变子空间:

$$U_A = \{x \in I\!R^N : x = [x_1, x_2]^T, x_2 \in I\!R^{N-n}, \ A_1 x_1 + B_{12} x_2 = 0\}$$
$$= \mathcal{R}(\tilde{A}), \tag{8.5.49}$$

这里

$$\tilde{A} = \begin{bmatrix} 0 & 0 \\ 0 & A_2 \end{bmatrix}.$$

如果选择 $B_{11} = A_1$ (虚拟区域法就是这样), 易验证 U_A 是 S 的不变子空间, 且 S 在 U_A 的限制是正定的. 问题就归结于选择 A_2 使 $\wedge(AB^{-1}, \mathcal{R}(\tilde{A})) = \wedge(\tilde{A}B^{-1}, \mathcal{R}(\tilde{A}))$ 有尽可能大的最小本征值. 这在后面讨论.

5.3. 块松弛法

如果方程 (8.5.1) 的矩阵有块结构:

$$A = \begin{bmatrix} A_{11} & A_{12} \\ A_{21} & A_{22} \end{bmatrix}, \tag{8.5.50}$$

并且 A 是对称半正定, A_{11}, A_{22} 分别为 n 阶及 $N - n$ 阶方阵, 倘若选择

$$B = \begin{bmatrix} A_{11} & A_{12} \\ 0 & A_{22} \end{bmatrix}, \tag{8.5.51}$$

可以构造 Gauss-Seidel 迭代:

$$\begin{cases} u^0 \in I\!R^N, & (8.5.52a) \\ B(u^k - u^{k-1}) = -(Au^k - f), k > 1. & (8.5.52b) \end{cases}$$

此迭代是收敛的, 但收敛敛速度取决于由本征值集合 $\wedge(B^{-1}A, I\!R^N)$ 决定的条件数. 考虑子空间

$$U_A = \{x \in I\!R^N : x \in \mathcal{R}(A), x = [0, x_2]^T, \ x_2 \in I\!R^{N-n}\} \tag{8.5.53}$$

利用 B^{-1} 的块结构形式 (8.5.48), 直接可以验证: U_A 是 AB^{-1} 的不变子空间, 因此在初始选择 (8.5.52a) 中如取

$$u^0 = B^{-1}f, \tag{8.5.54}$$

则块迭代 (8.5.52) 的敛速就由本征值集 $\Lambda(AB^{-1}, W_A)$ 决定, W_A 由 (8.5.10) 定义. 由于 $\wedge(AB^{-1}, W_A)$ 不含 0 和 1, 故初始选泽 (8.5.54) 能保证收敛.

还可以从另一观点考虑子空间内的块迭代. 设 A 对称正, 总可以选对称半正定矩阵 B_{11} 使

$$\left[\begin{array}{cc} A_{11} - B_{11} & A_{12} \\ A_{21} & A_{22} \end{array}\right]$$

是对称半正定. 令

$$B = \left[\begin{array}{cc} B_{11} & 0 \\ A_{21} & A_{22} \end{array}\right]. \tag{8.5.55}$$

考虑相应迭代法 (8.5.52) 及初始选择 (8.5.54), 易验证残量属于子空间

$$U_A = \{x \in I\!R^N : x = [x_1, 0]^T, x_1 \in I\!R^n\}, \tag{8.5.56}$$

且 U_A 是 AB^{-1} 的不变子空间, 而误差向量属空间 $U = B^{-1}U_A$, U 为

$$U = \{z \in I\!R^N : A_{21}z_1 + A_{22}z_2 = 0, \ z = [z_1, z_2]^T\}. \tag{8.5.57}$$

它实际上由广义本征值问题

$$Az = \lambda \overset{\circ}{B} z \tag{8.5.58}$$

的全体本征向量构成, 其中

$$\overset{\circ}{B} = \left[\begin{array}{cc} B_{11} & 0 \\ 0 & 0 \end{array}\right].$$

因为 (8.5.58) 等价于广义本征问题

$$\mu Az = \overset{\circ}{B} z, \ \mu \neq 0, \tag{8.5.59}$$

故按 (8.5.38)–(8.5.44) 的论证, 有 $\mu_m(\overset{\circ}{B} A^{-1}) \leq 1$ 或 $\lambda_1(AB^{-1}) \geq 1$, 另方面令 $\lambda_m(AB^{-1})$ 是 $\wedge(AB^{-1}, U_A)$ 的最大本征值, 而 $U_A = \mathcal{R}(\overset{\circ}{B})$, 我们得到

$$\lambda_m(AB^{-1}) = \max_{z \in \mathcal{R}(A^{-1}\overset{\circ}{B})} \frac{\langle Az, z \rangle}{\langle \overset{\circ}{B} z, z \rangle}, \tag{8.5.60}$$

它的估计可以类似于 (8.5.43) 给出.

　　以上块迭代法不仅得到更好的收敛估计，而且在虚拟分量法中有用.

5.4. 虚拟区域法的离散模拟

　　为简单起见，不失一般性我们考虑模型问题：

$$\begin{cases} -\Delta u + u = F_0, & (\Omega_1), \\ \dfrac{\partial u}{\partial n} = 0, & (\partial \Omega_1), \end{cases} \qquad (8.5.61)$$

这里 Ω_1 是 $I\!R^2$ 中的不规则区域. 我们求 (8.5.61) 的线性有限元近似，最终归结于解刚度方程

$$A_0 u_0 = f_0, \qquad (8.5.62)$$

其中 A_0 是 n 阶对称正定矩阵，n 是三角剖分单元结点数，$u_0 \in I\!R^n$ 是结点近似值向量，令 u_0^h 表示相应于 u_0 的线性元插值函数. 按 (8.5.61)，刚度矩阵有分解

$$A_0 = R_0 + K_0,$$

其中 R_0 定义为

$$\langle R_0 v, w \rangle = \int_{\Omega_1} \nabla v^h \nabla w^h dx, \ \forall v, w \in I\!R^n,$$

K_0 定义为

$$\langle K_0 v, w \rangle = \int_{\Omega_1} v^h w^h dx, \ \ \forall v, w \in I\!R^n.$$

设 D 是 Ω_1 的虚拟扩张，D 是各边平行于坐标轴的矩形，$\Omega_1 \subseteq D$，在 D 上作规则剖分. 假定不存在跨过 Ω_1 与 $\Omega_2 = D \setminus \bar{\Omega}_1$ 的单元，且 Ω_1 内的单元就是 D 上的单元属于 Ω_1 的部份.

　　令 N 为 D 上单元结点数，相应于 D 上的问题是：

$$\begin{cases} -\Delta u + u = F, & (D), \\ \dfrac{\partial u}{\partial n} = 0, & (\partial D), \end{cases} \qquad (8.5.63)$$

其中

$$F = \begin{cases} F_0, & (\Omega_1), \\ 0, & (\Omega_2). \end{cases}$$

令 $B = R + K$ 是 (8.5.63) 的有限元刚度矩阵，其中 R 与 K 定义为

$$\langle Rv, w \rangle = \int_D \nabla v^h \nabla w^h dx, \ \forall v, w \in {I\!\!R}^N,$$

$$\langle Kv, w \rangle = \int_D v^h w^h dx, \ \forall v, w \in {I\!\!R}^N. \tag{8.5.64}$$

由于 (8.5.62) 可以被方程

$$\mathring{A} u = f \tag{8.5.65}$$

取代，其中

$$\mathring{A} = \begin{bmatrix} A_0 & 0 \\ 0 & 0 \end{bmatrix}, f = \begin{bmatrix} f_0 \\ 0 \end{bmatrix} \in {I\!\!R}^N.$$

我们以 N 阶矩阵 $B = R + K$ 作为解 (8.5.65) 的预处理矩阵，因为求解方程

$$B\varphi = \xi \tag{8.5.66}$$

存在快速算法 (如 D 上规则剖分可以借助 FFT 用 $0(N \log N)$ 次算术操作解出). 另外可证明迭代收敛速度与网参数 h 无关，为此，首先验证 $B - \mathring{A}$ 是半正定矩阵：

$$\langle (B - \mathring{A})v, v \rangle = \int_{\Omega_2} (|\nabla v^h|^2 + (v^h)^2) dx \geq 0$$

$$\forall v \in {I\!\!R}^N. \tag{8.5.67}$$

其次，留意执行前述子空间内迭代法的收敛速度最终取决于 (8.5.43). 但是利用屡次应用的迹定理可以证明存在与 h 无关正数 $C > 0$ 使

$$\int_{\Omega_2} [|\nabla v^h|^2 + (v^h)^2] dx \leq C \int_{\Omega_1} [|\nabla v^h|^2 + (v^h)^2] dx,$$

$$\forall v^h \in S^h(D). \tag{8.5.68}$$

把 (8.5.68), (8.5.67) 代到 (8.5.43) 就得出结论：虚拟区域法的收敛速度与 h 无关.

依照 (8.6.26) 与 (8.5.27) 执行共轭梯度法时，仅要求计算 $P_1 B^{-1} \xi$ 及 $P_2 B^{-1} \xi$，所以了解投影矩阵 P_1 及 P_2 的非零对角元的位置能有效地降低计算量与存贮量. 例如用第五章 §1 的直接显式求解，我们仅需计算 P_1 与 P_2 的非零对角元所对应的网点. 利用 P_1 及 P_2 定义易知： P_1 的非零对角元仅位于 $\partial \Omega_1$ 的结点

上；P_2 则仅位于 $\partial\Omega_1$ 及 Ω_2 内与 $\partial\Omega_1$ 沿坐标轴不大于一个步长的结点上，这对于实算中节约计算量与存贮量很有利．

我们也可以采用 (8.5.47) 的虚拟扩张法及 (8.5.49) 的子空间迭代法，并证明敛速与 h 无关．

对于多维、变系数及其它类型边界条件的问题，有完全类似的结论，这里不再赘述．数值试验可参看资料 [107–110].

第九章 多水平方法

多水平方法是近年区域分解方法中崛起的新方向，迄今许多文献尚未在公开杂志上发表．但是这一方法有广泛的应用前景，预计将成为九十年代大型科学与工程计算方面的研究主流，值得读者重视．

一般来说多水平方法应包括多层网格法与基于多水平空间分裂的预处理方法两方面内容．鉴于多层网格法国内外已有不少专著论述（例如 [43], [89] 等），故本书偏重后者．这些内容包括：有限元空间多水平分裂，快速自适应组合网格法，等级基下的多网格法及各种类型的多水平预处理技术．这些方法是十分有效的，通过等级基及多水平结点基预处理，使解网格方程的计算复杂度达到最优；通过局部网格加密和自适应技术使令人生畏的奇异问题，如间断系数问题，含奇异项源汇问题，裂缝问题，凹角域问题，可以十分容易在统一框架下处理．

本章先阐述 Yserentant[234] 的有限元空间多水平分裂法，因为这是多水平方法的奠基性工作．

§1. 有限元空间的多水平分裂

在第三章我们建立了拟一致剖分下的有限元理论，有限元近似解最终归结于解刚度方程．

回忆所谓刚度矩阵其实就是由基函数 $\{\varphi_i\}$ 在能量内积意义下的 Gram 矩阵 $[a(\varphi_i, \varphi_j)]_{i,j=1}^n$，这里 φ_i 是试探函数空间 S^h 的结点基，即每个插值基点 z_i 对应一个基函数 φ_i，满足

$$\varphi_i(z_j) = \delta_{ij}, \quad 1 \le i, j \le n, \tag{9.1.1}$$

这里 n 是 S^h 的维数．$\{\varphi_i\}$ 称为结点基，由它构造的刚度阵是对称稀疏阵，因为基函数的性质 (9.1.1) 决定了它的支集的直

径为 $O(h)$. 但结点基构成的刚度矩阵也有明显缺点: 条件数为 $O(h^{-2})$ 阶, 这给计算带来一定困难.

基于多水平分裂技巧, H.Yserentant 于 1986 年的论文 [234] 提出了等级基 (Hierachical basis) 的概念, Yserentant 证明由等级基构造的刚度阵的条件数在二维情形仅为 $O(|\ln h|^2)$, 并且证明中既不需要对相应的连续问题作任何正则性假定, 也不需要对离散问题的剖分作拟一致假定. 借助于共轭梯度法, 仅仅只用 $O(n \log n \log \frac{1}{\varepsilon})$ 次运算就可以使能量误差小于 ε. 由于放弃拟一致假定, 等级基更便利于处理奇异问题.

1.1. 多水平分裂

设 Ω 是平面多角形, $\mathcal{J}^h$ 是 Ω 的三角剖分, 这意味 Ω 是 $\mathcal{J}^h$ 的三角形单元并集, 并且任何两个单元或有公共边, 或有公共顶点, 或彼此的交为空集. 在结点基下有限元结点不分等级, 但实际计算中结点生成是逐级构造出的. 首先考虑 Ω 的初始粗三角剖分 $\mathcal{J}_0$, 由 $\mathcal{J}_0$ 出发通过逐步加密生成一族嵌套剖分 $\mathcal{J}_0, \mathcal{J}_1, \mathcal{J}_2, \cdots$, 其中 $\mathcal{J}_{k+1}$ 由 $\mathcal{J}_k$ 按以下方法加密生成:

$1°$. 正则加密: 连接 $\mathcal{J}_k$ 每个三角形单元的三边中点, 使之一分为四. 如图 9.1 所示.

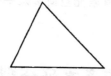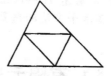

图 9.1

$2°$. 非正则加密: $\mathcal{J}_k$ 中单元或者按正则加密法一分为四, 或者连接顶点与对边中点一分为二. 如图 9.2 所示.

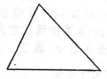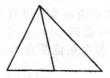

图 9.2

正则加密法能保证单元角度不改变, 非正则加密改变了单元角度, 为了避免逐次非正则加密使单元内角愈来愈小, 我们需要以下的加密规则:

A) 一个 $\mathcal{J}_k(k \geq 0)$ 中的单元，一旦经过非正则加密，则在以后的加密过程中这个单元不再被分细．

非正则加密可以保证在奇点附近得到更细网格如图 9.3 及图 9.4 所示．

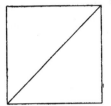 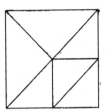

图 9.3

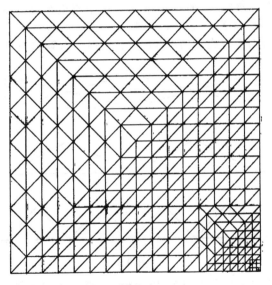

图 9.4

以下令 $\mathcal{N}_k$ 表示 $\mathcal{J}_k$ 的全体单元顶点集合，令 S_k 表示 $\bar{\Omega}$ 上连续且关于 $\mathcal{J}_k$ 上单元分片线性的函数空间．显然按上面定义有

$$\mathcal{N}_k \subset \mathcal{N}_{k+1}, \quad S_k \subset S_{k+1}.$$

对任何 $u \in C(\bar{\Omega})$，令 $I_k u \in S_k$ 表示分片线性插值函数，并且以 $\mathcal{N}_k$ 为插值基点，即成立

$$(I_k u)(x) = u(x), \quad \forall x \in \mathcal{N}_k, \tag{9.1.2}$$

特别若 $u \in S_k$, 而 $j \geq k$ 则 $u = I_j u$. 于是对固定的 j, 总有

$$u = I_0 u + \sum_{k=1}^{j}(I_k u - I_{k-1}u), \quad \forall u \in S_j. \tag{9.1.3}$$

分解式 (9.1.3) 在以后分析中有重要作用. 首先我们易见 $I_k u - I_{k-1}u \in S_k$, 但它在所有 $k-1$ 水平的结点 $\mathcal{N}_{k-1}$ 上值为零. 故可以定义 S_k 的子空间

$$V_k = \{v \in S_k : v(x) = 0, \quad \forall x \in \mathcal{N}_{k-1}\}, \ (k = 1, \cdots, j),$$

及 $V_0 = S_0$. 于是 (9.1.3) 意味成立直和分解

$$S_j = V_0 \oplus \cdots \oplus V_j, \tag{9.1.4}$$

称为有限元空间 S_j 的 j 水平分裂. 下面用递归办法定义等级基: 首先, 空间 S_0 的等级基就是这个空间的结点基; 其次, 设 S_k 上等级基若已经定义, 则 S_{k+1} 上等级基由 S_k 上等级基和 V_{k+1} 上结点基构成. 如图 9.5 表示一维等级基的构造.

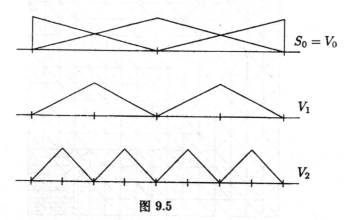

图 9.5

本节主要结果是证明由 j 水平分裂构造的等级基刚度阵的条件数仅为 $O(j^2)$. 为此, 首先用分解式 (9.1.3) 定义 $u \in S_j$ 的半范

$$|u|^2 = \sum_{k=1}^{j}\sum_{x \in \mathcal{N}_k/\mathcal{N}_{k-1}}|(I_k u - I_{k-1}u)(x)|^2, \tag{9.1.5}$$

这个半范非常容易计算, 如果 u 由等级基表示, 则计算 (9.1.5) 即是计算非初水平等级基展开式系数的平方和. 我们的主要结果是以下定理.

定理 1.1. 存在仅与单元内角的下界有关，而与精细水平 j 和 Ω 的形状无关的正常数 K_1, K_2 使成立不等式

$$\frac{K_1}{(j+1)^2}(|I_0u|^2_{1,2,\Omega} + |u|^2) \leq |u|^2_{1,2,\Omega} \leq K_2(|I_0u|^2_{1,2,\Omega} + |u|^2),$$

$$\forall u \in S_j. \tag{9.1.6}$$

定理 1.2. 存在仅与单元内角的下界和区域 Ω 的直径有关，而与精细水平 j 和 Ω 的形状无关的正常数 K_1^*, K_2^* 使成立不等式

$$\frac{K_1^*}{(j+1)^2}(\|I_0u\|^2_{1,2,\Omega} + |u|^2) \leq \|u\|^2_{1,2,\Omega} \leq K_2^*(\|I_0u\|^2_{1,2,\Omega} + |u|^2),$$

$$\forall u \in S_j. \tag{9.1.7}$$

1.2. 定理的证明

首先在正则加密条件下证明定理. 此时 $\mathcal{J}_{k+1}$ 的每个单元是由 $\mathcal{J}_k$ 的单元连三边中点一分为四. 证明的主要工具是我们屡次用过的有限元反估计 (3.4.12), 这里描述它的特殊情形.

引理 1.1. 令 T 是直径为 H 的三角形, 它通过任意方式加密为直径不超过 h 的若干小三角形, 又令 u 是 T 上连续函数并且在小三角形上分片线性, 则存在仅与 H 和所有小三角形内角下界相关的正常数 C, 使有

$$\|u\|_{0,\infty,T} \leq C\left(\log\frac{H}{h} + 1\right)^{1/2}\|u\|_{1,2,T}. \tag{9.1.8}$$

引理 1.2. 在引理 1.1 的假定下, 又设 Iu 是分片线性函数 u 在 T 的顶点的线性内插, 则

$$|Iu|_{1,2,T} \leq C\left(\log\frac{H}{h} + 1\right)^{1/2}|u|_{1,2,T}, \tag{9.1.9}$$

这里 C 是仅与小三角形内角下界有关而与 T 无关的常数.

证明. 不妨设 T 是参考单元

$$T = \{(x_1, x_2) : x_1, x_2 \geq 0, \quad x_1 + x_2 \leq 1\},$$

则

$$(Iu)(x_1, x_2) = x_1u(1,0) + x_2u(0,1) + (1 - x_1 - x_2)u(0,0),$$

故

$$2|Iu|^2_{1,2,T} = (u(0,1) - u(0,0))^2 + (u(1,0) - u(0,0))^2,$$

或者

$$|Iu|_{1,2,T} \le 2\|u\|_{0,\infty,T}.$$

利用引理 1.1 得到

$$|Iu|_{1,2,T} \le C\left(\log\frac{H}{h}+1\right)^{1/2}\|u\|_{1,2,T}, \tag{9.1.10}$$

注意 u 改变一个常数，$|Iu|_{1,2,T}$ 不变化，故借助 Poincare 不等式，(9.1.10) 右端的范可以由半范取代，故 (9.1.9) 成立. □

引理 1.3. 在引理 1.2 的假定下，有

$$\|Iu\|_{0,2,T} \le C\left(\log\frac{H}{h}+1\right)^{1/2}(\|u\|_{0,2,T}^2+H^2|u|_{1,2,T}^2)^{1/2}. \tag{9.1.11}$$

证明. 考虑直径为 1 的参考三角形

$$\hat{T}=\left\{\frac{1}{H}x:x\in T\right\},$$

并定义 $\hat{T}$ 上函数

$$\hat{u}(x)=u(Hx),$$

直接验证，有

$$\|Iu\|_{0,2,T} \le (\text{meas}(T))^{1/2}\|\hat{u}\|_{0,\infty,\hat{T}}, \tag{9.1.12}$$

但据引理 1.3 又有

$$\|\hat{u}\|_{0,\infty,\hat{T}} \le C\left(\log\frac{H}{h}+1\right)^{1/2}\|\hat{u}\|_{1,2,\hat{T}}, \tag{9.1.13}$$

留意

$$\|\hat{u}\|_{1,2,\hat{T}}^2 = H^{-2}\|u\|_{0,2,T}^2+|u|_{1,2,T}^2, \tag{9.1.14}$$

及

$$\text{meas}(T)\le H^2,$$

代到 (9.1.12) 即获证明. □

引理 1.4. 存在仅与单元内角下界有关，而与 j 无关的正常数 C_1 及 C_2，使

$$C_1|u|^2 \le \sum_{k=1}^{j}|I_ku-I_{k-1}u|_{1,2,\Omega}^2 \le C_2|u|^2, \quad \forall u\in S_j. \tag{9.1.15}$$

证明. 令 T 是 $\mathcal{J}_{k-1}$ 的三角形单元，它按正则加密一分为四，令 $v\in V_k$，这意味 v 在四小单元内分片线性，且 v 在 T 的顶

点上值为零. 直接计算易验证, 存在仅与 T 的内角相关的正常数 C_1 及 C_2, 满足

$$C_1|v|^2_{1,2,T} \le \sum_{x\in T\cap\mathcal{N}_k\backslash\mathcal{N}_{k-1}} |v(x)|^2 \le C_2|v|^2_{1,2,T}, \quad \forall v\in V_k. \quad (9.1.16)$$

注意每个结点 $x\in\mathcal{N}_k\backslash\mathcal{N}_{k-1}$ 至多含于 $k-1$ 水平的两个三角形. 故对所有 $T\in\mathcal{J}_{k-1}$ 迭加后获

$$C_1|v|^2_{1,2,\Omega} \le \sum_{x\in\mathcal{N}_k\backslash\mathcal{N}_{k-1}} |v(x)|^2 \le C_2|v|^2_{1,2,\Omega}, \quad \forall v\in V_k, \quad (9.1.17)$$

由半范定义 (9.1.5) 即获引理证明.   □

引理 1.5. 存在仅与单元内角下界有关, 而与精细水平无关的正常数 C, 使 $\forall u\in S_j$ 有

$$|I_0u|^2_{1,2,\Omega} + |u|^2 \le C(j+1)^2|u|^2_{1,2,\Omega}. \quad (9.1.18)$$

证明. 设三角剖分 $\mathcal{J}_1, \mathcal{J}_2, \cdots$ 是由初始剖分 $\mathcal{J}_0$ 逐步正则加密得到, 则由引理 1.2 得到对任何 $T\in\mathcal{J}_k, k\le j$ 有

$$|I_ku|_{1,2,T} \le C(\log 2^{j-k}+1)^{1/2}|u|_{1,2,T} \le C(j-k+1)^{1/2}|u|_{1,2,T},$$

于是导出

$$|I_0u|^2_{1,2,\Omega} + \sum_{k=1}^{j}|I_ku-I_{k-1}u|^2_{1,2,\Omega}$$

$$\le |I_0u|^2_{1,2,\Omega} + 2\sum_{k=1}^{j}(|I_ku|^2_{1,2,\Omega}+|I_{k-1}u|^2_{1,2,\Omega})$$

$$\le 4\sum_{k=0}^{j}|I_ku|^2_{1,2,\Omega} \le 4C^2\sum_{k=0}^{j}(j-k+1)|u|^2_{1,2,\Omega}$$

$$\le 2C^2(j+1)(j+2)|u|^2_{1,2,\Omega}, \quad \forall u\in S_j. \quad (9.1.19)$$

改变常数知引理成立.   □

引理 1.6. 存在仅与单元内角下界有关, 而与精细水平 j 无关的正常数 C, 使

$$\|I_0u\|^2_{1,2,\Omega} \le C(j+1)(\|u\|^2_{0,2,\Omega}+H^2|u|^2_{1,2,\Omega}), \quad \forall u\in S_j, \quad (9.1.20)$$

这里 H 是初始三角剖分 $\mathcal{J}_0$ 单元的最大直径.

证明. 由引理 1.2 与引理 1.3 立即导出.   □

引理 1.7. 存在仅与单元内角下界有关的正常数 C, 使

$$D(u,v) \leq C(1/\sqrt{2})^{|k-l|}|u|_{1,2,\Omega}|v|_{1,2,\Omega},$$

$$\forall u \in V_k, \quad v \in V_l, \tag{9.1.21}$$

这里双线性形式定义为

$$D(u,v) = \sum_{i=1}^{2} \int_{\Omega} D_i u D_i v dx.$$

证明. 假定 $l \geq k$, 任取单元 $T \in \mathcal{J}_k$ 以及 $v \in V_l$, 并分解

$$v = v_0 + v_1, \quad v_0, v_1 \in V_l,$$

其中 v_1 与 v 在 T 的内结点的值一致, 而 v_0 与 v 在 T 的边界结点值一致. 因 u 是 T 上的线性函数, 故分部积分得到

$$\sum_{i=1}^{2} \int_{T} D_i u D_i v_1 dx = 0,$$

这里用到 v_1 在 ∂T 上恒为零的性质, 于是导出

$$\sum_{i=1}^{2} \int_{T} D_i u D_i v dx = \sum_{i=1}^{2} \int_{T} D_i u D_i v_0 dx.$$

现在用 Γ 表示 T 内 $\mathcal{J}_l$ 的小单元构成的边界带子集, 这些小单元有一条边属于 ∂T. 这意味函数 v_0 在 Γ 外恒为零, 故上式得到

$$\sum_{i=1}^{2} \int_{T} D_i u D_i v dx = \sum_{i=1}^{2} \int_{\Gamma} D_i u D_i v_0 dx$$

$$\leq |u|_{1,2,\Gamma}|v_0|_{1,2,\Gamma}. \tag{9.1.22}$$

由引理 1.4 我们又有

$$|v_0|^2_{1,2,T} \leq \frac{1}{C_1} \sum_{x \in T \cap (\mathcal{N}_l \setminus \mathcal{N}_{l-1})} |v_0(x)|^2$$

$$= \frac{1}{C_1} \sum_{x \in \partial T \cap (\mathcal{N}_l \setminus \mathcal{N}_{l-1})} |v(x)|^2$$

$$\leq \frac{1}{C_1} \sum_{x \in T \cap (\mathcal{N}_l \setminus \mathcal{N}_{l-1})} |v(x)|^2 \leq \frac{C_2}{C_1} |v|^2_{1,2,T}. \tag{9.1.23}$$

另一方面 u 是 T 上的线性函数，故 u 的导数在 T 上是常数，这蕴含

$$|u|^2_{1,2,\Gamma} = \frac{\text{meas}(\Gamma)}{\text{meas}(T)}|u|^2_{1,2,T}, \tag{9.1.24}$$

由于正则加密缘故，我们有

$$\frac{\text{meas}(\Gamma)}{\text{meas}(T)} = 1 - (1 - 2(\tfrac{1}{2})^{l-k})^2 \le 4(\tfrac{1}{2})^{l-k}. \tag{9.1.25}$$

把 (9.1.23)–(9.1.25) 代到 (9.1.22) 中，获

$$\sum_{i=1}^2 \int_T D_i u D_i v dx \le C\Big(\frac{1}{\sqrt{2}}\Big)^{l-k}|u|_{1,2,T}|v|_{1,2,T}.$$

对所有 $T \in \mathcal{J}_k$ 单元求和，并应用 Cauchy-Schwarz 不等式得到引理的证明.   □

引理 1.7 有几何解释：(9.1.21) 右端系数反映两个子空间 V_k 与 V_l 的交角性质. 此不等式也称为加强 Cauchy 不等式 (Strengthened Cauchy Inequality). 详见 §4.

引理 1.8. 存在仅与单元内角下界有关的常数 $K > 0$, 使

$$|u|^2_{1,2,\Omega} \le K(|I_0 u|^2_{1,2,\Omega} + |u|^2), \quad \forall u \in S_j. \tag{9.1.26}$$

证明.   令 $v_0 = I_0 u$, $v_k = I_k u - I_{k-1} u, (k = 1, \cdots, j)$, 则由 $v_k \in V_k$, 利用引理 1.7 获

$$|u|^2_{1,2,\Omega} = \Big|\sum_{k=0}^j v_k\Big|^2_{1,2,\Omega} = \sum_{k,l=0}^j D(v_k, v_l)$$

$$\le C\sum_{k,l=0}^j \Big(\frac{1}{\sqrt{2}}\Big)^{|k-l|}|v_k|_{1,2,\Omega}|v_l|_{1,2,\Omega}. \tag{9.1.27}$$

考虑 $j+1$ 阶对称矩阵 A, 其元素为

$$a_{kl} = (1/\sqrt{2})^{|k-l|},$$

又令 η 是 $j+1$ 维向量，其分量为

$$\eta_k = |v_k|_{1,2,\Omega}, \quad k = 0, \cdots, j.$$

由 (9.1.27) 导出不等式

$$|u|^2_{1,2,\Omega} \le C\langle \eta, A\eta \rangle, \tag{9.1.28}$$

这里右端表示向量的欧氏内积. 令 λ 是 A 的最大本征值, 于是有

$$|u|^2_{1,2,\Omega} \leq C\lambda <\eta,\eta> = C\lambda \sum_{k=0}^{j} |v_k|^2_{1,2,\Omega}. \qquad (9.1.29)$$

但由矩阵本征值理论, A 的最大本征值被 A 的最大行和界定, 即 λ 应小于数

$$1 + 2\sum_{k=1}^{\infty}\left(\frac{1}{\sqrt{2}}\right)^k = \frac{\sqrt{2}+1}{\sqrt{2}-1},$$

代入 (9.1.29) 并应用引理 1.4 即获证明. ☐

现在回到定理 1.1 与定理 1.2 的证明.

定理 1.1 的证明. (9.1.6) 的右端不等式直接由引理 1.8 导出. 左端部份则由引理 1.4 与 (9.1.18) 导出. ☐

为了证明定理 1.2. 我们还需要证明一个引理.

引理 1.9. 对任意 $u \in V_j$ 皆有不等式

$$\|u\|^2_{0,2,\Omega} \leq 8(\|I_0 u\|^2_{0,2,\Omega} + H^2|u|^2). \qquad (9.1.30)$$

证明. 如同引理 1.8 的证明一样, 置 $v_0 = I_0 u$, $v_k = I_k u - I_{k-1}u, (k=1,\cdots,j)$, 我们有

$$\|u\|_{0,2,\Omega} = \left\|\sum_{k=0}^{j} v_k\right\|_{0,2,\Omega} \leq \|v_0\|_{0,2,\Omega} + \sum_{k=1}^{j}\|v_k\|_{0,2,\Omega}.$$

既然 v_k 在 $\mathcal{J}_k$ 的单元上是线性的, 我们得到

$$\|v_k\|^2_{0,2,\Omega} = \sum_{T\in\mathcal{J}_{k-1}} \|v_k\|^2_{0,2,T}$$

$$\leq \sum_{T\in\mathcal{J}_{k-1}} \operatorname{meas}(T) \sum_{x\in T\cap\mathcal{N}_k\setminus\mathcal{N}_{k-1}} |v_k(x)|^2. \qquad (9.1.31)$$

但由逐步正则加密法知对任何 $T \in \mathcal{J}_{k-1}$ 皆有

$$\operatorname{meas}(T) \leq \left(\frac{1}{4}\right)^{k-1}\frac{H^2}{2},$$

而每个结点 $x \in \mathcal{N}_k \setminus \mathcal{N}_{k-1}$ 至多含于 $\mathcal{J}_{k-1}$ 的两单元内, 代到 (9.1.31) 得到

$$\|v_k\|^2_{0,2,\Omega} \leq 4^{1-k}H^2|v_k|^2,$$

故

$$\|u\|_{0,2,\Omega} \leq \|v_0\|_{0,2,\Omega} + \sum_{k=1}^{j} \left(\frac{1}{2}\right)^k 2H|v_k|,$$

再利用 Cauchy 不等式得出

$$\|u\|_{0,2,\Omega}^2 \leq 2\{\|v_0\|_{0,2,\Omega}^2 + 4H^2 \sum_{k=1}^{j} |v_k|^2\},$$

这就证明了引理 1.9. □

定理 1.2 的证明. 首先, 引理 1.5 和引理 1.6 蕴含

$$\|I_0 u\|_{1,2,\Omega}^2 + |u|^2 \leq C\left(1 + \frac{H^2}{j+1}\right)(j+1)^2\|u\|_{1,2,\Omega}^2,$$

这就知 (9.1.7) 的左端部份不等式成立；其次, 由引理 1.8 和引理 1.9 又蕴含 (9.1.7) 的右端不等式成立, 故定理得证. □

现在考虑非正则加密情形下的定理. 假定加密规则 A) 被满足. 此时存在 $\theta > 0$ 是所有单元内角的下界.

虽然非正则加密可能导致非拟一致网格, 但 $\mathcal{J}_j$ 中单元直径 h 与 $\mathcal{J}_k(j \geq k)$ 中单元 T 的直径, 有下列不等式关系

$$h \geq \left(\frac{\sin\theta}{2}\right)^{j-k} \mathrm{diam}(T). \tag{9.1.32}$$

如图 9.4 所示. 这意味引理 1.2 在此情形下, 应为

$$|I_k u|_{1,2,T} \leq C\left(\log\left(\frac{2}{\sin\theta}\right)^{j-k} + 1\right)^{1/2} |u|_{1,2,T},$$

$$\forall T \in \mathcal{J}_k, \quad \forall u \in V_j, \tag{9.1.33}$$

这里 C 是仅与 θ 相关的常数, 故迭加后有

$$|I_k u|_{1,2,\Omega} \leq C(j - k + 1)^{1/2}|u|_{1,2,\Omega}. \tag{9.1.34}$$

重复前面引理的证明可知在满足规则 A) 的条件下, 对于非正则加密, 定理 1.1 与定理 1.2 也成立.

1.3. 用等级基解边值问题

设 Ω 是平面多角形, $H(\Omega)$ 是 $H^1(\Omega)$ 的子空间, 且 $H_0^1(\Omega) \subset H(\Omega) \subset H^1(\Omega)$. 设 $a(u,v)$ 是 $H(\Omega)$ 上的对称正定双线性泛函, 用

$$\|u\|_a = (a(u,u))^{1/2}, \quad \forall u \in H(\Omega) \tag{9.1.35}$$

表示能量范数. 我们假定存在正常数 M 和 δ 满足

$$\delta\|u\|_{1,2,\Omega}^2 \le \|u\|_a^2 \le M\|u\|_{1,2,\Omega}^2, \quad \forall u \in H(\Omega). \tag{9.1.36}$$

考虑 $H(\Omega)$ 上的变分问题: 求 $u \in H(\Omega)$ 满足

$$a(u,v) = f^*(v), \quad \forall v \in H(\Omega), \tag{9.1.37}$$

这里 f^* 是给定在 $H(\Omega)$ 上的线性泛函.

考虑 (9.1.37) 的有限元解, 假定三角剖分 $\mathcal{J}_j$ 是由初始剖分 $\mathcal{J}_0$ 逐步加密生成. 令 $\tilde{V}_k = V_k \cap H(\Omega)(k = 0,\cdots,j)$ 是 k 水平有限元空间. 所谓 k 水平有限元解是指 $u \in \tilde{V}_k$, 且满足

$$a(u,v) = f^*(v), \quad \forall v \in \tilde{V}_k. \tag{9.1.38}$$

令 $\{\hat{\psi}_i\}_{i=1}^n$ 和 $\{\psi_i\}_{i=1}^n$ 分别是 $\tilde{V}_j$ 的结点基和等级基, n 是 $\tilde{V}_j$ 的维数. 用 $\hat{A}$ 和 A 分别是结点基和等级基表示下 (9.1.38) 对应的刚度矩阵.

定理 1.2 蕴含对 $\tilde{V}_j$ 中的函数可以定义离散范数:

$$\|u\|^2 = \|I_0 u\|_a^2 + |u|^2, \quad \forall u \in \tilde{V}_j, \tag{9.1.39}$$

它与能量范的关系有如下定理.

定理 1.3. 存在仅和 M,δ,θ 相关, 而与水平数 j 无关的正常数 K_1, K_2 满足

$$\frac{K_1}{(j+1)^2}\|u\|^2 \le \|u\|_a^2 \le K_2\|u\|^2, \quad \forall u \in \tilde{V}_j. \tag{9.1.40}$$

定理 1.3 对一大类非拟一致剖分也成立, 而且与边值问题解的正则性无关.

现在用 A_0 表示由 $\tilde{V}_j$ 的等级基在离散范 (9.1.39) 意义下生成的 Gram 矩阵, 矩阵元素

$$a_{ik}^{(0)} = \begin{cases} a(\varphi_i,\varphi_k), & \varphi_i, \varphi_k \text{ 为 } \tilde{V}_0 \text{ 的结点基}, \\ \delta_{ik}, & \text{其它情形}, \end{cases} \tag{9.1.41}$$

即 A_0 的主要块是 $\tilde{V}_0$ 上的有限元刚度阵.

用矩阵形式描述 (9.1.40) 得到:

$$\frac{K_1}{(j+1)^2}\langle x, A_0 x\rangle \le \langle x, Ax\rangle \le K_2\langle x, A_0 x\rangle. \tag{9.1.42}$$

换句话说, 如 LL^T 是 A_0 的三角分解, 则矩阵 $L^{-1}AL^{-T}$ 的条件数

$$\kappa(L^{-1}AL^{-T}) \le \frac{K_2}{K_1}(j+1)^2, \tag{9.1.43}$$

这意味 A 的条件数 $\kappa(A) = O(j^2)$. 因为由 A_0 的定义, L^{-1} 和 L^{-T} 的影响至多涉及初始剖分, 而初始剖分与后继的精细水平数 j 无关, 故 $\kappa(A) = O(j^2)$. 这是非常强的结果, 因为我们知道结点基的刚度阵 $\hat{A}$ 的条件数随 j 指数增长.

但是等级基刚度矩阵也有不容忽视的缺点: 和结点基刚度阵 $\hat{A}$ 比较, A 不是稀疏阵. 这意味直接解方程

$$Ax = b \tag{9.1.44}$$

是颇为不利的. 更好的方法是借助于有限元空间 $\tilde{V}_j$ 的等级基表示与结点基表示之间的转换矩阵 G, 由于在 G 的作用下, 刚度矩阵 A 与 $\hat{A}$ 有关系

$$\langle x, Ay \rangle = \langle Gx, \hat{A}Gy \rangle = \langle x, G^T \hat{A}Gy \rangle, \tag{9.1.45}$$

这里 x, y 是 $I\!R^n$ 中的任意向量, 故

$$A = G^T \hat{A} G. \tag{9.1.46}$$

若用共轭梯度法解 (9.1.44), 主要工作量是计算矩阵向量积 Ax. 这样计算的关键归结于如何快速、稳定地计算 Gx 和 $G^T x$. 注意计算 Gx 等价于把已知函数 $u \in \tilde{V}_j$ 按等级基展开的系数, 求出按结点基展开的系数, 即算出结点值 $u(x)$, $x \in \mathcal{N}_j$. 显然, $u(x)$, $x \in \mathcal{N}_0$ 的值与对应的等级基系数一致, 这是因为高水平基函数在初始网点上值为零. 其次, 若函数在结点 $x \in \mathcal{N}_{k-1}$, $k \geq 1$, 的值已经知道, 则函数 $I_{k-1}u$ 在结点 $x \in \mathcal{N}_k \setminus \mathcal{N}_{k-1}$ 的值也知道, 但是 $I_k u - I_{k-1}u$ 在 $x \in \mathcal{N}_k \setminus \mathcal{N}_{k-1}$ 的值, 就是 u 的等级基展开式中对应于该结点的等级基函数的系数, 这些系数是已知的, 故把此系数和 $I_{k-1}u$ 的值相加就得到 $(I_k u)(x) = u(x)$, $x \in \mathcal{N}_k \setminus \mathcal{N}_{k-1}$ 的值. 递次下去, 就得到 u 在所有结点上的值. 以下具体阐述上述算法的实现. 令 $u \in \tilde{V}_j$ 关于等级基 $\{\psi_i\}_{i=1}^n$ 和结点基 $\{\hat{\psi}_i\}_{i=1}^n$ 的展开式为

$$u = \sum_{i=1}^n a_i \psi_i = \sum_{i=1}^n \hat{a}_i \hat{\psi}_i. \tag{9.1.47}$$

现在用 $\mathcal{M}_0 = \{i : x_i \in \mathcal{N}_0\}$ 表示初始剖分结点编号, 用 $\mathcal{M}_k = \{i : x_i \in \mathcal{N}_k \setminus \mathcal{N}_{k-1}\}$ 表示 k 水平结点编号, 则由 $\{a_i\}_{i=1}^n$ 计算 $\{\hat{a}_i = u(x_i)\}$ 的方法如下: 首先令

$$a_i = \hat{a}_i, \quad \forall i \in \mathcal{M}_0, \tag{9.1.48}$$

其次，若 $i \in \mathcal{M}_k, k \geq 1$，则因 $x_i \in \mathcal{N}_k \setminus \mathcal{N}_{k-1}$，故必可找到两结点 $x_{I1(i)}, x_{I2(i)} \in \mathcal{N}_{k-1}$，而 x_i 是这两点的中点，于是

$$\hat{a}_i = a_i \psi_i(x_i) + (I_{k-1}u)(x_i) = a_i + (u(x_{I1(i)}) + u(x_{I2(i)}))/2$$

$$= a_i + (a_{I1(i)} + a_{I2(i)})/2. \tag{9.1.49}$$

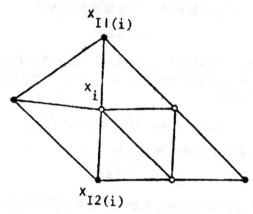

图 9.6

图 9.6 表示由 $k-1$ 水平结点计算 k 水平结点的方法.
(9.1.49) 用如下拟程序语言能更清楚地描述算法:

算法 1.1 （计算 Gx）.

for　$k = 1$　**to**　j
　　　for　$i \in \mathcal{M}_k$
　　　　　　$X(i) = X(i) + (X(I1(i)) + X(I2(i)))/2$
　　　next　i
　　next　k

其中数组 $X(i)$ 最初用来存贮等级基的展开系数 $\{a_i\}_{i=1}^n$. 以上算法表明矩阵 G 有因子分解

$$G = G_j \cdots G_1, \tag{9.1.50}$$

其中 $G_k, j \geq k \geq 1$，是稀疏阵，其对角元为 1, 而

$$[G_k]_{i,I1(i)} = [G_k]_{i,I2(i)} = 1, \ \forall i \in \mathcal{M}_k, \tag{9.1.51}$$

由此导出

$$G^T = G_1^T \cdots G_j^T, \tag{9.1.52}$$

这样得到计算 $G^T x$ 的算法:

算法 1.2 (计算 $G^T x$).

```
for   k = j   down to   1
    for   i ∈ M_k
            X(I1(i)) = X(I1(i)) + X(i)/2
            X(I2(i)) = X(I2(i)) + X(i)/2
    next   i
next   k
```

往后我们也需要计算 $G^{-1}x$ 与 $G^{-T}x$, 它们也可用拟程序语言描述为:

算法 1.3 (计算 $G^{-1}x$).

```
for   k = j   down to   1
    for   i ∈ M_k
            X(i) = X(i) − (X(I1(i)) + X(I2(i)))/2
    next   i
next   k
```

算法 1.4 (计算 $G^{-T}x$).

```
for   k = 1   to   j
    for   i ∈ M_k
            X(I1(i)) = X(I1(i)) − X(i)/2
            X(I2(i)) = X(I2(i)) − X(i)/2
    next   i
next   k
```

实现以上算法的工作量很小, 例如: 算法 1.1 仅需要做 $2n$ 次加法和 n 次被 2 除的除法.

由于我们本意是解结点基的刚度方程

$$\hat{A}y = \hat{b}, \qquad (9.1.53)$$

转化为等级基的刚度方程 (9.1.44) 后, 右端项应有

$$b = G^T \hat{b},$$

故 (9.1.53) 与 (9.1.44) 解的关系为

$$y = Gx,$$

这些转换都很容易计算.

最后我们讨论用等级基解 (9.1.53) 的工作量. 令 n 是未知数的个数, 它随 j 的增加而指数地增加, 故存在常数 $C_3 > 0$, 使

$$j \leq C_3 \log n. \tag{9.1.54}$$

由第四章的共轭梯度法理论, 为了控制能量误差小于 ε, 需要计算的步数是

$$\frac{1}{2}\sqrt{\kappa(A)}\left|\log\left(\frac{\varepsilon}{2}\right)\right| = C_1 j\left|\log\left(\frac{\varepsilon}{2}\right)\right|,$$

这里 $C_1 > 0$ 是常数, 而每步计算矩阵与向量乘积需要做 $O(n)$ 次乘法, 故总的工作量为

$$Cn \log n\left|\log\left(\frac{\varepsilon}{2}\right)\right|. \tag{9.1.55}$$

可以证明其计算复杂度几乎是最优的, 并且和边值问题解的性质及网格是否拟一致无关.

1.4. 数值结果

例 9.1.[234] 令 Ω 是单位正方形, $H(\Omega) = H_0^1(\Omega)$, 考虑其上的双线性泛函

$$\beta(u,v) = \sum_{i=1}^{2} \int_\Omega D_i u D_i v dx, \tag{9.1.56}$$

设初始剖分 $\mathcal{J}_0$ 为从右上角点到左下角点的对角线分 Ω 为两个等边直角三角形, 并递次按正则加密法得到 $\mathcal{J}_1, \mathcal{J}_2, \cdots, \mathcal{J}_j$. 下表表示由等级基构造 (9.1.56) 的刚度阵条件数与水平数 j 的关系.

表 9.1

j	3	4	5	6	7	8	9
$\kappa(j)$	10.59	19.53	31.85	47.14	65.38	86.51	110.49
$\kappa(j)/j^2$	1.18	1.22	1.27	1.31	1.33	1.34	1.36
$\kappa(\hat{A})$	25.27	103.09	414.35	1659.4	6639.5		

这里 $\kappa(j)$ 是等级基条件数, $\kappa(\hat{A})$ 是结点基条件数, 从上表看出 $\kappa(j)$ 几乎与 j^2 成正比增加, 而 $\kappa(\hat{A})$ 与 4^j 成正比增加. 故使用等级基是非常有效的.

§2. 并行多水平预处理

在上节我们研究了等级基方法. 这个方法的核心是利用插值算子把细网格空间分解为"几乎正交"的粗网格空间的直和. 正如上节分析: 这个方法对二维问题取得极大的成功, 得到几乎最优复杂度的算法. 但是推广到三维或高维问题时就不够理想. 例如, 三维等级基刚度阵的条件数是 $O(h^{-1})$. 为了克服三维问题的困难, Bramble, Pasciak 和 Xu[40,227] 提出并行多水平预处理方法, 这些方法无疑受 Yserentant 的工作的影响, 不同处在于他们用 L_2 投影算子代替插值算子, 用多水平结点基代替等级基. 他们用多水平结点基构造的预处理矩阵条件数是与维数无关地达到最优的计算复杂度.

2.1. 一般理论

我们从抽象框架下出发. 设边值问题的区域由初始剖分 $\mathcal{J}_1$ 逐步加密为 $\mathcal{J}_2; \cdots, \mathcal{J}_j$. 设 S_k 是相应于 $\mathcal{J}_k$ 的线性元空间. 于是

$$S_1 \subset S_2 \subset \cdots \subset S_j \equiv S. \tag{9.2.1}$$

现在考虑有限元方程: 已知 $f \in S$, 求 $u \in S$ 满足

$$a(u,v) = (f,v), \quad \forall v \in S, \tag{9.2.2}$$

这里设 $a(\cdot, \cdot)$ 是对称正定双线性泛函, 用它在 S 上定义能量内积与能量范数, $(\cdot, \cdot)$ 为 $L_2(\Omega)$ 内积, $\|\cdot\|$ 为 $L_2(\Omega)$ 范数.

我们引进以下算子记号和定义:

(1) 能量投影 $P_k : S \to S_k$, 定义为

$$a(P_k u, v) = a(u,v), \ \forall u \in S, \ \forall v \in S_k. \tag{9.2.3}$$

(2) L_2 投影 $Q_k : S \to S_k$, 定义为

$$(Q_k u, v) = (u,v), \ \forall u \in S, \ \forall v \in S_k. \tag{9.2.4}$$

(3) 算子 $A_k : S_k \to S_k$, 定义为

$$(A_k u, v) = a(u,v), \quad \forall u, v \in S_k. \tag{9.2.5}$$

往后约定记号 $A = A_j$, 并定义多水平分裂空间:

$$O_k = \{\varphi : \varphi = (Q_k - Q_{k-1})\psi, \ \psi \in S\}, \ k = 1, \cdots, j, \ Q_0 = 0.$$

故 S 有分解

$$S = O_1 + \cdots + O_j, \tag{9.2.6}$$

可以验证以下关系：

$$Q_k A = A_k P_k, \tag{9.2.7}$$

$$Q_k Q_l = Q_l Q_k = Q_l, \quad \text{当 } l \leq k. \tag{9.2.8}$$

由 (9.2.8) 推出

$$(Q_k - Q_{k-1})(Q_l - Q_{l-1}) = 0, \tag{9.2.9}$$

这蕴含：$(u,v) = 0$，$\forall u \in O_l$，$v \in O_k$，$k \neq l$. 换句话说，(9.2.6) 是 S 的直交分解.

现在定义算子

$$B = \sum_{k=1}^{j} \lambda_k^{-1}(Q_k - Q_{k-1}), \tag{9.2.10}$$

这里 λ_k 是 A_k 的谱半径. 如此确定的 B 显然是对称正定的，且

$$a(BAv, v) = (ABAv, v) = (BAv, Av)$$

$$= \sum_{k=1}^{j} \lambda_k^{-1} \|(Q_k - Q_{k-1})Av\|^2. \tag{9.2.11}$$

B 对应于一个块对角阵，每一块是单位矩阵与实数相乘.

我们要证明：B 是 A 的"近似逆". 以下定理 2.1 表明 BA 的条件数 $\kappa(BA)$ 是非常好的.

定理 2.1. 设对 $k = 1, \cdots, j$ 有条件

$$(A_1) \qquad \|(I - Q_{k-1})v\|^2 \leq C_1 \lambda_k^{-1} a(v,v), \quad \forall v \in S$$

成立，其中 C_1 是与 j 无关的正常数，则

$$C_1^{-1} j^{-1} a(v,v) \leq a(BAv, v) \leq j a(v,v), \quad \forall v \in S. \tag{9.2.12}$$

证明. 由直交分解

$$\|(Q_k - Q_{k-1})Av\|^2 = \|Q_k Av\|^2 - \|Q_{k-1}Av\|^2.$$

代入 (9.2.11) 获

$$a(BAv, v) \leq \sum_{k=1}^{j} \lambda_k^{-1} \|Q_k Av\|^2 = \sum_{k=1}^{j} \lambda_k^{-1} \|A_k P_k v\|^2$$

$$= \sum_{k=1}^{j} \lambda_k^{-1} a(A_k P_k v, P_k v) \leq \sum_{k=1}^{j} a(P_k v, P_k v)$$

$$\leq j a(v,v),$$

即 (9.2.12) 右边不等式部份被证. 今证左边不等式,

$$a(v,v) = \sum_{k=1}^{j} a((Q_k - Q_{k-1})v, v)$$

$$= \sum_{k=1}^{j} ((I - Q_{k-1})v, (Q_k - Q_{k-1})Av),$$

由条件 (A₁) 及 Schwarz 不等式得到

$$a(v,v) \leq C_1^{1/2} \sum_{k=1}^{j} (a(v,v))^{1/2} \lambda_k^{-1/2} \|(Q_k - Q_{k-1})Av\|,$$

利用 (9.2.11) 导出

$$a(v,v)^{1/2} \leq C_1^{1/2} j^{1/2} (a(BAv, v))^{1/2},$$

两边平方即获证明.   □

推论. 对任何实数 s, 皆有

$$B^s = \sum_{k=1}^{j} \lambda_k^{-s}(Q_k - Q_{k-1}). \qquad (9.2.13)$$

此外, 对任何 $s \in [0,1]$, 有不等式

$$j^{-s}(A^s v, v) \leq (B^{-s} v, v) \leq (C_1 j)^s (A^s v, v),$$

$$\forall v \in S. \qquad (9.2.14)$$

证明. 只需证 $s = 0$ 和 $s = 1$ 的情形 (9.2.14) 成立, 一般实数可以借助第一章 §10 内插空间的理论得到. 但 $s = 0$ 是显然成立的, 而 $s = 1$ 即是 (9.2.12), 故推论得证.   □

回忆算子 $B : S \to S$ 被称为 A 的好预处理器, 如果

a) B 作用于 S 中的函数, 其计算量很小.

b) 条件数 $\kappa(BA)$ 很小.

定理 2.1 表明由 (9.2.10) 定义的算子 B 符合条件 b), 但不符合条件 a). 为了符合条件 a) 我们改写 B 为

$$B = \sum_{k=1}^{j-1} (\lambda_k^{-1} - \lambda_{k+1}^{-1}) Q_k + \lambda_j^{-1} I. \qquad (9.2.15)$$

引理 2.1. 如果 $\{\lambda_k\}_{k=1}^{j}$ 满足增长条件 (A₂). 存在 $\sigma > 1$, 使 $\lambda_{k+1} \geq \sigma \lambda_k$,

并定义算子

$$\hat{B} = \sum_{k=1}^{j} \lambda_k^{-1} Q_k, \tag{9.2.16}$$

则成立不等式

$$(1 - \sigma^{-1})(\hat{B}u, u) \leq (Bu, u) \leq (\hat{B}u, u), \ \forall u \in S. \tag{9.2.17}$$

证明. 由条件 (A_2), 知有不等式

$$\lambda_k^{-1} - \lambda_{k+1}^{-1} = \lambda_k^{-1}(1 - \lambda_k/\lambda_{k+1}) \geq \lambda_k^{-1}(1 - \sigma^{-1}),$$

由表达式 (9.2.15) 知不等式 (9.2.17) 左端部份成立, 而 $\hat{B}$ 的定义显然蕴含右端部份不等式也成立. □

引理 2.1 表明 $\hat{B}$ 与 B 是谱等价, 如 σ 与水平数 k 无关. 故可以用 $\hat{B}$ 取代 B 作为 A 的预处理器. 假定 $\{\psi_k^l\}$ 是 S_k 的规格正交基, 于是

$$\lambda_k^{-1} u = \lambda_k^{-1} \sum_l (u, \psi_k^l)\psi_k^l, \quad \forall u \in S_k. \tag{9.2.18}$$

但是建立正交基 $\{\psi_k^l\}$ 不是易事, 它要求解 Gram 方程组. 对于拟一致网格, 往后我们证明, 更简单和实用的预处理器是用 S_k 的普通结点基 $\{\varphi_k^l\}$ 取代正交基 $\{\psi_k^l\}$, 即我们确定算子 $R_k : S_k \to S_k$ 为

$$R_k Q_k u = \lambda_k^{-1} \sum_l (u, \varphi_k^l)\varphi_k^l, \quad \forall u \in S_j, \tag{9.2.19}$$

由于 $\{\varphi_k^l\}$ 构造是平凡的, (9.2.19) 的计算十分简便. 故我们以 R_k 取代 (9.2.16) 中的 λ_k^{-1} 而令

$$\tilde{B} = \sum_{k=1}^{j} R_k Q_k. \tag{9.2.20}$$

以下从抽象角度讨论以 $\tilde{B}$ 作为预处理器对条件数的改善. 首先对 R_k 假定:

(A_3). 存在与 j 无关的正常数 C_2, C_3 满足

$$C_2 \frac{\|u\|^2}{\lambda_k} \leq (R_k u, u) \leq C_3(A_k^{-1} u, u), \ \forall u \in S_k,$$

显然, 若置 $R_k = \lambda_k^{-1} I$, 它满足条件 (A_3).

引理 2.2. 假定条件 (A_1) 及 (A_3) 满足, 则

$$C_1^{-1} C_2 j^{-1} a(v, v) \leq a(\tilde{B} A v, v) \leq C_3 j a(v, v), \ \forall v \in S. \tag{9.2.21}$$

证明. 由 (A_3) 知对 $\forall v \in S$ 有

$$
\begin{aligned}
a(\tilde{B}Av, v) &= \sum_{k=1}^{j} a(R_k Q_k Av, v) = \sum_{k=1}^{j} a(R_k Q_k Av, P_k v) \\
&= \sum_{k=1}^{j} (A_k R_k Q_k Av, P_k v) = \sum_{k=1}^{j} (A_k R_k A_k P_k v, P_k v) \\
&= \sum_{k=1}^{j} (R_k A_k P_k v, A_k P_k v) \leq C_3 \sum_{k=1}^{j} a(P_k v, P_k v) \\
&\leq C_3 j a(v, v),
\end{aligned}
\tag{9.2.22}
$$

故 (9.2.21) 右边部份不等式获证. 至于左边部份不等式, 由定理 2.1 及 (A_3) 得到

$$
\begin{aligned}
C_1^{-1} j^{-1} a(v, v) &\leq a(BAv, v) \leq \sum_{k=1}^{j} \lambda_k^{-1} \|Q_k Av\|^2 \\
&\leq C_2^{-1} a(\tilde{B}Av, v),
\end{aligned}
$$

这就完成引理的证明. □

以下要求逼近性质有比 (A_1) 更强的假定, 这个假定也屡次被应用于分析多层网格法的收敛性 (参见 [227]).

(A_4). 对固定 $\alpha \in (0, 1]$ 存在与 k, $1 \leq k \leq j$, 无关的正常数 C_4, 使

$$
a((I - P_{k-1})v, v) \leq (C_4 \lambda_k^{-1} \|A_k v\|^2)^{\alpha} (a(v, v))^{1-\alpha},
$$
$$
\forall v \in S,
\tag{9.2.23}
$$

其中设 $P_0 = 0$.

容易看出当 $\alpha = 1$, 条件 (A_4) 蕴含 (A_1). 借助于椭圆型问题的正则性假定及 S_{k-1} 上有限元逼近性质, 可以证明 (A_4) 是成立的.

定理 2.2. 在 (A_3) 与 (A_4) 假定下, 有

$$
C_2 C_4^{-1} j^{1-1/\alpha} a(v, v) \leq a(\tilde{B}Av, v) \leq C_3 j a(v, v),
$$
$$
\forall v \in S.
\tag{9.2.24}
$$

证明. 由 (9.2.21) 知仅需要证明 (9.2.24) 左边不等式. 我

们记

$$v = \sum_{k=1}^{j}(P_k - P_{k-1})v, \quad P_0 = 0.$$

利用 (A₄) 假定及 P_k 性质导出

$$a(v,v) = \sum_{k=1}^{j} a((I - P_{k-1})P_k v, P_k v)$$

$$\leq C_4^{\alpha} \sum_{k=1}^{j}(\lambda_k^{-1}\|A_k P_k v\|^2)^{\alpha}(a(v,v))^{1-\alpha}, \quad (9.2.25)$$

由 (A₃) 知

$$\lambda_k^{-1}\|A_k P_k v\|^2 \leq C_2^{-1}(R_k A_k P_k v, A_k P_k v),$$

代到 (9.2.25) 获

$$a(v,v) \leq (C_2^{-1}C_4)^{\alpha} \sum_{k=1}^{j}(R_k A_k P_k v, A_k P_k v)^{\alpha}(Av,v)^{1-\alpha}. \quad (9.2.26)$$

由 Hölder 不等式知对任意非负序列 $\{b_k\}$ 有

$$\sum_{k=1}^{j} b_k^{\alpha} \leq j^{1-\alpha}\Big(\sum_{k=1}^{j} b_k\Big)^{\alpha}, \quad (9.2.27)$$

应用于 (9.2.26) 获

$$a(v,v)^{\alpha} \leq (C_2^{-1}C_4)^{\alpha} j^{1-\alpha}\Big(\sum_{k=1}^{j}(R_k A_k P_k v, A_k P_k v)\Big)^{\alpha}$$

$$\leq (C_2^{-1}C_4)^{\alpha} j^{1-\alpha} a(\tilde{B}Av,v)^{\alpha},$$

这就知 (9.2.24) 左边不等式成立.　□

2.2. 拟一致情形的应用

本节考虑上一节的抽象定理在拟一致网分割情形的应用，若后继分割 $\mathcal{J}_k$ 是由 $\mathcal{J}_{k-1}$ 通过正则加密得到，则 $\mathcal{J}_1,\cdots,\mathcal{J}_j$ 都是拟一致剖分. 现在讨论二阶椭圆型边值问题的有限元近似，验证 (A₁), (A₂), (A₄) 被满足.

用 h_k 表示 k 水平单元的网参数，$\mathcal{J}_k$ 的拟一致性蕴含存在与 k 无关的正常数 C_0 和 C_1，使

$$C_0 h_k^{-2} \leq \lambda_k \leq C_1 h_k^{-2}, \quad (9.2.28)$$

这里 λ_k 依然表示 A_k 的谱半径.

现在验证条件 (A_1) 成立: 事实上, 当 $k \geq 2$ 情形已由 (9.2.28) 证实, 对于 $k = 1$ 情形, 显然

$$\|v\|^2 \leq \wedge^{-1} a(v, v), \quad \forall v \in S,$$

其中 $\wedge$ 是 A 的最小本征值, 易见 $\wedge > 0$ 且存在与 j 无关的非零下界. 由 h_1 是初始剖分网参数, 应与 Ω 的直径成比例, 故 $C_1 (\geq \lambda_1 / \wedge)$ 不是太大的正数. 这就验证了 (A_1) 成立.

现在考虑由 (9.2.19) 定义的算子

$$R_k v = \lambda_k^{-1} \sum_l (v, \varphi_k^l) \varphi_k^l, \quad \forall v \in S_k, \tag{9.2.29}$$

这里 φ_k^l 是 S_k 的结点基, 求和取遍所有 $\mathcal{J}_k$ 的结点. 注意对任何 $u \in S_k$ 皆有表达式

$$u = \sum_l \mu_l \varphi_k^l, \tag{9.2.30}$$

其中 $\mu_l = u(x_k^l), x_k^l \in \mathcal{N}_k$. 用 $\boldsymbol{\mu}$ 表示以 μ_i 为分量的向量, 令 G_k 表示质量矩阵, 即 $[G_k]_{lm} = (\varphi_k^l, \varphi_k^m)$, 用 $\langle \cdot, \cdot \rangle$ 表示向量的欧氏内积, 则

$$(R_k u, u) = \lambda_k^{-1} \sum_l (u, \varphi_k^l)^2 = \lambda_k^{-1} \langle G_k \boldsymbol{\mu}, G_k \boldsymbol{\mu} \rangle. \tag{9.2.31}$$

由 $\mathcal{J}_k$ 的拟一致性及 $\Omega \subset IR^2$ 蕴含: $h_k^2 \sum_l \mu_l^2$ 是与范 $\|u\|^2 \overset{\triangle}{=} \langle G_k \boldsymbol{\mu}, \boldsymbol{\mu} \rangle$ 互为等价, 并且等价控制常数与 k 无关, 同理可证 $\langle G_k \boldsymbol{\mu}, G_k \boldsymbol{\mu} \rangle$ 与 $h_k^4 \langle \boldsymbol{\mu}, \boldsymbol{\mu} \rangle$ 为相互一致等价的范数, 推得

$$C_0 \|u\|^2 / \lambda_k \leq (R_k u, u) \leq C_1 \|u\|^2 / \lambda_k,$$

故得到在拟一致剖分下 (A_3) 被满足. 至于 (A_4), $\alpha \in (0, 1]$ 的选择与椭圆型边值问题解的正则性相关, 对于凸多角形上具有光滑系数的偏微分算子, 可以取 $\alpha = 1$, 此情形下由定理 2.2 可以得到

$$\kappa(\tilde{B}A) \leq Cj. \tag{9.2.32}$$

对于凹形区域, 例如裂缝 (内角为 2π) 则已经证明不可能成立 $\alpha \geq \dfrac{1}{2}$, 引理 2.2 使我们得到最佳估计为

$$\kappa(\tilde{B}A) \leq Cj^2, \tag{9.2.33}$$

对于最坏情形，具有间断系数的椭圆型问题也得到

$$\kappa(\tilde{B}A) \leq Cj^3. \tag{9.2.34}$$

以上结果可以推广到高维. 令 Ω 是 $\mathbb{R}^d$ 的有界域，Ω 的细剖分是由粗剖分上 d 维长方体被一分为 2^d 个小长方体，递次逐级生成. 每个 $\mathcal{J}_k$ 皆可建立有限元空间 S_k，它是分片 d 线性元空间. 令 $\{\varphi_k^i\}$ 是 S_k 通常的结点基. 而

$$\{\bar{\varphi}_k^i\} = \{h_k^{\frac{2-d}{2}} \varphi_k^i\} \tag{9.2.35}$$

是定规结点基 (scaled nodal basis), 用它构造多水平预处理算子

$$\hat{B}v = \sum_{k=1}^{j} \sum_i (v, \bar{\varphi}_k^i)\bar{\varphi}_k^i. \tag{9.2.36}$$

定理 2.3. 由 (9.2.36) 定义的算子 $\hat{B}$ 与由 (9.2.10) 定义的算子 B 彼此谱等价.

证明. 由于

$$(\hat{B}v, v) = \sum_{k=1}^{j} \sum_i (Q_k v, \bar{\varphi}_k^i)^2$$

和

$$(Bv, v) = \sum_{k=1}^{j} \lambda_k^{-1} \|Q_k v\|^2,$$

我们仅需证存在与 k 无关的正常数 C_3, C_4 使

$$C_3\|v_k\|^2 \leq \lambda_k \sum_i (v_k, \bar{\varphi}_k^i)^2 \leq C_4\|v_k\|^2, \quad \forall v_k \in S_k. \tag{9.2.37}$$

利用表达式: $v_k = \sum_i \mu_i \varphi_k^i = h_k^{\frac{d-2}{2}} \sum_i \mu_i \bar{\varphi}_k^i$, 其中 μ_i 是 v_k 在 $\mathcal{J}_k$ 的结点值. (9.2.37) 的证明等价于证明 $\langle \bar{G}_k\mu, \bar{G}_k\mu \rangle$ 和 $\lambda_k\langle \bar{G}_k\mu, \mu \rangle$ 是两个一致等价的范数，其中 $\bar{G}_k = [(\bar{\varphi}_k^i, \bar{\varphi}_k^l)]$ 是由 $\{\bar{\varphi}_k^i\}$ 构成的质量矩阵. 但这个等价性是容易验证的, 故 (9.2.37) 成立. 最后由 (9.2.28) 知定理 2.3 成立. □

推论 1. 由 (9.2.36) 定义的算子 $\hat{B}$ 使得条件数 $\kappa(\hat{B}A) = O(j^2)$.

证明. 由引理 2.2 及 (9.2.28) 立即得到. □

推论 2. 对三维问题，由

$$\hat{B}u = \sum_{k=1}^{j} h_k^{-1} \sum_l (u, \varphi_k^l)\varphi_k^l \tag{9.2.38}$$

构造的预处理矩阵，使条件数 $\kappa(\hat{B}A) = O(j^2)$.

若定理 2.2 的条件满足，则推论 1 和推论 2 还可以被改进.

2.3. 同等级基预处理器的比较

从本质上讲，§1 实际上阐述了由等级基构造的预处理算子

$$Hv = \sum_{i=1}^{n_j} (v, \psi_i)\psi_i, \quad \forall v \in S_j, \tag{9.2.39}$$

其中 ψ_i 是相应于结点 x_i 的等级基. 定理 1.1 表明

$$K_1 j^{-2} a(v, v) \le a(HAv, v) \le K_2 a(v, v), \tag{9.2.40}$$

换句话说，有 $\kappa(HA) = O(j^2)$，然而这个结果不能推广到三维，而由 (9.2.36) 构造的多水平预处理算子 $\hat{B}$ 对高维有效. 另外，即使在二维上讨论，(9.2.36) 的 $\{\bar{\varphi}_k^i\}$ 实际上包含 $\{\psi_i\}$，故

$$(Hv, v) \le (\hat{B}v, v), \quad \forall v \in S_j, \tag{9.2.41}$$

这意味 H 的最小本征值小于 $\hat{B}$ 的最小本征值，令 $v = Au$，由 (9.2.41) 得到

$$a(HAu, u) \le a(\hat{B}Au, u), \tag{9.2.42}$$

这意味 $\hat{B}A$ 谱的下界大于 HA 谱的下界，而由 (9.2.40) 看出 HA 谱的上界与 j 无关. 故我们有理由认为用 $\hat{B}$ 作预处理器优于用 H，当然也需看到用 $\hat{B}$ 作用于函数较之用 H 需要更多的计算.

例 9.2.[227] 设 $L = -\Delta$ 是 Laplace 算子，Ω 是单位正方形，用等级基预处理器与多水平预处理器，其条件数比较见表 2.1.

表 9.2

h_j	$\kappa(HA)$	$\kappa(\hat{B}A)$
1/16	19	7.0
1/32	31	8.1
1/64	43	9.0
1/128	58	9.8

例 9.3. $L = -\Delta, \Omega = (0,1)^2 \setminus \{(\frac{1}{2}, x_2) : \frac{1}{2} \le x_2 < 1\}$ 是具有裂缝的单位正方形. 此时理论上 $\kappa(HA)$ 与 $\kappa(\hat{B}A)$ 皆是 $O(\ln^2(1/h_j))$, 而具体比较见表 9.3.

表 9.3

h_j	$\kappa(HA)$	$\kappa(\hat{B}A)$
1/16	14.6	7.9
1/32	25.17	10.0
1/64	38.2	12.6
1/128	53.8	14.9

例 9.4. 考虑三维问题, $\Omega = (0,1)^3, L = -\Delta, S_k$ 是分片三线性函数. 用多水平预处理器, 其条件数变化见表 9.4.

表 9.4

h_j	$\kappa(\hat{B}A)$
1/8	4.1
1/16	5.2
1/32	6.0
1/64	6.6

上面数值试验看出, 多水平预处理即使在二维也优于等级基预处理, 并且更适宜用于三维. 和多层网格法比较, 多水平预处理方法更适合于并行计算.

最后我们指出, 文献中也常取 $R_1 = A_1^{-1}$ 作为 (9.2.36) 的改进形式, 此时定义多水平预处理算子为

$$\hat{M}v = A_1^{-1}Q_1 v + \sum_{k=2}^{j} \sum_i (v, \bar{\varphi}_k^i) \bar{\varphi}_k^i, \qquad (9.2.43)$$

显然此 $\hat{M}$ 具有前述同样结论.

§3. 多水平结点基区域分解方法

前两节我们用等级基和多水平结点基分别构造出极为有效的预处理器. 这些思想很快地被吸收到非复盖型区域分解方法中. 最近 Smith 和 Widlund 在 [206] 中提出等级基区域分解方法

(HBDD), Tong, Chan 和 Kuo 在 [213] 中提出多水平结点基区域分解方法 (MNBDD). 这两种方法思想是一致的. 皆基于对容度方程执行结点基到多水平结点基(等级基)的转换. 由于容度方程变元只涉及区域内边界结点, 故未知数大为减少, 而且转换后容度方程的条件数还小于直接使用等级基预处理或多水平结点基预处理后方程的条件数. 以下我们仅介绍 MNBDD, 因为 HBDD 和 MNBDD 除了基转换有区别外, 其它皆类似. 对 (9.2.43) 中构造的预处理器稍加变化为

$$\hat{M}v = \alpha A_1^{-1} Q_1 v + \sum_{k=2}^{j} \sum_{i=1}^{n_i} (v, \bar{\varphi}_k^i) \bar{\varphi}_k^i, \qquad (9.3.1)$$

这里 $\alpha > 0$ 是与网无关的实参数, 适当选择 α 可加快收敛. 令 $n_k = \dim S_k$, 以下讨论二维情形: $\bar{\varphi}_k^i = \varphi_k^i$, 而 $\hat{M}$ 有分解

$$\hat{M} = GD^{-1}G^T, \qquad (9.3.2)$$

这里 G 和 G^T 分别表示多水平结点基到结点基及结点基到多水平结点基之间转换. 显然, G 是 $n \times m$ 阶长阵, 这里 $n = n_j, m = n_1 + \cdots + n_j$. D^{-1} 是块对角阵.

$$D^{-1} = \text{blockdiag}(I_{n_j}, \cdots, I_{n_2}, A_1^{-1}).$$

在 §2 中我们证明 $\kappa(\hat{M}A) \leq Cj^2, C > 0$ 是与 j 无关的常数. 令 $v \in S^h = S_j, v_i^l = v(x_i^l)$, 这里 x_i^l 表 i 水平剖分 $\mathcal{J}_i$ 的第 l 个结点, 故应有

$$Gv = \sum_{i=1}^{j} \sum_{l=1}^{n_i} v_i^l \varphi_i^l, \qquad (9.3.3)$$

令 $\bar{\Omega} = \overset{N}{\underset{i=1}{\cup}} \bar{\Omega}_i$ 是 Ω 的区域分解, 开子集 Ω_i 彼此不重叠. $S_0^h(\Omega_i) = S^h \cap H_0^1(\Omega)$, 则 S^h 有直和分解

$$S^h = S_{\text{har}}^h \oplus S_0^h(\Omega_1) \oplus \cdots \oplus S_0^h(\Omega_N), \qquad (9.3.4)$$

其中 S_{har}^h 是分片离散调和函数空间, 即是关于 $a(\cdot, \cdot)$ 内积意义下的 $S_0^h(\Omega_1) \oplus \cdots \oplus S_0^h(\Omega_N)$ 的正交补, 显然 S_{har}^h 可以通过在 $\Gamma = \overset{N}{\underset{i=1}{\cup}} \partial \Omega_i$ 上函数的离散调和扩张给出.

把所有结点分为子域内部结点和 Γ 上结点两类, 并用向量 x_I 与 x_B 表示, 故总刚度方程有块结构

$$Kx = \begin{bmatrix} K_I & K_{IB} \\ K_{IB}^T & K_B \end{bmatrix} \begin{bmatrix} x_I \\ x_B \end{bmatrix} = \begin{bmatrix} b_I \\ b_B \end{bmatrix}. \qquad (9.3.5)$$

使用块消去方法，给出容度方程

$$S_B x_B = (K_B - K_{IB}^T K_I^{-1} K_{IB}) x_B = b_B - K_{IB}^T K_I^{-1} b_I = \hat{b}_B, \quad (9.3.6)$$

这里 S_B 称为 K 的 Schur 分解，记为 Schur(K).

　　直接用多水平预处理器 $\hat{M}$ 解刚度方程 (9.3.5) 等价于解方程

$$D^{-\frac{1}{2}} G^T K G D^{-\frac{1}{2}} \tilde{x} = \tilde{b}, \quad (9.3.7)$$

这里 $GD^{-\frac{1}{2}} \tilde{x} = x, \tilde{b} = D^{-\frac{1}{2}} G^T b$. 由此导出相应的容度方程

$$\tilde{S}_B \tilde{x}_B = \tilde{b}_B, \quad (9.3.8)$$

这里 $\tilde{S}_B = \text{Schur}(D^{-\frac{1}{2}} G^T K G D^{-\frac{1}{2}})$. 现在假定变换矩阵 G 也有块结构

$$G = \begin{bmatrix} G_I & G_{IB} \\ G_{BI} & G_B \end{bmatrix}, \quad (9.3.9)$$

这里 G_I, G_B 是长阵，仅涉及子域内结点和内边界结点间变换.

　　但是这种把 (9.3.5) 先转化为 (9.3.7)，再应用 Schur 分解法从计算上是不合算的. MNBDD 方法的主要思想是先作 Schur 分解，再转换结点基为多水平结点基，也同样导出方程 (9.3.8). 为此先证明以下引理.

　　引理 3.1. 在 G 的块结构 (9.3.9) 中，有

$$G_{BI} = 0. \quad (9.3.10)$$

　　证明.　由 (9.3.3) 我们置

$$u = Gv = \sum_{i=1}^{j} \sum_{l=1}^{n_i} v_i^l \varphi_i^l, \quad (9.3.11)$$

令 $u = (u_I, u_B)^T$ 和 $v = (v_I, v_B)^T$ 分别是 $u \in \mathbb{R}^n$ 和 $v \in \mathbb{R}^m$ 关于子域内部和界面结点值的块分解. 用表达式 (9.3.11) 定义函数在 Γ 的结点 y_j^l 的值，得到

$$u_B^l = (G_B v_B)^l + (G_{BI} v_I)^l$$

$$= \sum_{i=1}^{j} \left\{ \sum_{k \in \Gamma} (v_B)_i^k (\varphi_i^k)_l + \sum_{k \in \Gamma} (v_I)_i^k (\varphi_i^k)_l \right\}, \quad (9.3.12)$$

这里 $(\varphi_i^k)_l$ 表示由 i 水平的第 k 号结点所对应的基函数在 $\mathcal{N}_j$ 的第 l 号结点上的函数值. 于是知

$$(\varphi_i^k)_l = 0, \quad \forall k \in \Omega_s, \ 1 \le s \le N, \ l \in \Gamma,$$

这里 $k \in \Omega_s$ 或 $l \in \Gamma$ 意指对应的结点属 Ω_s 或 Γ. 故所有子域内结点对应的多水平结点的基函数在 Γ 的结点上的值为零. 换句话说, (9.3.12) 第二项求和为零. 这蕴含 $G_{BI} = 0$ 和 $u_B^l = (G_B v_B)^l$. □

引理 3.2. 令 $G_{BI} = 0, D = \text{blockdiag}(D_I, D_B)$, 则由 (9.3.8) 确定的 $\tilde{S}_B$, 有

$$\tilde{S}_B = D_B^{-1/2} G_B^T S_B G_B D_B^{-1/2}. \tag{9.3.13}$$

证明. 容易验证 K 有块结构三角分解

$$K = \begin{bmatrix} I_I & 0 \\ K_{IB}^T K_I^{-1} & I_B \end{bmatrix} \begin{bmatrix} K_I & K_{IB} \\ 0 & S_B \end{bmatrix},$$

这里 I_I, I_B 是单位矩阵, 如此分解显然是唯一的. 现在直接用矩阵乘法计算 $D^{-1/2} G^T K G D^{-1/2}$, 注意

$$G = \begin{bmatrix} G_I & G_{IB} \\ 0 & G_B \end{bmatrix}, \quad D = \begin{bmatrix} D_I & 0 \\ 0 & D_B \end{bmatrix}.$$

可以验证

$$D^{-1/2} G^T K G D^{-1/2} = \begin{bmatrix} I_I & 0 \\ * & I_B \end{bmatrix} \begin{bmatrix} * & * \\ 0 & \tilde{S}_B \end{bmatrix},$$

这里 $*$ 表块结构中非零矩阵. 由块结构三角分解唯一性知

$$\tilde{S}_B = D_B^{-1/2} G_B^T S_B G_B D_B^{-1/2} = \text{Schur}(D^{-1/2} G^T K G D^{-1/2}),$$

证毕. □

引理 3.2 表明容度方程 (9.3.8) 即是方程

$$D_B^{-1/2} G_B^T S_B G_B D_B^{-1/2} \tilde{x}_B = \tilde{b}_B, \tag{9.3.14}$$

它可以视为以

$$M_B^{-1} = G_B D_B^{-1} G_B^T \tag{9.3.15}$$

为预处理阵对容度方程 (9.3.6) 求解. 使用预处理迭代 D_B 求逆转化为计算初网格上的问题, 至于 G_B 与向量 v_B 乘积的计算类似于 (9.3.3) 确定为

$$G_B v_B = \sum_{i=1}^{j} \sum_{k=1}^{n_i} (v_B)_i^k \varphi_i^k, \tag{9.3.15}$$

这里 $\varphi_i^k, k = 1, \cdots, n_i$ 是 Γ 上 i 水平结点基函数的全体.

执行 $Z = M_B^{-1} r$ 计算，可用如下算法.

算法 3.1 (MNBDD)

步 1. 输入 r 并执行结点基到多水平结点基的转换： $v = G_B^T r$.

步 2. 解粗网格问题 $y = D_B^{-1} v$.

步 3. 执行由多水平结点基到结点基的转换.

下面讨论 MNBDD 预处理迭代矩阵的条件数，为此需要以下引理.

引理 3.3. 如 K 是对称正定矩阵，则

$$\kappa(\text{Schur}(K)) \le \kappa(K). \tag{9.3.16}$$

证明. 令 $S = \text{Schur}\,(K)$，则

$$\langle S x_2, x_2 \rangle = \langle K_{22} x_2, x_2 \rangle - \langle K_{11}^{-1} K_{12} x_2, K_{12} x_2 \rangle$$
$$\le \langle K_{22} x_2, x_2 \rangle = \langle K x, x \rangle,$$

这里 $x = [0, x_2]^T$. 由此知 S 与 K 的最大本征值之间有不等式

$$\lambda_{\max}(S) \le \lambda_{\max}(K),$$

类似地又可导出

$$\lambda_{\min}(K) \le \lambda_{\min}(S),$$

这就证得 (9.3.16) 成立. □

定理 3.1. 对于连续系数问题，并且剖分是逐级正则加密生成，则

$$\kappa(M_B^{-1} S_B) = O\left(\log^2 \left(\frac{H}{h} \right) \right), \tag{9.3.17}$$

这里 H 是初始剖分 $\mathcal{J}_1$ 的网参数， h 是 $\mathcal{J}_j$ 的网参数.

证明. 由引理 3.2 得到

$$\tilde{S}_B = D_B^{-1/2} G_B^T S_B G_B D_B^{-1/2},$$

利用引理 3.3, 得到

$$\kappa(D_B^{-1/2} G_B^T S_B G_B D^{-1/2}) = \kappa(\tilde{S}_B)$$
$$\le \kappa(D^{-1/2} G^T K G D^{-1/2}),$$

由 (9.2.33) 知 $\kappa(M_B^{-1} S_B) = \kappa(\tilde{S}_B) = O(j^2)$, 由于 $h = H/2^j$, 知 $j = \log_2 \left(\frac{H}{h} \right)$, 故引理成立. □

推论. 对于凸多角形区域的光滑系数问题,

$$\kappa(M_B^{-1}S_B) = O\left(\log\frac{H}{h}\right), \tag{9.3.18}$$

对于不连续系数问题,

$$\kappa(M_B^{-1}S_B) = O\left(\log^3\left(\frac{H}{h}\right)\right). \tag{9.3.19}$$

证明. 由 (9.2.32) 与 (9.2.34) 导出. □

对于等级基区域分解算法 (HBDD), 上面算法和定理皆成立, 不同处仅仅在于此时变换算子 $G: I\!R^{n_j} \to I\!R^{n_j}$ 是等级基到结点基的转换算子. 我们已经在算法 1.1 中描述过转换方法.

例 9.5. 考虑简单问题 [213]

$$\begin{cases} \Delta u = f, & (\Omega), \\ u = 0, & (\partial\Omega), \end{cases}$$

这里 $\Omega = (0,1)^2$, 真解 $u = x(x-1)(y-1)$, 误差控制达到 10^{-5} 就停机. 试验表明对于 HBDD 取 $\alpha = 3.6$ 最好, 对于 MNBDD 取 $\alpha = 0.5$ 最好. 下面表 9.5 比较了 MNBDD, HBDD 和 BPS(指 Bramble-Pasiak-Schatz 方法, 参见第六章算法 8.1)

表 9.5. 多子域分解条件数和迭代数

结点数	子域数	HBDD=($\alpha = 3.6$)		BPS		MNBDD($\alpha = 1$)		MNBDD($\alpha = 0.5$)	
		κ	iter	κ	iter	κ	iter	κ	iter
32×32	2×2	9.62	11	11.85	11	2.27	8	2.24	7
32×32	4×4	7.96	11	8.75	14	2.88	9	2.19	8
32×32	8×8	5.30	10	6.08	12	3.09	9	2.10	7
64×64	2×2	12.68	13	16.47	12	2.34	9	2.32	8
64×64	4×4	11.84	13	13.03	15	2.96	9	2.28	8
64×64	8×8	8.52	12	9.79	15	3.21	10	2.21	8
64×64	16×16	5.41	10	6.32	13	3.21	10	2.11	7
128×128	4×4	16.49	15	17.92	18	3.01	9	2.35	8
128×128	8×8	12.54	15	14.18	16	3.30	10	2.35	8
128×128	16×16	8.69	13	10.21	15	3.31	10	2.24	8
128×128	32×32	5.42	10	6.36	13	3.22	10	2.11	7
256×256	4×4	21.90	17	23.45	19	3.03	9	2.39	8
256×256	8×8	17.30	17	19.33	18	3.34	10	2.43	8
256×256	16×16	12.72	15	14.79	17	3.37	10	2.36	8
256×256	32×32	8.69	13	10.27	15	3.30	10	2.24	8
256×256	64×64	5.37	10	6.37	12	3.21	10	2.09	7

§4. 快速自适应组合网格方法

　　科学和工程计算问题经常遇到奇异问题，例如力学中断裂问题，热力学中不连续传热系数问题，油藏工程中注水驱油问题等．由于奇点污染，使常用计算方法的精度大为降低，近年来出现许多方法改进奇异问题计算精度，如用非拟一致网代替拟一致网；用奇异元或无限元代替普通有限元；用局部网精细代替整体网精细．就工程应用而论，后一种方法最受欢迎，原因是多数科学和工程问题，人们最关心的是了解解在某些关键位置的特性，要求对这些关键位置有比整体区域更可靠的数值结果（奇点常常是工程所关心的关键位置）．这除了在构造物理模型时需要对源、汇函数、微分算子系数，边界及边界条件在局部地方数据应当比其它地方要求更精密外，无疑，加强这些关键地方离散和求解精度，又不因这种局部化现象而使计算量急剧增加是非常重要的．然而，遗憾的是有效地局部化目标经常与可靠计算相冲突：方程解法可能因离散尺度相对变化过大而失效；数据结构可能因非规则网使用遇到麻烦；计算机功能也能因非规则网而损失效力（例如"向量化"受到破坏）等等．实际上，离散过程自身也会遇到困难：对差分法而言，非规则网无法构造高精度差分格式；对有限元而言，一个自动地加密以取得好的精度意味着高额的花费．本节介绍快速自适应组合网格方法 (FAC) 正是在这种背景下应运而生．

　　FAC 既是离散方法，又是求解方法．主要思想是设计不同的多套网格，借助于快速算法在规则网上有效地求出局部解，最终在一个非规则网上用规则网方法求出满意的离散近似．由于无论离散和求解在规则网上皆比在不规则网要容易得多，这就使 FAC 成为十分有效的方法．

　　和其它的局部网精细方法比较，FAC 非常类似于多水平自适应技巧 (MLAT, 参看 [159], [164] 等) 和局部偏差校正 (LDC, 参看 [89]), 甚至经过简单的修改可以证明 FAC 和 MLAC, LDC 可以相互导出．但是在数值处理上有本质差异．一般说 FAC 比 MLAT 和 LDC 更有效，这表现在 FAC 概念简单，理论完善．实际上一种最新解释可以把 FAC 视为在局部自适应网上求偏微分方程离散解的区域分解方法．更准确地说 FAC 本质上等价于一类 Schwarz 交替法：全局粗网格和局部细网之间交替．所谓组合网格就是由局粗网格和各个局部加密水平的细网格构成．

如图 9.7 描述全局粗网格和逐步精细的四个局部细网格.

FAC 首先是 McCormick 在 1984 年提出 [160], 1986 年 Mc-Cormick 和 Thomas[162] 推广于椭圆型问题及其它计算领域, 同年 Hart 和 McCormick[94] 又发展了异步观点, 提出异步快速自适应组合网格 (AFAC) 使各精细水平网方程可以同时甚至混乱执行

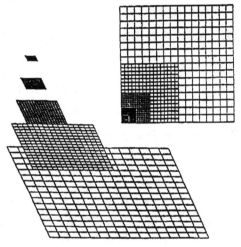

图 9.7 简单组合网结构

求解过程. 在 1988 年, McCormick(参见 [148] 及 [164]) 对 FAC 作了全新区域分解算法解释, 使 FAC 收敛理论被归结于 P.L.Lions 的 Schwarz 方法投影观点. McCormick 还借助于子空间交角概念, 使 FAC 收敛理论有清楚的几何解释.

下面我们主要阐述 FAC 的区域分解法理论.

4.1. 子空间交角

Hilbert 空间的子空间交角是一个有用的概念, 用它可以对 Schwarz 交替法和 FAC 赋以几何解释.

令 H 是有限维 Hilbert 空间, 用 $(\cdot, \cdot)$ 与 $\|\cdot\|$ 分别表示内积与范.

令 V_1 和 V_2 是 H 的两个子空间.

定义 4.1. 称 $\theta = \widehat{V_1, V_2}, 0 \leq \theta \leq \dfrac{\pi}{2}$ 为子空间 V_1 与 V_2 的交

角，如果

$$\cos\theta = \cos(\widehat{V_1, V_2}) = \sup_{\substack{v_1 \in V_1 \\ v_2 \in V_2 \\ \|v_1\| = \|v_2\| = 1}} (v_1, v_2). \tag{9.4.1}$$

又令 P_i 及 $P_i^\perp, i = 1, 2$ 分别表示到 V_i 及正交补空间 $V_i^\perp$ 的正投影. 以下引理是熟知的.

引理 4.1. 令 V_1, V_2 是 H 的非平凡子空间，那么谱半径

$$\rho(P_1 P_2) = \|P_1 P_2 P_1\| = \cos^2(\widehat{V_1, V_2}). \tag{9.4.2}$$

证明. 如果 λ, u 是 $P_1 P_2$ 的本征值和本征函数，则

$$P_1 P_2 u = \lambda u, \quad \lambda \neq 0,$$

这蕴含 $u \in \mathcal{R}(P_1)$, 或 $u = P_1 u$, 于是知

$$P_1 P_2 P_1 u = \lambda u,$$

注意 $P_1 P_2 P_1$ 是对称非负算子，这就证得 $\rho(P_1 P_2) = \|P_1 P_2 P_1\|$. 其次，若 $\cos(\widehat{V_1, V_2}) = 1$, 则 (9.4.2) 显然成立. 考虑 $\cos(\widehat{V_1, V_2}) < 1$ 的情形. 由于 H 是有限维的，故单位球面是紧的，必存在 $u \in V_1$ 使 $\|u\| = 1$, 并且 $\|u - P_2 u\|$ 达到最小. 定义 $v = P_2 u / \|P_2 u\|$, 令 $\beta = (u, v)$, 易证 $|\beta| = \cos(\widehat{V_1, V_2})$ 且 $P_2 u = \beta v, P_1 v = \beta u$. 由此推出: $P_1 P_2 u = \beta^2 u$, 换句话得到

$$\rho(P_1 P_2) \geq \cos^2(\widehat{V_1, V_2}). \tag{9.4.3}$$

今证成立相反的不等式，注意对 $\forall u \in V_1$,

$$\|P_2 u\|^2 = (P_2 u, u) \leq \cos(\widehat{V_1, V_2}) \|P_2 u\| \|u\|,$$

得到

$$\|P_2 u\| \leq \cos(\widehat{V_1, V_2}) \|u\|, \quad \forall u \in V_1,$$

同理

$$\|P_1 v\| \leq \cos(\widehat{V_1, V_2}) \|v\|, \quad \forall v \in V_2.$$

这就得到

$$\|P_1 P_2 P_1\| \leq \cos^2(\widehat{V_1, V_2}), \tag{9.4.4}$$

比较 (9.4.3) 知 (9.4.2) 成立. $\quad\Box$

引理 4.2. 设 V_1, V_2 是 H 非平凡的子空间，则

(1) 如果 $V_1 \cap V_2 = \{0\}$, 那末 $\cos(\widehat{V_1^\perp, V_2^\perp}) \geq \cos(\widehat{V_1, V_2})$.

(2) 如果 $H = V_1 \oplus V_2$, 那末 $\cos(V_1^\perp, V_2^\perp) = \cos(\widehat{V_1, V_2})$.

(3) 如果 $X \subset V_1, Y \subset V_2$, 且 $H = X \oplus Y$, 那末 $\cos(V_1^\perp, V_2^\perp)$ $\leq \cos(\widehat{V_1, V_2})$.

证明. 和引理 4.1 的证明类似, 令 $u \in V_1$ 及 $\|u\| = 1$ 使 $\|u - P_2 u\|$ 达到极小, 置 $v = P_2 u / \|P_2 u\|$, $\beta = (u, v)$, 则 $|\beta| = \cos(\widehat{V_1, V_2}), P_2 u = \beta v, P_1 v = \beta u$. 限制张在 u, v 的平面上考虑, 易证: $u - P_2 u / \beta^2 \perp \{u\}, v - P_1 v / \beta^2 \perp \{v\}, \cos(u - P_2 u / \beta^2, v - P_1 v / \beta^2) = \beta$, 后者已蕴含 (1) 成立. 至于 (2) 和 (3) 显然由 (1) 推出. $\square$

引理 4.3. 令 $H = \overset{n}{\underset{j=1}{\oplus}} V_j$, 那么

$$\lambda_{\min}\Big(\sum_{j=1}^n P_j\Big) = \min_{\substack{v_j \in V_j, \|v_j\|=1 \\ 1 \leq j \leq n}} \lambda_{\min}(G(v_1, \cdots, v_n)), \quad (9.4.5)$$

$$\lambda_{\max}\Big(\sum_{j=1}^n P_j\Big) = \max_{\substack{v_j \in V_j, \|v_j\|=1 \\ 1 \leq j \leq n}} \lambda_{\max}(G(v_1, \cdots, v_n)), \quad (9.4.6)$$

这里 P_j 是到 V_j 的正投影, $G(v_1, \cdots, v_n) = [g_{ij}]$ 是关于 $v_1, \cdots, v_n$ 的 Gram 矩阵, 即 $g_{ij} = (v_i, v_j)$.

证明. 令 J_j 是一个矩阵, 它的列向量张成子空间 V_j 的规范直交基 $(j = 1, \cdots, n)$, 这样易知 $P_j = J_j J_j^T$. 令 $A = [J_1, \cdots, J_n]$, 显然 A 是一个非奇方阵, 并且 $\sum_{j=1}^n J_j J_j^T = AA^T$. 由于 $A^T A = A^{-1}(AA^T)A$, 知 $A^T A$ 与 AA^T 相似, 故 AA^T 的谱与 $A^T A = [J_i^T J_j]_{i,j=1}^n$ 一致.

因为 $H = \overset{n}{\underset{j=1}{\oplus}} V_j$, 故对每个 $u \in H$, 皆可记

$$u = [a_1 u_1^T, \cdots, a_n u_n^T]^T,$$

这里 a_j 是数, u_j 是向量, 其维数与 V_j 维数相同, 且 $\|u_j\| = 1$. 令列向量 $a = [a_1, \cdots, a_n]^T$, 及 $v_j = J_j u_j$, 故由定义

$$Au = \sum_{j=1}^n a_j v_j,$$

易验证 Rayleigh 商成立

$$\frac{\langle A^T A u, u \rangle}{\langle u, u \rangle} = \frac{\langle Au, Au \rangle}{\langle u, u \rangle} = \frac{\displaystyle\sum_{i,j=1}^{n} a_{ij} \langle v_i, v_j \rangle}{\displaystyle\sum_{i=1}^{n} a_i^2}$$

$$= \frac{\langle G(v_1, \cdots, v_n)a, a \rangle}{\langle a, a \rangle}. \tag{9.4.7}$$

这蕴含本征值关系

$$\lambda_j(A^T A) = \lambda_j(A A^T) = \lambda_j\Big(\sum_{i=1}^{n} P_i\Big)$$

$$= \lambda_j(G(v_1, \cdots, v_n)), \quad j = 1, \cdots, n, \tag{9.4.8}$$

这就知 (9.4.7) 与 (9.4.8) 成立.　□

引理 4.4.　令 $H = V_1 \oplus V_2$, 则有

$$\lambda_{\max}(P_1 + P_2) = 1 + \cos(\widehat{V_1, V_2}), \tag{9.4.9}$$

$$\lambda_{\min}(P_1 + P_2) = 1 - \cos(\widehat{V_1, V_2}). \tag{9.4.10}$$

证明.　任取单位向量 $u \in V_1, v \in V_2$, 则 u, v 的 Gram 矩阵是

$$G = \begin{pmatrix} 1 & a \\ a & 1 \end{pmatrix}, \quad |a| \le \cos(\widehat{V_1, V_2}),$$

G 的两个本征值恰是 $1 + a$ 和 $1 - a$, 利用引理 4.3 的结论得到 (9.4.9) 与 (9.4.10) 的证明.　□

4.2. FAC 的区域分解方法解释

为简单起见, 我们考查齐次 Dirichlet 边值问题. 令 Ω_1 是平面多角形区域, $\Omega_2 \subset \Omega_1$ 是 Ω_1 的开多角子域或者若干个不连通开多角子域的并集. 令 $\mathcal{J}_{2h}$ 是 Ω_1 上分片一致剖分, $H_{2h} \subset H_0^1(\Omega_1)$ 是相应的协调有限元空间; $\mathcal{J}_h$ 是在 Ω_2 上的局部规则加密, $H_h \subset H_0^1(\Omega_2)$ 是相应的协调有限元空间. 组合网就是由 $\mathcal{J}_{2h}$ 与 $\mathcal{J}_h$ 组合而成.

定义组合网空间为

$$H_c = H_{2h} + H_h, \tag{9.4.11}$$

而与之相应的离散变分问题为: 求 $u \in H_c$ 满足

$$a(u,v) = f(v), \quad \forall v \in H_c, \tag{9.4.12}$$

这里 $a(\cdot,\cdot)$ 是与齐次边值问题相联系的对称强制双线性泛函,例如

$$a(u,v) = \int_{\Omega_1} a\nabla u \nabla v dx, \ u,v \in H_0^1(\Omega_1),$$

而函数 a 是分片光滑的,且 $a > \mathrm{const} > 0$, (Ω_1),又设

$$f(v) = \int_{\Omega_1} f v dx$$

是线性形式.

求解 (9.4.12) 的 FAC 方法,实际表现为交替迭代形式,基本算法如下.

算法 4.1 (FAC).

步 1. 选初始近似 u^0, 置 $n := 0$, 求 $u_h \in H_h$ 满足

$$a(u_h, v_h) = f(v_h) - a(u^n, v_h), \ \forall v_h \in H_h, \tag{9.4.13}$$

置

$$u^{n+1/2} = u^n + u_h.$$

步 2. 求 $u_{2h} \in H_{2h}$, 满足

$$a(u_{2h}, v_{2h}) = f(v_{2h}) - a(u^{n+1/2}, v_{2h}), \ \forall v_{2h} \in H_{2h}, \tag{9.4.14}$$

置 $u^{n+1} = u^{n+1/2} + u_{2h}, n := n + 1$ 并转步 1.

利用能量投影算子 $P_{H_{2h}} : H_c \to H_{2h}$ 与 $P_{H_h} : H_c \to H_h$ 及第七章 §2 的结果,则误差 $e^n = u - u^n$ 有递推关系

$$e^{n+1} = P_{H_{2h}}^{\perp} P_{H_h}^{\perp} e^n, \tag{9.4.15}$$

故 FAC 的收敛速度取决于对 $\rho(P_{H_{2h}}^{\perp} P_{H_h}^{\perp})$ 的估计. 和 Schwarz 交替法比较,可以解释 FAC 为重叠型区域分解方法,因 $H_{2h} \cap H_h$ 对应着由 Ω_2 的粗网格点基函数构成的子空间,即 Ω_2 的粗网格点可以视为"重叠域".

我们用 §1 的多水平分裂理论估计收敛速度. 为此定义

$$X = H_{2h}, Y = \{u \in H_h : u = 0, \ \text{在 } \mathcal{J}_{2h} \text{ 的结点上}\}. \tag{9.4.16}$$

令单元 $K \in \mathcal{J}_{2h}$, 及

$$a_K(u, v) = \int_K a\nabla u \nabla v dx, \tag{9.4.17}$$

假定存在 $0 < \gamma < 1$ 的常数，使所有 $K \in \mathcal{J}_{2h}$ 有

$$|a_K(u,v)| \le \gamma(a_K(u,u))^{1/2}(a_K(v,v))^{1/2}, \; \forall u \in X, \; v \in Y, \quad (9.4.18)$$

那么，对单元求和得到

$$|a(u,v)| = \left| \sum_K a_K(u,v) \right| \le \gamma \sum_K (a_K(u,u))^{1/2}(a_K(v,v))^{1/2}$$

$$\le \gamma \Big(\sum_K a_K(u,u) \Big)^{1/2} \Big(\sum_K a_K(v,v) \Big)^{1/2},$$

或者

$$|a(u,v)| \le \gamma(a(u,u))^{1/2}(a(v,v))^{1/2}, \; \forall u \in X, \; v \in Y. \quad (9.4.19)$$

不等式 (9.4.19) 称为加强 Cauchy 不等式. 显然, 由子空间交角定义, $\cos(\widehat{X,Y})$ 是 γ 的上界.

有关 γ 的估计我们给出以下注释.

注 1. 由 (9.4.18) 看出, 如果扩散系数 a 在每个单元被各个不同的常数相乘, γ 的值仍然将保持不变. 这些性质在多层网格理论中有重要意义.

注 2. 如果 a 是常扩散系数, 则有关各个单元, γ 值的估计是已知的 (参看 [148]). 对一般情形, 单元 K 上 γ 值的计算归结于解 K 上局部刚度阵的广义本征值问题. 以二维三角形线性元情形来说, 如果 H_h 是由 H_{2h} 通过规则方法一分为四得到 (这时 Y 显然是二水平结点基空间, 参见 §1), 这时最优的 γ 值界于 $\sqrt{3/8}$ 和 $\sqrt{2/3}$ 之间 (参见 [148]).

定义 $H_{2h} \cap H_h$ 关于 H_{2h} 的正交补空间

$$H_{2h}^{\mathrm{har}} = \{u_{2h} \in H_{2h} : a(u_{2h}, v_{2h}) = 0, \; \forall v_{2h} \in H_{2h} \cap H_h\}, \quad (9.4.20)$$

称 H_{2h}^{har} 的函数为 Ω_2 上的离散调和函数.

引理 4.5. 成立

$$P_{H_{2h}}^{\perp} P_{H_h}^{\perp} = P_{H_{2h}^{\mathrm{har}}}^{\perp} P_{H_h}^{\perp}. \quad (9.4.21)$$

证明. 对任意 $v \in H_c$, 令 $u = P_{H_h}^{\perp} v, w_{2h} = P_{H_{2h}^{\mathrm{har}}} u$, 于是

$$w_{2h} \in H_{2h}^{\mathrm{har}} : a(w_{2h}, z_{2h}) = a(u, z_{2h}), \; \forall z_{2h} \in H_{2h}^{\mathrm{har}}. \quad (9.4.22)$$

但是我们进一步可推出 (9.4.22) 对任意 $z_{2h} \in H_{2h} = H_{2h}^{\mathrm{har}} \oplus (H_{2h} \cap H_h)$ 也成立. 事实上, $z_{2h} \in H_{2h} \cap H_h$ 时, 由 w_{2h} 和 u 的定义

导出 (9.4.22) 两端皆为零. 这样就证明了

$$P_{H_{2h}^{\mathrm{har}}}^{\perp} u = u - w_{2h} = P_{H_{2h}}^{\perp} u, \tag{9.4.23}$$

这就完成引理的证明. □

定理 4.1. 算法 4.1 的收敛因子是

$$\rho(P_{H_{2h}}^{\perp} P_{H_h}^{\perp}) = \cos^2(\widehat{H_{2h}^{\mathrm{har}}, H_h}) \le \cos^2(\widehat{X, Y}), \tag{9.4.24}$$

其中 X 与 Y 由 (9.4.16) 定义.

证明. 用引理 4.5 于 (9.4.16), 以及引理 4.1 、引理 4.2 于空间 $H = H_{2h}^{\mathrm{har}} \oplus H_h$ 立即得到. □

注 3. 首先, 在算法 4.1 中, 步 1 实际上是一个可以并行执行的过程, 因为 Ω_2 是由若干互不连通的分支构成; 其次, 步 1 和步 2 中的方程皆可以用近似方程代替, 这在后面还要提到.

4.3. 作为预处理使用的 FAC

可以把算法 4.1 取初值 $u^0 = 0$ 的每一步迭代, 视为一个预处理器, 即需要执行预处理计算时我们调用如下算法 4.2.

算法 4.2 (FAC 预处理器).

步 1. 求 $u_h \in H_h$ 满足

$$a(u_h, v_h) = f(v_h), \quad \forall v_h \in H_h.$$

步 2. 求 $u_{2h} \in H_{2h}$ 满足

$$a(u_{2h}, v_{2h}) = f(v_{2h}) - a(u_h, v_{2h}), \quad \forall v_{2h} \in H_{2h}.$$

步 3. 置 $u = u_h + u_{2h}$.

由算法 4.2 算出的 u 可视为另一变分问题: 求 $u \in H_c$, 满足

$$\tilde{b}(u, v) = f(v), \quad \forall v \in H_c \tag{9.4.25}$$

的准确解. 因为使用预处理迭代法解方程 (9.4.12) 的一般形式为

$$u := u - \tilde{B}^{-1}(Au - d) = g(u, d), \tag{9.4.26}$$

这里 $A, B : H_c \to H_c$ 定义为

$$(Au, v) = a(u, v), \tag{9.4.27}$$

$$(\tilde{B}u, v) = \tilde{b}(u, v), \tag{9.4.28}$$

故执行迭代 (9.4.26), 只需注意 $\tilde{B}^{-1}d = g(0, d)$, 可以调用算法 4.2 计算.

以下定理阐明迭代法 (9.4.26) 的收敛性.

定理 4.2. 成立

$$I - \tilde{B}^{-1}A = P_{H_{2h}}^\perp P_{H_h}^\perp = P_{H_{2h}^{\mathrm{har}}}^\perp P_{H_h}^\perp. \tag{9.4.29}$$

证明. 令 u 适合: $Au = f$, 则

$$(I - \tilde{B}^{-1}A)u = u - \tilde{B}^{-1}f = u - u_h - u_{2h}, \tag{9.4.30}$$

但是由算法 4.2 知

$$u_h = P_{H_h}u, \quad u_{2h} + P_{H_{2h}}u_h = P_{H_{2h}}u,$$

代入 (9.4.30) 知

$$(I - \tilde{B}^{-1}A)u = P_{H_{2h}}^\perp P_{H_h}^\perp u,$$

由于 f 是任意 H_c 中函数, 故引理成立.   □

一般说, $P_{H_{2h}^{\mathrm{har}}}^\perp P_{H_h}^\perp$ 不是对称算子 (关于能量内积 $a(\cdot,\cdot)$). 故不能直接用于共轭梯度法, 改用以下对称 FAC 预处理器可以弥补.

算法 4.3 (对称 FAC 预处理器).

步 1. 求 $u_h \in H_h$, 满足

$$a(u_h, v_h) = f(v_h), \quad \forall v_h \in H_h. \tag{9.4.31}$$

步 2. 求 $u_{2h} \in H_{2h}$, 满足

$$a(u_h + u_{2h}, v_{2h}) = f(v_{2h}), \quad \forall v_{2h} \in H_{2h}. \tag{9.4.32}$$

步 3. 求 $w_h \in H_h$, 满足

$$a(u_h + u_{2h} + w_h, v_h) = f(v_h), \quad \forall v_h \in H_h. \tag{9.4.33}$$

步 4. 置 $u = u_h + u_{2h} + w_h$.

我们需要对算法 4.3 给出变分解释. 首先从 (9.4.31) 与 (9.4.33) 得到: $w_h \in H_h$, 并且

$$a(w_h + u_{2h}, v_h) = 0, \quad \forall v_h \in H_h, \tag{9.4.34}$$

即是说, $u = u_h + (w_h + u_{2h})$ 是直交分解. 为了用变分形式描述算法 4.3, 我们注意对任意 $u \in H_c$ 皆有直交分解

$$u = u_h + u_h^{\mathrm{har}}, \quad 其中 \ u_h \in H_h, \ u_h^{\mathrm{har}} \in H_h^\perp. \tag{9.4.35}$$

现在利用 u_h^{har} 定义出 $u_{2h}^{\mathrm{har}} \in H_{2h}^{\mathrm{har}}$, 它是 u_h^{har} 在子域 $\Omega_1 \setminus \Omega_2$ 上的限制.

引理 4.6. 执行算法 4.3 的结果与解变分问题: 求 $u \in H_c$, 满足

$$b(u, v) = f(v), \quad \forall v \in H_c \tag{9.4.36}$$

一致, 其中双线性形式定义为

$$b(u, v) = a(u_h, v_h) + a(u_{2h}^{\text{har}}, v_{2h}^{\text{har}}). \tag{9.4.37}$$

证明. 令 $u = u_h + u_h^{\text{har}}$ 是 (9.4.36) 的解, 在 (9.4.36) 中, 令 $v = v_h \in H_h$, 则易得出 u_h 满足 (9.4.31). 利用 $v - v_{2h}^{\text{har}} \in H_{2h} \cap H_h \perp H_{2h}^{\text{har}}$,

$$a(u_{2h}^{\text{har}}, v) = a(u_{2h}^{\text{har}}, v_{2h}^{\text{har}}), \quad \forall v \in H_{2h}. \tag{9.4.38}$$

注意

$$a(u_h, v) = a(u_h, P_{H_h} v) = a(u_h, v_h), \tag{9.4.39}$$

这样用 (9.4.38) 及 (9.4.39) 于 (9.4.36) 导出 u_{2h}^{har} 满足

$$a(u_{2h}^{\text{har}}, v_{2h}) = f(v_{2h}) - a(u_h, v_{2h}), \quad \forall v_{2h} \in H_{2h}, \tag{9.4.40}$$

即是说, u_{2h}^{har} 是 (9.4.32) 的唯一解, 于是 v_{2h} 与 u_{2h}^{har} 一致. 但按 u_{2h}^{har} 定义:

$$u_h^{\text{har}} = u_{2h}^{\text{har}}, \quad (\Omega_1 \setminus \Omega_2).$$

于是我们知道 u_h^{har} 在 $\Omega_1 \setminus \Omega_2$ 上的值, 现在置

$$w_h = u_h^{\text{har}} - u_{2h}^{\text{har}},$$

由于 $w_h + u_{2h}^{\text{har}} = u_h^{\text{har}} \in H_h^\perp$, 知 w_h 适合 (9.4.34). □

定义算子 $B : H_c \to H_c$

$$(Bu, v) = b(u, v) \quad \forall u, v \in H_c. \tag{9.4.40}$$

其中 $(\cdot, \cdot)$ 是 H_c 的另一内积, 例如为 $L_2(\Omega)$ 意义下的内积. 使用预处理器 $b(\cdot, \cdot)$ 的结果如下.

定理 4.3. 成立

$$I - B^{-1}A = P_{H_h}^\perp P_{H_{2h}}^\perp P_{H_h}^\perp = P_{H_h}^\perp P_{H_{2h}^{\text{har}}}^\perp P_{H_h}^\perp, \tag{9.4.41}$$

由此推出存在正数 $\mu > 0$, 使

$$a(u, u) \le b(u, u) \le \mu a(u, u), \quad \forall u \in H_c, \tag{9.4.42}$$

并且

$$1 - \frac{1}{\mu} = \rho(P_{H_h}^\perp P_{H_{2h}^{\text{har}}}^\perp P_{H_h}^\perp) = \rho(P_{H_{2h}^{\text{har}}}^\perp P_{H_h}^\perp)$$

$$= \cos^2(\widehat{H_{2h}^{\text{har}}, H_h}) \le \gamma^2. \tag{9.4.43}$$

证明. (9.4.41) 立即由算法 4.3 及 (9.4.29) 得到, (9.4.43) 由 (9.4.4) 得到. □

定理 4.3 表明 FAC 的收敛速度取决 H_{2h}^{har} 和 H_h 的交角的余弦.

4.4. 异步 FAC 和 AFAC

本节把 FAC 逐步迭代分解为独立过程,证明收敛性质. 我们将见到所谓 AFAC 实际上是加性 (并行)Schwarz 的变形. 先叙述算法.

算法 4.4 (AFAC).

步 1. 给定初始 u^0,置 $n := 0$,并行计算

$$u_{2h} \in H_{2h} : a(u^n - u_{2h}, v_{2h}) = f(v_{2h}),\ \forall v_{2h} \in H_{2h}; \qquad (9.4.44)$$

$$u_h \in H_h : a(u^n - u_h, v_h) = f(v_h),\ \forall v_h \in H_h; \qquad (9.4.45)$$

$$w_{2h} \in H_{2h} \cap H_h : a(u^n - w_{2h}, v_{2h}) = f(v_{2h}),\ \forall v_{2h} \in H_{2h} \cap H_h. (9.4.46)$$

步 2. 置 $u^{n+1} = u^n - (u_{2h} - w_{2h} + u_h), n := n + 1$ 转步 1.

在步 1 中, u_{2h}, u_h 及 w_{2h} 是同步并行地算出,若要异步地并行计算,可以把步 2 避开, 执行

$$u^n = u^n - u_{2h},$$

转 (9.4.44) 及置

$$u^n := u^n - (u_h - w_{2h}),$$

再转 (9.4.45) 与 (9.4.46). 如此异步执行过程仅要求保留局部数据.

引理 4.6. 算法 4.4 的误差 $e^n = u - u^n$ 的传播规律是

$$e^{n+1} = e^n - (P_{H_h^{\mathrm{har}}} + P_{H_h})e^n. \qquad (9.4.47)$$

证明.   由于真解 u 满足 $f(v) = a(u, v)$, 故由 (9.4.44), (9.4.45), (9.4.46) 得

$$u_{2h} = -P_{H_{2h}}e^n,\ u_h = -P_{H_h}e^n,\ w_{2h} = -P_{H_h \cap H_{2h}}e^n.$$

但我们易得到

$$P_{H_{2h}} - P_{H_h \cap H_{2h}} = P_{H_{2h}^{\mathrm{har}}},$$

代入步二. 即获证明. □

定理 4.4. AFAC 的收敛因子是 FAC 收敛因子的平方根, 即是

$$\rho(I - P_{H_{2h}^{\mathrm{har}}} - P_{H_h}) = \|I - P_{H_{2h}^{\mathrm{har}}} - P_{H_h}\|$$
$$= \cos(\widehat{H_{2h}^{\mathrm{har}}, H_h}) \leq \gamma. \qquad (9.4.48)$$

证明. 由引理 4.4 知 $P_{H_{2h}^{\mathrm{har}}} + P_{H_h}$ 的最小, 最大本征值分别是 $1 - \cos(\widehat{H_{2h}^{\mathrm{har}}, H_h}), 1 + \cos(\widehat{H_h^{\mathrm{har}}, H_h})$, 这蕴含 (9.4.48) 成立.
□

最后我们可以从块松弛结构解释 FAC 和 AFAC, 实际上 FAC 相当于 Gauss-Seidel 迭代, AFAC 相当于 Jacobi 迭代, 而异步 FAC 相当于混松弛. 不难从与这些算法相应的迭代法的步骤中看出.

4.5. 多水平 AFAC

我们推广前面的多水平局部加密. 令

$$\Omega_1 \supset \Omega_2 \supset \cdots \supset \Omega_k$$

是一串嵌套开多角形子集. $H_i \subset H_0^1(\Omega_i)$ 是协调有限元空间, $1 \leq i \leq k$. 并设 Ω_i 的单元边界包含 Ω_{i+1} 的边界而且相应于 H_i 的 Ω_{i+1} 中的单元是 H_{i+1} 的某些相应单元的和集, $1 \leq i \leq k-1$. 我们构造第 i 个组合网格空间

$$H_{c_i} = \sum_{j=i}^{k} H_j, \quad H_{c_1} = H_c. \qquad (9.4.49)$$

考虑方程

$$a(u, v) = f(v), \quad \forall v \in H_c \qquad (9.4.50)$$

的多水平组合网格算法.

算法 4.5 (多水平 AFAC)

步 1. 令 $u^0 \in H_c$ 为初始近似. 置 $n := 0$, 对 $i = 1, \cdots, k$, 并行计算 $u_i \in H_i$, 满足

$$a(u^n - u_i, v_i) = f(v_i), \quad \forall v_i \in H_i, \qquad (9.4.51)$$

以及对每个 $i = 1, \cdots, k-1$, 并行计算 $w_i \in H_i \cap H_{i+1}$ 满足

$$a(u^n - w_i, v_i) = f(v_i), \quad \forall v_i \in H_i \cap H_{i+1}. \qquad (9.4.52)$$

步 2. 置 $u^{n+1} = u^n - \sum_{i=1}^{k}(u_i - w_i)$, 其中我们令 $w_k = 0$.

步 3. 置 $n := n+1$ 转步 1.

下面分析算法 4.6 的收敛性. 为此引进离散调和空间

$$H_i^{\text{har}} = \{u_i \in H_i : a(u_i, v_i) = 0, \quad \forall v_i \in H_i \cap H_{i+1}\},$$

即 H_i^{har} 是 $H_i \cap H_{i+1}$ 在 H_i 的正交补. 并令

$$P_i^{\text{har}} : H_c \to H_i^{\text{har}}$$

是正投影. 定义 c_i 调和空间

$$H_{c_i}^{\text{har}} = \{u_i \in H_{c_i} : a(u_i, v_i) = 0, \quad \forall v_i \in H_{c_{i+1}}\},$$

于是 H_{c_i} 有正交分解

$$H_{c_i} = H_{c_i}^{\text{har}} \oplus H_{c_{i+1}}, \quad 1 \le i < k. \tag{9.4.53}$$

以下为方便见, 简记 $H_{c_k}^{\text{har}} = H_{c_k}, H_{c_{k+1}} = H_{k+1} = \phi$, 这样 (9.4.53) 对 $i = 1, \cdots, k$ 皆成立. 正交分解蕴含对任意 $u_{c_i} \in H_{c_i}$ 皆有 $u_{c_i} = u_{c_i}^{\text{har}} + u_{c_{i+1}}$, 其中 $u_{c_i}^{\text{har}}$ 是 c_i — 调和函数: $u_{c_i}^{\text{har}} \in H_{c_i}^{\text{har}}$. 故 u_{c_i} 的支集在 $\Omega_i \setminus \Omega_{i+1}$ 中.

令 $P_{c_i}^{\text{har}}$ 是映 H_c 到 $H_{c_i}^{\text{har}}$ 的正投影.

和二水平情形类似, 多水平 AFAC 收敛速度仍取决于 i 调和空间与 c_i 调和空间的差异 (交角). 因为所有支集在 $\bar{\Omega}_i \setminus \Omega_{i+1}$ 中的函数既是 i 调和, 又是 c_i 调和, 如此函数全体记为 H_i^{local}, 显然 $H_i^{\text{local}} \subset H_i^{\text{har}} \cap H_{c_i}^{\text{har}}$. 利用 H_i^{local} 我们更定义 i 双层调和函数 (i-doubly-harmonic), 记为

$$H_i^{\text{dhar}} = \{u_i \in H_i^{\text{har}} : a(u_i, v_i) = 0, \forall v_i \in H_i^{\text{local}}\},$$

类似定义 c_i — 双层调和函数

$$H_{c_i}^{\text{dhar}} = \{u_i \in H_{c_i}^{\text{har}} : a(u_i, v_i) = 0, \forall v_i \in H_{c_i}^{\text{local}}\}.$$

这样 H_i^{har} 有直交分解

$$H_i^{\text{har}} = H_i^{\text{local}} \oplus H_i^{dhar}, \quad 1 \le i \le k, \tag{9.4.54} \cdot$$

其中 $i = k$, (9.4.55) 显然是平凡的.

类似定义正投影 P_i^{local} 及 P_i^{dhar} 分别映 H_c 到 H_i^{local} 和 H_i^{dhar}.

令 $\varepsilon = \max\limits_{1 \le i < k} \|(I - P_{c_i}^{\mathrm{har}})P_i^{\mathrm{dhar}}\|$，当 $k = 2$ 时恰是前述二水平误差传播因子. 对多水平易证:

$$\varepsilon = \max_{1 \le i < k}\{\|e_{i+1}\|_a : e_{i+1} = (I - P_{c_i}^{\mathrm{har}})u_i^{\mathrm{dhar}},$$

$$u_i^{\mathrm{dhar}} \in H_i^{\mathrm{dhar}}, \quad \|u_i^{\mathrm{dhar}}\|_a = 1\}$$

$$= \max_{1 \le i < k}\{\|e_{i+1}\|_a : e_{i+1} = (I - P_{c_i}^{\mathrm{har}})u_i^{\mathrm{har}},$$

$$u_i^{\mathrm{har}} \in H_i^{\mathrm{har}}, \quad \|u_i^{\mathrm{har}}\|_a = 1\}, \tag{9.4.55}$$

次令

$$\delta_{ij} = \max\{\|u_i^{\mathrm{har}}\|_{\Omega_j} : u_i^{\mathrm{har}} \in H_i^{\mathrm{har}}, \|u_i^{\mathrm{har}}\|_a = 1\},$$

$$1 \le i \le k - 2, \quad i + 2 \le j \le k, \tag{9.4.56}$$

其中 $\|u\|_{\Omega_j}^2 \stackrel{\triangle}{=} a_{\Omega_j}(u, u)$. 再令

$$\delta_{i,i+1} = \max\{|a(u_i^{\mathrm{har}}, v_{i+1})| : u_i^{\mathrm{har}} \in H_i^{\mathrm{har}}, v_{i+1} \in H_{i+1}^{\mathrm{dhar}},$$

$$\|u_i^{\mathrm{har}}\|_a = \|v_{i+1}\|_a = 1\}, \quad 1 \le i \le k - 1. \tag{9.4.57}$$

此外，更定义 $\delta_{ii} = 0, \delta_{ij} = \delta_{ji}$ 当 $j > i$ 以及

$$\delta = \max_{1 \le i \le k} \sum_{j=1}^{k} \delta_{ij}.$$

下面分析多水平 AFAC 的收敛性. 由算法 4.5 易证其误差递推满足

$$e^{n+1} = \left(I - \sum_{i=1}^{k} P_i^{\mathrm{har}}\right)e^n, \tag{9.4.58}$$

如果 H_i^{har} 与 $H_{c_i}^{\mathrm{har}}$ 一致，则 H_c 有正交分解

$$H_c = H_1^{\mathrm{har}} \oplus \cdots \oplus H_k^{\mathrm{har}},$$

这样只需要一步循环得到准确解，但实际问题往往 $H_i^{\mathrm{har}} \ne H_{c_i}^{\mathrm{har}}$，有关收敛定理如下.

定理 4.5. 假定 $\gamma = \delta + \varepsilon < 1$，则 AFAC 收敛，且收敛因子为

$$\rho\left(I - \sum_{i=1}^{k} P_i^{\mathrm{har}}\right) = \left\|I - \sum_{i=1}^{k} P_i^{\mathrm{har}}\right\|_a \le \gamma. \tag{9.4.59}$$

证明：令 $u_i^{\mathrm{har}} \in H_i^{\mathrm{har}}$, 且 $\|u_i^{\mathrm{har}}\|_a = 1, 1 \le i \le k$, 构造 Gram 矩阵 $U = [u_{ij}]_{i,j=1}^k$, 其中矩阵元素 $u_{ij} = a(u_i^{\mathrm{har}}, u_j^{\mathrm{har}})$, 由此可以证明 (参见资料 [148])

$$\rho\left(I - \sum_{i=1}^k P_i^{\mathrm{har}}\right) = \sup\{\rho(I - U)\}, \tag{9.4.60}$$

这里上确界取遍所有可能的 $u_i^{\mathrm{har}} \in H_i^{\mathrm{har}}$.

由正交分解 (9.4.53) 与 (9.4.54), 我们知存在 $|\beta_i| \le 1$ 及 $\|\varepsilon_i\| \le \varepsilon$, 使

$$u_i^{\mathrm{har}} = \sqrt{1 - \beta_i^2}\, x_i^{\mathrm{local}} + \beta_i v_i, \quad v_i = \sqrt{1 - \varepsilon_i^2}\, y_{c_i}^{\mathrm{dhar}} + \varepsilon_i \omega_{c_{i+1}}, \tag{9.4.61}$$

这里 $x_i^{\mathrm{local}} \in H_i^{\mathrm{loal}}, v_i \in H_i^{\mathrm{har}}, y_{c_i}^{\mathrm{dhar}} \in H_{c_i}^{\mathrm{dhar}}$ 和 $\omega_{c_{i+1}} \in H_{c_i}^{\mathrm{dhar}}$ 并且范皆为 1. 令

$$\theta_i = \frac{\varepsilon_i}{\varepsilon} a(\omega_{c_{i+1}}, x_{i+1}^{\mathrm{local}}).$$

显然, $|\theta_i| \le 1$. 又因为

$$a(x_i^{\mathrm{loal}}, u_{i+1}^{\mathrm{har}}) = 0, \quad a(y_{c_i}^{\mathrm{dhar}}, x_{i+1}^{\mathrm{local}}) = 0,$$

对 U 的元素 $u_{i,i+1}$ 得到

$$u_{i,i+1} = \varepsilon\beta_i\sqrt{1 - \beta_{i+1}^2}\,\theta_i + \beta_i\beta_{i+1}a(v_i, v_{i+1}),$$

但由定义 (9.4.56), (9.4.57)

$$a(v_i, v_{i+1}) \le \delta_{i,i+1},$$

$$|u_{ij}| = |a(u_i^{\mathrm{har}}, u_j^{\mathrm{har}})| \le \delta_{ij}, \quad u_{ii} = 1.$$

于是总可以记

$$U = I + \varepsilon T + E, \tag{9.4.62}$$

其中 $T = [t_{ij}], E = [e_{ij}]$, 并且

$$t_{ij} = \begin{cases} \beta_i\sqrt{1 - \beta_{i+1}^2}\,\theta_i, & j = i + 1, \\ t_{ji}, & j = i - 1, \\ 0, & \text{其它情形}, \end{cases}$$

而

$$|e_{ij}| \le \delta_{ij}, \quad 1 \le i, j \le k,$$

这样由 (9.4.62) 得到

$$\rho(I - U) \le \varepsilon \rho(T) + \delta.$$

定理证明的最后完成可以由下面引理给出. □

引理 4.7. 设 T 是 k 阶三对角矩阵:

$$T = \text{tridiag}(\beta_{i-1}\sqrt{1 - \beta_i^2}\theta_{i-1}, \ 0, \ \beta_i\sqrt{1 - \beta_{i+1}^2}\theta_i),$$

其中 $|\beta_i| \le 1, |\theta_i| \le 1, 1 \le i \le k$ 而 $\beta_{k+1} = 0$, 那么

$$\rho(T) < 1. \tag{9.4.63}$$

证明. 如果存在 $\beta_i = 0$, 则 T 可以退化为低阶矩阵, 故不妨设 $\beta_i \ne 0, 1 \le i \le k$. 对 $I + T$ 实施主元 LU 分解, 得主对角元素为

$$a_1 = 1, \ a_{i+1} = 1 - \beta_i^2(1 - \beta_{i+1}^2)\theta_i^2/a_i.$$

容易用归纳法验证: $a_i \ge \beta_i^2 > 0$. 这就知 LU 分解的所有主对角元是正的, 从而 $I + T$ 是对称正定的. 改变 β_i 的符号, 重复前面论述又得到 $I - T$ 也是对称正定的. 这样就证明了 $\rho(T) < 1$, (9.4.63) 被证. □

定理 4.5 的收敛因子取决于 ε 和 δ, 其中 ε 可以视为二网格因子, δ 可视为在一串递降小子域上调和函数积分之和, δ 可以取得足够小, 只要逐步精细区域复盖一个相对小的区域就可以.

资料 [148] 中针对模型问题对 δ 的估计做了具体分析.

FAC 理论也可以在别的离散方法上建立, 有关资料可见 [160], [162] 和 [165]. 在 [160] 中还给出数值试验. 但本书中采用 McCormick 较新的区域分解观点, 这样不仅能在统一观点上解释 FAC, 而且第七章中的方法、估计皆可移植应用.

评注

　　本书虽然试图较为全面论述区域分解算法的主要流派及其相关的基础内容，但实际上不仅未能囊括所有方面，而且存在许多重要的疏漏．这除了受作者学识及书的篇幅局限外，还因为区域分解算法作为新兴领域尚处于上升阶段，各种新思想、新方法、新应用正层出不穷地涌现．凡此皆希望能够有机会在再版中弥补．

第一章

　　Sobolev 空间在现代偏微分方程及其数值计算中起主导作用．1930 年苏联数学家 S. L. Sobolev 首次提出广义导数和广义函数的概念，并建立以他命名的 Sobolev 空间理论．在专著 [197] 中，Sobolev 全面阐述了这一理论在数学物理中的应用．

　　嵌入定理、延拓定理、迹定理是 Sobolev 空间的主要内容．空间 $W_p^k(\Omega)$ 的嵌入定理是 Sobolev 借助于恒等式 (1.6.4) 得到，由此还得到直和分解与等价范定理．Sobolev 在 [197] 中利用直和分解 (1.6.15) 导出关于 $W_p^k(\Omega)$ 的各种不等式，使包括 Poincare 不等式在内的许多重要不等式皆成为 Sobolev 不等式的特例．

　　定义 6.1 的内部锥条件是保证嵌入定理成立的充分条件，同时也是 $W_p^k(\Omega)$ 能否延拓到 $W_p^k(\mathbb{R}^n)$ 的充分条件．延拓定理的详细讨论可在 [2] 及 [137] 中找到．

　　整指标 Sobolev 空间有各种类型的推广，其中实指标空间 $H_0^s(\Omega)$ 是最简单的和最有用的一类空间，使用延拓定理和 Fourier 变换可以毫不费力地在 $H_0^s(\Omega)$ 上建立相应理论，如嵌入定理等．然而对一般实指标空间 $W_p^s(\Omega)$，理论的建立就较为复杂．本书中使用由 J. L. Lions 和 E. Magenes 奠基的内插空间理论导出有关结果，其详细证明可以参见 J. L. Lions 和 E. Magenes 的名著 [138]．

　　迹定理是偏微分方程的重要基石，涉及 $W_p^k(\Omega)$ 的函数到边界（或部份边界）的嵌入．虽然，Sobolev 在 [197] 中已论述了低维嵌入定理，但更精密的研究要求在边界上建立实指标 Sobolev 空间．对光滑域，如边界 $\partial\Omega \in C^k$，在一般书籍如 [2], [77], [216]

中皆可找到详细的证明；对非光滑域，如多边形，其理论就较为复杂，在 §9 中我们叙述了这一结果，详细论证可见 [86].

在 §10 中我们简述了内插空间的定义，由此定义了 Besov 空间，定理 10.4 表明 $W_p^s(\Omega)$ 实际上是 Besov 空间的特例．内插定理 10.2 是颇为有用的定理，往后我们将借助于它建立有限元误差的 $H^s(\Omega)$ 估计．

(1.10.17) 给出了 $W_p^s(\Omega)$ 范的内在定义，它和由内插空间建立的范的相互等价性可在 [2] 中找到．在区域的部分边界 Γ 上建立 $H_0^s(\Gamma)$ 理论，s 是否等于 $\mu + 1/2$（μ 为整数）至关重要，如果 $s = \mu + 1/2$，可以建立空间 $H_{00}^s(\Gamma)$ 理论，它是 $H_0^s(\Gamma)$ 的真子空间，其平凡延拓属于 $H^s(\partial\Omega)$. 这些理论在区域分解算法的研究中扮演重要角色，详细阐述需要专门理论，在专著 [138] 中有证明．

第二章

椭圆型方程的理论沿着完全不同的两条路线发展．其一、经典理论，以 Schander 估计为基础，在 Hölder 空间 $C^{k,\alpha}(\Omega)$ 展开；其二，弱解理论，以泛函分析及 Gårding 不等式为基础，在 Sobolev 空间展开．在一般专著如 [77]，两种理论被平行叙述，本书中仅略述弱解理论，详细论证请参见 [77] 或 [216].

对于专著 [77] 及 [216] 等书中未曾涉及而应用中又至为重要的非光滑域上椭圆型方程理论，如多角形区域上的理论，本书中也列出相应的定理 6.1. 解的光滑性归结于 Fredholm 算子 $T_{m,p}$ 的指标，有关定理的详细论述请参阅 [85], [86], 对 Fredholm 算子指标定理不熟悉的读者可参看 [100].

弹性问题是有限元分析的重要对象，有关弹性理论资料颇多，这里取材于 [145].

第三章

弱形式、区域剖分、Galerkin 方法是有限元素法的三大支柱．经典的 Galerkin 方法早为人熟知，例如在 [144]–[145] 中有详尽阐述．但是直到有限元素法出现才真正体现出计算机和计算方法对工程科学的冲击．有限元素法于 60 年代在中国、美国和欧洲被独立地发现．我国冯康教授在 1965 年提出有限元素法思想并建立能量误差估计 [75], 西方在 1968 年才认识有限元素法的基本原理（参见 [208] 中译本序言）. 70 年代是有限元素法的黄金时代, 建立了有限元素法的严密数学理论和误差估计. Aubin-Nitsche 使用所谓 Aubin-Nitsche 技巧导出误差的 L_2 估计, 这个技巧虽然简单但却是逼近论、泛函、偏微三者结合的结果, 并屡次应用于四阶问题的非协调元、混合元等估计理论中.

有限元估计的更深刻和更重要结果是 L_∞ 估计. 从工程意义看, L_∞ 估计保证误差在逐点意义达到精度, 故更能为工程界接受. L_∞ 估计是由 Nitsche 在 [173] 中得到, Nitsche 使用了权范等方法得到自己的结果, 权范方法进一步被 Rannacher[185], 朱起定、林群 [237] 发展. 鉴于权范方法的复杂性, 本书中我们有意回避它, 并给出较为简单的 L_∞ 估计的证明, 这些证明如有不严密处诚望得到指正.

反估计是有限元分析中的重要理论, 尤其是定理 4.2 在区域分解法中经常使用, 类似于定理 4.2 的结果曾被多次证明, 见 Bramble (1968), Wendland (1979), 朱起定 (1981, 见 [236]), Thomée (1984, 见 [212]) 及 Yserentant (1986, 见 [234]).

非协调元、杂交元、混合元是有限元研究的活跃领域. 本书仅略涉及混合元, 因为从广义范围看, 非协调元、杂交元可以纳入混合元的框架. 有关非协调元理论的最新结果可以见石钟慈的论文 [195]-[196]. 杂交元、混合元的详细阐述可见 [59] 及 [113].

80 年代有限元法有许多新的结果. 有限元超收敛、有限元渐近展开与外推、有限元自适应网加密与 h-p 方法是其代表性工作. 我国数学家林群、陈传淼、吕涛、朱起定、沈树民和德国数学家 Rannacher, Blum 对超收敛与有限元外推有重要贡献. 有关这些内容本书未予涉及. 超收敛方面研究可见专著 [50] 和 [237], 有限元渐近展开可见林群及其合作者的工作 [122] 至 [134]. h-p 方法可见 Babuska 的相关论著.

第四章

预处理是贯通本书以后各章的重要概念, 对大型问题而言, 迭代法几乎是解大型方程唯一可行的方法. 尽管迭代的方法有千差万别, 但是迭代收敛速度毫无例外地取决于迭代矩阵的条件数, 而预处理的唯一目的就是降低迭代矩阵的条件数.

SOR, SSOR 是解线性方程组最著名的方法，它的完整理论是由 Young 和 Frankel 所建立 (参见 [229])，但本书的证明取材于 Samarskii 的新近著作 [198]，这样既避免了冗长的论证，又便于在统一框架下处理. 定理 3.1 是 Samarskii 的主要结果，不难看出即使对于非对称矩阵，只要矩阵 $B - \frac{1}{2}\tau A$ 的实部满足 $\mathrm{Re}(B - \tau A) > 0$, 定理也能成立. Samarskii 屡次利用此定理阐述差分格式的稳定性，详细的应用请见 [198] 及 Samarskii 的其它著作.

共轭梯度法 (CG) 是 Hestenes 和 Stiefel 于 1952 年提出的解线性方程的一种新迭代法 (见 [95]). 这种迭代法特别之处是若不计舍入误差，仅需有限次迭代就收敛于精确解. 但是从五十年代至七十年代初，共轭梯度法并未得到重视，直到七十年代中期，由于预处理共轭梯度法 (PCG) 问世，人们才意识到 CG 法实际上是一种快速迭代法. 最重要的预处理共轭梯度是 Meijerink 和 Vorst 于 1977 提出的 ICCG(参见 [166], [167]) 和 Axelsson 的 SSOR-PCG. 这两种方法皆是十分有效的. 本书的叙述取材于 Axelsson 的专著 [9].

Chebyshev 迭代是重要的一类非定常迭代方法，分为循环迭代与半迭代两种类型. 循环迭代是两步迭代格式，半迭代则是三步迭代格式. 实算表明如果对迭代矩阵本征值的上、上界有较好的估计值，Chebyshev 加速方法非常有效，对于上、下界一无所知情况，已经有自适应 Chebyshev 加速法可使用. 有关这一方法的详细理论可在资料 [93] 中找到.

在本章 §11 介绍的并行有限元 EBE 技术，是近年来有限元研究的新成果. 这个算法的特点是充分并行化，主要运算都在局部单元矩阵中并行计算. 方法的原理非常简单：执行共轭梯度法时，我们仅需要计算矩阵与向量积，而不需要矩阵元素具体存贮位置. 这样我们就避开了通常有限元计算中先组装总刚度矩阵，再解刚度方程的旧过程，而是并行地计算单元刚度矩阵. 鉴于国内有关并行算法书中尚未见有这方面资料，我们在本书中予以简略介绍. 有兴趣的读者可以参见 [52] 及所附的文献，EBE 和区域分解的有关文献可见会议录 [82].

由混合元、杂交元生成的代数方程属强不定方程，不能用常用方法求解. 目前已有许多工作讨论其算法，在 §12 中我们介绍了 Bank 等的最新迭代方法 [22], 其它工作还可以见 [8] 等.

第五章

　　偏微分方程快速算法是区域分解方法的重要基石．快速算法主要针对规则域导出，而区域分解的子域往往是规则域，特别有利于用快速算法求解．

　　本章 §1 介绍直接方法，主要选材于 Rozsa 的工作 [192]，为了易懂我们先叙述矩阵直积的定义和性质．直接方法把解用显式表达出，因此不必解出所有网点上的值，而是根据需要求指定网点值，这对区域分解（如 Schwarz 方法）很有利，那里我们仅需要计算重叠部分的网点值．

　　快速 Fourier 变换 (FFT) 在偏微分方程的应用是熟知的，一般仅考虑第一边值问题，本章对各种边值问题皆予讨论．循环约化法和 Fourier 循环约化法是较新的方法，这里仅作简单介绍，详细讨论可参见 Samarskii 专著 [198] 或李晓梅等 [114].

　　谱方法和 τ 方法皆是高精度方法，有关文献很多，本书仅介绍大意，详细的谱方法知识可见专著 [84]，τ 方法可见 [177] 及 [178]，谱方法在区域分解方法中的应用可见 [183]. 关于变系数散度型方程的差分格式可见林振宝、石济民、吕涛 [121].

第六章

　　不重叠型区域分解方法，源于有限元子结构方法，有限元刚度矩阵若按子结构分解成块结构形状，则使用 Gauss 块消去法就导出容度方程．W. Proskurowski 和 O. Widlund 早在 1976 年就研究了容度方程的应用（参见 [180]); M. Dryja 在 1982 年细致地讨论了多角形区域椭圆型方程的容度矩阵方法（参见 [65]); Widlund[217] 还阐明容度矩阵法与 D-N 交替法的关系；T. Chan 研究了容度矩阵的谱性质与条件数（参见 [82], 217–230); V. I. Agoshkov[82] 把容度矩阵法归结于离散 Steklov-Poincare 算子．R. Glowinski 早于 1982 年前就发表了一系列关于区域分解法的文章（参见 [62], [79], [80]), 他的方法是先转化原始问题为鞍点问题，当用迭代法求 Lagrange 乘子时，主要步骤就归结于子域上求解．Glowinski[82] 还应用这种混合形式讨论了区域分解法对流体力学的应用．

　　有无内交点是不重叠区域法的主要类别．无内交点情形较容易处理，离散 D-N 交替法，L. D. Marini 和 A. Quarteroni[82],[155] 方法，以及 J. H. Bramble 等人 [31] 方法皆可证得迭代矩阵的条件

数与剖分参数 h 无关；有内交点情形计算比较复杂，　Bramble 等 [31],[32],[35],[38] 与 Widlund[222],[223] 提出不同的预处理器，其结果是相似的：算法的条件数为 $O((1 + \log(H/h))^n)$，$n = 2, 3$ 是维数．但 Bramble 等使用了常数冻结方法似更有利于用快速方法算出．在这些结果的证明中，　Sobolev 空间与其迹定理起了轴心作用．此外，　Glowinski[56] 还建议以迹平均算子法去处理有内交点的区域分解计算，储德林 [238] 讨论了这一方法的收敛性．

　　对称区域分解法最早由康立山，邵建平，铙传霞 [102],[[103] 基于误差对称原理提出，需要两步并行计算求出准确解；吕涛 [116] 及吕涛，刘波 [118] 基于函数的奇、偶分解法用一次并行就求出准确解．鉴于前者我们已可在专著 [103] 中找到详尽叙述，本书中我们仅叙述对称分解法，这些结果多数在本书中首次正式发表．

第七章

　　自从 H. A. Schwarz 于 1869 年提出交替方法后，迭经许多著名数学家的研究，以 P. L. Lions[135] 的投影解释最简单和易用．数值 Schwarz 算法开始较晚，六十年代，　K. Miller[168] 是最早把 Schwarz 方法用于计算的数学家，康立山在 1979 年推广 Schwarz 方法于数值计算上（参见：武汉大学学报，四卷，　1979)．康立山 [102],[103] 与唐维伯 [209] 应用解的渐近展开，论证了矩形域上 Poisson 方程的 Schwarz 交替法收敛速度与重叠域的关系；　P. L. Lions[136] 应用极值原理论证了一般域上的二阶椭圆型方程的 Schwarz 交替法的收敛速度与重迭域的关系．由于这些结果的重要性，本书都作了简介．

　　基于混乱松驰法，康立山 [101] 提出 Schwarz 异步并行算法，吕涛 [117] 使用 Lions 的投影解释给出异步并行算法较为严格的收敛性证明．本书中对这一结果作了改进，证明了异步并行算法的收敛速度是几何的．

　　加性或并行 Schwarz 算法克服了 Schwarz 交替法串行性．吕涛，石济民，林振宝 [139],[141] 提出了用平均法构造的并行 Schwarz 方法，　Widlund 利用 Lions 关于 Schwarz 方法的投影解释及 H. Yserentant[234] 的多水平方法思想，提出最优迭代精细方法 [56,p114]．吕涛，石济民和林振宝还考虑了变分不等式的并行 Schwarz 方法 [142]．本书中有关并行 Schwarz 方法的收敛速度，

变分不等式近似解的单调收敛性及变权因子加速收敛方法皆属
首次发表的工作.

第八章

虚拟方法的所有工作几乎皆属苏联人. 早在 1964 年 Saul'ev
就开始研究虚拟方法, 其后, Kopchenov (1968), Konovalov
(1973), Rukhoovets (1967) 都做出贡献. G. I. Marchuk 在专著
[152] 中论述了虚拟方法原理及早期的有关虚拟方法的详尽文
献. 虚拟方法在苏联研究盛行是有原因的, 大家知道差分法在
苏联是比有限元素法更流行的计算方法. 差分法最大弱点是处
理非规则区域的边界时遇到麻烦. 虚拟方法把非规则域上的问
题用长方体上的问题取代, 而对后者建立差分方程并无困难.

初看起来虚拟方法是有悖计算原则的: 首先, 它把小区域
扩张为大区域, 增加了结点数; 其次, 它把连续系数方程转化
为间断系数方程, 加大了问题的困难度. 但是由 Kobelkov[105],
Bakhvalov[17],[18] 提出的迭代方法有效地解决了这一矛盾. 这些
迭代方法的特点是每步都是在长方形上解 Poisson 方程, 从而能
使用快速算法迅速求出解, 而迭代步数 (收敛速度) 又与虚拟
参数 ε 无关. Kobelkov 和 Bakhvalov 建立的迭代法, 不仅用于
虚拟法, 也用于有间断系数的椭圆型方程, 后者如所周知, 在
数值处理上是颇为棘手的. 本书中对这类迭代法皆详予介绍.
Yu. A. Kuznetsov 是当今区域分解方法研究中最活跃的苏联学
者 (参见 [107] 至 [112]). 他建立的子空间内迭代法, 使迭代矩阵
的条件数仅受制于 A 的不变子空间对应的本征值. Marchuk,
Kuznetsov 和 Matsokin 在 [154] 中详述子空间方法对区域分解法
和虚拟方法的应用. Kuznetsov 还引进部份解概念, 使计算过
程更节省运算和存贮.

在苏联文献中有许多关于虚拟方法应用于解数学物理问题
的文章. 这些文献多数被刊载在由 Marchuk 主编的英文杂志:
Sov. J. Numer. Anal. Math. Modelling 中, 有兴趣的读者可以从
中查阅到苏联学派的工作.

第九章

本书中有意把多水平方法专列为一章, 以便引起读者重视
近年才发展起来的这一新分支. 撇开多层网格法不谈, 多水平

方法应为 Yserentant[234] 所突破. Yserentant 发现有限元空间如果按多水平分裂, 得到的子空间"几乎"是正交. 这种思考方法很快得到应用和推广. Bank, Dupont, Yserentant[21] 用此方法阐述等级基多网格法; Widlund[221] 用它构造有内交点子结构区域分解法的预处理器; Smith 和 Widlund[206] 把结点基和等级基之间转换与 Schur 分解相结合得到新的区域分解方法. Yserentant 等级基处理三维问题不够理想, 三维等级基刚度阵的条件数为 $O(h^{-1})$. Bramble, Pasciak 和 Xu[40](许进超), 引入多水平结点基克服了等级基在高维遇到的困难. 在 [40] 中还讨论了多水平结点基在局部处理中的应用. Tong, Chan 和 Kuo[213] 使用多水平结点基取代等级基, 推广了 Widlund 的工作 [206], 在资料 [106] 中, 他们除了引进多水平滤波预处理器新方法外, 还用数值算例对各种多水平预处理器的使用功效做了评述和比较.

许进超的博士论文 < 多水平方法理论 >[227], 详细地阐述多层网格法的新观点和多水平结点基的应用, 值得一读.

局部网加密与自适应有限元分析是当前有限元研究的重要领域. 本书中特意介绍 McCormick 的快速自适应组合网格法 (FAC), 使用 Lions 关于 Schwarz 方法的投影解释, 我们看出 FAC 实际上是特殊的 Schwarz 方法. 有关 FAC 参考文献可以见 [51], [148], [160], [162] 和 [164]. 其它局部网加密法可在 Hackbusch 编的书 [89] 和 [90] 中找到. 局部网加密在油气藏工作中有重要的应用价值, 有兴趣的读者可参考 R. Ewing 的工作 (见 [56], 192–206) 及相关文献.

后记

在本书编写过程中，得知大型科学计算被列为国家"八五"重点基础项目，我们深受鼓舞．当今实践中提出的问题，计算规模越来越大，精度要求越来越高，而单机计算的速度已接近极限，因此，不可避免地促进了并行算法和区域分解算法的发展．现在，大型科学计算的重要性被提到空前高度，这必将进一步推动我国数值分析工作者的研究热潮．本书躬逢其盛，正好起到抛砖引玉的作用．

由于作者所知有限，书中错误在所难免．不当之处，恳切希望读者批评指正．

本书得到国家自然科学基金及香港理工学院研究基金资助，谨向两处基金委员会表示谢忱．

作者

一九九一年八月于成都

参考文献

[1] Abakumov, A. A., Yeremin, A.Yu. and Kuznetsov, Yu. A., Efficient fast direct method of solving Poisson's equation on a parallelepiped and its implementation in an array processor. *Sov. J. Numer. Anal. Math. Modelling*, 3 (1988), 1–20.

[2] Adams, R. A., Sobolev Spaces. Academic Press, New York, 1975.

[3] Agoshkov, V. I., Poincare–Steklov's operators and domain decomposition method in finite dimensional spaces, in [82].

[4] Astrakhantsev, G. P., Iterative methods for solving variational difference schemes for two-dimensional second order elliptic equations, Doctoral Thesis, LOMI Akad. Nauk SSSR, Leningrad, 1972 (in Russian).

[5] Astrakhantsev, G. P., Methods of fictitious domains for a second order elliptic equation with natural boundary conditions, *USSR Computational Math. and Math. Phys.*, 18 (1978), 114–121.

[6] Astrakhantsev, G. P., On numerical solution of a mixed boundary value problem by using difference analogues of the simple and double layer potential, In Variatsionno-Raznostnye Metody v Mat. Fiz. (Variational Difference Methods in Math. Physics). Part 1. Dept. Numer. Math., USSR Academy of Sciences, Moscow, 1984, 26–34 (in Russian).

[7] Axelsson, O., A class of iterative methods for finite element equations, *Comput. Methods Appl. Mech. Engrg.*, 9 (1976), 123–137.

[8] Axelsson, O. and Munksgard, N., A class of preconditioned conjugate gradient methods for the solution of a mixed finite element discretization of the biharmonic operator, *Internat. J. Numer. Methods Engrg.*, 14 (1979), 1001–1019.

[9] Axelsson, O. and Barker, V. A., Finite Element Solution of Boundary Value Problems, Academic Press, Orlando, 1984.

[10] 并行算法论文集，国防科工委共用软件组编，1988.

[11] 并行算法论文集，科学计算并行算法交流会筹备组编，1989.

[12] Babuska, I., Uber Schwarzsche algorithmen in partielle differentialgleichungen der mathematischen physik, *ZAMM*, 37 (7/8) (1957), 243–245.

[13] Babuska, I., The Schwarz algorithm in partial differential equations of mathematical physics, *Czech. Math. J.*, 83 (8) (1958), 328–343 (in Russian).

[14] Babuska, I., The finite element method with Lagrangian multipliers. *Numer. Math.*, 20 (1973), 179–192.

[15] Babuska, I., Osborn, J. E. and Pitkaranta, J., Analysis of mixed methods using mesh dependent norms, *Math. Comp.*, 35 (1980), 1039–1062.

[16] Badea, L., A generalization of the Schwarz alternating method to an arbitrary number of subdomain, *Numer. Math.* 55(1989), 61–81.

[17] Bakhvalov, N. S., Solution of the first boundary value problem for a system of equations in elasticty theory by the method of fictitious domains. Otdel. Vychisl. Mat. AN. SSSR, No. 191, 1988. (in Russian)

[18] Bakhvalov, N. S. and Kobel'kov, G.M., An iterative method for solving elliptic problems with a rate of convergence that does not depend on the range of coefficients, Otdel. Vychisi. Mat. AN. SSSR, No. 190, 1988.

[19] Banegas, A., Fast Poisson solvers for problems with sparsity, *Math. Comp.*, 32 (1978), 144–446.

[20] Bank, R. E. and Dupont, T. F., An optimal order process for solving elliptic finite element equations, *Math. Comp.*, 36 (1981), 35–51.

[21] Bank, R. E., Dupont, T. F. and Yserentant, H., The hierarchical basis multigrid method, *Numer. Math.*, 52 (1988), 427–458.

[22] Bank, R. E., Welfet, B. and Yserentant, H., A class of iterative methods for solving saddle point problems, *Numer. Math.*, 56 (1990), 645–666.

[23] Bank, R.E., A-posteriori error estimate of adaptive local mesh refinement and multigrid iteration, in [90].

[24] Bank, R.E. and Mittelmann, H.D., Continuation and multi-grid for nonlinear elliptic systems, in [90].

[25] Bjorstad, P. E. and Widlund, O. B., Iterative methods for the solution of elliptic problems on regions partitioned into substructures, *SIAM J. Numer. Anal.*, 23 (1986), 1097–1120.

[26] Bjorstad, P. E. and Widlund, O. B., To overlap or not to overlap: Note on a domain decomposition method for elliptic problems. *SIAM J. Sci. Stat. Comput.*, 10 (5) (1989), 1053–1061.

[27] Boland, J. and Nicolaides, R., Stability of finite elements under divergence constraints. *SIAM J. Numer. Anal.*, 20: 4 (1983), 722–731.

[28] Bramble, J. H., The Lagrange multiplier method for Dirichlet's problem, *Math. Comp.*, 37 (1981), 1–12.

[29] Bramble, J. H. and Pasciak, J. E., A boundary parametric approximation to the linearized scalar potential magnetostatic field problem. *Appl, Numer. Math.*, 1 (1985), 493–514.

[30] Bramble, J. H., Pasciak, J. E. and Schatz A. H., An iterative method for elliptic problems on regions partitioned into substructures, *Math. Comp.*, 46 (1986), 361–369.

[31] Bramble, J. H., Pasciak, J. E. and Schatz A. H., The construction of preconditioners for elliptic problems by substructuring, I, *Math. Comp.*, 47(1986), 103–134.

[32] Bramble, J. H., Pasicak, J. E. and Schatz A. H., The construction of preconditioners for elliptic problems by substructuring, II, *Math. Comp.*, 49 (1987), 1–16.

[33] Bramble, J. H. and Pasciak, J. E., New convergence estimates for multigrid algorithms, *Math. Comp.*, 49 (1987), 311–329.

[34] Bramble, J. H. and Pasciak, J. E., A preconditioning technique for indefinite systems resulting from mixed approximations of elliptic problems, *Math. Comp.*, 50 (1988), 1–18.

[35] Bramble, J. H., Pasciak, J. E. and Schatz, A. H., The construction of preconditioners for elliptic problems by substructuring, III, *Math. Comp.*, 51 (1988), 415–430.

[36] Bramble, J. H., Pasciak, J. E. and Xu, J., The analysis of multigrid algorithms for the nonsymmetric and indefinite problems, *Math. Comp.*, 51 (1988), 389–414.

[37] Bramble, J. H. and Xu, J., A new multigrid preconditioner. MSI Workshop on Practical Iterative Methods for Large Scale Computations, Oct. 1988, Minneapolis.

[38] Bramble, J. H., Pasciak, J. E. and Schatz, A. H., The construction of preconditioners for elliptic problems by substructuring, IV, *Math. Comp.*, 53 (1989), 1–24.

[39] Bramble, J. H., Pasciak, J. E. and Xu, J., The analysis of multigrid algorithms with nonnested and noninherited forms, *Math. Comp.*, 56 (1991), 1–34.

[40] Bramble, J. H., Pasciak, J. E. and Xu, J., Parallel multilevel preconditioners, *Math. Comp.*, 55 (1990), 1–22.

[41] Bramble, J. H. and Xu, J., Some estimates for a weighted L^2 projection, *Math. comp.*, 56 (1991), 463–476.

[42] Bramble, J. H., and Xu, J., A local post processing technique for improving the accuracy in mixed finite element approximations, *SIAM J. Numer. Anal.*, 26 (1989), 1267–1275.

[43] Brandt, A., Multi-level adaptive solution to boundary value problems, *Math. Comp.*, 31 (1977), 333–391.

[44] Brezzi, F., On the existence, uniqueness, and approximation of saddle-point problems arising from Lagrangian multipliers, *RAIRO Anal. Numer.*, 8–32 (1974), 129–151.

[45] Brezzi, F. and Pitkaranta, J., On the stabilization of finite element approximations of the Stokes equations, in Efficient Solutions of Elliptic Systems (Kiel, 1984), Braunschweig, Vieweg, 1984.

[46] Brezzi, F., Douglas, J. Jr. and Marini, L. D., Two families of mixed finite elements for second-order elliptic problems, *Numer. Math.*, 47 (1985), 217–235.

[47] Brezzi, F., Douglas, J. Jr., Fortin, M., and Marini, L. D., Efficient rectangular mixed finite elements in two and three space variables, RAIRO $MMNA$, **21**: 4 (1987), 581–604.

[48] Brezzi, F., Douglas, J. Jr., Duran, R. and Fortin, M., Mixed finite elements for second-order elliptic problems in three variables, *Numer. Math.*, 51 (1987), 237–250.

[49] Brezzi, F. and Douglas, J. Jr., Stabilized mixed methods for the Stokes problem, to appear in *Numer. Math.*

[50] 陈传森，有限元方法及其提高精度的分析，湖南科技出版社，1982.

[51] Cai, Z. and McCormick, S., On the accauracy of the first value element method for diffusion equations on composite grids, *SIAM J. Numer.*, 27:3 (1990), 636–655.

[52] Carey, G. F., Barragy, E., Mclay, R. and Sharma, M., Element-by-element vector and parallel computations, *Communications in Applied Numerical Methods*, 4 (1988), 299–307.

[53] Chan, T. F. and Resasco, D. C., A survey of preconditioners for domain decomposition, Research Report YALEU/DCS/R R-414, Department of Computer Science, Yale University, New Haven, 1985.

[54] Chan, T. F., Fourier analysis of relaxed incomplete Cholesky factorization preconditioners, CAM report 88–34, University of California, Los Angeles, CA, 1988.

[55] Chan, T. F., Kuo, C. -C. J., and Tong, C., Parallel elliptic preconditioners: Fourier analysis and performance on the connection machine, *Comput. Phys. Comm.*, 53 (1989), 237–252.

[56] Chan, T. F., Glowinski, R., Periaux, J. and Widlund, O. B., eds., Domain decomposition methods, SIAM, Philadelphia PA, 1989.

[57] Chan, T. F. and Goovaerts, D., A note on the efficiency of domain decomposition incomplete factorizations, *SIAM J. Sci. Stat. Comp.*, 11: 4 (1990), 794–803.

[58] Ciarlet, P. G., 有限元数值分析，上海科技出版社，1978.

[59] Ciarlet, P. G., The Finite Element Method for Elliptic Problems, North-Holland Publ., Amsterdam, 1978.

[60] Concus, P., Golub, G. H. and Meurant, G., Block preconditioning for the conjugate gradient method, *SIAM J. Sci. Statist. Comput.*, 6 (1985), 220.

[61] Courant, R. and Hilbert, D., Methods of Mathematical Physics. Volume 2, Wiley, New York, 1962.

[62] Dinh, Q. V., Glowinski, R., and Periaux, J., Solving elliptic problems by decomposition methods with applications, in Elliptic Problem Solvers II, Academic Press, New York, 1982.

[63] Dinh, Q. V., Fischler, A., Glowinski, R. and Periaux, J., Domain decomposition methods for the Stokes problem, Application to the Navier-Stokes equations, in Numeta 85, Swansea, 1985.

[64] Dinh, Q. V., Periaux, J., Terrasson, G. and Glowinski, R., On the coupling of incompressible viscous flows and incompressible potential flows via domain decomposition, in ICNMFD, Peking, 1986.

[65] Dryja, M., A capacitance matrix method for Dirichlet problems on polygonal domains, *Numer. Math.*, 39 (1982), 51–64.

[66] Dryja, M., A finite element-capacitance matrix method for elliptic problems in regions partitioned into subregions, *Numer. Math.*, 44 (1984), 153–168.

[67] Dryja, M. and Proskurowski, W., Fast elliptic solvers on rectangular regions subdivided into strips, in Advances in Computer Methods for Partial Differential Equations, Vichnevitski, R. and Stapleman, R., eds., IMACS, 1984, 360–368.

[68] Dryja, M. and Proskurowski, W., A capacitance matrix method using strips with alternating Neumann and Dirichlet boundary conditions, *Appl. Numer. Math.*, 1 (1985), 285–298.

[69] Dryja, M., Iterative substructuring methods for elliptic problems divided into many subregions, The Proceedings of Modern Problems in Numerical Analysis, Moscow, 1986.

[70] Dryja, M., Proskurowski, W. and Widlund, O. B., A method of domain decomposition with cross points for elliptic finite element problems, in Optimal Algorithms, Proceedings of an international symposium, Bl. Sendov, ed., Blagoevgrad, 1987, Publishing House of the Bulgarian Academy of Sciences, Sofia, 1986, 97–111.

[71] Dryja, M., A method of domain decomposition for 3-D finite element elliptic problems, in [82].

[72] Dryja, M., Proskurowski, W. and Widlund, O. B., Iterative methods for elliptic problems on substructures with cross points, in preparation.

[73] Dupont, T. and Scott, R., Constructive polynomial approximation in Sobolev spaces, in Recent Advances in Numerical Analysis, C. de Boor and G. Golub, eds., 31–44. Academic

Press, New York, 1978.

[74] Dupont, T. and Scott, R., Polynomial approximation of functions in Sobolev spaces, *Math. Comp.*, 34 (1980), 441–463.

[75] 冯康，基于变分原理的差分格式，应用数学与计算数学，2 (4), 1965.

[76] Finogenov, S. A. and Kuznetsov, Yu. A., Two-stage fictitious components method, *Sov. J. Numer. Anal. Math. Modelling*, 3 : 4 (1988), 301–323.

[77] Gilbarg, D. and Trudinger, N. S., Elliptic Partial Differential Equations of Second Order, Springer-Verlag, Berlin and New York, 1977.

[78] Girault, V. and Raviart, P. A., Finite element methods for the Navier-Stokes equations, Springer Series in Computational Mathematics, Vol. 5, Springer-Verlag, New York, 1986.

[79] Glowinski, R., Periaux, J. and Dinh, Q. V., Domain decomposition methods for nonlinear problems in fluid dynamics, Report INRIA 147, 1982, to appear in *Comp. Math. Appl. Mech. Eng.*.

[80] Glowinski, R., Numerical solution of partial differential equation problems by domain decomposition. Implementation on an array processors system, in Proceedings of International Symposium on Applied Mathematics and Information Science, Kyoto University, 1982.

[81] Glowinski, R., Numerical methods for nonlinear variational problems, Springer Series in Comparative Physics, Springer-Verlag, New York, 1984.

[82] Glowinski, R., Golub, G. H., Meurant, G. A. and Periaux, J., eds., Proceedings of First International Symposium on Domain Decomposition Methods for Partial Differential Equations, SIAM, Philadelphia, PA, 1988.

[83] Golub, G. H. and Mayers, D., The use of pre-conditioning over irregular regions, Lecture at Sixth Int. Conf. on Computing Methods in Applied Sciences and Engineering, Versailles, Dec. 1983.

[84] Gottlieb, D. and Orszag, S. A., Numerical Analysis of Spectral Methods, SIAM, 1977.

[85] Grisvard, P., Behavior of solutions of an elliptic boundary

value problem in polygonal or polyhedral domains, in Numerical Solution of Partial Differential Equations III, Hubbard, B. ed., 207–274. Academic Press, New York, 1976.

[86] Grisvard, P., Elliptic Problems in Nonsmooth Domains, Pitman, Boston, 1985.

[87] Hackbusch, W., On the convergence of a multi-grid iterations applied to finite element equations, Report 77–8, Universitat zu Koln, July, 1977.

[88] Hackbusch, W. and Trottenberg, U. (eds.), Multigrid methods, Lecture Notes in Math. 960, Springer-Verlag, Heidelberg, 1982.

[89] Hackbusch, W., Multi-Grid Methods and Applications, Springer-Verlag, New York, 1985.

[90] Hackbusch, W. and Trottenberg, U. (eds.), Multigrid Methods II, Lecture Notes in Math. 1228, Springer-Verlag, 1986.

[91] Hackbusch, W., Multigrid convergence theory, in [88].

[92] Hackbusch, W. (ed.), Robust Multi-grid Methods, *Braunschweig*, 1989.

[93] Hageman, L. A. and Young, D. M., Applied Iterative Methods, Academic Press, New York, 1981.

[94] Hart, L. and McCormick, S., Asynchronous multilevel adaptive methods for solving partial differential equations on multiprocessors: basic ideas, parallel computing, to appear.

[95] Hestenes, M. R. and Stiefel, E., Methods of conjugate gradients for solving linear systems, *J. Res. Nat. Bur. Standards Sect.*, B 49 (1952), 409–436.

[96] Hestenes, M. R., Optimization Theory: the Finite Dimensional Case. Wiley, New York, 1975.

[97] Hughes, T. J. R., Levit, I., and Winget, J., Element-by-element implicit algorithms for heat conduction, *J. Engrg. Mech.*, 109 (1983), 576.

[98] Johnson, C., On the convergence of some mixed finite element methods for plate bending problems, *Numer. Math.*, 21 (1973), 43–62.

[99] Johnson, C., Numerical solution of partial differential equations by the finite element method. Studentlitteratur, 1987.

[100] 关肇直，张恭庆，冯德兴，线性泛函分析入门，上海科技出版社，1979.

[101] 康立山，孙乐林，陈毓屏，解数学物理问题的异步并行算法，科学出版社，1985.

[102] 康立山等，并行算法与区域分裂法，武汉大学出版社，1987.

[103] 康立山，全惠云，数值解高维偏微分方程的分裂法，上海科技出版社，1990.

[104] Keyes, D. and Gropp, W., A comparison of domain decomposition techniques for elliptic partial differential equations, *SIAM J. Sc. Stat. Comp.*, 5 1987, 166–202.

[105] Kobelkov, G. M., Fictitious domain method and the solution of elliptic equations with highly varying coefficients, *Sov. J. Numer. Anal. Math. Modelling*, **2**: 6 (1987), 407–419.

[106] Kuo, C. -C. J., Chan, T. F. and Tong, C. H., Multilevel filtering elliptic preconditioners. UCLA CAM Report 89–23, August 1989, *SIAM J. Matrix Analysis and Application*, 11: 3 (1990), 403–429.

[107] Kuznetsov, Yu. A. and Matsokin, A. M., On partial solution of systems of linear algebraic equations, in Vychislitel'nye Metody Lineinoy Algebry (Computational Methods of Linear Algebra) (Ed. Marchuk, G. I.), Vychisl. Tsentr Sib. Otdel. Akad. Nuak. SSSR, Novosibirsk, 1978, 62–89 (in Russian).

[108] Kuznetsov, Yu. A., Matrix computational processes in subspaces, in Comp. Math. in Appl. Sci. and Eng. VI (Eds. Glowinski, R. and Lions, J. -L.), North Holland, Amsterdam, 1984.

[109] Kuznetsov, Yu. A. and Finogenov, S. A., Fictitious components method for solving three-dimensional elliptic equations. In: Arkhitektura EVM i Chislennye Metody (Computer Architecture and Numerical Methods) (Ed. V. V. Voevodin), Dept. Numer. Math. USSR Academy of Sciences, Moscow, 1984, 73–94 (in Russian).

[110] Kuznetsov, Yu. A., Numerical methods in subspaces in Vychislitel'nye Protsessy i Sistemy (Computational Processes and Systems), Vol. 2, Nauka, Moskow, 1985, 265–350 (in Russian).

[111] Kuznetsov, Yu. A., Multigrid domain decomposition methods

for elliptic problems, in The Proceedings of VII Int. Conf. on Comput. Mech. for Applied Science and Engineering, 2 (1987), 605–616.

[112] Kuznetsov, Yu. A., Multilevel domain decomposition methods. *Applied Numer. Math.*, 6 (1990), 303–314.

[113] 李荣华，解边值问题的迦辽金方法，上海科技出版社，1988.

[114] 李晓梅，任兵，宋君强，并行计算与偏微分方程数值解，国防科技大学出版社，1990.

[115] 梁国平，杂交有限元区域分裂法，计算数学，3, (1989), 323–332.

[116] 吕涛，对称区域分裂法的改进与推广，见 [10], 87–92.

[117] 吕涛， Schwarz 算法的 Lions 框架与异步并行算法的收敛性证明，系统科学与数学，9:2 (1989), 128–132.

[118] 刘波，吕涛，对称区域分解法的两个注记，科学通报，35:14 (1990), 1045–1048.

[119] 拉迪任斯卡亚， O. A., 乌拉利采娃， H. H., 线性和拟线性椭圆型方程，科学出版社，1985.

[120] Landriani, G. S., Spectral Tau approximation of the two-dimensional Stokes problem, *Numer. Math.*, 52 (1988), 683–699.

[121] Liem, C. B., Shih, T. M. and Lu, T., A fourth order finite difference method for the boundary value and eigenvalue problems of divergent type elliptic equations, *SEA Bull.*, 13: 2, (1989), 115–121.

[122] Lin, Q. and Liu, J. Q., A discussion for extrapolation method for finite elements, Techn. Rep. Inst. Math., Academia Sinica, Beijing, 1980.

[123] Lin, Q. and Liu, J. Q., Extrapolation method for Fredholm integral equation with non-smooth kernels, *Numer. Math.*, 35,1980.

[124] Lin, Q., Iterative refinement of finite element approximations for elliptic problems. *RAIRO Analyse numerique*, 1 (1982), 39–47.

[125] Lin, Q., Lu, T. and Shen, S. M., Asymptotic expansions for finite element approximations, Research Report IMS–11, Chengdu Branch of Academia Sinica, 1983.

[126] Lin, Q., Lu, T. and Shen, S. M., Maximum norm estimate, extrapolation and optimal point of stresses for finite element methods on strongly regular triangulation, *J. Comp. Math.*, 1 (1983), 376–383.

[127] Lin, Q. and Lu, T., Asymptotic expansions for finite element eigenvalues and finite element solution (Proc. Int. Conf., Bonn, 1983), *Math. Schrift.*, 158 (1984), 1–10.

[128] Lin, Q., High accuracy from the linear elements, Proc. of 1984 Beijing Symp.on DGDE-Comp.of PDE, ed.Feng Kang, Science Press, 258–262.

[129] Lin, Q. and Lu, T., Asymptotic expansions for finite element approximation of elliptic problem on polygonal domains. Comp, Math. on Appl. Sci. Eng. (Proc. Sixth Int. Conf. Versailles, 1983), LN in Comp. Sci., North-Holland, INRIA, 1984, 317–321.

[130] Lin, Q. and Wang, J. P., Some expansions of finite element approximation, Research Report IMS-15, Chengdu Branch of Academia Sinica, 1984.

[131] Lin, Q., Finite element error expansion for non-uniform quadrilateral meshes, *Syst. Sci. Math. Scis.*, 3 (1989), 275–282.

[132] Lin, Q., Fourth order eigenvalue approximation by extrapolation on domains with reentrant corners, *Numer. Math.*, 58 (1991), 631–640.

[133] Lin, Q., Superconvergence of FEM for singular solution, *J. Comp. Math.*, 2 (1991), 111–114.

[134] Lin, Q., Extrapolation of FE gradients on nonconvex domains, Proc. GAMM-Seminar Extrapolations-und Defekt- korrektur-methoder (Frehse, Rannacher ed.), Heidelberg, 1990.

[135] Lions, P., On Schwarz alternating method. I, in [82].

[136] Lions, P., On Schwarz alternating method. II, in [56].

[137] Lions, J. L., 李大潜译, 偏微分方程的边值问题, 上海科技出版社, 1980.

[138] Lions, J. L. and Magenes, E., 非齐次边值问题及其应用, 高等教育出版社, 1987.

[139] Lu, T.. Shih, T. M. and Liem, C.B., Parallel algorithms for solving partial differential equations, Domain Decomposition Methods, SIAM Proceedings of the Second International Sym-

posium on Domain Decomposition Methods, Los Angeles, California. Jan., 1988, 71-80.

[140] Lu, T., Shih, T. M. and Liem, C. B., A synchronous domain decomposition method with a rate of convergence estimation, Research Report IMS-32, Academia Sinica, Chengdu, 1989.

[141] Lu, T., Shih, T. M. and Liem, C. B., Two synchronous parallel algorithms for partial differential equations, *J. Comp. Math.*, 9: 1 (1991), 74-85.

[142] Lu, T., Shih, T. M. and Liem, C. B., Parallel algorithms for variational inequalities based on domain decomposition, *J. Comp. Math.*, 9: 4 (1991).

[143] Lu, T., Neittaanmaki, P. and Tai, X. C., A parallel splitting up method and its application to Navier-Stokes equations, *Appl. Math. Lett.*, 4: 2 (1991), 25-29.

[144] 米赫林 C. Г., 王柔怀，童勤谟，陈诗华等译，数学物理中的直接方法，高等教育出版社，1957.

[145] 米赫林 C. Г., 王维新译，二次泛函的极小问题，科学出版社，1964.

[146] Mandel, J., McCormick, S. F. and Bank, R., Variational multigrid theory, in Multigrid Methods, McCormick, S., ed., SIAM, Philadelphia, Penn., 1988, 131-178.

[147] Mandel, J., McCormick, S. F. and Ruge, J., An algebraic theory for multigrid methods for variation problems, *SIAM J. Numer. Anal.*, 25 (1988), 91-110.

[148] Mandel, J. and McCormick, S., Iterative solution of elliptic equations with refinement, in [56].

[149] Marchuk, G. I. and Kuznetsov, Yu. A., On the optimal iterative processes, Dokl.Akad.Nauk, SSSR, 181 (1968), 1331-1334 (in Russian).

[150] Marchuk, G. I. and Kuznetsov, Yu. A., Some problems of iterative methods, in Vychislitel'nye Metody Lineinoi Algebry (Ed. Marchuk, G. I.), Vychisl. Tsentr Sib. Otdel. Akad. Nauk SSSR, Novosibirsk, 1972, 4-20 (in Russian).

[151] Marchuk, G. I. and Kuznetsov, Yu.A.,Iterative methods and quadratic functionals, Vychisl.Tsentr Sib.Otdel. Akad. Nauk SSSR, Novosibirsk, 1972 (in Russian). See also in: Sur les meth. num. enSci. Phys. et Con., Paris, Dunod, 1974, 3-132

(in French).

[152] Marchuk, G. I., Methods of Numerical Mathematics, Nauka, Moscow, 1980 (in Russian).

[153] Marchuk, G. I., and Lebedev, V. I., Numerical Methods in Neutron Transport Theory, Atomizdat, Moscow, 1981 (in Russian).

[154] Marchuk, G. I., Kuznetsov, Yu. A. and Matsokin, A. M., Fictitious domain and domain decomposition methods, *Sov. J. Numer. Anal. Math. Modelling*, 1: 1 (1986), 3–35.

[155] Marini, L. D. and Quarteroni, A., A relaxation procedure for domain decomposition methods using finite elements, *Numer. Math.*, 55 (1989), 575–598.

[156] Matsokin, A. M., Fictitious component method and the modified difference analogue of the Schwartz method, in: Vychislitel'nye Metody Lineinoi Algebry (Ed. Marchuk, G. I.), Vychisl. Tsentr Sib. Otdel. Akad. Nauk SSSR, Novosibirsk, 1980, 66–77 (in Russian).

[157] Matsokin, A. M. and Nepomnyashchikh, S. V., On the convergence of the alternating subdomain Schwartz method without intersections, *Sov. J. Numer. Anal. Math. Modelling*, 4: 6 (1989), 471–477.

[158] McCormick, S. F. and Ruge, J. Multigrid method for variational problems, *SIAM. J. Numer. Anal.*, 19 (1982), 924–929.

[159] McCormick, S. F., Multigrid methods for variational problems: further results, *SIAM J. Numer. Anal.*, 21 (1984), 255–263.

[160] McCormick, S. F., Fast adaptive composite grid (FAC) methods: theory for the variational case, in Defect Correction Methods: Theory and Applications (Eds. Bohmer, K. and Stetter, H. J.), Computations Supplementation. Vol. 5, 1984, 115–122.

[161] McCormick, S. F., Multigrid methods for variational problems: general theory for the V-Cycle, *SIAM Anal.*, 22 (1985), 634–643.

[162] McCormick, S. F. and Thomas, J. The fast adaptive composite grid method (FAC) for elliptic boundary value problems, *Math. Comp.*, 46 (1986), 439–456.

[163] McCormick, S. F. (ed.), Multigrid methods: theory, application, and supercomputing, Lecture Notes in Pure and Applied Math. 110, Marcel Dekker, Inc. 1988.

[164] McCormick, S. F., Multilevel adaptive schemes and domain decomposition method, Inter. Sym. on Numerical Methods in Engineering, 1988, 245–252.

[165] McCormick, S. F., Multilevel adaptive methods for partial differential equations, SIAM, Philadelphia, to appear.

[166] Meijerink, J. A. and van der Vorst, H. A., An iterative solution method for linear systems of which the coefficient matrix is a symmetric M-matrix, *Math. Comp.*, 31 (1977), 148–162.

[167] Meijerink, J. A. and van der Vorst, H. A., Guidelines for the usage of incomplete decompositions in solving sets of linear equations as they occur in practical problems, *J. Comput. Phys.*, 44 (1981), 134–155.

[168] Miller, K., Numerical analogs to the Schwarz alternating procedure, *Numerische Mathematik*, 7 (1965), 91–103.

[169] Neumann, C., Zur theorie des logrithmischen und Neutonschen potentials, *Leipziger Berichte*, 22 (1870), 264–321.

[170] Nicolaides, R. A., On the l^2 convergence of an algorithm for solving finite element equations, *Math. Comp.*, 31 (1977), 892.

[171] Nicolaides, R. A., On some theoretical and practical aspects of multigrid methods, *Math. Comp.*, 33 (1979), 933.

[172] Nicolaides, R. A., Deflation of conjugate gradients with applications to boundary value problems, *SIAM J. Numer. Anal.*, 24 (1987), 355.

[173] Nitsche, J., L_∞-error analysis for finite elements. In The Mathematics of Finite Elements and Applications III (Whiteman, J. R., ed.), 173–186; Academic Press, New York, 1979.

[174] Nitsche, J., Ein Kriterium fur die Quasi-Optimalitet des Ritzchen Verfahrens, *Numer. Math.*, 11 (1968), 346–348.

[175] Nour-Omid, B. and Parlett, B. N., Element preconditioning using splitting techniques, *SIAM J. Sci. Statist. Comput.*, 6 (1985), 761.

[176] Oden, J. T. and Reddy, J. N., An Introduction to the Mathematical Theory of Finite Elements, Wiley, New York, 1976.

[177] Ortiz, E. L., The Tau method, *SIAM Journal Numerical Analysis*, 6 (1969), 480–492.

[178] Ortiz, E. L. and Samara, H., An operational approach to the Tau method for the numerical solution of non-linear differential equations, *Computing*, 27 (1981), 15–25.

[179] Pasciak, J. E., Domain decomposition preconditioners for elliptic problems in two and three dimensions, in [82].

[180] Proskurowski, W. and Widlund, O. B., On the numerical solution of Helmholtz's equation by the capacitance matrix method, *Math. Comp.*, 30 (1976), 433–468.

[181] Quarteroni, A., Domain decomposition algorithms for the Stokes equations, in [56].

[182] Quarteroni, A., Domain decomposition methods for partial differential equations, Proc. of the third Italian-French-Soviet Symposium, Moscow, 1987.

[183] Quarteroni, A. and Sacchi-Landriani, G., Domain decomposition preconditioners for the spectral collocation method, *J. Scientific Comput.*, 3: 1 (1988), 45–75.

[184] Rannacher, R., Extrapolation techniques in the finite element method, Proceeding of the summer school in numerical analysis at Helsinki, 1987.

[185] Rannacher, R. and Scott, R., Some optimal error estimates for piecewise linear finite element approximations, *Math. Comp.*, 38 (1982), 437–445.

[186] Reid, J. K., On the method of conjugate gradients for solution of large sparse systems of linear equations, in Large Sparse Sets of Linear Equations, Academic Press, New York, 1971, 231–252.

[187] Rivara, M. C., Algorithms for refining triangular grids suitable for adaptive and multigrid techniques, *Int. J. Numer. Methods Eng.*, 20 (1984), 745–756.

[188] Rodrigue, G. and Simon, J., A generalization of the numerical Schwarz algorithm, in Computing Methods in Applied Sciences and Engineering VI, North-Holland, Amsterdam-New York-Oxford, 1984, 273–283.

[189] Rodrigue, G. and Simon, J., Jacobi splitting and the method of overlapping domains for solving elliptic PDE's,, in Advances

in Computer Methods for Partial Differential Equations V (Vichnevetsky, R. and Stepleman, R., eds), IMACS, 1984, 383–386.

[190] Rodrigue, G. and Saylor, P., Inner/outer iterative methods and numerical Schwarz algorithms-ii, Proceedings of the IBM Conference on Vector and Parallel Computations for Scientific Computing, IBM, 1985.

[191] Rodrigue, G., Inner/outer iterative methods and numerical Schwarz algorithms, *Journal of Parallel Computing*, 2 (1986).

[192] Rozsa, P., A direct method for the numerical solution of elliptic partial differential equation, in Numer. Anal. III (Miller, J. H., ed.), Academic Press, 1977, 369–381.

[193] Rude, U. and Zenger, C., On the treatment of singularities in the multigrid method, in [90].

[194] Ruge, J. and Stuben, K., Efficient solution of finite difference and finite element equations by algebraic multigrid, Proceedings of the Multigrid Conference, Bristol, 1983.

[195] 石钟慈 (Shi, Z. C.), The generalized patch test for Zienkiewicz's triangles, *J. Comput. Math.*, 2 (1984), 276–286.

[196] 石钟慈 (Shi, Z. C.), The F-E-M-Test for convergence of nonconforming finite elements, *Math. Comput.*, 49 (1987), 391–405.

[197] 索波列夫 C.Л., 泛函分析在数学物理中应用, 科学出版社, 1959.

[198] Samarskii, A. A. and Nikolaev, E. S., Numerical Methods for Grid Equations, Birkhauser Verlag Basel, 1989.

[199] Schatz, A. H. and Wahlbin, L. B., Maximum norm estimates in the finite element method on plane polygonal domains, I, *Math. Comp.*, 32 (1978), 73–109.

[200] Schatz, A. H. and Wahlbin, L. B., Maximum norm estimates in the finite element method on plane polygonal domains, II, *Math. Comp.*, 33 (1979), 485–492.

[201] Schultz, M. H., Spline Analysis, Prentice-Hall, Englewood Cliffs, New Jersey, 1973.

[202] Schwarz, H. A., Gesammelete Mathematische Abhandlungen, Volume 2, Springer, Berlin, 1890. First published in Vierteljahrsschrift der Naturforschenden Gesellschaft in Zurich, vol-

ume 15, 1870, 272–286.

[203] Schwarz, H. R., Methode der Finiten Elemente, Teubner, Stuttgart, 1980.

[204] Schwarz, H. R., FORTRAN-Programme zur Methode der Finiten Elemente, Teubner, Stuttgart, 1981.

[205] Scott, R., Optimal L^∞ estimates for the finite element method on irregular meshes, *Math. Comp.*, 30 (1976), 681–698.

[206] Smith, B. and Widlund, O. B., A domain decomposition algorithm based on a change to a hierarchical basis, *SIAM J. Sci. Stat. Comput.*, 11:6 (1990), 1212–1220.

[207] Sobolev, S. L., The Schwarz algorithm in the theory of elasticity, Dokl. Acad. N. USSR, IV (XIII): 236–238, 1936, (in Russian).

[208] Strang, G. and Fix, G. J., An Analysis of the Finite Element Method, Prentice-Hall, Englewood Cliffs, New Jersey, 1973.

[209] Tang, W. P., Schwarz splitting and template operators, Ph. D Thesis, Stanford Univ., 1987.

[210] Teman, R., Numerical Analysis, Reidel, Dordrecht, Holland, 1973.

[211] Temam, R., Navier-Stokes Equations, 3rd ed., North-Holland, Amsterdam, 1984.

[212] Thomee, V., 抛物问题的 Galerkin 有限元法，吉林大学出版社，1986.

[213] Tong, C. H., Chan, T. F. and Kuo, C. -C. J., A domain decomposition preconditioner based on change to a multilevel nodal basis, CAM Report 90–20, September, 1990.

[214] Varga, R. S., Matrix Iterative Analysis, Prentice-Hall, Englewood Cliffs, New Jersey, 1962.

[215] Vassilevski, P., Multilevel preconditioning matrices and multigrid V-cycle methods, in [90].

[216] 王耀东，偏微分方程的 L^2 理论，北京大学出版社，1989.

[217] Widlund, O. B., Iterative methods for elliptic problems on regions partitioned into substructures and the biharmonic Dirichlet problem, in Computing Methods in Applied Sciences and Engineering, VI, Glowinski, R. and Lions, J. -L., eds., North-Holland, Amsterdam, 1984.

[218] Widlund, O. B., et el, An additive variant of the Schwarz alternating method for the case of many subregions, Technical Report, Courant Institute, 1987.

[219] Widlund, O. B., A comparison of some domain decomposition and iterative refinement algorithms for elliptic finite element problems, Technical Report BSC 87/4, IBM Bergen Scientific Centre, Allegaten 36, N-5007 Bergen, Norway, 1987.

[220] Widlund, O. B., An extension theorem for finite element spaces with three applications, in Numerical Techniques in Continuum Mechanics, Vol.16, Braaunschweig Wiesbaden, 1987.

[221] Widlund, O. B., Iterative substructuring methods: algorithms and theory for elliptic problems in the plane, in [82].

[222] Widlund, O. B. and Bjorstad, P. E., Solving elliptic problems on regions partitioned into substructures, in Elliptic Problem Solvers II, Academic Press, New York, 1982.

[223] Widlund, O. B., Iterative substructuring methods: the general elliptic case, in Computational Processes and Systems, Proceedings of Modern Problems in Numerical Analysis, Nauka, Moscow, 1988.

[224] Widlund, O. B., Optimal iterative refinement methods, in [56].

[225] Widlund, O. B., et el, Some domain decomposition algorithms for elliptic problems, in Iterative Methods for Large Linear Systems, San Diego, CA, Academic Press, 1989.

[226] Widlund, O. B., et el, Towards a unified theory of domain decomposition algorithms for elliptic problems, in The Third International Symposium on Domain Decomposition Methods for Partial Differential Equations, (Chan, T. F., et el eds.), SIAM, Philadelphia PA, 1990.

[227] Xu, J., Theory of multilevel methods. Ph. D. Thesis, Department of Mathematics, Cornell University, N. Y. 14853, 1989.

[228] Young, D. and Mai, Y., Iterative algorithms and software for solving large sparse linear systems, *Communications in applied numerical methods,* 4 (1988), 435–456.

[229] Young, D., Iterative Solutions of Large Linear Systems, Academic Press, New York, 1971.

[230] Yserentant, H., On the convergence of multi-level methods for strongly nonuniform families of grids and any number of

smoothing steps per level, *Computing*, 30 (1983), 305–313.

[231] Yserentant, H., Hierarchical bases of finite element spaces in the discretization of nonsymmetric elliptic boundary value problems, *Computing*, 35 (1985), 39–49.

[232] Yserentant, H., Hierarchical bases give conjugate type methods a multigrid speed of convergence, *Appl.Math.and Comp.*, 19 (1986), 147–358.

[233] Yserentant, H., The convergence of multi-level methods for solving finite-element equations in the presence of singularities, *Math. Comp.*, 47 (1986), 399–409.

[234] Yserentant, H., On the multi-level splitting of finite element spaces, *Numer. Math.*, 49 (1986), 379–412.

[235] Yserentant, H., On the multi-level splitting of finite element spaces for indefinite elliptic boundary value problems, *SIAM J. Numer. Anal.*, 23 (1986), 581–595.

[236] 朱起定，有限元法的逐点估计及最大模内估计，计算数学，1 (1981), 87–90.

[237] 朱起定，林群，有限元超收敛理论，湖南科技出版社，1989.

[238] 储德林，椭圆型方程区域分解方法中某些问题研究，博士论文，清华大学，1991.

[239] Zhang, S., Multi-level iterative techniques, Ph. D. thesis, Pennsylvania State University, 1988.

[240] Zhou, Y. L., Applications of Discrete Functional Analysis to the Finite Difference Method, Inter.Academic Publishers, 1990.

索 引

（按汉语拼音排列）

B

Banach 扰动引理　103
B-B (Babuska-Brezzi) 条件　95, 98, 99, 149
Bremble-Hilbert 引理　98
不完全因子分解　130
半序　40
并行多水平预处理　362
变权因子法　291, 296

C

Cayley-Hamilton 定理　120
Chebyshev
　～半迭代加速　115, 117, 296
　～迭代　112
　～配置法　188, 189
　～循环迭代　113, 208
Ciarlet-Raviart 方法　91
奇值　149, 150
奇对称
　～函数　258, 260
　～算子　258, 264
乘积空间　12

D

D-N 交替法　197, 205, 206
　离散 ～　212, 214, 215
d- 线性元空间　369
单元接单元技术 (EBE)　144
多水平
　～方法　347
　～分裂　347, 348, 383

～自适应技巧 (MLAT)　　　　378
～结点基区域分解法 (MNBDD)372
～FAC　　　　　　　　　389, 390
对称区域分解法　　　　　　　257
对称逐步超松弛迭代 (SSOR)　111
对称 FAC 预处理器　　　　　　386
对偶锥　　　　　　　　　　299, 304
等参变换　　　　　　　　　　88
等级基　　　　　　　348, 350, 357, 371
～区域分解算法 (HBDD)　372, 377
～多网格法　　　　　　　　347
定规结点基　　　　　　　　　369

F

Fourier
～Galerkin 方法　　　　　186, 187
～配置法　　　　　　　　　187
～谱方法　　　　　　　　　186
～快速 Fourier 变换 (FFT)　161, 170, 317
　一差分方程的 FFT　　　174, 176
　一多维 FFT　　　　　　172
　一离散 Fourier 变换 (DFT)　171, 187
～循环约化法 (FACR)　　161, 182
Fredholm 二择一定理　　　　　46
Fredholm 指标算子　　　　　　54
仿射变换　　　　　　　　　69, 70
仿射等价族　　　　　　　　　70
反演变换　　　　　　　　　　268
非正则加密　　　　　　　　　348
覆盖度　　　　　　　　　　　285

G

Garding 不等式　　　　　44, 51, 64, 82
共轭梯度法　　　　　　　　　120
广义 Dirichlet 问题　　　　　46

H

Hadamard 积　　　　　　　　173
Harnack 定理　　　　　　　　273

Hahn-Banach 扩张定理   71
Hellinger-Reissnev 原理   89
Hölder 不等式   78, 368
Hölder 连续   22, 26
函数的
  ～ Chebyshev 近似   183, 185
  ～ Fourier 近似   183
混合有限元   62, 89, 92, 100, 146
混 (乱) 松弛法   281, 282

J

j 水平有限元解   358
加强 Cauchy 不等式   355, 384
迹算子   28, 29
迹定理   27, 37, 40, 54, 63
界面问题   266
矩量方法   120
矩阵
  ～ 条件数   103
  ～ 谱半径   104
  ～ 谱范   151, 152
局部
  ～ L_p 空间   6
  ～ 可积函数   9
  ～ 偏差校正 (LDC)   378
  ～ 调和扩张   249
卷积   173, 175, 176

K

Kellogg 引理   230
Korn 不等式   60
开映射定理   279
嵌入定理   42, 43, 45, 50, 64, 78, 80
可逆有限元仿射等价   69
快速自适应组合网格法 (FAC)   347, 377, 378
  — 多水平 FAC   389, 390
  — FAC 预处理器   385
  — 对称 FAC 的预处理器   386

一区域分解 FAC   382
一异步 FAC   378, 388
亏数   55, 57

L

Lax-Milgram 定理   44, 58, 62, 64, 94
Lipschitz 边界   36
离散
~ A- 调和扩张   232, 234, 237, 247
~ D–N 交替法   212, 214, 215
~ Fourier 变换 (DFT)   171, 187
~ M-Q 算法   219
~ 调和扩张算子   214, 215, 224
~ 全局离散调和扩张   249
~ 局部离散调和扩张   249
路径   138

M

MICCG   143
M-Q 算法   208, 218

N

Navier-Stokes 问题   89
Nitsche 技巧   80
内部锥条件   19
内插空间   35, 36, 37
内估计   46, 47
内交点   231

O

偶对称
~ 函数   258, 260
~ 算子   258

P

Poincare 不等式   239, 240, 253
谱等价   134, 224
谱方法   161, 183, 186
谱分解定理   167

Q

强导数   9, 10

　　全局离散调和扩张　　　　　　　249

R

　　Rayleigh 商　　　　　　　　　　128
　　Richardson 迭代　　　　　　　　206
　　Riesz 引理　　　　　　　　　　43, 44, 64, 299, 301
　　Ritz 投影　　　　　　　　　　　64, 79, 85
　　容度方程　　　　　　　　　　　213, 373
　　弱导数　　　　　　　　　　　　9, 10
　　弱解　　　　　　　　　　　　　39, 40, 51, 62, 63
　　弱极限　　　　　　　　　　　　49
　　弱极值　　　　　　　　　　　　39
　　软化函数　　　　　　　　　　　6

S

　　Samarskii 定理　　　　　　　　105
　　Schur 分解　　　　　　　　　　213, 374
　　Schwarz 交替法　　　　　　　　167, 269, 378
　　　～ 并行　　　　　　　　　　287
　　　～ 变分不等式的并行　　　　298, 301
　　　～ 带松弛因子的并行　　　　305
　　　～ 多分裂情形的　　　　　　278
　　　～ 加性　　　　　　　　　　295
　　Solobev 恒等式　　　　　　　　20, 22, 23
　　Steklov-Poincare 算子　　　　　197, 198, 203
　　Stokes 问题　　　　　　　　　　89
　　商空间　　　　　　　　　　　　71
　　实指标空间　　　　　　　　　　24, 36, 37
　　收缩因子　　　　　　　　　　　285
　　水平分裂空间　　　　　　　　　363
　　松弛因子　　　　　　　　　　　107

T

　　τ 方法　　　　　　　　　　　161
　　调和扩张　　　　　　　　　　　320
　　调和空间　　　　　　　　　　　390
　　　～ i- 调和空间　　　　　　　390
　　　～ C_i- 调和空间　　　　　　390
　　　～ i- 双层调和函数　　　　　390

同构映射		93
投影 SOR 方法		310
凸投影		299, 309
椭圆型方程第二基本不等式		56

V

| V-椭圆的 | | 62, 63, 64 |
| V-强制的 | | 62, 63, 64 |

W

网格方程		102
网相关		
~范		100
~空间		100

X

下解		41
性质 A		108
星形条件		20, 22
虚拟区域		312, 316
虚拟分量法		338
循环约化法		163, 182, 183

Y

Yang 不等式		27, 60
Ysereneant 水平基		362, 369, 372, 375
压缩因子		245
一致正定		198, 224
一致椭圆性质		40, 45, 47, 48, 50, 82
拟一致剖分		70, 76, 79, 98, 100
异步并行算法		281
余弦变换		180
预处理		
~器		124, 229, 247
~迭代法		102
~共轭梯度法		102 120, 124
~矩阵		125, 126, 127
圆弧对称分解		267, 268

Z

| 正交补空间 | | 384 |

正则剖分	70, 76
正则加密	348
直接解	161, 165
指数阶精度	183, 186
子区域交替法	327
子结构分解法	223
子空间交解	379
逐步超松弛	105
最小剩余法	208
最速下降法	118, 119

中英词汇对照

(按汉语拼音排列)

B

不完全因子分解	incomplete factorization
半序	semi-order
并行多水平预处理	parallel multilevel preconditioning
变权因子法	variable weight methods

C

奇值	singular values
奇对称	odd symmetric
乘积空间	product space

D

D-N 交替法	D-N alternation
单元接单元技术	element by element technique
多水平	multilevel
对称区域分解法	symmetric domain decomposition method
对称逐步超松弛法	symmetric SOR method (SSOR)
对称 FAC 预处理器	symmetric FAC preconditioner
对偶锥	dual cone
等参变换	isoparametric transform
等级基	hierarchical basis
定规结点基	scaled nodal basis

F

Fourier	Fourier
一快速 Fourier 变换 (FFT)	— fast Fourier transform (FFT)
一离散 Fourier 变换 (DFT)	—discrete Fourier transform (DFT)
一循环约化法	—cyclic reduction method
Fredholm 二择一定理	Fredholm alternating theorem

Fredholm 指标算子	Fredholm index operator
仿射变换	affine transformation
仿射等价族	affinely equivalent class
反演变换	inversion transform

G

| 共轭梯度 | conjugate gradient |

H

| 混合有限元 | mixed element |
| 混 (乱) 松弛法 | chaotic relaxation |

J

迹算子	trace operator
矩量	moment
局部 L_p 空间	local L_p space
局部偏差校正 (LDC)	local defect correction
卷积	convolution

K

嵌入	embedding
快速自适应组合网格法 (FAC)	fast adaptive composite grid methods
亏数	deficient number

L

| 离散 | discrete |
| 离散调和扩张 | discrete harmonic extention |

N

内部锥	inner cone
内插	interpolation
内估计	interior estimate
内交点	cross point
内迭代	inner iterative

O

| 偶对称 | even symmetric |

P

谱	spectrum
谱分解	spectral decomposition
谱等价集	spectrally equivalent set
谱半径	spectral radius

谱方法   spectral method

Q

强可导性   strong differentiability

R

容度方程   capacitance equation
弱可导性   weak differentiability
软化函数   mollifying function

S

商空间   quotient space
实指标空间   real index space
收缩因子   contraction factor
松弛因子   relaxation factor

T

条件数   condition number
τ 方法   tau method
调和   harmonic
$i-$ 双层调和函数 i-doubly harmonic function
同构   isomorph
投影   projection
凸   convex

W

网格   grid
网相关   depending on mesh
网格方程   grid equation

X

星形条件   star condition
虚构的   fictitious
虚拟分量法   fictitious component method
虚拟区域法   method of fictitious domain
循环约化法   cyclic reduction method

Y

压缩因子   contraction factor
一致正定   uniformly positive definite
一致椭圆   uniformly elliptic
拟一致   quasi-uniform
异步并行算法   asynchronous parallel algorithm

异步 FAC   asynchronous FAC
余弦变换   cosine transform
预处理   preconditioning
预处理器   preconditioner
预处理共轭梯度法   preconditioned conjugate
                                         gradient method

Z

正交补空间   orthogonal complement space
正则   regular
直接解   direct solution
子区域   subdomain
子结构   substructure
子空间   subspace
子空间内迭代法   iterative method in subspace
逐步松弛法   successive over relaxation
最小剩余   least residue
最速下降   steepest descent

《计算方法丛书·典藏版》书目

1　样条函数方法　1979.6　李岳生　齐东旭　著

2　高维数值积分　1980.3　徐利治　周蕴时　著

3　快速数论变换　1980.10　孙　琦等　著

4　线性规划计算方法　1981.10　赵凤治　编著

5　样条函数与计算几何　1982.12　孙家昶　著

6　无约束最优化计算方法　1982.12　邓乃扬等　著

7　解数学物理问题的异步并行算法　1985.9　康立山等　著

8　矩阵扰动分析(第二版)　2001.11　孙继广　著

9　非线性方程组的数值解法　1987.7　李庆扬等　著

10　二维非定常流体力学数值方法　1987.10　李德元等　著

11　刚性常微分方程初值问题的数值解法　1987.11　费景高等　著

12　多元函数逼近　1988.6　王仁宏等　著

13　代数方程组和计算复杂性理论　1989.5　徐森林等　著

14　一维非定常流体力学　1990.8　周毓麟　著

15　椭圆边值问题的边界元分析　1991.5　祝家麟　著

16　约束最优化方法　1991.8　赵凤治等　著

17　双曲型守恒律方程及其差分方法　1991.11　应隆安等　著

18　线性代数方程组的迭代解法　1991.12　胡家赣　著

19　区域分解算法——偏微分方程数值解新技术　1992.5　吕　涛等　著

20　软件工程方法　1992.8　崔俊芝等　著

21　有限元结构分析并行计算　1994.4　周树荃等　著

22　非数值并行算法(第一册)模拟退火算法　1994.4　康立山等　著

23　非数值并行算法(第二册)遗传算法　1995.1　刘　勇等　著

24　矩阵与算子广义逆　1994.6　王国荣　著

25　偏微分方程并行有限差分方法　1994.9　张宝琳等　著

26　准确计算方法　1996.3　邓健新　著

27　最优化理论与方法　1997.1　袁亚湘　孙文瑜　著

28　黏性流体的混合有限分析解法　2000.1　李　炜　著

29　线性规划　2002.6　张建中等　著